Digitalisierung und Innovation

Frank Keuper • Kiumars Hamidian
Eric Verwaayen • Torsten Kalinowski
Christian Kraijo (Hrsg.)

Digitalisierung und Innovation

Planung – Entstehung – Entwicklungsperspektiven

Springer Gabler

Herausgeber
Professor Dr. habil. Frank Keuper
Lehrstuhl für Betriebswirtschaftslehre, insbesondere Konvergenzmanagement und Strategisches Management
Steinbeis Center of Strategic Management
Steinbeis-Hochschule Berlin
Hamburg, Deutschland

Kiumars Hamidian
BearingPoint GmbH
Düsseldorf, Deutschland

Eric Verwaayen
BearingPoint GmbH
Düsseldorf, Deutschland

Torsten Kalinowski
BearingPoint GmbH
Frankfurt am Main, Deutschland

Christian Kraijo
BearingPoint GmbH
Walldorf, Deutschland

ISBN 978-3-658-00370-8
ISBN 978-3-658-00371-5 (eBook)
DOI 10.1007/978-3-658-00371-5

Die Deutsche Nationalbibliothek verzeichnet diese Publikation in der Deutschen Nationalbibliografie; detaillierte bibliografische Daten sind im Internet über http://dnb.d-nb.de abrufbar.

Springer Gabler

Lektorat: Barbara Roscher, Jutta Hinrichsen

Gedruckt auf säurefreiem und chlorfrei gebleichtem Papier

Springer Gabler ist eine Marke von Springer DE. Springer DE ist Teil der Fachverlagsgruppe Springer Science+Business Media.
www.springer-gabler.de

Geleitwort

Wir googeln, mailen, skypen, bloggen, twittern, posten und facebooken. Diese Verben sind in den vergangenen Jahren wie selbstverständlich in den Wortschatz vieler Menschen übergegangen. Sie sind Ausdruck einer Entwicklung, die uns alle mehr oder weniger stark betrifft, die unseren Umgang miteinander, unsere Art zu leben, zu arbeiten oder unsere Freizeit zu verbringen fundamental verändert hat. Die Rede ist von der „digitalen Revolution".

Dabei haben die Verfechter der digitalen Revolution längst den Sieg davon getragen. Kaum ein Lebensbereich bleibt heute noch von digitalen Endgeräten und Services unberührt, die zunehmend integrierter werden und sich zu fluiden digitalen Ökosystemen weiterentwickeln.

Der Kampf um die Vorherrschaft zwischen den digitalen Ökosystemen ist längst entbrannt. Es geht darum, den Kunden an das eigene Ökosystem möglichst langfristig zu binden und die Zahlungsbereitschaft im Zeitablauf möglichst umfassend abzuschöpfen. Entscheidend wird folglich sein, wer dauerhafte Wettbewerbsvorteile schaffen, erhalten und ausbauen kann. Solche Wettbewerbsvorteile entstehen, wenn es gelingt, innovative Endgeräte und Services zu entwickeln, die in ihrem nutzerfreundlichen Zusammenspiel kundennutzenstiftende Wirkungen entfalten, die der Kunde auch wahrnimmt, für die er bereit ist zu zahlen und die vom Wettbewerb nicht so schnell bzw. nur unter prohibitiv hohen Kosten imitiert werden können.

Genau an der Nahtstelle von Innovation und Digitalisierung setzt das vorliegende Herausgeberwerk an. In den einzelnen Beiträgen werden aktuelle Konzepte, Strategien und Instrumente diskutiert, um Wettbewerbsvorteile in der Digital Economy aufzubauen und weiterzuentwickeln. Zudem werden konkrete Geschäftsmodelle der digitalen Welt aus den unterschiedlichsten Bereichen vorgestellt, analysiert und diskutiert. Namhafte Persönlichkeiten aus Wissenschaft und Wirtschaft beleuchten im Rahmen von Interviews die zentralen Herausforderungen für ihre jeweiligen Organisationen im Hinblick auf die Digital Economy, und legen dar, wie sie an die Bewältigung dieser Herausforderungen herangehen. Somit ist dieses Buch insgesamt durch ein hohes Maß an Praxisorientierung flankiert durch das an verschiedenster Stelle gebotene Mindestmaß an theoretischer Untermauerung charakterisiert.

Ich würde mich sehr freuen, wenn der vorliegende Sammelband Ihnen als Informationsquelle und Nachschlagewerk dient und für Sie als Praktiker oder Entscheider auf dem Weg zur und durch die digitale Welt ein nützlicher Begleiter ist.

Frankfurt am Main, im Februar 2013

Peter Mockler
Managing Partner
BearingPoint

Vorwort

Nicht zuletzt im Rahmen der Debatte um die elektronische Erfassung von Büchern durch *Google* gelangte das Schlagwort „Digitalisierung“ wieder ins öffentliche Bewusstsein. Es gibt wohl kaum noch einen Lebensbereich, in dem die Digitalisierung keine Rolle spielt. Digitalisierung – also die Transformation kontinuierlicher Größen in Nullen und Einsen – gefährdet einerseits traditionelle Geschäftsmodelle, ermöglicht aber gleichzeitig den Aufbau völlig neuartiger „digitaler Ökosysteme“ mit erheblichen Effektivitäts- und Effizienzsteigerungspotenzialen. Ziel des Herausgeberwerks ist es deshalb, einige im Zusammenhang mit der Digitalisierung und ihren Innovationspotenzialen bzw. -herausforderungen verknüpften Aspekte zu beleuchten. Hierzu zählen neben strategischen und branchenbezogenen Aspekten auch technologische, anwendungsbezogene und umsetzungsorientiert-methodische Themen. Zudem haben die Herausgeber zahlreiche Interviews mit namhaften Persönlichkeiten und Entscheidungsträgern aus der „digitalen Welt“ geführt, in denen dem Leser interessante Einblicke in den Entwicklungsstand, die Erfolgsfaktoren, die zukünftigen Herausforderungen und die angedachten bzw. bereits in Umsetzung befindlichen Initiativen gewährt werden.

Die Fachbeiträge und Interviews werden durch einen *Leit-* und einen *Schlussbeitrag* eingerahmt. *KIUMARS HAMIDIAN* und *CHRISTIAN KRAIJO* beleuchten in ihren einleitenden Ausführungen den Status quo der Digitalisierung, gehen auf zentrale Trends ein, wie z. B. Digital Mobility oder Big Data Management, und richten ihren Blick auf die Paradoxa der Digitalisierung. Letztendlich nehmen *TORSTEN KALINOWKSI* und *ERIC VERWAAYEN* in ihrem Schlussbeitrag das Thema der Paradoxa wieder auf, um unter (partiellem) Rückgriff auf die Beiträge dieses Buches konkrete Lösungen dafür aufzuzeigen, wie die Paradoxa in Zukunft bestmöglich zu handhaben sind.

Abbildung 1 zeigt zusammenfassend die Struktur des Sammelbands.

Leitbeitrag:	DigITalisierung – Status quo
Erster Teil:	Digitalisierung und Innovation – Ausgewählte strategische Aspekte
Zweiter Teil:	Digitalisierung und Innovation – Ausgewählte branchenbezogene Aspekte
Dritter Teil:	Digitalisierung und Innovation – Ausgewählte Technologie- und Anwendungsaspekte
Vierter Teil:	Digitalisierung und Innovation – Ausgewählte Methodikaspekte
Schlussbeitrag:	DigITalisierung – quo vadis?

Abbildung 1: Struktur des Sammelbands

Der *erste Teil des Sammelbands* beleuchtet ausgewählte strategische Aspekte. Im einleitenden Interview betont *HANS-JÖRG BULLINGER* insbesondere die Innovationspotenziale der deutschen Unternehmen im Hinblick auf die Digitalisierung. Im Zeitalter mobiler werdender Lebens- und Arbeitswelten kommt dem Cloud Computing eine wachsende Bedeutung zu. *STINE LABES*, *CHRISTOPHER HAHN*, *KORAY EREK* und *RÜDIGER ZARNEKOW* betrachten Einflüsse des Cloud-

Fokus auf bestehende Geschäftsmodelle, ermitteln Gestaltungsmerkmale und beschreiben ein entsprechendes Ordnungsschema, um letztendlich Cloud-Geschäftsmodelle analysieren und bewerten zu können, was wiederum die Basis für eine erfolgsorientierte Betrachtung legt. *CHRISTIAN KIRSCH* und *OLIVER KRUEGER* fokussieren ebenfalls den Mobility-Trend aus strategischer Unternehmenssicht und leiten aus einer potenzialorientierten Sicht des Mobility-Trends heraus entsprechende Management-Herausforderungen in Bezug auf Geschäftsprozesse und Infrastruktur, Sicherheit sowie Konzeption und Entwicklung mobiler Anwendungen bzw. Lösungen ab. Zur Bewältigung dieser Herausforderungen diskutieren *CHRISTIAN KIRSCH* und *OLIVER KRUEGER* zentrale Aspekte, die im Rahmen einer ganzheitlichen strategischen Mobil-Strategie berücksichtigt werden müssen. Im anschließenden Interview ruft *MARTINA KOEDERITZ* die zweite Phase der digitalen Revolution aus, und gibt u. a. Auskunft über nachhaltigen wirtschaftlichen Erfolg sowie erfolgversprechende Geschäftsmodelle im digitalen Zeitalter.

Im *zweiten Teil des Sammelbands* werden ausgewählte Branchen im Hinblick auf die Digitalisierung betrachtet. Zu Beginn widmen sich *THOMAS AMMON* und *ALEXANDER BREM* digitalen Ökosystemen und ihren Geschäftsmodellen, um auf Basis einer entsprechenden Analyse Implikationen für Buchverlage – eine aktuell stark im Umbruch befindliche und von der Digitalisierung massiv betroffene Branche – abzuleiten. Die Digitalisierung übt zudem erheblichen Einfluss auf die Art und Weise der Kundenansprache durch Werbung aus. Die Entscheidung für oder gegen bestimmte Kommunikationsformen ist mit z. T. erheblichem Ressourcenverbrauch verbunden. Deshalb beschäftigen sich *MICHAEL SCHULD*, *FRANK KEUPER* und *SARAH NEUHAUS* in ihrem Beitrag mit der Wirkung zuführender Printkommunikation im Zeitalter der Digitalisierung. In den folgenden zwei Beiträgen stehen die Auswirkungen der Digitalisierung auf die Handelsbranche im Mittelpunkt. *KATHARINA KURZE* stellt die Idee des Customer-Centric Retailing als Ansatz zur Steigerung der Wettbewerbsfähigkeit in einem immer stärker digital geprägten Handelsumfeld sowie ausgewählte Anwendungsmöglichkeiten vor. Die Diskussion des Customer-Centric Retailing in Bezug auf die Digitalisierung im Handel ist dabei geprägt von zwei Aspekten: Zum einen hat erst die Digitalisierung die kundenzentrische Ausrichtung im großen Stil ermöglicht. Customer-Centric Retailing ist somit eine Anwendungsmöglichkeit der durch die Digitalisierung zur Verfügung gestellten Datenmengen. Zum anderen verlangen aber auch die Veränderungen, die eine zunehmende Digitalisierung im Handel mit sich bringt, nach einer stärkeren Kundenorientierung bestehender Handelsformate, um wettbewerbsfähig zu bleiben. *GERRIT HEINEMANN* wagt die These, dass Kunden zukünftig nicht mehr zwischen den unterschiedlichen Verkaufskanälen der Anbieter unterscheiden können werden, und widmet sich ausgehend von der Formel Offline + Online + Mobile = No-Line in seinen Ausführungen den No-Line-Systemen als höchster Evolutionsstufe des Multi-Channel-Handels. Die thematische Klammer der zwei sich anschließenden Beiträge bildet die Energiewende in Deutschland. *MATTHIAS MEHRTENS* skizziert zunächst die allgemeinen energiepolitischen Herausforderungen für die strategische Positionierung smarter Technologien und geht dann konkreter auf Smart Cleaning als Trend in der Reinigungswirtschaft ein. Ausgehend von der Annahme, dass disruptive Geschäftsmodelle und -plattformen für Energieversorger von zunehmender Bedeutung sind, geht *MARC PETERS* insbesondere der Frage nach, welche Rolle die IT in Energieunternehmen bei der Bewältigung der Energiewende hat bzw. haben wird. *MARC PETERS* geht in diesem Zusammenhang auf die Herausforderungen und Treiber der Energiewende ein, zeigt Lösungskonzepte auf, beschreibt eine mögliche Herangehensweise und legt ausführlich dar, was smart ist an Smarter Energy.

Der *dritte Teil des Sammelbands*, in dem ausgewählte Technologie- und Anwendungsaspekte Gegenstand der Betrachtung sind, wird eingeleitet durch ein Interview mit *MICHAEL KLEINEMEIER*, dessen zentrales Augenmerk auf den Themen Big Data und In-Memory Analytics liegt. Der erfolgsorientierte Umgang mit dem stetig steigenden Datenumfang ist auch ein wesentlicher Aspekt des Interviews mit *FREDDIE GEIER*. An die beiden Interviews knüpft der Beitrag von *MICHAEL NIEENDICK*, *JOCHEN JANSEN* und *TORSTEN KALINOWSKI* zum Thema Big Data Management auf Basis von In-Memory-Technologien an. Neben Ausführungen zu den begrifflichen und technologischen Grundlagen diskutieren die Autoren den Business-Nutzen sowie die Chancen und Risiken von Big Data Management. Neben Big Data ist Cloud Computing – und hier vor allem die Teilaspekte Datenschutz und Sicherheit – eines der am intensivsten diskutierten IT-Themen. *STEFAN PECHARDSCHECK* und *CHRISTOPH SCHIEFER* gehen in ihrem Beitrag deshalb der brisanten Frage nach, welche Faktoren für die Umsetzung und den Erfolg von Trusted Cloud Computing entscheidend sind, und beschreiben auf Basis der „Cloud-Trust-Pyramide", wie Organisationen ihre eigene Bereitschaft für den Weg in die Cloud realistisch einschätzen können, was bei der Auswahl von Anbietern von Cloud Services zu beachten ist und wie der Weg in die Cloud sicher und erfolgversprechend gestaltet werden kann. *MARC SCHELEWSKY* greift mit dem Thema Mobilität einen weiteren digitalisierungsinduzierten Trend auf und widmet sich aktuellen Entwicklungslinien eines digitalen Informations- und Buchungssystems für öffentliche und intermodale Mobilitätsangebote auf mobilen Endgeräten. Den Zusammenhang von Innovation und Digitalisierung stellen *HEIKO BURCHERT*, *HORST MERTENS* und *JANKO SCHILDT* am Beispiel elektronischer Tagebücher im Selbstmanagement des Diabetes mellitus vor. Durch den Einsatz bspw. eines telemedizinischen Systems bei der Betreuung und Versorgung von Diabetikern – der erste Aspekt von Innovation – werden alle Daten automatisch und ohne Zutun des Patienten erhoben und dokumentiert. Der zweite Aspekt von Innovation bei diesem Thema ist in der spürbar eintretenden Verbesserung der Versorgungsqualität zu sehen.

Im *vierten Teil des Sammelbands* werden methodische Aspekte aufgegriffen. *HESTER HILBRECHT* und *OLIVER KEMPKENS* beschäftigen sich mit Design Thinking. Design Thinking – gelehrt in Stanford und Potsdam – gilt als Modewort der Innovationsbranche. Um diesen Prozess unternehmensintern gewinnbringend anzuwenden, ist es unerlässlich, Ansatz und Theorie zu verstehen. Der Beitrag beschreibt den Prozess, gibt einen Überblick über die Nachhaltigkeit der unterschiedlichen Ansätze und zeigt Chancen und Hindernisse auf. *CLAAS DIGMAYER* und *EVA-MARIA JAKOBS* knüpfen an den Beitrag von *HESTER HILBRECHT* und *OLIVER KEMPKENS* an und widmen sich den Möglichkeiten der Integration von Innovationswettbewerben in den Prozess des Design Thinking. Auf der Grundlage von Studien des Projekts OpenISA geben *CLAAS DIGMAYER* und *EVA-MARIA JAKOBS* Empfehlungen zur Gestaltung von Innovationsplattformen für Kundengruppen, die zunehmend an Bedeutung für Unternehmen gewinnen: Senior-Experten. *HENNING BREUER* und *GREGOR ERKEL* betreten in ihrem Beitrag ebenfalls neue Pfade zur Generierung und Nutzbarmachung von Innovationen. Ein vielversprechendes neues Geschäftsfeld sind neue Medien für Studierende. Vor diesem Hintergrund beschreiben *HENNING BREUER* und *GREGOR ERKEL* den anfänglichen Lernprozess einer neu ins Leben gerufenen Geschäftseinheit, die es sich zum Ziel gesetzt hat, im direkten Austausch mit Studierenden und Hochschulen ein neues, hochwertiges Lernmedium zu schaffen. Neben dem Vorgehen werden zentrale Ergebnisse einer ethnographischen Feldforschung und einer Analyse von Markttrends dargestellt. Auf Basis dieser Ergebnisse wurden Konzepte für eine integrierte Lernumgebung entwickelt, die derzeit mit Studierenden weiterentwickelt, umgesetzt und erweitert wird. Aus der Reflektion des Prozesses leiten *HENNING BREUER* und *GREGOR ERKEL* Hypothesen zu einer veränderten Konzeption und Ausgestaltung der Wertschöpfungskette am Bildungsmarkt ab.

Im anschließenden Interview mit *SINA AFRA* wird u. a. deutlich, dass Unternehmen im digitalen Zeitalter nicht unbedingt (nur) auf eigene Innovationen bauen (müssen). *FLORIAN MEZGER* und *ELLEN ENKEL* greifen diesen Grundgedanken auf und beleuchten, welche Vorteile branchenübergreifende Imitation als Weg zur Realisierung von digitalen Geschäftsmodellinnovationen hat und wie sie gelingen kann. Anschließend geht *NICOLAS LÖWE* darauf ein, dass die Projekte, die IT-Organisationen zu bewältigen haben, vor dem Hintergrund der Globalisierung und Digitalisierung, wachsenden Effektivitäts- und Effizienzdrucks und höher werdender Anforderungen an die Agilität zunehmend komplexer werden. Anhand der einzelnen Projektphasen des Projektlebenszyklus beschreibt *NICOLAS LÖWE* verschiedene Standardsituationen und -risiken und zeigt mögliche Wege auf, die die Entstehung riskanter Projektkonstellationen vermeiden können oder aber entstandene Situationen möglichst kompensieren sollen. Die vor zwei Jahrzehnten als Instrument zur Überbrückung der Kluft zwischen Strategiefindung und -umsetzung eingeführte Balanced Scorecard kommt heute nicht mehr nur auf Gesamtunternehmensebene zum Einsatz. Im Schlussbeitrag des vierten Teils des Sammelbands erläutern *CHRISTIAN STUMMER* und *MARKUS GÜNTHER* die Erstellung einer Abteilungs-Scorecard für das Innovationsmanagement und illustrieren den Prozess anhand von zwei Fallbeispielen.

Dank gebührt in erster Linie den Autorinnen und Autoren, die trotz des engen Zeitplans und des äußerst komplexen Themas qualitativ äußerst hochwertige Beiträge für diesen Sammelband verfasst haben.

Die Projektdurchlaufzeit vom Projektstart im Januar 2012 bis zur Abgabe des druckfähigen Skripts an den *Gabler-Verlag* konnte nur durch eine Vielzahl engagierter Helfer im Hintergrund eingehalten werden. Auch diesen sei an dieser Stelle gedankt.

Besonderen Dank schulden die Herausgeber darüber hinaus Frau *BARBARA ROSCHER* und Frau *JUTTA HINRICHSEN* vom Gabler-Verlag für die hervorragende Zusammenarbeit bei der Publikation dieses Sammelbands.

Hamburg und Düsseldorf, im Februar 2013

PROF. DR. RER. POL. HABIL. FRANK KEUPER, KIUMARS HAMIDIAN, ERIC VERWAAYEN, TORSTEN KALINOWSKI und *CHRISTIAN KRAIJO*

Inhaltsverzeichnis

Zweiter Teil

Digitalisierung und Innovation – Ausgewählte branchenbezogene Aspekte 89

Dritter Teil

Digitalisierung und Innovation – Ausgewählte Technologie- und Anwendungsaspekte 219

Vierter Teil

Leitbeitrag

DigITalisierung – Status quo

KIUMARS HAMIDIAN und *CHRISTIAN KRAIJO*

BearingPoint GmbH

1 Was ist Digitalisierung?

„Der Begriff Digitalisierung bezeichnet die Überführung kontinuierlicher Größen in abgestufte Werte als Binärcode; meist zu dem Zweck, sie zu speichern oder elektronisch in der EDV oder IT zu verarbeiten.“[1] So lautet die *Wikipedia*-Definition von „Digitalisierung“. Hierzu gibt es viele aktuelle Beispiele, wie die Digitalisierung ganzer Bibliotheken durch *Google*, so dass dieses Wissen weltweit elektronisch verfügbar ist. Auch der Vatikan überführt seine Jahrtausende alten Archive in elektronische Medien. Dabei geht es nicht nur um *Aufbewahrung* der Information in elektronischer Form. Die verfügbaren Informationen können nun *enriched* werden! Durch intelligente, semantische Suchmechanismen und automatisierte Indexierung beim Einscannen der Bücher können die Daten vernetzt und in Relation zueinander gesetzt werden.

Aber Digitalisierung im Verständnis der letzten zehn Jahre ist mehr. Im Fokus des Digitalisierungshypes steht nicht etwa die Übertragung von analoger Information auf ein digitales Medium. Vielmehr geht es um die Übertragung des Menschen und seiner Lebens- sowie Arbeitswelten auf eine digitale Ebene.[2] Menschen brechen aus der lokalen Offline-Welt aus und wollen omnipräsent, vernetzt und always-on sein. Sie verstehen sich selbst als Individuen in der immer gegenwärtigen Sphäre der Digital Community.

Die neuen digitalen Lebenswelten stellen eine derartige Zäsur dar, dass sich die Generation der *Digital Natives*[3] durch traditionelle Parteien nicht mehr repräsentiert fühlt. Weltweit entwickeln sich politische Strömungen, die sich in Europa zu den Piraten-Parteien formieren. Eine Partei, die in Deutschland seit 2011 in mehrere Landesparlamente einzog. Dies bedeutet, dass eine inzwischen respektable Partei das Thema „Digitalisierung“ als ihren Kern und Ursprung definiert. So gibt es neben den „Rechten“, den „Konservativen“, den „Sozialen“, den „Grünen“, den „Sozialisten“ und den „Liberalen“ nun auch die „Digitalen“.

1.1 Das neue Internet als Grundpfeiler der neuen Digitalisierung

Die *neue Digitalisierung* ging mit der Weiterentwicklung des Internets zum *Web 2.0* einher. Der Begriff Web 2.0 wurde bei einer vom Verleger *Tim O'Reilly* veranstalteten Brainstorming-Session im Jahr 2004 geprägt. Dabei sollten Prinzipien identifiziert und aufgestellt werden, von denen Firmen, die den Crash der New Economy überlebt haben und heute erfolgreich sind, mindestens eines als Kernkompetenz haben. Das Ergebnis sind folgende Punkte:[4]

- **Nutzung des Web als Plattform:** Der lokale Rechner als Arbeitsplattform könnte bald ausgedient haben. Online-Anwendungen können schon lange lokale Soft- und Hardware Vorrichtungen, wie z. B. Textverarbeitung, Tabellenkalkulation, Bildbearbeitung oder Festplattenspeicher, problemlos ersetzen.

---

1 *Wikipedia* (2012).

2 Für eine beispielhafte digitale Customer Journey vgl. *Mehl/Dmoch/Tschödrich* (2011), S. 9 f.

3 Vgl. vertiefend u. a. *Palfrey/Gasser* (2008).

4 Vgl. *O'Reilly* (2005).

- **Einbeziehung der kollektiven Intelligenz der Nutzer:** Der *Onliner* ist nicht länger nur Konsument, sondern auch Produzent. Eine neue Konsumentenrolle ist entstanden: der *Prosument*.[5] Er übernimmt aktiv Rollen in der Wertschöpfungskette, ob als Produzent von neuen Inhalten oder im Vertrieb durch Weiterempfehlungen.

- **Zugang zu Daten und deren Weiterentwicklung:** Die Herrschaft über Datenbestände kann in der Online-Welt als der wichtigste Produktionsfaktor angesehen werden. Das sind vor allem persönliche, geographische und terminliche Datenbestände.

- **Vertrauen in Anwender als Mitentwickler:** Viele Online-Angebote werden nicht als „fertiges" Produkt in den Markt eingeführt. Stattdessen erstellen die Programmierer nur ein Grundgerüst. Die Internet-User entwickeln diese Basis-Anwendung weiter; dafür legen die Software-Anbieter die technischen Programmiercodes offen oder erweitern das Gerüst nach Anregungen der Nutzer. Über die Software-Entwicklung hinaus haben Firmen die User im Rahmen von *Open-Innovation-*[6] oder *Customer-Engineering*-Projekten als Produktentwickler entdeckt.

- **Rentable Besetzung von Nischen:** Das *Long-Tail-Business-Modell*[7] beschreibt die durch das Internet vereinfachte, vollständige Ausschöpfung eines Marktes durch aktive Bearbeitung vieler Nischen. Möglich wird das einerseits durch das Wegfallen von Lager- und Ausstellungskosten und andererseits durch ein riesiges Einzugsgebiet. Gefiltert, mit Suchkriterien ausgestattet und sortiert, sind diese Nischenprodukte durch Bewertungen und Einteilungen einer Community katalogisiert. Die vielen Nischenprodukte können dann denselben Absatz wie die „Verkaufsstars" erzielen.

- **Erstellung von Software über die Grenzen einzelner Geräte hinaus**: Die Anwendungen sollen nicht an bestimmte Hard- und Software Technologien geknüpft sein.

Mitentscheidend für die Weiterentwicklung des Internets zum Web 2.0 war der technologische Fortschritt. Dieser wurde durch die Erhöhung der Datenübertragungsraten und durch den Verfall der Internetnutzungskosten begünstigt. Die Grundpfeiler des *alten* Internets waren Suche (z. B. *Google*), Shopping (z. B. *Amazon*), Textinhalte (z. B. Firmenhomepages) und Textkommunikation (z. B. E-Mail und Chat).

Die nächste Stufe war unvermeidlich: Der audio-visuelle Bereich mit Videos, Bildern und Musik. Viele Web-2.0-Anwendungen, wie *YouTube*, *Flickr* oder *Twitter,* wären ohne diesen technischen Fortschritt nicht praktikabel. *Mashups*, welche Applikationen und Daten unterschiedlicher Herkunft zusammenführen, sind technologisch gesehen zwar keine Revolution, jedoch ist die Verknüpfung und „Zusammenarbeit" der einzelnen Websites prägend für das Web 2.0. Website-Betreiber stellen ihre Daten über Application Programming Interfaces (APIs), also offene Programmierungsstellen, zur Verfügung.[8] So können bspw. über den Internetbrowser *Flock* Bilder auf *Flickr* geladen, Fahrradrouten auf *bikemap.de* in *Google Maps*-Karten eingezeichnet oder *YouTube*-Videos in Blogs integriert werden. Eine weitere bedeutende Neuentwicklung war Ajax (Asynchronous JavaScript and XML). Technisch gesehen

---

5 Vgl. *ALTMANN* (2010), S. 192, und *RITZER/JURGENSON* (2010).

6 Zum Thema Open Innovation vgl. insbesondere den Beitrag von *DIGMAYER/JAKOBS* (2013) in diesem Sammelwerk.

7 Vgl. ausführlich *ANDERSON* (2006).

8 Vgl. *BIENERT* (2007), S. 11.

bietet Ajax die Möglichkeit der asynchronen Datenübertragung vom Client zum Server.[9] Es ist jedoch keine neue Technologie, sondern vielmehr eine Architektur und eine Sammlung von Internettechnologien. Ajax wird insbesondere für die Schaffung so genannter *Rich User Interfaces* – funktionsreichhaltiger Benutzeroberflächen – eingesetzt. Dem Nutzer bleibt auf diese Weise das ständige Neuladen einer Webseite erspart, denn die einzelnen Elemente können innerhalb der Website aktualisiert und neu geladen werden.[10] Die Nutzung komplexer Web-Applikationen ist schneller und angenehmer. Eine weitere wichtige Voraussetzung für den Erfolg des Web 2.0 war die rasante Verbreitung des Internets. Laut der *ARD/ZDF*-Online-Studie 2011 haben 51,7 Millionen Deutsche ab 14 Jahren Zugang zum Internet. Damit stieg der Anteil der Internet-Nutzer in Deutschland im Zeitraum 1997 bis 2011 von 6,5 Prozent auf 73,3 Prozent.[11] Auch bei den Internet-Endgeräten hat sich in den letzten Jahren viel getan. Laut einer *Emnid*-Umfrage vom Mai 2012 gaben mehr als ein Drittel der Befragten an, über ihr Mobiltelefon oder Handy online zu gehen. Sieben Prozent der Befragten nutzen dafür zumindest gelegentlich einen Tablet PC. Erstaunlich ist, dass trotz der medialen Präsenz der Tablets sogar noch mehr Nutzer über den Fernseher, nämlich acht Prozent, ins Internet gehen!

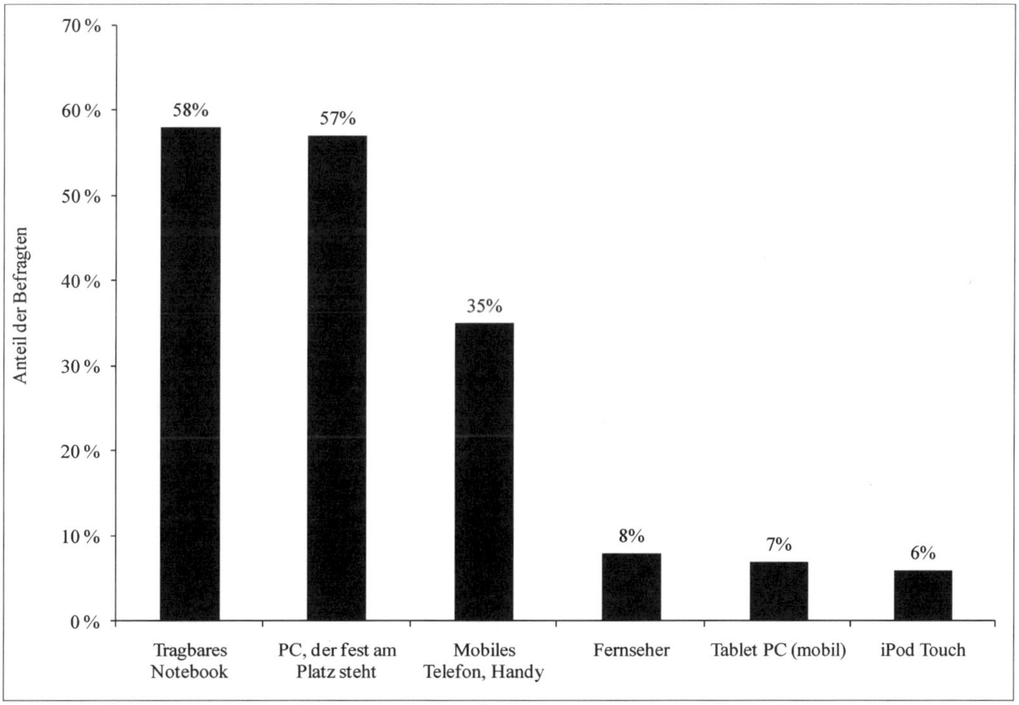

Abbildung 1: Nutzung von internetfähigen Endgeräten[12]

[9] Vgl. *DRÜNER* (2009), S. 38.

[10] Vgl. *DRÜNER* (2009), S. 51.

[11] Vgl. *BVDW* (2011).

[12] Vgl. *STATISTA* (2012a).

Es spricht vieles dafür, dass sich neben den technologischen Weiterentwicklungen auch der Nutzer des Internets verändert haben muss. Einige der Stars des Web 2.0 waren zu Zeiten der New Economy technisch möglich oder schon aktiv, aber nicht erfolgreich. Das Verhalten der Internet-Nutzer hat sich ebenfalls entwickelt; die User haben sich in Communities organisiert.

Social Communities
Je mehr positive Erfahrungen in den frühen Jahren des Internets mit Internetdiensten, wie E-Mail, und Webfirmen, wie *eBay* und *Amazon*, gesammelt wurden, desto weiter verbreitete sich das gewonnene Vertrauen. Dies war die Vorarbeit des alten Internets. Das Vertrauen in die Materie war da; nun wollten sich die User im Netz selbst darstellen, anderen bei der Selbstdarstellung zusehen oder zusammen Wissen und Informationen bilden: die Geburtsstunde der Communities. Genauer gesagt handelt es sich bei einer Community im Sinne des modernen Internets um eine virtuelle Gemeinschaft von Internet-Usern, die in der Regel gleiche Interessensgebiete haben, über das Internet miteinander kommunizieren und gemeinsam neue Inhalte schaffen.[13] Die Qualität und der Wert von vorhandenen oder neu generierten Daten steigern sich durch „Tagging". Beim Tagging geben die Nutzer eines Dienstes Schlagworte zu den Inhalten ab. Suchtechnologien ermöglichen darüber hinaus das Auffinden von Inhalten oder Nutzern mit ähnlichen Interessen. Die User schaffen durch ihre Eingaben Strukturen, die anderen Nutzern oder Diensten, die auf die Daten zugreifen, dienlich sind. Für den Erfolg einer Community ist es ausschlaggebend, dass die Betreiber es schaffen, kreative und aktive Internetnutzer für ihre Seite zu gewinnen, die viel neuen Inhalt erstellen (Creator). Auch muss man sich aktiv um mitteilungsfreudige, begeisternde Mitglieder bemühen, die die Inhalte bewerten und weiterempfehlen (Sharer). Der größte Teil einer Gemeinschaft (Consumer) folgt dann automatisch.

Die Gemeinsamkeit der Erfolgreichen: Kostenlos!
Die erfolgreichen Geschäftsmodelle im Web sind für Endkunden kostenlos. Ob *Facebook*, *Twitter*, *YouTube*, *Xing* oder *Flickr*, für die Nutzung der Services muss der Endnutzer – zumindest in den Basisausführungen – nicht bezahlen. Das bislang knappste und teuerste Gut im Internet wurde von nun an kostenlos produziert: Inhalt. Und zwar von den Usern selbst, der so genannte *User Generated Content*.[14] Leser, Radiohörer und Zuschauer schaffen Inhalte für sich und ihresgleichen. Auch etablierte Medien nutzen das Bilderangebot von *Twitter*, anstatt sie von Agenturen wie *Reuters* oder *Associated Press* zu beziehen. Dafür gibt es zwei Gründe: Sie sind die aktuellsten Zugangskanäle, weil einer von 517 Millionen registrierten „Fotografen" immer vor Ort ist und die Bilder werden kostenlos bereitstellt.[15] Natürlich ergeben sich daraus Probleme für die Zukunft. Kann man Free-Content-Seiten profitabel gestalten? Die Anwendungen müssen behutsam „kommerzialisiert" werden. Sie müssen etabliert sein bzw. eine solide Community aufweisen. Dann können die Anbieter weitere kostenpflichtige Dienste (z. B. SkypeOut bei *Skype*, Premium-Mitgliedschaft bei *Xing*) oder Online-Werbung integrieren.

Die Prinzipien von *O'REILLY* zum neuen Internet haben ihre Gültigkeit nicht verloren. Im Gegenteil: Viele der Entwicklungen seit 2004 scheinen seine Parameter als Leitlinien genutzt zu haben. Weit gefasst lässt sich sagen, dass das Web 2.0 für alles steht, was sich im Netz und um das Netz herum seit dem New Economy Crash Anfang der 2000er Jahre weiterentwickelt

---

13 Vgl. *ITWISSEN* (2012).

14 Vgl. hierzu vertiefend *ALTMANN* (2010).

15 Vgl. *SOCIALMEDIASTATISTIK* (2012).

hat. Seien es die technologischen Fortschritte wie Smartphones, wirtschaftliche Aspekte oder sozialen Phänomene wie Social Communitys und Partizipation.

Das *online sein* steht im Zentrum der neuen Digitalisierung. Aber eine weitere Entwicklung, vor allem der letzten fünf Jahre, ist charakterisierend: die Entfesselung des Internets vom Computer. Die Online-Anbindung verschiedener Lebensbereiche und Endgeräte war die konsequente Weiterentwicklung des Webs. Ohne die *Vernetzung* wären die aktuellen Leuchttürme der Digitalisierung, wie Cloud Computing[16], No-Line Commerce[17], Mobility[18] und Big Data[19] nicht möglich.

1.2 Connect to ... everything! Die Vernetzung der Lebenswelten

Im Kern geht es darum, dass die digitalen Ökosysteme (Wohnung, Arbeitsplatz, Auto, Verkehr, Parkhaus, Restaurant etc.) und die technischen Geräte (Smartphone, Kühlschrank, Fernseher, Tablet etc.), die wir nutzen, untereinander und mit uns per Datenübertragung kommunizieren, sich abstimmen und synchronisieren. Die „*Ver-online-nung*" unseres Alltags kennt keine Grenzen mehr. Vor allem in vier Bereichen bietet die Vernetzung phantastische Anwendungsmöglichkeiten: Connect to Mobile, Connect to Home, Connect to Car und Connect to Infrastructure.

Das präsenteste Beispiel ist *Connect to Mobile.* Jahrelang prognostizieren Analysten, dass sich neben einem stationären Computer ein mobiles Pendant etablieren wird. Handys konnten diese Aufgabe bis 2007 nicht erfüllen. Erst die Einführung des iPhone ermöglichte durch starke Vereinfachung der Bedienung die Platzierung des Smartphones als zentrales, führendes, mobiles Endgerät, das einerseits synchrone Inhalte und Funktionalitäten zum Computer aufwies und andererseits zusätzlich mobile Use Cases, wie Navigation, Restaurantfinder oder Bar-Code Reader, unterstütze. Flankiert wird diese neue Mobilität seit 2010 durch die mobile Gattung der Tablets.

Ein weiterer Lebensbereich, der häufig in diesem Kontext genannt wird, ist das Zuhause, *Connect to Home.* Die Bedienung von Rollläden, Lichtern, Klimaanlage, Heizung oder Herd per Smartphone oder Internet sind schon lange keine futuristische Vision mehr. Vernetzte Kühlschränke, die sich je nach konfiguriertem Profil selbstständig Milch nachbestellen können, finden allerdings momentan noch keine Anwendung. Eine Verbindung zum Auto kann heute schon das Öffnen des Garagentors kurz vor der Ankunft veranlassen. *Smart-Metering*-Stromzähler senden Verbrauchsdaten an den Energieversorger und die Nachtspeicheröfen beziehen dank der Vernetzung mit dem Energieversorger dann vergünstigt Strom, wenn Überkapazitäten aufgrund der schwankenden Stromverfügbarkeit durch erneuerbare Energien vorhanden sind.

---

16 Vgl. hierzu auch den Beitrag von *Pechardscheck/Schiefer* (2013) in diesem Sammelwerk.

17 Vgl. vertiefend *Heinemann* (2012).

18 Vgl. zu diesem Teilaspekt auch den Beitrag von *Schelewsky* (2013) in diesem Sammelwerk.

19 Vgl. hierzu auch den Beitrag von *Nieendick/Jansen/Kalinowski* (2013) in diesem Sammelwerk.

Neben dem Zuhause und der Arbeit verbringen wir einen wesentlichen Teil unserer Zeit im Auto. Kein Wunder, dass die Vernetzung mit *Connect to Car* hier besonders stark Einzug gehalten hat. Im Fokus steht dabei die Vernetzung des Fahrzeugs mit dem Smartphone, der Werkstatt und dem Internet. So können heute schon viele Autofahrer einen Car Health Check durchführen und ihren aktuellen Fahrzeugstatus abfragen, z. B. Standort, Durchschnittsgeschwindigkeit, gefahrene Strecke, Tankfüllstand, Reifendruck, Kilometerstand etc. Interessant für die Fahrer ist auch die Steuerung des Autos per App. Vom Auf- und Abschließen des Fahrzeugs über die Bedienung der Standheizung bis hin zur Fahrzeugortung. Auch als einen Online-Verkaufskanal haben die Automobilhersteller das Fahrzeug entdeckt. So können Service- und Teileprodukte direkt im Auto bestellt werden. Noch spannender sind *Remote Updates*. Sie ermöglichen Software-Updates, z. B. für Navigationssysteme oder Steuergeräte, ohne Werkstattaufenthalt.

Großes Potenzial liegt auch in der Vernetzung des Autos mit der Werkstatt. Die Sensoren des Fahrzeugs übertragen entweder über die Smartphone-Datenverbindung des Fahrers oder über fest verbaute SIM-Karten im Fahrzeug wartungs- und verschleißrelevante Daten an die favorisierte Autowerkstatt des Fahrers. So kann der Werkstattmitarbeiter per Ferndiagnose den Fahrer optimal betreuen und die Zeit, die ein Auto in der Werkstatt sein muss, verkürzen.

Die Vernetzung kann an dieser Stelle noch weiter gehen: Sollte die Ferndiagnose bspw. den Verschleiß von Bremsschreiben anzeigen, startet nach erfolgreicher Online-Terminbuchung die automatisierte Ersatzteil- und Kapazitätsplanung im Händlerbetrieb. Denkbar ist ein Service- und Teile-Wertschöpfungsnetzwerk zur optimalen Kunden- und Teilesteuerung. Möglich wäre dies durch die Vernetzung der einzelnen Händlerbetriebe. Werkstattsysteme melden innerhalb des Netzwerks freie Kapazitäten oder passende Ersatzteile, die auf Lager sind. Überkapazitäten bei Werkstätten könnten als Last-Minute-Angebote auf Internet-Portalen angeboten werden. Fährt der Kunde dann auf den Hof seines Händlers, wird das Nummernschild automatisch erkannt und ein passender Parkplatz zugewiesen. Die Kundenakte öffnet sich automatisch auf dem Tablet des Serviceberaters, so dass der Kunde namentlich und mit allen notwendigen Informationen empfangen werden kann.

Der vierte Bereich, den die Vernetzung vor allem in Zukunft stark beeinflussen wird, ist urbane Infrastruktur – *Connect to Infrastructure*. Im Bereich Verkehr können die Vernetzung der Fahrzeuge untereinander und die Vernetzung der Fahrzeuge mit ihrer Umwelt aktuelle Probleme z. B. durch automatisierte Auskunfts-, Leit- und Abrechnungssysteme lösen. Über Mobile-Payment-Anwendungen können Mautgebühren von Autobahnen per Smartphone bezahlt werden. Die vernetzte Infrastruktur trägt dazu bei, Staus zu vermeiden oder freie Kapazitäten, wie Parkplätze oder Ladestationen für Elektroautos, zu melden. Schon heute können intelligente Parkplatzsysteme freie Plätze twittern!

Von den Veränderungen, die die Digitalisierung mit sich bringt, sind so gut wie alle Lebensbereiche betroffen. Unternehmen haben zwar die Neuerungen, die die Elektronische Datenverarbeitung (EDV) im 20. Jahrhundert mit sich brachte, vorteilhaft und flächendeckend eingesetzt, aber viele Potenziale der neuen Digitalisierung liegen im Moment noch brach!

1.3 Bedeutung und Auswirkung für Unternehmen

Schon seit längerer Zeit verfeinern und optimieren Unternehmen ihre Vernetzung mit Lieferanten und Partnern.[20] Dadurch verschlanken sie Lieferketten, optimieren Unternehmensabläufe und nutzen eine möglichst lagerlose Materialversorgung.

Aber eine noch weitreichendere Veränderung der Marktsituation elektrisiert alle Beteiligten: Die Verschmelzung von digitalen, sozialen und mobilen Sphären verbindet Kunden, Mitarbeiter und Partner auf eine neue, phantastische Weise – untereinander und miteinander.

Diese Veränderungen zwingen Unternehmen aber auch, sich an die neuen Gegebenheiten anzupassen und die sich bietenden Chancen zu ergreifen. Denn wer nicht die Gelegenheit als Innovationstreiber und Vordenker ergreift, steht schnell außerhalb des Netzwerks.

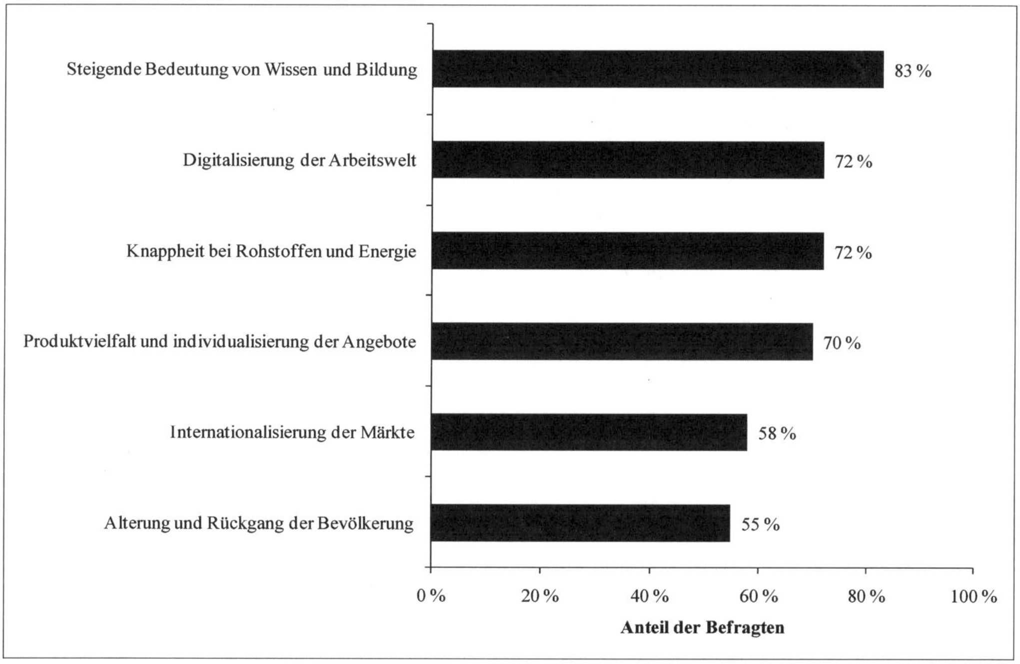

Abbildung 2: Digitalisierung ist einer der wichtigsten Megatrends für Unternehmen[21]

Die aktuellen Fragestellungen für Unternehmen rund um Digitalisierung sind die Veränderungen der Vertriebsstrukturen (Multi-Channel Retailing und No-Line Commerce[22]), die Etablierung der Smartphones als Informations- und Kommunikationszentrale für Kunden und Mit-arbeiter, die gemeinschaftliche Nutzung von digitalen Ressourcen durch Cloud Computing und nicht zuletzt Sammlung, Umgang und Verarbeitung der digitalen Informationen (Big Data und In-Memory Computing). Diese vier Kernthemen beeinflussen momentan stark die

---

[20] Vgl. hierzu auch *Rollberg* (2011).

[21] Vgl. *Statista* (2012b).

[22] Vgl. hierzu auch den Beitrag von *Heinemann* (2013) in diesem Sammelwerk

Unternehmensorganisation einerseits und die Geschäftsentwicklung andererseits. Die wichtigsten Treiber für Innovationen und Veränderungen in der Geschäftswelt liegen damit in der Digitalisierung.

1.4 Digitalisierung als Innovationstreiber Nummer Eins

Die neuen Kräfte der Digitalisierung, wie z. B. die explosionsartige Entwicklung mobiler Kommunikationstechnologien und Anwendungen, haben ihre Spuren in der Wirtschaft hinterlassen. So unterstreicht eine *BITKOM*-Studie aus dem Jahr 2011 die Rolle der Digitalisierung als Innovationstreiber: 60 Prozent der Unternehmen, für deren Geschäftsmodell das Internet eine zentrale Rolle spielt, entwickeln innovative Produkte und Dienste, und fast 40 Prozent betreiben eigene Forschungsabteilungen. Bei den Unternehmen mit geringer Webrelevanz für ihr Geschäftsmodell sind es lediglich 50 bzw. 24 Prozent. Auch bei der Internationalisierung haben Unternehmen mit hoher Digitalisierung die Nase vorn.[23] Diese Zahlen belegen: Wer im 21. Jahrhundert *innovativ* sein will, muss *digital* sein! Nicht ohne Grund investieren auch und v. a. deutsche Großunternehmen, die traditionell Offline-Produkte wie Bohrmaschinen, Herzschrittmacher oder Fahrzeuge herstellen, in Projekte wie *Connected Drill Machine*, *eHealth* oder *Connected Car*.

Es ist absehbar, dass sich diese Entwicklung fortsetzt, denn immer mehr Bereiche der Wirtschaft werden *digitalisiert*. Als Basis intelligenter Netze für Gesundheit, Verkehr, Energie, Handel, Bildung und Behörden wird Digitalisierung immer unverzichtbarer bei der Lösung zentraler gesellschaftlicher und wirtschaftlicher Herausforderungen.

Eine weitere Studie zeigt die künftige Bedeutung der Digitalisierung für die Wirtschaft und Gesellschaft auf. Auf dem fünften nationalen IT-Gipfel der Bundesregierung wurden die Informations- und Kommunikationstechnologien (IKT) als *die* Innovationstreiber gekennzeichnet.

Beste Chancen in der Wirtschaft bestünden für Deutschland im Zusammenspiel mit den IKT und den klassischen Anwendungsindustrien wie E-Energy, E-Commerce, E-Health, Embedded Systems[24] und E-Mobilty.

1.4.1 Auswirkungen auf den Produktlebenszyklus

Die Erfolgsstrategie der Digitalisierung besteht in den flexiblen Wertschöpfungsnetzwerken, die sich durch geringen Investitionsaufwand und enormer Reichweite definieren lassen. Trotz des bestehenden, immensen Entwicklungspotentials müssten die Defizite in der Vermarktungskompetenz Europas sowie in der mangelnden unternehmerischen Initiative dringend beseitigt werden.

---

[23] Vgl. *IWCONSULT* (2011).

[24] Vgl. *BITKOM* (2010). „Embedded Systems" (deutsch: eingebettete Systeme) stellen eine Kombination aus Hard- und Softwarekomponenten dar. Sie werden in einem technischen Kontext eingebunden und haben die Aufgabe, ein System zu steuern und zu überwachen. Ein eingebettetes Embedded System verrichtet vordefinierte Aufgaben, im Gegensatz zu herkömmlichen Computern, die je nach verwendeter Software viele verschiedene Aufgaben verrichten. Anwendung finden sie hauptsächlich im Bereich Zündsteuerung von Airbags, moderner Büro- und Kommunikations-Elektronik wie Laserdruckern, Mobiltelefonen oder Festplatten, Militärtechnik oder Haushaltsgeräten.

Als besonders verbesserungsfähig wird das bestehende Zusammenspiel von Entwicklern und Marketingexperten betrachtet. Durch den schnellen technologischen Fortschritt und die daraus resultierenden Innovationsprodukte kommt es häufig zu einer Überschneidung der Produktlebenszyklen in der Reifephase. Während sich beispielhaft Produkt A gerade auf dem Markt positioniert hat und sich in der anfänglichen Reifephase befindet, wird es bereits von einem innovativeren Produkt B, das sich in der Einführungs- oder Wachstumsphase befindet, überholt und häufig vollständig abgelöst. Die Umsatzspanne bzw. die Gewinnmarge der Unternehmen des Produkts A gehen insofern deutlich zugunsten des Produkts B zurück. Derart rückt das Ursprungsprodukt A nach kurzer bzw. verkürzter Reifephase bereits in die Sättigungsphase/Degenerationsphase oder verschwindet gänzlich vom Markt.

Der Produktlebenszyklus zweier konkurrierender Produkte gleicht somit dem Modell des „internationalen Produktlebenszyklus", das besagt, dass ein Produkt, das auf dem (deutschen) Markt industrialisierter Länder bereits ausläuft, in einem Schwellenland eingeführt wird und dort nochmals alle Phasen erfolgreich durchläuft; es handelt sich hierbei um eine erfolgreiche Verschiebung der Zyklen. National betrachtet ist das Modell jedoch weniger erfolgversprechend und sorgt eher für eine Verschlechterung der Marktbedingungen als die Wirtschaft zu stabilisieren.

Um dieses Phänomen zu beseitigen und den Markt nicht durch förderliche Innovationen konkurrierender Wettbewerber zu behindern, raten Experten zu dem „Modell der offenen Innovation". Innovation soll nicht mehr nur innerhalb eines Unternehmens betrieben werden, sondern sich möglichst zu Beginn nach außen hin öffnen und Ideen von Externen wie Kunden, Lieferanten, Universitäten und sogar von Wettbewerbern inkludieren.[25] Die Anpassungsfähigkeit des Umfeldes kann somit ermöglicht werden und durch die Kommunikation bereits bei der Ideenumsetzung den schnell voranschreitenden Lebenszyklus verlangsamen.

Ein weiterer Vorteil des Modells der offenen Innovation besteht in der schrittweisen Bekanntmachung des Produkts. Bei schneller Einführung passiert es nicht selten, dass bestimmte Kundengruppen über das Dasein und die Vorteile des Produkt noch nicht informiert sind, während das Produkt bereits schon wieder vom Markt verschwunden ist.[26]

1.4.2 Globalisierungs- und Deregulierungseffekte

Als weitere Triebkräfte der Wirtschaft kann Digitalisierung im Bereich der Globalisierung und auch der Deregulierung betrachtet werden.

Durch innovative Ideen und technische Fortschritte konnte die Digitalisierung zur Globalisierung und vor allem zum Internationalisierungsprozess von Unternehmen beitragen. Innovative Unternehmen haben heute nur noch selten Vertriebsstrukturen ausschließlich im Inland, sondern verfügen meistens auch über Standorte im Ausland. Die Verbesserung der Kommunikations- sowie Transportwege, intern sowie extern, konnte nachhaltig zu dem Aufbau eines internationalen Geschäftsfeldes beitragen. Informationen konnten mit Hilfe von Management-Informationssystemen (MIS) innerhalb kürzester Zeit auch weltweit mit Tochtergesellschaften ausgetauscht werden und auch Finanzdaten konnten flexibler verarbeitet werden. Neue Geschäftsbereiche wurden gegründet bzw. die Auslagerung von Geschäftsbereichen (Outsour-

---

[25] Vgl. hierzu auch den Beitrag von *DIGMAYER/JAKOBS* (2013) in diesem Sammelwerk

[26] Vgl. *SAAS-MAGAZIN* (2010).

cing) nahm stark an Bedeutung zu; die Bildung von Allianzen und auch die Neustrukturierung sind heute nicht mehr wegzudenken.

Das globale Denken und die internationale Ausrichtung gehen ebenfalls stark auf die Digitalisierung zurück.

Ebenso wichtig wie die Globalisierungseffekte sind auch die Auswirkungen der Digitalisierung auf die Deregulierungsprozesse. Hauptsächlich die USA und Deutschland haben für die Privatisierung diverser Branchen gesorgt. Die Deregulierungsprozesse fanden vorrangig im Bereich Luftfahrt, Telekommunikation und in der Energieversorgung statt. Die Innovation, die auf der Digitalisierung beruhte, konnte die traditionellen Strukturen der Branchen durchbrechen.[27]

Die Digitalisierung sorgte für einen reibungslosen Ablauf innerhalb des Unternehmens und konnte durch das Vorliegen digitaler Daten Prozesse nun noch leichter überwachen. Durch die Vielzahl an persönlichen Daten waren staatliche Unternehmen quasi dazu gezwungen sich zu privatisieren. Eine staatliche Überwachung hätte sich mit dem Persönlichkeitsrecht und der Informationsfreiheit der Betroffenen nicht vereinbaren lassen.[28]

1.5 Verschmelzung von geschäftlichen und privaten Lebenswelten

Das Smartphone hat die Grenzen zwischen Privatleben und Arbeitsleben aufgeweicht. Lange sind die Zeiten vorbei, in denen Mitarbeiter nur während ihrer Kernarbeitszeit für das Unternehmen verfügbar waren. Inzwischen gilt stillschweigend eine digitale Anwesenheit als üblich. Dies schlägt sich auch in immer mehr Arbeitszeitmodellen nieder. Der IT-Branchenverband *BITKOM* hat in einer Studie festgestellt, dass 88 % der Mitarbeiter nach dem Feierabend und am Wochenende per E-Mail oder Handy erreichbar sind. Immerhin noch 20 % bearbeiten vor dem Schlafengehen noch geschäftliche E-Mails.

Das Prinzip des „Always on" führt dabei zu positiven wie negativen Effekten. Zwar kann ein Arbeitnehmer seine Arbeitsweise flexibler gestalten, indem er selbst bestimmt, wo und wann er arbeitet, allerdings führt die dauerhafte Wachsamkeit und Beschleunigung der geschäftlichen Kommunikation auch immer häufiger zu Erschöpfungskrankheiten. Dies bedeutet auch für Unternehmen ein erhebliches finanzielles Risiko.

Erstaunlicherweise ist die permanente digitale Verfügbarkeit selten eine direkte oder indirekte Forderung des Unternehmens. Vielmehr hat es wohl mit der eigenen, gefühlten Wichtigkeit des Mitarbeiters zu tun. „Immer im Einsatz zu sein, suggeriert für viele Mitarbeiter, dass man wichtig ist, dass man gebraucht wird, dass es ohne einen nicht geht", sagt *CHRISTOPH KOCH*, Autor des Buches „Ich bin dann mal offline", in dem er sechs Wochen ohne digitale Kommunikation lebt.[29]

---

27 Vgl. *SCHILLING* (2010).

28 Vgl. *JURAMAGAZIN* (2012).

29 Vgl. *AMANN/DETTMER* (2012).

Eine weitere Ausprägung, die dem Trend der Verschmelzung der digitalen Lebenswelten folgt, ist die immer weiter verbreitete IT-Strategie „*Bring-Your-Own-Device*" (BYOD) für mobile Lösungen. Hierbei können Arbeitnehmer das private Smartphone nutzen, um auf Unternehmenssysteme und -daten zugreifen zu können. Auf der anderen Seite nähern sich aber auch Unternehmen den Lebenswelten ihrer Mitarbeiter an, indem sie originär private soziale Netzwerke wie *Facebook* und *Twitter* zur Unternehmenskommunikation nutzen. Explizit achten Firmen hierbei auf einen freundschaftlichen, inoffiziellen Stil.

Es mag auf viele befremdlich wirken, wenn ein seriöses Bankhaus per *Twitter* seine neuen Bilanzen ankündigt und dabei die Leser duzt! Die Digitalisierung hat neben solchen Stilblüten noch viele weitere Paradoxa hervorgebracht, denn eine tiefgreifende systematische Veränderung erzeugt immer Spannungsfelder – bei Kunden, Unternehmen und seinen Mitarbeitern.

2 Paradoxa der Digitalisierung

Im Rahmen vieler Kundenprojekte setzen wir uns häufig mit Problemstellungen sowie Trends der digitalen Welt auseinander. Eine digitale Unternehmensstrategie[30] leitet sich unter anderem durch die intensive Analyse von Trends ab. Hierbei hat sich gezeigt, dass zu vielen identifizierten Trends der Bereiche E-Commerce, Mobility, Cloud Computing und Big Data jeweils auch valide Gegenbeispiele existieren. Somit entstand die Idee, diese Paradoxa zu beschreiben und auch einen Ausblick auf mögliche Lösungen zu geben.

Das erste Paradoxon ist das *Haptik-Paradoxon*. Ein Trend zur Virtualisierung setzte ein, als erstmals reale Produkte durch Digitale ersetzt wurden. Im nächsten Schritt wurde Digitales in Physisches integriert, z. B. ein Restaurantführer in Form einer App auf dem Smartphone (z. B. *Michelin Restaurants*). Aktuell befinden wir uns schon in der nächsten Phase. Die echte Welt und digitale Techniken verschmelzen in sogenannten *Augmented-Reality*-Anwendungen.[31] Der Software-Hersteller *Zungara* entwickelte z. B. eine Online-Anwendung, mit deren Hilfe Kleidung oder Accessoires im Internet virtuell anprobiert werden können. Auch kann man vor dem Kauf die potenziellen Einkäufe von Freunden begutachten und bewerten lassen.

Das *Always-On-Paradoxon* ist das zweite. Seit dem Einzug der IT in das Geschäftsleben beschäftigen sich Firmen mit der Frage, wie digitale Informationen, Systeme und Daten zur Verfügung gestellt werden sollen: Lokal auf dem PC eines jeden Mitarbeiters, über Datenspeicherung auf Servern oder über zentrale Systeme eines Terminal-Servers. Die Nutzung von mobilen Endgeräten, wie Smartphones, Tablets und sonstigen speziellen Anzeige- und Bediengeräten, in der Industrie hat dieses Dilemma nun verschärft, denn in welcher Form auch immer die Daten gelagert wurden, sie haben nie das Firmengelände verlassen. Um Missbrauch zu vermeiden, setzen daher viele Firmen auf Online-Lösungen bei mobilen Anwendungen, so dass vertrauliche Informationen nicht auf dem Endgerät vorgehalten werden müssen. Aber auch dies birgt Nachteile.

---

30 Zu den unterschiedlichen Strategieformen vgl. ausführlich KEUPER (2001) und KEUPER (2004).

31 Vgl. MEHL/DMOCH/TSCHÖDRICH (2011), S. 5.

Im Bereich des Cloud Computing verbirgt sich das *Sicherheits-Paradoxon*. Kaum ein IT-Thema ist in den letzten drei Jahren in der Fachpresse derart präsent gewesen wie die Cloud. Und auch die schnelle Verbreitung in der gesamten Gesellschaft erstaunt. Bereits Millionen kennen und nutzen Anwendungen wie die iCloud von *Apple* oder die *Telekom*-Cloud. Anders sieht es im geschäftlichen Umfeld aus. Es gibt zwar eine Reihe von kleineren Cloud-Projekten und Initiativen, aber wenige große Umsetzungen, die geschäftskritische Prozesse betreffen. Neben einer emotionalen Komponente sind Sicherheitsaspekte die größten Hemmnisse.

Das letzte Paradoxon ist das *Intimitäts-Paradoxon*. Kunden haben unterschiedliche, sich teilweise widersprechende Ziele. Sie möchten zum Beispiel nur Werbung ihres Reiseveranstalters erhalten, die für sie relevant ist. Andererseits verbieten sie selbigem, aus Gründen der Privatsphäre, Daten über das bisherige Buchungsverhalten und sonstige Interesse zu sammeln und zu diesem Zweck zu nutzen.

Im Folgenden beschreiben wir beispielhaft genauer, was genau sich hinter den einzelnen Paradoxa verbirgt. Das Fazit dieses Buches wird dann exemplarische Lösungen für diese aufzeigen.[32]

2.1 Katalysator für Multi-Channel Retailing: das Haptik-Paradoxon

Digitalisierung hat den Alltag so schnell und umfassend verändert, wie wenige technische Weiterentwicklungen zuvor. Viele Aspekte unseres Lebens sind durch die Nutzung von Computern und Smartphones beeinflusst. Virtualisierung, also die Erweiterung oder der Ersatz von Physischem, bietet somit viele Möglichkeiten für Innovationen. So kann ein vernetztes Auto schon heute dem Fahrer ein Angebot auf sein Smartphone senden, um per *Chip Tuning* die Motorleistung über das Wochenende um 30 % zu erhöhen – vollautomatisch!

Der Wandel von physischen zu digitalen Formaten erfolgt häufig in drei Phasen: Substitution, Integration and Augmentation.[33] Diese Phasen lassen sich am Wandel des Erwerbs und der Form von Konzertkarten beispielhaft zeigen (siehe Abbildung 3). Früher kaufte man eine Karte in einem Kartenbüro. Dort erhielt man sofort eine ausgedruckte Konzernkarte.

[32] Vgl. hierzu den Beitrag KALINOWSKI/VERWAAYEN (2013) in diesem Sammelwerk.

[33] Vgl. FALQUE/WILLIAMS (2011), S. 14.

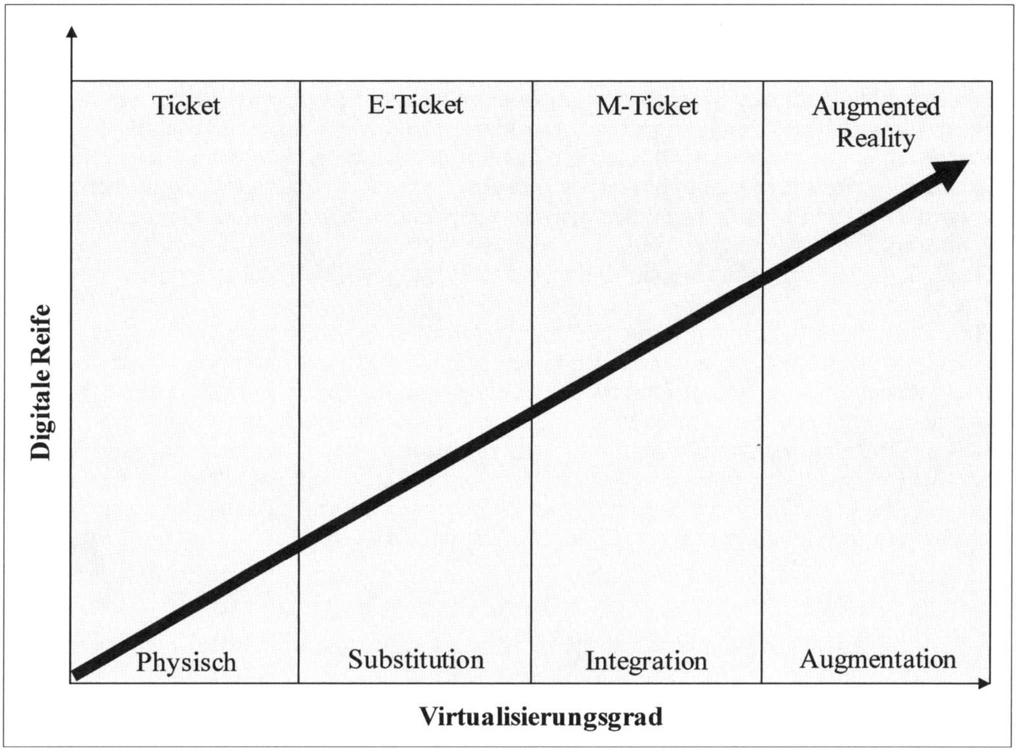

Abbildung 3: Die drei Phasen der Virtualisierung

Die erste Phase der Digitalisierung war die *Substitution* in Form von Electronic Tickets (E-Tickets). Auf diesen Tickets befinden sich scannbare Bar-Codes, die erstmals elektronische Weiterverarbeitung ermöglichten. Bei der *Integration* liegt das Ticket nur noch in digitaler Form vor – z. B. als Mobile Ticket (M-Ticket) auf dem Smartphone. Bei der *Augmentation* (englisch „Erweiterung“) kann die Realität mit digitalen Möglichkeiten „erweitert“ werden. So kann z. B. im Internet auf Basis realer Abbildungen des Konzertsaales ein Sitzplatz angeklickt und direkt gebucht werden.

Aber viele Nutzer dieser neuen Angebotsformate sind verunsichert. Wird das M-Flugticket beim Check-in für den Flug in die USA auch wirklich funktionieren? Was passiert, wenn das Smartphone kurz vorher den Geist aufgibt? Einerseits verspüren die Menschen das Bedürfnis Produkte anzufassen, auszuprobieren und sprichwörtlich fest in beiden Händen zu halten. Andererseits genießen sie die Vorteile des schnellen und bequemen Online-Shoppings. Dieses Paradoxon im täglichen Konsumverhalten nennen wir Haptik-Paradoxon.

2.2 Mobilisierung der IT-Systeme: das Always-On-Paradoxon

Eine große Herausforderung im Bereich Mobility ist der Umgang mit dem Kontrollverlust durch den BYOD-Trend. Sensible Unternehmensdaten und auch personenbezogene Daten müssen vor Missbrauch und Angriffen von außen geschützt werden – hier ist die IT in der Verantwortung. In einer abgeschlossenen Unternehmensinfrastruktur kann die IT Sicherheitsmechanismen durchsetzen, um sich gut gegen Datenmissbrauch und Angriffe zu schützen. Hinzu kommen weitere Sicherheitsrisiken, die in zukünftige Sicherheitskonzepte einfließen müssen. Das sind beispielsweise die Nutzung von öffentlichen Netz-werken, unsichere Drittapplikationen auf dem mobilen Endgerät sowie Datenverlust durch gestohlene oder verlorene Geräte.[34]

Gerade im Außendienst setzen viele Firmen heute für Produktpräsentationen, Preiskalkulationen und Angebote beim Kunden auf mobile Lösungen; vor allem in Form von Tablets. Meist sind alle notwendigen Daten auf dem Tablet vorgehalten; zwecks Performance und Offline-Fähigkeit. Die einzige Absicherung ist – wenn überhaupt – die vierstellige Standard-Tablet-PIN. Aus Gründen der Datensicherheit und der -aktualität spricht jedoch vieles für Online-Lösungen. Dieses Always-on-Paradoxon stellt Unternehmen heute vor eines der größten Probleme bei der Mobilisierung von IT und Geschäftsprozessen.

2.3 Safety First beim Cloud Computing: das Sicherheits-Paradoxon

Die Digitalisierung der Gesellschaft hat im privaten Bereich auch zu einem neuen Verständnis von Datenschutz geführt. Heute veröffentlichen Nutzer von sozialen Netzwerken freiwillig persönliche Daten, die für jedermann verfügbar sind. Wären derartige Informationen in den 1980er Jahren publik geworden, hätte dies eine Welle der Empörung und der Demonstrationen ausgelöst. Verständlicherweise teilen Unternehmen diese Freizügigkeit nicht.

Beim Cloud Computing werden IT-Ressourcen außerhalb des Unternehmens genutzt.[35] Diese Ressourcen teilen sich viele Unternehmen, so dass sich Potenziale des Datenmissbrauchs ergeben. Daten in der Cloud sollen vertraulich bleiben und müssen dies auch aufgrund von Compliance-Regelungen. Erprobtes Mittel hierfür ist die Verschlüsselung von Daten bei Übermittlung und Speicherung. Zur sinnvollen Verarbeitung der Daten, müssen diese aber zumindest teilweise unverschlüsselt vorliegen.

---

[34] Vgl. *KALINOWSKI/RODRIGUEZ/WITT* (2012).

[35] Vgl. *WIRTSCHAFTSLEXIKON* (2012).

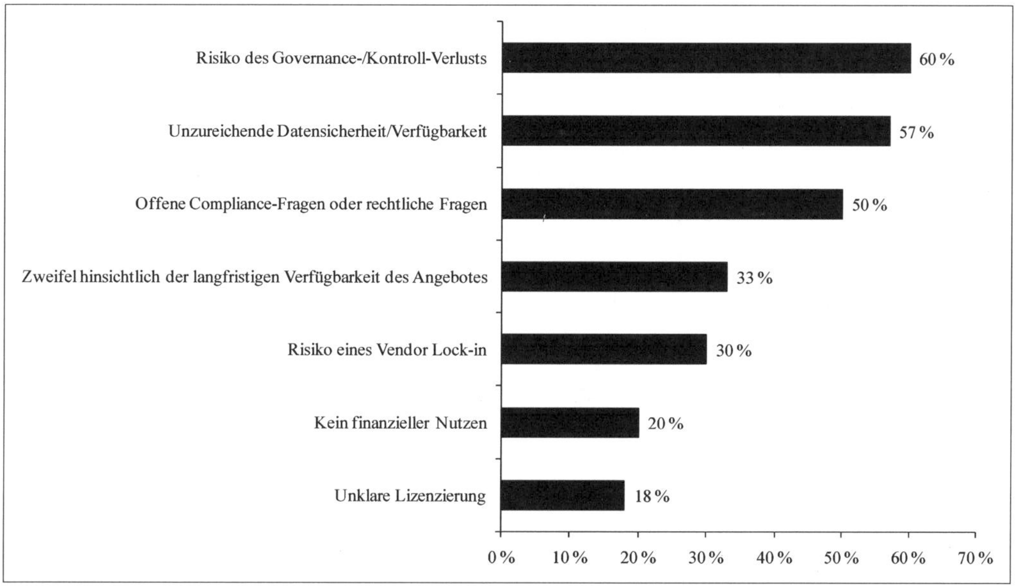

Abbildung 4: Gründe für Firmen, Cloud Computing mit Skepsis zu begegnen[36]

„Sicherheit, Privatsphäre, Compliance und Governance. Immer geht es um die Befürchtung, seine Daten aus der Hand zu geben und die Kontrolle zu verlieren."[37], so konnte man in einem Artikel des Informationsportals *it-daily.net* lesen. Sicherheitsaspekte sind große Hürden für die Einführung von Cloud Computing in Deutschland. Es gibt viele Ansätze zur Reduzierung dieser Sicherheitsbedenken: Private Cloud, Hybrid Cloud[38], Deutsche Cloud[39] etc. Damit wird aber die Grundidee des Cloud Computing untergraben, beliebige Ressourcen weltweit nutzen zu können. Daraus ergibt sich ein Paradoxon: das Sicherheits-Paradoxon beim Cloud Computing. Es beschreibt die zunächst widersprüchlich erscheinenden Bedarfe, vertrauliche Daten zu einem Cloud-Anbieter so auszulagern, dass dieser die Daten nicht missbraucht, aber trotzdem noch effektiv und effizient verarbeiten kann.[40]

36 Vgl. *Computerwoche* (2012).

37 *IT-Daily* (2012).

38 Hierbei handelt es sich um einer Mischform aus öffentlicher und privater Cloud. Der Nutzer kann „das traditionelle Rechenzentrum, das eine Private Cloud bildet, mit den skalierbaren Cloud-Diensten einer Public Cloud kombinieren. Der Cloud-Kunde kann seine eigenen Ressourcen und Anwendungsprogramme nutzen und bei Spitzenbedarf jederzeit Rechenleistung oder andere Ressourcen vom Cloud-Provider abrufen, ohne seine eigene Infrastruktur aufrüsten zu müssen."; online: http://www.itwissen.info/definition/lexikon/Hybrid-Cloud-hybrid-cloud.html, Stand: 26.11.2012, Abruf: 26.11.2012.

39 Vgl. online http://deutsche-wolke.de/, Stand: o. A., Abruf: 26.11.2012.

40 Vgl. *SIGS* (2012).

2.4 Von Big Data zu Big Brother: das Intimitäts-Paradoxon

Daten sind für Firmen heute Gold wert. Denn unternehmerische Entscheidungen werden auf Basis von Fakten getroffen. Insofern ist es nicht verwunderlich, dass in vielen Branchen eine wahre Datensammelwut ausgebrochen ist. Welche digitale Information verfügbar ist, wird auch ausgelesen und abgespeichert. Wurde beispielsweise früher der Energieverbrauch durch Mitarbeiter von Energieversorgern jährlich abgelesen, so können diese Daten heute schon oft elektronisch ausgelesen und abgespeichert werden. Im ersten Schritt ist dabei häufig der Nutzen oder die zukünftige Verwendung nicht sofort erkennbar. So sammeln sie Exabyte-weise Daten. Big Data. Mittels geeigneter Analyse-Tools könnten den Kunden auf diese Weise *individuelle Tarife* angeboten werden.

Neben den Problemen der Auswertung solcher Datenmengen, zeigt sich aber noch ein weiteres entscheidendes Dilemma: Wollen Kunden überhaupt derart gläsern für ihren Energieversorger sein? Darf und soll ein Unternehmen wissen, wann man morgens die Kaffeemaschine anmacht oder (mangels Energieverbrauch) gerade im Urlaub ist? Wer in den Unternehmen hat Zugriff auf die Daten? Dieses Intimitäts-Paradoxon tritt auf, wenn Kunden die Vorteile einer individuellen, bedarfsgerechten Betreuung durch Unternehmen in Anspruch nehmen möchten, sie aber nur in oft unzureichendem Maße gewillt sind, persönliche Daten über sich Preis zu geben.

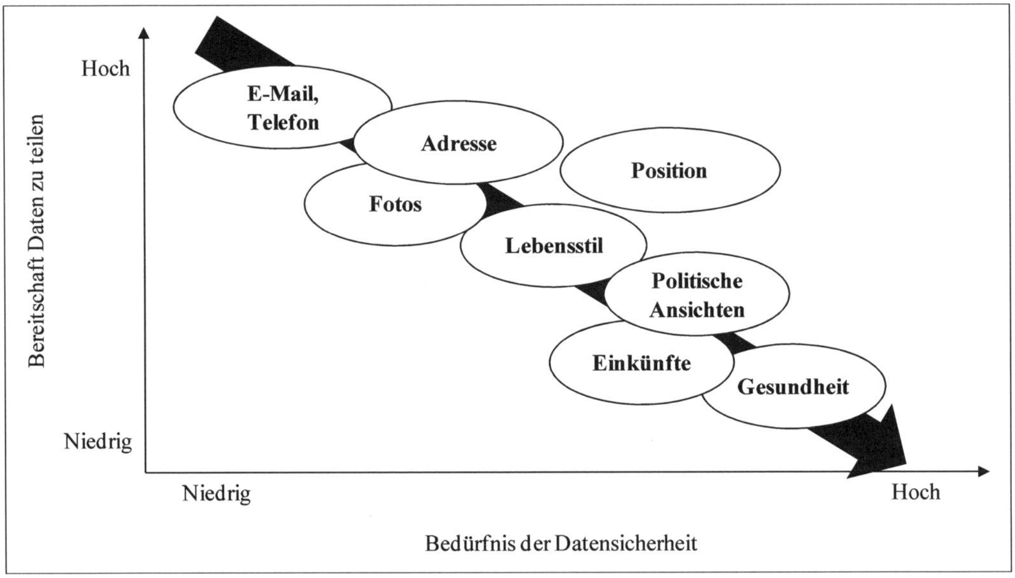

Abbildung 5: Das Verlangen nach Datenschutz hängt von der Art der Information ab.

Bei *Amazon Deutschland* kann man unter mehr als 13 Millionen Büchern wählen. Das sind eindeutig zu viele Bücher, um sie alle zu durchstöbern. Moderne Suchfunktionen können zwar eine Vorauswahl treffen, haben aber ihre Grenzen. Amazon hat ausgefeilte Empfehlungs-Algorithmen entwickelt, um seinen Kunden auf Basis von persönlichen und statistischen Informationen Vorschläge unterbreiten zu können. Damit dies, zum Wohle des Kunden und *Amazon*s, überhaupt möglich ist, hat *Amazon* ein nicht weniger ausgefeiltes Datennutzungsabkommen für seine Kunden aufgelegt. Das grundlegende Paradoxon hier ist das Verlangen des Kunden nach aufgeklärter Selbstbestimmung einerseits und der Unsicherheit bei der Entscheidungsfindung andererseits.

3 Fazit

Die ökonomischen, ökologischen und sozialen Veränderungspotenziale der Digitalisierung sind skizzenhaft deutlich geworden. Darüber hinaus wurden die mit dem Metatrend Digitalisierung zusammenhängenden Paradoxa aufgedeckt. In den folgenden Kapiteln erhält der interessierte Leser in erster Linie vertiefende Einblicke in die Chancen und Grenzen der Digitalisierung. Denn Erkennen und Verstehen baut Vorurteile ab, wodurch wiederum Platz in den Köpfen frei wird, um neue für Menschen und Konsumenten positive Nutzenerlebnisse generieren zu können. Schlussendlich nehmen *Torsten Kalinowski* und *Eric Verwaayen* in ihrem Schlussbeitrag das Thema der Paradoxa wieder auf, um unter (partiellem) Rückgriff auf die Beiträge dieses Buches konkrete Lösungen aufzuzeigen, wie die Paradoxa in Zukunft bestmöglich zu handhaben sind.

Quellenverzeichnis

Altmann, N. (2010): User Generated Content im Social Web – Warum werden Rezipienten zu Partizipienten, Berlin 2010.

Anderson C. (2010): The Long Tail – Why the Future Is Selling Less of More, 2. Auflage, New York (NY) 2010.

Amann, S./Dettmer, M. (2012): Aus! Zeit!, in: Der Spiegel, 2012, S. 73.

Bienert, J. (2007): Web 2.0 – Die Demokratisierung des Internet, in: Information Management & Consulting, 2007, Nr. 1, S. 6–14.

Bitkom (2010): Eingebettete Systeme – Ein strategisches Wachstumsfeld für Deutschland, online: http://www.bitkom.org/files/documents/EingebetteteSysteme_web.pdf, Stand: o. A., Abruf: 08.08.2012.

Bvdw (2011): ARD/ZDF-Onlinestudie 2011: Internetnutzung in Deutschland, online: http://www.bvdw.org/medien/ard-zdf-onlinestudie-2011-internetnutzung-in-deutschland? media =3112, Stand: 04.07.2011, Abruf: 16.06.2012

Computerwoche (2012): Ohne Sicherheit bleibt die Cloud ein Luftschloss, online: http://www.computerwoche.de/bild-zoom/2505167/2/945859/d2e327-media/, Stand: 21.08.2012, Abruf: 27.08.2012

Digmayer, C./Jakobs, E.-M. (2013): Shared Ideas: Integration von Open-Innovation-Plattform-Methoden in Design-Thinking-Prozesse, in: *Keuper, F./Hamidian, K./Verwaayen, E./Kalinowski, T./Kraijo, C.* (Hrsg.), Digitalisierung und Innovation, Wiesbaden 2013, S. 369–398.

Drüner, M./Rattay, R./Kröger, S. (2009): Web 2.0 – Schneller mehr wissen: Informationsvorsprung durch Nutzung neuer Rückkanäle, Saarbrücken 2009.

Falque, E./Williams, S.-J. (2011): Addressing Customer Paradoxes in the Digital World, Montreuil 2011

Heinemann, G. (2012): Mit Mobile Commerce der neuen Generation in die No-Line-Welt, in: Business+Innovation – Steinbeis Executive Magazin, 3. Jg. (2012), Nr. 2, S. 14–23.

Heinemann, G. (2013): No-Line-Systeme als höchste Evolutionsstufe des Multi-Channel-Handels, in: *Keuper, F./Hamidian, K./Verwaayen, E./Kalinowski, T./Kraijo, C.* (Hrsg.), Digitalisierung und Innovation, Wiesbaden 2013, S. 169–184.

IT-Daily (2012): Keine Angst vor der Cloud: Neue Hybridsysteme verbinden Kontrolle mit Flexibilität, online: http://www.it-daily.net/index2.php?option=com_content&do_pdf=1&id=6486, Stand: o. A., Abruf: 27.08.2012

ITwissen (2012): Community, online: http://www.itwissen.info/definition/lexikon/Community-community.html, Stand: o. A., Abruf 03.07.2012

IWconsult (2011): Wirtschaft digitalisiert, online: http://www.iwconsult.de/imperia/md/images/iwconsult/pdf/download/studien/wirtschaft_digitalisiert_bm2d_1.1.pdf, Abruf: 02.05.2012

Juramagazin (2012): Die Privatisierung der Netze und die weite Verbreitung des Mobilfunks geht einher mit einer weitreichenden Digitalisierung der Kommunikation, online: http://www.juramagazin.de/Die-Privatisierung-der-Netze-und-die-weite-Verbreitung-des-Mobilfunks-geht-einher-mit-einer-weitreichenden-Digitalisierung-der-Kommunikation, Stand: o. A., Abruf: 15.04.2012.

Kalinowski, T./Rodriguez, C./Witt, R. (2012):Verändern Social Media, Mobility und Cloud Computing die Rolle der Unternehmens-IT? In: Wirtschaftsinformatik & Management, 2012, Nr. 1, S. 51

Kalinowski, T./Verwaayen, E. (2013): DigITalisierung – quo vadis? In: *Keuper, F./Hamidian, K./Verwaayen, E./Kalinowski, T./Kraijo, C.* (Hrsg.), Digitalisierung und Innovation, Wiesbaden 2013, S. 491–500.

Keuper, F. (2001): Strategisches Management, München 2001.

Keuper, F. (2004): Kybernetische Simultaneitätsstrategie, Berlin 2004.

Mehl, R./Dmoch, T./Tschödrich, S. (2011): Customer Management 3.0 – Kundenerwartungen und Chancen für Unternehmen in der Welt von morgen, in: *Keuper, F./Mehl, R.* (Hrsg.), Customer Management – Vertriebs- und Servicekonzepte der Zukunft, Berlin 2011, S. 3–42.

O'Reilly, T. (2005): What is Web 2.0 – Design Patterns and Business Models for the Next Generation of Software, Sebastopol 2005

Palfrey, J./Gasser, U. (2008): Born Digital – Understanding the First Generation of Digital Natives, Philadelphia (PA) 2008.

Ritzer, G./Jurgenson, N. (2010): Production, Consumption, Prosumption The Nature of Capitalism in the Age of the Digital 'Prosumer', in: Journal of Consumer Culture, 10. Jg. (2010), Nr. 1, S. 13–36.

ROLLBERG, R. (2011): Supply Chain Management im Strategie-Struktur-Technologie-Zusammenhang, in: Business+Innovation – Steinbeis Executive Magazin, 2. Jg. (2011), Nr. 4, S. 6–11.

SAAS MAGAZIN (2010): Zukünftige Bedeutung der Digitalisierung, online: http://www.saas-magazin.de/saasondemandmarkt/studien/deutsche-telekom101210.html, Stand: o. A., Abruf: 03.09.2012.

SCHELEWSKY, M. (2013): Die eierlegende Wollmilch-App – Nutzeranforderungen auf mobile Informations- und Buchungssysteme für öffentliche und intermodale Verkehrsangebote und Stand der technischen Entwicklung, in: *KEUPER, F./HAMIDIAN, K./VERWAAYEN, E./KALINOWSKI, T./KRAIJO, C.* (Hrsg.), Digitalisierung und Innovation, Wiesbaden 2013, S. 303–328.

SCHILLING, L. (2010): Der Einfluss der Digitalisierung auf die Branchenstrukturanalyse von Michael E. Porter, online: http://www.digitale-unternehmung.de/2010/08/der-einfluss-der-digitalisierung-auf-die-branchenstrukturanalyse-von-michael-e-porter/, Stand: o. A., Abruf: 08.09.2012.

SIGS (2012): Wer liest alle meine Daten in der Wolke? Wie Vertraulichkeit von Daten beim Cloud Computing möglich ist, online: http://www.sigs.de/publications/os/2012/Cloud/schiefer_OS_Cloud_12.pdf, Stand: o. A., Abruf 15.06.2012.

SOCIALMEDIASTATISTIK (2012): Community-Mitglieder, online: http://www.socialmediastatistik.de/category/twitter/infografiken-twitter/, Stand: 01.07.2012, Abruf: 10.08.2012.

STATISTA (2012a): Umfrage zur Online-Nutzung, online: http://de.statista.com/statistik/daten/studie/237753/umfrage/online-nutzung-in-deutschland-nach-geraetetyp/, Stand: 01.08.2012, Abruf: 08.08.2012.

STATISTA (2012b): Megatrends in der Wirtschaft, online: http://de.statista.com/statistik/ daten/studie/7088/umfrage/fuer-unternehmen-wichtige-megatrends/, Stand: 01.05.2009, Abruf: 08.08.2012.

WIKIPEDIA (2012): Digitalisierung, online: http://de.wikipedia.org/wiki/Digitalisierung, Stand: o. A., Abruf: 23.05.2012.

WIRTSCHAFTSLEXIKON (2012): Cloud Computing, online: http://wirtschaftslexikon.gabler.de/Definition/cloud-computing.html, Stand: o. A., Abruf: 08.09.2012.

Erster Teil

Digitalisierung und Innovation – Ausgewählte strategische Aspekte

„Die Stärken des deutschen Innovationssystems liegen in der guten Vernetzung."

Interview mit *Hans-Jörg Bullinger*

Fraunhofer-Gesellschaft

Prof. Dr.-Ing. habil. *Hans-Jörg Bullinger* ist seit Oktober 2002 Präsident der *Fraunhofer-Gesellschaft*. Nach einer Professur für Arbeitswissenschaft/Ergonomie an der *FernUniversität in Hagen* (1980) und einer Professur für Arbeitswissenschaft an der *Universität Stuttgart* (1982) leitete er zwischen 1981 und 2002 das Fraunhofer-*Institut für Arbeitswirtschaft und Organisation IAO* in Stuttgart. Von 1991 bis 2002 war er als Leiter des *Instituts für Arbeitswissenschaft und Technologiemanagement* (*IAT*) der *Universität Stuttgart* tätig.

Die *Fraunhofer-Gesellschaft* betreibt in Deutschland derzeit mehr als 80 Forschungseinrichtungen, davon 60 Institute und beschäftigt ca. 20.000 Mitarbeiterinnen und Mitarbeiter, überwiegend mit natur- oder ingenieurswissenschaftlicher Ausbildung. Mit ihrer klaren Ausrichtung auf die angewandte Forschung und ihre Fokussierung auf zukunftsrelevante Schlüsseltechnologien spielt die *Fraunhofer-Gesellschaft* eine zentrale Rolle im Innovationsprozess Deutschlands und Europas.

Die Potenziale der Digitalisierung für Wachstum und Wohlstand werden von Vertretern aus Politik, Wirtschaft und Gesellschaft immer wieder gepriesen. Können Sie diese Potenziale näher konkretisieren?

BULLINGER: Motor sind die sich wandelnden Lebensformen in Beruf und Freizeit, die Integration umweltrelevanter Faktoren in Produktion und Technik sowie die weitere Vernetzung von Information und Kommunikation. Der Bedarf an flexibler Arbeitszeit wird bis 2025 massiv ansteigen. Da die Digitalisierung alle gesellschaftlichen Bereiche durchdringt und alle Branchen und Geschäftsfelder grundlegend verändert, werden sich dort die größten Potenziale eröffnen, wo die größten Herausforderungen bestehen. Das sind – wie in der High-Tech-Strategie der Bundesregierung definiert – die zentralen Problemfelder Energie und Umwelt, Gesundheit, Mobilität, Kommunikation und Sicherheit. In all diesen Feldern liefern die IuK-Technologien wichtige Impulse für Innovation. Das reicht von Smart Grids, über die Gesundheitskarte, Gesundheitsassistent und Telemonitoring bis hin zum Intelligenten Haus, der Digitalen Fabrik und dem sicheren elektronischen Ausweis.

Welche Chancen und Risiken verbinden Sie für die Fraunhofer-Gesellschaft mit dem Thema Digitalisierung?

BULLINGER: Für die *Fraunhofer-Gesellschaft* mit dem größten Verbund von IuK-Instituten in Europa besteht seit Jahren die große Herausforderung, die Industrie und insbesondere die KMU bei diesem schwierigen Strukturwandel auf dem Weg zur Wissensgesellschaft zu unterstützen. Die Chancen erweitern sich ständig, weil nicht nur die Institute der Informationstechnik, sondern auch alle anderen *Fraunhofer-Institute* von der Mikroelektronik und Produktionstechnik bis hin zu Werkstoffen und Life Sciences immer stärker in die Umsetzung der digitalen Revolution hineingezogen werden. Querschnittstechnologien wie die elektronische Bildverarbeitung oder die Simulationstechnik sind in nahezu allen Anwendungsfeldern zu wichtigen Werkzeugen geworden.

Die Risiken liegen zum einen in einer Spaltung der Gesellschaft in Gewinner und Verlierer der Modernisierung. Deshalb dürfen wir nicht zulassen, dass Unternehmen oder Bevölkerungsgruppen mit dem Wandel nicht Schritt halten können. Ein anderer Aspekt ist, dass unsere elektronische Welt abhängig von Strom ist und große Sicherheitsprobleme hat. Der leere Akku bei Laptop oder Handy erinnert uns gelegentlich, dass unsere Arbeitswelt und Freizeit auf das Vorhandensein von Strom angewiesen ist. Fällt der Strom aus, ist fast keine Arbeit mehr möglich. Das ist auch ein Einfallstor für Sabotage und Wirtschaftskriminalität. Mit jedem weiteren Ausbau der digitalen Netze und Dienste steigen auch die Sicherheitsprobleme. Beispielsweise sind mit dem seit Anfang Juni geltenden neuen Internetstandard IPv6 Risiken verbunden, das ist auch die Ansicht von Datenschützern. Mit dem neuen Standard könnten leicht die Profile von Nutzern ermittelt werden. Denn mit IPv6 kann jeder Internetnutzer eine eigene, feste IP-Adresse erhalten und ist damit identifizierbar.

Deutschland ist laut des Innovationsindikators 2011 weniger innovativ als die Schweiz, Singapur oder Schweden. Welche Gründe sind hierfür ausschlaggebend?

BULLINGER: Diese Länder investieren mehr in Forschung und Entwicklung und haben bessere Rahmenbedingungen für Innovation geschaffen. Deutschland hat aber in den vergangenen fünf Jahren deutlich aufgeholt und liegt mit dem 4. Platz nun in der Spitzengruppe. Wesentlich beigetragen haben dazu die gesteigerten Forschungsausgaben der öffentlichen Hand. Die Wirtschaft hat in der Krise die Höhe der Forschungsaufwendungen beibehalten. Deutschland kam auch bei Forschung und Innovation weitaus besser durch die Wirtschaftskrise als viele andere Länder. Die Stärken des deutschen Innovationssystems liegen in der guten Vernetzung sowie der sehr innovationsaktiven Wirtschaft. Die größten Defizite liegen im Bildungsbereich. Zu wenige junge Menschen erreichen eine Hochschulqualifikation. Dies kann auch nicht durch das System der beruflichen Bildung ausgeglichen werden.

Ist Deutschland bzw. sind die deutschen Unternehmen auf den internationalen Wettbewerb im Digital Business ausreichend vorbereitet?

BULLINGER: Deutschland hat eine gute Position im weltweiten Wettbewerb, wenn auch die Software-Branche von den USA und die Hardware-Industrie von Asien dominiert werden. Immerhin ist die größte IT-Messe der Welt die CeBIT in Deutschland. Eine aktuelle Umfrage des Branchenverbands BITKOM zeigt: Die Nachfrage nach vernetzbarer Unterhaltungselektronik, Computern und mobilen Geräten wächst: Der Umsatz mit Produkten der Heimvernetzung klettert in diesem Jahr auf 18,3 Mrd. EUR. Auch die Zahl der Beschäftigung in der ITK-Branche steigt weiter an. Im vergangenen Jahr wuchs die Zahl der Mitarbeiter um 18.000 auf über 866.000. In diesem Jahr soll die Zahl der Beschäftigten um 10.000 zulegen.

In welchen Bereichen muss Deutschland, müssen die Unternehmen in den nächsten Jahren besonders investieren, um die eigene Innovationsfähigkeit und -leistung weiter zu verbessern?

BULLINGER: Die Studie des *Fraunhofer IAO* mit der *BITKOM* „Fachkräftemangel und Know-how-Sicherung in der IT-Wirtschaft" zeigte: Trotz aktuell guter Geschäftsentwicklung geht vor allem das Wissen der mittelständischen IT-Unternehmen verloren. So sagen 64 % der Unternehmen, dass sie einen Kompetenzverlust erleiden, weil Fachleute aus Karrieregründen das Unternehmen verlassen. Der Wettbewerb um die besten Köpfe in der IT-Branche wird schärfer. Das trifft vor allem die mittelständischen IT-Unternehmen hart, weil sie im Vergleich zu größeren Konzernen weniger bekannt sind und in der Regel nicht so hohe Gehälter zahlen können.

Strukturell bedingte Personalengpässe führen zur Überlastung von Wissens- und Leistungsträgern, die für die strategische Entwicklung der Unternehmen wie auch für die technologischen Innovationen entscheidend sind. Die Folgen des Fachkräftemangels sind massive Einbußen im Kerngeschäft der Unternehmen, im Durchschnitt verlieren die Unternehmen 8,5 % ihres Umsatzes. Gleichzeitig trifft der demographische Wandel die häufig noch als jugendzentriert geltende IT-Branche: Aktuell sind fast vier Fünftel (79 %) aller IT-Spezialisten in den Unternehmen unter 41 Jahre alt. Dieser Anteil wird innerhalb von zehn Jahren auf 45 % sinken. Alternde Belegschaften stellen die IT-Branche vor besondere Herausforderungen, weil das technologische Know-how in keinem anderen Bereich so schnell veraltet. Die Unternehmen müssen Weiterbildungsangebote machen und die Mitarbeiter müssen bereit sein, diese anzunehmen.

Welche erfolgversprechenden Anwendungsszenarien und ggf. Geschäftsmodelle ergeben sich aus dem Megatrend Digitalisierung?

BULLINGER: Als Schwerpunkte bilden sich die Anwendungsszenarien

- „E-Health“, „E-Energy“
- „E-Government“
- „E-Learning“
- „Cloud Computing“
- „Mobilität“ mit dem „Smart Car“
- „Medien und digitales Leben“
- „Internet der Dinge“
- „Internet der Dienste“ und
- „Internet des Wissens“

heraus. Grundlegend für die meisten Anwendungsszenarien ist die Vision jederzeit und überall auf alle erdenkbaren persönlichen und öffentlichen Daten Zugriff zu haben. Im Zentrum des Ambient Assisted Living steht ein weiterentwickeltes Smartphone als Basis für allgegenwärtigen Schreibtisch, persönlichen Assistenten, elektronische Brieftasche und Multimedia-Cockpit. Neue Geschäftsmodelle ergeben sich vor allem da, wo innovative Produkte mit Services verbunden werden.

Welche Persönlichkeiten und Unternehmen betrachten Sie als besonders innovativ im Digital Business und warum?

BULLINGER: Natürlich an erste Stelle Apple, weil sie ein neues äußerst erfolgreiches Geschäftsmodell etabliert und ihre Produkte durch Design und Nutzerfreundlichkeit zum Kult gemacht haben, für die Menschen aus der ganzen Welt tagelang Schlange stehen. Eine ähnlich exponierte Stellung hat sich Google im Digital Business erarbeitet. Innovativer als diese großen Unternehmen sind natürlich etliche kleine Unternehmen. Diese werden beim ersten Erfolg oft schnell von den Großen geschluckt.

Was sind Ihrer Meinung nach die größten gesellschaftlichen, politischen und/oder ökonomischen Hindernisse und Hemmnisse für Innovationen im digitalen Zeitalter?

BULLINGER: In Deutschland haben wir immer noch ein Umsetzungsproblem. Unsere Forscher entwickeln zahlreiche technologische Neuerungen, aber wir finden keine Unternehmen, die schlagkräftig und mutig genug sind, um auf dem Weltmarkt damit neue Produkte durchzusetzen. So ging es uns lange mit dem Audiocodierverfahren MP3. Unsere Wirtschaft ist sehr vorsichtig und konservativ bei Technologiesprüngen und immer noch weitgehend produktionsorientiert. Hinzu kommen die politischen und gesellschaftlichen Vorbehalte gegen neue Technologien. Wir haben zwar keine Technikfeindlichkeit, aber eine große Technikdistanz in breiten Bevölkerungsgruppen. So sind beispielweise die Asiaten viel schneller zu begeistern von allen Dienstleistungen rund ums Smart Phone.

Aus Sicht der Unternehmer bzw. Unternehmen ist es vor allem interessant zu wissen, was im digitalen Zeitalter nachhaltig erfolgreich macht. Worin sehen Sie die zentralen Erfolgstreiber?

Bullinger: An erster Stelle steht hier die Nutzerfreundlichkeit mit intuitiver Bedienung, Spracheingabe und hilfreichen Diensten. Langfristig überleben wird nur, wer außerdem auf Nachhaltigkeit mit dem Stichwort Green-IT und Trusted Business Solution Wert legt. Viele Services – insbesondere Bezahldienste, aber auch viele B2B-Anwendungen wie Open Innovation – werden sich erst durchsetzen, wenn ein hohes Sicherheitsniveau gewährleistet werden kann. Durch Social Media kommen Unternehmen in direkten Austausch mit Kunden und Anwendern und können mit diesem Wissen ihre Geschäftsmodelle optimieren.

Welche Auswirkungen hat die Digitalisierung auf Ihre Organisation heute schon? Wie wird sich diese Situation verändern?

Bullinger: Sie hat große Fortschritte bei der Vereinbarkeit von Familie und Beruf gebracht. Telearbeit und Arbeit von unterwegs haben sich in vielen Bereichen durchgesetzt. Die elektronische Vernetzung führt sowohl zu einer Produktivitätssteigerung der Arbeit wie auch zu einer Reduktion der nötigen Dienstreisen. Dieser Trend wird sich fortsetzen. Feste Arbeitszeiten und feste Arbeitsplätze werden abgelöst von flexiblen Modellen. Das spart den Unternehmen Büroarbeitsplätze und den Mitarbeitern viel überflüssige Fahrtzeiten. Irgendwann heißt es für viele: Arbeite wann und wo du willst.

Wenn es um den Erfolg im digitalen Zeitalter geht, steht die Innovationsfähigkeit immer wieder im Fokus. Welche Rahmenbedingungen müssen für ein innovatives Unternehmen in der digitalen Welt erfüllt sein? Wie müssen die bestehenden Rahmenbedingungen ggf. modifiziert werden?

Bullinger: In Entwicklungsländern haben 96 % der Haushalte keinen Internetzugang. Auch in Deutschland gibt es noch immer viele Regionen ohne Breitbandanschluss. Häufig fehlt die letzte Meile. Und das ist entscheidend für die Wettbewerbsfähigkeit von Unternehmen. Eine neue Technologie für drahtlose Netze könnte die Internet-Versorgungslücken in ländlichen Gebieten kostengünstig schließen. Neben der Bandbreite gehört zu einer leistungsfähigen Netzinfrastruktur auch die Sicherheit und Verlässlichkeit. Die Politik ist hier gefordert, schnell Rahmenbedingungen zu schaffen, die der deutschen Wirtschaft optimale Startbedingungen geben.

Nutzen die Fraunhofer-Institute digitale Möglichkeiten, um innovativer zu werden (z. B. Customer Engineering, Crowd Engineering, Open Innovation etc.)?

BULLINGER: Unsere Institute erarbeiten schon seit vielen Jahren mit unseren Kunden neue Konzepte und digitale Werkzeuge, um innovativer zu werden. Wichtige Voraussetzung für Collaboration Work ist die vollständige Digitalisierung von Prozessen, dann können Partner und Kunden direkt einbezogen werden in die Entwicklungsprozesse. Zur Unterstützung haben wir Werkzeuge wie Technologieradar und Innovationsaudit entwickelt. Der wichtigste Hebel zur Erhöhung des Innovationstempos liegt in der Vernetzung mit Partnern und Kunden.

Ein Blick nach vorn: Wenn Sie ein Bild der zukünftigen digitalen Welt entwerfen sollten, was würden Sie auf der Leinwand festhalten?

BULLINGER: Ein Mensch, der um sich eine Wolke von – unsichtbaren- elektronischen Diensten hat, die er nach Belieben aufrufen, aber auch abschalten kann.

Welche strategischen Stoßrichtungen verfolgen Sie, um dieses Leitbild mit Leben zu erfüllen?

BULLINGER: Wir arbeiten an den Bausteinen für die Digitale Welt an vielen Instituten. Das reicht von der Mikroelektronik, die alle Dinge mit einer elektronischen Identität ausstattet und vernetzt, über Batterietechnik, die der Mobilelektronik die nötige Energie liefert, die Kamera- und Displaytechnik, die Auge und Monitor darstellen, bis hin zur Softwareentwicklung, die für das Funktionieren der Systeme sorgt. Wir entwickeln mit den Unternehmen Anwendungen für E-Health, E-Energie, E-Mobility, Internet der Dinge, IT-Sicherheit und Smart-Home. Wichtig ist dabei, Vernetzung so zu verstehen, das Technik hilft die Menschen zu vernetzen..

Herr Prof. Bullinger, wir danken Ihnen für dieses Gespräch.

Geschäftsmodelle im Cloud Computing

Stine Labes, Christopher Hahn, Koray Erek und *Rüdiger Zarnekow*

Technische Universität Berlin,
Lehrstuhl für Informations- und Kommunikationsmanagement

Executive Summary

Mit dem Ziel der effizienten Gestaltung von Unternehmensstrukturen sowie der Fokussierung auf Kernprozesse entscheiden sich immer mehr Unternehmen für eine Auslagerung ihrer Informationstechnologie (IT). In diesem Zusammenhang hat sich in den letzten Jahren Cloud Computing als bedeutendes Thema in der IT-Branche etabliert. Zur Bedienung der steigenden Kundennachfrage wandeln bzw. erweitern viele IT-Dienstleister ihr traditionelles IT-Geschäft zu Cloud-Diensten. Die Auswirkungen der jüngsten Fortschritte von Cloud Computing auf die Geschäftsmodelle sind dabei nicht eindeutig.

Der vorliegende Artikel betrachtet Einflüsse des Cloud-Fokus auf bestehende Geschäftsmodelle. Dazu wurde eine umfangreiche Literaturanalyse durchgeführt und mit einer Analyse der Geschäftsmodelle von Unternehmen in der Cloud ergänzt. Daraus werden ermittelte Gestaltungsmerkmale eines Geschäftsmodells in ein Ordnungsschema überführt und vorgestellt. Im Ergebnis legt dieses Dokument den Grundstein für die Analyse und Bewertung von Geschäftsmodellen auf dem Cloud-Markt. Unternehmen können miteinander verglichen, typische Kombinationsmuster identifiziert und diese erfolgskritisch betrachtet werden.

1 Einleitung

Laut aktuellen Umfragen ist Cloud Computing eines der meist diskutierten Themen in der Informationstechnologie (IT).[1] *Gartner*, eines der weltweit führenden Forschungs- und Beratungsunternehmen in der IT, wählte Cloud Computing in den Jahren 2009, 2010 und 2011 an die Spitze und auch für das Jahr 2012 wieder in die Top 10 der strategischen Technologien.[2] Die Analysten von *techconsult* ermitteln in ihrem IT-Cloud-Index einen kontinuierlichen Anstieg der Verbreitung des Cloud-Einsatzes.[3]

Als Weiterentwicklung des klassischen Outsourcings kann Cloud Computing durch einen Verbund (eine „Cloud") von IT-Systemen dem Anwender in kürzester Zeit große Speicherkapazitäten, Rechenleistung und Anwendungen zur Informationsverarbeitung bereitstellen. Diese Leistungen sind hinsichtlich ihrer Kosten effektiv skalierbar. Der Kunde muss per Definition keine Mindestleistung erwerben, sondern bezahlt lediglich die von ihm in Anspruch genommene Leistung.[4] Die Verwirklichung dieser Kundenwünsche basiert auf interoperablen Cloud Services von IT-Anbietern, die ihre Geschäftsmodelle für das Angebot von Cloud-Diensten angepasst haben.

---

1 Vgl. *BITKOM* (2011).

2 Vgl. *GARTNER* (2011).

3 Vgl. *TECHCONSULT* (2012).

4 Vgl. *BSI* (2012).

Ein Geschäftsmodell ist gemäß der Begriffsdeutung ein abstraktes Muster eines bestehenden Geschäfts bzw. Unternehmens. Nachdem sich die Geschäftsmodelle von Unternehmen in den ausgereiften Industrien bis zur Jahrtausendwende immer ähnlicher wurden[5], lassen sich durch den Einfluss des Internets vermehrt komplexe und unterschiedliche Geschäftsmodelle finden.

In den neuen IT-Geschäftsstrukturen wird Cloud Computing als eine Schlüsseltechnologie wahrgenommen. Viele Anbieter folgen diesem Trend und wandeln ihr traditionelles Geschäft zu einem Cloud-Geschäft. Der Einsatz von Cloud Computing wird die Heterogenität der IT zunehmend reduzieren und laut verschiedener Autoren Änderungen in den Geschäftsmodellen von Cloud-Dienst-Anbietern hervorrufen.[6] Diese Änderungen werden im vorliegenden Artikel untersucht, zusammengefasst und in einem Ordnungsschema zusammengetragen, um damit Cloud-Geschäftsmodelle in der Praxis zu analysieren.

Nach dem einleitenden Kapitel (Kapitel 1) wird eine kurze Einführung (Kapitel 2) in die Grundlagen des Cloud Computing (Abschnitt 2.1) sowie der Geschäftsmodelltheorie (Abschnitt 2.2) gegeben. Werden bestehende Geschäftsmodelltheorien miteinander verglichen, kombiniert und integriert, können grundlegende Komponenten eines Geschäftsmodells abgeleitet werden. Diese Komponenten werden in den weiteren Schritten vorgestellt (Kapitel 3) und basierend auf einer Literatur- und Marktrecherche die konkreten Gestaltungsmerkmale erfasst. Die Recherche umfasst eine umfangreiche Analyse der wissenschaftlichen Literatur zu Geschäftsmodellen in der Cloud und wird ergänzt durch eine Analyse der Cloud-Geschäftsmodelle bekannter Akteure auf dem Cloud-Markt. Die Geschäftsmodellkomponenten mit ihren Gestaltungsmerkmalen werden in einem Ordnungsschema (morphologischer Kasten) zusammengefasst und dienen der strukturierten Analyse von Geschäftsmodellen.

Für die Evaluation des erstellten Ordnungsschemas werden zunächst die Geschäftsmodelle zweier großer Akteure auf dem Cloud-Markt untersucht und vorgestellt (Kapitel 4). Die Gestaltung der Komponenten eines Cloud-Geschäftsmodells wird anhand von *Amazon Web Services* (Abschnitt 4.1) und der Sales Cloud von *Salesforce.com* (Abschnitt 4.2) analysiert und mit Hilfe des morphologischen Kastens gegenübergestellt. Der Artikel schließt mit einem Fazit und Ausblick (Kapitel 5), in welchem auf vertiefende Forschungsvorhaben verwiesen wird.

---

5 Vgl. *STAEHLER* (2001).

6 Vgl. *PAC* (2012), *PUESCHEL* et al. (2009) und *WEINHARDT* et al. (2009).

2 Theoretische Grundlagen

Zur Einführung in die Thematik des Artikels wird zunächst ein Überblick über die relevanten Themen geschaffen. Dafür wird eine kurze Einführung in das Cloud-Konzept gegeben und ein gemeinsames Grundverständnis des Begriffs „Geschäftsmodell“ hergestellt.

2.1 Cloud Computing

Mit Cloud Computing ist die skalierbare und elastische Bereitstellung virtualisierter IT-Ressourcen über das Internet gemeint. Zu diesen Ressourcen zählen z. B. Rechenkapazität, Datenspeicher, Programmier-Plattformen und Software. Das *National Institute of Standards and Technology*[7] (NIST) fasst diese Beschreibung von Cloud Computing mit fünf charakteristischen Eigenschaften zusammen:

- *Gemeinsamer Ressourcenpool*: Die Services verfügen über einen gemeinsam nutzbaren Ressourcenpool, für eine maximale Effizienz der Ressourcenverteilung.
- *Zugriff über ein Netzwerk*: Die Services werden mit Hilfe von gegebenen Standards über ein Netzwerk (Internet oder Intranet) zur Verfügung gestellt.
- *Flexible Skalierbarkeit*: Die Services können bei Bedarf skaliert werden, sodass Ressourcen je nach Bedarf jederzeit hinzugefügt oder entfernt werden können.
- *Messung der Ressourcennutzung*: Die Nutzung der Services wird durch Nutzungskennzahlen protokolliert, so dass eine nutzungsgerechte Abrechnung ermöglicht wird.
- *Selbstbedienung*: Der Verbraucher kann bei Bedarf den benötigten Umfang des Services selbst zusammenstellen, ohne direkte physische Interaktion mit dem Anbieter.

Das Leistungsspektrum von Cloud Computing wird auf standardmäßig drei hierarchisch angeordneten Service-Ebenen angeboten. Eine Erweiterung der Ebenen auf „Business Process as a Service“ wird spekuliert, ein Konsens besteht jedoch noch nicht:

- „*Infrastructure as a Service*“ (IaaS): Rechen- und Speicherleistung auf virtualisierten Servern sowie die notwendige Netzwerkinfrastruktur.
- „*Plattform as a Service*“ (PaaS): Entwicklungsplattformen und -Dienste, auf bzw. mit denen Entwickler eigene Anwendungen erstellen und Code ausführen können.
- „*Software as a Service*“ (SaaS): Softwarelösungen, welche durch die Navigation in einem Web-Browser erreichbar sind.
- „*Business Processas a Service*“ (BPaaS): Abwicklung standardisierter Geschäftsprozesse auf Basis von SaaS, z. B. Lohn- und Gehaltsabrechnung (Personalmanagement).

[7] Vgl. MELL/GRANCE (2009).

Die Bereitstellung von Cloud-Diensten kann wiederum in vier verschiedene Modellen unterschieden werden, abhängig von der Verwendung öffentlicher (Internet) oder nicht öffentlicher, privater (Intranet) Netzwerkstrukturen: *Public Cloud*, *Hybrid Cloud*, *Community Cloud* und *Private Cloud*.[8]

2.2 Geschäftsmodell

Per Definition hat jedes Unternehmen ein Geschäftsmodell. Es stellt ein modellhaftes, d. h. vereinfachtes und abstraktes Abbild des Unternehmens dar und dessen was ein Unternehmen unternimmt, um einen Mehrwert zu schaffen und zu vermarkten.[9] Das Ziel eines Geschäftsmodells ist die Bildung einer Grundlage für folgende Aspekte:[10]

- Schaffen eines Verständnisses des Wertes eines bestehenden Unternehmens
- Erkennen eigener Schwächen mit dem Ziel der Optimierung
- Systematische Evaluierung neuer Geschäftsideen

Die Definition und Konzeption eines Geschäftsmodells kann in vielerlei Hinsicht veranschaulicht werden, jedoch fehlt es in der Wissenschaft und Praxis an einem gemeinsam akzeptierten Ansatz.[11] Viele Forscher präsentieren Definitionen des Geschäftsmodell-Konzepts aus unterschiedlichen Perspektiven, oft wird dabei ein komponentenbasierter Ansatz verwendet. Zusammenfassungen und Vergleiche dieser Definitionen werden von mehreren Autoren gegeben.[12] Die dort zusammengefassten Elemente werden im vorliegenden Artikel nochmals vereinheitlicht und als grundlegende Komponenten eines Geschäftsmodells im nachfolgenden Abschnitt vorgestellt. Ein Geschäftsmodell besteht im Kern aus dem Wertversprechen, welches sich aus der Strategie formt. Um den Kern beschreiben interne und -externe Komponenten die Generierung und den Vertrieb des Wertversprechens (siehe Abbildung 1).

---

8 Vgl. *MELL/GRANCE* (2009) und *WEINHARDT* et al. (2009).

9 Vgl. *BURKHART* et al. (2011). Vgl. auch *OSTERWALDER/PIGNEUR/CLARK* (2010) oder *WIRTZ* (2010).

10 Vgl. *STAEHLER* (2001).

11 Vgl. *ALT/ZIMMERMANN* (2001), *KENDALL* (2001), *SCHEER/DEELMANN/LOOS* (2003), *SEPPAENEN/MAEKINEN* (2005), *WUESTENHAGEN/BOEHNKE* (2006), *POPP/MEYER* (2010) und *WEINER/RENNER/KETT* (2010).

12 Vgl. *SHAFER/SMITH/LINDER* (2005), *AL-DEBEI/EL-HADDADEH/AVISON* (2008), *BURKHART* et al. (2011) und *ZOLNOWSKI/BOEHMANN* (2011),

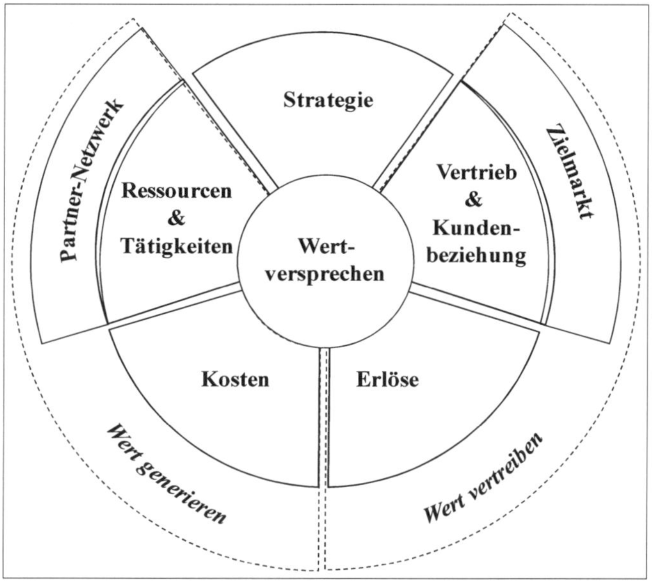

Abbildung 1: Komponentenmodell eines Geschäftsmodells

3 Komponenten eines Geschäftsmodells

Der zentrale Baustein eines Geschäftsmodells ist das Wertversprechen, welches im Rahmen der Geschäftsstrategie von Unternehmen angeboten wird. Der Wert wird mittels diverser kostenverursachender Ressourcen, Aktivitäten und Unterstützungsleistungen des Partnernetzwerks generiert. Das Wertversprechen wird auf der Kundenseite wertschöpfend über einen Distributionskanal an den Zielmarkt vertrieben.

Auf Basis des in Kapitel 2 vorgestellten Komponentenmodells werden im Folgenden die einzelnen Bestandteile näher erläutert. Weiterhin werden detailliert Gestaltungsmerkmale und Ausprägungen der Komponenten beschrieben, die auf Basis einer Literaturanalyse und Marktrecherche identifiziert wurden. Die Komponenten des Geschäftsmodells aus Abbildung 1 werden im Folgenden detailliert beschrieben und Analysemöglichkeiten vorgestellt. Die Zusammenstellung aller Optionen erfolgt in einem morphologischen Kasten (siehe Abbildung 2).

Kategorie		Unterkategorie	Gestaltungsmerkmale						
Strategie		**Generische Strategie**	Kostenführerschaft	Differenzierungsstrategie	Nischenstrategie				
		Marktstrategie	Market Adaption	Market Design	Market Diffusion	Market Co-construction			
		Markteintritt	Neueintritt	Markterweiterung	Know-how-Transfer	Vorherige Markterfahrung			
		Wertschöpfung	Horizontal	Vertikal					
Wertversprechen		**Leistung („as a Service“)**	Speicher	Computing	Netzwerk	Entwicklungs-umgebung	Entwicklungs-werkzeug	Software	Geschäfts-prozesse
		Bereitstellungsmodell	Private	Community	Hybrid	Public			
		Service-Typ	Angebot	Aggregation	Aggregation mit Zusatz	Vergleich und Kategorisierung	Integration	Beratung	
		Eigenschaften	Skalierbarkeit	Individualisierbarkeit	Standort-beschränkung	Interoperabilität			
Wert generieren	Partner-Netzwerk	**Netzwerkart**	Ecosystem	Strategisch	Lose	Keine			
		Partnerart	Technologie	Business	Consulting				
		Geschäftsfeld	Fremdes Geschäftsfeld	Ähnliches Geschäftsfeld	Gleiches Geschäftsfeld				
	Ressourcen & Tätigkeiten	**Ressourcen**	Hardware	Software	Netzwerk	Daten/Inhalte	Know-how	Personal	
		Aktivitäten	Infrastruktur-verwaltung	Personal-wirtschaft	Entwick-lung	Beschaffung	Eingangs-logisitk	Ausgangs-logistik	Marketing
	Kosten	**Abhängigkeit von Ausbringungsmenge**	Hauptsächlich Fix-Kosten	Hauptsächlich variable Kosten					
Wert vertreiben	Erlöse	**Nutzer-Zahlungsmodell**	Einmal-gebühren	Periodische Raten	Reservierung	Pay-per-use	Spot	Kostenfrei	
		Partner-Zahlungsmodell	Sponsoring	Werbung	Umsatzbeteiligung				
	Vertrieb und Kunden-beziehung	**Kanal**	Internet	Mobil	Print-Medien	Vor Ort			
		Kundenbeziehung	Selbstservice	Online Profil	Community	Support	Transparente SLAs		
	Zielmarkt	**Marktfokus**	Masse	Branche	Nische				
		Kundenfokus	Großunternehmen	KMU	Start-ups	Öffentlicher Sektor	Verbraucher		

Abbildung 2: Morphologischer Kasten eines Geschäftsmodells

3.1 Strategie

Die Komponente Strategie befasst sich mit der strategischen Ausrichtung und Zielsetzung der Unternehmung.[13] Aufgrund der Charakteristika von Cloud-Lösungen und demzufolge Geschäftsmodellen werden hierunter sowohl generische Strategien[14] als auch Cloud-Markt-Strategien[15] betrachtet. Dies ist notwendig, weil bei der alleinigen Anwendung von *PORTER*s generischen Strategien die Differenzierung in z. B. gemeinsame Marktgestaltung unmöglich wäre. Vice versa würden bei alleiniger Betrachtung von Markt-Strategien wichtige Aspekte, wie beispielsweise die Kostenführerschaft, ignoriert werden.

13 Vgl. *SHAFER/SMITH/LINDER* (2005).

14 Vgl. *PORTER* (1998).

15 Vgl. *SU* (2011).

Porter beschreibt generische Strategien klassifiziert entlang von zwei Dimensionen: Strategisches Zielobjekt (Strategic Scope) und Strategischer Vorteil (Strategic Strength). Hieraus werden drei generische Wettbewerbsstrategien abgeleitet, die das Ziel (Was?) mit dem Vorteil (Wie?) verknüpfen: (1) Kostenführerschaft, (2) Differenzierungsstrategie und (3) Nischenstrategie.[16]

IT-Service-Anbieter nutzen unterschiedliche Marktstrategien, um die Entstehung und Entwicklung von Cloud-Geschäftsmodellen im unternehmerischen Kontext zu fördern. *Su* bestimmt vier Kategorien von Anbieterstrategien:[17] (1) Marktanpassung (Strategie einzelner Unternehmung, Inhalt: Anpassung der Organisation an den entsprechenden Markt; (2) Marktdesign (Strategie einzelner Unternehmung, Inhalt: Generierung neuer institutioneller Gestaltungsmerkmale des Marktes); (3) Marktdurchdringung (Unternehmungsübergreifende Strategie, Inhalt: Steuerung von Akteuren zur Anpassung an den Markt) und (4) gemeinsame Marktgestaltung (Unternehmungsübergreifende Strategie, Inhalt: Vereinigung von Organisationen, zur Formung eines Akteur-Netzes, um den Markt zu formen. Abschließend ist anzufügen, dass diese Strategien allgemein betrachtend sind und ohne konkrete Cloud-Spezifika angewendet werden.

Neben diesen Formen der Strategieanalyse wird in der vorliegenden Studie ebenfalls untersucht, in welcher Form der Markteintritt erfolgt ist. Von Interesse ist besonders, ob es sich um einen Neueintritt in den Markt handelt oder eine Markterweiterung darstellt, und, wie dies mit einer weiteren bzw. vorherigen Geschäftstätigkeit in Zusammenhang steht (Erfahrung bzw. Know-how-Transfer). In Bezug auf vorherige oder weitere Geschäftstätigkeiten kann analysiert werden, inwiefern das neue Geschäftsmodell in horizontaler oder vertikaler Beziehung zur bisherigen Wertschöpfung steht.

3.2 Wertversprechen

Der Wert von Cloud-Diensten basiert auf der Cloud-Umgebung, bestehend aus dem internetbasierten Datenzugriff und -austausch sowie dem internetbasierten Zugriff zu kostengünstigen Infrastrukturen und Anwendungen[18]. Die Leistung auf den vier Cloud-Schichten „as-a-Service" (IaaS, PaaS, SaaS und BPaaS)[19], die Bereitstellungsmodelle (Public, Hybrid, Community und Privat)[20] sowie die Rolle im Cloud-Netzwerk (Anbieter, Aggregator, Integrator, Berater)[21] bilden die Grundlage für den Wertbeitrag. Cloud-Dienste sind in der Regel standardisiert[22], damit für den Massenmarkt konzipiert und für jeden Nutzer erreichbar. Bei dem hohen Standardisierungsgrad steigt für den Kunden der Bedarf nach Individualisierungsmöglichkeiten der Dienste, was sich auch in einem Einschränkungsbedarf des Orts der physischen Ressourcen äußert. Die Verwendung bzw. Einhaltung von Standards gewährleistet Interoperabilität und dem Kunden wird eine uneingeschränkte Wahl an Diensten sowie Anbietern ermöglicht. Weitere Werte, die die Cloud-Technologie bewirkt, sind kontinuierliche

16 Vgl. *Porter* (1998).

17 Vgl. *Su* (2011).

18 Vgl. *Goodburn/Hill* (2010).

19 Vgl. *Mell/Grance* (2009), *Weinhardt* et al. (2009) und *Loebbecke/Thomas/Ullrich* (2012).

20 Vgl. *Mell/Grance* (2009).

21 Vgl. *Leimeister* et al. (2010).

22 Vgl. *Chou* (2009).

Verbesserungen, ubiquitäre Verfügbarkeit von Diensten sowie eine Unabhängigkeit von Plattformen und Infrastrukturen.

Tätigkeiten im Hinblick auf Cloud-Geschäftsmodelle lassen sich grob klassifizieren nach Leistungen im Werteversprechen, namentlich Provisionierung, Aggregation, Integration und Beratung. Zum Aufgabenspektrum eines Aggregators gehören weiterhin Markt und Funktionsanalysen von bestehenden Cloud-Angeboten und deren Aufbereitung sowie Zusammenfassung. Darüber hinaus können diese Angebote auf Marktplätzen beworben bzw. erworben werden. Integratoren helfen Unternehmen bei der spezifischen Umsetzung von Cloud-Lösungen, bspw. bei der Integration in die vorhandene IT-Architektur. Zu den Aufgaben von Beratern gehören die Analyse, Konzeption und ggf. Umsetzung von erarbeiteten Lösungsvorschlägen. IT-Beratungen bewegen sich dabei zwischen Integratoren und klassischen Beratungen.[23]

Im Bereich der Provisionierung existieren bereits Untersuchungen von Tätigkeiten, die notwendig sind, einen Cloud-Dienst zu erstellen und anzubieten z. B.:

- Messung und Überwachung des Ressourcenverbrauchs[24]
- Detaillierte Kapazitätsplanung für zukünftigen Bedarf[25]
- Definition standardisierter Service Level Agreements (SLAs)[26]
- Verwaltung und Reduzierung von Risiken und Compliance-Aufwand[27]
- Betrieb und Wartung von Infrastruktur und Applikationen[28]
- Sicherheits- und Datenschutzmaßnahmen[29]
- Regelmäßige Wartung und Aktualisierung des Cloud-Dienstes
- Datenbank-Management und Datenanalysen[30]

23 Vgl. *JEFFERY/NEIDECKER-LUTZ/SCHUBERT* (2010).
24 Vgl. *FANG* et al. (2010).
25 Vgl. *FANG* et al. (2010).
26 Vgl. *FANG* et al. (2010).
27 Vgl. *MARTENS/TEUTEBERG* (2011).
28 Vgl. *CUSUMANO* (2007) und *BUXMANN/HESS/LEHMANN* (2008).
29 Vgl. *RAMIREDDY* et al. (2010).
30 Vgl. *CHEN* et al. (2011).

3.3 Wert generieren

Auf der Seite der Service-Entstehung werden Partnerbeziehungen des Unternehmens betrachtet sowie Aktivitäten, Ressourcen und Kosten, die für die Schaffung des Wertversprechens benötigt werden.

3.3.1 Partner-Netzwerk

In Bezug auf die Partner-Netzwerke eines Unternehmens, sind im Cloud Computing vielfältige Rollen miteinander integriert. Die steigende Standardisierung von Dienstleistungen in der Cloud ermöglicht es eine Vielzahl von Geschäftsmodellen zu realisieren, die auf anderen Cloud-Diensten basieren. So stellen z. B. *LEIMEISTER* et al. diese Beziehungen in einem „Value Network of Cloud Computing“ vor, das die traditionelle Wertschöpfungskette als ein Wertnetzwerk darstellt.[31] Anbieter von Cloud-Diensten bilden dabei die Grundlage für Marktplätze oder Aggregatoren, welche fremde Dienste zusammenfassen und gegebenenfalls einen Zusatznutzen hinzufügen. Berater unterstützen Unternehmen bei der Auswahl sowie dem Einsatz von Cloud-Diensten und Integratoren helfen die Dienste im Unternehmen zu implementieren.[32]

Neben dem Aspekt der Wertschöpfung des Netzwerks (vertikal und horizontal) können verschiedene Formen der Partnerschaft unterschieden werden. Bei Marktrecherchen wurden sowohl Ecosysteme (z. B. in Form von Zusatzsoftware für bestehende *Salesforce* CRM) als auch strategische Partnerschaften identifiziert. Geschäftsmodelle in der Cloud sind jedoch ebenso mit Hilfe von losen (z. B. präferierter Integrator/Berater oder spezielle Branchenlösung *Salesforce* und *Veeva* im Life Science Bereich) oder gar keinen Partnerschaften denkbar.

3.3.2 Tätigkeiten

Unter Tätigkeiten fassen wir alle Aktivitäten zusammen, die für den Kunden nicht direkt als wertschöpfend sichtbar werden. Zur Strukturierung benutzen wir das Konzept der Wertschöpfungskette inkl. der von *PORTER* vorgeschlagenen Funktionen und Aktivitäten.[33] Insbesondere übernehmen wir das Konzept der unterstützenden Aktivitäten zur Strukturierung: Infrastrukturverwaltung, Personalwirtschaft, Entwicklung und Beschaffung. Wir ergänzen diese Aktivitäten um ausgewählte Funktionen der Kategorie Primäraktivitäten: Eingangslogistik, Marketing und Vertrieb sowie Ausgangslogistik. Die Einordnung in die Kategorie Tätigkeiten wird vorgenommen, da diese Aktivitäten nicht direkt für den Kunden als wertschöpfend sichtbar sind.

3.3.3 Ressourcen

In dieser Studie werden ebenfalls Ressourcen betrachtet, die primär notwendig sind, um die für den Kunden wertschöpfenden Aktivitäten zu leisten. Ressourcen, mit denen Infrastruktur-Anbieter arbeiten, sind Hardware-Ressourcen (z. B. Speicher-, Server und Netzwerk) aus ihren Serverfarmen. Um virtualisierte Maschinen bereitstellen zu können, sind neben der Hardware auch Software-Komponenten notwendig, wie z. B. die Firmware oder ein Management-

---

[31] Vgl. *LEIMEISTER* et al. (2010).

[32] Vgl. *JEFFERY/NEIDECKER-LUTZ/SCHUBERT* (2010).

[33] Vgl. *PORTER* (1985).

Werkzeug für die Verwaltung virtueller Maschinen.[34] Die wohl wichtigste Ressource für Cloud Dienste ist eine breitbandige Internetverbindung, über die Sub-Anbieter eingebunden werden und welche als Grundlage für die Verbreitung des Services dient. Im Software-Bereich gewinnen Inhalte und Daten als Ressource an Bedeutung. Mehr Kunden generieren ein höheres Datenvolumen und viele Anwendungen in der Cloud basieren auf diesen großen Datenmengen. Im Cloud Computing gibt es theoretisch keine Einschränkungen der Ressourcenallokation, um mehr Kunden bedienen zu können.[35] Für die Beratung und Integration von Cloud-Diensten ist das entsprechende Know-how notwendig und Personal, welches dieses Know-how für die wertschöpfenden Tätigkeiten verwendet.

3.3.4 Kosten

Kosten-Analyse-Methoden der klassischen Provisionierung basieren auf Fixkosten und langen Lebenszyklen der Produkte. Für Cloud-Dienste kommen Faktoren hinzu, welche die Kostenbetrachtung und Kalkulation erschweren:

- Elastische Ressourcennutzung und verkürzte Produkt-Lebenszyklen[36]
- Nutzung von anderen Cloud-Diensten für die eigene Wertgenerierung erfordert Betrachtung von nutzungsabhängigen - sowie Gesamtbetriebskosten (TCO)[37]

Detaillierte Lösungsansätze, die fixe und variable sowie gesamte Betriebskosten in Cloud-Umgebungen betrachten, wurden bereits entwickelt[38] und sind in der Lage Kosteneinsparungen herbeizuführen.[39]

Zur Analyse von Geschäftsmodellen hinsichtlich entstehender Kostenstrukturen bietet sich daher eine Gliederung nach primärem Fokus: (1) fixkostenintensiv und (2) primär variable Kosten. Anbieter von Rechenzentrumsdienstleistungen (z. B. IaaS) haben in der Regel sehr hohe fixe Kosten(z. B. *Amazon*). SaaS-Provider können je nach Geschäftsmodell in beide Kategorien eingeordnet werden: Wird die Software ebenfalls in der Cloud gehostet, so kann auch der Kostenfokus eher variabel werden – abhängig von der weiteren Kostenstruktur. Integratoren, die mit spezifischer selbsterstellter Software z. B. Datenmigrationen durchführen oder Schnittstellen ermöglichen, können ebenfalls als fixkostenorientiert bezeichnet werden wohingegen Beratungen in der Regel mit primär variablen Kosten kalkulieren.

---

34 Vgl. *Fang* et al. (2010).

35 Vgl. *Kambil* (2009) und *Weinhardt* et al. (2009).

36 Vgl. *Mach/Schikuta* (2011).

37 Vgl. *Li* et al. (2009).

38 Vgl. *Mach/Schikuta* (2011) und *Martens/Walterbusch/Teuteberg* (2012).

39 Vgl. *Caplan* et al. (2011).

3.4 Wert vertreiben

Auf der Seite der Distribution werden die Zielkunden des Wertversprechens betrachtet sowie das Vertriebsmodell und die Erlöse, die daraus generiert werden.

3.4.1 Zielmarkt

Einhergehend mit der strategischen Ausrichtung, muss auch der Markt-Fokus betrachtet werden. Identifizierte Optionen werden untergliedert in Massen- oder Nischenmarkt bzw. der Beschränkung auf eine bestimmte Branche.[40] Weiterhin stellt sich die Frage, welche Zielkunden das Geschäftsmodell definiert. Untersuchungen hinsichtlich der Kundenstruktur haben gezeigt, dass durch eine präzise Auswahl der Zielkunden und eine angepasste Preisbildung höhere Einnahmen erzielt werden können.[41] Eine Differenzierung zwischen Privat-und Geschäftskunden wird als durchaus angemessen angesehen.[42] In der vorliegenden Studie werden die Geschäftskunden weitergehend in Großkonzerne, Klein- und mittelständische Unternehmen (KMU) und Start-ups differenziert sowie um einen möglichen Fokus auf die öffentliche Verwaltung erweitert.

3.4.2 Vertrieb

Je nach Aktivitätsfokus können die Dienstleistungen über unterschiedliche Vertriebskanäle verkauft bzw. vermietet werden. Der klassische Vertriebsweg von Cloud-Diensten ist eine Netzwerk-Infrastruktur (Intranet oder Internet). Nutzer von Cloud-Diensten (Verbraucher oder Unternehmen) arbeiten mit Web- oder Programmier-Schnittstellen. Sie verwalten virtuelle Maschinen, entwickeln Code, oder verwenden Anwendungen ohne den Einsatz eigener Mittel, als dem Zugang zu dem Netzwerk, über welches die Dienste vertrieben werden.[43] Ergänzend wird die Erbringung von Services vor Ort bzw. lokal als Vertriebsweg für z. B. Beratungen als Vertriebskanal angesehen. Aggregatoren können ihre Dienste (z. B. Benchmarks, Ratings) ebenfalls über Print-Medien zur Verfügung stellen.

3.4.3 Kundenbeziehung

Seit Web-2.0-Diensten ist der Kunde oft Teil der Wertschöpfung[44] (z. B. *Facebook*), daher sollte ein Cloud-Geschäftsmodell verstärkt die Kundenbeziehung in den Fokus rücken.[45] Zu diesem Zweck bieten Cloud-Anbieter den Kunden die Möglichkeit ein Online-Profil anzulegen und sich in Foren mit der Community auszutauschen. Darüber hinaus sorgt das Vorhandensein eines Supports für die Befriedigung von Kundenangelegenheiten. Das Vertrauen in einen Anbieter wird durch die transparente Darstellung der Datenverarbeitung in der Cloud gefördert. Entsprechende Standards werden in SLAs an den Kunden kommuniziert.[46] Ein Rahmenwerk für Haftung und Vertrauen in der Cloud, welches die Komponenten Sicherheit,

---

[40] Vgl. *Porter* (1998).

[41] Vgl. *Anandasivam/Premm* (2009).

[42] Vgl. *Koehler* et al. (2010).

[43] Vgl. *Fang* et al. (2010).

[44] Vgl. *O'Reilly* (2005).

[45] Vgl. *Clark* (2010).

[46] Vgl. *Fang* et al. (2010).

Privatsphäre, Verantwortung und Überprüfbarkeit fokussiert, wird von *Ko* et al. vorgeschlagen.[47]

3.4.4 Erlöse

In der vorliegenden Untersuchung wird auf Basis der Marktrecherche eine Unterscheidung in Nutzer- und Partner-Zahlungsmodelle vorgenommen. Dies berücksichtigt Geschäftsmodelle bei denen Nutzer kostenfrei die Lösung einsetzen können, die Umsätze jedoch über beispielsweise Werbung finanziert wird (z. B. *Facebook*). Ebenfalls denkbar ist eine Art Querfinanzierung über Werbung oder Sponsoring, um die Endnutzerpreise gering zu halten.

Im Bereich der Nutzerzahlungsmodelle werden zur Realisierung von Erlösen verschiedene Modelle der Preisgestaltung und Abrechnung verwendet. Die Varianz erstreckt sich von klassischen Lizenzmodellen[48] über variable Pay-per-use-Abrechnung[49] bis hin zu sogenannten Freemium-Modellen. Gerade neue Erlösmodelle mit Hilfe dynamischer Preisgestaltung (z. B. nutzungsabhängige Lizenzen, Sanktionen und Preise) erfordern neue Methoden zur Preiskalkulation und -evaluation.[50] In der Literatur finden sich z. B. eine Zusammenstellung von acht potenziellen Einnahmequellen im PaaS-Bereich[51] oder Vergleiche verschiedener Abrechnungskriterien zusammen inkl. eines Preismodells.[52] Weiterhin existieren bereits Ansätze zur Erlösoptimierung unter Zuhilfenahme eines speziellen Preismechanismus.[53] In diesem Zug ist bei der Provisionierung zu bedenken, wie sich die Ausnutzung von Skaleneffekten auf die Erlöse auswirken kann.[54]

Im Bereich Partnerzahlungsmodell wird in dieser Studie zwischen Förderung/Sponsoring, Umsatzbeteiligung und Werbung als mögliche Einnahmequellen differenziert.

4 Cloud-Geschäftsmodelle in der Praxis

Der Markt von Cloud-Angeboten wächst auch im Jahr 2012 sehr stark.[55] Schon heute schmücken sich über 350 Anbieter mit dem Label „Cloud“, während die Zahl der Unternehmen, deren Services wirklich der Cloud-Definition entsprechen, weit geringer ist.[56] Als Pioniere des Cloud-Markts haben sich besonders *Amazon Web Services* (AWS) und *Salesforce.com* bis heute etabliert. Deren Geschäftsmodelle werden nachfolgend näher betrachtet und mit Hilfe des morphologischen Kastens analysiert.

---

47 Vgl. *Ko, et al.* (2011)

48 Vgl. *Weinhardt* et al. (2009).

49 Vgl. *Sotola* (2011) und *Gull/Wehrmann* (2009).

50 Vgl. *Anandasivam/Premm* (2009).

51 Vgl. *Eurich* et al. (2011).

52 Vgl. *Sotola* (2011).

53 Vgl. *Pueschel* et al. (2009).

54 Vgl. *Greenberg* et al. (2009), *Kambil* (2009), *Leimeister* et al. (2010) und *Mach/Schikuta* (2011).

55 Vgl. *experton Group AG* (2010).

56 Vgl. *experton Group AG* (2012).

4.1 *Amazon Web Services* (AWS)

Im Jahr 1994 gestartet als Internetversandhandel, besitzt der Amazon Konzern heute riesige Serverparks, deren Ressourcen so ausgelegt sind, um auch Spitzenlasten saisonaler Einkaufswellen[57] (z. B. Weihnachtsgeschäft) bedienen können. Im Jahresdurchschnitt stellen die Anlagen weit mehr Leistung zur Verfügung, als verbraucht werden kann. Damit entsteht ein Leerlauf, der kostet, ohne Nutzen zu generieren. Mit der Einführung der *AWS* werden seit 2006 diese ungenutzten Ressourcen als flexible Cloud-Dienste angeboten. *Amazons* „hoch verfügbare, skalierbare und kostengünstige Rechenplattform“[58] wird heute von mehreren hunderttausend Unternehmen weltweit eingesetzt. Im Zuge dessen hat sich *Amazon* in den letzten Jahren zu einem Technologieunternehmen entwickelt, welches über die Infrastrukturvermietung hinaus weit mehr Dienste in einem modularen Portfolio anbietet.

Das Geschäftsmodell der *AWS* wird in den nachfolgenden Abschnitten näher erläutert. Zusammengefasst wird es mit Hilfe der Graufärbung innerhalb des morphologische Kastens dargestellt (siehe Abbildung 3). Eine stärkere Färbung der Bereich deutet auf die Schwerpunkte des Geschäftsmodells hin.

Kategorie		Unterkategorie	Gestaltungsmerkmale						
Strategie		Generische Strategie	Kostenführerschaft	Differenzierungsstrategie	Nischenstrategie				
		Marktstrategie	Market Adaption	Market Design	Market Diffusion	Market Co-construction			
		Markteintritt	Neueintritt	Markterweiterung	Know-how-Transfer	Vorherige Markterfahrung			
		Wertschöpfung	Horizontal	Vertikal					
Wertversprechen		Leistung („as a Service“)	Speicher	Computing	Netzwerk	Entwicklungs-umgebung	Entwicklungs-werkzeug	Software	Geschäfts-prozesse
		Bereitstellungsmodell	Private	Community	Hybrid	Public			
		Service-Typ	Angebot	Aggregation	Aggregation mit Zusatz	Vergleich und Kategorisierung	Integration	Beratung	
		Eigenschaften	Skalierbarkeit	Individualisierbarkeit	Standort-beschränkung	Interoperabilität			
Wert generieren	Partner-Netzwerk	Netzwerkart	Ecosystem	Strategisch	Lose	Keine			
		Partnerart	Technologie	Business	Consulting				
		Geschäftsfeld	Fremdes Geschäftsfeld	Ähnliches Geschäftsfeld	Gleiches Geschäftsfeld				
	Ressourcen & Tätigkeiten	Ressourcen	Hardware	Software	Netzwerk	Daten/Inhalte	Know-how	Personal	
		Aktivitäten	Infrastruktur-verwaltung	Personal-wirtschaft	Entwick-lung	Beschaffung	Eingangs-logisitk	Ausgangs-logistik	Marketing
	Kosten	Abhängigkeit von Ausbringungsmenge	Hauptsächlich Fixkosten	Hauptsächlich variable Kosten					
Wert vertreiben	Erlöse	Nutzer-Zahlungsmodell	Einmalgebühren	Periodische Raten	Reservierung	Pay-per-use	Spot	Kostenfrei	
		Partner-Zahlungsmodell	Sponsoring	Werbung	Umsatzbeteiligung				
	Vertrieb und Kunden-beziehung	Kanal	Internet	Mobil	Print-Medien	Vor Ort			
		Kundenbeziehung	Selbstservice	Online-Profil	Community	Support	Transparente SLAs		
	Zielmarkt	Marktfokus	Masse	Branche	Nische				
		Kundenfokus	Großunternehmen	KMU	Start-ups	Öffentlicher Sektor	Verbraucher		

Abbildung 3: Morphologischer Kasten des Geschäftsmodells der AWS

57 Vgl. AMAZON (2012a), S. 3.

58 AMAZON (2012b).

4.1.1 Strategie

Seit der Gründung im Jahr1994 hat *Amazon* seine Geschäftsfelder auf der horizontalen Wertschöpfungsebene durchgängig erweitert. Neben der Bereitstellung diverser Online-Shops für Bücher, Musik, Filme und Bekleidung ist *Amazon* schließlich im Jahr 2006 in den Cloud-Markt eingetreten, als sie die ersten Infrastrukturleistungen in Form von Web-Services zur Verfügung stellten (*AWS* – *Amazon* Web Services). Auf dem jungen Cloud-Markt besetzte *Amazon* damals eine Vorreiter-Rolle und kann daher keine konkrete Cloud-Erfahrung vorweisen. Durch den vorherigen Verkauf internetbezogener immaterieller Dienste in den Online-Shops (z. B. Musik) besitzt *Amazon* jedoch Erfahrung im Hosting dieser Dienste und kann diese Erfahrung auf das neue Geschäft übertragen. Der Cloud-Markt wird von *Amazon* mit den *AWS* aktiv geformt und gefördert. In den Jahresberichten des Unternehmens oder auf deren Website deuten keine Hinweise auf eine Strategie der Kostenführerschaft oder Nischenbesetzung hin. Mit der Verwendung des Cloud-Konzeptes differenziert sich *Amazon* von seinen Wettbewerbern.

4.1.2 Wertversprechen

Neben den primär fokussierten Infrastrukturkomponenten bietet *Amazon* mit den *AWS* auch Entwicklungsservices und Anwendungen sowie weitere Dienstleistungen an. Die verschiedenen Produkte und Services können durch gezielte Kombination von vorgefertigten Bausteinen auf die Kundenwünsche angepasst werden. Das Infrastruktur-Angebot wird von *Amazon* mit Speicherkomponenten, Computing-Einheiten (Server) und Netzwerk-Services abgedeckt. Auf der Plattform-Ebene dienen Entwicklungsserver, Entwicklungswerkzeuge und Datenbanken der Erstellung von Software, welche schließlich im Marktplatz von *Amazon* angeboten werden kann. Dort befinden sich bereits vorgefertigte Dienste als SaaS zur Administration der *AWS* sowie z. B. zum Versenden von Massenmails oder zur Abwicklung eines standardisierten Zahlungsverkehrs zwischen Parteien des Marktplatzes. Neben dem Anbieten eigener Service-Leistungen aggregiert *Amazon* auf seinem Marktplatz auch Fremdleistungen von Partnern (z. B. *Oracle* oder *Eucalyptus*) und erweitert diese gegebenenfalls mit einem eigens erstellten Zusatznutzen. Die Cloud-Dienste von *Amazon* sind ausgereift in ihrer flexiblen Skalierbarkeit und hoch standardisiert in ihrer Beschaffenheit sowie in der Verwendung und dem Angebot von Schnittstellen. Die Individualisierbarkeit der Dienste ist eingeschränkt, es lässt sich jedoch eine Auswahl des Standortes der gemieteten Infrastrukturen treffen.

Abseits der virtuellen Produkte bietet *Amazon* auch physische Arbeitskräfte, welche zur Unterstützung der Integration von Cloud-Diensten weltweit gemietet werden können. Für die Beratung bzgl. des Einsatzes von Cloud-Diensten und der damit verbunden Umgestaltung der Geschäftsprozesse verweist *Amazon* auf kompetente Beratungs-Partnern in seinem umfangreichen Netzwerk.

4.1.3 Wert generieren

Amazon befindet sich zur Erstellung seines Wertversprechens in einem umfangreichen Netzwerk mit weltweit 464 Technologie- und 476 Beratungspartnern. Es existieren sowohl Partner, die fest im *Amazon*-Ecosystem eingebunden sind (z. B. *Eucalyptus*), die eine strategische Bedeutung für angebotene Dienste haben (z. B. *Microsoft*) oder ohne strategische Bedeutung lose mit *Amazon* verbunden sind (z. B. diverse Technologie- und Beratungspartner). Durch die breite Angebotsfächerung des Amazon Konzerns, ergeben sich sowohl Partnerschaften in ähnlichen (z. B. *Eucalyptus*) als auch fremden Geschäftsfeldern (z. B. Druckdiensten).

Die Ressourcen von *Amazon* sind klassische Hardware-Ressourcen, die virtualisiert als einzelne Infrastruktur- oder Plattform-Services angeboten werden. Daneben werden Anwendungen mandantenfähig gemacht, um sie als SaaS auf dem eigenen Marktplatz anzubieten.

Die Standardaktivitäten in der Wertkette sind besonders stark in der Verwaltung der Infrastruktur ausgeprägt. Darüber hinaus ist die Entwicklung innovativer Technologie-Konzepte mittlerweile ein etablierter Fokus des Unternehmens.

Kosten für die Bereitstellung des Wertversprechens basieren besonders auf Infrastrukturkosten (Server, Speicher- und Netzwerkkomponenten), Kosten für die Entwicklung und den Betrieb von Software für die interne Nutzung sowie Personalkosten für die Administration der Infrastruktur und Software.[59] Diese Kosten sind fixer Natur und ermöglichen dem Anbieter bei der Erhöhung der Ausbringungsmenge die bessere Verteilung der Kosten und damit die Realisierung von Skaleneffekten.

4.1.4 Wert vertreiben

Das Zugriffsportal auf die Produkte und Dienste der *AWS* ist ein Web-Browser, um damit im Internet auf der *Amazon* Web-Seite zu navigieren. Der Distributionskanal der *AWS* ist damit auf das Internet und auf mobile Zugriffs-Anwendungen eingeschränkt. Eine Ausnahme bilden die Fälle, in denen physische Arbeitskräfte angefordert werden und vor Ort den Dienst erbringen.

Für die Pflege der Kundenbeziehung steht dem Kunden ein Online Profil zur Verfügung, um seine Daten und Dienste zu verwalten. Darüber hinaus können Themen in Community-Foren diskutiert oder mit Hilfe des umfangreichen Supports geklärt werden. Der Support reicht von einem kostenfreien Basis-Angebot bis zu kostenpflichtigen gestaffelten Paketen. Um das Verständnis von Cloud Computing, bzw. die *AWS*, voranzutreiben werden von *Amazon* regelmäßig Whitepaper und Tutorials verfasst. Die SLAs von *Amazon* sind für jedes Produkt der *AWS* transparent auf der Unternehmens-Homepage verfügbar.

Die Generierung von Erlösen im Cloud-Bereich gestaltet *Amazon* auf einer kleingranularen Ebene. Die Services, vorrangig bestehend aus Infrastrukturleistungen, werden auf Stundenbasis abgerechnet. Dabei gibt es verschiedene Optionen, in denen sich Ressourcen reservieren oder zu Zeiten geringer Nachfrage besonders günstig nutzen lassen („Spot“). Für Einsteiger gibt es bei vielen Diensten ein kostenfreies Startkontingent an Zeit oder Ressourcen.

Der hohe Standardisierungsgrad und der Umfang von *Amazons* Infrastruktur-Pool ermöglichen den Fokus der *AWS* auf den Massenmarkt. Dabei beschränken sich die *AWS* nicht auf spezielle Unternehmensgrößen, sind jedoch vorrangig an Unternehmen, nicht Privatpersonen, gerichtet.

---

[59] Vgl. AMAZON (2012a), S.40 ff.

4.2 *Salesforce.com* – SalesCloud

Der ehemalige *Oracle*-Manager *MARC BENIOFF* gründete im Jahr 1999 das Unternehmen *salesforce.com*, eines der derzeit am stärksten wachsenden Unternehmen weltweit.[60] *Salesforce* bietet Anwendungen, die frei auf alle Unternehmensgrößen skalierbar sind und online auf zentralen Rechenzentren bereitgestellt werden. Besonders erfolgreich sind Anwendungen für das Kundenmanagement (Customer Relationship Management – CRM). Auf der eigenen Internetseite beschreibt sich *Salesforce* als „der Pionier für Cloud Computing im Bereich Geschäftsanwendungen".[61] *BENIOFF*, der jetzt den Posten als CEO belegt, hatte schon damals die Idee, Anwendungen für Unternehmen über das Internet bereitzustellen und nannte es „Das Ende von Software".[62] Heutzutage wird sein Konzept als Cloud Computing und sein Produkt als „Software as a Service" bezeichnet. Mit seinem Leistungsportfolio erntet das Unternehmen in den letzten Jahren diverse Auszeichnungen[63] und hat heute über 100.000 Kunden sowie einen Umsatz von über 2,2 Milliarden Euro im Jahr.

Das Geschäftsmodell der Sales Cloud wird in den nachfolgenden Abschnitten näher erläutert. Zusammengefasst wird es mit Hilfe der Graufärbung innerhalb des morphologische Kastens dargestellt (siehe Abbildung 4). Eine stärkere Färbung der Bereich deutet auf die Schwerpunkte des Geschäftsmodells hin.

Salesforce.com hat mit der Sales Cloud das Ziel verfolgt, eine CRM-Applikation mit ausschließlichem Zugriff aus dem Internet anzubieten. Dabei wird der Betrieb, Wartung und Weiterentwicklung ebenfalls von *Salesforce* für alle Kunden durchgeführt und ist in der monatlichen Gebühr enthalten. Da es zum Zeitpunkt der Veröffentlichung der Sales Cloud keine bzw. wenig vergleichbare Angebote gab, sondern eher traditionelle CRM Client Lösungen, kann man davon ausgehen, dass *Salesforce.com* eine Differenzierungsstrategie verfolgt hat. Da es den Markt für Software-as-a-Service im Bereich CRM für große und mittelständische Unternehmen so nicht gab, ordnen die Autoren die Aktivitäten als Market Design ein. In dieser Vorreiterrolle hat Salesforce.com die Möglichkeit genutzt diesen Markt voranzutreiben und zu formen. So wurde bspw. ein App-Exchange-Marktplatz etabliert, um externe Funktionserweiterungen anzubieten. Zudem wurde *Salesforce.com* kürzlich vom *Forbes Magazin* als das innovativste Unternehmen weltweit betitelt.[64]

---

60 Vgl. *CNN MONEY* (2010) und *CNN MONEY* (2011).

61 Vgl. *SALESFORCE* (2012b).

62 Vgl. *MOLINE, JULIE* (2004).

63 Vgl. *SALESFORCE* (2012a).

64 Vgl. *FORBES MAGAZIN* (2012).

Kategorie		Unterkategorie	Gestaltungsmerkmale						
Strategie		Generische Strategie	Kostenführerschaft	Differenzierungsstrategie	Nischenstrategie				
		Marktstrategie	Market Adaption	Market Design	Market Diffusion	Market Co-construction			
		Markteintritt	Neueintritt	Markterweiterung	Know-how-Transfer	Vorherige Markterfahrung			
		Wertschöpfung	Horizontal	Vertikal					
Wertversprechen		Leistung („as a Service")	Speicher	Computing	Netzwerk	Entwicklungs-umgebung	Entwicklungs-werkzeug	Software	Geschäfts-prozesse
		Bereitstellungsmodell	Private	Community	Hybrid	Public			
		Service-Typ	Angebot	Aggregation	Aggregation mit Zusatz	Vergleich und Kategorisierung	Integration	Beratung	
		Eigenschaften	Skalierbarkeit	Individualisierbarkeit	Standort-beschränkung	Interoperabilität			
Wert generieren	Partner-Netzwerk	Netzwerkart	Ecosystem	Strategisch	Lose	Keine			
		Partnerart	Technologie	Business	Consulting				
		Geschäftsfeld	Fremdes Geschäftsfeld	Ähnliches Geschäftsfeld	Gleiches Geschäftsfeld				
	Ressourcen & Tätigkeiten	Ressourcen	Hardware	Software	Netzwerk	Daten/Inhalte	Know-how	Personal	
		Aktivitäten	Infrastruktur-verwaltung	Personal-wirtschaft	Entwick-lung	Beschaffung	Eingangs-logisitk	Ausgangs-logistik	Marketing
	Kosten	Abhängigkeit von Ausbringungsmenge	Hauptsächlich Fix-Kosten	Hauptsächlich variable Kosten					
Wert vertreiben	Erlöse	Nutzer-Zahlungsmodell	Einmal-gebühren	Periodische Raten	Reservierung	Pay-per-use	Spot	Kostenfrei	
		Partner-Zahlungsmodell	Sponsoring	Werbung	Umsatzbeteiligung				
	Vertrieb und Kunden-beziehung	Kanal	Internet	Mobil	Print-Medien	Vor Ort			
		Kundenbeziehung	Selbstservice	Online-Profil	Community	Support	Transparente SLAs		
	Zielmarkt	Marktfokus	Masse	Branche	Nische				
		Kundenfokus	Großunternehmen	KMU	Start-ups	Öffentlicher Sektor	Verbraucher		

Abbildung 4: Morphologischer Kasten des Geschäftsmodells der Sales Cloud

4.2.1 Wertversprechen

Das Werteversprechen der Sales Cloud erstreckt sich über eine vollwertige CRM-Anwendung, die über das Internet sofort verfügbar ist. Eingeschlossen sind Eigenschaften, die per Definition zur Cloud gehören wie beispielsweise Mandantenfähigkeit und dynamische Resourcenelastizität. Zum Funktionsumfang der CRM-Lösung gehören Koordination von Marketing und Vertrieb, Generierung von Leads, Erfassen von Opportunities oder das Erstellen von Angeboten. Weiterhin integriert sind Funktionalitäten wie Reporting und Dashboards, gemeinsame Datenbasis für Produktpräsentationen, Kollaborationsmöglichkeiten (z. B. Instant Messaging, E-Mail und Kalenderintegration) sowie ein mobiler Zugriff. Darüber hinaus können Prozesse mit Hilfe von definierbaren Workflows und Genehmigungsschritten gesteuert werden. Der App-Exchange-Marktplatz bietet Angebote zur Erweiterung von Funktionalitäten durch externe Partner.

Die Cloud-Dienste der Sales Cloud sind flexibel skalierbar. Der Funktionsumfang ist standardisiert und modular aufgebaut (verschiedene Leistungsklassen). Jeder Mandant kann die gewünschte Leistungsklasse auswählen und erhält eine Umgebung mit Standardprozessen. Die Individualisierbarkeit der Dienste ist beschränkt sich auf z. B. Workflows oder Objekte bzw. Anwendungen, die hinzugefügt werden können.

4.2.2 Wert generieren

Genau dieser Marktplatz kann als ein Ecosystem betrachtet werden, das Lösungen sowohl technologischer Natur (z. B. Schnittstellen zu anderen System) als auch Zusatzfunktionalitäten offeriert. Weiterhin listet Salesforce.com auch eine Reihe von Partnern auf, die bei verschiedenen Problemstellungen zu Rate gezogen werden können. Hierbei handelt es sich um Lösungshäuser, deren Schwerpunkt eher im technischen Bereich zu suchen ist, als auch um klassische Management-Beratungen (z. B. *Cap Gemini* oder *Deloitte*).

Schwerpunktmäßig werden Ressourcen für die Realisierung des Geschäftsmodells in den Bereichen Software, Daten bzw. Informationen, Fachliches Know-how (CRM und Cloud-Betrieb) sowie Bereitstellung eines Marktplatzes mit Hilfe von starken Partnern gebündelt. Die Kernaktivitäten drehen sich demzufolge um das Anbieten dieser Lösung bzw. Möglichkeiten zur Erweiterung des Funktionsumfangs. Kosten für die Bereitstellung des Wertversprechens bestehen zur Hälfte (52 %) aus Ausgaben für Marketing und Sales (Marketing Programme, Brand Building, Provisionen etc.), zu 22 %zur Erbringung der Leistungen und Support (Infrastruktur, Wartung, Support etc.), zu 15 % für Allgemeine und Administrative Leistungen und zu 13 % für Forschung und Entwicklung.[65]

4.2.3 Wert vertreiben

Der Kunde bzw. die Sales-Cloud-Anwender können die Leistungen per Internet beziehen, sprich die Anwendung über Internet und Web-Browser benutzen. Leistungen von Partnern oder Verkaufs/Demo-Präsentationen bieten hier die Ausnahme. Test-Zugänge können ebenfalls einfach über das Internet angefordert und genutzt werden.

Salesforce.com bietet ebenfalls Support-Leistungen bei anfallenden Problemen um seine Kunden zu unterstützen. Hierbei werden verschiedene Optionen angeboten, die sich in Erreichbarkeit und Bearbeitungszeiten des Supports sowie dem Schulungsumfang unterscheiden. Weiterhin existieren Anwender- und Entwickler-Communities, um sich gegenseitig über Möglichkeiten und Herausforderungen auszutauschen. Auf der Website konnten keine Angaben zu SLAs gefunden werden.

Aufgrund der im Cloud-Umfeld vorherrschenden hohen Standardisierung von Anwendungen kann ein sehr großer Markt erreicht werden. Jedes Unternehmen, das ein CRM-System einsetzen möchte ist ein potentieller Kunde (von Großkonzernen hin zu Start-ups). Bei Branchenspezifischen Anforderungen arbeitet *Salesforce.com* mit Partnern zusammen. beispielsweise *Veeva* im Bereich Life Sciences, um auf die geänderten Anforderungen reagieren zu können.[66]

Zur Generierung von Umsätzen bedient sich *Salesforce.com* einer monatlichen Abrechnung auf Basis der Anzahl von Nutzern. Es existieren auch hier verschiedene Editionen, die sich im Funktionsumfang unterscheiden.[67] Inwiefern Erlöse über Partnerangebote in Form von Umsatzbeteiligungen oder Provisionen erwirtschaftet werden, kann nicht abschließend beantwor-

---

65 Vgl. *Salesforce.com* (2012a), S. 44.

66 Vgl. *Veeva Systems* (2010).

67 Vgl. *Salesforce.com* (2012b).

tet werden. Im Bereich des App Exchange Market Place verdient *Salesforce* ebenfalls eine Provision, wenn diese Zusatzapps gekauft werden.[68]

4.3 Gegenüberstellung der Cloud-Geschäftsmodelle

Die Gegenüberstellung beider Unternehmen zeigt, dass sich die beiden Geschäftsmodelle ähnlich sind. Beide Unternehmen grenzen sich über die Differenzierungsstrategie von den Konkurrenten und formen den Cloud-Markt. Als stark vernetzte Unternehmen bieten sie ausgereifte Online-Dienste vorrangig an Geschäftskunden und zwar schwerpunktmäßig in Form der Public Cloud. Hinsichtlich der Cloud-Eigenschaften bieten beide Plattformen Skalierbarkeit und Interoperabilität. In beiden Geschäftsmodellen ist ein Eco-System etabliert und Leistungen im Bereich Technologie und Consulting werden von Partnern angeboten. Beiden Geschäftsmodellen liegt ebenfalls eine intensive Forschung und Entwicklung zugrunde sowie ein Fokus auf Fixkosten. Beide Unternehmen bieten für ihre Leistungen ein Erlösmodell, welches auf u. a. periodischen Zahlungen basiert und zugleich Umsatzbeteiligungen von Partnern im Eco-System einbezieht. Distributionskanal ist bei beiden das Internet bzw. Mobilnetz. Auf Seiten der Kundenbeziehung bieten beide Geschäftsmodelle einen Self-Service, Online Profil, Communities sowie einen kostenpflichtigen Support. Sowohl Massenmärkte als auch spezifische Branchen werden (ggf. mit Hilfe von Partnern) von beiden bedient.

Unterschiede bestehen besonders in der Form des Markteintritts, der Leistung des Wertversprechens, den damit verbundenen Aktivitäten und dem Zahlungsmodell. Das Unternehmen Amazon besteht fünf Jahre länger und betritt den Cloud-Markt als Quereinsteiger, während sich das Unternehmen *Salesforce* schon bei der Gründung nur auf den Cloud-Markt fokussiert. Dies spiegelt sich auch im Wertversprechen beider Unternehmen wider. *Amazons* Infrastruktur-Services sind für einen Cloud-Anbieter sehr investitionsintensiv bzgl. der notwendigen Hardware, jedoch für *Amazon* bequem möglich, da sie ein Nebenprodukt des Hauptgeschäfts mit dem Online-Handel abgeben. *Salesforce* hingegen hat sich als Markt-Einsteiger auf investitions- und risikoärmere Software spezialisiert, da ihnen im Vergleich zu *Amazon* nicht bereits Anfangsressourcen zu Verfügung standen. Das Produktportfolio von *Amazon* hat sich in den letzten Jahren stark erweitert und bildet fast die gesamte Cloud-Spannbreite ab, bis hin zur Integration und Beratung von Cloud-Diensten. *Salesforce* fokussiert sich dagegen allein auf das Angebot von Software. Um dieses Angebot zu realisieren sind bei *Amazon* die Aktivitäten der Infrastrukturverwaltung stark ausgeprägt, bei *Salesforce* sind hingegen die Marketing-Aktivitäten besonders hervorzuheben. Dem einfachen ratenbasierten Nutzer-Zahlungsmodell von *Salesforce* steht eine stärker nutzungsorientierte und vielfältige Differenzierung der Preisoptionen bei *Amazon* gegenüber.

68 Vgl. COMPUTERWOCHE (2006).

5 Fazit und Ausblick

Mit dem Fortschritt von Cloud Computing ist eine Evaluierung der Geschäftsmodellevon IT-Dienstleistern erforderlich, um zu ermitteln, inwieweit das Cloud-Konzept hier schon Einzug gehalten hat. Dazu wurden in diesem Beitrag die bestehenden Geschäftsmodelltheorien vereint, um der Analyse eine Grundlage zu geben. Elementare Geschäftsmodell-Komponenten wurden mit Gestaltungsmerkmalen für die Cloud angepasst und in einem morphologischen Kasten angeordnet. Mit Hilfe dieses Ordnungsschemas wurden die Geschäftsmodelle von zwei Unternehmen gegenübergestellt und miteinander verglichen.

Im Ergebnis bilden beide Geschäftsmodelle die Eigenschaften von Cloud annähernd ab. Die effiziente Ressourcenverteilung innerhalb eines gemeinsamen Ressourcenpools ist eine Eigenschaft, die sich von außen schlecht prüfen lässt, bei beiden Unternehmen jedoch angenommen wird. Der Zugriff auf die Services ist sowohl bei Amazon als aus *Salesforce* via das Internet gewährleistet. Dort lassen sich die Services bei beiden Unternehmen auf einer Selbstbedienungsbasis On-Demand buchen. Eine flexible Skalierbarkeit der Services ist durch Hinzubuchen und Abbestellen von virtuellen Ressourcen bei *Amazon* gewährleistet, bei der Sales Cloud nur auf der Ebene des Hoch- und Runterstufens von Nutzerlizenzen. *Amazon* erfüllt das Cloud-Kriterium der nutzungsgerechten Abrechnung auf Stunden- oder Volumenbasis, in der Sales Cloud ist die Granularität der Berechnung auf monatliche Raten für Nutzerlizenzen beschränkt. Dies führt zu der Diskussion über die Wahl von Abrechnungseinheiten, um ein nutzungsabhängiges Bezahlmodell zu realisieren. Bei Infrastrukturen lässt sich die Nutzung von virtuellen Einheiten pro Stunde (z. B. Server) oder Volumen (z. B. Speicher) leicht messen. Bei der Software von *Salesforce* ist ein Abrechnungsmodell mit festen Raten pro Nutzer und Monat keine Neuerung.

Zur Ermittlung von typischen Kombinationsmustern in Cloud-Geschäftsmodellen wird künftig eine umfangreiche Marktstudie mit Hilfe des morphologischen Kastens durchgeführt. Zur Evaluierung der Muster werden die Gestaltungsmerkmale codiert und mittels statistischer Analysen untersucht.

Interne, von außen nicht ermittelbare, Abläufe (z. B. Virtualisierung) und Ressourcennutzungen (z. B. mandantenfähiges Ressourcenpooling) wurden bisher nur oberflächlich betrachtet und können zur Festigung der Angaben in Fallstudien erfasst werden

Quellenverzeichnis

AL-DEBEI, MUTAZ M./EL-HADDADEH, R./AVISON, D. (2008): Defining the Business Model in the New World of Digital Business, in: Proceedings of the Americas Conference on Information Systems (AMCIS) 2008, S. 1–11.

ALT, R./ZIMMERMANN, H.-D. (2001): Preface: Introduction to Special Section – Business Models, in: EM – Electronic Markets, 11. Jg. (2001), Nr. 1, S. 3–9.

AMAZON (2012a): Annual Report 2011, online: http://phx.corporate-ir.net/External.File?item=UGFyZW50SUQ9MTM0NDcwfENoaWxkSUQ9LTF8VHlwZT0z&t=1, Stand: o. A., Abruf: 27.8.2012.

AMAZON (2012b): Über AWS, online: http://aws.amazon.com/de/what-is-aws/, Stand: o. A., Abruf: 23.8.2012.

ANANDASIVAM, A./PREMM, M. (2009): Bid Price Control and Dynamic Pricing in Clouds, in: Proceedings of the European Conference on Information Systems (ECIS), Paper 43, Verona 2009.

BITKOM (2011): Cloud Computing ist erneut IT-Trend des Jahres, online: http://www.bitkom.org/de/presse/8477_66570.aspx, Stand: 18.01.2011, Abruf: 23.08.2012.

BSI (2012): Eckpunktepapier: Sicherheitsempfehlungen für Cloud Computing Anbieter, online: https://www.bsi.bund.de/SharedDocs/Downloads/DE/BSI/Mindestanforderungen/Eckpunktepapier-Sicherheitsempfehlungen-CloudComputing-Anbieter.pdf?__blob=publicationFile, Stand: o. A., Abruf: 23.08.2012.

BURKHART, T./KRUMEICH. J./WERTH D./LOOS, P. (2011): Analyzing the Business Model Concept – A Comprehensive Classification of Literature, in: Proceedings of International Conference on Informations Systems (ICIS), Shanghai 2011.

BUXMANN, P./HESS, T./LEHMANN, S. (2008): Software as a Service, in: WI – Wirtschaftsinformatik. 50. Jg. (2008), Nr. 6, S. 500–503.

CAPLAN, A./DILLON, J./HITZ, D./JACOBS, B. (2011): Changing Technology, Cloud Computing, Smart Business Chicago, 2011, May, S. 18–23.

CHEN, Y./KREULEN, J./CAMPBELL, J./ABRAMS C. (2011): Analytics Ecosystem Transformation: A force for business model innovation, in: Proceedings of the Service Research and Innovation Institute (SRII) Global Conference, San Jose (CA) 2011, S. 11–20.

CHOU, T. C. K. (2009): Seven Clear Business Models, 2009.

CLARK, J. P. (2010): A Software Business Model That Turns Users into Partners, in: Entrepreneurialism, THE FUTURIST, 2010, July/August, S. 28–29.

CNN MONEY (2010): 100 Fastest-growing Companies, online: http://money.cnn.com/magazines/fortune/fortunefastestgrowing/2010/full_list/, Abruf: 24.8.2012.

CNN MONEY (2011): Fortune's fastest-growing Companies, online: http://money.cnn.com/magazines/fortune/fortunefastestgrowing/2011/full_list/, Abruf: 24.8.2012.

COMPUTERWOCHE (2006): Home Software Office & Collaboration Salesforce.com will App Exchange monetarisieren, online: http://www.computerwoche.de/software/office-collaboration/584810/, Stand: 12.12.2006, Abruf: 24.08.2012.

CUSUMANO, M. A. (2007): The changing labyrinth of software pricing, in: Communications of the ACM, 50. Jg. (2007), Nr. 7, S. 19–22.

EURICH, M./GIESSMANN, A./METTLER, T./STANOEVSKA-SLABEVA, K. (2011): Revenue Streams of Cloud-based Platforms: Current State and Future Directions, in: Proceedings of the Americas Conference on Information Systems, Detroit (MI) 2011.

EXPERTON GROUP AG (2010): Marktzahlen & Forecasts, online: http://www.experton-group.de/consulting/cloud-computing-programme/ict-anbieter/marktzahlen-forecasts.html, Stand: o. A., Abruf: 23.08.2012.

EXPERTON GROUP AG (2012): Pressemeldung: Cloud Vendor Benchmark 2012: Tolle Produkte oder nur tolles Marketing? – Lautstärke ist kein Argument, online: http://www.experton-group.de/press/releases/pressrelease/article/cloud-vendor-benchmark-2012-tolle-produkte-oder-nur-tolles-marketing-lautstaerke-ist-kein-argument.html, Stand: o. A. Abruf: 23.8.2012.

FANG, Z./CHEN, J./YI, M./WU, Z./QIAN, H. (2010): Cloud computing business model based on value net theory, in: Proceedings of the 7th International Conference on e-Business Engineering (ICEBE), S. 462–469.

FORBES MAGAZIN (2012): The World´s Most Innovative Companies, online: http://www.forbes.com/special-features/innovative-companies.html, Stand: 20.10.2011, Abruf: 29.8.2012.

GARTNER (2011): Gartner Identifies the Top 10 Strategic Technologies for 2012, online: http://www.gartner.com/it/page.jsp?id=1826214, Stand: 18.10.2011, Abruf: 29.8.2012.

GOODBURN, M. A./HILL, S. (2010): The Cloud Transforms Business, in: Financial Executive, 26. Jg. (2010), Nr. 10, S. 35–39.

GREENBERG, A. ET AL. (2009): The Cost of a Cloud: Research Problems in Data Center Networks, ACM SIGCOMM Computer Communication Review. 1, 39, 2009, 68 ff.

GULL, D./WEHRMANN, A. (2009): Optimierte Softwarelizenzierung – Kombinierte Lizenztypen im Lizenzportfolio, WI – Wirtschaftsinformatik, 51. Jg. (2009) Nr. 4 S. 324–334.

JEFFERY, K./NEIDECKER-LUTZ, B./SCHUBERT, L. (2010): The Future of Cloud Computing, Opportunities for European Cloud Computing Beyond 2010, European Commission Information Society and Media, 2010.

KAMBIL, A. (2009): A head in the clouds, Journal of Business Strategy. 30. Jg. (2009), Nr. 4, S. 58–59.

KENDALL, J. E. (2001): 10 Mistakes Doctoral Students Make in Managing their Program, in: Decision Lines, o. Jg. (2001), Mai, S. 11–13.

KO, R. K. L./JAGADPRAMANA, P./MOWBRAY M./PEARSON, S./KIRCHBERG, M./LIANG, Q./LEE, B. S. (2011): Trust Cloud: A Framework for Accountability and Trust in Cloud Computing, IEEE World Congress on Services, 4.–9. Juli 2011, Conference Publications, S. 584–588.

KOEHLER, P./ANANDASIVAM, A./DAN, M. A./WEINHARDT, C. (2010): Customer Heterogeneity and Tarif Biases in Cloud Computing, in: ICIS – International Conference on Informations Systems, Conference Proceedings, 2010, Paper 106.

LEIMEISTER, S./BÖHM M./RIEDL, C./KRCMAR, H. (2010): The Business Perspective of Cloud Computing: Actors, Roles, and Value Networks, in: ECIS – European Conference on Information Systems, 2010, paper 56.

LI, X.,/LI, Y./LIU, T./QIU, J./WANG, F. (2009): The Method and Tool of Cost Analysis for Cloud Computing, in: IEEE International Conference on Cloud Computing, Conference Proceedings, 2009, S. 93–100.

LOEBBECKE, C./THOMAS, B./ULLRICH, T. (2012): Assessing Cloud Readiness at Continental AG, MIS Quarterly Executive, 11. Jg. (2012), Nr. 1, S. 11 ff.

MACH, W./SCHIKUTA, E. (2011): A Consumer-Provider Cloud Cost Model Considering Variable Cost, in: DASC – Dependable, Autonomic and Secure Computing, Conference Publications, 2011, S. 628–635.

MARTENS, B./TEUTEBERG, F. (2011): Risk and Compliance Management for Cloud Computing Services: Designing a Reference Model, in: AMCIS – Americas Conference on Information Systems, Conference Paper, 2011.

MARTENS, B./WALTERBUSCH, M./TEUTEBERG, F. (2012): Costing of Cloud Computing Services: A Total Cost of Ownership Approach, in: HICSS – Hawaii International Conference on System Sciences, Conference Publications, 2012, S. 1563–1572.

MELL, P./GRANCE, T. (2009): A NIST Notional Definition of Cloud Computing, NIST – National Institute of Standards and Technology, 2009.

MOLINE, J. (2004): It takes a salesforce, online: http://www.nyse.com/pdfs/salesforce10072004.pdf, Stand: o. A. Abruf: 24.8.2012.

O'REILLY, T. (2005): What is Web 2.0, Design Patterns and Business Models for the Next Generation of Software, 30.09.2005.

OSTERWALDER, A./PIGNEUR, Y./CLARK, T. (2010): Business Model Generation, A handbook for visionaries, game changers, and challengers, Hoboken 2010.

PAC (2012): The Impact of Cloud Computing on the Project Services Market – 2012, PAC – Pierre Audoin Consultants, 2012.

POPP, K./MEYER, R. (2010): Profit from software ecosystems, Business models, ecosystems and partnerships in the software industry, Norderstedt 2010.

*PORTER, M. E (*1985): Competitive Advantage: Creating and sustaining superior performance, New York (NY) et al. 1985.

*PORTER, M. E (*1998): Competitive strategy: techniques for analyzing industries and competitors: with a new introduction, New York (NY) 1998.

PUESCHEL, T./ANANDASIVAM A./BUSCHEK, S./NEUMANN, D. (2009): Making money with clouds: Revenue optimization through automated policy decisions, in: ECIS – European Conference on Information Systems, Conference Paper, 2009, S. 1–13.

RAMIREDDY, S./CHAKRABORTHY, R./RAGHU, T. S./RAO, H. R. (2010): Privacy and Security Practices in the Arena of Cloud Computing – A Research in Progress, in: AMCIS – Americas Conference on Information Systems, Conference Paper, 2010, Paper 574.

SALESFORCE.COM (2012a): Pressemitteilung: Salesforce.com als Leader im Gartner Magic Quadrant für Sales Force Automation positioniert, Abruf: 24.8.2012.

SALESFORCE.COM (2012b): Wer ist Salesforce.com? Online: http://www.salesforce.com/de/company/, Stand: o. A., Abruf: 24.8.2012.

SALESFORCE.COM (2012c): Annual Report FY 2013, 2012.

*SALESFORCE.COM (*2012b): Sales Cloud – Produkte und Preise, online: http://www.salesforce.com/de/crm/sales-force-automation/pricing-editions.jsp, Stand: o. A., Abruf: 24.8.2012.

SCHEER, C./DEELMANN, T./LOOS, P. (2003): Geschäftsmodelle und internetbasierte Geschäftsmodelle, Begriffsbestimmung und Teilnehmermodell, in: ISYM – Information Systems & Management, 2003, Paper 12.

SEPPAENEN, M./MAEKINEN, S. (2005): Business model concepts: a review with case illustration, IEEE IEMC – International Engineering Management Conference, Conference Publications, 2005, 376–380.

SHAFER, S. M./SMITH, H. J./LINDER, J. C. (2005): The power of business models, in: Business Horizons, 48. Jg. (2005), Nr. 3, S. 199–207.

SOTOLA, R. (2011): Billing in the Cloud: The missing link for cloud providers, in: Journal of Telecommunication Management. 3. Jg. (2011), Nr. 4, S. 313–320.

STAEHLER, P. (2001): Merkmale von Geschäftsmodellen in der digitalen Ökonomie, Lohmar, Köln 2001.

SU, N. (2011): Emergence of Cloud Computing: An Institutional Innovation Perspective, ICIS – International Conference on Informations Systems, Conference Paper, 2011, Paper 11.

TECHCONSULT (2012): IT Cloud Index 2012.

VEEVA SYSTEMS (2010): Salesforce.com and Veeva Systems Announce Expanded Alliance to Serve the Global Pharmaceutical and Biotechnology Industry, Stand: 13.10.2010, Abruf: 09.12.2012.

WEINER, N./RENNER, T./KETT, H. (2010): Geschäftsmodelle im „Internet der Dienste“, Stuttgart 2010.

WEINHARDT, C./ANANDA/SIVAM, A./BLAU, B./BORISSOV, N./MEINL, T./MICHALK, W./STÖSSER, J. (2009): Cloud Computing – A Classification, Business Models, and Research Directions, in: BISE – Business & Information Systems Engineering. 1, Jg. (2009), Nr. 5, S. 391–399.

WIRTZ, B. W. (2010): Electronic Business, 3. Auflage, Wiesbaden 2010.

WUESTENHAGEN, R./BOEHNKE, J. (2006): Business models for sustainable energy. in: Perspectives on radical changes to sustainable consumption and production, Sheffield 2006, S. 253 ff.

ZOLNOWSKI, A./BOEHMANN, T. (2011): Business modeling for services: Current state and research perspectives, in: AMCIS - Americas Conference on Information Systems, Conference Proceedings 2011.

Aspekte einer Mobil-Strategie

CHRISTIAN KIRSCH und *OLIVER KRUEGER*

IBM Deutschland Research & Development GmbH
und *IBM Deutschland GmbH*

Executive Summary

„Mobile" ist ein Markt mit enormem Wachstumspotenzial. Eine mobile App ist relativ einfach erstellt und publiziert. Dies birgt die Gefahr, dass schnell eine Vielzahl von verschiedensten Unternehmensanwendungen entsteht, die in der Anzahl schwierig zu warten und zu betreiben sind. Technologisch und organisatorisch kann eine homogene IT-Landschaft so sehr schnell heterogen werden und abhängig von einer großen Anzahl von Zulieferern. Um dies zu vermeiden, bedarf es einer Mobil-Strategie.

Für die nachhaltige Entwicklung von mobilen Applikationen müssen verschiedene Faktoren berücksichtigt werden. Dies beginnt bereits bei der zu erreichenden Zielgruppe. Fokussieren die Apps auf Endkunden, Mitarbeiter oder Partner-Unternehmen? Diese Entscheidung hat weitreichende Implikationen im Hinblick auf die zu unterstützenden Gerätetypen, die Entwicklungsansätze, die Unternehmensinfrastruktur sowie die Absicherung der kritischen Unternehmensressourcen. Mobile Anwendungen stellen spezielle Ansprüche an die Applikationsentwicklung sowie die Infrastruktur des Unternehmens, die von den klassischen Leitlinien der IT abweichen können. Skalierbarkeit und ein einheitliches Sicherheitskonzept sind dabei Punkte, die besondere Beachtung finden müssen.

Letztlich ist das Thema Mobil-Strategie ganzheitlich zu betrachten und mit den Zielen des Unternehmens unter Berücksichtigung der zukünftigen Flexibilität in Einklang zu bringen. Dies ist nicht zuletzt ein Transformationsprojekt, welches insbesondere den Betrieb der mobilen Infrastruktur mit einschließt.

1 Einleitung

Mittlerweile vergeht kaum ein Tag, an dem in den Medien nicht über mobile Geräte, die neuesten Apps, oder aber auch über Sicherheits- und Datenschutzaspekte mobiler Technologien berichtet wird. Damit sind nicht nur spezielle Technologie-Blogs, sondern vor allem auch die allgemeinen Nachrichten, die Tagespresse und auch die Werbung gemeint. „Mobile" ist aus dem Alltag nicht mehr wegzudenken. Selbst *SPIEGEL ONLINE* spricht in einem seiner Leitartikel von den Herausforderungen einer fehlenden Mobil-Strategie.[1]

Auch in Unternehmen ist das Thema „Mobile" präsent. In einer von *GARTNER* durchgeführten Umfrage haben 61 % der befragten CIOs bekräftigt, in den nächsten drei Jahren in den Ausbau mobiler Lösungen zu investieren. Laut *GARTNER* ist damit das Thema „Mobile" auf der Prioritätsliste der CIOs auf Platz 2 hinter „Analytics and business intelligence", aber noch vor „Cloud computing".[2]

1 Vgl. *SPIEGELONLINE* (2012).

2 Vgl. *GARTNER* (2012a).

Dieser Artikel beleuchtet zuerst die Verbreitung und Nutzung mobiler Endgeräte. Es werden anhand von Szenarien die Möglichkeiten mobiler Anwendungen, aber auch die Herausforderungen bei deren Umsetzung aufgezeigt. Abschließend skizziert der Artikel Ansätze, die helfen, die Herausforderungen zu meistern und eine Grundlage für eine Mobil-Strategie zu bilden.

2 Daten und Fakten

„Mobile" spielt im täglichen Leben eine immer größere Rolle. Dies wird in vielen Studien und Analysen deutlich, auf die in den folgenden Abschnitten eingegangen wird. Diese gliedern sich in Verkaufszahlen, Studien zur Nutzung von Smartphones und Zugriffszahlen mobiler Geräte auf ausgesuchte Services.

2.1 Steigende Verkaufszahlen

Von den im zweiten Quartal 2012 weltweit verkauften 406 Millionen Mobiltelefonen haben die 154 Millionen Smartphones einen Anteil von 38 %. Im Vergleich zum Vorjahresquartal, in dem der Anteil bei 26 % lag, ist dies eine Steigerung um 46 %.[3] Laut einer Vorhersage von *GARTNER* soll dieser Trend anhalten. Im Jahr 2015 werden mehr als die Hälfte aller verkauften Mobiltelefone Smartphones sein.[4]

---

3 Vgl. *IDC* (2012).

4 Vgl. *GARTNER* (2012b).

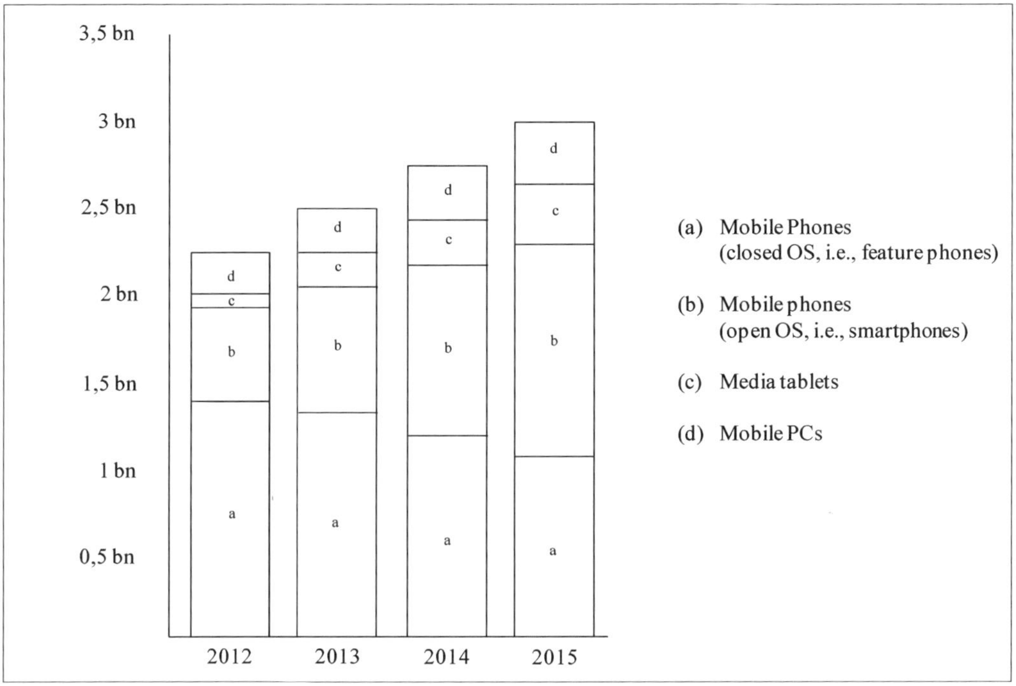

Abbildung 1: Vorhersage zum Verkauf mobiler Geräte[5]

Ähnlich ist das Bild in Deutschland. Laut COMSCORE hat sich der Anteil von Smartphones in Deutschland von 25 % im Dezember 2010 auf 37 % im Dezember 2011 erhöht. Im Vergleich zu Großbritannien und Spanien mit über 50 % ist dies aber noch verhältnismäßig wenig.[6]

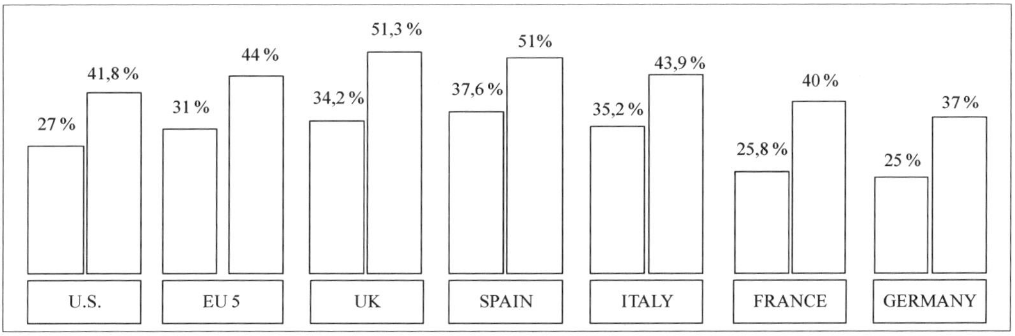

Abbildung 2: Anteil der Smartphones im Ländervergleich[7]

5 Vgl. GARTNER (2012b).

6 Vgl. COMSCORE (2012).

7 Vgl. COMSCORE (2012).

2.2 Veränderte Nutzung von Mobiltelefonen

Neben den reinen Verkaufszahlen verändert sich auch die Nutzung von Mobiltelefonen. Diese beschränkt sich nicht mehr nur auf Telefonate und SMS. Die Hauptnutzung ist mittlerweile der Zugriff auf das Internet. In einem Report von *O2* aus Großbritannien wird dies besonders deutlich. Durchschnittlich zwei Stunden täglich nutzen Besitzer ihre Smartphones. Dabei entfallen auf den Plätzen eins Surfen im Netz mit knapp 25 Minuten und zwei Zugriff auf Social Media mit gut 18 Minuten. Telefonieren und SMS belegen mit gut 12 und 10 Minuten die Plätze 5 und 7.[8]

Ähnlich lautet das Ergebnis einer Studie von *IDG*: 70 % nutzen regelmäßig das Internet und mobile Apps.[9] *ABI Research* hat mobile Apps genauer untersucht. Im Jahr 2012 sollen insgesamt 36 Milliarden Apps heruntergeladen werden. Pro Nutzer entspricht dies durchschnittlich 37 Apps.[10]

2.3 Steigende Zugriffe von mobilen Geräten

Neben der Befragung zur Nutzung von Smartphones und den Verkaufszahlen ist die Bedeutung von Mobile aber auch an Zugriffsstatistiken ablesbar. Waren laut *STATCOUNTER* mobile Endgeräte im Juni 2011 für 6,53 % der Zugriffe verantwortlich, sind es ein Jahr später schon 10,4 %. Dies entspricht einer Steigerung von 59 %.[11] Für einige Services scheinen die Zugriffe von mobilen Geräten schon jetzt höher zu sein. Die mobilen Zugriffe auf die *Google*-Suche haben sich 2011 vervierfacht.[12] Mit dem anhaltenden Erfolg von *Android* dürfte dieses Wachstum weiter anhalten. Auch *Facebook* wird vermehrt auf mobilen Geräten genutzt. Von den aktuell 955 Million aktiven *Facebook* -Nutzern greifen 543 Millionen und damit knapp 57 % mobil auf den Service zu.[13]

3 Mobiles Potenzial

Die angeführten Zahlen zeigen auf, dass die Verbreitung von mobilen Endgeräten rasant zunimmt und der mobile Zugriff auf Informationen eine immer wichtigere Rolle spielt. Dies bedeutet für Unternehmen, dass immer mehr Kunden, Geschäftspartner aber auch Mitarbeiter erwarten, mobil auf Dienstleistungen zugreifen zu können.

---

8 Vgl. *O2* (2012).

9 Vgl. *IDG* (2011).

10 Vgl. *ABI RESEARCH* (2012).

11 Vgl. *STATCOUNTER* (2012).

12 Vgl. *GOOGLE* (2012).

13 Vgl. *FACEBOOK* (2012).

Im Folgenden werden Szenarien von denkbaren, aber auch bereits verfügbaren mobilen Lösungen beschrieben. Je nach Geschäftsbeziehung zur Zielgruppe, werden dabei folgende Kategorien unterschieden:

- Business to Consumer (B2C): Beziehung zwischen einem Unternehmen und seinen Endkunden
- Business to Business (B2B): Beziehung zwischen mindestens zwei Unternehmen
- Business to Employee (B2E): Beziehung zwischen einem Unternehmen und seinen Mitarbeitern

Des Weiteren wird die automatisierte Kommunikation zwischen Endgeräten in die Kategorie Machine to Machine (M2M) eingeordnet.

3.1 Business to Consumer

Mobile „Business to Consumer"-Szenarien haben meist das Ziel, die Kundenbindung zum Unternehmen zu stärken, um dadurch weiteren Umsatz zu generieren. Die Kunden haben die Möglichkeit, jederzeit mobil mit dem Unternehmen zu interagieren und auf Informationen oder Services zuzugreifen. Das Unternehmen erhält mehr Informationen über die Kunden und kann Angebote besser auf ihre Bedürfnisse und Interessen anpassen. Somit kann das Unternehmen schnell mit den Kunden kommunizieren - ein Smartphone ist meist immer dabei.

Neben diesem aus dem E-Commerce adaptierten Szenario bietet „Mobile" weiteres Potenzial – die Verknüpfung von Online und der Realität. Im Geschäft kann der Kunde über sein Smartphone Informationen zu den angebotenen Produkten abrufen. An der Kasse dient das Telefon zum Bezahlen, aber auch zum Identifizieren bei etwaigen Bonusprogrammen.

Eine weitere Möglichkeit zur Verbindung von Online und der Realität hat die britische Supermarktkette *Tesco* in Südkorea vorgestellt.[14] Auf Plakaten an U-Bahnstationen werden detailgetreue Supermarktregale dargestellt. Die dort gezeigten Produkte sind mit einem Barcode versehen. Kunden scannen den Barcode mit ihren Smartphones und fügen so die Waren der Einkaufsliste hinzu. Die bestellten Artikel werden am gleichen Tag nach Hause geliefert.

PayPal hat ein ähnliches Szenario eingeführt. Mit Hilfe der Bezahlservices des Unternehmens können Einkäufe und Bezahlung direkt „am Schaufenster" unabhängig von Öffnungszeiten erfolgen.

Die beiden beschriebenen Beispiele zeigen auf, dass sich ein Unternehmen mit mobilen B2C-Lösungen vom Wettbewerb abheben bzw. wettbewerbsfähig bleiben kann.

---

[14] Vgl. *Die Zeit* (2011).

3.2 Business to Employee

Bei mobilen „Business to Employee"-Anwendungsszenarien steht die Zusammenarbeit zwischen Mitarbeitern im Vordergrund. Aus Sicht eines Unternehmens bietet diese Kategorie ein großes Potenzial. Mitarbeiter erhalten mobilen Zugriff auf Informationen, um so schneller und informierter die passenden Entscheidungen treffen zu können. In der einfachsten Form ist dies die Möglichkeit der mobilen Kommunikation über Email, Instant Messaging oder Enterprise Social Media. Es kann aber auch den Zugriff bzw. die Aufbereitung von Unternehmenskennzahlen für Manager oder die Produkt- und Personalverfügbarkeit für Außendienstmitarbeiter beinhalten, um beispielsweise stets aussagefähig über das Unternehmen oder zu Lieferzeiten zu sein.

Auch Unternehmensprozesse können mit mobiler Technologie beschleunigt werden. Beispielsweise kann ein Mitarbeiter einen Prozessschritt, der auf dringende Bestätigung wartet, sofort mobil bearbeiten, wenn kein stationärer Rechner zur Verfügung steht. Rechnungen können direkt ausgelöst werden, sobald der Mitarbeiter seine Arbeit beim Kunden beendet bzw. das Produkt übergeben hat und dies mobil bestätigt wurde. Überdies erhöht sich beim Einsatz mobiler Technologie ebenfalls die Datenqualität, da Informationen direkt und ohne Medienbruch erhoben und übermittelt werden können.

Neben der Verbesserung der Produktivität ist es für Unternehmen zunehmend wichtiger, für potentielle Mitarbeiter attraktiv zu sein. Ein Attraktivitätsfaktor dabei sind mobile Lösungen, so dass Mitarbeiter auch außerhalb des Büros miteinander kommunizieren und ihrer Arbeit nachgehen können bzw. selbst entscheiden, von wo sie arbeiten.[15]

Durch die rasante Entwicklung mobiler Endgeräte wird es schwierig, Mitarbeiter mit aktueller Technik auszustatten. Unternehmen prüfen daher, ob die mobilen Geräte der Mitarbeiter genutzt werden können. Dies wird oft als „Bring Your Own Device“ (BYOD) bezeichnet. Je nach Klassifizierung der Informationen bzw. Absicherungsmöglichkeiten der Geräte können Unternehmen dadurch Kosten einsparen.

3.3 Business to Business

„Business to Business" ist ein Szenario, das heute für mobile Anwendungen noch wenig Beachtung findet. Anwendungen aus diesem Bereich unterstützen die Zusammenarbeit zwischen den verschiedenen Geschäftspartnern in der Wertschöpfungskette und bieten damit einiges an Potential. Ähnlich wie bei „Business to Employee"-Anwendungen ist das Ziel, den beteiligten Partnern mobilen Zugriff auf Informationen zu geben, so dass diese effizienter arbeiten und Entscheidungen schneller und informierter treffen können.

Es setzt dabei aber voraus, dass sich die am Prozess beteiligten Unternehmen auf eine mobile Technologie geeinigt haben oder ein Unternehmen Vorgaben machen kann, die alle anderen beachten müssen. Letztlich erfordern B2B-Lösungen, dass sich die beteiligten Partner bereits selbst auf ihre eigene Mobil-Strategie verständigt haben, bevor Lösungen unternehmensübergreifend diskutiert werden können.

---

[15] Vgl. *DIGITAL STRATEGIES* (2012).

Unternehmen konzentrieren sich zum heutigen Zeitpunkt meist auf die Entwicklung ihrer eigenen Mobil-Strategie, um damit die Grundpfeiler für B2E- oder B2C-Lösungen zu definieren. Daher werden B2B-Lösungen wohl erst in den nächsten Jahren vermehrt anzutreffen sein.

3.4 Machine to Machine

„Machine to Machine"-Szenarien werden heute gerne als eine Vision für dieses Jahrzehnt genannt. Für 2020 sind nach einer Studie der *GSMA* bis zu 24 Milliarden vernetzte Geräte prognostiziert.[16] Ein Teil dieser Verbindungen betrifft auch die mobilen Endgeräte. Als Beispiel sei hier die Kommunikation vernetzter Fahrzeuge aufgeführt, durch die das Umfeld über die Verkehrssituation oder potentielle Gefahren informiert wird. Ein weiteres Beispiel ist ein vernetztes Haus, das über die Smartphones seiner Bewohner automatisch gesteuert werden kann.

Dieser Bereich der mobilen Anwendungen ist heute eher als Speziallösung anzutreffen. Insbesondere aber die zunehmende Heimvernetzung legt die Vermutung nahe, dass Anwendungen vor allem im Consumer-Bereich bald häufiger zu sehen sind. Für M2M-Lösungen bedeutet dies, dass Schnittstellen zur Verfügung gestellt werden, so dass zum Beispiel ein Smartphone Prozesse auslösen, überwachen, aber auch als Informationsquelle eingesetzt werden kann.

Das M2M-Umfeld stellt ein enormes Potenzial für mobile Anwendungen dar, bei dem viele der konkreten Anwendungsfälle noch nicht vollständig vorherzusagen sind.

4 Mobile Herausforderungen

Um das Potenzial der aufgezeigten Möglichkeiten von mobilen Szenarien zu erschließen, gilt es verschiedenste Herausforderungen zu meistern. Diese liegen im Unternehmen selbst – beim Überdenken von Geschäftsprozessen und -modellen. Auch die Sicherheit und die Festlegung von Sicherheitsrichtlinien gerade im B2E- bzw. B2B-Umfeld spielen eine große Rolle. Die Besonderheiten mobiler Anwendungen im Bereich Konzeption und Entwicklung stellen Unternehmen ebenfalls vor neue Herausforderungen. Die folgenden Abschnitte geben einen Überblick über die vielfältigen Herausforderungen, die mobile Lösungen mit sich bringen.

4.1 Herausforderungen in Geschäftsprozessen und Infrastruktur

Ein Unternehmen kann mit einer mobilen Anwendung die Distanz zu seinen Kunden verringern, es ist quasi in ihrer Tasche. Jedoch ist das Unternehmen damit auch in der Pflicht auf seine Kunden schnell zu reagieren, da diese zu jeder Zeit und weltweit auf das mobile Angebot zugreifen können. Darauf müssen die Prozesse, aber auch die Verfügbarkeit von Mitarbeitern ausgelegt sein.

---

16 Vgl. *GSMA* (2012).

Verfügbarkeit sowie vor allem Skalierbarkeit ist auch für die Infrastruktur des Unternehmens wichtig. Insbesondere der letzte Punkt kann in der heutigen Zeit entscheidend sein, da im mobilen Markt die Adaptionsraten zum Teil explosionsartig ansteigen können. Brauchte in den 1990er Jahren *AOL* noch 9 Jahre für die Gewinnung von 1 Mio. Anwendern, so benötigte *Facebook* dafür nur 9 Monate. Erfolgreiche Applikationen wie zum Beispiel „*Draw Something*" haben dies in ca. 9 Tagen geschafft.[17] Diese Adaptionsraten bedeuten vor allem geschäftliche Chancen für die Unternehmen. Die Infrastruktur stellt sie jedoch vor enorme Herausforderungen, um Anfragen von Kunden schnell und effizient zu beantworten.

Möglicherweise sind nicht nur einzelne Prozesse oder Teile der Infrastruktur vor Herausforderungen gestellt, sondern das komplette Geschäft, wie das Beispiel von *Tesco* in Südkorea zeigt. Durch den Anstieg des Onlinehandels treten Dinge in den Vordergrund, die vorher weniger wichtig waren. Musste die Logistik viele Waren an einige Supermärkte liefern, so müssen nun im Vergleich wenige Waren an viele verschiedene Orte direkt zu den Kunden transportiert werden. Auch die Ausstattung von Supermärkten tritt in den Hintergrund, dafür werden das Design und die Benutzbarkeit einer mobilen Anwendung wichtiger.
Tesco ist aber auch ein Beispiel dafür, dass es ratsam ist, die technologische Entwicklung gut zu beobachten und das eigene Geschäftsmodell zu hinterfragen. Wie kann es von der Entwicklung profitieren und welche neuen Geschäftsmodelle sind realisierbar?

4.2 Herausforderungen in der Sicherheit

Werden mobile Geräte in B2B- oder B2E-Szenarien mit dem internen Firmennetzwerk verbunden, so sind sie ein Teil des Netzwerkes. Für sie gelten damit die gleichen Sicherheitsvorschriften wie für andere Geräte – bspw. stationäre PCs und Laptops. In diesen Vorschriften sollte geregelt sein, auf welche Arten von Informationen überhaupt von mobilen Geräten zugegriffen werden kann. Gegebenenfalls gibt es spezielle Anforderungen an die Verschlüsselung auf dem Gerät oder des Kommunikationskanals, die nicht von jedem abgedeckt werden kann.

Werden die Informationen auf dem Gerät gespeichert, sollte auch festgelegt werden, ob andere Apps zum Bearbeiten benutzt werden dürfen. Hier besteht die Gefahr, dass unseriöse Apps Informationen außerhalb des Firmennetzwerkes versenden.

Des Weiteren sollten die Sicherheitsvorschriften ebenfalls regeln, wie verschiedene CloudDienste der Plattformbetreiber aber auch plattformübergreifender Anbieter zu behandeln sind. Durch die nahtlose Integration in die mobilen Geräte ist es sehr einfach, Information außerhalb des Firmennetzwerkes zu speichern.

Wie am Anfang beschrieben, nimmt die Verbreitung von mobilen Geräten rasant zu. Viele Mitarbeiter besitzen schon ein Smartphone oder Tablet, so dass es in immer mehr Unternehmen Überlegungen gibt, diesen Geräten den Zugriff auf Firmeninformationen zu gestatten. Die Idee von „Bring Your Own Device" birgt neue Herausforderungen. Neben den schon genannten ist vor allem die Trennung zwischen privaten und dienstlichen Daten und Apps zu regeln.

---

[17] Vgl. PORTER (2012).

Eine wichtige Anforderung im M2M-Umfeld ist die gesicherte Kommunikation zwischen einzelnen Knotenpunkten. Unbefugte sollten beispielsweise nicht feststellen können, dass ein Haus den Urlaubsmodus aktiviert hat, da seine Besitzer nicht zu Hause sind.

4.3 Herausforderungen in der Konzeption von mobilen Anwendungen

Mobile Geräte besitzen verschiedene Eigenschaften, die bei der Entwicklung von Anwendungen Beachtung finden sollten. Eine der offensichtlichsten ist der, im Unterschied zum PC, kleine Bildschirm. Ursprünglich wurden mobile Anwendungen durch Reduktion darauf angepasst. Sie enthielten nur die Funktionen und Informationen, die ein Benutzer unterwegs benötigte.

Mittlerweile hat sich das Nutzerverhalten verändert. Mobile heißt nicht unbedingt unterwegs, sondern eher immer dabei – im internen Meeting, bei Kundenbesuchen oder abends auf der Couch. Dadurch ist es erforderlich, dass sich Entwickler mobiler Anwendungen mit neuen Herausforderungen auseinandersetzen. Auf der einen Seite muss die Anwendung einfach zu bedienen sein und auf der anderen Seite sollten auch alle Funktionen, die der Nutzer aus anderen Kanälen kennt, enthalten sein. Es ist zwar nach wie vor richtig in der Konzeptphase zu überlegen, in welchem Kontext die Anwendung am häufigsten benutzt wird, um die entsprechenden Funktionen für den Benutzer leicht erreichbar zu gestalten. Jedoch sollte die Anwendung nicht auf diese Funktionen reduziert, sondern auch den Benutzern entsprochen werden, die die Anwendung in anderen Kontexten benutzen.

Mit der geringen Größe mobiler Geräte geht auch eine eingeschränkte Eingabemöglichkeit einher. Mobile Anwendungen sollten daher versuchen, Nutzer bei der Eingabe zu unterstützen. Dies kann beispielsweise der Zugriff auf das Adressbuch oder GPS sein, um den Benutzer bei der Addresseingabe zu unterstützen oder aber auch nur das Einblenden einer Tastatur mit den richtigen Zeichen sein. Mit der Möglichkeit der Spracheingabe steht eine weitere Erleichterung zur Verfügung.

Eine weitere Eigenschaft des mobilen Kanals sind mögliche schlechte Funkverbindungen oder Funklöcher, die die Kommunikation behindern bzw. unmöglich machen. Mobile Anwendungen sollten dem entgegenwirken und teils oder je nach Szenario komplett offline agieren können.

4.4 Herausforderungen in der Entwicklung von mobilen Lösungen

Für die Entwicklung mobiler Anwendungen gibt es mehrere Möglichkeiten. Anbieter mobiler Plattformen stellen Entwicklungswerkzeuge zur Verfügung, mit denen Anwendungen erstellt werden können. Jedoch sind diese nur auf genau dieser Plattform lauffähig. Diese Art wird native Entwicklung genannt. Der große Vorteil besteht darin, dass auf alle Funktionen des Gerätes und des Betriebssystems zugegriffen werden kann. Somit sind Anwendungen realisierbar, die sich sehr gut in die Plattform integrieren. Des Weiteren können native Anwendungen meist über einen zentralen Marktplatz der Plattformanbieter vertrieben werden.

Einen anderen Weg schlägt die Web-Entwicklung ein. Die meisten mobilen Geräte besitzen einen Browser, der Web-Anwendungen ausführen kann. Somit sind plattformübergreifende Anwendungen realisierbar. Allerdings können diese nur die Funktionen der Plattform nutzen, die der Browser anbietet.

Der Ansatz der hybriden Entwicklung versucht, das Beste aus beiden Welten zu verbinden. Mittels Web-Technologien lassen sich plattformübergreifende Anwendungen realisieren, die in einem nativen Container ausgeführt werden. Über diesen ist es zum Einen möglich, auf Funktionen der Plattform zuzugreifen und zum Anderen kann die Anwendung damit über den zentralen Marktplatz der Plattform vertrieben werden.

Mittlerweile etablieren sich Mischformen aus diesen Ansätzen. Dabei werden die grafischen Elemente nativ entwickelt, die Logik der Anwendung jedoch plattformunabhängig.[18]

Jede dieser Entwicklungsansätze hat Vor- und Nachteile. Die spezifischen Anforderungen an die einzelne mobile Lösung sollten über den Einsatz des passenden Entwicklungsansatzes entscheiden.

Neben der Konzeption und Entwicklung der mobilen Anwendungen sind noch weitere Punkte wichtig. Je nach Architektur der Anwendung könnten große Teile der Geschäftslogik als Services im Backend geplant oder vorhanden sein. Diese müssen eventuell entwickelt, aber zumindest sicher in die mobile Lösung integriert werden. Sofern die Anwendung für verschiedene Plattformen ausgelegt ist, muss sie auf unterschiedlichen Geräten und Displaygrößen getestet werden. Mit der Veröffentlichung der Anwendung steht das Unternehmen in der Pflicht, auf das Feedback der Benutzer zu reagieren – zum Beispiel in Form von zeitnahen und regelmäßigen Updates.

5 Aspekte einer Mobil-Strategie

Mobile Szenarien können Unternehmen vor eine Vielzahl von Herausforderungen stellen. Das Entwickeln einer App ist nur eine davon. In den folgenden Abschnitten wird ein Modell vorgestellt, das helfen kann, die verschiedenen Aspekte zu gliedern. Dabei gilt es Entscheidungen zu treffen, die als Grundlage für eine Mobil-Strategie dienen. Dieses Modell hat sich bereits in vielen Kundensituationen bewährt.

[18] Vgl. *FOWLER* (2012a).

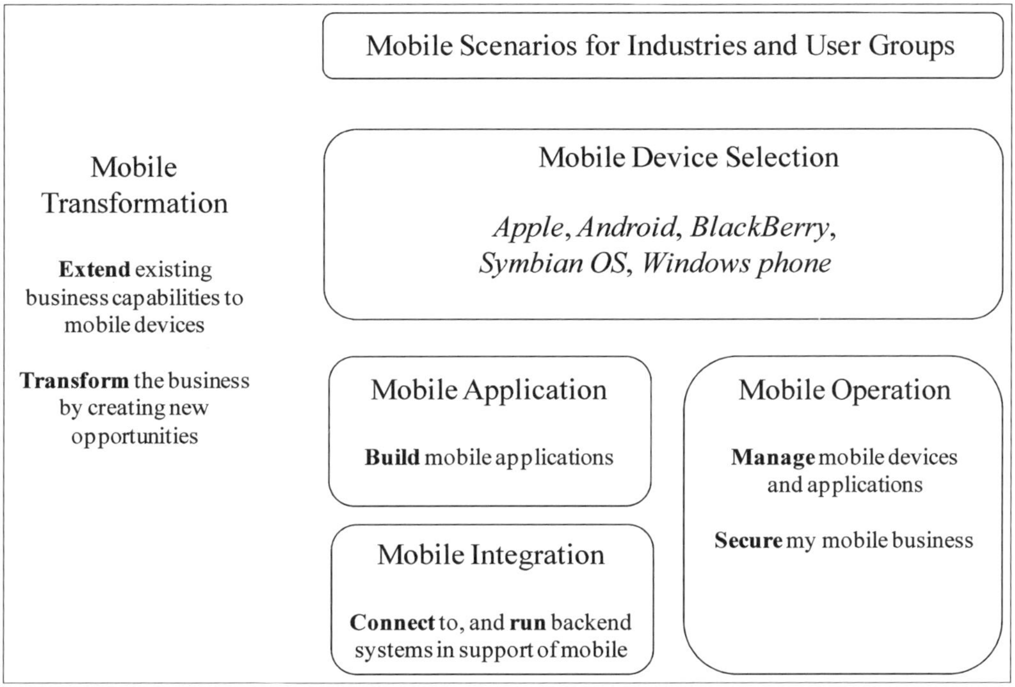

Abbildung 3: Domänenmodell

Das Modell ist unterteilt in verschiedene Themenbereiche, den sogenannten Domänen:

- Transformationsdomäne
- Szenariendomäne
- Geräteauswahldomäne
- Anwendungsdomäne
- Integrationsdomäne
- Betriebsdomäne.

Diese Themenbereiche sind in sich abgeschlossen, allerdings interagieren sie auch untereinander. Entscheidungen aus einer Domäne können Implikationen in den anderen hervorrufen. Beispielsweise hat eine in der Betriebsdomäne gefällte Entscheidung hinsichtlich der sicheren Speicherung von Informationen auf mobilen Geräten Auswirkungen bei der Implementierung in der Anwendungsdomäne. Daher übernimmt die Transformationsdomäne koordinierende Aufgaben, um den Austausch der Entscheidungen und Ergebnisse sicherzustellen.

Die Domänen helfen dabei, die Maßnahmen zu sortieren, um den Herausforderungen zu begegnen und sie zu meistern.

5.1 Transformationsdomäne

Die Transformationsdomäne ist die umschließende Klammer um alle anderen Bereiche. Hier wird definiert, welches Ziel verfolgt wird. Höchstwahrscheinlich handelt es sich bei diesem Ziel um die Veränderung eines oder mehrerer Key Performance Indicators (KPI). Beispielsweise könnte dies die Verbesserung der Kundenzufriedenheit oder die vermehrte Gewinnung von jugendlichen Neukunden sein. Die Ziele sind gleichzeitig auch die Erfolgskriterien, an denen sich die mobile Lösung später messen lassen muss.

Danach geht es darum, Anwendungsfälle zu identifizieren, die helfen können, die Ziele zu erfüllen. Dabei kann es sich um komplett neue Services handeln oder um vorhandene Anwendungsfälle, die um den mobilen Kanal erweitert werden. Diese werden in der Szenariendomäne weiter detailliert.

Sind die Anwendungsfälle erstellt, ist die Entscheidung zu treffen, die Lösung selbst zu entwickeln bzw. entwickeln zu lassen oder ein Produkt, das die geforderten Anforderungen abdeckt, am Markt einzukaufen.

Neben den fachlichen Anforderungen gibt es technische Anforderungen zur Integration und zum Betrieb, aber auch an die Umsetzung der Lösung. Diese werden in den jeweiligen Domänen detailliert bzw. bei der selbst entwickelten Lösung auch umgesetzt.

Ist die Lösung veröffentlich, gilt es das Feedback der Benutzer zu analysieren. Hieraus können sich neue Funktionen der Lösung ableiten, die in einer Folgeversion entwickelt werden.

Die Transformationsdomäne bildet auch Governance-Funktionen ab. Sie sorgt dafür, dass Entscheidungen, die Auswirkung in anderen Domänen haben, auch dort beachtet werden. Dabei gilt es aus den Entscheidungen der einzelnen Bereiche Regeln bzw. Richtlinien abzuleiten. Diese können die Entwicklung der nächsten mobilen Lösungen beschleunigen.

Aber nicht nur zwischen den Bereichen greift die Transformationsdomäne steuernd ein. Sie ist auch dafür verantwortlich eventuelle Auswirkungen auf andere Bereiche des Unternehmens zu beobachten. Möglicherweise müssen Services oder Produkte, die das Unternehmen anbietet, angepasst oder gar das komplette Geschäftsmodell neu betrachtet werden.

5.2 Szenariendomäne

Das Hauptziel in dieser Domäne ist es, die in der Transformationsdomäne identifizierten Anwendungsfälle zu konzipieren. Mit Hinblick auf die jeweilige Zielgruppe stehen die Bedürfnisse und Probleme des Kunden im Mittelpunkt. Die zentrale Frage dabei ist: Wie kann der mobile Kanal helfen, diese zu erfüllen bzw. zu lösen? Ein guter Startpunkt ist dabei der angenommene Kontext, in dem ein Kunde die Anwendung benutzt. Dieser lässt sich nicht nur über technische Gegebenheiten ermitteln, wie die Position, den Status über eine Instant Messaging Anwendung oder den nächsten Termin über den Kalender. Zum mobilen Kontext gehören auch die oben genannten Bedürfnisse oder Probleme des Kunden und damit die Frage, warum er mit der mobilen Lösung in diesem Moment interagiert. Diese Annahmen helfen den Kern der mobilen Anwendung zu schärfen. Sie sollten aber keinesfalls dazu verleiten, nur genau diese Anforderungen abzudecken. Nutzer kennen eventuell über andere Kanäle weitere Funktionen, die sie auch in einer mobilen Variante erwarten.

Ein essentieller Bestandteil des Konzeptes ist das Storyboard. Ein Storyboard definiert durch verschiedene Mock-ups den Fluss durch die Anwendung. Ein Mock-up zeigt dabei konzeptionell die wichtigsten graphischen Komponenten auf, die ein Benutzer zu einem bestimmten Stand der Anwendung gerade sieht. Dabei ist es wichtig, für jede Interaktion wie zum Beispiel das Betätigen eine Buttons zu definieren, was in der Anwendung passieren soll.

Über verschiedene Iterationsstufen wird das Konzept weiter detailliert. Nach Festlegung der zu unterstützenden Geräte und Plattformen sowie der Entwicklungsmethode sollte das Storyboard für die jeweiligen Plattformen spezifiziert werden.

Zusätzlich können durch die Arbeit am Konzept auch neue Ideen bzw. neue Einsatzmöglichkeiten entwickelt werden, die über den mobilen Kanal realisierbar sind. Dies dient als Input für weitere Diskussionen in der Transformationsdomäne.

5.3 Geräteauswahldomäne

In dieser Domäne wird festgelegt, welche Plattformen und Geräte die Anforderungen erfüllen bzw. für welche Plattformen und Geräte die Lösung implementiert werden soll. Im ersten Moment erscheint dies vielleicht nur für ein B2B- oder B2E-Szenario sinnvoll. Je nach Anwendungsfall kann es spezielle Anforderungen an zusätzliche Hardware wie RFID oder Barcodescanner geben. Neben den Hardwareanforderungen sind auch Anforderungen an die Softwareausstattung wie Verschlüsselungsmechanismen oder die zentrale Verwaltungsmöglichkeit über ein Mobile Device Management System zu beachten. Eventuell kommen durch diese Anforderungen nur wenige Geräte in Frage, die ein Unternehmen dann seinen Mitarbeitern zur Verfügung stellen kann.

Aber auch im B2C-Umfeld ist diese Festlegung wichtig. Neben Smartphones und Tablets können auch Fernseher, Smart Home Geräte oder vernetzte Fahrzeuge als Endgerät für die mobile Lösung fungieren. Nicht alle werden unterwegs benutzt. Aber immer mehr dieser Geräte greifen auf mobile Plattformen als Betriebssystembasis zurück. Hier ist es essentiell die Entscheidung für oder gegen eine Plattform zu dokumentieren und die aktuellen Entwicklungen zu verfolgen, um eventuell die Entscheidung später anzupassen. Dies dient zum Einen als Kriterium auf welchen Geräten später getestet wird. Zum Anderen hat es großen Einfluss auf die Entwicklung der mobilen Anwendung.

5.4 Anwendungsdomäne

In der Anwendungsdomäne liegt das Hauptaugenmerk auf der Entwicklung der mobilen Lösung. Auf der einen Seite ist dies die mobile Anwendung, mit der Benutzer interagieren. Auf der anderen Seite sind es Services im Backend, mit denen die Anwendung kommuniziert, die eventuell entwickelt werden müssen.

Eine der ersten zu treffenden Entscheidungen ist die Art der mobilen Entwicklung - native, web oder hybrid. Jeder dieser Ansätze hat Vor- und Nachteile, die je nach Anforderungen an die Lösung und zu unterstützenden Systeme unterschiedlich stark ins Gewicht fallen. Eine Entscheidung, welcher Ansatz der richtige ist, kann daher nicht pauschal gefällt werden.

Neben den Anforderungen wie Zugriff auf bestimmte Geräte- oder Plattformfunktionen bestimmen aber auch weitere Aspekte die Wahl des passenden Ansatzes. Sind großen Mengen an Daten auf dem Gerät vorzuhalten? Erhält die Anwendung ein einheitliches Bedienkonzept oder soll das „Look & Feel" an jede Plattform angepasst werden? Auch die Entscheidung, wie die Anwendung den Nutzern verschiedenster Geräte und Plattformen verfügbar gemacht wird, ist von großer Tragweite. Sollen bereits am Anfang so viele Plattformen wie möglich unterstützt werden oder wird die Anwendung erst auf einer Plattform optimiert und dann portiert.[19]

Sofern ein mit Web-Technologien realisierter Ansatz gewählt wird, muss in der Anwendungsdomäne auch entschieden werden, welche Frameworks zum Beispiel für die graphische Gestaltung genutzt werden. Beim nativen Ansatz ist dies meist durch die Plattform selbst vorgegeben. Jedoch kann es in vielen Fällen hilfreich sein, Bibliotheken einzusetzen, die Funktionen wiederverwendbar bereitstellt, die die Plattform nicht mitbringt.

Mit der Festlegung der Art der Entwicklung und den ausgewählten Plattformen muss das Konzept aktualisiert werden. Eventuell muss das Storyboard mit den Mock-ups nun für jede Plattform angepasst werden. Auch hier ist es wieder essentiell, den Fluss durch die Anwendung genau zu definieren.

Im Konzept sollte auch definiert werden, welche der Funktionen, die die Anwendung anbietet, unbedingt auf dem Gerät implementiert werden müssen und welche zentral auf einem Server ausgelagert werden können. Der Vorteil, Funktionen auf einem Server auszulagern und von der Anwendung darauf zuzugreifen, besteht darin, Komplexität und Redundanz in den Anwendungen auf verschiedenen Plattformen zu vermeiden. Jedoch impliziert das Einbinden eines Servers auch das Vorhandensein einer Online-Verbindung.

Ein wichtiger Bestandteil der Anwendungsdomäne sind Tests. Diese beinhalten sowohl die zu entwickelnden oder anzubindenden Backend-Services als auch die Anwendung auf den verschiedenen mobilen Geräten. Dabei sind automatisierte Tests von Backend-Services mittlerweile weit verbreitet. Neben den reinen Funktions- und Benutzbarkeitstest sollte ein Schwerpunkt auf Lasttests gelegt werden. Dadurch können frühzeitig Probleme erkannt und beseitigt werden, bevor die Nutzerzahlen ansteigen.

Für mobile Anwendungen gibt es von den Plattformanbietern verschiedene Möglichkeiten automatisiert in Simulatoren oder Emulatoren zu testen. Jedoch ist es wichtig, mobile Anwendungen auch direkt auf dem Endgerät zu prüfen. Mit zunehmender Anzahl der zu unterstützenden Geräte sind die Anschaffung und der Betrieb ziemlich kostspielig. Services, die eine Vielzahl von Geräten mit unterschiedlichen Versionen anbieten, können eine Alternative darstellen.[20]

---

[19] Vgl. *FOWLER* (2012b).

[20] Vgl. *MOBIFORGE* (2010).

5.5 Integrationsdomäne

Nur wenige mobile Anwendungen sind in sich komplett abgeschlossen. Die meisten benötigen Zugriff auf verschiedenste Backend-Services, Informationen und Geschäftsprozesse. In der Integrationsdomäne wird diesem Umstand Rechnung getragen. Zuerst wird definiert, auf welche Dienste und Informationen die mobile Anwendung zugreifen muss. Existieren dazu standardisierte Schnittstellen? Welche Protokolle und Sicherheitsmechanismen sind zum Zugriff nötig?

In den meisten Fällen ist es sinnvoll, dass mobile Anwendungen nicht direkt, sondern über eine Integrationsschicht mit dem Zielsystem kommunizieren. Für die mobilen Anwendungen entsteht somit eine einheitliche Schnittstelle, die auch von anderen mobilen Plattformen genutzt werden kann. Die vielfältigen Anforderungen, um auf Backend-Systeme zugreifen zu können, sind zentral in dieser Integrationsschicht umgesetzt.

Im Enterprise Umfeld hat sich zur Kommunikation das XML-Format durchgesetzt. In mobilen Anwendungen wird eher das kompaktere JSON-Format genutzt. Die Formatumwandlung von XML auf JSON kann ebenfalls in der Integrationsschicht abgebildet werden.

Auch sollten Caching Mechanismen eingesetzt werden, um Anfragen effizient beantworten zu können. Gleichzeitig kann dadurch die Last auf den Zielsystemen verringert werden. Jedoch müssen sowohl die Integrationsschicht als auch die Zielsysteme auf die zu erwartete Last ausgelegt bzw. skalierbar sein. Um Vorhersagen über die zu erwartende Last treffen zu können, sind Analysen über die Zugriffe notwendig. Steigen sie stetig an oder sind schon jetzt Lastspitzen zu erkennen, die nur schwer abzudecken sind? Diese Analysen helfen auch zu erkennen, wie stark und vor allem von welchen Plattformen und Geräten die Lösung benutzt wird.

Die Integrationsschicht bietet nicht nur den mobilen Anwendungen Zugang zum Backend, sondern auch umgekehrt. Somit können Backend-Services mobile Geräte beispielweise direkt benachrichtigen. Die Integrationsschicht nimmt sich der Komplexität an, die verschiedenen Benachrichtigungssysteme der jeweiligen mobilen Plattformen einzubinden. Über eine einheitliche Schnittstelle können Backend-Services Nachrichten an die Geräte senden.

5.6 Betriebsdomäne

In dieser Domäne liegt der Schwerpunkt auf dem sicheren Betrieb der mobilen Lösung. Dies schließt neben technischen Mitteln vor allem das Festlegen von Richtlinien ein. In den Richtlinien sollte beschrieben werden, wie auf Informationen im Backend zugegriffen werden darf. Ist eine Authentifizierung mit Benutzername und Passwort ausreichend oder müssen stärkere Mechanismen verwendet werden? Eventuell entstehen hier Vorgaben, die Implikationen auf die Geräteauswahl haben.

Auch die Sicherung der Informationen beim Übermitteln an die mobilen Geräte ist zu entscheiden. Reicht eine verschlüsselte Verbindung über https aus oder ist ein VPN Voraussetzung? Je nach Klassifizierung der Informationen ist es auch vorstellbar, den Zugriff von mobilen Geräten komplett zu unterbinden.

Sind die Voraussetzung für eine sichere Verbindung gegeben, ist zu entscheiden, wie mit den Informationen auf dem Gerät umgegangen werden darf. Dürfen die Informationen auf dem mobilen Gerät weiterverwendet werden oder muss dies explizit unterbunden werden. Auch eventuelle Anforderungen an eine verschlüsselte Speicherung auf dem Gerät sollten festgelegt werden.

In B2E-Szenarien können diese Richtlinien durch ein Mobile Device Management System (MDM) durchgesetzt werden. Zusätzlich bietet MDM auch die Möglichkeit, die Anwendungen auf den mobilen Geräten der Mitarbeiter zu verwalten. Somit können auch Updates schnell ausgerollt werden. In B2C-Szenarien sind die Geräte der Kunden meist nicht zentral verwaltet. Daher müssen die Richtlinien, sofern sie anwendbar sind, in der Anwendung selbst abgebildet werden. Auch das schnelle Verteilen von aktualisierten Versionen ist im B2C-Bereich komplexer. Werden Anwendungen über den zentralen Markt der Plattform verteilt, durchlaufen sie meist zeitintensive Prüfprozesse. Des Weiteren muss dem Umstand Rechnung getragen werden, dass Benutzer Updates auch ignorieren können. Soll der Nutzer direkt in der Anwendung auf eine neue Version aufmerksam gemacht werden, muss dies selbst entwickelt werden.

Ein weiterer wichtiger Punkt beim Betrieb ist der Support. Steigt die Verbreitung der mobilen Lösung an, so werden höchstwahrscheinlich auch vermehrt Anfragen der Nutzer aufkommen. Hierzu sollten in dieser Domäne festgelegt werden, mit welchen Angeboten der Nutzer sich selbst helfen kann. Aber auch die Schulung etwaiger Call-Center-Mitarbeiter muss geplant und umgesetzt werden.

Mit Bring-Your-Own-Device gibt es im B2E-Umfeld vermehrt Überlegungen, den privaten mobilen Geräten der Mitarbeiter Zugriff auf Firmeninformationen zu gestatten. Hierbei gilt es zu entscheiden, ob und wie private und dienstliche Informationen sowie Anwendungen voneinander getrennt werden müssen. Dies ist momentan nur schwierig und unkomfortabel für den Benutzer durch das sogenannte Sandboxing-Prinzip möglich. Durch die Sandbox kann eine Anwendung vom Rest der Plattform und anderen Anwendungen abgeschirmt werden. Eine weitere Lösung zur Trennung könnten Virtualisierungstechniken darstellen, die sich allerdings momentan noch in der Entwicklung befinden.

Neben technischen Mitteln gilt es auch bei BYOD Richtlinien zu definieren. Zum einen muss geklärt sein, auf welche Informationen mit den privaten Geräten zugegriffen werden darf. Zum anderen gilt es rechtliche Fragen beispielsweise hinsichtlich der Haftung zu beantworten. Was passiert, wenn ein privates Gerät beim dienstlichen Gebrauch verloren oder beschädigt wird? Auch ist die Frage zu klären, ob die privaten Geräte über ein MDM-System verwaltet und damit auch kontrolliert werden dürfen. Diese Richtlinien sollten zusammen mit der Mitbestimmung und der Rechtsabteilung abgestimmt sein.

6 Zusammenfassung

Mobile Anwendungen bieten neue Möglichkeiten der Interaktion mit Kunden, Geschäftspartnern und Mitarbeitern. Eine App ist schnell entwickelt und publiziert. Jedoch ist „Mobile" mehr als nur Apps. „Mobile" ist ein eigener Kanal mit verschiedenen Eigenschaften und Anforderungen, die es im Hinblick auf die Unternehmensstrategie zu berücksichtigen gilt. Dazu sind Entscheidungen zu treffen, wie mobile Anwendungen entwickelt und betrieben, aber auch in die Prozesse und IT eingebunden werden können. Die Entwicklung einer App ist dabei ein Baustein von Vielen.

Unternehmen sollten bereits heute die Grundlagen einer Mobil-Strategie legen.

Quellenverzeichnis

ABI Research (2012): Smartphone Users Worldwide will Download 37 Apps on Average in 2012, Long Term Trend is Downward, online: http://www.abiresearch.com/press/smartphone-users-worldwide-will-download-37-apps-o, Stand 25.7.2012, Abruf: 14.9.2012.

comScore (2012): 2012 Mobile Future in Focus, online: http://www.comscore.com/Press_Events/Presentations_Whitepapers/2012/2012_Mobile_Future_in_Focus, Stand: 23.2.2012, Abruf 14.9.2012.

Die Zeit (2011): Ein Foto kann ein Supermarkt sein, online: http://www.zeit.de/digital/mobil/2011-07/homeplus-ubahn-onlineshop, Stand: 8.7.2011, Abruf: 14.9.2012.

Digital Strategies (2012): Mobile Apps: Winning the Talent War, online: http://digitalstrategies.tuck.dartmouth.edu/about/blog/detail/mobile-the-winning-of-the-talent-war/, Stand: 25.4.2012, Abruf: 14.9.2012.

Facebook (2012): Facebook Reports Second Quarter 2012 Results, online: http://investor.fb.com/releasedetail.cfm?ReleaseID=695976, Stand: 26.7.2012, Abruf: 14.9.2012.

Fowler, M. (2012a): Selecting a Mobile Implemtation Strategy, online: http://martinfowler.com/articles/mobileImplStrategy.html, Stand 21.5.2012, Abruf: 14.9.2012.

Fowler, M. (2012b): Developing Software for Multiple Mobile Devices, online: http://martinfowler.com/articles/multiMobile, Stand: 19.6.2012, Abruf: 14.9.2012.

Gartner (2012a): Amplifying the Enterprise, online: http://imagesrv.gartner.com/cio/pdf/cio_agenda_insights.pdf, Stand: 2012, Abruf: 14.9.2012.

Gartner (2012b): The Trends Driving Your Mobile Strategy Through 2016, online: http://my.gartner.com/portal/server.pt?open=512&objID=202&mode=2&PageID=5553&ref=web-inar-rss&resId=2003118&prm=wb_ch_cio, Stand: 28.6.2012, Abruf: 14.9.2012.

Google (2012): Reasons Mobile Matters, online: http://www.howtogomo.com/en/d/why-gomo/# reasons-mobile-matters, Stand: o. A., Abruf: 14.9.2012.

GSMA (2012): Realising the potential of the Connected Life, online: http://www.gsma.com/connectedliving/wp-content/uploads/2012/05/Realising-the-potential-of-the-Connected-Life-GSMA.pdf, Stand: 24.4.2012, Abruf: 14.9.2012.

IDC (2012): Strong Demand for Smartphones in Second Quarter Continues to Drive the Worldwide Mobile Phone Market, According to IDC, online: http://www.idc.com/get-doc.jsp?containerId=prUS23624612, Stand: 26.07.2012, Abruf: 14.9.2012.

IDG (2011): IDG Global Survey Shows Smartphone Use Growing Rapidly with Regional Differences, online: http://www.businesswire.com/news/home/20110711006694/en/IDG-Global-Survey-Shows-Smartphone-Growing-Rapidly, Stand: 11.7.2011, Abruf: 14.9.2012.

PORTER, D. (2012): It took AOL 9 years to hit 1 million users It took Facebook 9 months It took Draw Something ~9 days, online: https://twitter.com/tfadp/status/182665851437199360, Stand: 22.3.2012, Abruf:14.9.2012.

MOBIFORGE (2010): Testing on Physical Devices Made Easy, online: http://mobiforge.com/testing/story/testing-physical-devices-made-easy, Stand: 2010, Abruf: 14.9.2012.

O2 (2012): Making calls has become fifth most frequent use for a Smartphone for newly-networked generation of users, online: http://news.o2.co.uk/Press-Releases/Making-calls-has-become-fifth-most-frequent-use-for-a-Smartphone-for-newly-networked-generation-of-users-390.aspx, Stand: 29.6.2012, Abruf: 14.9.2012.

PAYPAL (2012): PayPal's „Shop and Pay On-the-Go" Pilot in Singapore's Subway Stations, online: https://www.thepaypalblog.com/2012/02/paypal%E2%80%99s-%E2%80%9Cshop-and-pay-on-the-go%E2%80%9D-pilot-in-singapore%E2%80%99s-subway-stations/, Stand: 9.2.2012, Abruf: 14.9.2012.

SPIEGEL ONLINE (2012): Fehlende Mobil-Strategie – Smartphone-Boom bedroht Facebooks Geschäft, online: http://www.spiegel.de/wirtschaft/unternehmen/facebook-wie-das-mobile-internet-web-das-soziale-netzwerk-bedroht-a-849775.html, Stand: 14.8.2012, Abruf: 14.9.2012.

STATCOUNTER (2012): StatCounter Global Stats – Mobile vs. Desktop from Jun 2011 to Jun 2012, online: http://gs.statcounter.com/#mobile_vs_desktop-ww-monthly-201106-201206, Stand: a. A., Abruf: 14.9.2012.

„Wir erleben die zweite Phase der digitalen Revolution.“

Interview mit *Martina Koederitz*

IBM Deutschland GmbH

Martina Koederitz ist seit Mai 2011 Vorsitzende der Geschäftsführung der *IBM Deutschland*. Zuvor verantwortete sie als Mitglied der Geschäftsführung den Vertrieb der *IBM Deutschland*. Vor diesem Wechsel leitete sie das Geschäft der *IBM* für den Mittelstand, das sowohl die Hardware- als auch die Software- und Servicelösungen und die Zusammenarbeit mit Geschäftspartnern umfasst. Zuvor bekleidete sie die Position des Vice President für den *IBM* Geschäftsbereich Systems and Technology Group in Deutschland.

Martina Koederitz begann ihre Karriere bei *IBM* 1987 als Systemberaterin und wurde nach mehreren Aufgaben im Vertrieb 1998 zur Sales Managerin im Financial-Services-Sektor ernannt. Seit 1999 leitete sie als Business-Unit-Executive die Vertriebsorganisation für den genossenschaftlichen FinanzVerbund. 2003 wurde *Martina Koederitz* dann Vice President zSeries Sales *IBM* EMEA und in 2006 Vice President System zSales in Deutschland. Danach war sie als Client Advocacy Executive im Büro des damaligen *IBM* Chairman, President und CEO *Sam Palmisano* in Armonk tätig.

Martina Koederitz hat einen Abschluss als Diplom-Betriebswirtin (BA).

Die Potenziale der Digitalisierung für Wachstum und Wohlstand werden von Vertretern aus Politik, Wirtschaft und Gesellschaft immer wieder gepriesen. Können Sie diese Potenziale näher konkretisieren?

KOEDERITZ: Ich sehe zwei große Potenziale: Zum einen fördert die IT-Industrie als Querschnittstechnologie Innovationen – bei Produkten und Dienstleistungen, in Geschäftsprozessen und Geschäftsmodellen. So verbessert sie Wettbewerbsfähigkeit und schafft damit Arbeitsplätze. Zweitens erzeugt Digitalisierung Daten in bisher ungekannter Menge. Daten sind der Rohstoff für Wissen, Wissen ist der Rohstoff für Fortschritt, für Effizienz, für smarteres Arbeiten und Leben. Mit immer besseren Analysemethoden und Auswertungsverfahren können wir aus den Datenmengen wirtschaftlichen und sozialen Nutzen ziehen. Modernste Simulations- und Prognoseverfahren erschließen neue Erkenntnisse. Wir können die Welt von morgen bereits heute sehen.

Ist Deutschland auf den internationalen Wettbewerb im Digital Business ausreichend vorbereitet?

KOEDERITZ: Ein europäisches Land wie Deutschland mit gewachsener Infrastruktur muss sich anderen Herausforderungen stellen als Schwellenländer. Deutschland hat mit seinen Fachkräften und der engen Verzahnung von Wirtschaft und Wissenschaft gute Voraussetzungen, im internationalen Wettbewerb um das Digital Business zu bestehen. Allerdings wünsche ich mir von vielen Beteiligten mehr Mut, sei es bei Investitionsentscheidungen oder bei der Gestaltung der richtigen Rahmenbedingungen. In Deutschland bleiben wir zu häufig in der Entwicklungs- oder Testphase neuer Technologien stecken. Bestes Beispiel ist das mp3-Format – erfunden in Deutschland, kommerzialisiert vor allem in Amerika. Es gilt, Innovationen bspw. bei smarten Energiekonzepten, integriertem Gesundheitswesen, Elektromobilität oder High Performance Computing selbst zu vertrauen und sie risikofreudig und schneller als andere zur Marktreife zu führen.

Aus Sicht von Unternehmen ist es vor allem interessant zu wissen, wie man im digitalen Zeitalter nachhaltig erfolgreich sein kann. Worin sehen Sie die zentralen Erfolgstreiber?

KOEDERITZ: In Zukunft werden die Unternehmen erfolgreicher sein, die sich der unausweichlichen Komplexität stellen und diese zu ihren Zwecken nutzen. Das heißt auch, die bereits angesprochenen Datenmengen zu analysieren, neue Erkenntnisse in Echtzeit zu gewinnen und sie in Innovationen und Wertschöpfung umzumünzen. Hierbei sind innovative IT-Lösungen der Treiber. Ein zweiter Treiber sind die sozialen Netzwerke und die daraus entstehende Transparenz unternehmerischen Handelns. Nur wer sich öffnet und sich den berechtigten Ansprüchen seiner Bezugsgruppen – Kunden, Geschäftspartner, Interessenten, Bewerber, Mitarbeiter usw. – stellt, wird dauerhaft erfolgreich sein können.

Was sind Ihrer Meinung nach die größten gesellschaftlichen, politischen oder ökonomischen Hemmnisse für Innovationen im digitalen Zeitalter?

Koederitz: Wir stecken mitten in der Digitalisierung, in der fünften industriellen Revolution. Ihr Potenzial ist noch lange nicht erschöpft. Ein Klima, in dem Innovationen in allen Wirtschaftsbereichen gedeihen, braucht kontinuierliche Pflege und immer wieder Impulse. Es gilt, wieder neugieriger zu werden, denn Innovationen verlangen als Nährboden die richtige Infrastruktur, um sich zu etablieren. Das gilt im wörtlichen Sinne, wenn es beispielsweise um Ladesäulen zur flächendeckenden Einführung von Elektrofahrzeugen geht. Es gilt aber auch im Hinblick auf die Bedingungen, unter denen Fortschritt erst möglich wird: Innovationen sind unsere DNA. Die *IBM* investiert jährlich fünf bis sechs Milliarden US-Dollar in Forschungs- und Entwicklungsprojekte. Große Anstrengungen unternehmen zum Beispiel auch die Hidden Champions. Die Politik ist gefordert, gute Rahmenbedingungen für alle Leistungsträger zu schaffen. Ein Beispiel für solche Rahmenbedingungen ist die steuerliche Forschungsförderung, die trotz grundsätzlicher Zustimmung in der Politik in Deutschland nach wie vor auf Eis liegt. In anderen Ländern ist sie längst fester Bestandteil der Industrie- und Innovationspolitik. Entscheidend für den Erfolg bleiben natürlich immer noch jedes Unternehmen selbst und seine Kreativität.

Wenn es um den Erfolg geht, steht die Innovationsfähigkeit immer wieder im Fokus. Welche Rahmenbedingungen müssen für ein innovatives Unternehmen in der digitalen Welt erfüllt sein?

Koederitz: Unsere regelmäßigen CEO-Studien, bei denen wir rund 1.700 CEOs weltweit persönlich befragen, geben hier gute Einblicke. Die Vernetzung und Zusammenarbeit mit Geschäftspartnern wird immer wichtiger. Für sehr wichtig oder wichtig hielten sie 2008 noch 55 % der Befragten, 2012 bereits fast 70 %. Das hat einerseits natürlich sehr viel mit der Expansion in neue Märkte zu tun, andererseits aber immer mehr auch mit dem Bestreben, in neuen Partnerschaften innovativer zu werden und damit die weltweit wachsende Konkurrenz auf Abstand zu halten. Tatsächlich arbeiten 53 % der befragten CEOs in großem Umfang mit Partnern zusammen – mit einem Ziel: Sie wollen Innovation schaffen.

Welche erfolgversprechenden Geschäftsmodelle ergeben sich aus dem Megatrend Digitalisierung?

Koederitz: Die Digitalisierung verändert das Geschäft kompletter Branchen – Mode, Reisen, Musik, das sind die bekannten Beispiele. Hier brechen die traditionellen Wertschöpfungsketten auf und finden online neu zusammen. Vom Einkauf über Vermarktung und Verkauf bis hin zu Service und Support werden alle Prozessschritte erneuert. Dabei wachsen unsere Möglichkeiten, den Kunden wirklich als Individuum zu sehen. Sprichwörtlich steht er schon lange im Mittelpunkt, im „Smarter Commerce“ unserer Tage wird die Vision Wirklichkeit. Die Finanzwirtschaft wurde schon früh von der Digitalisierung erfasst und stellt als IT-intensive Querschnittsbranche die nötigen Transaktionsprozesse zur Verfügung. Weitere Branchen definieren sich neu, wachsen mit anderen zusammen zu komplexen Mega-Clustern, die unsere Gesellschaft am Leben und in Bewegung halten. Das vernetzte Automobil wird zum Beispiel eine Schlüsselrolle für neue Mobilitätskonzepte, -dienstleistungen und -geschäftsmodelle spielen. Dazu gehören Lokalisierungsdienste, Services rund um die Elektromobilität oder Infotainment-Angebote. Dies führt innerhalb der Automobilbranche zu einer Umorientierung:

Weg von einer ausschließlichen Orientierung auf das Produkt „Fahrzeug“, hin zu einem Geschäftsmodell, das auch attraktive Dienstleistungen rund um das Fahrzeug bietet. In diesem Ökosystem der neuen Mobilität ist es unverzichtbar, Allianzen mit Partnern – ÖPNV, Energieversorgern, Versicherern, IT-Unternehmen, Serviceanbietern – zu schließen, um schnell und dauerhaft die Nase vorne zu haben. Innovative Projekte wie *Car2Go*, *DriveNow*, *Quicar* oder *Moovel* weisen die Richtung.

Welche Auswirkungen hat die Digitalisierung auf Ihre Organisation heute?

KOEDERITZ: Auf die Tatsache, dass Produkte und Dienstleistungen heute weltweit produziert und vertrieben werden, hat *IBM* mit einer speziellen Organisationsform reagiert: wir sind ein global integriertes Unternehmen. Das bedeutet weltweit einheitliche Standards, Systeme und Prozesse, die nahtlos ineinandergreifen. Digitalisierung ist die Grundvoraussetzung für die Zusammenarbeit in global integrierten Teams über Ländergrenzen und Zeitzonen hinweg. Damit haben wir zu jeder Zeit die gerade benötigte Expertise zur Verfügung. Die Infrastruktur ist das eine, ihre eifrige Nutzung das andere. Die kulturelle Transformation – hin zu Communities, Collaboration und Sharing – ist mindestens so wichtig wie die Technologie. Hier haben wir in den letzten Jahren Riesenschritte nach vorn gemacht.

Nutzt Ihre Organisation digitale Methoden, um innovativer zu werden, zum Beispiel Customer Engineering, Crowd Engineering, Open Innovation?

KOEDERITZ: Seit über zehn Jahren nutzen wir bei *IBM* unsere eigenen Lösungen für die Zusammenarbeit und Kommunikation im permanenten Innovationsstreben, intern wie auch in der Zusammenarbeit mit Kunden und Partnern. Dazu gehören Standards und Tools wie weltweit verfügbare Mitarbeiter-Profile, Blogs, Wikis oder Instant Messaging. In Zahlen: Intern haben wir über 30.000 individuelle Blogs, über 400.000 Instant Messaging Nutzer, die täglich zwischen 40 und 50 Millionen Nachrichten senden, sowie täglich eine Million Page-Views interner Wikis und Webseiten, auf denen Daten gespeichert werden. Dateien werden immer weniger per E-Mail verschickt, sondern in Communities gepostet – allein in den letzten zwölf Monaten hat sich deren Zahl von knapp 400.000 auf über 750.000 Shared Files nahezu verdoppelt. Das bedeutet, Informationen – ein Grundnahrungsmittel für Innovatoren – sind massiv zugänglicher geworden.

Wir haben diese Techniken aber auch gemeinsam mit Partnern, Kunden und Lieferanten im Einsatz, um zum Beispiel globale Teams für eine Kundenanforderung zusammenzustellen, Experten für ein Problem schneller zu finden oder gemeinsam in Projekten zu arbeiten. So können wir schnell auf Änderungen im Markt reagieren. Ein konkretes Beispiel sind Innovation Jams, deren Technologie von uns entwickelt wurde. Dabei handelt es sich um digitale Massen-Brainstormings, die wir seit mehreren Jahren einsetzen. Ziel ist es, gemeinsam mit Partnern und Kunden neue Ideen und Antworten zu finden und damit unsere Produkte und Lösungen weiterzuentwickeln. Jüngstes Beispiel aus Deutschland ist der Social Business Jam aus dem letzten Jahr, bei dem neue Einsatzmöglichkeiten für Social Software in Unternehmen diskutiert wurden.

Ein Blick nach vorn: Wenn Sie ein Bild der zukünftigen digitalen Welt entwerfen sollten, was würden Sie auf der Leinwand festhalten?

KOEDERITZ: Die Systeme für Mobilität, Energieversorgung, Gesundheit, Ernährung, Bildung, öffentliche Sicherheit, Kommunikation und Konsum – einfach alles, was unser Privat- und Berufsleben bestimmt – werden effizienter, globaler und intelligenter. Wir erleben die zweite Phase der digitalen Revolution: Bis dato singuläre Systeme beginnen, miteinander zu kommunizieren und zwar durch intelligente Entscheidungen auf Basis von Echtzeit- und vorausschauenden Datenanalysen. Das Internet der Dinge steuert einen permanenten Interaktions-, Transaktions- und Zustandsdatenstrom bei. Und die sozialen Netzwerke liefern dazu die permanente Protokollierung und Kommentierung der Interaktion zwischen Menschen. Ob intelligente Algorithmen, Fuzzy Search, semantische Modelle, dynamische und autonom lernende Systeme wie *IBMs* „Watson" – die Nachbildung menschlicher, kognitiver Verstehensprozesse steht Pate für die Weiterentwicklung der digitalen Welt.

Welche strategischen Stoßrichtungen verfolgen Sie, um dieses Leitbild mit Leben zu füllen?

KOEDERITZ: Smarter Planet! Wir befinden uns im vierten Jahr der Smarter-Planet-Agenda. Das ist ein deutliches Zeichen von Nachhaltigkeit. Mit der Smarter-Planet-Strategie haben wir – nach der E-Business-Strategie Ende der 1990er Jahre und Anfang dieses Jahrtausends – ein weiteres Mal unter Beweis gestellt, dass wir Trends und Entwicklungen frühzeitig erkennen. Der „smarte Planet" durchdringt unser Denken und unser Geschäft. Als Technologie- und Transformationspartner setzen wir die Smarter-Planet-Strategie gemeinsam mit unseren Partnern, Kunden und Spezialisten um. Treiber all dessen sind die Vernetzung und die täglich entstehenden Petabyte an Daten – unstrukturierte Daten aus allen möglichen Quellen, die wir in Simulations- und Prognosewerkzeuge speisen, um bessere Entscheidungen treffen zu können und damit die Systeme auf unserem Planeten effizienter zu machen.

Auch beim Thema Cloud ist IBM führend. Worin besteht der Vorteil von Cloud Services für die Kunden?

KOEDERITZ: Unternehmen können auf einen hochskalierbaren und flexiblen IT-Ressourcenpool zugreifen und die Grenzen ihres Rechenzentrums virtuell erweitern. Services können nach Bedarf bezogen werden – von Anwendungen, Entwicklung-, Test- und Speicher-Services über soziale Netzwerke und Web-Conferencing bis hin zum externen Backup-Dienst. Gleichzeitig unterstützt Cloud Computing die Geschäftstransformation und bietet Wettbewerbsvorteile, die weit über Flexibilität, Kostenminimierung und Effizienzsteigerung hinaus gehen: es treibt Innovationen durch schnellere Entwicklungszyklen.

In welchen Bereichen erachten Sie die Nutzung von Cloud Computing als sinnvoll?

KOEDERITZ: Cloud Computing muss integraler Bestandteil der Unternehmens- und IT-Strategie sein. Überall da, wo standardisierte Anwendungen eingesetzt werden um Geschäfte mit Kunden in schwankender oder schwer vorhersagbarer Zahl zu machen, ist Cloud Computing sinnvoll. In der Strategieentwicklung schneidern wir individuelle Lösungen zusammen mit unseren Kunden – von der Analyse der bestehenden IT-Umgebung über die Entwicklung unternehmensweiter Migrationspfade bis hin zu Automationstechnologien und der Umsetzung unterschiedlicher IT-Betriebsmodelle. Für komplexe Unternehmenstransformation ist ein so flexibler Ansatz wie Cloud Computing ein unverzichtbares IT-Sourcing-Modell.

Welche IBM Services sind heute schon über die Cloud nutzbar und welche sind geplant?

KOEDERITZ: *IBM* gliedert ihre SmartCloud-Lösungen in drei Bereiche: Foundation, Services und Solutions. Die SmartCloud Foundation basiert auf *IBM* Hardware- und Softwarekomponenten. Damit können Kunden ihre private Cloud bauen und selbst betreiben. Zu den Smart Cloud Services gehören Infrastructure-as-a-Service und Plattform-as-a-Service-Angebote. Hier übernehmen wir Bereitstellung und Betrieb. SmartCloud Solutions umfassen Software-as-a-Service und Business-Process-as-a-Service-Angebote. Dazu gehören branchen- und anwendungsspezifische Pakete, z. B. für Business Analytics, Social Business, Smarter Commerce und Smarter Cities. Die Nachfrage ist groß und wir bauen unser Portfolio kontinuierlich aus.

Können Sie konkrete Umsetzungsbeispiele für Cloud-Projekte bei IBM nennen? Was ist gut gelaufen und was hat nicht wie erwartet funktioniert?

KOEDERITZ: Ein Beispiel ist die private Desktop-Cloud für Entwickler des Logistik-Unternehmens *Hapag-Lloyd*. Über Zentrale Entwickler-Arbeitsplätze haben sie Zugriff auf eine Cloud-Umgebung, die vom *IBM* Rechenzentrum in Frankfurt gemanagt wird. Damit können Entwicklungsteams an unterschiedlichen Standorten gemeinsam an Aufgabenstellungen arbeiten.

Auch in Forschung und Medizin treibt Cloud Innovationen: Die *Universität von Missouri* und *IBM* haben eine Cloud-Umgebung entwickelt, in der mehrere Universitäten und Mediziner gemeinsam an der Genom-Forschung arbeiten. Wissenschaftliche Erkenntnisse können schneller ausgetauscht und die Qualität der Forschung verbessert werden.

Beispiele aus dem Mittelstand sind die *IBM* Cloud-Lösungen für maxess und *Telecomputer*. Die *maxess Systemhaus gmbh* hat ihr Warenwirtschaftssystem maxess x-trade suite auf der *IBM* SmartCloud-Enterprise-Plattform implementiert. Dies verringert die Komplexität und Händler können sich auf ihr Kerngeschäft konzentrieren. Die *Telecomputer GmbH* und *IBM* haben einen *IBM* SmartCloud-Enterprise-Vertrag unterzeichnet. Die Leistung basiert auf einem „Pay-as-you-go“-Ansatz, mit dem *Telecomputer* flexibel IT-Leistungen aus der *IBM* Cloud beziehen kann. Telecomputer bietet auf Basis einer SaaS-Lösung den technischen Betrieb ihrer Integrierten Kommunalen Lösungen (IKOL®) an.

Zahlreiche Beispiele für Cloud-Projekte gibt es im Bereich „Mobile Business“. Die Cloud ermöglicht heute nahezu alle Formen mobiler Geschäftstätigkeit.

Apropos SaaS, wird sich Ihrer Einschätzung nach SaaS langfristig auch bei Großkonzernen durchsetzen?

Die Trends zeigen, dass die Public Cloud an Bedeutung gewinnt bei Collaboration, Social Media, Sicherheitslösungen aus der Cloud, Software-Lösungen von Partnern auf sicherer IaaS von *IBM*. Software as a Service wird weiter zunehmen in allen Bereichen, in denen sich Vorteile aus dem gemeinsamen Nutzen von Wissen, Information und Austausch ergeben. Das gilt unabhängig von der Unternehmensgröße.

Der Cloud-Markt in Deutschland wächst derzeit stark im Private-Cloud-Bereich, insbesondere wenn es um unternehmenskritische Daten geht. Gemeinsam mit unseren Geschäftspartnern bieten wir über die *IBM* City-Cloud-Initiative lokales Cloud-Computing an. Aus der City Cloud können Unternehmen deutschlandweit unterschiedlichste IT-Services sicher beziehen. Mittlerweile integrieren auch viele unserer Partner eigene Anwendungen in die City Cloud. Damit können wir ein noch umfangreicheres Angebot an Unternehmenssoftware aus der Cloud zur Verfügung stellen.

Frau Koederitz, wir danken Ihnen für dieses Gespräch.

Zweiter Teil

Digitalisierung und Innovation – Ausgewählte branchenbezogene Aspekte

Digitale Ökosysteme und deren Geschäftsmodelle: Analyse und Implikationen für klassische Buchverlage

Thomas Ammon und *Alexander Brem*

Friedrich-Alexander-Universität Erlangen-Nürnberg

1 Einleitung

Seit 1997 veröffentlicht das US-Wirtschaftsmagazin *Fortune* eine Liste mit den von US-Top-Managern am meisten bewunderten Unternehmen.[1] Im Jahr 2012 wird diese Liste von den Unternehmen *Apple*, *Google* und *Amazon* angeführt, die in diesem Beitrag im Mittelpunkt stehen werden.[2]

Rank	Company
1	*Apple*
2	*Google*
3	*Amazon.com*
4	*Coca-Cola*
5	*IBM*
6	*FedEx*
7	*Berkshire Hathaway*
8	*Starbucks*
9	*Procter & Gamble*
10	*Southwest Airlines*

Tabelle 1: Die 50 meist bewunderten Unternehmen nach Fortune-Magazine (Auswahl der Top-Ten)

Die Unternehmen werden aus verschiedenen Gründen bewundert: Bei *Apple* stehen sehr gutes Marketing, stilbildendes Produktdesign und visionäres Management im Mittelpunkt. *Google* steht hoch im Ansehen, weil es im letzten Jahrzehnt mehr Dinge richtig gemacht hat, als jedes andere Unternehmen, wird einer der befragten Manager zitiert.[3]

Diese drei Unternehmen sind mit ihren unterschiedlichen Strategien gegenwärtig dabei, die Verlags- und Medienbranche nachhaltig und dauerhaft zu verändern und zwingen die Verlage dazu, sich mit neuen Geschäftsmodellen anzupassen, wenn sie auch in Zukunft erfolgreich agieren wollen. Dieser Beitrag soll sich mit den Auswirkungen des von diesen Unternehmen ausgelösten „Disruptive Change“[4] auf Buchverlage befassen.

Zunächst fällt auf, dass der stationäre Buchhandel und die ihn lange Zeit dominierenden Ketten *Hugendubel* und *Thalia* seit etwa 2010 mit erheblichen Umsatzrückgängen zu kämpfen haben.[5] Die Schließung von unrentablen Häusern oder Flächenverkleinerung findet im großen Ausmaß statt. So hat *Hugendubel* seit 2011 die Buchhandlungen in Wetzlar, Nürnberg, Berlin-Tauentzienstraße, Kassel und München-Salvatorplatz geschlossen. Die Buchhandlungen in Krefeld und Neustadt sollen in Kürze folgen.[6] Bei *Thalia* werden Mieten neu verhandelt, Flächen verkleinert und die Aufnahme von anderen Angeboten wie Schreibwaren oder Spiel-

---

[1] Für die Befragung werden ca. 3.900 Führungskräften 700 Unternehmen vorgegeben, unter denen sie wählen können.

[2] Vgl. online: http://money.cnn.com/magazines/fortune/most-admired/, Abruf: 04.06.2012.

[3] Vgl. *O. V.* (2012), S. 414.

[4] Vgl. *Christensen/Matzler/Von den Eichen* (2011), S. 125 ff.

[5] Zunächst konnte diese Entwicklung noch mit der Expansion in neue Läden und vergrößerte Flächen, sowie Konzentration kompensiert werden.

[6] Vgl. *O. V.* (2012), S. 7.

waren vorgenommen.[7] Gerade der Buchverkauf über das Internet, vor allem durch *Amazon* dürfen für diese Aktivitäten als Hauptgrund angenommen werden. Somit kann schon jetzt konstatiert werden, dass die Geschäftsmodelle von Verlagen und Buchhandlungen vor massiven Veränderungen stehen. Die Flächenreduktionen und die Veränderungen im Angebotssortiment bei den Buchhandlungen zeigen ein erstes Opfer dieser Entwicklungen.

2 Aufbau dieses Beitrags

Dieser Beitrag soll sich mit dem Entstehen „Digitaler Ökosysteme“ (*Apple*, *Amazon* und *Google*) befassen und deren Auswirkungen auf die Geschäftsmodelle von Buchverlagen untersuchen.

Dabei werden zu Beginn einige wichtige theoretische Grundlagen zur Entwicklung von Business Models im Allgemeinen eingeführt. Daran schließt sich eine begriffliche Differenzierung verschiedener Angebotsformen von Inhalten mit den Stichworten „E-Book“, „App“, oder „Enhanced E-Book“ an. Schließlich werden die Ökosysteme als Lebensraum des digitalen Content dargestellt. Zunächst werden die Grundlagen des digitalen Ökosystems allgemein vorgestellt, um daran anschließend die Ökosysteme von *Apple*, *Amazon* und *Google* detailliert vorzustellen. Im abschließenden Kapitel werden dann die Implikationen für Buchverlage, die sich aus dem Entstehen der neuen digitalen Ökosysteme ergeben, beschrieben.

3 Theoretische Grundlagen

3.1 Die Branchenstrukturanalyse nach *PORTER*

Nach dem Modell der „Five Forces“ von PORTER lassen sich fünf grundlegende Wettbewerbskräfte differenzieren, die in ihren jeweiligen Auswirkungen von der technologischen und ökonomischen Verfassung einer Branche abhängen:[8]

- Bedrohung durch neue Anbieter
- Verhandlungsstärke der Abnehmer
- Verhandlungsstärke der Lieferanten
- Bedrohung durch Substitutionsprodukte und
- Rivalität unter Wettbewerbern.

---

7 Vgl. *O. V.* (2012c), S. 8 ff.

8 Vgl. *PORTER* (2008), S. 33 ff.

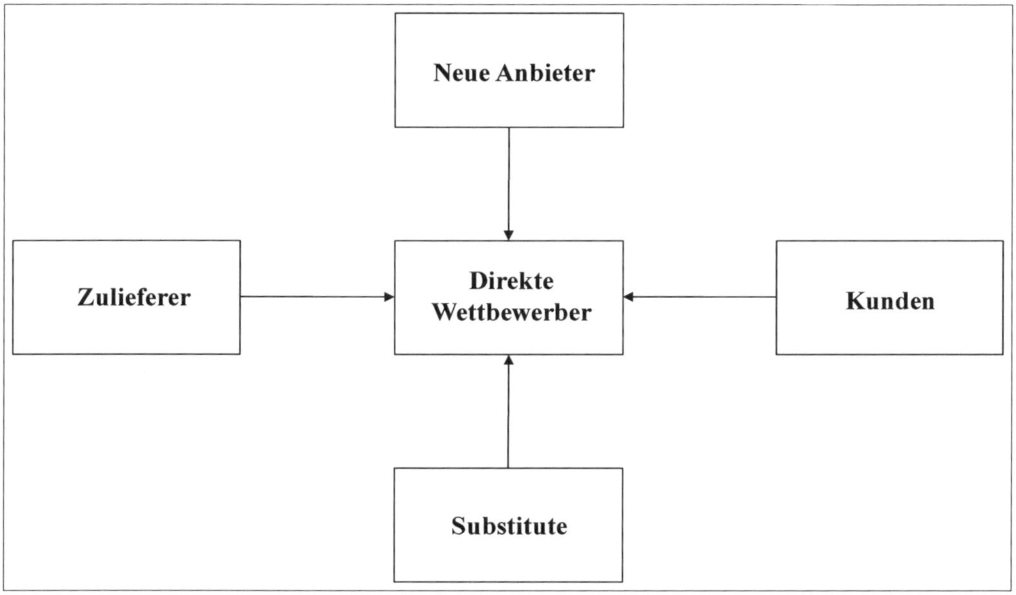

Abbildung 1: Branchenstrukturanalyse nach PORTER[9]

Diese fünf Wettbewerbskräfte haben in unterschiedlicher Ausprägung Einfluss auf die Rentabilität und Attraktivität einer Branche.

Der **Wettbewerb zwischen Verlagen** war in der Vergangenheit sehr ausgeprägt. Grund hierfür ist, dass die Angebote leicht nachzuahmen sind und einem erfolgreichen Buchkonzept zügig Nachahmerprodukte von Wettbewerbern gegenübergestellt werden können. Erinnert sei hier an den Erfolg der Bücher „Das magische Auge". In kürzester Zeit zogen Anfang der 1990er Jahre Verlage mit eigenen Angeboten dem Innovator *Ars Edition* nach.

Eine **Bedrohung durch Substitutionsprodukte** steht den Verlagen in Form der limitierten Zeit gegenüber, welche die Nutzer für Lesen aufwenden wollen. Lesen fordert nun einmal die komplette Aufmerksamkeit des Lesers, so dass er anderen Tätigkeiten in dieser nicht nachgehen kann. Substitution kann aber auch durch neue Medienformen entstehen. Die Nutzung eines klassischen Buches kann durch Angebote von elektronischen Büchern ersetzt werden und damit die Preisobergrenze und Absatzmenge von gedruckten Büchern beschränken. Gerade in diesem Segment finden sich die neuen Wettbewerber, denen sich die Verlage gegenüber sehen. Mit *Apple*, *Amazon* und *Google* treten Wettbewerber auf den Markt, die zunächst nichts mit dem klassischen Verlagsgeschäft zu tun haben.

In diesem Umfeld findet sich die **Bedrohung durch neue Anbieter**. Durch niedrigere Marktzutrittsschranken ist es branchenfremden Unternehmen möglich, eigene Angebote zu entwickeln und mit Verlagen in Wettbewerb zu treten.

---

9 Vgl. *PORTER* (2000), S. 63 ff.

Die **Verhandlungsstärke der Abnehmer** bleibt bestehen, auch wenn sich bestimmte Parameter verschieben. Sahen sich die Verlage lange Zeit mit den Forderungen der Chefeinkäufer der großen Buchhandelsketten konfrontiert, treten mit den neuen Abnehmern wie *Amazon* oder *Apple* neue Abnehmer der Inhalte auf den Plan, die durch ihre Marktmacht ihre Konditionen den Verlagen weitgehend diktieren können.

Der **Verhandlungsstärke der Lieferanten** muss in diesem Zusammenhang zunächst weniger Aufmerksamkeit geschenkt werden. Lieferanten der Verlage sind in erster Linie externe Dienstleister wie Druckereien und Satzbetriebe. Da in diesem Segment ein starker Wettbewerb herrscht, ist es für die Verlage leicht, neue Anbieter zu finden. Allerdings sollte nicht aus dem Blickfeld geraten, dass die Autoren der Verlage „Lieferanten von Inhalten“ darstellen. Gerade mit neuen Publikationsmöglichkeiten wie *Apples „iAuthor“* oder *Amazons* Angebot *„Kindle Direct Publishing“* existiert für Autoren die Möglichkeit, ohne Einbindung eines klassischen Verlags ihre Werke zu den Lesern zu transferieren.

Eine Reihe von Anforderungen, die sich aus dem sich wandelnden Marktumfeld für die Verlage ergeben, zeigt die nachfolgende Abbildung.

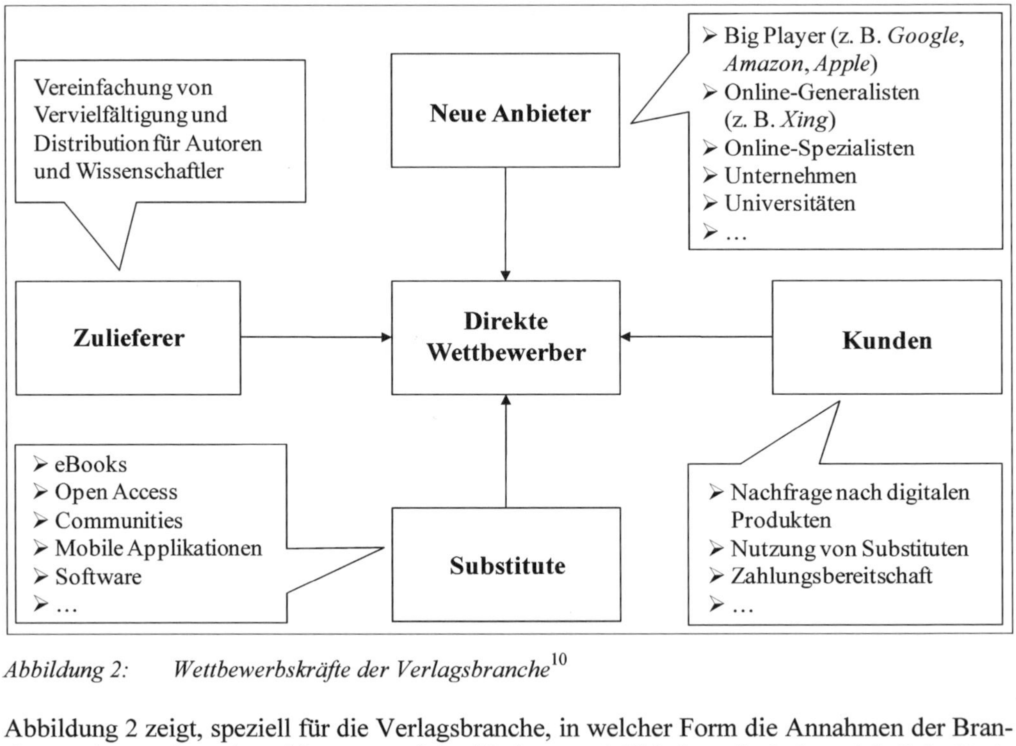

Abbildung 2: Wettbewerbskräfte der Verlagsbranche[10]

Abbildung 2 zeigt, speziell für die Verlagsbranche, in welcher Form die Annahmen der Branchenstrukturanalyse Auswirkungen auf das Verlagsgeschäft haben. So haben sich **Substitute** für das klassische Buch in Form von eBooks, von Communities, mobilen Applikationen gebildet. Durch Open Access können bestehende Geschäfts- und Einnahmemodelle von Verlagen in Frage gestellt werden. Auf der Seite der **Abnehmer** steigt die Nachfrage nach digitalen

[10] Vgl. STEINRÖDER/PITZ (2009), S. 12.

Inhalten, die Zahlungsbereitschaft schwindet auf Grund einer „Kostenlos-Kultur" des Internets uvm. Zudem wird es für **Autoren** zunehmend leichter mit ihren Inhalten ein Publikum im Internet zu erreichen, so dass der klassische Weg der eine Veröffentlichung über einen – möglichst renommierten – Verlag führt, nicht mehr unbedingt in Anspruch genommen werden muss.[11] Und schließlich treten mit Anbietern wie *Google*, *Amazon* und *Apple*, aber auch mit Communities wie *Xing* oder *Facebook* neue Anbieter auf den Plan, die mit Angeboten an Autoren, mit Substitutionsangeboten, die bisherigen Kunden der Verlage ansprechen.

PORTERS Modell ist nicht ohne Kritik geblieben. So wird der Zusammenhang zwischen der Branchenstruktur und dem Unternehmenserfolg von *JENNER* in Frage gestellt. Denn Unternehmen, die in derselben Branche agieren, können sich durchaus unterschiedlich entwickeln und beispielsweise eine unterschiedliche Profitabilität aufweisen oder bei der Generierung von Innovationen unterschiedlich erfolgreich sein.[12] Die Verlagsbranche wird auch Gewinner und Verlierer produzieren, über die in den nächsten Jahren entscheiden wird. Es wird Verlage geben, die sich besser auf die neuen Anforderungen einstellen. Es wird aber auch Verlage geben, die nicht in der Lage sein werden, sich mit den neuen Gegebenheiten auseinander zu setzen. Ob der Weg der Transformation erfolgreich beschritten wird oder nicht, wird zu einem Gutteil von den Kernkompetenzen der betroffenen Unternehmen abhängen.

3.2 Das Konzept der Kernkompetenzen und der Resource-based View

Auch *PORTER* hat die Schwäche seines Konzeptes erkannt und mit dem Entwurf der Wertkette ein Modell entwickelt, das der Identifizierung wertschöpfungsbezogener Aktivitäten dient.[13] Ziel des Konzeptes ist es, diejenigen Aktivitäten aufzuspüren, welche die Quelle von Wettbewerbsvorteilen darstellen können. Es ist nicht von der Hand zu weisen, dass es bestimmten Verlagen besser gelingt, sich der veränderten Umwelt anzupassen als anderen. Dies hat einerseits mit den Kernkompetenzen die im Unternehmen vorhanden sind zu tun. Mit Hilfe der Wertkette sollen die primären und sekundären Aktivitäten des Unternehmens herausgearbeitet werden. Sowohl bei den primären, als auch bei den sekundären Aktivitäten kann es dem Unternehmen möglich sein, Wettbewerbsvorteile zu erarbeiten. Wie eine solche Wertkette für Verlage aussehen kann, zeigt die nachfolgende Abbildung:

---

11 Vgl. *KÜHN* (2012), S. 74 f.

12 Vgl. *JENNER* (2000), S. 42.

13 Vgl. *PORTER* (2000), S. 63 ff., und *WELGE/AL-LAHAM* (2008), S. 360 ff.

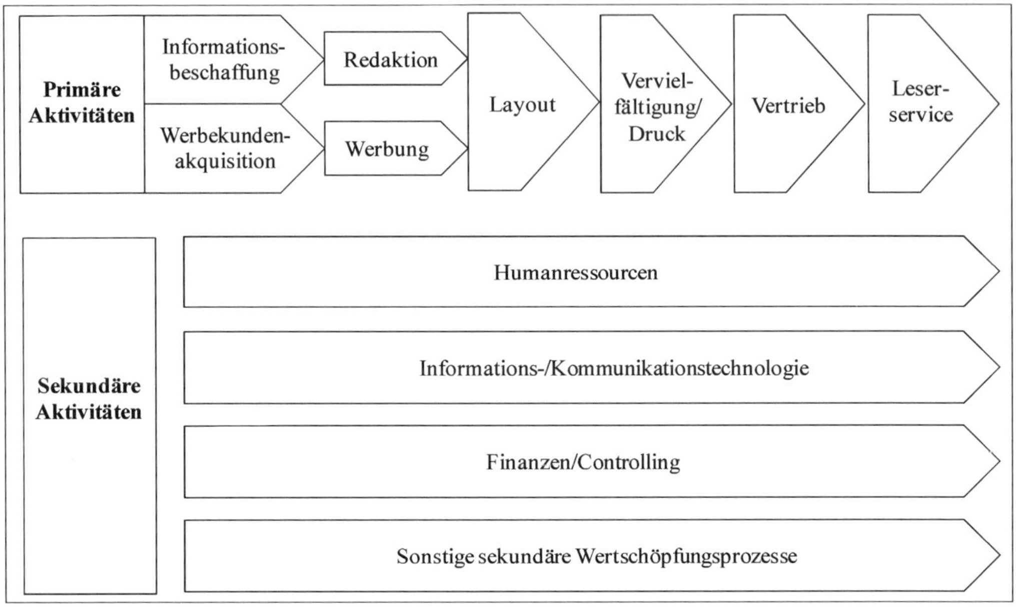

Abbildung 3: Generische Wertkette von Verlagen mit primären und sekundären Aktivitäten[14]

Auf der anderen Seite liefern die Überlegungen von *PENROSE* zum Resource-based View[15] Ansatzpunkte, warum manche Verlage erfolgreicher agieren als andere, obwohl sie doch im selben wirtschaftlichen Umfeld tätig sind. Hier rücken die (tangiblen und intangiblen) Ressourcen eines Unternehmens in den Mittelpunkt der Betrachtung und stellen die zentrale Analyseeinheit dar.[16] Während sich die tangiblen Ressourcen, wie beispielsweise der Einkauf von Serviceleistungen (wie Satz, Papier oder Druck) für alle Wettbewerber einer Branche relativ unproblematisch beschaffen lassen und damit keine dauerhaften Wettbewerbsvorteile schaffen können, leisten die intangiblen Ressourcen (wie Lizenzen/Patente, Image, Autorenkontakte) die Art von Wettbewerbsvorteilen, die über Erfolg oder Misserfolg von Unternehmen entscheiden können.

Die neuen Problemstellungen der Entwicklung neuer Geschäftsmodelle für das elektronische Publizieren stellt die Verlage vor die Herausforderung, Mitarbeiter zu finden, die über die Eignung verfügen, Produkte nicht mehr im klassischen Sinn ausschließlich als Printangebot zu entwickeln, sondern sich in einem möglichst frühen Stadium auf die Entwicklung eines Angebotspaketes zu konzentrieren, das später einmal angeboten werden soll.

14 *EGGERS* (2009), S. 94.

15 Vgl. *PENROSE* (1959).

16 Vgl. *WERNDELDT* (1984), S. 172, *BARNEY* (1991), S. 105 ff., *FREILING* (2001), S. 100 ff., *BAMBERG/WRONA* (2004), S. 42 f., und *STOCK/KROHMER* (2005), S. 83 f.

3.3 Zum Begriff Geschäftsmodell/Business Model

Der Begriff „Geschäftsmodell" lässt sich aus dem Bereich der Informations- und Kommunikationstechnologie ableiten. Ein Geschäftsmodell wird in diesem Zusammenhang als die Modellierung eines Geschäfts mittels verschiedener Informationssystem-Architekturen erfasst.[17]

In die Betriebswirtschaftslehre fand der Begriff erst in den letzten Jahren Einzug, nachdem lange Zeit die Auffassung vorherrschte, ein Geschäftsmodell ist eine Vorstellung darüber, wie sich das Unternehmen gegenüber anderen Marktteilnehmern verhält, mit denen es interagiert.[18] Hier existiert ein enger Zusammenhang mit den oben vorgestellten Modellen der Branchenstrukturanalyse von *PORTER*, der Wertkette und dem Resource-based View, weshalb diese einleitend kurz erläutert werden.

Verkürzt könnte man auch konstatieren, dass Business Models aufzeigen sollen, „how firms do business."[19]

Ihren Ausgangspunkt nehmen die Geschäftsmodelle in der Mitte der 1970er Jahre in der Wirtschaftsinformatik. Aus diesem Grund findet der Begriff vornehmlich Verwendung in informationstechnologischen Journal-Beiträgen wie dem Journal of Systems Management oder dem Small Business Computer Magazine.[20] Die zunehmende Verbreitung der IuK-Technologien, die auch in der Wirtschaft außerhalb der Netzwelt Einzug nahm, führte zu einer weiteren Diffusion der Begrifflichkeiten um Geschäftsmodelle oder Business Model-Konzepte.

WIRTZ[21] zeigt in seiner Untersuchung die Verwendung des Begriffs „Geschäftsmodell" in Wirtschaftszeitungen und wissenschaftlichen Publikationen auf. Es wird hier deutlich, dass der Begriff in den letzten Jahren zunehmend an Beachtung in der allgemeinen Wirtschaft, aber auch in der Wissenschaft gewonnen hat. Auf die Medien- und Verlagsbranche haben diese Änderungen nicht nur Auswirkungen in Form von anderen Kommunikationskanälen (E-Mail, Internet), die das Unternehmen für die interne und externe Kommunikation nutzt, sondern erheblichen Einfluss auf die Veränderung der Nachfrage von Kunden und die Angebote für Kunden, was letztlich mit einer Veränderung der bisher über Jahrzehnte eingeübten Geschäftsmodelle Auswirkungen einhergeht.

Business Model definiert *WIRTZ* folgendermaßen: „Mit dem Begriff Geschäftsmodell (Business Model) wird (...) die Abbildung des betrieblichen Produktions- und Leistungssystems einer Unternehmung bezeichnet. Durch ein Geschäftsmodell wird in vereinfachter und aggregierter Form abgebildet, welche Ressourcen in die Unternehmung fließen und wie diese durch den innerbetrieblichen Leistungserstellungsprozeß (!) in vermarktungsfähige Informationen, Produkte und/oder Dienstleistungen transformiert werden. Ein Geschäftsmodell enthält damit Aussagen darüber, durch welche Kombination von Produktionsfaktoren die Geschäftsstrate-

---

17 Vgl. *BAILER* (2000), S. 23 f.

18 Vgl. *TIMMERS* (1998), S. 3 ff., und *OESTERLE* (1996), S. 447 ff.

19 *AMIT/ZOTT* (2010), S. 4.

20 Vgl. *LEHMANN-ORTEGA/SCHOETTL* (2005), S. 5.

21 Vgl. *WIRTZ* (2011), S. 7 ff.

gie eines Unternehmens umgesetzt werden soll und welche Funktionen den involvierten Akteuren dabei zukommen.“[22]

Folgt man *WIRTZ*, der theoretische Basisansätze für das Business-Model-Konzept untersucht hat (siehe Abbildung 4), ist die Innovationsorientierung, durch starke Veränderungen der Unternehmensum- und -inwelt bedingt, dem strategischen Ansatz der Managementlehre zuzuordnen. Der Entwicklungsverlauf beginnt in dieser Darstellung mit den Überlegungen von *SCHUMPETER*[23] zur Innovation. Daran schließen sich die Untersuchungen von *CHANDLER*[24] und *ANSOFF*[25] zu Strategie und Struktur an. Hierauf folgen Forschungen von *PENROSE*[26] und *BARNEY*[27] zum Resource-based-View, dem sich die Arbeiten *PORTER*s[28] zum Market-based View anschließen. Aktuell können als wichtige Vertreter dieses Strategischen Ansatzes des Business-Model-Konzepts *HAMEL*[29], *CHESBOUGH/ROSENBLOOM*[30] und *ZOTT/AMIT*[31] genannt werden. Im Mittelpunkt der aktuellen Forschung stehen Betrachtungen zur Strategischen Unternehmensstrukturierung, der Business Model Innovation und der Value Creation.[32]

Nachfolgend soll vor allem auf die Ansätze *PORTER* mit der Branchenstrukturanalyse und dem Market-based View sowie den Kernkompetenzen eingegangen werden, weil hier die Grundlagen zur Erarbeitung eines Musters für die Veränderungen der Geschäftsmodelle von Verlagen durch die neuen Möglichkeiten des elektronischen Publizierens gesehen werden. Dieses Muster dient dann als Grundlage, um die Aktivitäten von *Apple*, *Amazon* und *Google* entsprechend einordnen zu können.

---

22 *WIRTZ* (2000), S. 81 f.

23 Vgl. *SCHUMPETER* (1934).

24 Vgl. *CHANDLER* (1962).

25 Vgl. *ANSOFF* (1966).

26 Vgl. *PENROSE* (1951).

27 Vgl. *BARNEY* (1986).

28 Vgl. *PORTER* (2008).

29 Vgl. *HAMEL* (2000) und *HAMEL* (2001).

30 Vgl. *CHESBOUGH/ROSENBLOOM* (2002).

31 Vgl. *ZOTT/AMIT* (2008).

32 Vgl. *WIRTZ* (2011), S. 18.

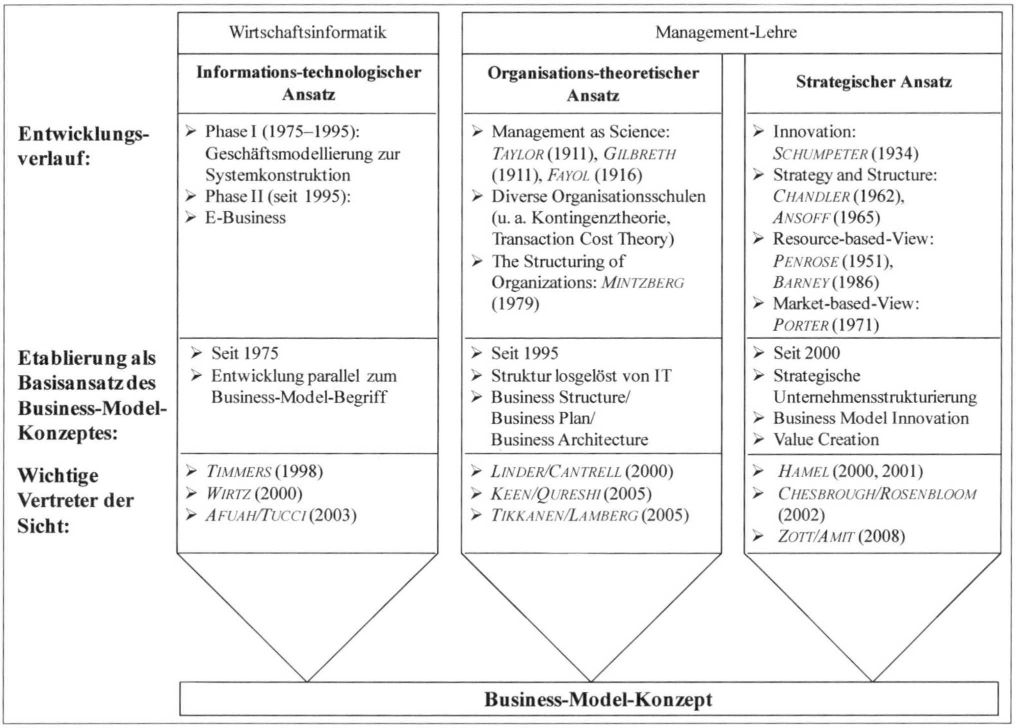

Abbildung 4: Theoretische Basisansätze für das Business Model-Konzept[33]

3.4 Digitale Ökosysteme im Kontext von Business Model Innovation

Der Begriff „Ökosystem" stammt aus der Biologie und der Systemtheorie. Es handelt sich dabei um ein räumlich abgegrenztes System, in dem Lebenswelt und Lebewesen in einer Austauschbeziehung stehen und dabei in ihrer funktionalen Wechselwirkung betrachtet werden.

Digitale Ökosysteme stellen den Lebensraum von digitalen Inhalten dar, indem sie ein technisch abgegrenztes System bilden, das

- Hardware
  - Mobiltelefone,
  - Tablets,
  - Notebooks,
  - Desktops

[33] Vgl. WIRTZ (2011), S. 18.

- Software
  - App´s & Tools,
  - Games,
  - Kommunikation,
  - Social Networks
- Content
  - Musik,
  - Video,
  - Information und
- Dienste
  - Telefonic,
  - Webzugang,
  - Mehrwertdienste

miteinander vernetzt. Diese Vernetzung kann zum Beispiel über soziale Netzwerke ermöglicht werden, die einen Austausch über den Content gewährleisten. Inhaltlich ist eine Verbindung von Software, Content und Diensten möglich, womit es den Verlag in die Lage versetzt, neue Angebotspakete zu entwickeln, die über das bisherige Veröffentlichen eines Buches oder einer Zeitschrift in gedruckter oder elektronischer Form hinausgehen. Technisch ist eine tiefe Integration auf der Ebene der Software möglich.

Über Hardware, Software, Content oder Dienste soll innerhalb eines digitalen Ökosystems eine Abgrenzung zu anderen Ökosystemen erreicht werden. Das bedeutet, dass sich sowohl der Kunde, als auch ein Verlag, der sich mit der Verbreitung seiner Inhalte befasst, entscheiden müssen, welchem digitalen System sie sich annähern. Gerade das digitale Ökosystem von *APPLE* ist sehr geschlossen. Zur Nutzung der Inhalte, sind beispielsweise die Nutzung eines *Apple*-Endgerätes und die Nutzung der *Apple*-Software notwendig. Vorgaben in Bezug auf Preis und sogar inhaltliche Gestaltung sind nicht unüblich.

Der Kunde, der sich für ein digitales Ökosystem entscheidet, erreicht dadurch eine Reihe von Nutzen-Faktoren:

- Das Angebot erfolgt in der Regel zusammen mit bestimmten Mobilfunknetzen und Breitband-Internet. Man ist „always mobile & online“.
- Es erfolgt eine Integration von Software und Content in Social Networks. Man ist also „sozial verbunden“.
- Schließlich erfolgt eine Verknüpfung von Hardware, Software und Content zu neuen Mehrwertdiensten, die exakt auf die Bedürfnisse des Kunden hin konfiguriert werden können.

3.5 Zusammenfassung der theoretischen Grundlagen

Wie dargestellt, ist der Begriff des Geschäftsmodells eng mit dem innerbetrieblichen Leistungserstellungsprozess und auch mit der Strategie des Unternehmens verbunden. In diesem Abschnitt wurde versucht, den Zusammenhang zwischen Marktsituation mit Anbietern, Wettbewerbern, Abnehmern, Substitutionsangeboten und Lieferanten, dargestellt in der Branchenstrukturanalyse nach *PORTER*, einerseits mit den Ressourcen des Unternehmens, dargestellt durch die Wertkette und Kernkompetenzen, andererseits herzustellen. Im Geschäftsmodell finden sich beide Elemente wieder.

Anschließend wurden in kompakter Form einige Aspekte von Geschäftsmodellen und die Herkunft und Verwendung dieses Begriffs diskutiert. Es wurde herausgearbeitet, dass die Veränderungen von Marktsituation Auswirkungen auf die Ressourcennutzung der Verlage ausüben, was schließlich in der disruptiven Veränderung der Geschäftsmodelle der Verlage mündet: Softwareunternehmen können sich aufgefordert sehen, in den Bereich der Hardware, der Inhalte oder von Dienstleistungen zu diversifizieren Ebenso kann es seien, dass Unternehmen, die bislang vornehmlich im Hardware-Sektor tätig waren nun Dienste, Software oder Inhalte anbieten.[34]

Für das Verständnis der folgenden Kapitel ist es notwendig, ein Modell der Digitalen Ökosysteme zu entwickeln, das die einzelnen Elemente enthält, die so ein System ausmachen (also Hardware, Software, Inhalte, Dienste und Austauschkanal). In Abgrenzung hierzu kann man festhalten, dass unzählige Anbieter im Mediensektor existieren, die über ein „Fehlendes Ökosystem" definiert werden können.[35] Man kann festhalten, dass ein Modell der Digitalen Ökosysteme folgendermaßen aussehen kann:

34 So ist es sicherlich keine große Überraschung, dass *Microsoft* mit dem Tablet „Surface" nun verstärkt in den Bereich Hardware eintritt, dass *Amazon* mit dem „Kindle-Reader" oder dem Tablet „Kindle Fire" oder auch einem eigenen Handy in den Hardwarebereich diversifiziert usw.

35 Vgl. *OHLER* (2012), S. 8.

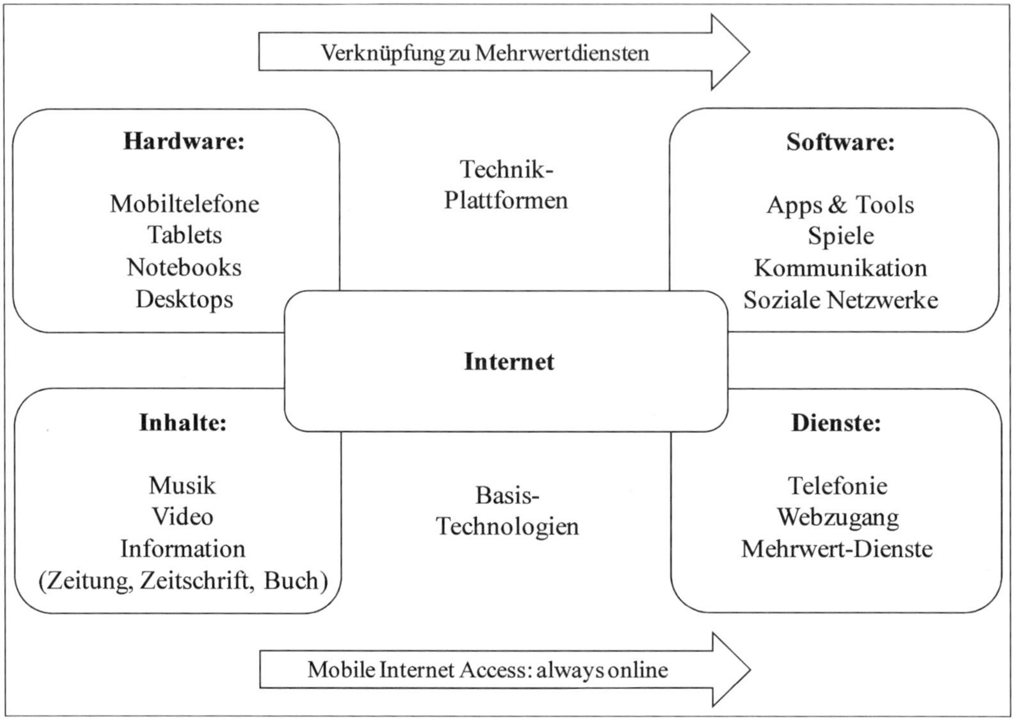

Abbildung 5: Bestandteile eines digitalen Ökosystems

Nachfolgend werden nun drei digitale Ökosysteme vorgestellt, die aus unterschiedlichen technisch abgegrenzten Bereichen stammen. *Apple* repräsentiert einen Hardware-Anbieter, *Amazon* einen Dienstleister und *Google* ein Software-/Internet-Unternehmen, die jeweils, obwohl sie aus vollkommen unterschiedlichen Geschäftszweigen stammen, eigene digitale Ökosysteme entwickelt haben, indem sie eine Verbindung zwischen Hardware, Software, Diensten und Inhalten gebildet haben.

Im Abschnitt 5 wird auf die jeweiligen digitalen Ökosystem von *Apple*, *Amazon* und *Google* näher eingegangen. Dabei wird aufgezeigt, wo die jeweiligen Grundlagen des bisherigen Geschäfts liegen und welchen Wandel bei der Veränderung ihrer Geschäftsmodelle die genannten Unternehmen gegenwärtig verfolgen.

Nachfolgend sollen einige der neuen Angebotsformen, die aus der Veränderung der Geschäftsmodelle von Verlagen resultieren, vorgestellt werden, ehe die Thematik des disruptiven Wandels von Geschäftsmodellen und den digitalen Ökosystemen *Apple*, *Amazon* und *Google* und den damit verbundenen Implikationen für die Verlagsbranche diskutiert werden soll.

4 Digitale Angebote: eBook, enhanced eBook, App

Es ist häufig nicht ganz klar, was ein elektronisches Angebot darstellt. Es herrscht eine Vielzahl von Begriffen, Begrifflichkeiten und Fachtermini, bei denen es selbst erfolgreichen Praktikern und Wissenschaftlern schwer fällt, diese eindeutig abzugrenzen respektive zu beschreiben und zuzuordnen. Die nachfolgende Abbildung zeigt eine Auswahl aus der Bandbreite der Begrifflichkeiten, denen sich Medienmanager gegenwärtig gegenüber gestellt sehen:

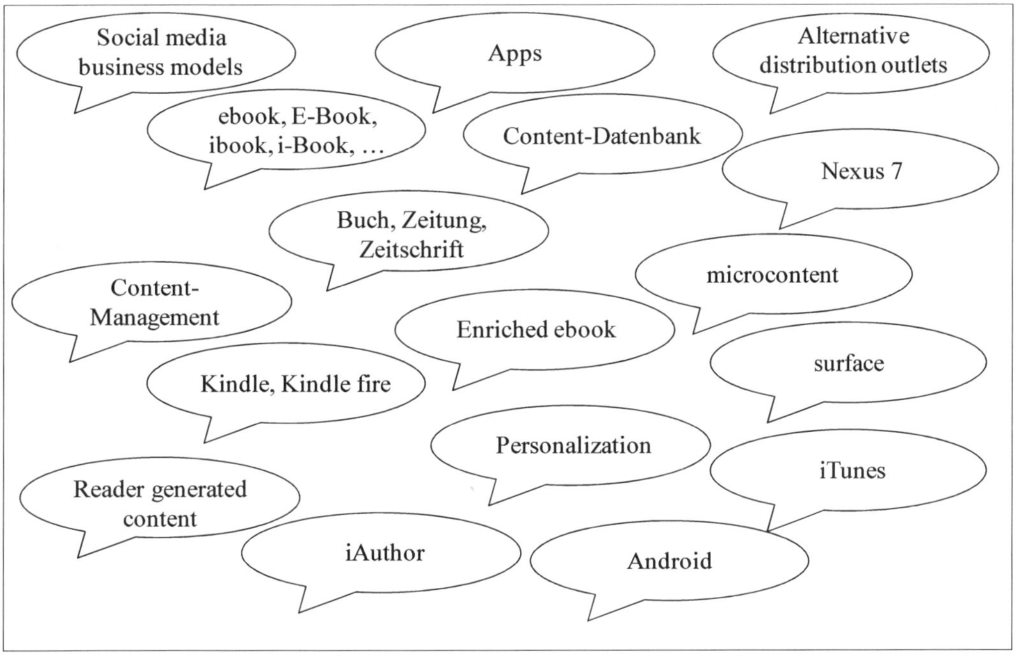

Abbildung 6: Begriffe der digitalen Welt (Auswahl)

4.1 Was macht ein eBook aus?

Am nächsten zum bekannten Buch steht das eBook. Die Texte wurden in der Regel für ein gedrucktes und gebundenes Medium erstellt, was bislang an einem Buch orientiert war. Für neue Trägermedien wie eReader (Beispielsweise den Kindle von *Amazon*), für Tablets (beispielsweise das *Apple* iPad) oder Smartphones werden die Inhalte formal, technisch und inhaltlich aufbereitet. Die Inhalte eines Printproduktes werden „stimmig" gemacht für neue Trägermedien. Als technische Basis dienen hierfür die Konvertierung oder Erstellung von Dateiformaten, die an den jeweiligen Zweck der Trägermedien angepasst werden.

Man kann bei dieser Angebotsform zwei Angebotsformen differenzieren: „Fixed Layout“ und „Reflow Layout“, die nachfolgend in den Bereichen „Text“, „Aufbereitungsweise“ und „Lesernutzbarkeit“ vorgestellt werden.

4.1.1 Texte: Fixed Layout und Reflow Layout

Beim Fixed Layout ist der Text für das Verständnis von Inhalt und Seitengestaltung entscheidend. Beispielsweise ist für das Zitieren von Bedeutung, dass die jeweilige Seitenzahl des zitierten Werkes eindeutig zuordenbar ist. Hier ist man noch sehr nahe am klassischen Printprodukt orientiert. Demgegenüber ist beim Reflow Layout der Zusammenhang von Inhalt und Seitengestaltung nicht mehr von großem Belang. Um hier dennoch die Zitierfähigkeit zu gewährleisten, ist in Bibliotheken in den USA das DOI-Verfahren in Verwendung, das mit einer integrierten Lokalisierungsfunktion die exakte Stelle eines Zitates benennt, ohne dass Seitenangaben notwendig werden.

4.1.2 Inhalte: Aufbereitungsweise von Inhalten

Mit dem Fixed Layout wird die Gestaltung des Print-Produktes weitgehend beibehalten. Lediglich Ergänzungen um Suchfunktionen oder Möglichkeiten zum scrollen, dem Anbringen von Textmarkierungen (wie es beispielsweise beim gedruckten Buch durch Anbringen eines „Post it´s“ vorgenommen wird) weichen vom Papierprodukt ab. Das Dateiformat, das auf die Seitengestaltung optimiert ist, ist in der Regel das PDF-Format. Das PDF-Format garantiert dem Verlag eine 100%ige Darstellungskontrolle seiner Inhalte. Eine Veränderung durch den Nutzer kann nicht stattfinden.

Anders ist es beim Reflow Layout. Hier wird das Dateiformat auf einen flexiblen Textfluss hin optimiert. Die bekannte Print-Gestaltung wird aufgelöst. Als Programmierstandards gelten HTML als Basis und ePub als Standardformat. Bei diesem Layout wird die Darstellung der Inhalte sehr viel flexibler. Der Verlag hat keine Kontrolle mehr darüber, wie der jeweilige Nutzer die Inhalte tatsächlich verwendet.

4.1.3 Nutzer: Nutzbarkeit für den Leser

Beim Fixed Layout erfolgt der „Konsum“ der Inhalte in der Regel über die Nutzung eines PDF-Readers, beispielsweise durch den Kindle von *Amazon*. Die Inhalte sind optisch durchgestaltet, aber unflexibel. Eine Abbildung findet sich an der Stelle, an der sie im gedruckten Buch auch stattfinden würde. Eine Separation durch den Nutzer ist nicht möglich.

Mit der Nutzung eines ePub-Readers wie des Kindle Fire von *Amazon* oder des iPads von *Apple* wird beim Reflow Layout die Nutzung der Inhalte sehr viel flexibler. Das Layout ist durch den Verlag nur noch bedingt steuerbar.

4.1.4 Zusammenfassung eBook: Erstellung und Distribution

Zusammenfassend kann festgehalten werden, dass es sich bei den Inhalten die mit dem eBook transportiert werden um eine abgeschlossene Produktform handelt, die statischen Inhalt transportiert. Es werden Dateien ausgeliefert, die mit Hilfe eines bestimmten Readers oder durch die Nutzung eines entsprechenden Browsers genutzt werden können. Im Vertrieb ist keine Bindung an einen entsprechenden Reader notwendig. Für die Verlage ist die Distribution noch relativ einfach und flexibel handhabbar. Dennoch soll nicht verschwiegen werden, dass sich die eBooks in Deutschland nur mit einer sehr überschaubaren Geschwindigkeit entwickeln. Bis zum Jahr 2015 erwartet der Börsenverein des Deutschen Buchhandels einen Marktanteil von 3,5 % am Gesamtumsatz des Buchhandels. Im Jahr 2011 bewegte sich der Umsatzanteil bei etwa 1,2 % am gesamten Handelsumsatz.[36] Setzen die mobilen Endgeräte ihre bisherige Verbreitungsgeschwindigkeit fort, ist in den nächsten Jahren mit einem exponentiellen Wachstum im Segment digitaler Angebote zu rechnen.

4.2 Was ist ein enhanced eBook?

Mit dem Begriff „enhanced eBook" taucht ein neuer Gattungsbegriff auf, der darauf hinweist, dass hier eine inhaltliche und funktionale Erweiterung dessen erfolgt, was einmal ein gedrucktes Buch oder ein eBook war. Solche „Enhancements" können zusätzliche Medien wie Bilder, Audio- und Videodateien sein. Auch Animationen können hier subsumiert werden. Das Ziel dieser zusätzlichen Angebote ist es, neue Funktionen wie Interaktivität (beispielsweise durch die Verknüpfung mit sozialen Netzwerken), Lernen (beispielsweise Übungsaufgaben aus dem Netz holen) oder Arbeiten zu integrieren. Es kann bei dieser Angebotsform, die mit dem Internet verknüpft ist, auch eine Öffnung nach außen erfolgen, dass also aktuelle Daten in das enhanced eBook durch eine Internet-Schnittstelle integriert werden.

Die Entwicklung der so genannten enhanced eBooks steht noch ganz am Anfang. Schon heute kann man aber sagen, dass dieser Angebotsform die Zukunft gehören wird, weil sie die Elemente des Buches (oder eBooks) mit Apps zu etwas ganz neuem vereint, was es bisher noch nicht gab. Die technische Realisierbarkeit solcher Angebote wird gerade erst möglich und ist noch von vielen „Kinderkrankheiten" begleitet. So stellt sich zunächst die Frage, welche Inhalte eigentlich für „Enhancements" geeignet sind? Soll ein Roman mit Musik unterlegt werden? Sollen Szenen aus einer Verfilmung eines Buches in das Angebot integriert werden, oder will man es der Phantasie des Lesers überlassen, wie die Personen und Handlungsorte eines Romans aussehen? Oder sollen Spiele einen Roman begleiten? Gerade im Bereich der Belletristik ist es momentan noch schwierig, sinnvolle Verwendungen zu finden.

Etwas einfacher fällt es hier dem Bereich Sach- und Fachbuch, neue Verwendungen zu entwickeln. Die Verknüpfung mit einer Datenbank, Kommentarfunktionen, Verlinkungen mit Aufgaben und Lösungen, Tipps und Tricks, auch Interviews können hier integriert werden und durchaus eine Bereicherung des Angebotes darstellen.

---

[36] Vgl. *SIEBENHAAR* (2012), S. 28 f.

4.3 Was ist eine App?

Der Begriff „App“ leitet sich aus Application, also Anwendung ab. Da die Grundlage für App´s aber von *Apple* geschaffen wurde, sind auch die Initialen ***Apple*** ein Hinweis auf den „Erfinder“ dieser Anwendungen.

Die Plattform der Anwendungen von App´s liefern die Betriebssysteme von Mobilgeräten. App´s bieten vornehmlich Anwendungen für Tablets und Smartphones. Gegenüber dem Desktop findet eine Einschränkung der Nutzungsfähigkeit in Größe und Funktion der Geräte statt. Demgegenüber entsteht eine Erweiterung gegenüber dem Desktop, indem die Anwendungen mobil genutzt werden können und man permanent online sein kann. Auch wenn die Diskussion momentan vom Begriff „App“ dominiert wird, stellt diese lediglich eine technische Plattform dar, die beispielsweise einen Internetzugang ermöglicht. Inhalte werden mit einer App nicht produziert, lediglich ein anderer Vertriebsweg für das Digitale Ökosystem wird durch die App ermöglicht.

Bei einer App findet eine bewusste Reduktion der Funktionen auf das Wesentliche der gewünschten Nutzung statt. Ausgeliefert wird eine ausführbare Datei, die in mobilen Endgeräten genutzt werden kann. Damit erfolgt auch eine Optimierung auf Größe und Bedienung der Mobilgeräte statt. Dies wiederum zieht eine enge Bindung von Kunden und Anbietern an bestimmte Betriebssystem-Plattformen nach sich.

4.4 Zusammenfassung

In diesem Kapitel wurden drei unterschiedliche Formen von elektronischen Angeboten vorgestellt. Es wurde herausgearbeitet, dass zwischen eBook, enhanced eBook und App Unterschiede, aber auch Gemeinsamkeiten bestehen.

Nachfolgend sollen nun digitale Ökosysteme vorgestellt werden. Zuerst werden die Grundlagen eines digitalen Ökosystems vorgestellt, ehe die Ökosysteme von *Apple*, *Google* und *Amazon* genauer beschrieben werden.

5 Digitale Ökosysteme im Detail

In Kapitel drei wurde aufgrund theoretischer Grundlagen ein Modell digitaler Ökosysteme hergeleitet, in deren Rahmen gegenwärtig die Unternehmen *Apple*, *Amazon* und *Google* Business Model Innovationen entwickeln. Nachfolgend sollen die Aktivitäten dieser drei Unternehmen kurz vorgestellt werden, ehe auf die daraus resultierenden Auswirkungen auf die Verlage eingegangen werden soll.

5.1 Das *Apple*-Ökosystem

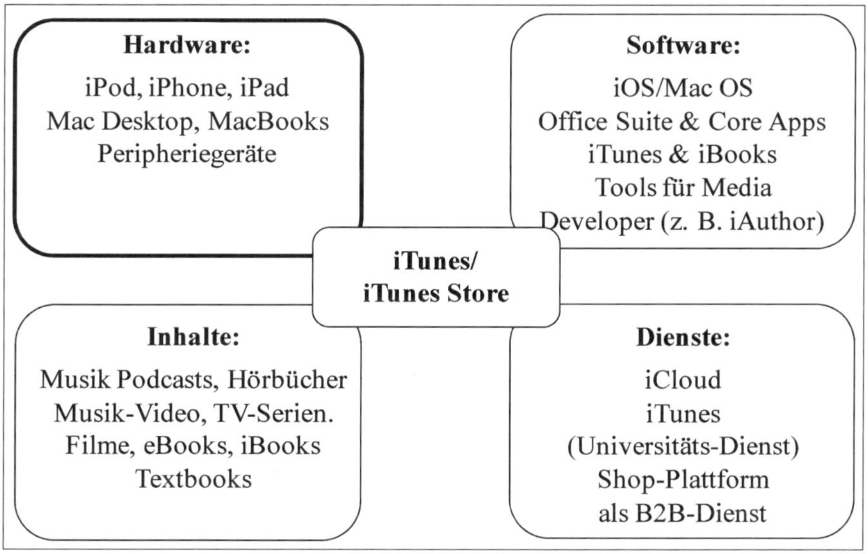

Abbildung 7: Das Apple-Ökosystem

Der *Apple*-Konzern kommt ursprünglich aus der Hardware-Industrie. Mit seinen Mac Desktop, MacBooks, iPod, iPhone und iPad verfügt das Unternehmen über Endgeräte, die bei vielen Anwendern durch schickes Design, aber auch durch eine intuitive Usability hohes Ansehen genießen. Das Angebot an Hardware wurde von Beginn an mit dem Angebot von Software, exklusiv für die *Apple*-Geräte entwickelt, ergänzt, stellte aber nicht das Hauptgeschäft des Unternehmens dar. Angebote wie iOS/Mac OS, aber auch die Office Suite für Fans aus der Windows-Welt sind hierunter zu subsumieren, ebenso wie die Software für iTunes, iBooks oder Angebote für Media Developer. Die Basissoftware wird meist kostenlos, oder sehr günstig abgegeben. Haupteinnahmequellen waren zunächst der Verkauf der Endgeräte.[37]

[37] Vgl. *ISAACSON* (2011), aber auch *BECKMANN* (2011) und *LASHINSKY* (2012).

Mit dem iPod wagte sich *Apple* in ein zunächst vollkommen neues Geschäftsfeld vor. Man entwickelte ein Endgerät, um Musik zu hören. Hierzu musste eine Shop-Plattform geschaffen werden, über die die Musik heruntergeladen (und bezahlt) werden konnte. Der iTunes-Store ist die zentrale Shop-Plattform für *Apple*-Inhalte. Es war folglich für *Apple* notwendig, an Inhalte zu gelangen, die über den iTunes-Store angeboten werden konnte. Sehr schnell wurde die Musik und Podcasts um Hörbücher, Musik-Videos, Filme, aber auch iBooks ergänzt. Mit der iAutor-Software stellt *Apple* Pädagogen und Hochschullehrern eine Software zur Verfügung, mit deren Hilfe sie iBooks (also eine Art enriched eBook) erstellen und auf den iTunes-Store hochladen können. Die Zwischenstufe des Verlags mit seinem Lektorat, Herstellung, Vertrieb und Marketing können dabei umgangen werden.

Interessant am *Apple*-Geschäftsmodell ist, dass die Basis des Geschäfts noch immer der Verkauf der Hardware ist, der aber nun um Umsatzbeteiligungen des Content- und App-Verkaufes im iTunes-Store erweitert wird. Alle anderen Teile des Ökosystems sind weitgehend umsonst, die Basissoftware ist kostenlos erhältlich und auch das übliche Softwaregeschäft hat keinen nennenswerten Anteil am Gesamtumsatz des Konzerns.

5.2 Das *Amazon*-Ökosystem

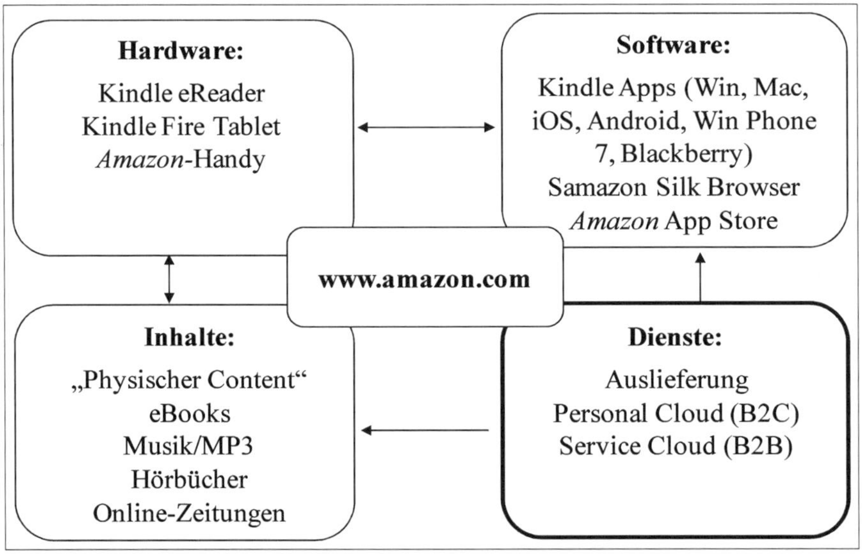

Abbildung 8: Das Amazon-Ökosystem

Amazon kommt ursprünglich aus der Logistik, indem das Unternehmen Bücher, CD´s, Videos und vieles mehr anbietet und über seine Zentrallager an die Kunden liefert. Dabei wird eine Umsatzbeteiligung auf Waren und Inhalte verlangt.

Im Bereich des Contents handelt *Amazon* hauptsächlich mit physischen Gütern, die via Post und Paketdienste an die Kunden geliefert werden. Diese Distributionswege sind mit sehr hohen Kosten verbunden (Lagerhaltung, Verwaltung, Distribution), so dass es *Amazon* vorteilhaft erscheint, am Absatz von eBooks und weiteren elektronischen Angeboten zu partizipieren. Mit seinem Kindle eReader und dem „Kindle Fire Tablet“ bietet *Amazon* Endgeräte an, mit denen die über sie bezogenen Inhalte genutzt werden können.

Zentrale Handelsplattform ist die Homepage www.amazon.com oder die jeweiligen länderspezifischen Ausgaben hiervon. Hier ist die Gemeinsamkeit mit *Apple* und seines iTunes-Store offensichtlich.

Im Bereich der Softwareentwicklung setzt *Amazon* auf Zukauf von vorhandener Software wie beispielsweise der Android-Software. Eigene Softwareentwicklung findet kaum statt, respektive beschränkt sich darauf, eingekaufte Software für die eigenen Zwecke zu überarbeiten und anzupassen.

Eine Besonderheit des *Amazon*-Geschäftsmodells ist, dass die Hardware extrem günstig und folglich subventioniert angeboten wird. Der Kindle eReader und auch das Fire-Tablet stellen nur den Push-Faktor für das Geschäft mit den Inhalten dar.[38] Dabei ist es das Ziel von *Amazon*, vom bislang verfolgten, teueren Versandhandel zum vergleichsweise günstigeren körperlosen Vertrieb von elektronischen Inhalten zu gelangen. Hier ist ein deutlicher Unterschied zum Geschäftsmodell von *Apple* zu erkennen: *Apple* ist an attraktiven Inhalten interessiert, um sein Hardware-Geschäft zu fördern. *Amazon* hingegen subventioniert die Hardware erheblich und will vor allem vom Geschäft mit den Inhalten profitieren.

Nutzt ein Kunde ein *Amazon*-Endgerät, also den eReader oder das Fire-Tablet, muss er sich keine Gedanken über Kompatibilität von Inhalt und Trägermedium machen. *Amazon* garantiert seinen Kunden, dass sie, wenn sie seine Geräte nutzen, die Inhalte in einem Format geliefert bekommen, die auf dem jeweiligen Trägermedium lauffähig sind.

Für die Zukunft kann man erwarten, dass *Amazon* seine Anstrengung zur Erzeugung von Inhalten forcieren wird. *Amazon* wird also stärker als Verlag auftreten, um die Erlöse im Inhaltegeschäft auszubauen. Mit der Kindle-Selfpublishing-Plattform und dem Erwerb einiger kleinerer Verlage in den USA wurden bereits erste Schritte in diese Richtung unternommen.

---

[38] Vgl. *LENZ* (2011).

5.3 Das *Google*-Ökosystem

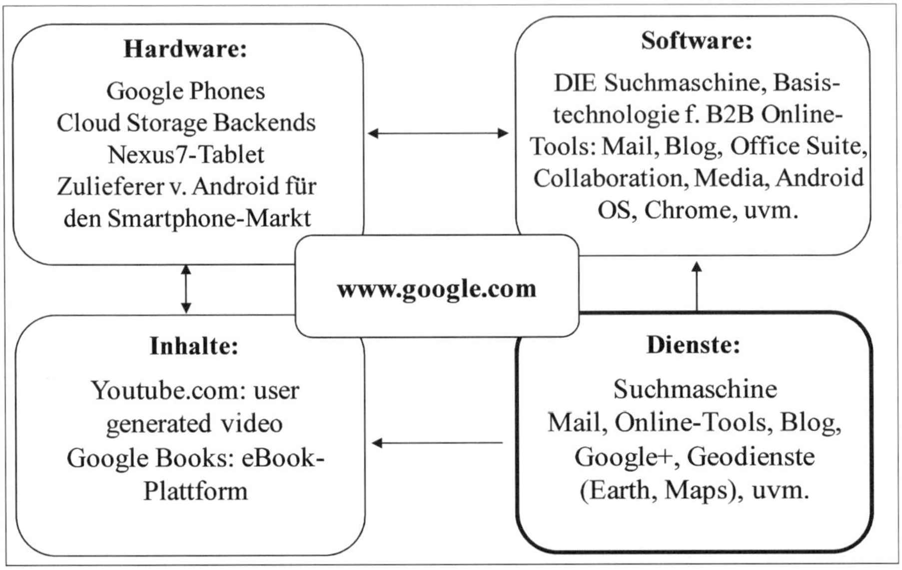

Abbildung 9: Das Google-Ökosystem

Google kann man zunächst als einen Internet-Technologie-Konzern bezeichnen. *Google* ist **die** Suchmaschine im Internet und stellt damit die Basistechnologie dar. Des Weiteren bietet *Google* Online-Dienste wie Blogs, Mail, Office Suite, Maps, und vieles mehr an. Bei allen seinen (Produkt-)Entwicklungen wählt *Google* einen konsequenten Online-Ansatz und zielt bei der Monetarisierung hauptsächlich auf die Generierung von Werbeeinnahmen ab. Zudem werden noch Lizenzgebühren für die Nutzung bestimmter Basistechnologien, wie bei der Android-Nutzung, erhoben. Ebenso werden Umsätze durch eine Umsatzbeteiligung im Android App-Store erlöst.[39]

Die Besonderheiten des *Google*-Geschäftsmodells sind, dass weite Teile des „Technology Stack" lizenzfrei offen verfügbar sind. Endkunden-Anwendungen sind kostenlos, Umsatz wird über das Geschäft mit Großkunden erwirtschaftet. Zudem tritt *Google* als Systemlieferant für andere Ökosysteme auf, beispielsweise als Zulieferer von Android für den Smartphone-Markt.

Im Content-Bereich ist *Google* unter anderem mit der User-generated-video-Plattform „youtube.com" vertreten. Im Bereich Bücher besteht mit *Google* Books eine eBook-Plattform, die im Wettbewerb mit *Apple* und *Amazon*, den dominierenden Marktführern in diesem Segment, steht.[40]

---

[39] Vgl. *BRANDT* (2012).

[40] Vgl. *O. V.* (2012 a).

5.4 Zusammenfassung

Die Aktivitäten von *Apple*, *Amazon* und *Google* führen zu einer neuen Art der Bedürfnisbefriedigung der Kunden. Inhalte sind zu jeder Zeit an jedem Ort verfügbar und nicht an Ladenöffnungszeiten oder die Wartezeit auf die Postauslieferung gebunden. Es wurde ein neuer Markt geschaffen.

Die Buchbranche (also Verlage und Handel) sind nicht mehr in der Lage, das Geschäftsmodell zu dominieren oder zu bestimmen. Es liegt ein „disruptiver Wandel" vor, dem Chancen und Risiken innewohnen und der eine Veränderung der bisherigen Arbeitsweise für die Content-Anbieter mit sich bringt, denen sich der nächste Abschnitt widmen wird.

6 Implikationen für Verlage

Die Buchverlage sehen sich, angesichts der Anstrengungen der geschilderten Aktivitäten der genannten Unternehmen, einer grundlegenden Veränderung ihrer Geschäftsmodelle ausgesetzt. Einerseits scheint es erfreulich zu sein, dass die Verlags- und Medienbranche sich so großer Attraktivität erfreut, dass sich etablierte Hard- und Softwareunternehmen und auch Versand(-händler) ermutigt sehen, in dieses Segment zu investieren. Die Branchenattraktivität ergibt sich nach *MÜLLER-STEWENS/LECHNER* aus der wahrgenommenen Intensität des Wettbewerbs, die sich aus der Machtposition der betrachteten Teilnehmer ableitet.[41]

Andererseits entstehen den Medienunternehmen durch diese Aktivitäten Wettbewerber, die ihre bisherigen Geschäftsmodelle in Frage stellen und möglicherweise sogar zu zerstören in der Lage sind.

Die Veränderung, die sich für Verlagsunternehmen durch die Etablierung des Internet ergeben hat, lässt sich auch in einer einfachen Grafik aufzeigen:

Sender : Empfänger
1 : 1
1 : n
n : n

Abbildung 10: Sender- und Empfängerbeziehung vor und nach GUTENBERG sowie nach Etablierung des Internet

Konnte ein Sender vor der Erfindung des Buchdruckes seine Inhalte oder Informationen einem Empfänger übermitteln, also durch das direkte Gespräch[42], standen nach Gutenberg die Möglichkeiten offen, ein Werk von einem Autor oder Verleger nahezu unbegrenzt zu vervielfältigen. Mit der Verbreitung des Internet können unendlich viele Sender unendlich viele Empfänger erreichen. Gerade hier lauert für Verlage eine enorme Gefahr, als „Zwischenhänd-

---

[41] Vgl. *MÜLLER-STEWENS/LECHNER* (2005), S. 199.

[42] Ein Marktschreier mit einer lauten Stimme konnte seine Anliegen auch 10, 50 oder 100 Menschen mitteilen, ein Mönch, der Bücher handschriftlich kopierte, konnte im Laufe seines Lebens vielleicht auch 100 Bücher vervielfältigen.

ler“ der Information ausgebootet zu werden. Mit iAuthor stellt *Apple* beispielsweise schon eine Software kostenfrei zur Verfügung, die Autoren für die Erstellung ihrer elektronischen Inhalte nutzen können. Auch *Amazon* umwirbt Autoren direkt.

6.1 Chancen und Risiken

Mit *Apple* und seinem iTunes-Store, dem *Amazon*-Shop und den verschiedenen *Google*-Plattformen liegen den Unternehmen **fertig ausgebaute Vertriebskanäle** vor, durch die sie ihre Angebote ohne Streuverluste an die jeweiligen Zielgruppen anbieten können. Aufgrund der elektronischen „Lagerung“ der Inhalte entfallen Kosten wie Lagerhaltung, Distribution, Remissionsrecht, etc., mit denen sich etablierte Verlage befassen müssen.

Die Vernetzung des Internets bietet zudem die Möglichkeit, einen **Zugang zu großen Zielgruppen** zu erhalten. War der Vertrieb von Büchern bislang an Buchhandlungen oder Online-Shops gebunden, besteht nun die Möglichkeit, mit Kunden, die bislang nicht in Buchhandlungen erreicht wurden, in Kontakt zu treten, weil man bestimmte Inhalte anbietet, die für den Kunden von Interesse sein können.

Inhalte sind ein Angebot, das – sieht man einmal von tages- oder wochenaktuellen Medien ab – fast keinem Verfallsdatum unterliegt. Die gespeicherten Inhalte können über **gut erschlossene Märkte** an die Interessenten abgegeben werden. Online-Handel ist heute für eine Vielzahl von Produkten alltäglich geworden. Kreditkartenzahlungen, Rückgaberechte und eine hervorragend ausgebaute Logistik erleichtern die Auslieferung und Retrodistribution enorm.

Andererseits wohnt diesen Chancen auch eine Reihe von Risiken inne. So verlangen die geschilderten Zielgruppen eine sehr exakte Ansprache. Angesichts der unüberschaubaren Menge an kostenlosen Inhalten im Internet, wollen die Anwender überzeugt werden, für ein Angebot ein Entgelt zu entrichten. Die klassische Ansprache mit Anzeigen in Zeitungen und Zeitschriften oder der Versand von Verlagsvorschauen an Buchhändler reicht nicht mehr aus, um die elektronischen Inhalte der Zielgruppe gegenüber zu kommunizieren. Diese, gerade jüngeren, Nutzer erreicht man eher in sozialen Netzwerken, was den Bereich des „Social Media“ für Verlage immer wichtiger macht.

Auch lassen sich die klassischen Geschäftsmodelle des Buchverkaufs nicht mehr länger fortführen. Die Zahlungsbereitschaft für elektronische Inhalte im Internet liegt deutlich unter der Zahlungsbereitschaft für Bücher in der Buchhandlung. Ein Fachbuch für das man als Hardcover-Buch bei *Amazon* oder in der Buchhandlung 49,90 Euro zu zahlen bereit ist, will man im Internet deutlich günstiger erwerben. Eine Schwelle ist hier gegenwärtig die Zehn-Euro-Preisgrenze. Will ein Verlag mehr verlangen, muss er schon über sehr gute Inhalte, oder einen sehr großen Bedarf auf Kundenseite verfügen, um sein Angebot absetzen zu können.

6.2 Digitale Geschäftsmodelle für Verlage

Eine hohe Wettbewerbsintensität und die geschilderte eingeschränkte Zahlungsbereitschaft im Internet beschneiden zunächst die Erlösmöglichkeiten der Verlage. Aus diesem Grund besteht eine Notwendigkeit neue, digitale Geschäftsmodelle zu entwickeln, die nicht mehr ausschließlich auf Paid-Content[43] basieren, sondern einen Mix aus unterschiedlichen Angeboten bieten. Wie so ein Baukasten für digitale Geschäftsmodelle aussehen kann, zeigt *OLAVARRIA*[44]:

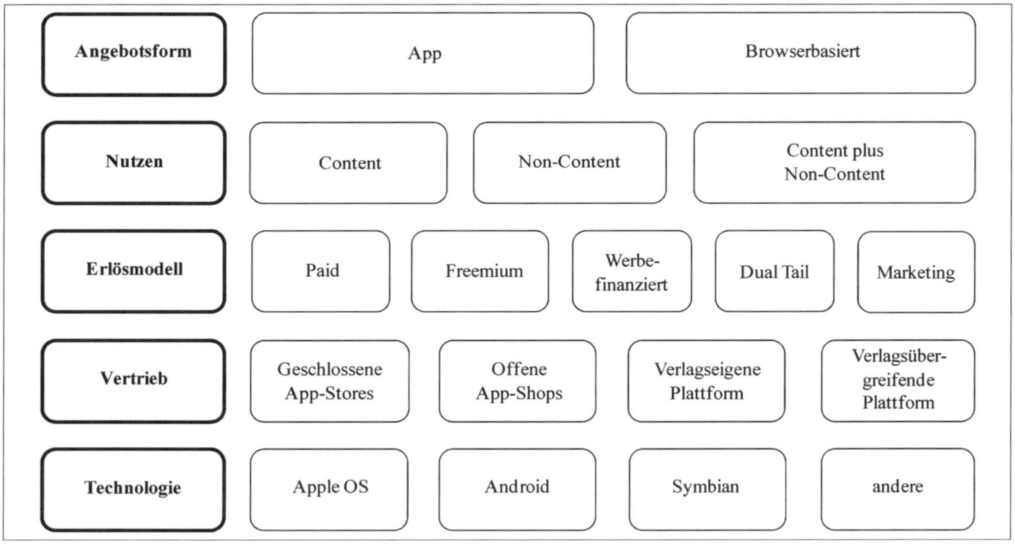

Abbildung 11: Digitale Geschäftsmodelle: Der Produktbaukasten für digitale Verlagsangebote[45]

Um auch in Zukunft erfolgreich zu sein, müssen zunächst eine Reihe von Entscheidungen mit Blick auf

- Angebotsformen (App oder browserbasierte Angebote),
- Kundennutzen (Inhalte, Non-Content, Content + Non-Content),
- Erlösmodelle (Paid Content, Freemium, Werbefinanzierung, Dual Trail, Marketing),
- Vertriebsformen (Vertrieb über geschlossene App-Shops, offene App-Shops, verlagseigene Plattformen oder verlagsübergreifende Plattformen), und schließlich
- Technologie-Plattformen (wie *Apple* OS, Android, Symbian)

getroffen werden.[46]

---

43 Als Paid Content bezeichnet man den Vertrieb und Handel von digitalen Inhalten gegen Entgelt.

44 Vgl. *OLAVARRIA* (2011a), S. 46.

45 Vgl. *OLAVARRIA* (2011a), S. 46.

46 Vgl. *OLAVARRIA* (2011a), S. 46 f.

Um fundierte Entscheidungen treffen zu können, gilt es umfangreiche Marktforschungen vorzunehmen. Der Verlag muss die Nutzerakzeptanz seiner Angebote eruieren, die Bereitschaft zur Entrichtung eines Entgeltes bei seinen Kunden testen. Es gilt Entscheidungen hinsichtlich technischer Plattformen zu treffen uvm.

Gerade weil sich der technische Sektor so rasch wandelt, können Angebote (beispielsweise zur Web-Programmierung) in kürzester Zeit sehr viel günstiger, oder gar kostenlos erhältlich sein. Das führt gegenwärtig zu einer gewissen Zurückhaltung bei Buchverlagen, große Summen für elektronische Angebote aufzuwenden.

Ein weiteres Problem, dem sich die Verlage gegenüber sehen, ist der Mangel an geeignetem Personal, das kompetent genug ist, den Wandel vom klassischen (Buch-)Verlag zum Anbieter elektronischer Medien zu gehen. Waren die Lektorate vieler Publikumsverlage bislang in der Hand von Geisteswissenschaftlern[47], wird sich hier in den nächsten Jahren ein „War for Talents" entwickeln, um geeignetes Personal für diesen Wandel zu haben.[48] *YORK VON HEIMBURG*, Geschäftsführer des IT-Medienunternehmens *IDG Communications*, schließt beim Umbau seiner Redaktionen auch „unpopuläre personalpolitische" Maßnahmen nicht aus und zeigt Entschlossenheit, sich von Mitarbeitern zu trennen, die für die zukünftigen Anforderungen nicht geeignet erscheinen. In diesem Zusammenhang spricht er von „web-only"-Mitarbeitern, die er für sein Unternehmen gewinnen möchte.[49]

Dennoch scheint gerade im Bereich der Lektorate und des Personals in den Verlagen der entscheidende Wettbewerbsfaktor zu liegen, mit dem man sich von den neuen Anbietern abzugrenzen in der Lage ist. Ein qualifiziertes Lektorat, das einen Autor von der ersten Publikationsidee bis zum fertigen Angebot zu begleiten in der Lage ist, werden die neuen Anbieter nicht leisten können. Schließlich müsste man hunderte, wenn nicht tausende Lektoren oder Produktmanager beschäftigen.

Sicherlich, die Zahl der elektronischen Publikationen wird in den nächsten Jahren enorm anwachsen. Ob damit eine Qualitätssteigerung verbunden ist, kann man heute noch nicht sagen. Ein guter Verlags- oder Markenname wird in Zukunft ein Pfund sein, mit dem die Verlage sorgfältig umgehen müssen. Einem Verlag, der viele Jahre oder Jahrzehnte erfolgreich agiert hat, wird auch in der Zukunft noch erfolgreich Erlöse erzielen können, selbst wenn die Auflagen der gedruckten Bücher zurückgehen. Vielleicht, das lässt sich heute noch nicht sagen, ergibt sich für die Verlage sogar die Chance, ihre Geschäfte mit dem Endabnehmer direkt abzuwickeln, ohne den Zwischenhandel einschalten zu müssen. Die Investitionen für elektronische Angebote könnten damit aus den eingesparten Groß- und Einzelhandelsspannen aufgebracht werden.

---

47 Im Gegensatz dazu werden in den Lektoraten von Fachverlagen schon seit vielen Jahren eher Produktmanager beschäftigt, die eine Vorbildung als Wirtschaftswissenschaftler oder auch Ingenieur in den jeweiligen Fachdisziplinen des Verlages aufweisen.

48 Vgl. *STEINRÖDER/PITZ* (2009), S. 12.

49 Vgl. *o. V.* (2012 b), S. 20.

6.3 Innovationsmanagement im Verlag

Um die Transformationsphase vom Verlag zum Medienanbieter zu bewältigen, stellt sich für die Verlage die Herausforderung, aktiv Innovationsmanagement zu verfolgen. Und dieser Transformationsprozess muss stattfinden, während das übliche Tagesgeschäft normal weiterläuft. Im Gegensatz zu den Routineentscheidungen, die in einem Unternehmen im üblichen Geschäft getroffen werden, bedeutet Innovation vornehmlich die Überwindung von Komplexität.[50] Gerade die Innovationsanstrengungen in das sehr neue, sehr ungewohnte Feld des elektronischen Publizierens, verlangen den Verlagen enorme Anstrengungen im Bereich des Innovationsmanagements ab. Dazu ist es notwendig, das Innovationsmanagement als steuerbaren Prozess zu betrachten, statt auf das Prinzip „Zufallserfolg“ zu vertrauen.

Nach *Olavarria* stehen den Verlagen beim Innovationsmanagement eine Reihe von Hürden im Weg, die zunächst zu überwinden sind:

- „Unternehmensgröße und wirtschaftliche Situation.
- Erwartung, dass Projekte „neben der Tagesarbeit“ in der erforderlichen Qualität geleistet werden können.
- Geeignete Verzahnung mit dem Kerngeschäft.
- Häufig Kultur der Perfektion (vs. agiler Produktentwicklung bei digitalen Konkurrenten).
- Häufig relativ starke Produktorientierung.
- Häufig keine systematische innovationsorientierte Personalentwicklung.
- Häufig Ressortbarrieren zwischen z.B. Printredaktion und Online.
- „Business Development“ häufig nicht als Kernaufgabe etabliert.“[51]

Während also die neuen Wettbewerber der etablierten Verlage über Business Development Manager verfügen, eine agile Produktentwicklung betreiben, und dabei von Zeit zu Zeit auch einmal ein Angebot wieder vom Markt nehmen, wie z.B. *Google* mit seinen Zusatzservices, stellt sich für die Verlage die Problemstellung folgendermaßen dar: Die über viele Jahrzehnte stabilen Printumsätze sinken, während gleichzeitig, also neben dem bestehenden Geschäft, neue Geschäftsmodelle für die elektronische Welt entwickelt werden müssen.

Zu lösen versuchen die Verlage das Dilemma, indem sie, wie bereits weiter oben geschildert, mehr Online-affine Mitarbeiter suchen, aber auch, indem sie die Prozesse der Wertkette den neuen Gegebenheiten anpassen, wie z.B. seit vielen Jahren mit der „medienneutralen Datenaufbereitung“, die neben der Erstellung des Printproduktes auch die Schaffung vollkommen neuer, elektronischer Produkte ermöglicht.

---

[50] Vgl. *Hauschild/Salomo* (2011), S. 36.

[51] *Olavarria* (2011b), S. 44 f.

In diesem Sinne schlägt *OLAVARRIA* sieben Schritte zur Entwicklung einer Innovationsstrategie vor, welche die folgenden Bereiche umfasst:

- Unternehmensstrategie
- Innovation definieren
- Innovationsbedarf identifizieren und festlegen
- Innovationsziele festlegen
- Suchfelder festlegen
- Vorgehen planen
- Ressourcen zuordnen[52]

Im Rahmen der Untersuchung der **Unternehmensstrategie** sind dabei die Leitlinien und das Geschäfts- und Selbstverständnis des Verlages kritisch zu hinterfragen. Im Schritt „**Innovationen definieren**" soll geklärt werden, was der Verlag eigentlich unter Innovationen versteht, beispielsweise wie weit sich die Innovation vom bisherigen Geschäft unterscheidet. Ist eine elektronische Strategie nur die Übertragung der Printangebote in PDF-Files, die dann als e-Book angeboten werden oder handelt es sich bei einer Innovation um die Entwicklung eines vollkommen neuen Angebotes? Mit **Innovationsbedarf identifizieren und festlegen** stellt sich die Frage, welche Umsatzlücken mit den Innovationen zu schließen sind. Anschließend sind die **Innovationsziele festzulegen**, die mit der Etablierung des Innovationsmanagements verbunden sind. Eine Priorisierung von **Suchfeldern** für neue Angebote folgt als nächster Schritt. Im Anschluss ist das **Vorgehen zu planen**, mit dem die definierten Ziele erreicht werden sollen. Und schließlich sind **Ressourcen** zu verteilen, die das Budget bereitstellen, das für die Realisierung der Innovationsziele erforderlich sind.[53]

Mit diesen Schritten sollte es den Verlagen gelingen, das Feld für Innovationen im elektronischen Bereich zu bestellen und ihr etabliertes Geschäftsmodell den neuen Anforderungen anzupassen.

[52] Vgl. *OLAVARRIA* (2011b), S. 54.

[53] Vgl. *OLAVARRIA* (2011b), S. 54.

Quellenverzeichnis

AFUAH, A./TUCCI, C. L. (2003): Internet Business Models and Strategies, New York 2003.

AMIT, R./ZOTT, C. (2010): Business model innovation: Creating value in times of change. IESE Business School Working Paper No. 870, Navarra 2010.

ANSOFF, H. I. (1966): Management-Strategie, Landsberg/Lech 1966.

BAILER, B. (2000): Geschäftsmodelle: Methoden und Qualität, Diss. Universität Zürich, Zürich 2000.

BAMBERGER, I./WRONA, T. (2004): Strategische Unternehmensführung, München 2004.

BARNEY, J. B. (1991): Firm Resources and Sustained Competitive Advantage, in: Strategic Management Journal, 17. Jg. (1991), Nr. 10, S. 99–120.

BECKMANN, D. (2011): Was würde Apple tun? Wie man von Apple lernen kann, in der digitalen Welt Geld zu verdienen, Berlin 2011.

BRANDT, R. L. (2012): Mr. Amazon: Jeff Bezos und der Aufstieg von amazon.com, Berlin 2012.

CHANDLER, A. D. (1962): Strategy and Structure. Chapters in the History of the Industrial Enterprise, Cambridge 1962.

CHESBROUGH, H./ROSENBLOOM, R. S. (2002): The Role of the Business Model in Capturing Value From Innovation: Evidence From Xerox Corporation´s Technology Spin-off Companies, in: Industrial and Corporate Change, 11. Jg. (2002), Nr. 3, S. 529–555.

CHRISTENSEN, M. C./MATZLER, K./VON DEN EICHEN, S. F. (2011): The Innovators Dilemma: Warum etablierte Unternehmen den Wettbewerb um bahnbrechende Innovationen verlieren, München 2011.

EGGERS, B. (2009): Management der Wertschöpfungskette, in: *CLEMENT M./BLÖMEKE, E./ SAMBETH, F.* (Hrsg.), Ökonomie der Buchindustrie. Herausforderungen in der Buchbranche erfolgreich managen, Wiesbaden 2009, S. 93–107.

FAYOL, H. (1916): Administration industrielle et générale, Paris (1916).

FREILING, J. (2001): Resource-based View und ökonomische Theorie, Wiesbaden 2001.

GILBRETH, F. (1911): Motion Study, New York 1911.

HAMEL, G. (2000): Leading the Revolution, Boston (MA) 2000.

HAMEL, G. (2001): Strategischer Kurswechsel: Wie Geschäftsmodelle revolutioniert werden, in: Absatzwirtschaft, 2001, Nr. 4, S. 40–55.

ISAACSON, W. (2011): Steve Jobs: Die autorisierte Biografie des Apple-Gründers, München 2011.

JENNER, T. (2000): Strategien für den Hyperwettbewerb, in: io management, Nr. 69, 10/2000, S. 38–43.

KEEN, P./QURESHI, S. (2005): Organizational Transformation through Business Models: A Framework for Business Model Design, in: Proceedings of the 39th Hawaii International Conference on System Sciences, Hawaii (US) 2005, S. 1–10.

KÜHN, A. (2012): Mein Verlag und ich, in: Der Spiegel, Nr. 29/2012, S. 74–75.

LASHINSKY, A. (2012): Inside Apple: Das Erfolgsgeheimnis des wertvollsten, innovativsten und verschwiegensten Unternehmens der Welt, Weinheim 2012.

LEHMANN-ORTEGA, L./SCHOETTL, J.-M. (2005): From Buzzword to Managerial Tool: The Role of Business Models in Strategic Innovation, in: Cladea, Annual Assembly 2005, 5. Jg. (2005), S. 1–14

LENZ, D. (2011): Kindle oder die Kunst des Loss Leading, in Buchreport online, vom 29.09.2011.

LINDNER, J. C./CANTRELL, S. (2000): Changing Business Models: Surveying the Landscape, Hamilton 2000.

MINTZBERG, H. (1979): The Structuring of Organizations: A Synthesis of the Research, New Jersey 1979.

MÜLLER-STEWENS, G./LECHNER, C. (2005): Strategisches Management – Wie strategische Initiativen zum Wandel führen, Stuttgart 2005.

PENROSE, E. (1951): The Economics of the International Patent System, Baltimore 1951.

PENROSE, E. T. (1959): The theory of growth of the firm, Oxford 1959.

PORTER, M. E. (2000): Wettbewerbsvorteile, 6. Auflage, Frankfurt am Main/New York 2000.

PORTER, M. E. (2008): Wettbewerbsstrategie, 11. Auflage, Frankfurt/Main 2008.

STOCK, R./ KROHMER, H. (2005): Interne Ressourcen als Einflussgrößen des internationalen Markenerfolgs: Ressourcenbasierte Betrachtung und empirische Analyse, in: Die Unternehmung, Nr. 59 (1/2005), S. 79–100.

TIKKANEN, H./LAMBERG, J.-A./PARVINEN, P./KALLUNKI, J.-P. (2005): Managerial Cognition, Action and the Business Model of the Firm, in: Management Decision, 43. Jg. (2005), Nr. 6, S. 789–809.

TIMMERS, P. (1998): Business Model for Electronic Markets, in: Electronic Markets, 8. Jg. (1998), Nr. 2, S. 3–8.

OESTERLE, H. (1996): Das Geschäftsmodell im Informationszeitalter, in: Wirtschaftsinformatik, 38 Jg. (1996), Nr. 4, S. 447–449.

OHLER, A. (2012): Sony und Sharp hinken Rivalen hinterher, in: Financial Times Deutschland vom 03.08.2012, S. 8.

OLAVARRIA, M. (2011a): Produktmanagement 2.0, Neue Methoden der Produktentwicklung in Fachverlagen, Frankfurt/Main 2011.

OLAVARRIA, M. (2011b): 26. VDZ White Paper Systematisches Innovationsmanagement für Verlage, Frankfurt am Main 2011.

O. V. (2012a): Google bietet E-Books in Deutschland an, in: Handelsblatt vom 15./16./ 17.06.2012, S. 31.

O. V. (2012b): Alle werden Webzentriker, in: Börsenblatt für den Deutschen Buchhandel, Nr. 25/2012, Frankfurt am Main 2012.

O. V. (2012c): Lang zäh und steinig, in: buchreport express, Nr. 12, Dortmund 2012.

SCHUMPETER, J. A. (1934): The Theory of Economic Development: AN Inquiry into Profits, Capital, Credit, Interest, and the Business Cycle, Cambridge 1934.

SIEBENHAAR, H.-P. (2012): E-Books setzten sich in Deutschland nur langsam durch, in Handelsblatt vom 05.06.2012, S. 28–29.

STEINRÖDER, M./PITZ, B. (2009): Wege in die Zukunft – Herausforderungen für Fachverlage 2010/2013, Frankfurt am Main 2009.

TAYLOR, F. W. (1913): Die Grundlagen wissenschaftlicher Betriebsführung, München 1913.

WELGE, M. K./AL-LAHAM A. (2008): Strategisches Management. Grundlagen, Prozesse, Implementierungen, Wiesbaden 2008.

WERNFELD, B. (1984): A resource-based view of the firm, in: Strategic Management Journal, Nr. 5 (2/1984), S. 171–180.

WIRTZ, B. W. (2000): Electronic Business, Wiesbaden 2000.

WIRTZ, B. W. (2011): Business Model Management, Design – Instrumente – Erfolgsfaktoren von Geschäftsmodellen, 2. Auflage, Wiesbaden 2011.

Wirkung zuführender Printkommunikation im Zeitalter der Digitalisierung

Michael Schuld, *Frank Keuper* und *Sarah Neuhaus*

Telekom Deutschland GmbH und *Steinbeis-Hochschule Berlin*

1 Einleitung

Ein weitverbreiteter Irrglaube ist, dass zuführende Printkommunikation, d. h. Informationsmittel in Form von Prospekten oder Handzetteln, die der potenzielle Kunde per Post erhält, im Zeitalter der Digitalisierung keine Rolle mehr spielt. Rund 19,9 Mio. der deutschen Bevölkerung lesen nach eigenen Angaben mehrmals pro Woche Prospekte und Handzettel, die sie per Post erhalten.[1] Zuführende Printkommunikation wird von potenziellen Kunden also intensiv genutzt. Zudem bietet Printkommunikation gegenüber anderen Kommunikationsinstrumenten wie TV oder Hörfunk klare Vorteile. So sind Aktualität, Hintergrundinformation, Wiederholbarkeit und Unaufdringlichkeit nur einige Aspekte, die an dieser Stelle als vorteilhaft hervorgehoben werden sollen. Darüber hinaus kann der Nutzer jederzeit selbst entscheiden, wann und wo er sich mit wie vielen und welchen Angeboten auseinandersetzen möchte.[2] Die zuführende Printkommunikation ist daher auch zukünftig als Instrument zur Steigerung des Absatzes unerlässlich.

Dennoch stellt die informations -und kommunikationstechnologische Entwicklung, insbesondere durch das Internet, für die zuführende Printkommunikation eine zunehmende Herausforderung dar. Während das kommunikationstreibende Unternehmen mit dem Einsatz zuführender Printkommunikation ursprünglich darauf abzielte, potenzielle Kunden unmittelbar zum stationären Point of Sale (PoS)[3] zu „locken“, werden zuführende Printkommunikationsmittel heute mit dem Ziel eingesetzt, sowohl den Absatz am PoS als auch den Absatz über andere Vertriebskanäle wie das Internet zu steigern. Damit werden zuführende Printkommunikationsmittel bei positiver Selektionsentscheidung seitens der potenziellen Kunden häufig dazu verwendet, sich zunächst weitere Informationen über das Internet einzuholen und erst bei einem ausgeprägten Kaufinteresse den stationären PoS aufzusuchen.

Durch den Wandel der Informations- bzw. Kommunikationskette haben sich auch die Inhalte verändert, die durch zuführende Printkommunikation vermittelt werden. So unterliegt die Entwicklung der Printkommunikation in den letzten Jahrzehnten einem klaren Trend: Es werden immer weniger Text, immer mehr Bilder und eine zunehmend erlebnisorientierte Ansprache der Konsumenten bevorzugt.[4] Einerseits kann dies damit erklärt werden, dass umfassende textbasierte Produktinformationen wesentlich besser im Internet kommuniziert werden können.[5] Andererseits rückt der objektive Produktnutzen im Rahmen der Printkommunikation immer mehr in den Hintergrund, weil sog. „weiche“ Leistungsdimensionen, wie z. B. der emotionale Zusatznutzen, den eine Marke[6] stiftet, an Bedeutung gewinnen.[7] Zurückzuführen ist dieser Wandel des Kommunikationsinhalts letztlich auf die zunehmende Sättigung der Märkte, die eine feste Verankerung der Marke in den Köpfen der potenziellen Kunden unerlässlich macht. Die Positionierung von Produkten und Dienstleistungen bzw. der

1 Vgl. *Statista* (2011).

2 Vgl. *Rametsteiner* (2008), S. 45.

3 PoS bezeichnet den Verkaufsort bzw. aus Kundensicht den Ort des Kaufs. In diesem Beitrag wird der PoS als Verkaufsort im stationären Vertrieb aufgefasst, vgl. *Schuld/Keuper/Neuhaus* (2011), S. 436.

4 Vgl. *Woll* (1997), S. 1.

5 Die Platzbeschränkungen eines Handzettels bspw. können durch die Auslagerung von Inhalten auf die Homepage des Unternehmens umgangen werden. Gleichzeitig hat der Kunde die Möglichkeit, die für ihn relevanten Inhalte zu selektieren.

6 Zur systemtheoretisch-kybernetischen Auffassung des Markenbegriffs vgl. *Keuper* (2009), S. 349 ff.

7 Vgl. *Schuld et al.* (2011), S. 85.

Marke ist damit zu einer der wichtigsten Zielsetzungen von Unternehmen geworden.[8] Unternehmen stehen heute folglich mehr im Kommunikations- und weniger im Produktwettbewerb miteinander.[9]

In diesem Kontext stehen Unternehmen vor der Herausforderung, die Effektivität und Effizienz[10] ihrer Kommunikationsaufwendungen zu erhöhen, um sich damit von der Konkurrenz abzusetzen und letztlich ihre eigene Marktposition zu stärken. Strategische Investitionen in Kommunikationsmaßnahmen stehen jedoch im direkten Wettbewerb zu anderen Investitionen im Unternehmen. Somit befinden sich die Unternehmen im Spannungsfeld zwischen Einsatz und Einsparung von Ressourcen. Einerseits stehen Unternehmen vor der Aufgabe, durch einen stärkeren Einsatz von Kommunikationsmaßnahmen die Erlöse zu steigern, um so dem Konkurrenzdruck zu begegnen und andererseits die Kommunikationsaufwendungen zu verringern, um Kosten zu sparen. Der steigende Kostendruck, der im Kommunikationswettbewerb herrscht, zwingt die Unternehmen daher zur Beachtung von Effektivitäts- und Effizienzkriterien bei der Verteilung ihrer Kommunikationsbudgets.[11] Unternehmen begegnen der Herausforderung häufig damit, dass sie der sinkenden Effizienz mit steigenden Investitionen in Kommunikationsmaßnahmen entgegenwirken, was jedoch zu einem weiteren Absinken der Effizienz führt. Um dieser Situation zu entgehen, wählten zahlreiche Unternehmen in der Vergangenheit den Wechsel von klassischen zu alternativen Kommunikationsmaßnahmen (sog. Below-the-line-Werbung[12]), wie Consumer Promotions, Sponsoring etc. Bisherige Untersuchungen haben jedoch gezeigt, dass durch diese Kommunikationsmaßnahmen die Kraft der Marke geschwächt wird, der Preiswettbewerb zunimmt und die Gewinne sinken.[13] Für den Aufbau und Erhalt einer starken Marke scheinen die klassischen Kommunikationsmaßnahmen daher offenbar unverzichtbar zu sein.[14] Die Alternative zum Einsatz neuer Kommunikationsmaßnahmen liegt in der Verbesserung der Qualität der bisher eingesetzten Kommunikationsmaßnahmen. Denn die Steigerung der Qualität bietet eine Möglichkeit, den Erfolg einer Marke zu erhöhen, ohne dass zwangsläufig auch die Kosten steigen.[15] Zudem hat die Qualität der Kommunikationsmaßnahmen einen wesentlichen Anteil an der Bildung von Präferenzen und bestimmt letztlich die Auswahl, die der Konsument trifft.[16] Kommunikationswirkung ist also eine Folgeerscheinung einer bestimmten Kommunikationsqualität.[17]

---

8 Zur Positionierung zählen alle Maßnahmen der „Planung, Umsetzung, Kontrolle und Weiterentwicklung einer an den Idealvorstellungen der Nachfrager ausgerichteten, vom Wettbewerber differenzierten und von der eigenen Ressourcen- und Kompetenzausstattung darstellbaren, markenidentitätskonformen Position im Wahrnehmungsraum relevanter Zielgruppen", *FEDDERSEN* (2010), S. 29.

9 Vgl. *BRUHN* (2005), S. 24 ff., und *BRUMANN/MEFFERT* (2005), S. 91 ff.

10 Effektivität bedeutet die Zweckmäßigkeit einer Tätigkeit, eine bestimmte Situation insofern zu ändern, als hierdurch die Wettbewerbsintensität positiv beeinflusst wird. Effizienz hingegen bezeichnet die optimale Relation zwischen monetär bewerteter Leistungserbringung und hierfür genutzter, monetär bewerteter Faktormengen, vgl. *ROLLBERG* (1996), S. 8 f., *ROLLBERG* (2001), S. 8, und ausführlich *KEUPER* (2004), S. 1 ff.

11 Vgl. *SIEGERT/BRECHEIS* (2010), S. 31. Während unter Effizienzaspekten die Wirtschaftlichkeit der Kommunikation betrachtet wird, wird unter Effektivitätsaspekten die Wirksamkeit der Werbung geprüft, vgl. *KLOSS* (2003), S. 24 f.

12 Vgl. *SCHWEIGER/SCHRATTENECKER* (2009), S. 116.

13 Vgl. *AAKER* (1991), S. 18 ff.

14 Vgl. *ELLINGHAUS/ERICHSON/ZWEIGLE* (1999), S. 2.

15 Vgl. *MERZ/SCHMIES/WILDNER* (1993), S. 176.

16 Vgl. *SWOBODA* (1968), S. 301.

17 Vgl. *SWOBODA* (1968), S. 302.

Unternehmen stehen damit vor der Herausforderung, Kommunikationsmaßnahmen zu schaffen, die unter den bestehenden Rahmenbedingungen die beabsichtigten Kommunikationsziele an die Konsumenten übermitteln. Bezogen auf den vorliegenden Kontext der zuführenden Printkommunikation bedeutet das: Unternehmen müssen ihre per Post zugestellten Informationsmaterialien derart gestalten und einsetzen, dass sie von den potenziellen Kunden als ansprechend wahrgenommen werden und entsprechend aktivierend wirken. Unter solchen Voraussetzungen gewinnt die Kontrolle von Kommunikationsmaßnahmen wesentlich an Bedeutung. Ziel des vorliegenden Beitrags ist daher die isolierte Modellierung der Entstehung kundenseitig wahrgenommener Qualität zuführender Printkommunikation und die Analyse der Wirkung auf nachgelagerte psychologische und verhaltensbezogene Wirkungsgrößen. Im Folgenden werden im Rahmen der Erarbeitung der theoretischen Grundlagen zunächst die begriffliche Abgrenzung der zuführenden Printkommunikation vorgenommen und die Spezifika der Printkommunikation für die Telekommunikationsbranche als Teilbereich der TIME-Branche (Telekommunikations-, Informationstechnologie-, Medien- und Entertainment-Branche)[18] herausgearbeitet. Darauf aufbauend wird ein konzeptioneller Ansatz zur Erfassung der Entstehung und Wirkung zuführender Printkommunikation dargestellt. Abschließend werden Implikationen abgeleitet und ein kritisches Fazit gezogen.

2 Zuführende Printkommunikation

2.1 Begriffsverständnis

Trotz der hohen Relevanz der Printkommunikation für die Praxis lässt sich ein großes Forschungsdefizit hinsichtlich der Entstehung und Wirkung der Qualität zuführender Printkommunikation identifizieren. Damit einher geht eine fehlende einheitliche Definition zuführender Printkommunikation. So spricht *Bruhn*[19] bspw. von Anzeigenwerbung, *Müller-Hagedorn/Helnerus/Allexi*[20] sprechen von Prospekten bzw. Handelsprospekten und *Reiss/Steffenhagen*[21] von Prospektwerbung. Letztere weisen darauf hin, dass es verschiedene Formen der Prospektwerbung gibt, u. a. auch die Briefkastenwerbung, und definieren Prospekte allgemein als „eine wenige Seiten umfassende Werbeschrift mit überwiegend bildlichen Elementen“[22]. Eine sehr weit gefasste Definition vertreten *Freter*[23] und *Meffert/Burmann/Kirchgeorg*[24], die Printmedien als periodisch erscheinende Druckerzeugnisse auffassen.[25]

18 Zur Konvergenz auf den TIME-Märkten vgl. *Keuper/Hans* (2003), S. 36 ff.

19 Vgl. *Bruhn* (2005).

20 Vgl. *Müller-Hagedorn/Helnerus/Allexi* (2007).

21 Vgl. *Reiss/Steffenhagen* (2007).

22 *Reiss/Steffenhagen* (2007), S. 8.

23 Vgl. *Freter* (1979).

24 Vgl. *Meffert/Burmann/Kirchgeorg* (2012).

25 Vgl. *Freter* (1979), S. 26, und *Meffert/Burmann/Kirchgeorg* (2012), S. 627.

Im vorliegenden Beitrag werden Printkommunikationsmittel[26] betrachtet, die dem Kunden per Post zugestellt werden. Das Unternehmen verfolgt damit das Ziel, potenzielle neue Kunden zu gewinnen bzw. Bestandskunden über neue Produkte oder Leistungen zu informieren. Weiterhin können vorökonomische Zielgrößen seitens des Unternehmens festgelegt werden, d. h. zuführende Printkommunikation wird dann bspw. mit dem Ziel eingesetzt, das Markenimage oder den Bekanntheitsgrad zu steigern. Unabhängig davon, ob sich die Printkommunikation primär an Neu- oder Bestandskunden richtet, verfolgt das Unternehmen mit dem Einsatz zuführender Printkommunikation neben der Erreichung vorökonomischer Ziele letztlich das Ziel, den Absatz zu steigern, indem die potenziellen Kunden den unterschiedlichen Vertriebskanälen des Unternehmens (Internet, PoS, Telefon etc.) zugeführt werden. Damit stellt die zuführende Printkommunikation aus Unternehmenssicht eine Art „Lockinstrument" dar, d. h. der potenzielle Kunde soll bspw. zum stationären PoS, also in die Verkaufsshops, „gelockt" werden. Der Begriff Printkommunikation umfasst also mit dem Attribut „zuführend" alle Kommunikationsmittel, die in Printform und vom Unternehmen mit dem Ziel eingesetzt werden, den potenziellen Kunden über neue oder aktuelle Produkt- bzw. Leistungsangebote zu informieren und darüber letztlich an den stationären PoS zu „locken". Charakteristisch für diese Kommunikationsform ist die unadressierte sowie adressierte Distribution der Printkommunikationsmittel per Post, d. h. die Zustellung der Printkommunikationsmittel in die Briefkästen der vorab vom kommunikationstreibenden Unternehmen festgelegten Haushalte. Hierzu zählen Handzettel, Broschüren und Prospekte sowie Anzeigenblätter, die als Beilage in Tages-, Wochen-, oder Monatszeitungen beigefügt werden. Abzugrenzen hiervon sind Kundenzeitschriften und jegliche Printkommunikation, die nicht als Briefkastenwerbung zugestellt wird, wie z. B. Plakate. Die vorhergehenden Ausführungen aufgreifend und die Verschiedenheit der Printkommunikation in Form und Inhalt berücksichtigend wird der vorliegenden Konzeptualisierung folgende Definition zuführender Printkommunikation zugrunde legt:

Zuführende Printkommunikation umfasst alle Kommunikationsmittel, die in Printform postalisch an potenzielle Kunden distribuiert werden und vom kommunikationstreibenden Unternehmen mit dem Ziel eingesetzt werden, über vorökonomische und ökonomische Wirkungsgrößen letztlich den Unternehmenserfolg zu steigern.

Da die inhaltliche und formale Ausgestaltung der Printkommunikationsmittel eine hohe Heterogenität aufweist, ist die Messung der Entstehung und Wirkung der kundenseitig wahrgenommen Qualität zuführender Printkommunikation mit großen Schwierigkeiten versehen. So sind nicht nur zwischen Branchen und Unternehmensgrößen starke Unterschiede in der inhaltlichen Gestaltung zuführender Printkommunikation zu beobachten, sondern auch hinsichtlich der Vielzahl unterschiedlicher formaler Merkmale. Hierzu zählen z. B. Anzeigengröße, Anzahl der Abbildungen, Schriftgrößen und Farbkombinationen. Die heutige Printkommunikation ist durch einen zunehmenden Bildanteil gekennzeichnet.[27] *KROEBER-RIEL/ESCH*[28] rechtfertigen die Verwendung von Bildern mit der schnellen Aufnahme und Verarbeitung solcher Kommunikationsreize.[29] Die Ausgestaltung der formalen und inhaltlichen Parameter

---

26 Ein Kommunikationsmittel „ist die reale, sinnliche wahrnehmbare Erscheinungsform der Kommunikationsbotschaft" und ist damit abzugrenzen von einem Kommunikationsträger, der als „Übermittlungsmedium, mit dessen Hilfe die in Form von Kommunikationsmitteln verschlüsselte Kommunikationsbotschaft (...) dem Adressaten näher gebracht wird", definiert werden kann, vgl. *BRUHN* (2005), S. 4.

27 Vgl. *MÜLLER-HAGEDORN/NATTER* (2011), S. 391.

28 Vgl. *KROEBER-RIEL/ESCH* (2004).

29 Vgl. *KROEBER-RIEL/ESCH* (2004), S. 153.

(siehe Abbildung 1) hängt jedoch stark von der seitens des Unternehmens beabsichtigten Wirkung der Printkommunikation[30] ab. Dennoch dienen die Gestaltungsparameter als mögliche Indikatoren für die Messung der Entstehung zuführender Printkommunikationsqualität. Im Rahmen des Kommunikationscontrollings gilt es die unterschiedlichen Ausprägungen der Gestaltungsparameter zu systematisieren und die damit erzielbaren Wirkungen zu analysieren.

Formal	***Inhaltlich***
▪ Format ▪ Größe der Artikelabbildungen ▪ Papierqualität ▪ Druckqualität ▪ Farbigkeit ▪ Umfang ▪ Bindung ▪ Seitenaufteilung ▪ Response-Element ▪ Schriftgröße des Firmennamens ▪ …	▪ Art der Informationsdarstellung (z. B. im Verwendungszusammenhang, nur das Produkt) ▪ Anzahl der Informationen ▪ Anzahl beworbener Produkte/Leistungen ▪ preisbetonte vs. produkt- bzw. einkaufsstättenbetonte Gestaltung ▪ Verwendung eines Slogans ▪ …

Abbildung 1: Gestaltungsparamter zuführender Printkommunikation[31]

Nur wenige Untersuchungen setzten sich bisher gezielt mit der Wirkung zuführender Printkommunikation auseinander. So existiert eine theorie- und empiriebasierte Studie von *Schmalen/Lang*[32] zur Nutzung von Beilagenwerbung für Kaufentscheidungen; sie identifizieren vier Nutzergruppen: „Beilagenverweigerer" (10,7 %), „problemorientierte Selektivnutzer" (32,9 %), „geschäftsstättenorientierte Selektivnutzer" (30,8 %) und „Sonderangebotsjäger" (25,6 %).[33] Hieraus wird ersichtlich, dass der Anteil derjenigen, die zuführende Printkommunikation nutzen, relativ hoch ist – dieses Ergebnis stimmt mit anderen Untersuchungen überein.[34] Zudem gibt es vereinzelte Untersuchungen zu speziellen Aspekten der Wirkung zuführender Printkommunikation. Während sich *Gierl/Eleftheriadou*[35] mit der Wirkung von Handelsprospekten auf die Preiswahrnehmung auseinandersetzen, gibt es jedoch kaum Untersuchungen zur nichtpreisbezogenen Wirkung zuführender Printkommunikation.[36] Daraus ergibt sich ein hoher Forschungsbedarf hinsichtlich nichtpreisbezogener Wirkungen. In diesem Kontext erlangt die Entstehung und Wirkung kundenseitig wahrgenommener Qualität zuführender Printkommunikation eine hohe Relevanz.

30 Vgl. *Reiss/Steffenhagen* (2007), S. 8.

31 In Anlehnung an *Reiss/Steffenhagen* (2007), S. 9.

32 Vgl. *Schmalen/Lang* (1997).

33 Vgl. *Schmalen/Lang* (1997), S. 401 f.

34 Vgl. *Grass/Klöppel* (1994) und *Müller-Hagedorn/Schuckel/Helnerus* (2005).

35 Vgl. *Gierl/Eleftheriadou* (2004).

36 Vgl. *Reiss/Steffenhagen* (2007), S. 7.

Basierend auf den vorliegenden Ausführungen und unter Berücksichtigung der Definition zuführender Printkommunikation wird für den vorliegenden Beitrag folgende Definition der Qualität zuführender Printkommunikation herangezogen:

Zuführende Printkommunikationsqualität ist das kundenseitig wahrgenommene Ergebnis der Fähigkeit des kommunikationstreibenden Unternehmens, die an externe Zielgruppen gerichtete Printkommunikation gemäß den Kundenerwartungen und -anforderungen zu erfüllen.

2.2 Branchenspezifika

Um die Entstehung und Wirkung von Printkommunikationsqualität zu untersuchen, wird die Telekommunikationsbranche als Teilbereich der TIME-Branche gewählt. Gerade die Telekommunikationsbranche ist durch vielfältige und dynamische Veränderungen gekennzeichnet. Fortwährend werden neue Produkte und Services eingeführt, die schnellen Entwicklungszyklen unterliegen und der Gefahr einer zunehmenden Austauschbarkeit ausgesetzt sind. Folglich stehen die Unternehmen der Telekommunikationsbranche vor der Herausforderung, nach Alleinstellungsmerkmalen ihrer Marke zu suchen und diese dem potenziellen Kunden durch Kommunikationsmaßnahmen zu vermitteln, um der Gefahr der Austauschbarkeit entgegenzuwirken. So distanziert sich die *Deutsche Telekom AG* als Telekommunikationsdienstleister klar vom aggressiven Preiskampf innerhalb der TIME-Branche und legt ihren Fokus auf Service als Zusatzleistung.

Darüber hinaus ist die Telekommunikationsbranche durch eine hohe Kundenfluktuation gekennzeichnet. Über 30 % der Kunden wechseln pro Jahr ihren Mobilfunkanbieter.[37] Laut einer Untersuchung des *INSTITUTS FÜR DEMOSKOPIE ALLENSBACH* entscheiden sich in Deutschland pro Jahr ca. 10 Mio. Kunden dafür, ihren Telefon-, Internet- oder Mobilfunkanbieter zu wechseln.[38] Dies hängt vermutlich damit zusammen, dass Telekommunikationsdienstleistungen aus Kundensicht den Commodities zuzuordnen sind, die Leistungen umfassen, die aus Sicht der Kunden kaum noch differenzierbar und somit durch eine höhere Preisfokussierung gekennzeichnet sind.[39] Die Kaufentscheidungen in der Telekommunikationsbranche zeichnen sich durch einen geringen kognitiven und affektiven Aufwand aus. Die Bereitschaft, den aktuellen Anbieter zu wechseln, basiert daher vorwiegend auf Gründen der Bequemlichkeit, des Preisvorteils und der Unzufriedenheit mit dem aktuellen Anbieter.[40]

Vor diesem Hintergrund stehen die Unternehmen der Telekommunikationsbranche hinsichtlich der Gestaltung und des Einsatzes zuführender Printkommunikation vor besonderen Herausforderungen. Im Vergleich zu klassischen Handelsunternehmen informieren Unternehmen der Telekommunikationsbranche nicht über materielle Produkte, sondern über intangible Produkte bzw. Telekommunikationsdienstleistungen. Dies begründet die Notwendigkeit für den Aufbau und den Erhalt einer starken Marke, über die sog. „weiche", emotionale Leistungsdimensionen vermittelt werden können, die dem Kunden einen Zusatznutzen liefern, der über den eigentlichen Produkt- bzw. Leistungsnutzen hinausgeht.[41] Insbesondere für

37 Vgl. *AHN/HAN/LEE* (2006), S. 552.

38 Vgl. *INSTITUT FÜR DEMOSKOPIE ALLENSBACH* (2010).

39 Vgl. *BRUHN* (2011), S. 66 ff., und *PICK/KANNLER* (2012), S. 115.

40 Vgl. *BRUHN* (2011), S. 66 ff., und *PICK/KANNLER* (2012), S. 115.

41 Vgl. *SCHULD ET AL.* (2011), S. 85.

intangible Produkte spielt dies eine wichtige Rolle. Da sich die Leistungen von Telekommunikationsdienstleistungsunternehmen zudem abgesehen von der Angebotstiefe und -breite kaum unterscheiden, bietet die Marke ein wichtiges Differenzierungskriterium[42], um sich gegenüber Wettbewerbern abzugrenzen. Daher sollte auch die von den Telekommunikationsdienstleistungsunternehmen eingesetzte zuführende Printkommunikation, durch eine markenkonforme Gestaltung den Aufbau einer starken Marke unterstützen.

Die in Abschnitt 2 dargestellten Gestaltungsparameter aufgreifend lässt sich eine Spezifikation für die Telekommunikationsbranche vornehmen. Allein aufgrund des Sortiments ist die Anzahl der beworbenen Produkte bzw. Leistungen in der Telekommunikationsbranche zumeist geringer als im klassischen Handel. Zudem stehen hier die Tarife im Vordergrund, also keine Sachgüter, sondern Dienstleistungsbündel. Da es sich bei Tarifen somit um Informationen handelt, die nicht bildhaft, sondern nur in Textform dargestellt werden können, besteht die Herausforderung darin, die Printkommunikation so zu gestalten, dass sie von den Kunden positiv und aktivierend wahrgenommen wird.

So setzt die *Deutsche Telekom AG* unter dem Markenslogan „Erleben, was verbindet" zunehmend auf eine emotionale Gestaltung ihrer Kommunikation. Zugleich stellt der Markenslogan auch ein Markenversprechen gegenüber dem Kunden dar, das sich im gesamten Kommunikationsauftritt des Konzerns wiederfindet.[43] Das Markenversprechen basiert dabei auf dem Verständnis, dass Menschen ihre persönlichen Erlebnisse mit anderen Menschen teilen möchten. Durch die angebotenen Kommunikations- und Serviceleistungen, wie Festnetz-, bzw. Mobiltelefon, Internet oder internetbasiertes Fernsehen, soll den Kunden der *Deutsche Telekom AG* die Möglichkeit geboten werden, unabhängig von Ort und Zeit die persönlichen Erlebnisse mit Familie, Freunden und Kollegen zu teilen.[44]

Die Vermittlung des Markenversprechens spiegelt sich auch in der Gestaltung der Printkommunikation wider.[45] Insbesondere in der Printkommunikation, die am stationären PoS, also in den Telekom Shops, eingesetzt wird, wird der Markenslogan „Erleben, was verbindet" durch die Verwendung von Bildelementen aufgegriffen. So wird bspw. eine Gruppe von Freunden dargestellt, die vor einem Fernsehgerät sitzt und unterschiedliche Endgeräte nutzt. Eine Person telefoniert, eine weitere Person nutzt ihren Laptop, und eine dritte Person surft mit ihrem Smartphone im Internet.[46] Die *Deutsche Telekom AG* umgeht damit die Problematik, dass intangible Produkte wie Telekommunikationsdienstleistungen in Form von Tarifen nicht bildhaft dargestellt werden können. Durch die Darstellung von Verwendungssituationen in Verbindung mit der Präsentation der Endgeräte wird der Markenslogan aufgegriffen, und es wird gegenüber dem Kunden eine emotionale Erlebniswelt aufgebaut, die über die reine Darstellung des Produkt- bzw. Leistungsnutzens hinausgeht.

---

42 Vgl. *Sattler/Völckner* (2007), S. 33.

43 Vgl. *Deutsche Telekom AG* (2012).

44 Vgl. *Deutsche Telekom AG* (2012). Vgl. auch *Schuld et al.* (2011), S. 98 ff.

45 Zur Anwendung des Markenversprechens der Deutschen Telekom AG auf die Printkommunikationsmittel, die am PoS bspw. in der Beratung Verwendung finden, vgl. *Schuld et al.* (2011), S. 98 ff.

46 Vgl. *Telekom Trend* (2012), S. 84.

Im Vergleich zu der am PoS eingesetzten Printkommunikation unterscheidet sich die zuführende Printkommunikation insbesondere in der Ausführlichkeit der dargestellten Informationen. Da die zuführende Printkommunikation zumeist einen geringeren Umfang aufweist und mit dem Ziel eingesetzt wird, Kunden z. B. über neue Produkte und Leistungen zu informieren, ohne jedoch eine detaillierte Beschreibung zu liefern, zeigt sich dieser Aspekt auch in der Gestaltung. So wird meistens auf die Abbildung von Verwendungssituationen verzichtet. Stattdessen werden i. d. R. große Abbildungen der beworbenen Endgeräte gezeigt sowie die dazu passenden Tarife stichpunktartig aufgeführt. Zudem wird auf Möglichkeiten verwiesen, sich weitere Informationen einzuholen, z. B. „Ihr Telekom Shop in Ihrer Nähe", oder „In Ihrem Telekom Shop oder unter www.telekom.de". [47] Insbesondere für die zuführende Printkommunikation spielt der Aspekt der Gestaltung eine entscheidende Rolle, gerade vor dem Hintergrund der begrenzten Aufnahmefähigkeit und des für die Telekommunikationsdienstleistungsbranche typischen geringen Involvements der potenziellen Kunden.[48]

Insgesamt bleibt festzuhalten, dass der Einsatz zuführender Printkommunikation in der Telekommunikationsbranche einige Spezifika aufweist. Insbesondere die Intangibilität der beworbenen Leistungen stellt hierbei eine große Herausforderung dar. Neben dem Aufbau und dem Erhalt einer starken Marke als vorökonomische Zielgrößen beabsichtigt ein Unternehmen, mit dem Einsatz zuführender Printkommunikation den Absatz zu steigern. Die Wahrnehmung der zuführenden Printkommunikation ist jedoch durch Selektivität und Subjektivität gekennzeichnet. Daraus resultiert die Schwierigkeit der qualitativen und quantitativen Erfassung der Qualität zuführender Printkommunikation. Die in einem Unternehmen für das Kommunikationsbudget Verantwortlichen stehen jedoch vor der Herausforderung, den Erfolg der zuführenden Printkommunikation nachweisen zu müssen. Nachfolgend wird daher ein Messansatz zur Erfassung der Entstehung und Wirkung zuführender Printkommunikationsqualität aus Kundensicht entwickelt.

3 Konzeptioneller Ansatz zur Erfassung der Printkommunikationsqualität

3.1 Anforderungen

Ein systematischer Ansatz zur Erfassung der Entstehung und Wirkung zuführender Printkommunikation muss eine Reihe von Anforderungen erfüllen. Denn eine rein monetäre Optimierung von Kommunikationsmaßnahmen ist nicht gleichbedeutend mit einer Optimierung der Wirkung von Kommunikationsmaßnahmen.[49] Die Anforderungskriterien lassen sich in theoretisch-konzeptionelle, methodisch-instrumentelle sowie praxisbezogene Dimensionen differenzieren (siehe Tabelle 1).[50]

---

[47] Vgl. *TELEKOM SHOP NEWS* (2012).

[48] Vgl. *BRUHN* (2011), S. 66 ff., und *PICK/KANNLER* (2012), S. 115.

[49] Vgl. *PUSLER* (2011), S. 43.

[50] Vgl. *KROEBER-RIEL/ESCH* (2004), S. 35 ff., *DYCKHOFF* (2006), S. 182, *ZERFASS* (2008), S. 435 ff., und *PFEFFERKORN* (2009), S. 28 f.

Theoretisch-konzeptionell	*Methodisch-instrumentell*	*Praxisbezogen*
Vollständigkeit	Operationalisierung	Wirtschaftlichkeit
Relevanz der Wirkungsgrößen	Reliabilität	Praktikabilität/ Handhabbarkeit
Kommunikationsbedingtheit	Validität	Übertragbarkeit

Tabelle 1: *Anforderungen an das Modell*[51]

Die *theoretisch-konzeptionellen Anforderungen* beziehen sich auf die Konzeptualisierung der Entstehung und Wirkung kundenseitig wahrgenommener Qualität zuführender Printkommunikation. Die Auswahl der potenziell relevanten Merkmale zur Erfassung der Printkommunikationsqualität aus Kundensicht sowie die Festlegung der Wirkungsgrößen müssen vollständig erfolgen. In diesem Zusammenhang sind zudem die Relevanz und die Kommunikationsbedingtheit der einzelnen Wirkungsgrößen sicherzustellen.

Da es sich bei der Entwicklung des Modells zur Erfassung der zuführenden Printkommunikationsqualität um einen Kommunikationscontrollingansatz handelt, mit dessen Hilfe die Wirkung zuführender Printkommunikation nachgewiesen werden soll, müssen sämtliche unternehmensrelevanten, steuerbaren Inputgrößen und alle für den Unternehmenserfolg relevanten Wirkungsgrößen in dem Modell berücksichtigt werden. Zum einen müssen die für das Unternehmen steuerbaren und beeinflussbaren Inputgrößen, die im vorliegenden Konzeptualisierungsansatz die aus Kundensicht potenziell relevanten Qualitätsmerkmale zuführender Printkommunikation bilden, erfasst werden. Die vollständige Erfassung potenziell relevanter Merkmale gewährleistet dabei die Entwicklung eines validen Messmodells zur Analyse der Wirkung zuführender Printkommunikation unter Berücksichtigung von Interaktionseffekten. Zum anderen ist die Mehrstufigkeit der Kommunikationswirkung zu beachten. Gemäß der kommunikationsrelevanten Markenerfolgskette nach *BRUHN*[52] sind sowohl psychologische und verhaltensrelevante als auch ökonomische Wirkungsgrößen zu berücksichtigen.[53]

Hinsichtlich der *Relevanz der Wirkungsgrößen* sollten die Auswahl und die Einbindung kommunikationsrelevanter Zielgrößen anhand der den Unternehmenserfolg determinierenden Kommunikationsziele erfolgen. Diese beziehen sich vor allem auf vorökonomische Zielgrößen, wie z. B. psychologische und verhaltenswissenschaftliche Größen.[54] Um die Relevanz der Kommunikationsziele für den Unternehmenserfolg sicherzustellen, sollten diese mit den übergeordneten Unternehmenszielen abgeglichen werden.[55] Zusätzlich zu den direkt beeinflussbaren Wirkungsgrößen sind ökonomische Zielgrößen als indirekte Wirkungsgrößen heranzuziehen, da diese ebenfalls den Unternehmenserfolg determinieren.[56]

51 In Anlehnung an *PFEFFERKORN* (2009), S. 29.

52 Vgl. *BRUHN* (2007).

53 Vgl. *BRUHN* (2007), S. 518, und *BRUHN* (2009).

54 Vgl. *TROMMSDORFF* (2004), S. 1866, *REINECKE/JANZ* (2007), S. 28, und *ESCH/BRUNNER/HARTMANN* (2008), S. 146 f.

55 Vgl. *BRUHN* (2007), S. 168, und *MEFFERT/PERREY* (2008), S. 52 f.

56 Vgl. *PFEFFERKORN* (2009), S. 30.

Ein weiteres Anforderungskriterium hinsichtlich der Konzeptualisierung stellt die *Kommunikationsbedingtheit* dar. Erfasst werden sollten nur solche Wirkungsgrößen, die in hohem Maße durch Kommunikation bestimmt sind.[57] Voraussetzung hierfür ist, dass die Wirkungsgrößen eine hohe Reagibilität aufweisen, d. h. sensibel auf Kommunikationsaktivitäten reagieren.[58] Dies trifft insbesondere auf vorökonomische Wirkungsgrößen zu.[59]

Die *methodisch-instrumentellen Anforderungen* spielen insbesondere im Rahmen der *Operationalisierung* eine wichtige Rolle. Sowohl die Inputgröße, hier die Printkommunikationsqualität, als auch die Wirkungsgrößen müssen messbar sein, d. h. die herangezogenen Variablen müssen operationalisierbar sein. Dabei kann entweder auf validierte Messindikatoren aus bereits bestehenden Untersuchungen zurückgegriffen oder es können neue Messindikatoren für den spezifischen Untersuchungskontext formuliert werden.[60] Um eine Übertragung der Ergebnisse auf andere Branchen oder Unternehmen gewährleisten zu können, ist im Rahmen der Operationalisierung auf eine Generalisierung der Messindikatoren zu achten.[61]

Für eine empirische Anwendbarkeit des Modells müssen die Kriterien *Reliabilität* (Zuverlässigkeit) und *Validität* (Gültigkeit) erfüllt sein. Die Reliablität gibt die Zuverlässigkeit eines Messmodells wieder. Eine hohe Reliabilität liegt vor, wenn bei wiederholter Messung die Ergebnisse der Messung stabil, genau und reproduzierbar sind.[62] Eine hohe Validität des Messinstruments ist gewährleistet, wenn das Messinstrument tatsächlich das misst, was es messen sollte.[63] Damit stellt die Validität neben der Reliabiltät das zentrale Gütekriterium eines Messmodells dar.

Die *praxisbezogenen Anforderungen* beziehen sich in erster Linie auf die Durchführbarkeit des Messansatzes zur Erfassung der zuführenden Printkommunikationsqualität für Unternehmen sowie auf den Nutzen, den ein Unternehmen durch die Anwendung generiert. Die *Wirtschaftlichkeit* eines Kommunikationscontrollingansatzes hängt sowohl von finanziellen als auch von zeitlichen Aufwendungen ab.[64] Die Zeit- und Kostenaufwendungen sollten dabei den Nutzen des Kommunikationscontrollings nicht übersteigen.[65] Darüber hinaus stellt die *Praktikabilität* bzw. *Handhabbarkeit* des Messansatzes eine wesentliche Voraussetzung dar.[66] Die Ergebnisse der Untersuchung müssen in einen für das Unternehmen einfach handhabbaren, praxistauglichen Gestaltungsansatz transferiert werden. Voraussetzung für eine erfolgreiche Implementierung ist die Akzeptanz des gewählten Kommunikationscontrollingansatzes innerhalb des Unternehmens.[67] Ein weiteres Anforderungskriterium in diesem Zusammenhang stellt die *Übertragbarkeit* der Untersuchungsergebnisse auf andere Kommunikationsinstrumente dar. Seitens der Praxis ist es wünschenswert, auf Basis des Anasatzes zur Analyse zuführender Printkommunikation eine vergleichende Analyse verschiedener Kommunikati-

57 Vgl. JANSSEN (1999), S. 31, und ESCH/BRUNNER/HARTMANN (2008), S. 146 f.

58 Vgl. HOFBAUER/HOHENLEITNER (2005), S. 301.

59 Vgl. BRUHN (2007), S. 173.

60 Vgl. ESCH/HARTMANN/BRUNNER (2008), S. 898, und MEFFERT/PERREY (2008), S. 52 f.

61 Vgl. TROMMSDORFF (2004), S. 1866.

62 Vgl. WEIS/STEINMETZ (2008), S. 30.

63 Vgl. SCHNELL/HILL/ESSER (2008), S. 154.

64 Vgl. PFEFFERKORN (2009), S. 31.

65 Vgl. ESCH/HARTMANN/BRUNNER (2008), S. 902, und ZERFASS (2008), S. 447.

66 Vgl. PFEFFERKORN (2009), S. 31.

67 Vgl. LAUTENBACH/SASS (2005), S. 480 f.

onsinstrumente durchführen zu können, um darüber Effektivitäts- und Effizienzkriterien für die weitere Ausgestaltung des Kommunikations-Mix ableiten zu können. Unter Berücksichtigung der Anforderungen an die Konstrukte eines Qualitätsmodells für zuführende Printkommunikation lässt sich aufbauend auf den im nachfolgenden Abschnitt 3.2 erläuterten theoretischen Grundlagen das Modell konzeptualisieren.

3.2 Theoretische Grundlagen

Im Rahmen der theoretischen Konzeptualisierung gilt es Forschungszweige und Erkenntnisse zu Kommunikationsinstrumenten zu identifizieren, die über ein hohes Transferpotenzial für die Erklärung der Entstehung und Wirkung zuführender Printkommunikation verfügen. Trotz der unbestrittenen Bedeutung der zuführenden Printkommunikation für die Praxis handelt es sich verglichen mit den klassischen Kommunikationsinstrumenten – wie bereits erläutert – um ein noch wenig erforschtes Kommunikationsinstrument.[68] Bisherige Untersuchungen zum Themenbereich der zuführenden Printkommunikation beziehen sich in erster Linie auf Prospekte, die als Beilagen in Zeitschriften zu finden sind und nicht über die Briefkästen einzelner Haushalte verteilt werden.[69] Dauerhafte Gedächtniswirkungen (wie Kenntnisse, Interessen, Einstellungen und Verhaltensbereitschaften)[70] hinsichtlich zuführender Printkommunikation sind sogar noch gänzlich unerforscht.[71] Die Wirkung zuführender Printkommunikation ist nicht allein auf alternative inhaltliche und formale Gestaltungsformen zurückzuführen. Vielmehr ist anzunehmen, dass auch die Art der Übermittlung, ob als Beilage in einer Zeitung oder als postalisch zugestellte Briefkastenwerbung, einen Einfluss auf die wahrgenommene Qualität der Printkommunikation aus Kundensicht hat. Als weitere potenzielle Einflussfaktoren seien an dieser Stelle auch die Häufigkeit (Frequenzeffekt) und der Zeitpunkt der Distribution genannt.[72]

Im übergeordneten Zusammenhang, stellt die zuführende Printkommunikation ein Instrument der Unternehmenskommunikation dar. Daraus resultiert, dass das Forschungsobjekt „zuführende Printkommunikation" zum einen dem Forschungsstrang der Marketingwissenschaft, in deren Rahmen die Interaktionsprozesse zwischen Unternehmen und Kunden im Fokus stehen, und zum anderen dem Forschungsstrang der Kommunikationswissenschaft, die die Untersuchung von Kommunikationsvorgängen und darunter auch die Gestaltung und Auswirkungen zuführender Printkommunikation untersucht, zugeordnet werden kann.[73] Beide Forschungsstränge sind durch Interdisziplinarität gekennzeichnet und integrieren neben politik- und wirtschaftswissenschaftlichen, kultur- und sprachwissenschaftlichen insbesondere psychologische Perspektiven.[74]

---

68 Vgl. *Schmalen/Lang* (1997), S. 402, und *Müller-Hagedorn/Allexi/Helnerus* (2006), S. 69.

69 Vgl. *Reiss/Steffenhagen* (2007), S. 17.

70 Vgl. *Steffenhagen* (2000), S. 73.

71 Lediglich Gedächtniswirkungen mit Preisbezug sind Gegenstand einzelner Untersuchungen, vgl. u. a. *Gierl/Eleftheriadou* (2004), S. 58. Zur Analyse dauerhafter Gedächtniswirkungen im Kontext des themenverwandten Forschungsgegenstands der Kundenzeitschriften vgl. *Engelmann* (2009).

72 Vgl. *Reiss/Steffenhagen* (2007), S. 8.

73 Vgl. *Maletzke* (1998), S. 17 ff., *Müller* (1998), S. 7, und *Engelmann* (2009), S. 77.

74 Vgl. *Pürer* (2003), S. 50.

In der kommunikationswissenschaftlichen Diskussion lassen sich die Kommunikationsstimuli in drei Phasen unterteilen: präkommunikative Phase, kommunikative Phase und postkommunikative Phase.[75] Die Entscheidung darüber, die unternehmensseitig inszenierte Printkommunikation anzunehmen oder abzulehnen, fällt in der präkommunikativen Phase. Charakteristisch für die kommunikative Phase ist die inhaltliche Auseinandersetzung mit einem Kommunikationsstimulus.[76] Bezogen auf die zuführende Printkommunikation bedeutet dies, dass sich der potenzielle Kunde, nachdem er eine positive Selektionsentscheidung getroffen hat, mit den Inhalten auseinandersetzt, indem er das Informationsmaterial durchblättert und einzelne Informationen liest. Die Zeit nach der Rezeption eines Kommunikationsstimulus wird als postkommunikative Phase bezeichnet.[77] Die Phase ist u. a. durch die Bildung dauerhafter Gedächtniswirkungen gekennzeichnet.

Im Kontext der präkommunikativen Phase sind Ergebnisse solcher Kommunikationsstimuli heranzuziehen, die wie die zuführende Printkommunikation bei der Durchsicht des Briefkastens oder unter vergleichbaren Bedingungen selektiert werden. Als Kommunikationsmittel mit einem hohen Transferpotenzial sind z. B. Mailings oder Beilagen in Tages-, Wochen- oder Monatszeitungen anzusehen. Mailings werden als persönlich adressierte Werbebriefe definiert, die vom Absender direkt an die Zielgruppe versandt werden.[78] Darüber hinaus kann auf Erkenntnisse der Selektionsforschung zurückgegriffen werden.[79] Im Rahmen der kommunikativen Phase spielen die Erkenntnisse der Rezeptionsforschung eine wichtige Rolle.[80] In der postkommunikativen Phase geht es vorwiegend um die Wirkung, die bei den potenziellen Kunden durch die zuführende Printkommunikation erzielt wird. Daher sind im Rahmen dieser Phase vor allem Erkenntnisse der Werbewirkungsforschung heranzuziehen.

Unabhängig von der Kommunikationsphase wurde zur Ableitung potenzieller Qualitätsmerkmale zuführender Printkommunikation insbesondere auf Untersuchungen, Modelle und Theorien solcher Kommunikationsstimuli zurückgegriffen, die ähnliche Selektions- und Nutzungsentscheidungen sowie mögliche Wirkungen aufweisen, wie sie bei zuführender Printkommunikation gegeben sind. So wurde u. a. auf Erkenntnisse der aktivierungstheoretischen Forschung zurückgegriffen. Untersuchungen aus diesem Forschungsbereich haben gezeigt, dass die Wahrnehmung einzelner Stimuli auch durch eine „emotionale Einfärbung" der Stimuli beeinflusst werden kann.[81] Bezogen auf den vorliegenden Kontext ist dies vor allem dann der Fall, wenn der potenzielle Kunde, an den die Printkommunikation gerichtet ist, eigene Erfahrungen mit einem Kommunikationsstimulus in Verbindung bringt.[82] Unternehmen können dies durch den Aufbau einer starken Marke beeinflussen. Werden die zuführenden Printkommunikationsmittel dann markenkonform gestaltet, so subsumiert der potenzielle Kunde im Idealfall positive Erinnerungen, die er im Zusammenhang mit der Marke gesammelt hat, und sein Aktivierungsniveau steigt. Zuführende Printkommunikationsqualität wird folglich

75 Vgl. *SCHWEIGER* (2005), S. 177, *SCHENK* (2007), S. 33, und *SCHWEIGER* (2007), S. 158. *ENGELMANN* nimmt eine sehr ausführliche Darstellung der drei Phasen vor und überträgt diese auf den der vorliegenden Untersuchung themenverwandten Forschungsgegenstand der Kundenzeitschriften, vgl. *ENGELMANN* (2009), S. 78 ff.

76 Vgl. *DONSBACH* (1991), S. 25 f.

77 Vgl. *DONSBACH* (1991), S. 25 f.

78 Vgl. *PETERS/FRENZEN/FELD* (2007), S. 144.

79 Vgl. *ENGELMANN* (2009), S. 80.

80 Vgl. *PÜRER* (2003), S. 336 f., und *ENGELMANN* (2009), S. 80.

81 Vgl. *TROMMSDORFF/TEICHERT* (2011), S. 223.

82 Vgl. *DILLER* (2008).

sowohl durch emotionale Komponenten – wie die Kommunikationsmittelgestaltung – als auch durch kognitive Komponenten – wie die inhaltliche Qualität der übermittelten Informationen – beeinflusst.

3.3 Modell

Bei der Wahrnehmung und Aufnahme von Informationen spielt die Selektion eine entscheidende Rolle. Nach *DONSBACH*[83] ist Selektion ein „Prozess, in dem Individuen aus den ihnen in ihrer Umwelt potenziell zur Verfügung stehenden Signalen mit Bedeutungsgehalt aufgrund von deren physischen oder inhaltlichen Merkmalen bestimmte Signale bewusst oder unbewusst auswählen oder vermeiden“. Die Auffassung von *DONSBACH* impliziert, dass sich Selektion sowohl auf gesamte Kommunikationsstimuli als auch auf einzelne Aspekte der Kommunikationsstimuli beziehen kann, wie z. B. auf einzelne Informationseinheiten (Überschriften, Bilder etc.).[84] Hierbei spielt insbesondere der Aspekt eine Rolle, dass Kunden zwar für eine kurze Zeit einzelne Merkmale der Kommunikationsmittel isoliert wahrnehmen, diese dann jedoch wieder zu übergeordneten Kategorien zusammenfügen, so dass die Wahrnehmung der Qualität von der Kombination verschiedener Merkmale abhängig ist. Basierend auf dieser Annahme kann bspw. schon die Veränderung des Titelbilds dazu führen, dass Kunden sich dazu entscheiden, das Kommunikationsmittel unmittelbar abzulehnen. Für die Identifikation potenzieller Qualitätsmerkmale zuführender Printkommunikation wurden neben einer ausführlichen Literaturanalyse auch zahlreiche Interviews mit Kunden und Mitarbeitern der *Deutsche Telekom AG* sowie mit Wissenschaftlern geführt.

Zur Klassifizierung der potenziellen Qualitätsmerkmale zuführender Printkommunikation wurde die Untersuchung von *REISS/STEFFENHAGEN* zugrunde gelegt, die im Kontext von Prospekten die projektbezogenen Parameter in Format und Inhalt unterteilen.[85] In Anlehnung an diese Einteilung wurden die identifizierten potenziellen Qualitätsmerkmale deduktiv den drei Dimensionen *Informationsinhalt*, *Informationsdarstellung* und *Informationsmittelgestaltung* zugeordnet. Während der ersten Dimension Merkmale wie „Relevanz der Informationen, „Aktualität der Informationen“ zugeschrieben werden können, beinhaltet die zweite Dimension Merkmale, die die Art und Weise der Darstellung betreffen; z. B. „humorvolle Darstellung“, „emotionale Darstellung“ und „attraktive Darstellung“. Die Dimension der Informationsmittelgestaltung bezieht sich hingegen auf das Kommunikationsmittel in seiner Gesamtheit. Hierzu zählen Merkmale wie das „Format“ oder die „Papierqualität“ des Kommunikationsmittels.

Das Konstrukt der „kundenseitig wahrgenommenen Printkommunikationsqualität“ stellt mit seinen dahinterliegenden Dimensionen und Faktoren sowie Indikatoren die Entstehungsseite des Modells zur Wirkungsmessung zuführender Printkommunikation dar (siehe Abbildung 2). Neben der Erfassung der Entstehung soll insbesondere die Wirkung zuführender Printkommunikation erfasst werden. Da zuführende Printkommunikation von den Unternehmen mit dem Ziel eingesetzt wird, die Kaufintention sowie das Wissen und die Einstellungen über das kommunikationstreibende Unternehmen zu beeinflussen, um darüber die Kundenbindung

83 Vgl. *DONSBACH* (1991).

84 Vgl. *PÜRER* (2003), S. 38 f.

85 Vgl. *REISS/STEFFENHAGEN* (2007), S. 9.

zu stärken, werden auf der Wirkungsebene des Modells entsprechende Zielgrößen herangezogen.

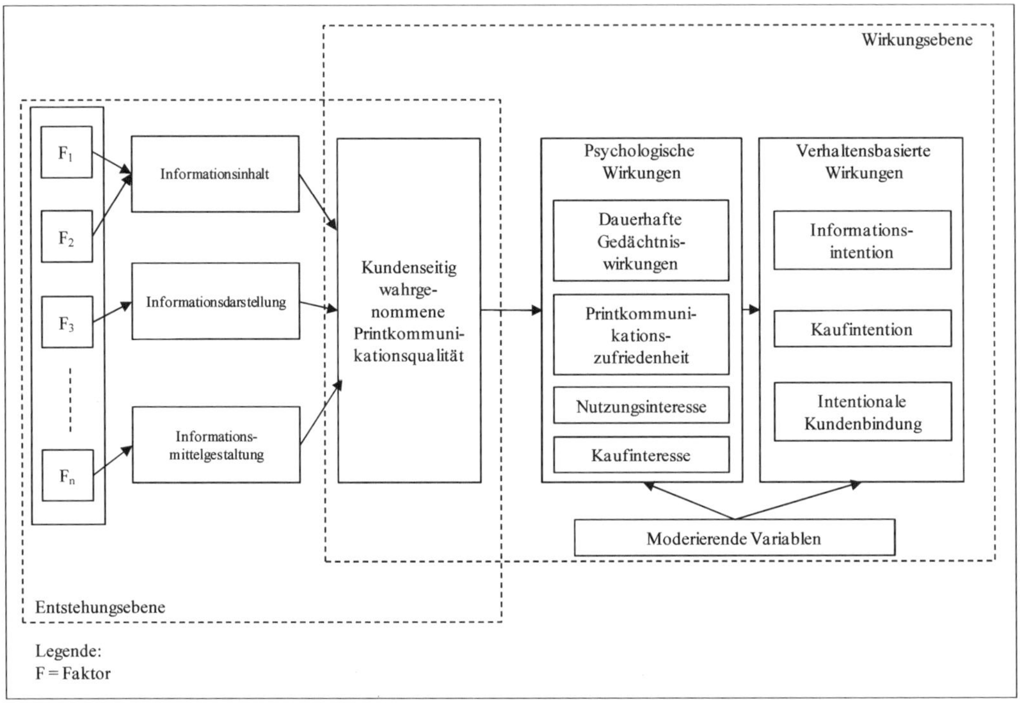

Abbildung 2: Prototypisches Modell der Printkommunikationsqualität

In Anlehnung an die Markenerfolgskette nach *BRUHN*[86] findet eine Unterteilung der Wirkungsgrößen in psychologische und verhaltensbasierte Zielgrößen statt, wobei aufgrund der Schwierigkeiten bei der Erfassung des faktischen Kundenverhaltens auf das intentionale Kundenverhalten zurückgegriffen wird. Vor dem Hintergrund, dass vorökonomische Wirkungsgrößen wie die intentionale Kundenbindung einen guten Prädiktor für ökonomische Wirkungsgrößen darstellen und dies auch durch zahlreiche empirische Studien[87] nachgewiesen werden konnte, ist ein derartiges Vorgehen legitim.

Insgesamt setzt sich das Modell zur Erfassung der kundenseitig wahrgenommenen Printkommunikationsqualität also aus zwei Ebenen zusammen: Entstehungsebene und Wirkungsebene. Während bei der Entstehungsseite die Frage im Vordergrund steht, welche Dimensionen, Faktoren und Indikatoren die kundenseitig wahrgenommene Printkommunikationsqualität determinieren, wird auf der Wirkungsebene der Frage nachgegangen, welche Wirkungen die kundenseitig wahrgenommene Printkommunikationsqualität auf nachgelagerte psychologische und verhaltensrelevante Wirkungsgrößen hat. Die einzelnen Konstrukte der verschiedenen Ebenen werden im nachfolgenden Abschnitt näher erläutert.

86 Vgl. zur Erfolgskette des Relationship Marketing, die die Grundlage der Markenerfolgskette bildet, *BRUHN* (2001), S. 58, und *BRUHN/HENNING-THURAU/HADWICH* (2004), S. 401.

87 Vgl. *AILAWADI/NESLIN/LEHMANN* (2003) und *LEE/LEE/FEICK* (2006).

3.4 Modellelemente

Theoriegeleitet handelt es sich bei dem Konstrukt der „kundenseitig wahrgenommenen Printkommunikationsqualität" um ein mehrdimensionales und mehrfaktorielles Konstrukt, das durch die drei Dimensionen *Informationsinhalt*, *Informationsdarstellung* und *Informationsmaterialgestaltung* determiniert wird. Die einzelnen Dimensionen wiederum setzen sich aus mehreren Faktoren zusammen, die über Indikatoren operationalisiert werden. Für die Auswahl der Indikatoren sowie zur Analyse der Zusammenhänge zwischen den einzelnen Modellvariablen wurden, wie bereits erläutert, qualitative Interviews mit Kunden und Mitarbeitern, darunter auch Führungskräften der *Telekom Deutschland GmbH*, geführt.

Insgesamt wurden in Bezug auf die Erhebung der kundenseitigen Qualitätsbeurteilung potenziell relevante Merkmale identifiziert, die sich sachlogisch drei Klassifizierungskategorien bzw. Dimensionen zuordnen lassen: *Informationsinhalt*, *Informationsdarstellung* und *Informationsmittelgestaltung* (siehe Tabelle 2).

Dimensionen	**Kurzindikatoren/Typische Interviewaussagen**		**N**
Informationsinhalt	Kurz-Indikatoren	Relevanz der Informationen	9
		Verständlichkeit der Informationen	4
		Aktualität der Informationen	1
		Inhaltliche Richtigkeit der Informationen	6
		Grammatikalische Richtigkeit der Informationen	1
		Ausführlichkeit der Informationen	2
		Informationen zur Gültigkeitsdauer	1
		Informationen über weitere Informationseinholungsmöglichkeiten (z. B. über Shop, Internet etc.)	1
Informationsgestaltung	Kurz-indikatoren	Attraktive Gestaltung	8
		Ansprechende Gestaltung	9
		Humorvolle Gestaltung	3
		Emotionale Gestaltung	2
		Lesbarkeit der Informationen	6
		Übersichtliche Darstellung	7
		Transparente Darstellung	9
		Farblich ansprechende Gestaltung	4
		Markenkonforme Gestaltung	6
		Bildhafte Darstellung von Produkt-Verwendungssituationen	2
		Text-Bild-Verhältnis	2
Informationsmittelgestaltung	Kurz-indikatoren	Hochwertigkeit der Papierqualität	8
		Fit zwischen Papierqualität und beworbenem Produkt/Leistung	2
		Praktikabilität des Formats	12
		Handlichkeit des Formats	10
		Ansprechende Gestaltung des Formats	8
		Zustand (z. B. keine Witterungseinflüsse)	3
		Verpackung (z. B. in Umschlag, als Beilage)	4
		N = absolute Häufigkeit der Nennungen	

Tabelle 2: Kategorisierung der potenziellen Qualitätsmerkmale

Die Herausforderung für die Unternehmen besteht darin, die Markenwahrnehmung der Kunden möglichst positiv zu beeinflussen. In diesem Kontext erlangt die kundenseitig wahrgenommene Printkommunikationsqualität eine große Bedeutung hinsichtlich der Markenkommunikation gegenüber den bestehenden und potenziellen neuen Kunden.[88] Es lässt sich vermuten, dass eine hohe wahrgenommene Printkommunikationsqualität seitens des Kunden einen positiven Einfluss auf die Printkommunikationszufriedenheit, die dauerhaften Gedächtniswirkungen sowie das Nutzungs- und Kaufinteresse hat. Wie in Untersuchungen nachgewiesen werden konnte, ist die allgemeine Kundenzufriedenheit als eine Wirkungsgröße der Kommunikation anzusehen.[89] Daher stellt die Printkommunikationszufriedenheit eine zu untersuchende Wirkungsgröße in diesem Modell dar. Da aufgrund aktivierungs- und selektionstheoretischer Forschungsergebnisse davon ausgegangen werden kann, dass ein als aktivierend wirkendes Kommunikationsmittel das Kaufinteresse erhöht und darüber auch die Kaufabsicht steigert, wird dem vorliegenden Konzeptualisierungsansatz zudem die Annahme zugrunde gelegt, dass eine hohe wahrgenommene Printkommunikationsqualität einen positiven Einfluss auf die Informations- und Kaufintention sowie die Kundenbindung hat.

Auf der Wirkungsseite werden daher auf psychologischer Ebene dauerhafte Gedächtniswirkungen, die Printkommunikationszufriedenheit sowie das Nutzungs- und Kaufinteresse analysiert. Dabei werden unter dauerhaften Gedächtniswirkungen im Kontext zuführender Printkommunikation werbewirkungsbezogene Inhalte des Langzeitgedächtnisses verstanden[90], die in Kenntnisse („Wissen“), Einstellungen („Wertungen“) und Verhaltensbereitschaften („Wollen“) unterteilt werden können.[91]

Die Printkommunikationszufriedenheit kann definiert werden als die Zufriedenheit des Kunden mit der Printkommunikation. In Anlehnung an bestehende Konzeptualisierungsansätze[92] des Zufriedenheitskonstrukts kann eine Modifizierung an den vorliegenden Untersuchungskontext vorgenommen werden. Das Interesse, sich mit der Printkommunikation zu beschäftigen, z. B. das Durchblättern und Lesen des Handzettels oder des Prospekts, wird als Nutzungsinteresse aufgefasst. Das Kaufinteresse hingegen beinhaltet das Interesse an der beworbenen Leistung bzw. dem beworbenen Produkt.

Im Vergleich zu den Konstrukten Nutzungs- und Kaufinteresse gehen die intentionsbezogenen Konstrukte, die der verhaltensbasierten Wirkungsebene zugerechnet werden können, bereits über das reine Interesse hinaus und beinhalten eine Verhaltensabsicht. Während die Informationsintention als die Absicht, sich weitere Informationen einzuholen, über unterschiedliche Vertriebskanäle – z. B. Telefon und Internet – erfasst werden kann, ist die Kaufintention durch das Interesse bestimmt, die beworbene Leistung bzw. das beworbene Produkt zu kaufen.

---

88 Vgl. *SCHULD/KEUPER/NEUHAUS* (2011), S. 451.

89 Vgl. *MOORMAN/DESHPANDÉ/ZALTMAN* (1992), S. 82, und *MORGAN/HUNT* (1994), S. 23.

90 Vgl. *REISS/STEFFENHAGEN* (2007), S. 12.

91 Vgl. *STEFFENHAGEN* (2000), S. 73.

92 Vgl. zur Konzeptualisierung und Operationalisierung des Konstrukts „Zufriedenheit“ als interaktionsbezogener Beurteilungsgröße *VAN DOLEN ET AL.* (2002), S. 269. Zur Messung von Zufriedenheit vgl. *MEFFERT/BURMANN/KIRCHGEORG* (2012), S. 131.

Hinsichtlich der Konzeptualisierung der nachfragerorientierten Kundenbindung[93] sind unterschiedliche Ansätze möglich. Nach neobehavioristischer Auffassung erfolgt die Erklärung der Kundenbindung im Vergleich zur behavioristischen Auffassung nicht ausschließlich auf Basis des beobachtbaren Verhaltens. Vielmehr werden auch Aussagen über nichtbeobachtbare, interne Vorgänge herangezogen. Gemäß dem S-O-R-Paradigma stellen die internen, nichtbeobachtbaren Größen intervenierende Variablen dar, die zwischen dem beobachtbaren Stimulus und der Verhaltensreaktion fungieren. In diesem Zusammenhang lassen sich eindimensionale sowie zweidimensionale Ansätze unterscheiden. Eine eindimensionale Konzeptualisierung bedeutet, dass ein Konstrukt nur über ein Merkmal gemessen wird. Da es sich jedoch bei der Kundenbindung um ein inhaltlich sehr komplexes Konstrukt handelt, ist die zweidimensionale Konzeptualisierung hier heranzuziehen. *HOMBURG/FASSNACHT*[94] unterscheiden zwischen der Dimension des faktischen Verhaltens und der Verhaltensabsicht.[95] Als Indikatoren zur Messung der Kundenbindung ziehen sie für das faktische Verhalten das bisherige Kaufverhalten und die bisherige Weiterempfehlung heran sowie für die Verhaltensabsicht die Wiederkauf-, Weiterempfehlungs- und Cross-Buying-Absicht.

Als weitere Modellelemente sind die moderierenden Variablen anzusehen. Moderierende Variablen sind Effekte, die einen Wirkungszusammenhang zwischen zwei Konstrukten abschwächen oder verstärken können und somit den postulierten Ursache-Wirkungs-Zusammenhang beeinflussen können.[96] Neben demografischen Variablen werden hier das Produkt- und das Situationsinvolvement herangezogen, weil davon ausgegangen wird, dass sich potenzielle Kunden in ihrer persönlichen Informationsneigung unterscheiden und dies zum einen auf das Produkt und zum anderen auf die Situation zurückgeführt werden kann.[97]

3.5 Kritische Würdigung

Im Rahmen der kritischen Würdigung des Modells zur Messung der kundenseitig wahrgenommenen Printkommunikationsqualität ist zunächst auf den anforderungsgerechten Aufbau hinzuweisen. Entstehungs- und Wirkungsebene sind theoriegeleitet strukturiert und präzisiert sowie die Konstrukte auf Maßgeblichkeit für die Erreichung der Unternehmens- bzw. Kommunikationsziele geprüft worden. Dadurch sind die Voraussetzungen für das Aufdecken von kommunikationsrelevanten Ursache-Wirkungs-Zusammenhängen geschaffen. Zudem sind die Konstrukte der jeweiligen Wirkungsebenen messbar.

Allerdings muss das aus Entstehungs- und Wirkungsebene bestehende Modell auch kritisch betrachtet werden. So erfolgte die Auswahl der potenziellen Indikatoren der kundenseitig wahrgenommenen Printkommunikationsqualität in erster Linie auf Basis geführter Kunden- und Experteninterviews sowie Literaturanalysen. Dies garantiert nicht, dass alle potenziell relevanten Merkmale auch tatsächlich erfasst wurden. Durch eine 360°-Betrachtung wurde jedoch versucht, dieses Problem zu relaxieren.

---

93 Die nachfragerorientierte Sichtweise der Kundenbindung ist abzugrenzen von der anbieter- und beziehungsorientierten Sichtweise, vgl. *DILLER* (1996), S. 84.

94 Vgl. *HOMBURG/FASSNACHT* (1998).

95 Vgl. *HOMBURG/FASSNACHT* (1998), S. 415.

96 Vgl. *WEIBER/MÜHLHAUS* (2010), S. 231.

97 Vgl. *KROEBER-RIEL/WEINBERG/GRÖPPEL-KLEIN* (2009), S. 303.

Festzuhalten bleibt auch, dass es sich bei dem vorgestellten Modell nicht um ein klassisches Stufenmodell[98] der Werbung und auch nicht um ein Wirkungspfadmodell[99] handelt. Damit wird jedoch auch der den klassischen Werbewirkungsmodellen häufig entgegengebrachten Kritik der festgelegten Wirkungsreihenfolge und -richtung entgegengewirkt. Die Reihenfolge der einzelnen Modellgrößen ist hier nicht determiniert, weil „Sprünge" zwischen den einzelnen Konstrukten explizit berücksichtigt werden können. Ebenfalls kann die Richtung der postulierten Wirkungsprozesse bei Anwendung der Universellen Strukturgleichungsmodellierung „gelockert" werden, indem die Wirkungsverläufe auf Nichtlinearitäten geprüft werden.

Mit dem vorliegenden Konzeptualisierungsansatz wurde ein erster Schritt unternommen, die Dimensionen der Qualität zuführender Printkommunikation zu identifizieren. Darüber hinaus wurden bereits erste Indikatoren für die Messung der einzelnen Dimensionen geliefert. Zusammenfassend lässt sich daher festhalten, dass es sich bei dem Konstrukt der kundenseitig wahrgenommenen Printkommunikationsqualität um ein mehrdimensionales und mehrfaktorielles Konstrukt handelt.

4 Implikationen

Der vorliegende Beitrag erbrachte erste Erkenntnisse über das Konstrukt der zuführenden Printkommunikationsqualität aus Kundensicht, die nun die Grundlage für weitere Ansatzpunkte zur empirischen Erfassung der Entstehung und Wirkung zuführender Printkommunikationsqualität bilden. Es bleibt zu prüfen, ob die postulierten Ursache-Wirkungs-Zusammenhänge zwischen der kundenseitig wahrgenommenen Printkommunikationsqualität und den nachgelagerten Wirkungsgrößen auf psychologischer und verhaltensbasierter Ebene empirisch nachgewiesen werden können.

Hierbei sollte neben der Repräsentativität der Stichprobe darauf geachtet werden, dass je nach Zielgruppe des kommunikationstreibenden Unternehmens sowohl Neu- als auch Bestandskunden befragt werden. Aufgrund der Erfahrungen, die Bestandskunden bereits mit dem kommunikationstreibenden Unternehmen gemacht haben, ist anzunehmen, dass diese die Qualität der zuführenden Printkommunikation anders wahrnehmen. Darüber hinaus sollten weitere moderierende Variablen erhoben werden. So spielt insbesondere das Produktinvolvement eine bedeutende Rolle für die Wahrnehmung und Auseinandersetzung mit der zuführenden Printkommunikation und könnte noch detaillierter aufgegriffen werden. Zudem kann eine Erweiterung des Wirkungsmodells um ökonomische Wirkungsgrößen vorgenommen werden. Weiterhin wäre ein branchenspezifischer Vergleich von zuführender Printkommunikationsqualität zielführend. Hier bietet sich insbesondere ein Vergleich zwischen Branchen an, die zum einen intangible und zum anderen tangible Leistungen bzw. Produkte vertreiben. Möglicherweise sind die potenziellen Qualitätsmerkmale branchenabhängig.

---

98 Stufenmodelle basieren auf der Annahme, dass eine Werbebotschaft hintereinandergeschaltete Wirkungsstufen in einer bestimmten festgelegten Reihenfolge durchläuft, vgl. *BARG* (1981), S. 936 f.

99 Wirkungspfadmodelle versuchen die Wirkungsprozesse der Werbung unter verschiedenen Bedingungen zu strukturieren, vgl. *AAKER/DAY* (1974), S. 281 ff., und *JANSSEN* (1999), S. 23.

Darüber hinaus sollten die Nichtlinearitäten zwischen den einzelnen Wirkungszusammenhängen sowie die Wechselwirkungen z. B. zwischen den einzelnen Dimensionen des Konstrukts der kundenseitig wahrgenommen Printkommunikationsqualität analysiert werden – insbesondere vor dem Hintergrund, dass die klassischen Wirkungsmodelle der Annahme einer festgesetzten Reihenfolge der Wirkungsstufen zugrunde liegen[100] und Wechselwirkungen bzw. Nichtlinearitäten keine Berücksichtigung finden.

Insgesamt kann die Qualität zuführender Printkommunikation als relevante Größe für die Kommunikation zwischen Unternehmen und Kunde betrachtet werden. Im Zuge des Relationship Marketing ist jedoch eine stärkere Auseinandersetzung mit der Printkommunikationsqualität in Forschung und Praxis notwendig.

5 Fazit

Für den effektiven und effizienten Einsatz zuführender Printkommunikation ist es von besonderer Bedeutung, der Frage nachzugehen, welche Merkmale das Konstrukt „kundenseitig wahrgenommene Printkommunikationsqualität" determinieren, um diese entsprechend ausgestalten zu können. In diesem Beitrag wurde ein konzeptioneller Ansatz zur Erfassung der Entstehung und Wirkung zuführender Printkommunikationsqualität vorgestellt. Mittels Literaturanalyse, Experteninterviews und Kundeninterviews wurden erste potenzielle Indikatoren zur Messung der zuführenden Printkommunikationsqualität identifiziert.

Um einen empirisch signifikanten Nachweis erbringen zu können, dass zuführende Printkommunikation für die integrierte Unternehmenskommunikation im Hinblick auf eine identitätsbasierte Markenführung im Zeitalter der Digitalisierung als ein zentraler Aspekt aufzufassen ist, muss aufbauend auf dem vorliegenden Konzeptualisierungsansatz eine quantitativ-empirische Untersuchung zur Operationalisierung und Validierung der Entstehung und Wirkung kundenseitig wahrgenommener Printkommunikationsqualität durchgeführt werden.

Insgesamt kann jedoch festgehalten werden, dass die Printkommunikation auch im Zeitalter der zunehmenden Digitalisierung für die identitätsbasierte Markenführung von essenzieller Bedeutung ist. Denn die Individualität, die häufig in der Literatur als ein zentraler Vorteil der Online-Kommunikation beschrieben wird, beruht insbesondere auf den technischen Möglichkeiten, einzelne Nutzer entsprechend ihres bisherigen Online-Verhaltens zu klassifizieren. Fraglich ist jedoch, ob das Interesse der Vergangenheit auch dem Interesse der Zukunft entspricht. Hier liegt der Vorteil klar bei der zuführenden Printkommunikation. Von großer Bedeutung hierbei ist allerdings, dass vorab potenzielle Merkmale, die aus Kundensicht relevant für eine Qualitätsbeurteilung der zuführenden Printkommunikation sind, identifiziert werden und diese dann vom kommunikationstreibenden Unternehmen entsprechend gestaltet werden. Ein Ansatz hierfür wurde in dem vorliegenden Beitrag geliefert. Aufgrund der Betrachtung des Zusammenwirkens von Qualitätsmerkmalen, die zugleich Gestaltungsparameter darstellen, und ihrer Wirkung auf nachgelagerte psychologische und verhaltensbezogenen Zielgrößen eignet sich dieser Ansatz für die Ableitung einer zielgruppenspezifischen effizienten und

[100] Vgl. *JANSSEN* (1999), S. 23.

effektiven Gestaltung und den Einsatz zuführender Printkommunikation. Für die zielgruppenspezifische Ansprache bleibt zuführende Printkommunikation damit weiterhin unverzichtbar.

Quellenverzeichnis

AAKER, D. A. (1991): Managing Brand Equity, New York 1991.

AAKER, D. A./DAY, G. S. (1974): A Dynamic Model of Relationship Among Advertising, Consumer Awareness, Attitudes, and Behavior, in: Journal of Applied Psychology, 59 Jg. (1974), Nr. 3, S. 281–286.

AHN, J.-H./HAN, S.-P./LEE, Y.-S. (2006): Customer Churn Analysis – Churn Determinants and Mediation Effects of Partial Defection in the Korean Mobile Telecommunications Service Industry, in: Telecommunications Policy, 30. Jg. (2006), Nr. 10, S. 552–568.

AILAWADI, K. L./NESLIN, S. A./LEHMANN, D. R. (2003): Revenue Premium as an Outcome Measure of Brand Equity, in: Journal of Marketing, 67. Jg. (2003), Nr. 4, S. 1–17.

BARG, C. D. (1981): Die Tests in der Werbung, in: *TIETZ, B.* (Hrsg.), Die Werbung, Band 1, Handbuch der Kommunikations- und Werbewirtschaft, Landsberg/Lech 1981, S. 925–955.

BRUHN, M. (2001): Relationship Marketing – Das Management von Kundenbeziehungen, München 2001.

BRUHN, M. (2005): Kommunikationspolitik – Systematischer Einsatz der Kommunikation für Unternehmen, München 2005.

BRUHN, M. (2007): Kommunikationspolitik – Systematischer Einsatz der Kommunikation für Unternehmen, 4. Auflage, München 2007.

BRUHN, M. (2009): Integrierte Unternehmens- und Markenkommunikation – Strategische Planung und operative Umsetzung, 5. Auflage, Stuttgart 2009.

BRUHN, M. (2011): Commodities im Dienstleistungsbereich – Besonderheiten und Implikationen für das Marketing, in: *ENKE, M./GEIGENMÜLLER, A.* (Hrsg.), Commodity Marketing. Grundlagen – Strategien – Konzepte, 2. Auflage, Wiesbaden 2011, S. 57–77.

BRUHN, M./HENNING-THURAU, T./HADWICH, K. (2004): Markenführung und Relationship Marketing, in: *BRUHN, M.* (Hrsg.), Handbuch Markenführung, Band 1, 2. Auflage, Wiesbaden 2004, S. 391–420.

BURMANN, C./MEFFERT, H. (2005): Managementkonzept der identitätsorientierten Markenführung, in: *MEFFERT, H./BURMANN, C./KOERS, M.* (Hrsg.), Markenmanagement – Identitätsorientierte Markenführung und praktische Umsetzung, 2. Auflage, Wiesbaden 2005, S. 73.

DEUTSCHE TELEKOM AG (2012): Die Marke T, online: http://www.telekom.com/konzern/marke/96950, Stand der Seite: 2012, Tag des Abrufs: 02.08.2012.

DILLER, H. (1996): Kundenbindung als Marketingziel, in: Marketing ZFP, 18. Jg. (1996), Nr. 2, S. 81–94.

DILLER, H. (2008): Preispolitik, 4. Auflage, Stuttgart 2008.

DONSBACH, W. (1991): Medienwirkung trotz Selektion – Einflussfaktoren auf die Zuwendung zu Zeitungsinhalten, Köln 1991.

DYCKHOFF, H. (2006): Analyse der Werbeeffizienz mit Advanced DEA, in: *BAUER, H. H./ STAAT, M./HAMMERSCHMIDT, M.* (Hrsg.), Marketingeffizienz – Messung und Steuerung mit der DEA. Konzept und Einsatz in der Praxis, München, S. 167–186.

ELLINGHAUS, U./ERICHSON, B./ZWEIGLE, T. (1999): Die Werbewirkung alternativer Gestaltungsformen von TV-Spots – Ein Beitrag zur Quantifizierung der Werbequalität, Magdeburg 1999.

ENGELMANN, J. (2009): Wirkung und Wirkungsparameter von Kundenzeitschriften – Wirkungstheoretische Analyse und feldexperimentelle Befunde, Stuttgart/Berlin 2009.

ESCH, F.-R./BRUNNER, C./HARTMANN, K. (2008): Kaufprozessorientierte Modelle der Markenführung auf dem Prüfstand – Ein Vergleich mit einem ganheitlichen, verhaltenswissenschaftlichen Modell der Markenführung, in: *BAUER, H. H./HUBER, F./ALBRECHT, C.-M.* (Hrsg.), Erfolgsfaktoren der Markenführung – Know-how aus Forschung und Management, München 2008, S. 145–158.

ESCH, F.-R./HARTMANN, K./BRUNNER, C. (2008): Aufbau eines ganzheitlichen Kommunikationsperformance-Measurement – Konzepte zur Messung und Prognose des Kommunikationserfolgs, in: *BRUHN, M./ESCH, F.-R./LANGNER, T.* (Hrsg.), Handbuch Kommunikation – Grundlagen, innovative Ansätze, praktische Umsetzungen, Wiesbaden 2008, S. 893–920.

FEDDERSEN, C. (2010): Repositionierung von Marken – ein agentenbasiertes Simulationsmodell zur Prognose der Wirkungen von Repositionierungsstrategien, Wiesbaden 2010.

FRETER, H. W. (1979): Interpretation und Aussagewert mehrdimensionaler Einstellungsmodelle im Marketing, in: *MEFFERT, H./STEFFENHAGEN, H./FRETER, H.* (Hrsg.), Konsumentenverhalten und Information, Wiesbaden 1979, S. 163–184.

GIERL, H./ELEFTHERIADOU, C. (2004): Beeinflussung der Preiswahrnehmung durch Handelsprospekte, in: Planung und Analyse, 32. Jg. (2004), Nr. 4, S. 58–64.

GRASS, B./KLÖPPEL, D. (1994): Werbeerfolgskontrolle – Zeitungsbeilagen aus Verbrauchersicht, in: Absatzwirtschaft, 38. Jg. (1994), Nr. 2, S. 92.

HOFBAUER, G./HOHENLEITNER, C. (2005): Erfolgreiche Marketing-Kommunikation – Wertsteigerung durch Prozessmanagement, München 2005.

HOMBURG, C./FASSNACHT, M. (1998): Kundennähe, Kundenzufriedenheit und Kundenbindung bei Dienstleistungsunternehmen, in: *BRUHN, M./MEFFERT, H.* (Hrsg.), Handbuch Dienstleistungsmanagement – Von der strategischen Konzeption zur praktischen Umsetzung, Wiesbaden 1998, S. 405–428.

INSTITUT FÜR DEMOSKOPIE ALLENSBACH (2010): Allensbacher Computer- und Technik-Analyse 2009–2010, Oktober 2010, Studie.

JANSSEN, V. (1999): Einsatz des Werbecontrolling – Aufbau, Steuerung und Simulation einer werblichen Erfolgskette, Wiesbaden 1999.

KEUPER, F. (2004): Kybernetische Simultaneitätsstrategie – Systemtheoretisch-kybernetische Navigation im Effektivitäts-Effizienz-Dilemma, Berlin 2004.

KEUPER, F. (2009): In dem Antlitz des Feldherrn liest der Gegner und die eigene Armee – Grundlegende Einblicke in die Systemtheorie und Kybernetik der Marke, in: *KEUPER, F./ KINDERVATER, J./DERTINGER, H./HEIM, A.* (Hrsg.), Das Diktat der Markenführung – 11 Thesen zur nachhaltigen Markenführung und -implementierung, Wiesbaden 2009, S. 347–372.

KEUPER, F./HANS, R. (2003): Multimedia-Management – Strategien und Konzepte für Zeitungs- und Zeitschriftenverlage im digitalen Informationszeitalter, Wiesbaden 2003.

KLOSS, I. (2003): Werbung, 3. Auflage, München 2003.

KROEBER-RIEL, W./ESCH, F.–R. (2004): Strategie und Technik der Werbung, 6. Auflage, Stuttgart/Berlin/Köln 2004.

KROEBER-RIEL, W./WEINBERG, P./GRÖPPEL-KLEIN, A. (2009): Konsumentenverhalten, München 2009.

LAUTENBACH, C./SASS, J. (2005): Kommunikations-Controlling – Zu Diskussionsstand und Perspektiven, in: *GERBERICH, C. W.* (Hrsg.), Praxishandbuch Controlling – Trends, Konzepte, Instrumente, Wiesbaden 2005, S. 481–501.

LEE, J./LEE, J./FEICK, L. (2006): Incorporating Word-of-Mouth Effects in Estimating Customer Lifetime Value, in: Journal of Database Marketing and Customer Strategy Management, 14. Jg. (2006), Nr. 1, S. 29–39.

MALETZKE, G. (1998): Kommunikationswissenschaft im Überblick – Grundlagen, Probleme, Perspektiven, Opladen 1998.

MEFFERT, H./BURMANN, C./KIRCHGEORG, M. (2012): Marketing – Grundlagen marktorientierter Unternehmensführung, 11. Auflage, Wiesbaden 2012.

MEFFERT, H./PERREY, J. (2008): Marketing Return on Investment (MROI) – Leitgrößen zur Steuerung, in: Marketing Review St. Gallen, 23. Jg. (2008), Nr. 1, S. 52–56.

MERZ, J./SCHMIES, C./WILDNER, R. (1993): Bestimmung des Einflusses der Werbequalität auf den Marktanteil, in: Gesellschaft für Konsumforschung GfK Nürnberg (Hrsg.), Jahrbuch der Absatz- und Verbraucherforschung, Band 39, Nr. 2, S. 176–191.

MOORMAN, C./ZALTMAN, G./DESHPANDÉ, R. (1992): Relationships Between Providers and Users of Marketing Research – the Dynamics of Trust Within and Between Organisations, in: Journal of Marketing Research, 29. Jg. (1992), Nr. 3, S. 314–329.

MORGAN, R. M./HUNT, S. D. (1994): The Commitment – Trust Theory of Relationship Marketing, in: Journal of Marketing, 58. Jg. (1994), Nr. 3, S. 20–38.

MÜLLER, F. (1998): Die Kundenzeitschrift – Eine empirische Untersuchung über Funktionen, Wirkungen, Erfolg und Management eines Instruments der Unternehmenskommunikation, St. Gallen 1998.

MÜLLER-HAGEDORN, L./ALLEXI, K./HELNERUS, K. (2006): Zur Wirkung von Artikelanzahl und Abbildungsgröße in der Handelswerbung, in: Handel im Fokus, 58. Jg. (2006), Nr. 2, S. 68–83.

MÜLLER-HAGEDORN, L./HELNERUS, K./ALLEXI, K. (2007): Prospektgestaltung – Abbildungsgröße, Artikelanzahl und Abbildungsgestaltung, in: Transfer – Werbeforschung und Praxis, o. J. (2007), Nr. 4, S. 20–34.

MÜLLER-HAGEDORN, L./NATTER, M. (2011): Handelsmarketing, 5. Auflage, Stuttgart 2011.

MÜLLER-HAGEDORN, L./SCHUCKEL, M./HELNERUS, K. (2005): Zur Gestaltung von Einzelhandelswerbung – Die Auswirkungen von Art und Anzahl der Artikel sowie der Abbildungsgröße, Arbeitspapier Nr. 14 der Universität zu Köln.

PETERS, K./FRENZEN, H./FELD, S. (2007): Die Optimierung der Öffnungsquote von Direct-Mailings – Eine empirische Studie am Beispiel von Finanzdienstleistern, in: *KRAFFT, M./ GERDES, J.* (Hrsg.), Direct Marketing, Wiesbaden 2007, S. 143–176.

PICK, D./KANNLER, J. (2012): Kundenserviceintegration als Erfolgsbaustein eines Customer Experience Management-Ansatzes im Telekommunikationssektor, in: *BRUHN, M./HADWICH, K.* (Hrsg.), Customer Experience – Forum Dienstleistungsmanagement, Wiesbaden 2012, S. 108–132.

PFEFFERKORN, E. J. (2009): Kommunikationscontrolling in Verbindung mit Zielgrößen des Markenwertes – Eine methodische Herangehensweise und Prüfung an einem Fallbeispiel, Wiesbaden 2009.

PÜRER, H. (2003): Publizistik- und Kommunikationswissenschaft – Ein Handbuch, Konstanz 2003.

PUSLER, M. (2011): Qualitäten der Werbewirkung – Medien- und Werbeträgerleistung jenseits von Reichweiten und GRPs, in: *URBAN, T.* (Hrsg.), Multimedia Marketing – Eine Betrachtung aus wirtschaftswissenschaftlicher, psychologischer und technischer Sicht, Frankfurt am Main 2011, S. 43–65.

RAMETSTEINER, H. (2008): Erfolgsstudie Prospekt, in: Transfer – Werbeforschung und Praxis, o. J. (2008), Nr. 1, S. 45–48.

REINECKE, S./JANZ, S. (2007): Marketingcontrolling – Sicherstellen von Marketingeffektivität und -effizienz, Stuttgart 2007.

REISS, J. S./STEFFENHAGEN, H. (2007): Prospektwirkung – Abverkauf oder mehr? In: Transfer – Werbeforschung und Praxis, o. J. (2007), Nr. 4, S. 8–18.

ROLLBERG, R. (1996): Lean Management und CIM aus Sicht der strategischen Unternehmensführung, Wiesbaden 1996.

ROLLBERG, R. (2001): Integrierte Unternehmensplanung, Wiesbaden 2001.

SATTLER, H./VÖLCKNER, F. (2007): Markenpolitik, 2. Auflage, Stuttgart 2007.

SCHENK, M. (2007): Medienwirkungsforschung, 3. Auflage, Tübingen 2007.

SCHMALEN, H./LANG, H. (1997): Nutzung der Beilagenwerbung des Einzelhandels für Kaufentscheidungen – Theoretische und empirische Analyse, in: Jahrbuch der Absatz- und Verbraucherforschung, 36. Jg. (1997), Nr. 4, S. 401–418.

SCHNELL, R./HILL, P. B./ESSER, E. (2008): Methoden der empirischen Sozialforschung, München 2008.

SCHULD, M./KEUPER, F./NEUHAUS, S. (2011): Qualität des Point of Sale – Wege zur besseren Kommunikation im Rahmen des Customer Management, in: *KEUPER, F./MEHL, R.* (Hrsg.), Customer Management – Vertriebs- und Servicekonzepte der Zukunft, S. 433–456.

SCHULD, M./KIEWALL, S.-V./KEUPER, F./NEUHAUS, S. (2011): Die Bedeutung der Marke für den stationären Vertrieb, in Keuper, F./Bald, T. (Hrsg.), Innovative Markenführung und -implementierung, Berlin 2011, S. 81–104.

SCHWEIGER, G./SCHRATTENECKER, G. (2009): Werbung – Eine Einführung, 7. Auflage, Stuttgart 2009.

SCHWEIGER, W. (2005): Gibt es einen transmedialen Nutzungsstil? In: Publizistik, 50. Jg. (2005), S. 2, S. 173–200.

SCHWEIGER, W. (2007): Theorien der Mediennutzung – Eine Einführung, Wiesbaden 2007.

SIEGERT, G./BRECHEIS, D. (2010): Werbung in der Medien- und Informationsgesellschaft – Eine kommunikationswissenschaftliche Einführung, 2. Auflage, Wiesbaden 2010.

STATISTA (2011): Häufigkeit des Lesens von Prospekten aus dem Briefkasten 2011, online: http://de.statista.com/statistik/daten/studie/171946/umfrage/Häufigkeit-des-Lesens-von-Prospekten-aus-dem-Briefkasten, Stand der Seite: 11/2011, Tag des Abrufs: 03.07.2012.

STEFFENHAGEN, H. (2000): Wirkungen der Werbung – Konzepte, Erklärungen, Befunde, 2. Auflage, Aachen 2000.

SWOBODA, F. (1968): Vom Wesen der Werbequalität, in: Gesellschaft für Konsumforschung GfK Nürnberg (Hrsg.), Jahrbuch der Absatz- und Verbraucherforschung, Band 14, Nr. 3, S. 298–307.

TELEKOM SHOP NEWS (2012): Jetzt neu – Das Samsung Galaxy S III im besten Netz, 08/2012, Newsletter.

TELEKOM TREND (2012): Stadt, Land, Speed, o. O. 08/2012, Kundenzeitschrift.

TROMMSDORFF, V. (2004): Verfahren der Markenbewertung, in: *BRUHN, M.* (Hrsg.), Handbuch Markenführung, 2. Auflage, Band 2, Wiesbaden 2004, S. 1853–1875.

TROMMSDORFF, V./TEICHERT, T. (2011): Konsumentenverhalten, Stuttgart 2011.

VAN DOLEN, W./LEMMINK, J./DE RUYTER, K./DE JONG, A. (2002): Customer-sales Employee Encounters – A Dyadic Perspective, in: Journal of Retailing, 78. Jg. (2002), Nr. 2, S. 265–279.

WEIBER, R./MÜHLHAUS, D. (2010): Strukturgleichungsmodellierung – Eine anwendungsorientierte Einführung in die Kausalanalyse mit Hilfe von AMOS, SmartPLS und SPSS, Berlin/Heidelberg 2010.

WEIS, H. C./STEINMETZ, P. (2008): Marktforschung, 7. Auflage, Ludwigshafen 2008.

WOLL, E. (1997): Erlebniswelten und Stimmungen in der Anzeigenwerbung – Analyse emotionaler Werbebotschaften, Wiesbaden 1997.

ZERFASS, A. (2008): Kommunikations-Controlling – Methoden zur Steuerung und Kontrolle der Unternehmenskommunikation, in: *MECKEL, M./SCHMID, B.* (Hrsg.), Unternehmenskommunikation – Kommunikationsmanagement aus Sicht der Unternehmensführung, 2. Auflage, Wiesbaden 2008, S. 435–469.

Der Kunde ist König 2.0 – Customer-Centric Retailing und die Digitalisierung im Handel

KATHARINA KURZE

emnos GmbH

1 Herausforderungen der Digitalisierung im Handel

Der amerikanische Zukunftsforscher *JOHN NAISBITT* hat es treffend formuliert: „Wir ertrinken in Informationen, aber uns dürstet nach Wissen."[1] In der Tat mangelt es Unternehmen heutzutage nicht an Informationen. Die zunehmende Digitalisierung sorgt für eine umfassende Aufnahme und Bereitstellung von Daten. Die Herausforderung liegt vielmehr darin, die richtigen Informationen zum richtigen Zeitpunkt an den richtigen Schnittstellen zur Verfügung zu stellen, situationsspezifisch zu analysieren und die aus den Daten gewonnenen Erkenntnisse zu nutzen um optimal auf die Entwicklungen am Markt zu reagieren.

Für die nächsten zehn Jahre wird ein digitaler Sturm erwartet, welcher auch den Handel grundlegend ändern wird. Die wachsende digitale Vernetzung der Konsumenten zeigt sich aktuell vor allem in der stetig wachsenden Bedeutung des Online-Shopping, welches mit Angebotsüberschuss, Preistransparenz und stetig sinkenden Lieferzeiten zunehmend das Handelsumfeld bestimmt: Jede Kaufentscheidung, die durch leichten Zugang zu Angeboten und Produktvergleichen sowie durch Empfehlungen von Freunden oder Medien beeinflusst wird, könnte in drei bis sechs Jahren von einem Online-Angebot dominiert werden. In verschiedenen Branchen wie bspw. bei Büchern, Musik und elektronischen Kleingeräten kann diese Dominanz des Online-Handels bereits heute beobachtet werden. Das Online-Angebot punktet dabei durch wettbewerbsstarke Preise und verbraucherfreundliche Lieferkonditionen ohne die Last von hohen Filialkosten.[2]

Die Digitalisierung im Handel führt dabei zusehends zu einer Verschiebung des Machtgefüges von On- und Offline-Handel. Mit der steigenden Akzeptanz, Sicherheit und Bequemlichkeit im Online-Handel wird in vielen Bereichen die Entscheidung, ein Produkt bei stationären Händlern zu suchen, immer stärker von den Faktoren Vertrauen und Relevanz geprägt: Vertrauen in ein adäquates Preis-Leistungs-Verhältnis und einen zufriedenstellenden, persönlichen Service beim (stationären) Händler sowie Relevanz der Angebote, insbesondere Vollständigkeit des Sortiments, in Bezug auf die individuellen Bedürfnisse.[3] Diese Entwicklung stellt den stationären Einzelhandel vor unterschiedliche Herausforderungen, denen das Verständnis von Kundenverhalten und -dynamik zugrunde liegen (siehe Abbildung 1).

Der stationäre Handel muss in einer Welt allgegenwärtiger Online-Händler und Online-Substitute seine Angebote, Prozesse und Kosten kontinuierlich an sich verändernde Kundenbedürfnisse anpassen, um weiterhin wettbewerbsfähige Angebote liefern zu können. Gleichzeitig muss ein attraktives Einkaufserlebnis für den Kunden sichergestellt werden. Zentral ist in diesem Zusammenhang die Notwendigkeit, sich enger an den Kunden auszurichten, ihre Bedürfnisse und ihr Verhalten zu verstehen und gemäß ihrer Präferenzen in einer integrierten Multi-Channel-Welt zu agieren.[4]

---

1 *NAISBITT* (1984).

2 Vgl. *EMNOS* (2012d), S. 1.

3 Vgl. hierzu auch *MICHAELIS* (2012).

4 Vgl. *EMNOS* (2012d).

Abbildung 1: Herausforderungen im Einzelhandel[5]

Der Gedanke, Handelsunternehmen umfassend an den Kunden auszurichten, findet seit einigen Jahren unter dem Begriff *Customer-Centric Retailing* vermehrt seinen Weg in akademische und praxisorientierte Literatur. Das Konzept des Customer-Centric Retailing greift dabei in allen wesentlichen Bereichen des Handels, die kundenzentrisch ausgerichtet werden können. So kann eine gezieltere Ansprache des Kunden sowie eine zeitnahe Reaktion auf sich verändernde Kundenbedürfnisse beispielsweise mit Hilfe eines für den Kunden attraktiveren Filiallayouts, eines relevanteren Sortiments oder einer effektiveren Angebotsbündelung aus Produkt, Preis und Promotions erzielt werden.[6] Auch eine effektivere Zusammenarbeit mit den Lieferanten aus der Konsumgüterindustrie ist ein wichtiger Bestandteil des Customer-Centric Retailing, ermöglicht doch die engere Absprache und gemeinsame Analyse von Kundendaten mit der Industrie nicht nur die Aufstellung eines relevanteren Sortiments, sondern auch die Entwicklung attraktiverer Produkte und Promotions.[7] Idealerweise sollte Customer-Centric Retailing unternehmensweit konsistent angewendet und im Rahmen des Multi-Channel Retailing über alle Vertriebskanäle hinweg ganzheitlich durchgesetzt werden. Nur so kann erfolgreiche Kundenbindung – und somit ein nachhaltiger Wettbewerbsvorteil – im digitalen Zeitalter sichergestellt werden.

Die riesigen Bestände von Kundendaten, auch Big Data genannt, die in Zeiten integrierter CRM-Systeme und steigender Multi-Channel-Transaktionen im Handel vorhanden sind, beinhalten ein immenses Kundenwissen. In vielen Handelsunternehmen liegt dieses Wissen brach, oftmals fehlt ein systematisches Herangehen an die Datenanalyse.[8] Doch gerade im Hinblick auf die Herausforderungen – und Möglichkeiten – der Digitalisierung ist es an der Zeit Kundenwissen systematisch zu kultivieren und passgenaue Strategien für die kundenzentrische Unternehmensausrichtung abzuleiten. Auf diese Art und Weise können Unternehmen versu-

---

5 Vgl. *EMNOS* (2012a).

6 Vgl. *EMNOS* (2012a).

7 Vgl. *EMNOS* (2012d).

8 Vgl. *SAS* (2012).

chen Vertrauen und Relevanz ihrer Kunden zu gewährleisten – und sich in Zeiten der Digitalisierung einen Wettbewerbsvorteil zu sichern.[9]

Dieser Beitrag soll die Idee des Customer-Centric Retailing sowie ausgewählte Anwendungsmöglichkeiten vorstellen und das Konzept als Ansatz zur Steigerung der Wettbewerbsfähigkeit in einem immer stärker digital geprägten Handelsumfeld diskutieren. Unterstützt werden die Ausführungen zu kundenzentrischer Unternehmensgestaltung im Handel durch anschauliche Praxisbeispiele aus der Beratung führender europäischer Handelsunternehmen durch *EMNOS*.

2 Customer-Centric Retailing – Der Kunde ist König

In den letzten Jahren ist in den Bereichen Marketing und Kundenmanagement eine immer stärker fokussierte Beziehungs- bzw. Interaktions-Orientierung mit den Kunden in den Vordergrund getreten.[10] Die steigende Popularität von Customer-Centric Retailing ist dabei eine weitere Ausprägung im Rahmen dieser Orientierung. Um zu einer Definition des Customer-Centric Retailing zu gelangen, werden daher zunächst kurz einige Meilensteine in der Entwicklung des Handelsmarketing beleuchtet.

2.1 Definition und Grundlagen von Customer-Centric Retailing

Betrachtet man die Entwicklung des Handelsmarketing in den letzten dreißig Jahren, so fällt ein zunehmender Fokus auf digitale Vernetzung durch kooperative Konzepte wie *Efficient Consumer Response* (ECR) und *Collaborative Customer Relationship Management* (CRM) sowie die stärker kundenzentrisch geprägte Entwicklung des *Shopper Marketing* auf (siehe Abbildung 2).

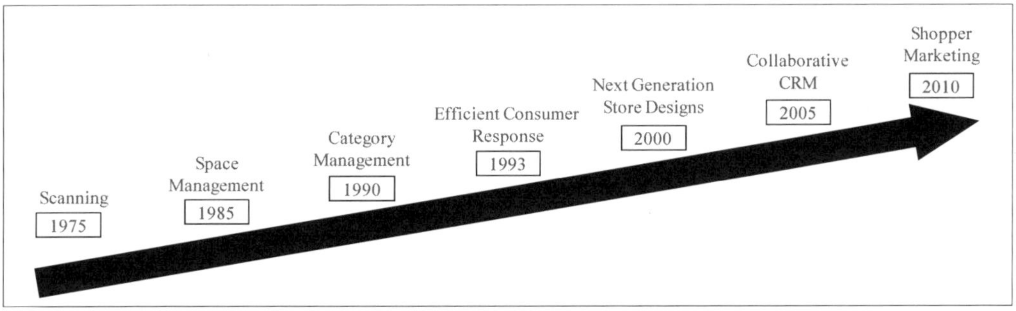

Abbildung 2: Meilensteine in der Entwicklung des Handelsmarketing[11]

[9] Vgl. *MICHAELIS* (2012).

[10] Vgl. *KURZE/KEUPER* (2011a), S. 481 ff., und *KURZE/KEUPER* (2011b), S. 138 ff.

[11] Vgl. *ECR EUROPE/EMNOS/THE PARTNERING GROUP* (2011), S. 13.

Während die Entwicklungen von ECR und CRM sich zunächst mit datenbasierter Kooperation und Datenintegration von Lieferanten, Händlern und Kunden beschäftigen, liegt bei Shopper Marketing der Fokus darauf, aus den im Rahmen von ECR und CRM gewonnenen Datenmengen über das Konsumentenverhalten einen Mehrwert zu generieren. Shopper Marketing bezieht sich dabei auf das konkrete Käuferverhalten am PoS.[12] Das kundenspezifische Wissen über die Kaufentscheidungen bildet somit die Basis des Shopper Marketing, welches sich als Ziel setzt, Marketingaktivitäten gezielt und segmentspezifisch zu optimieren statt seine Kunden mit uniformen „Gießkannen-Maßnahmen" zu berieseln. Dabei stehen vor allem gemeinsame Marketingaktivitäten von Hersteller und Handel sowie die Integration unterschiedlicher Informationsquellen wie Internet, Social Networks, Kundenkartendaten, Marktforschung etc. zur Entschlüsselung des Kundenverhaltens im Vordergrund.[13]

Der Ansatz des Customer-Centric Retailing ist zunächst eine Unternehmensphilosophie, die den Kunden als wertvollstes Gut betrachtet und ihn in das Zentrum der Unternehmensaktivitäten stellt, um unternehmerische Ziele zu erreichen. Der Schlüssel zu einer verbesserten Kundenorientierung liegt, wie auch beim Shopper Marketing, in einer genauen Kenntnis der Kunden und ihrer Bedürfnisse – der Generierung von sogenannten *Customer Insights*. Kurzum:

> „*Customer-Centric Retailing ist die Fähigkeit eines Unternehmens, bessere Geschäftsergebnisse dadurch zu erzielen, dass es die Bedürfnisse der Kunden versteht, ihr Verhalten antizipiert und ihnen relevantere und effektivere Services bietet als der Wettbewerb. Die Folge sind eine höhere Kundenbindung und letztlich steigende Umsätze.*"[14]

Letztendlich wird bei einer ganzheitlichen Kundenorientierung die gesamte Unternehmensstrategie konsequent am Kunden ausgerichtet. Konkreter hat *EMNOS* vier tragende Pfeiler des Customer-Centric Retailing definiert:

- Die Organisationsstruktur ist kundennah aufgestellt, die Hierarchie des Unternehmens ermöglicht eine einfache Kommunikation und Interaktion mit den Kunden.
- Die Mitarbeiter werden angehalten, kundenorientiert zu agieren, idealerweise ist die Kundenorientierung in den Zielen der Mitarbeiter verankert.
- Kundeninformationen werden gezielt erfasst, situationsgerecht analysiert und zur Gestaltung der Marketinginstrumente eingesetzt.
- Das Handelsunternehmen arbeitet eng mit seinen Lieferanten zusammen, um gemeinsam Kundenorientierung zu fördern.[15]

---

[12] Über 70 Prozent aller Kaufentscheidungen fallen direkt am Point of Sale; vgl. hierzu *ROHRBASSER* (2010a), S. 1.

[13] Vgl. *ROHRBASSER* (2010a), S. 1, sowie *ROHRBASSER* (2010b), S. 24.

[14] *EMNOS* (2012e).

[15] Das Teilen von Kundenwissen und gemeinschaftliche Aktionen im Sinne kundenzentrischer Kampagnen sind essenziell, um Mehrwert für Handel und Industrie zu generieren. Obwohl diese Art des kooperativen Handelns signifikantes Potenzial in sich birgt, verbreitet es sich in der Praxis allerdings nur schleichend. Gründe hierfür sind zum einen die nachgerückte Priorisierung von Handelsmarketing in der Konsumgüterindustrie sowie die oftmals angespannten Verhandlungen und Beziehungen von Handelsunternehmen und der zuliefernden Konsumgüterindustrie. Vgl. *EMNOS* (2012c), S. 1. Vorreiter von Industriekooperationen im Handel, auch „Supplier Alignments" genannt, sind vor allem der britische und der amerikanische Markt. Vgl. *EMNOS* (2012e).

2.2 Digitalisierung im Handel und Customer-Centric Retailing

Die Diskussion von Customer-Centric Retailing in Bezug auf die Digitalisierung im Handel ist geprägt von zwei Aspekten: Die Digitalisierung ist Enabler von Customer-Centric Retailing und Treiber zugleich. Zum einen hat erst die Digitalisierung die datenbasierte Ausrichtung im Sinne von Customer-Centric Retailing im großen Stil ermöglicht. Customer-Centric Retailing ist somit eine mögliche Anwendungsmöglichkeit der durch die Digitalisierung zur Verfügung gestellten Datenmengen. Zum anderen verlangen aber auch die Veränderungen, die eine zunehmende Digitalisierung im Handel mit sich bringt, nach einer stärkeren Kundenorientierung bestehender Handelsformate um wettbewerbsfähig zu bleiben.

Der Gedanke, *Customer-Centric Retailing als angewandte Digitalisierung* zu betrachten, basiert insbesondere auf der rasanten Entwicklung moderner Informations- und Kommunikationstechnologien, welche das Sammeln und Analysieren von Daten in Unternehmen, das digitale Kauferlebnis der Kunden und neuartige Marketing-Maßnahmen erst ermöglicht haben. Durch die digitale Datenerfassung und Vernetzung ist es heutzutage möglich, eine Vielzahl von Transaktionsdaten-basierten Customer Insights zu generieren und mit Partnern zu teilen, sei es durch vernetzte Echtzeit-Kassensysteme oder CRM-Datenbanken, die auch Lieferanten mit ausgewählten Informationen versorgen. Kundeninformationen und Transaktionsdaten sind zu Hauf vorhanden durch die digitale Entwicklung und ihre Verwendung und Interpretation ist der logisch nächste Schritt – die Anwendung der Digitalisierung. Betrachtet man die vier Grundpfeiler des Customer-Centric Retailing, so ist die technologische Vernetzung eine grundlegende Voraussetzung für die kontinuierliche und umfassende Erfassung und Analyse von Kundendaten, den Aufbau einer kundenzentrischen Unternehmensstruktur sowie die Durchführung Kundendaten-getriebener Kooperationen mit Lieferanten, welche eine gemeinsame Plattform für den Datenaustausch erforderlich machen. Die Echtzeit-Kontrolle der Ergebnisse kundenzentrischer Maßnahmen rundet die technischen Voraussetzungen ab. Doch neben technologischen Voraussetzungen eröffnet die Digitalisierung auch eine Vielfalt neuer Aktionsmöglichkeiten, die Handelsunternehmen nutzen können, um die Bedürfnisse ihrer Kunden individuell zu adressieren und eine einheitlich kundenzentrische Orientierung über alle Kanäle hinaus zu gewährleisten. Ein Paradebeispiel dieser Entwicklung ist Mobile Marketing, welches Industrie und Handel völlig neue Ansätze – beispielsweise im Bereich regionaler Marketingmaßnahmen – bietet.[16]

Entscheidungen, die auf Customer Insights basieren, führen zu mehr Kundenbindung sowie zu höheren Umsätzen und Gewinnen. Die weltweit führenden Einzelhändler nutzen für Geschäftsentscheidungen häufiger Customer Insights als ihre weniger erfolgreichen Wettbewerber.[17] *Customer-Centric Retailing als Wettbewerbsfaktor* ist dabei für Konsumgüterhersteller und Händler gleichermaßen interessant. Mit Hilfe von Customer Insights können Investitionen gezielter je nach Warenbereichs- oder Segment-Priorisierung gesetzt werden.[18] Auf diese Weise können Hersteller ihre Visibilität und Positionierung im Markt gezielt verbessern. Für Händler ist die Nutzung von Customer Insights zur kundenzentrischen Optimierung insbesondere vor

---

16 Vorreiter bei der Umsetzung solcher Konzepte sind beispielsweise der britische Händler Tesco, welcher über eine App dem Kunden am Point of Sale Zusatzinformationen zu ausgewählten Produkten bereitstellt und der Niederländer Albert Heijn, welcher eine Produktvergleichsmöglichkeit per App anbietet. Vgl. ROHRBASSER (2010b), S. 24.

17 Vgl. EMNOS (2012a).

18 Customer Insights ermöglichen beispielsweise auch die Identifizierung und Investment-Priorisierung mit Fokus auf sogenannte „sweet spots" – Bereiche, Sortimente oder Produkte, die sowohl dem Handel als auch der Industrie einen Mehrwert liefern. Vgl. ROHRBASSER (2010a), S. 1.

dem Hintergrund der allgegenwärtigen Online-Händler interessant. Im Wettbewerb mit einem jederzeit verfügbaren, allumfassenden Angebot bei sich stetig verbessernder Preistransparenz verliert der stationäre Handel zunehmend an Schlagkraft. Eine bestmögliche Ausrichtung des stationären Handels an den Bedürfnissen und Präferenzen seiner Kunden kann die Attraktivität des Einkaufserlebnisses deutlich verbessern und die Abwanderung in den Online-Kanal vermindern oder zielgerichtet begleiten. Doch Vorsicht: Das Konzept des Customer-Centric Retailing kann sowohl im Online- als auch im Offline-Handel angewandt werden. Als allein ausschlaggebender Wettbewerbsfaktor für den stationären Handel ist daher auch Customer-Centric Retailing nicht geeignet – denn stellt man kundenzentrische Optimierungsprojekte bei einem Online- und einem Offline-Handel gegenüber, so zeigt sich auch hier die bessere Flexibilität der Prozesse von Online-Händlern beispielsweise bei der einfacheren und zeitnahen Anpassung von Sortimentshierarchie, „Flächennutzung“ und der direkten Kundenansprache.

3 Die Roadmap kundenzentrischer Optimierung

Die Theorie von Customer-Centric Retailing klingt vielversprechend. Dennoch stehen die meisten Unternehmen heute bei der professionellen Nutzung von Customer Insights noch am Anfang.[19] Unklare Verantwortlichkeiten im Bereich Kundenwissen und Datenanalyse sowie ein Mangel an Ressourcen und Know-how im eigenen Unternehmen zählen zu den häufigsten Gründen für diese Implementierungslücke.[20] *emnos* unterstützt Händler und Konsumgüterhersteller seit knapp zehn Jahren bei der Analyse von Kunden- und Transaktionsdaten sowie bei der Umsetzung kundenzentrischer Optimierungsprojekte. Der Weg von der Erfassung unterschiedlicher Kundendaten über die Generierung von Customer Insights bis hin zu Customer-Centric Retailing folgt dabei einer klar definierten Roadmap und deckt neben der strategischen Kundenentwicklung eine Vielzahl kundenzentrischer Lösungen in den Bereichen Produkt und Sortiment, Ladengestaltung, Preispolitik, Promotions und Direktmarketing ab (siehe Abbildung 3 und Abbildung 4).

Die Transformation von Customer Insights hin zu Customer-Centric Retailing ist in besonderem Maße bestimmt von der Verankerung in den Köpfen von Management und Mitarbeitern. Einhergehend mit den bereichsübergreifenden Gestaltungsmöglichkeiten ist es daher essenziell, neben der obersten Führungsebene insbesondere Führungskräfte aus den relevanten Bereichen Category Management, Store Management, Marketing bzw. Brand Management sowie ggfs. dedizierte Customer Manager an Customer-Centric Retailing heranzuführen. Als externer Berater integriert *emnos* daher neben einer intensiven Kooperation mit den verantwortlichen Entscheidungsträgern auf Seite des Kunden zusätzlich bereichsübergreifende Workshops für das mittlere Management in jeden Prozess der CCR-Roadmap.

---

19 Vgl. *SAS* (2012).

20 Vgl. *KURZE/KEUPER* (2011a), S. 480 ff.

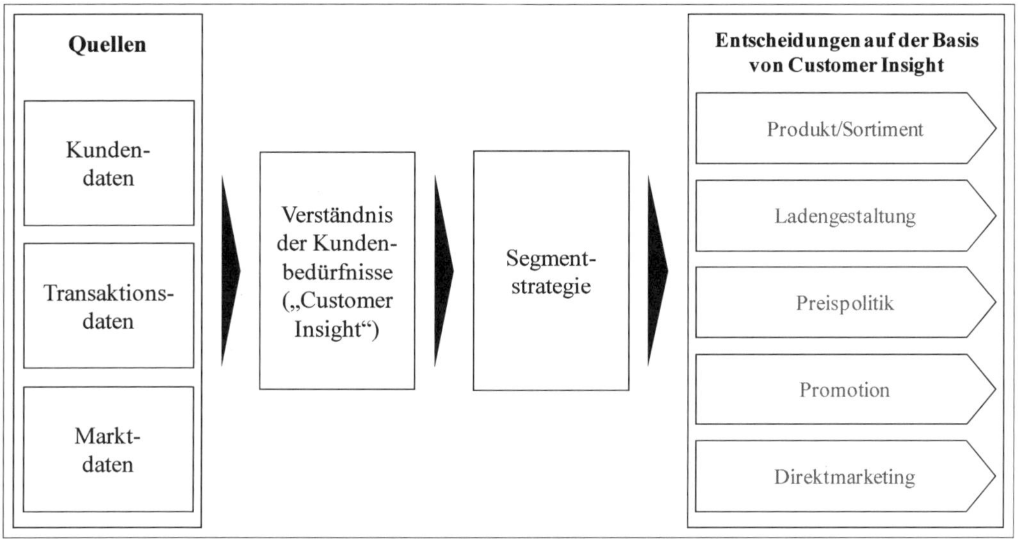

Abbildung 3: Der Weg von Kundendaten zu Customer-Centric Retailing[21]

	Beispielhafte Lösungen
Produkt/Sortiment	Sortimente und Produkte an die Kundenbedürfnisse anpassen und damit die Wettbewerbsfähigkeit und Kundenloyalität steigern.
Ladengestaltung	Läden so gestalten, dass sie den Bedürfnissen zentraler Kundensegmente entsprechen, um so Vorteile gegenüber der lokalen Konkurrenz zu erzielen.
Preispolitik	Bei der Preisgestaltung das Preisbewusstsein und die Preissensibilität unterschiedlicher Kundensegmente berücksichtigen und eine positive Preiswahrnehmung erzielen.
Promotion	Verkaufsfördernde Aktionen, die für den Kunden hohe Relevanz besitzen und daher eine optimale Wirkung und Wahrnehmung erzielen, und das bei minimalen Kosten.
Direktmarketing	Kunden über alle Marketing-Kanäle personalisiert ansprechen, mit dem Ziel höherer Kundenbindung, Einkaufsfrequenz und Umsätze.

Abbildung 4: Beispielhafte Anwendungen und kundenzentrische Lösungen[22]

Zur Datenanalyse sowie Ableitung und Bereitstellung von Customer Insights bedient sich *emnos* verschiedener eigens entwickelter Softwarelösungen. Zu den Haupttools zählen der *Segmenter,* welcher laufende Updates der Segmentzugehörigkeit auf Einzelkundenbasis ermöglicht, der *Ranger*, welcher Einzelhändler bei der Sortimentsplanung unterstützt, sowie die

---

21 Vgl. EMNOS (2012a).

22 Vgl. EMNOS (2012a).

Reportingplattform *Analyzer*, welche Händlern und Lieferanten Zugriff auf Customer Insights ermöglicht. Diese Tools werden in dem sog. *emnos Insight Portal* bereitgestellt.[23]

3.1 Segmentierung als Basis von Customer Insights

Eine Kundensegmentierung ist die Basis für die Generierung von Customer Insights. Hierbei wird zunächst die breite, anonyme Masse der Kunden in möglichst homogene Gruppen (Segmente) aufgeteilt. Als Grundlage der Kundensegmente sollten dabei nicht soziodemografische Merkmale, sondern das tatsächliche, historische Einkaufsverhalten berücksichtigt werden. Nach der Segmentbildung auf Basis der Transaktionshistorie können die identifizierten Segmente im zweiten Schritt dann mit Hilfe von soziografischen Merkmalen umfassender profiliert werden. Die Basis der Kundensegmentierung sollte allerdings auf dem Einkaufsverhalten, d. h. einem homogenen Muster in den Transaktionshistorien der Kunden eines Segments, beruhen. Anschließend können die klassischen Marketing-Instrumente des Einzelhandels konsequent an den Kundensegmenten ausgerichtet werden, um durch eine möglichst hohe Kundenrelevanz die Grundlage für langfristige Kundenbindung und steigende Zusatzumsätze zu schaffen.[24] Bei der Entwicklung eines möglichst ganzheitlichen Kundenverständnisses können verschiedene Kundensegmentierungen zum Einsatz kommen, die unterschiedliche Aspekte wie Häufigkeit und Wert des Einkaufsverhaltens (RFV-Segmentierung), das noch nicht ausgeschöpfte Umsatzpotenzial von Kundengruppen (Potential-Analyse), Kaufanlässe (Missions-Segmentierung) sowie Kundenbedürfnisse (Needs-Segmentierung) offen legen (siehe Abbildung 5).

Segmentierung	*Kriterien der Segmentierung*	*Primäre Anwendungsmöglichkeiten*	*Sekundäre Anwendungsmöglichkeiten*
Needs	Produktwahl, Lifestyle	Basis für die Optimierung des Marketing Mix, z. B. Sortiments- oder Preisgestaltung, Promotion etc.	Definition der Tonalität für Direktmarketingkampagnen
RFV	Wert, Häufigkeit	Tool für Direktmarketing Steuerung und Auswertung, Frühwarnsystem	Optimierung des Marketing Mix falls eine Needs Segmentierung nicht vorhanden ist
Missions	Einkaufskörbe	Store-Format Optimisierung, lokale Sortmentsanpassung	Promotion und Preisgestaltung, falls kein Kundenidentifizierung möglich, Direktmarketing (z. B. ticketing@till)
Potential	Umsatzpotenzial, Kundenwert	Investmentpriorisierung, Identifizierung von Potenzialkunden und strategischen Zielobjekten	Direktmarketing-Selektion

Abbildung 5: Kundensegmentierungen und Anwendungsmöglichkeiten[25]

23 Vgl. EMNOS (2012e).

24 Vgl. EMNOS (2012e).

25 Vgl. EMNOS (2012a).

Die Berücksichtigung unterschiedlicher Perspektiven zeigt, dass Kunden sich in manchen Dimensionen – bspw. Frequenz, Einkaufswert oder soziodemografischen Faktoren – sehr ähnlich sein können und dennoch mitunter stark voneinander abweichende Bedürfnisse aufweisen können. Durch den Einsatz und die Kreuzung verschiedener Segmentierungen kann gewährleistet werden, dass Kunden trennschärfer segmentiert, genauer profiliert und folglich durch ein Unternehmen gezielter angesprochen werden können. Würde beispielsweise ein führendes britisches Nobelkaufhaus seine Kunden lediglich nach dem Durchschnittswert eines Einkaufs, der Frequenz der Einkäufe und soziodemografischen Daten wie Alter und Familienstand segmentieren, könnte es passieren dass Prinz Charles und Ozzy Osborn als Vertreter gut situierter Familienoberhäupter mittleren Alters dieselben Angebote des Händlers bekommen – ohne Berücksichtigung ihrer wahrscheinlich stark unterschiedlichen Präferenzen im Sortiment.

Es gibt eine Vielzahl offener Fragen zum Einkaufsverhalten der Kunden, deren Beantwortung für eine kundenzentrische Ausrichtung von Handelsunternehmen essenziell ist, wie zum Beispiel: Was ist der Grund, der meinen Kunden in mein Geschäft führt? Ist es ein gezielter Einkauf einer fehlenden Zutat oder besondere Angebote? Welche Sortimentsbereiche und welche Produkte sind für den Kunden besonders relevant? Und achtet der Kunde tendenziell eher auf einen niedrigen Preis oder hohe Qualität? All diese Fragestellungen können durch verschiedene Segmentierungen auf Basis der Kunden- und Transaktionsdatenanalyse beantwortet werden. Bei der *Needs*-Segmentierung beispielsweise zeigt das Faktorenprofil – die Zusammenfassung dominanter Faktoren der Kaufentscheidung, die auch als DNA eines Kundensegments bezeichnet werden kann – welche Aspekte sich laut der Einkaufshistorie charakteristisch für einen Einkauf der jeweiligen Kundensegmente herausgestellt haben. Die Faktorenprofile eines westeuropäischen Handelsunternehmens zeigen beispielhaft die unterschiedlichen Faktorladungen von Kundensegmenten im Supermarkt auf (siehe Abbildung 6).

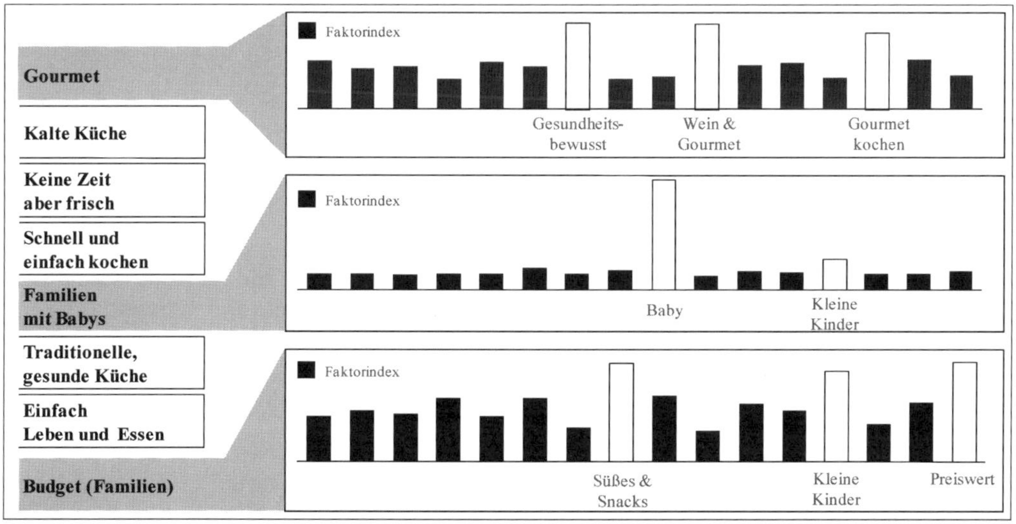

Abbildung 6: Die DNA des Kunden – Segmentprofile im Supermarkt[26]

[26] Vgl. EMNOS (2012a).

Anschließend kann auf Basis des gewonnenen Kundenverständnisses und eines Abgleichs mit der Unternehmensstrategie das weitere Vorgehen auf Geschäftsfeld-Ebene und auf Segment-Ebene diskutiert werden. Im Rahmen eines strategischen Soll-Ist-Abgleichs der Segmente können auf diese Weise Handlungsbedarf identifiziert und konkrete Maßnahmen zur segmentspezifischen Kundenentwicklung angestoßen werden (siehe Abbildung 7).

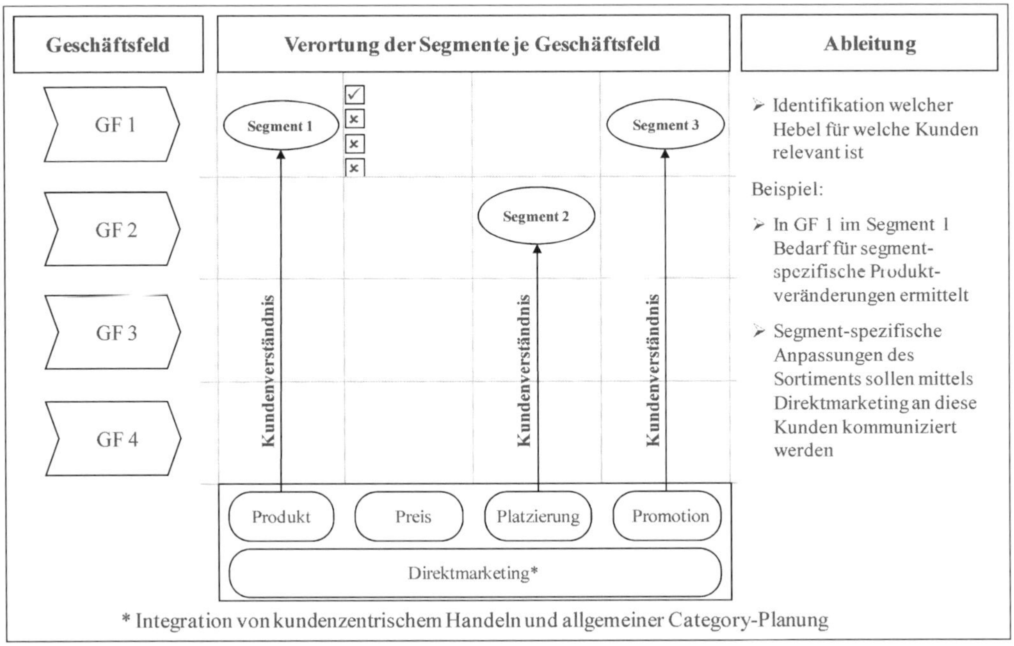

Abbildung 7: Ableitung von Handlungsbedarf auf Segment- und Geschäftsfeld-Ebene[27]

3.2 Das kundenzentrisch optimierte Warenangebot

Nach der ausführlichen Analyse und Segmentierung auf Basis von Kundendaten und Einkaufsverhalten sowie der Segment- bzw. Maßnahmenpriorisierung beginnt die Arbeit an dem Angebotsbündel. Die Fragestellungen sind hierbei vielfältig: Passen die vorhandenen Artikel noch zu meiner definierten Zielgruppe? Gibt es bestimmte Artikel, die wir zusätzlich ins Sortiment aufnehmen sollten bzw. Kundenbedürfnisse, die durch unser Sortiment noch nicht abgedeckt werden? Auf welche Produkte können wir verzichten? Macht die Einführung von Eigenmarken Sinn – und wenn ja, wo? Und wie stelle ich mein Sortiment möglichst kundengerecht auf?

Für die Identifizierung von Kundenbedürfnissen und ihrer Abbildung im Sortiment können Kunden- und Transaktionsdaten auf Einzelartikelebene von mehreren Jahren analysiert werden. Der *emnos Ranger* analysiert mit Hilfe dieser Daten Verbundkäufe und legt die Hierarchie einer Kaufentscheidung des Kunden offen. So kann ein Händler direkt erkennen, welche Bedürfnisse in einer Kategorie die Kaufentscheidung beeinflussen und wie der Kunde eine Pro-

27 Vgl. EMNOS (2012a).

duktkategorie sieht. Typischerweise trifft er dabei Entscheidungen zwischen Qualitäts- und Budgetprodukten, zwischen Marken und Eigenmarken. Zusätzlich werden Produkteigenschaften wie Packungsgröße, Geschmack, Geruch und Anwendung berücksichtigt.[28] So kann zum Beispiel, wie in Abbildung 8 dargestellt, im Bereich Spielwaren die Entscheidung über das Material des Spielzeugs – in diesem Fall Kunststoff oder Holz – eine der Markenentscheidung vorgelagerte Rolle einnehmen. Auch Sortimentslücken und Eigenmarkenpotenziale können mit Hilfe einer Verbundkaufsanalyse aufgezeigt werden. So zeigt sich beispielsweise im Bereich der Holzautos, dass dort noch keine Eigenmarke als Alternative für den Kunden vorhanden ist.

Über Listing- und Delisting-Entscheidungen hinaus erlaubt die Analyse mit Hilfe des *emnos Ranger* auch die kundenzentrische Anordnung des Sortiments im Einklang mit den identifizierten Bedürfnissen. Produkte können dabei so platziert werden, dass sie dem Kundenverständnis der Kategorie gerecht werden. So könnte man im Beispiel von Abbildung 8 diverse Holzartikel zusammen platzieren (statt bspw. alle Autos zusammen zu platzieren) und dann das Planogramm nach Marken und preisgünstigen Eigenmarken ordnen um Cross-Selling-Potenziale auszuschöpfen. Auf diese Weise erfolgt, basierend auf der Identifikation der Kundenbedürfnisse, der Entwurf eines kundenzentrisch optimierten Planogramms.

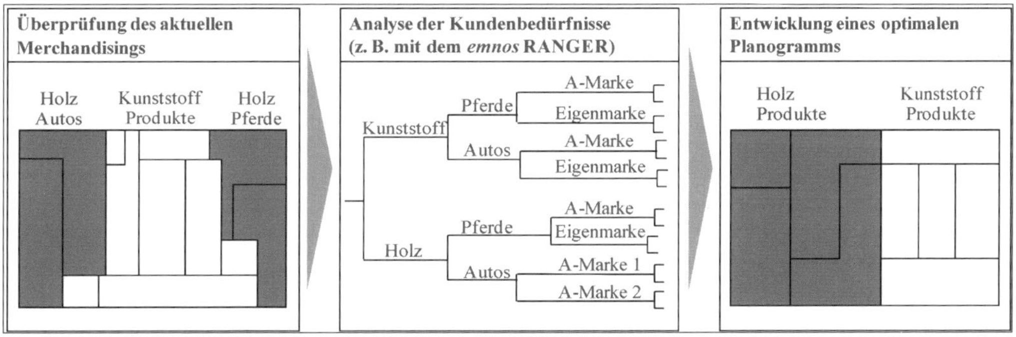

Abbildung 8: Planogrammoptimierung anhand der Kundenbedürfnisse

Der Erfolg kundenzentrischer Optimierungsprojekte im Sortiment ist beachtlich. Fallbeispiele aus der Unternehmenspraxis zeigen, dass sich durch den mit Hilfe einer Planogramm-Optimierung reduzierten Suchaufwand nicht nur das Einkaufserlebnis der Kunden verbessert, sondern signifikante Umsatzsteigerungen ohne Margenverluste erzielt werden können:

- *Kundenzentrische Sortierung im Bereich Tiefkühlpizza*: 15 % Umsatzwachstum und 9 % Steigerung der Gewinnmarge konnte ein internationaler Handelskonzern durch die Analyse und Umgestaltung seines Sortiments im Bereich Tiefkühlkost erreichen. Bei der Analyse der Warengruppe Tiefkühlpizza hatte sich herausgestellt, dass die Packungsgröße oftmals den entscheidenden Kauffaktor darstellte und ein besonderes Bedürfnis nach Großpackungen vorhanden war. Während die Kunden zwischen verschiedenen Marken und Geschmacksrichtungen wechselten, blieben sie in der Regel den Großpackungen treu. Als Konsequenz dieser Erkenntnis löste der Handelskonzern die bisherige Warensortierung nach Marken im Tiefkühlregal auf und platzierte stattdessen Großpackungen unterschiedlicher Marken zusammen. Dies ermöglichte den Kunden einen bes-

28 Vgl. *MICHAELIS* (2011).

seren Überblick über das gesamte Angebotsspektrum im Bereich Großpackungen. Zudem zeigten die Ergebnisse der *Ranger*-Analyse, dass bei den Großpackungen keine entsprechende Eigenmarke vorhanden war. Der Händler ergänzte sein Tiefkühlpizzasortiment durch ein entsprechendes Eigenmarkenprodukt.

- *Kundenzentrische Regalgestaltung im Bereich Pralinen*: Ein weiterer Kunde steigerte seinen Umsatz im Pralinensegment um 5 % durch eine Neusortierung im Süßwarensortiment. Die Analyse der Kunden- und Transaktionsdaten hatte ergeben, dass neben der Pralinenart für den Kunden insbesondere auch die Preislage, die Sorte und die Kaufmotivation (z. B. als Geschenk) eine Rolle bei der Kaufentscheidung spielten. Daraufhin änderte der Konzern die Sortimentsanordnung und trennte klassische Pralinen stärker von sogenannten Snackpralinen. Statt einer üblichen horizontalen Markenplatzierung wurde das Regal außerdem vertikal nach den ermittelten Bedürfnissen strukturiert. So wurden beispielsweise Pralinen unterschiedlicher Marken zusammen platziert, wenn sie die gleiche Zielgruppe ansprachen. Diese Neusortierung vereinfachte es den Kunden, ihren Bedürfnissen entsprechend einzukaufen.[29]

Neben der Planprogrammoptimierung kann ebenfalls eine übergeordnete kundenzentrische Verkaufsflächenoptimierung auf Basis der Verbundkaufanalyse erfolgen (siehe Abbildung 9). Hierbei werden Warengruppen, die von Kunden oft gemeinsam gekauft werden, identifiziert und ihre Entfernung im Laden analysiert. Die Produktanordnung im Laden wird dann so optimiert, dass sie dem Verbundkaufverhalten der Kunden entsprechend den Suchaufwand und die Laufwege verkürzt und auf diese Weise Cross-Selling fördert. Ein führendes Handelsunternehmen erzielte durch eine optimierte Ladengestaltung eine Umsatzsteigerung von 6 % im Non-Food Bereich.

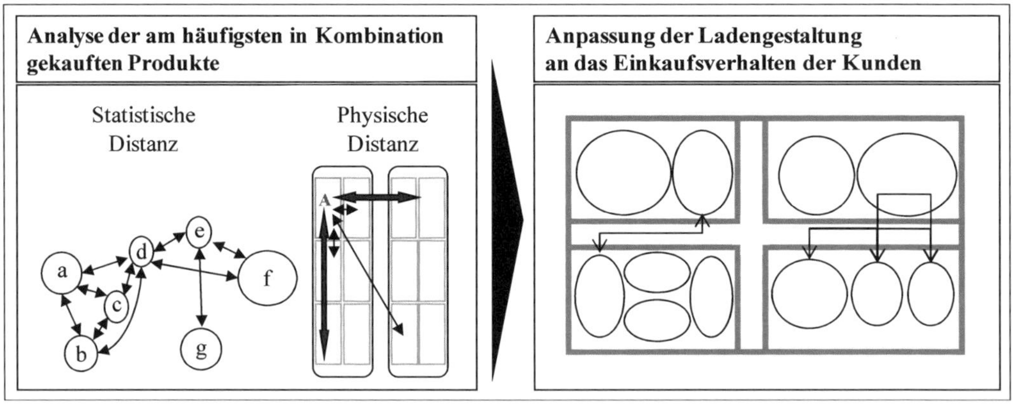

Abbildung 9: Verkaufsflächenoptimierung mittels Verbundkaufanalyse[30]

[29] Vgl. *MICHAELIS* (2011).

[30] Vgl. *EMNOS* (2012a).

3.3 Relevanz bei Direktmarketing und Promotions

Neben einem bedürfnisgerechten Sortiment und Ladenaufbau ist die gezielte und effektive Ansprache der Kunden mit relevanten Inhalten und Promotions ein weiterer wesentlicher Ansatzpunkt der kundenzentrischen Optimierung. Denn: Mag sogenanntes „Gießkannen-Marketing“ zwar den einen oder anderen Kunden ansprechen, so wird es doch der Heterogenität der Konsumenten in keiner Weise gerecht – ganz im Gegensatz zu den kundenzentrisch individualisierten Maßnahmen im „One-to-one-Marketing“. Auch hier ist das oberste Prinzip, die Beziehung zum Kunden durch relevante Kommunikation und Interaktion bestmöglich auszugestalten.[31] Obwohl dieses Konzept aus Komplexitäts- und Effizienzgründen oftmals eine Vision bleibt, sollten Unternehmen in der Praxis versuchen, diesem Prinzip so nahe wie möglich zu kommen. Dabei zeigen sich die neuen Möglichkeiten der Digitalisierung: Kannte früher nur die Bedienung im Tante-Emma-Laden die Präferenzen seiner überschaubaren Kunden, so ermöglichen die digitale Datenanalyse und Multi-Channelling heutzutage personalisierte Kommunikationsmaßnahmen auch bei großen Kundengruppen. Customer Insights sind dabei ausschlaggebend, um Aktivitäten passgenau auf die Kundenbedürfnisse zuzuschneiden und eine 1:1 Kundenansprache zu realisieren. Hier lassen sich drei Stellhebel erkennen: 1. die Optimierung der Zielgruppenauswahl, 2. die Anpassung der Promotions an Bedürfnisse und Präferenzen der Kunden und 3. die kundenzentrische Optimierung des Kanal-Mixes. Auf diese Weise lassen sich durch eine verbesserte Relevanz Einnahmen mit Hilfe höherer Einlösequoten steigern und gleichzeitig Kosten durch eine geringere Auflage und einen optimalen Kanalmix reduzieren.[32]

Bei der Optimierung bestehender Direktmarketingaktivitäten steht insbesondere die verbesserte Auswahl der Zielgruppe mit Ermittlung der optimalen Auflagenhöhe und die persönliche Ansprache des Kunden mit für ihn relevanten Inhalten im Fokus. Die Identifikation der Zielgruppe beim Targeting kann hier insbesondere durch Variablen auf Basis des tatsächlichen Einkaufsverhaltens präzisiert werden (z. B. Rotpreisanteil, bevorzugte Warengruppen, Markenloyalität etc.), die neben anderen soziodemografischen Aspekten als Auswahlkriterien herangezogen werden können. emnos hat mit seiner Expertise im Targeting auch das Bonusprogramms *PAYBACK* unterstützt: Das Schwesterunternehmen führt diesen Auswahlprozess seit Jahren mit großem Erfolg durch und generiert durch maßgeschneiderte Multichannel-Marketing-Kampagnen nachweislich Mehrumsatz bei den Partnerunternehmen. Kunden werden nach eigens entwickelten Lifestyle-Segmenten spezifisch angesprochen. Die Zielgruppenansprache wird dabei durch multivariates Testen optimiert – und so die Anzahl der Käufer bei derselben Auflagenhöhe systematisch gesteigert.

Nach der Zielgruppendefinition greift die kundenzentrische Ausrichtung bei der Auswahl relevanter Promotions. Ziel dabei ist es, die Attraktivität für den einzelnen Kunden deutlich zu erhöhen und so durch die Personalisierung von Promotions und Coupons auf Basis von segmentspezifischen Kundenbedürfnissen Relevanz und Einlösequoten zu erhöhen.[33] Die erhöhte Relevanz kann insbesondere auch bei den Verhandlungen mit den Lieferanten über Promotion-Kooperationen ein schlagkräftiges Argument für eine verbesserte kundenzentrische Zusammenarbeit darstellen. Ein Einzelhändler, welcher auf Empfehlung von *emnos* die Anzahl seiner Promotions um diejenigen Aktionen kürzte, welche die niedrigste Profitabilität

---

[31] Vgl. zum Beziehungsorientierten Kundenmanagement KURZE/KEUPER (2011a), S. 481 ff., und KURZE/KEUPER (2011b), S. 138 ff.

[32] Vgl. EMNOS (2012b), S. 1.

[33] Erfahrungswerte aus der *emnos* Beratungspraxis zeigen eine erhöhte Einlösequote von bis zu 20 %.

und Kundenpenetration aufwiesen, konnte seine Kosten um 10 Mio. EUR reduzieren und 50 % dieser Einsparungen in effektivere Promotions reinvestieren, die zusätzliche Umsatzeffekte von 32 Mio. EUR erzielten.

Neben dem Targeting und der Auswahl von Promotions kann letztendlich auch die Optimierung des Kanal-Mixes im Multi-Channel-Marketing durch ein kundenzentrisch optmiertes Mediabudget deutliche Einsparungen ermöglichen. Hierfür können beispielsweise Segmentkennzahlen wie Kanalpräferenzen und Onlineaffinität aber auch die Promotionaffinität per Warenbereich herangezogen werden, um je nach Zielgruppe geeignete Kommunikationskanäle und Inhalte zu definieren. Insbesondere bei der Kommunikation mit dem Kunden zeigt sich die Digitalisierung mit immer neuen Möglichkeiten der Kundenansprache: So ermöglicht Multi-Channelling eine zunehmend individuelle und zeitgenaue Ansprache und kann auf diese Art und Weise eine persönlichere Atmosphäre kreieren. Insbesondere im Bereich Mobile und Online erwarten Kunden mittlerweile, dass ein Händler sich daran erinnert, wer sie sind, was und wann sie gekauft haben und welche Kanäle sie dafür genutzt haben.[34] Auch die Ansprache am oder in der Nähe vom Point of Sale des stationären Handels wird zunehmend komplexer: So kann die App eines Händlers beim Vorbeigehen an einer Filiale die aktuellen Angebote auf das Smartphone schicken oder aber der Promotiongutschein wird – wie beim Ticketing at Till – auf der Rückseite des Bons an der Kasse direkt dem Kunden überreicht.

Auch im Bereich Direktmarketing und Promotions versprechen Vorreiter kundenzentrischer Ausrichtung im Handel signifikant positive Ergebnisse: So konnte beispielsweise ein international führendes Handelsunternehmen sein Weinsortiment und die alljährlichen Promotions bei Wein mit Hilfe eines kundenzentrisch optimierten Multi-Channel-Marketings bei seinen jüngeren Zielkunden besser positionieren. Mittels relevanterer und zeitgenössischerer Kommunikation wurde somit eine Umsatzsteigerung von 10 % in der Kategorie erzielt (siehe Abbildung 10).

---

34 Vgl. hierzu auch *MICHAELIS* (2012).

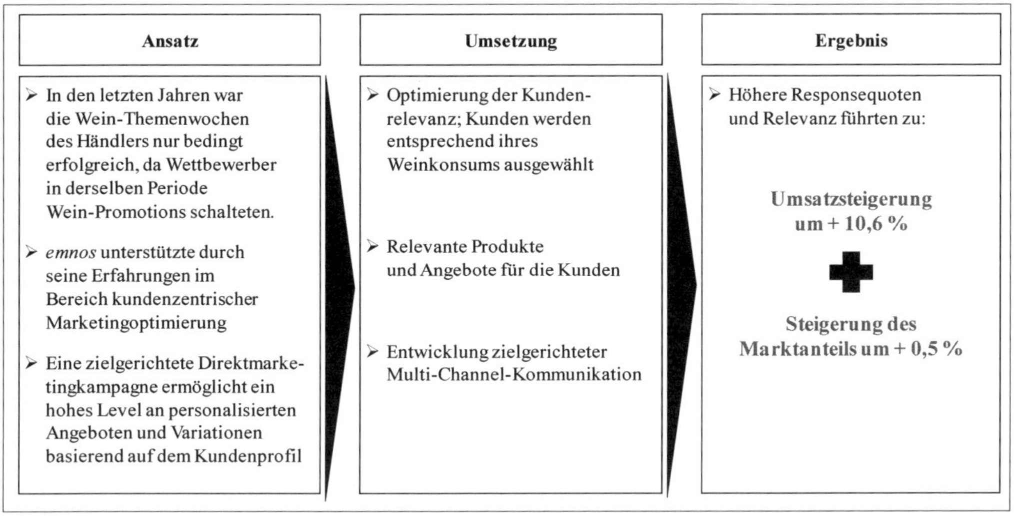

Abbildung 10: Beispiel der Optimierung von Promotions und Direktmarketing[35]

4 Fazit und Ausblick – Der Kunde ist König 2.0

Der Kunde ist König 2.0, so könnte die Devise im Handel lauten: Der Druck auf den Handel wächst, die überwältigende Flut an kundenbezogenen Daten zu analysieren, zu evaluieren und sich an seinen Kunden auszurichten, um den entscheidenden Wettbewerbsvorteil zu generieren. Customer-Centric Retailing wird zur Notwendigkeit, der Aufbau eines detaillierten Kundenwissens und die Interpretation von Customer Insights zur Voraussetzung für langfristige Kundenbeziehungen im On- und Offline, im B2B- wie im B2C-Geschäft.

Beratungsprojekte in der kundenzentrischen Ausrichtung von Unternehmen haben gezeigt, dass am Ende des Tages neben der reinen Datenanalyse fünf Aspekte als wesentliche Erfolgsfaktoren für die langfristige Verwendung von Customer Insights ausschlaggebend sind:

➢ *Denkweise:* Das übergeordnete Ziel des Customer-Centric Retaililng ist eine gemeinsame Vision bezüglich der kundenzentrischen Ausrichtung des Unternehmens und eine konsistente Kommunikation dieses Ziels innerhalb der Organisation.

➢ *Know-how:* Die kundenzentrische Denkweise sollte durch das gezielte Aneignen von Know-how im Bereich Datenanalyse und Kundenwissen ergänzt werden. Dies beinhaltet neben allgemeinen Informationen zu Marktforschung und Transaktionsdaten auch statistische Methoden wie bspw. die Methode sowie die Vor- und Nachteile unterschiedlicher Kundensegmentierungen.

---

35 Vgl. *EMNOS* (2012a).

- *Prozesse:* Die Anpassung von Prozessen im Unternehmen ist eine der größten Herausforderungen kundenzentrischer Transformation. Idealerweise sollen Customer Insights bestmöglich mit den bestehenden Prozessen verknüpft werden. Unerlässlich ist in diesem Zusammenhang die Integration der Segmentzugehörigkeit auf Einzelkundenebene in den vorherrschenden Kundendatenbanken des Unternehmens. So lassen sich Aktivitäten auf Segment-Ebene kontrollieren und Ergebnisse leicht evaluieren.

- *Organisationsstruktur:* Die Hierarchie des Unternehmens muss eine leichte Kommunikation und Interaktion mit dem Kunden ermöglichen und Verantwortlichkeiten für das Thema Customer-Centric Retailing bzw. Kundenwissen definieren. Hier kann es hilfreich sein ein Customer Insight Team zu bilden. Außerdem sollte sichergestellt werden, dass Kundenwissen den Mitarbeitern jeder Hierarchiestufe zugänglich gemacht wird.

- *Analyse-Tools*: Idealerweise kommen bei der kundenzentrischen Ausrichtung Customer Insight Tools – wie bspw. das *emnos Insight Portal* – zum Einsatz. Software kann der Nutzung von Customer Insights zum Durchbruch verhelfen, vorausgesetzt sie erfüllt eine Reihe von Anforderungen wie Nutzerfreundlichkeit und einfache Bedienung, rollenspezifische Funktionalität und konkrete Empfehlungen statt „KPI-Terror".

Grundsätzlich lässt sich festhalten, dass Customer-Centric Retailing nicht nur das Bewusstsein in der Führungsetage, sondern vor allem die Bereitstellung von Ressourcen, die konkrete Definition von Verantwortlichkeiten und die Erstellung langfristiger Kundenentwicklungsstrategien auf Basis des aufgebauten Kundenwissens erfordert – unter Umständen mit einem externen Experten als Partner. Nur so können mit Kompetenz und Erfahrung die Herausforderungen der Digitalisierung im Handel erfolgreich angegangen und eine unternehmerisch vielversprechende kundenzentrische Zukunft gestaltet werden.

Quellenverzeichnis

ECR EUROPE/EMNOS/THE PARTNERING GROUP (2011): The Consumer and Shopper Journey Framework, online: http://www.gs1belu.org/files/The_Consumer_and_Shopper_Journey_Framework.pdf, Stand: 2011, Abruf: 10.07.2012.

EMNOS (2012a): Emnos credentials, internes Arbeitsdokument, München 2012.

EMNOS (2012b): Emnos Flash of Insights – Shopper Marketing generates rewards for both retailer and brand manufacturers, online: http://www.emnos.com/flash-of-insight/news-article/article/shopper-marketing-generates-rewards-for-both-retailer-and-brand-manufacturers/3 96/?tx_ttnews[pS]=131446589&cHash=42f91c06e4&utm_source=CleverReach&utm_medium=email&utm_campaign=Summary+News+%26+Insights+July+%28INTERNAL%29&utm_content=Mailing_4286550, Stand: 09.05.2012, Abruf: 10.07.2012.

EMNOS (2012c): Zooplus stellt Kundenbedürfnisse in den Mittelpunkt, Pressemitteilung, online: http://www.emnos.com/de/presse/meldungen/news-meldung/article/zooplus-focuses-on-customer-needs/71/, Stand: 30.05.2012, Abruf: 18.06.2012.

EMNOS (2012d): A digital storm will transform Retail over the next ten years, online: http://www.emnos.com/de/flash-of-insight/news-meldung/article/a-digital-storm-will-trans form-retail-over-the-next-ten-years/396/?tx_ttnews[pS]=1340009428&cHash=69c8403a04, Stand: 12.06.2012, Abruf: 18.06.2012.

EMNOS (2012e): Produkte – emnos Insight Portal – Der Ansatz des CCR, Auszug aus dem Intranet von Loyalty Partner, München 2012.

KURZE, K./KEUPER, F. (2011a): Transformationale Markenführung, in: *KEUPER, F./BALD, T.* (Hrsg.), Innovative Markenführung und Markenimplementierung, Berlin 2011, S. 477–501.

KURZE, K./KEUPER, F. (2011b): Best Ager als Härtetest – Marketing-Mix-Optionen und Implikationen für das Customer Management, in *MEHL, R./KEUPER, F.* (Hrsg.), Customer Management: Vertriebs- und Servicekonzepte der Zukunft, Berlin 2011, S. 133–172.

MICHAELIS, N. (2011): Was der Kunde wirklich wünscht – Kundenorientierte Sortimentsgestaltung, in: Planung und Analyse, o. Jg. (2011), Nr. 2, o. S.

MICHAELIS, N. (2012): Powering retailer prosperity through customer insight, Vortrag im Rahmen des Global Summit of the Consumer Goods Forum am 20.06.2012, Istanbul.

NAISBITT, J. (1984): Megatrends, New York 1984.

ROHRBASSER, P. (2010a): Shopper Marketing – Das Ende des Gießkannenprinzips, in: Lebensmittel Praxis, o. Jg. (2010), Nr. 14, o. S.

ROHRBASSER, P. (2010b): App die Plätze, fertig, los – Zusammenspiel von Handel und Industrie bindet den Kunden, in: Lebensmittel Praxis, o. Jg. (2010), Nr. 18, o. S.

SAS (2012): Studie Wettbewerbsfaktor Analytics, online: www.wettbewerbsfaktor-analytics.de/, Stand: 2012, Abruf: 22.08.2012.

No-Line-Systeme als höchste Evolutionsstufe des Multi-Channel-Handels

GERRIT HEINEMANN

Hochschule Niederrhein

1 Verändertes Käuferverhalten durch technologischen Fortschritt

Wohl keine technische Erfindung hat Wirtschaft und Gesellschaft in so kurzer Zeit so stark verändert wie das Internet. Die digitale Revolution nimmt schon jetzt ein ähnliches Ausmaß an, wie die industrielle Revolution vor 250 Jahren, allerdings weitaus rasanter und mit noch zunehmender Beschleunigung. Die Web-Technologie betrifft nicht nur den ungehinderten Zugang zu nahezu sämtlichen Informationen auf der Welt, sondern auch die Möglichkeit, Transaktionen effizienter und schneller abwickeln zu können. Mittlerweile nutzen fast alle Unternehmen aller Unternehmensformen, Größenklassen und Branchen diese technische Möglichkeit der Transaktionskostensenkung. Zugleich entstehen innovative Geschäftsmodelle auf Basis der sich ständig weiterentwickelnden Internettechnologie, auch in Sektoren wie dem Handel, die bisher eher als „untechnisch" galten.[1] Die sich abzeichnende Entwicklung hin zum mobilen Internet und zu mobilen Endgeräten wie Smartphones und Tablet-PCs beflügeln diesen Trend zusätzlich.[2] Selbst Neugründungen und kleine Firmen können in kurzer Zeit weltweit bekannt werden, ihre Produkte online verkaufen und relativ schnell durch den Zugang zum „World Wide Web" zu globalen Anbietern heranwachsen. Dementsprechend ist der Begriff „Born Global" untrennbar mit der Entstehung derartiger Internetunternehmen verbunden. Als typische Beispiele gelten *Amazon* und *eBay*, die bereits 15 Jahre nach ihrer Gründung jeweils deutlich mehr als 50 Mrd. US-Dollar Handelsvolumen drehen. Beide Internetanbieter betreiben als weltweit tätige Handelskonzerne grenzüberschreitend Handel und bedrohen als so genannte Category-Killer zunehmend klassische Handelsbetriebe auch in Deutschland. Mit mehr als 1 Mrd. Euro Textilumsatz zählt *eBay* in Deutschland bereits zu den Top-Ten Textilhändlern.[3] *Amazon* wird in 2012 die 4 Milliarden Euro Umsatzschwelle überschreiten und seine Marktführerposition im deutschen Online-Handel weiter ausbauen. Damit geben vor allem US-amerikanische Einzelhändler den Ton im deutschen E-Commerce an. Dieses zeigt aber auch, dass der deutsche Einzelhandel auch zunehmend mit internationalen Online-Anbietern konfrontiert wird.

Immer mehr Kunden machen sich den technologischen Fortschritt zu Eigen und nutzen im Rahmen ihres Kaufprozesses das Internet. Sie nutzen den Internetkanal zunehmend zur Kaufvorbereitung.[4] Dieses betrifft sowohl die Suche nach Produktinformationen als auch den Preisvergleich. Dabei werden Preise nicht mehr sequentiell verglichen, indem der Kunde mehrere stationäre Ladengeschäfte nacheinander abläuft. Durch das Internet und Preissuchmaschinen findet mittlerweile überwiegend ein paralleler Preisvergleich statt, der durch einen Click die Produkte und Preise sämtlicher Händler offen legt. Befindet sich der Kunde doch im stationären Ladengeschäft, vergleicht er über sein Smartphone den angegebenen Preis des Händlers mit dem Online-Angebot der Konkurrenz und bestellt gegebenenfalls direkt vor Ort über das Internet das günstigste Angebot im Web bei der Konkurrenz.[5] Der technologische Fortschritt auf der einen Seite und das veränderte Käuferverhalten auf der anderen Seite führen zu einer nie dagewesenen Transparenz im Handel, die den Preisdruck für klassische Betriebsformen erhöht. Zugleich kaufen immer mehr Konsumenten ihre Produkte und Dienst-

---

1 Vgl. BOERSMA (2010), S. 35 ff.

2 Vgl. BRUCE (2011), S. 50 ff.

3 Vgl. HEINEMANN (2012a), S. 172 ff.

4 Vgl. BRUCE (2011), S. 50 ff., und HEINEMANN (2011), S. 16.

5 Vgl. BRUCE (2011), S. 50 ff., und HEINEMANN (2012a), S. 105 ff.

leistungen bei E-Commerce-Unternehmen bzw. Online-Händlern, die dadurch große Marktanteilsgewinne zu verzeichnen haben.

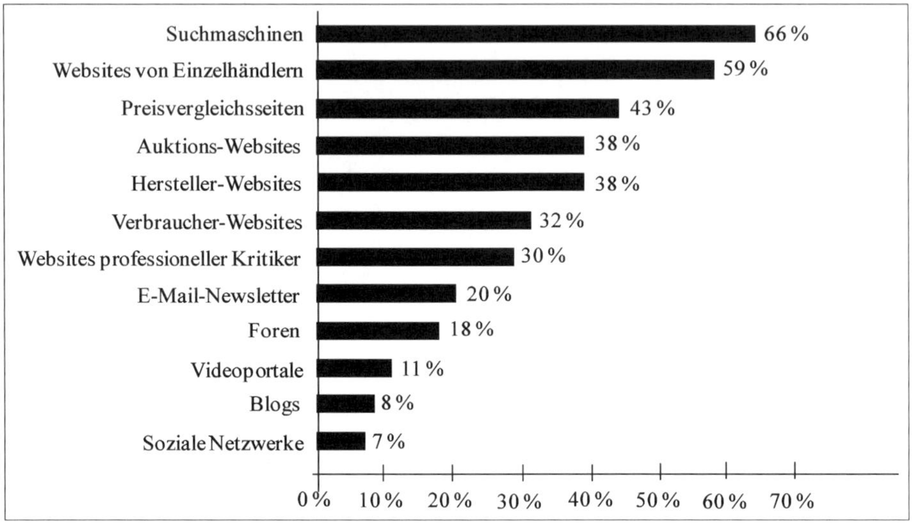

Abbildung 1: Online-Informationskanäle bei der Produktrecherche[6]

In bis zu 50 % der Online-Käufe geht dabei der Besuch eines stationären Geschäftes voraus, so dass „Channel Hopping" in alle Richtungen betrieben wird. Diese Art des Informationsverhalten wird auch als oder „ROPO" bezeichnet, das entweder für „research online – purchase offline" oder für „research offline – purchase online" steht.[7] Am eindrucksvollsten wird das sich ändernde Kaufverhalten derzeit durch die Zunahme der mobilen Internetnutzung sichtbar. So verdeutlicht die Entwicklung mobiler Suchanfragen, dass das mobile Web enorm wächst und schon bald Laptop und PC als primäres Gerät für die Internetnutzung ablösen wird. Schon jetzt haben die Notebook-Verkaufszahlen den PC-Markt überholt. Nach Prognosen der Investmentbank *Morgan Stanley* soll es 2014 weltweit mehr mobile Internetnutzer als Desktop-Nutzer geben mit entsprechender Mobilitätswirkung auf Kunden und Händler.[8] Schon heute sind mehr als 1 Milliarde UMTS-Nutzer („Universal Mobile Telecommunications System") weltweit zu verzeichnen. Das weckt auch neue Erwartungen und Bedürfnisse bei den Kunden, die aus deren Sicht auch von traditionellen Einzelhändlern erfüllt werden sollten. Zweifelsohne spielt der „Mobile-Commerce der neuen Generation" diesbezüglich eine Schlüsselrolle im zukünftigen Online-Handel, da damit der simultane Kauf auf allen Kanälen am konsequentesten möglich wird, und zwar mit dem Smartphone im Laden.[9] Aktuelle Studien zeigen, dass 65 % der Smartphone-Besitzer ihr Smartphone im Geschäft nutzen. Ein Großteil der mobilen Internetdienste wird dabei für kaufvorbereitende Aktivitäten von Produkten genutzt.[10] Dementsprechend besuchen Kunden, die offline kaufen, vorher im

6 BRUCE (2011), S. 53.

7 Vgl. BRUCE (2011), S. 50 ff., und HEINEMANN (2012a), S. 105 ff.

8 Vgl. BRUCE (2011), S. 50 ff.

9 Vgl. HEINEMANN (2012a), S. 1 ff.

10 Vgl. ECKSTEIN (2012), S. 1 ff.

Schnitt 3 Web-Seiten.[11] In dem Zusammenhang stellten sich Suchmaschinen bei der Produktrecherche im Internet als die am häufigsten genutzte Informationsquelle heraus, und zwar mit einem Nutzungsgrad von 66 % aller Deutschen.[12] Sie nutzen dieses Angebot, um sich über Produkte zu informieren, gefolgt von Internetseiten der Einzelhändler (59 %) sowie Preisvergleichsseiten (43 %) (siehe Abbildung 1).

Es kann davon ausgegangen werden, dass der ROPO- beziehungsweise Online-to-Store-Effekt durch das Wachstum des mobilen Internet noch deutlich dazu gewinnen wird. Bereits ein Drittel aller in Deutschland getätigten mobilen Suchanfragen haben bei der Produktrecherche im Internet einen lokalen Bezug.[13] Der ROPO-Effekt ist ein herausragendes Argument für die ganzheitliche Betrachtung von Online- und Stationärgeschäft. Denn hat der Kunde im Internet gekauft, erwartet er nach dem Kauf eine nahtlose Abwicklung seiner Umtäusche oder Retouren, egal an welchem Verkaufsort und über welchen Kanal. Das erfordert nicht nur eine Online-Präsenz der stationären Händler im Netz, sondern das Verschmelzen von Online- und Offline-Kanälen zu einem „Gesamtsystem aus einem Guss". Es geht darum, die Kanäle derart zu vernetzen, dass der Kunde diese gar nicht mehr als getrennte Verkaufsformen wahrnimmt. Dieses führt zu sogenannten No-Line-Systemen, wovon insbesondere der stationäre Handel profitieren kann. Sie sind Folge einer rasanten Veränderung der Handelsstrukturen, die sich aus dem technologischen Fortschritt sowie der Techniknutzung durch die Kunden ergibt. Dieser Wirkungszusammenhang ist in Abbildung 2 dargestellt und wird im Folgenden genauer erläutert.

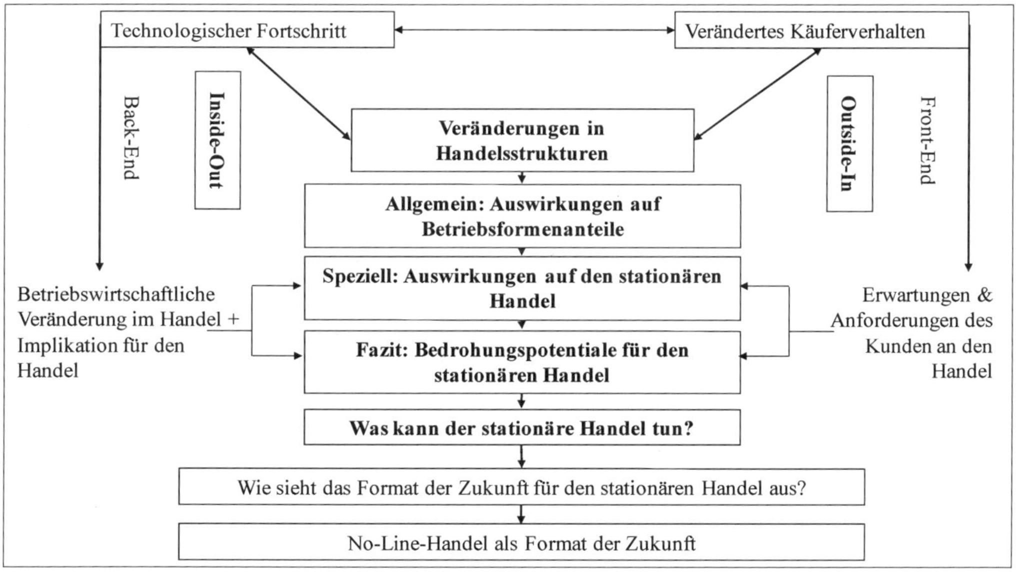

Abbildung 2: Veränderung der Handelsstrukturen

---

11 Vgl. *ECKSTEIN* (2012), S. 1 ff.

12 Vgl. *BRUCE* (2011), S. 50 ff.

13 Vgl. *BRUCE* (2011), S. 50 ff.

2 Veränderte Handelsstrukturen durch disruptive Technologien

Gut die Hälfte der Verbraucher gibt an, regelmäßig online einzukaufen. Nach Expertenmeinung wird diese Entwicklung auch in den nächsten Jahren anhalten, so dass sich die Betriebsformenanteile zu ungunsten des stationären Einzelhandels immer weiter in das Internet verlagern. Dieses wird zu massiven Umsatzverlusten auf den Einzelhandelsflächen führen.[14] Darüber hinaus wird ein immer größerer Anteil des stationären Einzelhandelsumsatzes im Internet induziert. Bereits heute erhalten bis zu 10 % der stationären Käufer im Non-Food-Handel ihren Kaufimpuls im Internet, bevor sie dann im Geschäft einkaufen.[15] Durch das Internet entstehen zudem neue Geschäftsmodelle und Betriebstypen, die stationär nicht umsetzbar sind, aber im Web in kurzer Zeit hohe Umsätze generieren können. Denn bisherige, im Stationärgeschäft als Nische besetzte Märkte öffnen sich durch den Online-Kanal einer breiten Masse und wirken sich disruptiv auf den stationären Einzelhandel aus. Als Beispiele lassen sich die Shopping-Clubs oder Gebrauchtwarenbörsen nennen, wo der Kunde nicht nur als Konsument in Erscheinung tritt, sondern zusätzlich selbst Handel betreibt.[16] Von den Umsatzrückgängen im klassischen stationären Einzelhandel ist auch die Konsumgüterindustrie betroffen, da sie dadurch ihre wesentlichen Absatzkanäle verliert. Auf dieses Bedrohungspotenzial reagieren immer mehr Anbieter mit herstellereigenem Einzelhandel.[17] Aber auch dieser wird zunehmend durch die Entwicklung in Richtung Online-Handel bedroht. Im Vergleich erzielen Hersteller bisher mit herstellereigenem Einzelhandel deutlich geringere Renditen als im klassischen Wholesaling, also dem Absatz über Händler, der jedoch immer weiter zurückgeht. Die alles entscheidende Frage ist, inwieweit die sich abzeichnende Verlagerung von stationären Umsätzen in das Internet neue Formate und Betriebstypen erfordert, die entweder einen Teil der Umsätze zurückgewinnen, oder aber den Trend zum Online-Handel verstärkt für sich nutzen können. Diesbezüglich spielt das mobile Internet eine Schlüsselrolle, da die Kunden zunehmend bei ihren stationären Einkäufen im Geschäft das Smartphone unterstützend nutzen und damit in den Läden auch „online sind“.

3 Online gewinnt – Offline verliert

Es zeichnet sich ab, dass in den kommenden Jahren in Deutschland der Verkauf über den Online-Handel und dabei vor allem über den mobilen Online-Kanal weiter boomen wird, während der stationäre Einzelhandel auch die nächsten Jahre eher stagniert. Eine weitere Steigerung der Online-Anteile an den Einzelhandelsumsätzen ist offensichtlich auch für die nächsten Jahre sichergestellt. Alleine in 2011 sind die Online-Umsätze nach *BVH*-Zahlen um 18,7 % gewachsen, während die Umsätze im stationären Einzelhandel (Offline-Umsätze) rückläufig waren.[18] Sie werden bis 2020 auf mindestens 20 % anwachsen.[19] Bereits in 2011 konnten

14 Vgl. *HSNR* (2011), S. 1.

15 Vgl. *HEINEMANN* (2011), S. 10.

16 Vgl. *BOERSMA* (2010), S. 36 ff.

17 Vgl. *BV CAPITAL* (2011), S. 1.

18 Vgl. *HEINEMANN* (2012b), S. 8.

mehr als 10 % Online-Anteil in diesem Jahr im Non-Food-Einzelhandel erzielt werden. Auch wenn diesbezüglich digitalisierbare Leistungen wie Medien und Bücher die höchsten Online-Anteile erreichen, so kann mittlerweile bis auf die gängigen Food-Sortimente jede Warengruppe als internet-affin angesehen werden. Dabei haben vor allem klassische Sortimente und allen voran Textil und Bekleidung stark wachsende Akzeptanz im Online-Handel gefunden. Für rund 6,1 Milliarden Euro wurden in 2011 Bekleidung und Schuhe online gekauft, was einem Zuwachs von 14 % entspricht.[20] Insbesondere Designermode lässt sich online gut verkaufen. Auch nach Online-Anteil liegt die Bekleidungsbranche weit über dem Durchschnitt. Gemessen am Branchenumsatz nahmen zwar Medien und Bücher 2011 mit einem Online-Anteil von 16 % den Spitzenplatz ein, allerdings lagen Bekleidung/ Schuhe mit 11,9 % bereits auf dem vierten Rang (siehe Abbildung 3).

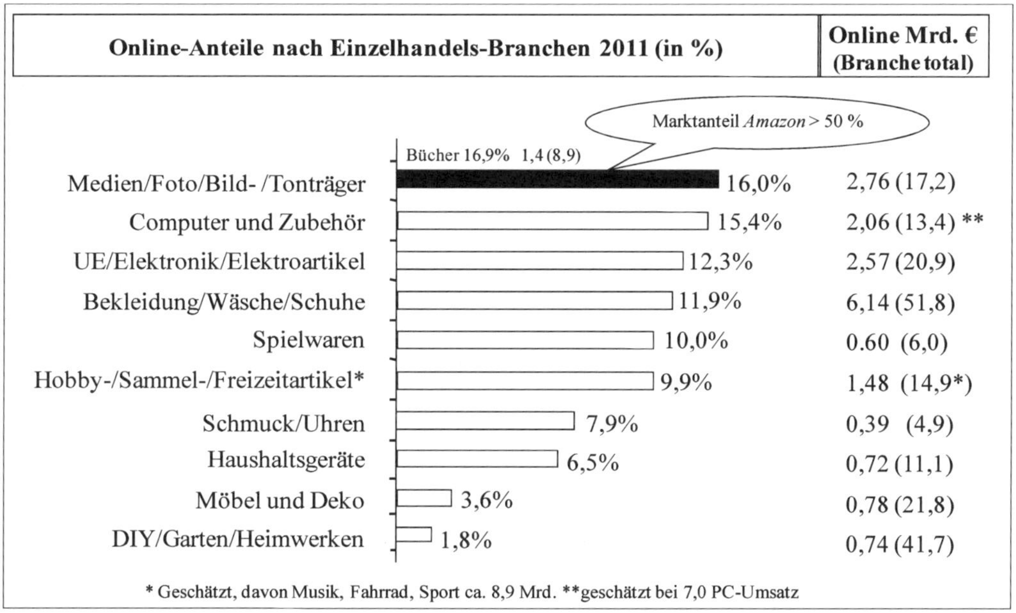

Abbildung 3: Online-Anteile nach Warengruppen[21]

Computer mit Computerzubehör nehmen Platz zwei mit immerhin 15,4 % ein, während sich Elektronik und Elektroartikel mit 12,3 % auf dem vierten Platz befinden. Dieses entspricht einem Zuwachs von 32 % in 2011 auf 2,1 Milliarden Euro Umsatz. Zusammen mit Computern bzw. Computerzubehör, die in 2011 mit 22 % auf 2,6 Milliarden Euro zulegten, erzielten diese „Mediamarkttypischen Sortimente“ somit 4,7 Milliarden Euro Umsatz im Netz und erreichen in 2012 voraussichtlich 20 % Online-Anteil.[22] Spielwaren sowie Hobby- und Freizeitartikel kamen zusammen auf rund 10 % Online-Anteil, während Uhren und Schmuck mit 7,9 % bereits einen unterdurchschnittlichen Wert aufweisen. Allerdings konnte diese Warengruppe in 2011 ihre Online-Umsätze annähernd verdoppeln und holt damit rasant auf. Haus-

19 Vgl. *Heinemann* (2012a), S. 5.

20 Vgl. *BVH* (2012), S. 8.

21 *BVH* (2012), *HDE* (2012) und *eWeb-Research-Center* (2012).

22 Vgl. *Heinemann* (2012b), S. 8.

haltsgeräte fallen mit 6,5 % Online-Anteil bereits deutlich ab, liegen allerdings immer noch weit vor Möbel/Dekoration mit 3,6 % sowie DIY/Garten/Heimwerken mit 1,5 % Online-Anteil. Damit kann im Branchenvergleich Bekleidung ganz klar als die Top-Category des Online-Handels angesehen werden, die auch mittlerweile für andere Branchen den Benchmark liefert.[23] Möbel/Dekoration sowie DIY/Garten/Heimwerken holen stark auf und werden die Online-Gewinner der nächsten Jahre sein.

4 Offline + Online + Mobile = No-Line

Bis 2020 wird der Mobile-Commerce bezogen auf Smartphones und Handys mindestens doppelt so stark wachsen wie der „normale Online-Handel".[24] Wie Abbildung 4 zeigt, bewegt sich der mobile Anteil am Online-Handel in 2012 für haptische Produkte bei rund 3 %, was in Deutschland rund 700 Millionen Euro und in Europa rund 7,8 Milliarden Euro Umsatz entspricht. Bis 2020 wird dieses Umsatzvolumen auf mehr als 30 Milliarden Euro ansteigen, was dann rund 6 % vom gesamten Online-Handelsumsatz, also von rund 500 Milliarden Euro, entspricht. Nicht darin enthalten sind allerdings Apps- und Serviceumsätze, die mindestens noch einmal 30 Milliarden Euro ausmachen dürften, was dann zusammen mit rund 60 Milliarden Euro einem Anteil von 12 % entspricht. Dieser Umsatz gibt allerdings bei Weitem nicht die tatsächliche Bedeutung des Mobile-Commerce wieder. Denn dem Käufer der Zukunft wird kaum noch bewusst sein, ob er online, offline oder mobil einkauft. Bei der parallelen Nutzung der unterschiedlichen Einkaufs- und Informationskanäle – auch Omni-Channel-Nutzung genannt – kommt dem mobilen Internet eine Schlüsselrolle für das stationäre Geschäft zu. So steigt die Rolle des mobilen Internet zur generellen Kaufvorbereitung stetig und beeinflusst nachhaltig den Kauf im Laden. In bis zu 50 % der Einkaufsfälle steht mittlerweile zuerst das Searching und Browsing, also das Stöbern im Netz, als Einstieg in einen Kaufprozess. Dazu wird zunehmend das Smartphone oder der Tablet-PC benutzt. Dadurch wird es zukünftig immer weniger möglich, von den reinen Online- und Offline-Welten zu sprechen, denn beides verschmilzt zu „No-Line"-Systemen, in denen die Betriebsformen ineinander übergehen. Damit ergeben sich enorme Chancen für die gebeutelten, stationären Einzelhändler. Denn die technologischen Innovationen ermöglichen eine völlig neue Form der Kundenorientierung, die insbesondere der von den Kunden geforderten Multi-Optionalität Rechnung trägt. Es kann davon ausgegangen werden, dass in 2020 mindestens 20 % aller stationären Einkäufe durch mobiles ROPO beeinflusst werden wird.

---

[23] Vgl. *BOERSMA* (2010), S. 35 ff.

[24] Vgl. *SCHÜRMANN* (2012), S. 1 ff.

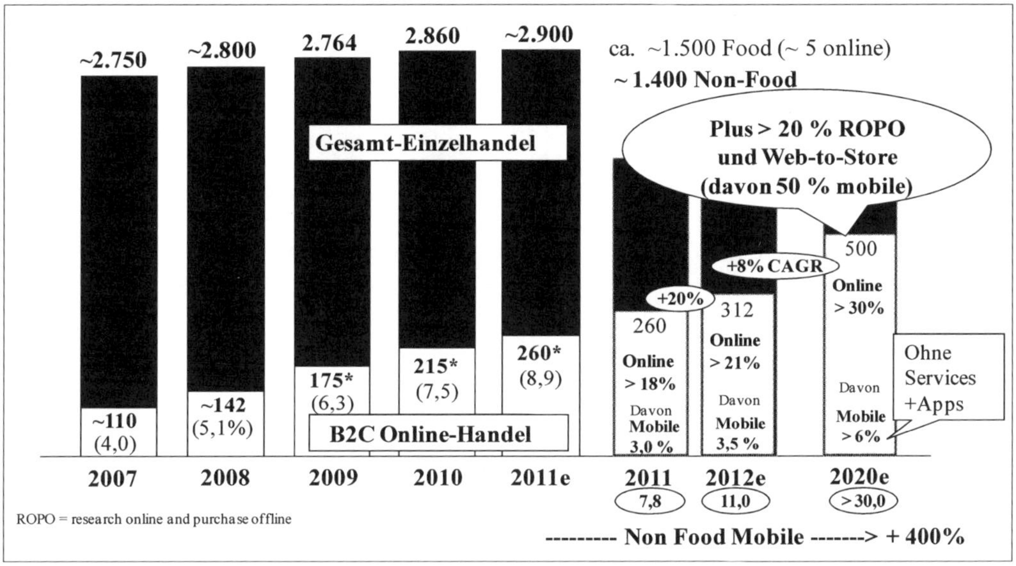

Abbildung 4: Zukünftiger Anteil des Mobile-Commerce am Einzelhandel in Europa[25]

Insofern sollten sich vor allem stationäre Händler mit dem Mobile-Commerce auseinandersetzen. Wer allerdings als Händler bereits einen Bogen um das Online-Thema macht, sollte es erst recht um das Mobile-Thema tun. Darüber hinaus muss eine Optimierung zu mobilgerechten Inhalten und formatgerechter Website erfolgen. Auch ist das Angebot um Mobile-Dienste und Anwendungen bzw. Killer-Applikationen zu erweitern. Dabei ist die situative und lebensstilgerechte Anpassung der Angebote an die individuellen Einkaufsgewohnheiten der Kunden sicherlich die hohe Schule des Mobile-Commerce. Nur so lassen sich die Synergien ausspielen, die sich aus der sozialen, lokalen und mobilen Vernetzung ergeben. Dazu gehören auch individualisierbare virtuelle Regale und der Einsatz des Augmented Reality in allen denkbaren Facetten. Mobile-2.0, also die mobile-orientierte Umsetzung von Social-Media-Instrumenten mit Vernetzung zu *Facebook*, *Twitter* & Co., ist Standard. *Twitter* Accounts funktionieren dabei nicht nur als Service-Tool, um Kundenfragen zu beantworten, wie bei *BestBuy* mit seinem *Twelpforce* praktiziert. Sie können auch die anderen Verkaufskanäle nachhaltig befeuern, wie Whole Foods Market (WFM) dies zeigt. Viel stärker als im Online-Shop ist im Mobile-Commerce auf ein Höchstmaß an Mobile-Navigation und Mobile-Usability zu achten. Dabei hilft auch eine flexible Formatgestaltung, die den Einsatz unterschiedlicher Geräteformen bis hin zum Tablet-PC ermöglicht. Auch Schnelligkeit im Seitenaufbau und Barrierefreiheit sind insbesondere in Hinblick auf mögliche Übertragungsprobleme bestmöglich umzusetzen. Zu schwere Websites mit minutenlangen Ladezeiten vergraulen Kunden und treiben diese den Mitbewerbern zu, die nur einen Click entfernt sind.

Vor allem die Smartphones der vierten Generation machen ein völlig neues Einkaufserlebnis möglich, das die Anbieter sich zunutze machen können, indem sie bspw. Konsumenten gezielt mit mobilen Werbeformen in ihre Geschäfte lenken. Schon heute ist es möglich, die sich beim Einkaufsbummel befindenden Kunden gezielt mit Werbeanzeigen anzusprechen, wie bereits in den USA praktiziert. Der Elektronikhändler *BestBuy*, die Modekette *American*

---

25 EWEB-RESEARCH-CENTER (2012).

Eagle Outfitter und der Kaufhausbetreiber *Macy's* haben Hunderte von Filialen aufgerüstet, sodass sie zentimetergenau verfolgen können, wo ein Konsument steht. Die neue Ortungstechnik verbinden sie mit sofortiger Handywerbung, die auf Ort, Zeit, Person und bald sogar aufs Regal zugeschnitten ist. Die Kunden erhalten dann einen Gutschein für ein bestimmtes Geschäft oder bekommen die Verfügbarkeit des gewünschten Produkts in umliegenden Stores angezeigt. In Kombination mit ihren intuitiven Navigationsfunktionen bringen die Smartphones die Kunden dann sprichwörtlich in die Filialen. Nur so ist zu verstehen, dass E-Commerce-Experten sagen: „Die Zukunft von online ist offline". Damit ergeben sich enorme Risiken für die gebeutelten, stationären Einzelhändler. Die Entwicklungen beinhalten aber auch Chancen für innovative Anbieter, denen es gelingt, diese zu antizipieren und in neue Konzepte umzusetzen. Denn die technologischen Innovationen ermöglichen eine völlig neue Form der Kundenorientierung, die insbesondere der von den Kunden geforderten Multi-Optionalität Rechnung trägt.

5 No-Line-Systeme versus Multi-Channel-Handel versus Omni-Channeling

Vielfach wird diskutiert, was der genaue Unterschied zwischen No-Line-System und Multi-Channel-Handel sei. Diesbezüglich wird auch der Begriff des Cross-Channel-Managements beansprucht. Zusätzlich kommen neue Begriffe auf, die synonym gebraucht werden und nicht selten zu begrifflichen Konfusionen führen. So kreierte die Münchner Software-Firma hybris, die im Bereich Multi-Channel Commerce agiert, vor kurzem den neuen Begriff Omni-Channelling.[26] Allen Begriffen ist gemeinsam, dass sie sich auf die Kombination verschiedener Verkaufsformen beziehen. Dabei ist die Nutzung unterschiedlicher Absatzkanäle eigentlich kein neues Phänomen. Vielmehr gibt es schon lange Unternehmen, die neben dem Einkauf in ihren Ladengeschäften, ihren Kunden auch noch die Bestellung über einen Katalog ermöglichen. „Mehrkanal-Handel" ist so alt wie *Sears*, *Montgomery Ward* und viele andere Traditionsunternehmen im Handel, die ihre Sortimente über den Katalog parallel zum stationären Geschäft bereits im vorletzten Jahrhundert verkauft haben. Entwicklung und Bedeutung von Multi-Channel-Systemen ist aber eindeutig der Einführung und Etablierung der Internettechnologie als neuer Vertriebsweg zuzuschreiben. Im Folgenden erfolgt der Versuch einer begrifflichen Abgrenzung:

- **Omni-Channeling** beschreibt einen Trend bezüglich des Konsumentenverhaltens mit der simultanen Nutzung von Medien und Vertriebskanälen. Es handelt sich insofern nicht um eine Kanalstrategie wie zum Beispiel das Multi-Channeling sondern ein Phänomen aus Konsumentensicht. Dieses beschreibt die aktuelle Veränderung des Käuferverhaltens durch technologischen Fortschritt.
- **Multi-Channel-Handel** liegt vor, wenn unter derselben Markierung eine Kombination von Absatzkanälen vorliegt, die ein Kunde wahlweise nutzen kann, um Leistungen eines Anbieters nachzufragen. Im Gegensatz zu traditionellen Mehrkanalsystemen muss dabei mindestens ein Kanal des Handelsunternehmens den stationären Handel und ein zweiter Kanal desselben Unternehmens (und nicht bloß der Firmengruppe) den Internethandel

[26] Vgl. OHNE TÜTE (2012).

repräsentieren. Multi-Channel-Handel bezeichnet folglich ausschließlich die Verknüpfung von stationärem Geschäft und Internethandel plus möglicherweise einem zusätzlichen Absatzkanal, wie z. B. Katalogversand oder Tele-Shopping. Dabei müssen die Kanäle Bestellung und damit Nachfrage zulassen. Ein Kaufabschluss muss in den betrachteten Kanälen möglich sein, so dass Kanäle rechtlich gesehen die verbindliche Spezifizierung der Güterübertragung hinsichtlich Menge, Preis, Zahlungsbedingungen, Lieferung, Garantieleistungen etc. darstellen. Am häufigsten anzutreffen ist die Umwandlung vom Brick& Mortar-Anbieter (stationärer Handel) zum „Click&Mortar-Händler" in E-Retailingform. Durch Multi-Channel-Systeme stehen dem Kunden – in der Regel mit dem stationären Handel und dem Internethandel – insofern mindestens zwei Vertriebswege für die Beschaffung seines Produktes zur Verfügung. Versandhändler, die neben dem Kataloggeschäft auch Online-Handel betreiben, stellen keine Form des Multi-Channel-Handels dar, sondern betreiben als Distanzhändler „hybriden Internethandel". Sie nutzen zusammengenommen denselben Distanzhandelskanal.[27]

- **Cross-Channel-Management** bezeichnet alle Aktivitäten eines Multi-Channel-Händlers, die auf die Abstimmung, Harmonisierung und/oder Integration der verschiedenen Kanäle abgestimmt sind. Diesbezüglich kann von den 7 C-Erfolgsfaktoren gesprochen werden, die im Wesentlichen eine Kundenkonfusion bei der Nutzung der verschiedenen Kanäle des Multi-Channel-Händlers vermeiden sollen.[28]
- **No-Line-Systeme** können als höchste Evolutionsstufe des Multi-Channel-Handels bezeichnet werden, die sich aus dem Cross-Channel-Management in ausgeprägtester Form ergibt, wenn alle Absatzkanäle maximal vernetzt und integriert sind. Bedingung ist aber das Vorhandensein eines Mobile-Commerce-Kanals, den die Konsumenten parallel zum stationären Einkauf nutzen können. Während z. B. ein No-Line-Händler seinen Kunden den Preisvergleich durch Anscannen des EAN-Codes ermöglicht und ihm das maximal mögliche Spektrum an Multi-Channel-Leistungen auch über den Mobile-Shop anbietet, kann ein Multi-Channel-Händler demgegenüber auch durchaus auf den Mobile-Commerce und das Angebot mobiler Dienste verzichten.

In den nächsten Jahren wird der Mobile-Commerce den stationären Handel nachhaltig prägen und über No-Line-Systeme auch den Multi-Channel-Handel in eine neue Evolutionsstufe überführen. Bisher galt E-Commerce als modernste Form des Handels. Aber bereits die relativ kurze Phase des E-Commerce lässt bis 2011 nach vier unterschiedliche Phasen unterscheiden (siehe Abbildung 5).

---

[27] Vgl. *HEINEMANN* (2012b), S. 79.

[28] Vgl. *HEINEMANN* (2011), S. 72 ff.

Evolution Steps	**Initial E-Commerce**	**Shopping Comparison**	**Optimization and scale up**	**Web 2.0 and Membership**	**No-Line**
Phase:	**1993–1999**	**1999–2005**	**2005–present**	**2008–present**	**2011–?**
Key Issues:	➢ Simple concept ➢ Trial and error ➢ Launch a website, acquire traffic, sale stuff	➢ Simple layer on top of traditional ➢ E-Commerce-sites ➢ Rankings/filters ➢ Find best product against specific criteria (price etc.)	➢ Increase lift ➢ Rump up/ Expansion ➢ Acceleration ➢ Optimize Shopping experience	➢ Communities/ memberships ➢ Socialization/ Societing ➢ Exchange of experiences ➢ Invite/acquire	➢ Ropo ➢ LBS – Location Based Services ➢ Mobile Commerce ➢ No-Line-World
Typical Player:	➢ *Amazon* ➢ *cdnow* ➢ *ebay* ➢ *Toys´R´Us*	➢ *Expedia* ➢ *PriceGrabber* ➢ *shoppingcom*	➢ *Aggregate Knowledge* ➢ *MyBuys* ➢ *loomia*	➢ *GILT* ➢ *HAUTELOOK*	
Notes:	➢ Most of todays Top-10 E-Commerce Websites	➢ Searching and Browsing ➢ Open market-places	➢ New system solutions ➢ Professional service provider	➢ New online retailing ➢ Moving pictures	

Abbildung 5: Der No-Line-Handel als höchste Evolutionsstufe im E-Commerce

In der Anfangsphase von 1993 bis 1999 wurde eine Reihe einfacher Konzepte gelauncht und in Traffic investiert. Dieser Lernphase folgte von 1999 bis 2005 das Zeitalter der Shopping-Vergleiche, in dem auch zahlreiche Preisvergleichsseiten gegründet wurden. Seit 2005 dauert die Phase der Shop-Optimierung an, in der die Websites auf Perfektion getrimmt werden. Zusätzlich tat sich seit 2008 die Zeit der Mitglieder-Seiten auf, in der die Shopping-Clubs gegründet und die meisten der Web-2.0-Funktionalitäten installiert wurden.[29] Welche Phase sich aktuell auftut und den Online-Handel der neuesten Generation prägt, wird durch die explosionsartige Nutzung des mobilen Internet beantwortet. Diesbezüglich spielt die mobile Internetnutzung zweifelsohne eine Schlüsselrolle. Mittlerweile kann davon ausgegangen werden, dass der Mobile-Commerce die höchste Evolutionsstufe im E-Commerce darstellt.[30] Welche Konsequenzen die Verschmelzung von Online- und Offline-Kanälen für den stationären Handel hat, ist nicht ohne weiteres zu beantworten. Zunächst einmal stoßen damit zwei Welten aufeinander. Der traditionelle beziehungsweise stationäre Handel war bisher eigentlich eher untechnisch und auch immer in erster Linie lokal orientiert. Durch das Internet und die Erwartungshaltung der Kunden wird der Handel nun mit dem technologischen Fortschritt konfrontiert. Es wird spannend zu sehen, wie beispielsweise Einkaufscenter-Betreiber damit umgehen werden, wenn auf bestehender Fläche im Jahr 2020 10 bis 20 % weniger Umsatz gemacht wird als heute. Wahrscheinlich werden Ladenformate kleiner werden oder Showrooms werden bisherige Geschäfte ablösen. Läden, wie wir sie derzeit kennen, mit einem angeschlossenen Lager, wird es in Zukunft wahrscheinlich schon aus Kostengründen nicht mehr so geben können, wie diese sich heute darstellen. Es ist nicht davon auszugehen, dass der stationäre Handel verschwinden wird, ganz im Gegenteil. Zwar wird der Online-Handel in Zukunft noch wichtiger werden. In manchen Bereichen wird er den stationären Handel vielleicht auch überholen. Gerade im Buchhandel und bei Consumer Electronics zeichnet sich das derzeit ab. Die meisten Produkte wird der Kunde aber auch in Zukunft noch vor dem Kauf

[29] *BV CAPITAL* (2011).

[30] Vgl. *HEINEMANN* (2012a), S. 19.

anschauen, anfassen und testen wollen. Deswegen wird es weiterhin stationäre Läden geben. Aber die Kanäle werden zunehmend verschwimmen: Immer mehr Kunden werden sich im Laden per Smartphone über ein Produkt informieren, Preise vergleichen und dann im Geschäft auch online kaufen. Das bestätigt die Einschätzung, dass das große Zukunftsthema „No-Line-Handel“ heißt, bei dem die Grenzen zwischen den Kanälen verschwimmen, wofür eigentlich der stationäre Handel die besseren Voraussetzungen mitbringt. Für den Kunden wird der Einkauf durch die zunehmende Verflechtung von Online- und Offline-Kanälen grundsätzlich einfacher und unkomplizierter. Eine Studie des *eWeb-Research-Center* der Hochschule Niederrhein hat ergeben, dass Verbraucher sogar bereit sind, höhere Preise für so genannte „Multi-Channel-Leistungen“ zu zahlen, wenn sie also übers Internet ihren Einkauf im stationären Laden vorbereiten können.[31] So kann der Kunde vorher überprüfen, ob der Artikel noch vorrätig ist und ihn online reservieren bzw. nur noch abholen. Er kann auch eine Spezialberatung buchen. Andersherum geht auch vielen Käufen im Internet ein Besuch im Laden voraus. Solange die einzelnen Kanäle harmonisieren, erleichtern sie dem Kunden den Einkauf. Schwierig wird es, wenn das Angebot im Internet sich vom Offline-Angebot maßgeblich unterscheidet, also unter gleichem Markennamen völlig andere Produkte oder nur ein Teil des Sortiments angeboten werden. Auf der anderen Seite muss ein Online-Kanal die größtmögliche Auswahl bieten und alle Register der modernen Online-Vermarktung ziehen.

6 Zukunftsaussichten des No-Line-Handels

In Zukunft wird der Kunde nicht mehr zwischen den Kanälen eines Anbieters unterscheiden. Dieses ist Ergebnis einer aktuellen *eBay*-Studie zum Thema „Handel der Zukunft“[32]. Durch die Nutzung des mobilen Internets im stationären Laden ist bei vielen Käufern auch nicht mehr auseinander zuhalten, ob der Einkauf online oder offline erfolgt ist. Immer mehr Kunden werden im Laden auch online kaufen und dabei sogar in den Laden liefern lassen, so wie das in Großbritannien häufig schon an der Tagesordnung ist. Insofern werden sich stationäre Ladenflächen zunehmend zu Showrooms wandeln, in denen der Kunde dann sein Touch& Feel-Erlebnis hat, allerdings nicht sofort mitnehmen kann. Dabei sind zwar alle Produkte ausgestellt, aber jedes nur einmal. Der Kunde kann nach Belieben testen sowie aus- und anprobieren. Entscheidet er sich für das Produkt, kann er es problemlos und ohne zu warten direkt im Showroom mit seinem Smartphone über einen QR-Code kaufen. Ihm wird dann direkt ein neues Exemplar geliefert – in den Laden, nach Hause, oder an jeden anderen Ort der Wahl. Diese Situation ist im Grunde immer noch im traditionellen Möbelhandel vorzufinden, zwar nicht mit QR-Code, aber mit Lieferung nach Hause und das mit langen Lieferzeiten. Beispiele aus anderen Ländern zeigen, dass der Einkauf über QR-Codes bereits heute schon von überall aus möglich ist. *Tesco* in Südkorea hat in U-Bahn-Stationen beispielsweise Bilder von Lebensmittelregalen aufgebaut, die das Sortiment des Supermarkes zeigen. Für den Einkauf müssen die Kunden dort nur die QR-Codes auf den Bildern einscannen. Oder *Magalogues*, eine Kombination aus Magazin und Kauffunktionen über Augmented-Reality-Funktionen auf dem Smartphone, die auch als Möglichkeit für Katalogversender gesehen werden können, die hohen Katalogkosten zu reduzieren. Es ist allerdings davon auszugehen, dass sich der Einkauf über Bilder in keinem Fall für alle Produkte durchsetzen kann. Für

---

31 Vgl. ACCENTURE (2012), S. 1 ff.

32 Vgl. EBAY (2012).

Autos und Kleidung beispielsweise werden viele Verbraucher nicht auf das Probefahren beziehungsweise das Anprobieren vor dem Kauf verzichten wollen. Deshalb ist anzunehmen, dass die Nutzung der neuen Möglichkeiten in verschiedenen Arten des Einkaufens resultieren wird. So wird vielleicht der „Pflichteinkauf" für Konsumgüter wie Lebensmittel zunehmend online erfolgen, wie das in Südkorea eben schon möglich ist. Der „Erlebniseinkauf" hingegen wird zukünftig auch in Showrooms stattfinden, die immer innovativer ausgestattet sein werden, um Kunden anzuziehen. Bis sich allerdings der virtuelle Supermarkt an der Bushaltestelle in Deutschland durchsetzt, wird es noch etwas dauern. Deutsche Händler hinken in diesen Entwicklungen bereits weit hinter den englischsprachigen Ländern her. Während die Kunden bei *Best Buy* zum Preisvergleich mit dem Smartphone aufgefordert werden, wird das in Deutschland nicht selten verboten oder es werden Störsender in die Läden eingebaut, damit die Kunden keinen Empfang auf ihrem Handy haben. Diesbezüglich liegen Welten zwischen Deutschland und USA und vor allem Japan. Aber auch Verbote werden erfahrungsgemäß die Entwicklung in Richtung No-Line-Handel nicht aufhalten können. Sie werden auch nicht verhindern können, dass die Kunden durch Nutzung des mobilen Internets so informiert sind wie nie zuvor. Dabei wird es immer schwieriger für das Verkaufspersonal, mit den emanzipierten und informierten Konsumenten mithalten zu können. Insofern wird sich auch die Rolle der Verkäufer stark verändern. Da die verschiedenen Kanäle verschwimmen, wird der Drang zum Abschluss größer. Kunden, die sich im Laden noch nicht zum Kauf entschließen können, müssen nicht zurückkehren, wenn sie zu Hause ihre Meinung ändern. Sie können das Produkt dann auch einfach von der Wohnzimmercouch aus übers Internet kaufen und zwar nicht unbedingt beim selben Händler, sondern beim besten Anbieter aus seiner Sicht. Der reine stationäre Händler ohne Online-Aktivitäten wird auf der Strecke bleiben. So verfügt schon heute der deutsche Einzelhandel über die mit Abstand größte Ladenfläche pro Kopf und erwirtschaftet zugleich den geringsten Umsatz pro Quadratmeter in Europa. Die Studie 'Key European retail data 2011 review and 2012 forecast' in Deutschland zeigt, dass mit 1,45 Quadratmetern pro Kopf die meisten Einzelhandelsflächen existieren, hinter den Niederlanden mit 1,66 Quadratmetern pro Kopf.[33] Wenn also Einzelhändler in Deutschland überhaupt noch wachsen können, dann nicht über Flächenwachstum. Weitere Expansionsmöglichkeiten bestehen entweder nur in der Eröffnung von Ladenflächen im Ausland oder aber in der Forcierung der Internetverkäufe.

33 Vgl. JAHN/MÜLLER (2012).

Quellenverzeichnis

ACCENTURE (2012): Preisbereitschaften für Multi-Channel-Leistungen, Studie in Kooperation mit dem eWeb-Research-Center der Hochschule Niederrhein.

BOERSMA, T. (2010): Warum Web-Exzellenz Schlüsselthema für erfolgreiche Händler ist – Wie das Internet den Handel revolutioniert, in: *HEINEMANN, G./HAUG, A.* (Hrsg.), Web-Exzellenz im E-Commerce-Innovation und Transformation im Handel, Wiesbaden, S. 21–42.

BRUCE, A. (2011): Multi-Channeling der Zukunft-Multi-Channel-Erfolgsfaktoren im wachsenden Markt aus Sicht von Google, in: *HEINEMANN, G./SCHLEUSENER, M./ZAHARIA, S.* (Hrsg.), Modernes Multi-Channeling im Fashion-Handel, Frankfurt am Main, S. 50–69.

BVH (2012): Der interaktive Handel wächst, steigender Anteil des interaktiven Handels am Einzelhandel 2007–2011.

BV CAPITAL (2011): Overview: eCommerce & Online Trends, San Francisco (CA) 2011.

ECKSTEIN, A. (2012): Digitalisierung des Handels über Smartphones, Vortrag auf dem Mobile-Gipfel vom 27.07.2012 in Düsseldorf.

EWEB-RESEARCH-CENTER (2012): Online-Handel wächst schon 2012 auf über 20 % – Deutschland beim Wachstum Schlusslicht, Pressemitteilung des eWeb-Research-Centers der Hochschule Niederrhein vom 17. Oktober 2011.

EBAY (2012): eBay untersucht Zukunft des Handels, Pressemitteilung der eBay Deutschland GmbH vom 29. Mai 2012.

FAZ-NET (2010): Der Verkauf über das Internet, http://www.faz.net/artikel/C30563/einzelhandel-der-verkauf-ueber-das-internet-gewinnt-auch-in-deutschland-immer-mehr-neue-kunden-und-groessere-marktanteile-die-kauflaune-der-konsumenten-steigt-wieder-30347887.html, Stand: 25.10.2012, Abruf: 25.10.2012.

HEINEMANN, G. (2011): Cross-Channel-Management, Integrationserfordernisse im Multi-Channel-Management, 3. Auflage, Wiesbaden 2011.

HEINEMANN, G. (2012a): Mobile-Commerce, Erfolgsfaktoren und Best Practices, Wiesbaden 2012.

HEINEMANN, G. (2012b): Der neue Online-Handel, Erfolgsfaktoren und Best Practices, 4. Auflage, Wiesbaden 2012.

HEINEMANN, G. (2012c): Online-Kunden sind nicht blöd, Gastkommentar, in: Der Handel, 2012, Nr. 5, S. 8.

HSNR (2011): Non-Food-Handel erreicht 10 % Onlineanteil in 2011 – mindestens Verdopplung bis 2020 prognostiziert, Pressemitteilung der Hochschule Niederrhein vom 10. Februar 2011.

JAHN, M./MÜLLER, S. (2012): Key European Retail Data 2010 Review and 2011 Forecast?. Online: http://www.directionsmag.com/articles/key-european-retail-data-2010-review-and-2011-forecast/186736, Stand: o. A., Abruf: 26.11.2012.

OHNE TÜTE (2012): Bist Du noch Multi- oder schon Omni-Channel? Online: http://ohnetuete.wordpress.com/vom 22.4.2012, Stand: 22.04.2012, Abruf: 12.08.2012.

SCHÜRMANN, J. (2012): Die mobile Revolution – Kernfaktoren für ein erfolgreiches Mobile-Business, Vortrag auf dem Mobile-Gipfel vom 26.07.2012 in Düsseldorf.

Smart City, Smart Cleaning

MATTHIAS MEHRTENS

Information Systems Alfred Kärcher GmbH & Co. KG

1 Energiepolitische Herausforderungen für die strategische Positionierung smarter Technologien

„Die Rohstoffvorkommen der Erde sind erschöpft. Die Menschen haben begonnen, in den Weiten des Alls nach Alternativen zu suchen." Dies ist die Grundlage der Geschichte, die in „Avatar", dem Blockbuster des Jahres 2010, nach der Idee von Star-Regisseur *JAMES CAMERON* erzählt wird. Techniken, die es uns ermöglichen, sanft mit unserem Planeten und seinen Schätzen umzugehen entstehen bereits heute.

Es wird Energie gespart durch intelligente Energieversorgung. Der CO_2-Ausstoß des Individualverkehrs wird durch intelligente Verkehrskonzepte reduziert. Die Bürger unserer Städte sind zunehmend elektromobil und sie arbeiten in einer Welt, in der „Smart Work" ein feststehender Begriff ist. Familien genießen das Leben in „Smart Homes" und Nutzen das intelligente Stromnetz „Smart Grid".

Dabei müssen die Energieversorgungsunternehmen einen Dreisprung meistern aus Versorgungssicherheit, Ökonomie und seit einigen Jahren auch Ökologie. „Intelligente Netze", „smarte Haushalte", „Elektromobilität", „steuerbare Verbraucher" oder „virtuelle Kraftwerke" sind einige der Schlagwörter, die seit Monaten in aller Munde sind.

Wenn wir unsere Energieversorgung neu gestalten, lautet die wichtigste Frage: „Wie können wir Energie dann nutzen, wenn wir sie brauchen, und nicht dann, wenn sie entsteht?"[1] Durch den wachsenden Anteil der erneuerbaren Energien muss das gesamte Energieversorgungssystem verbessert und neu konzipiert werden.

1.1 Weltweiter Einsatz smarter Technologien

1.1.1 Smarter Planet

Zum heutigen Zeitpunkt werden mehr Daten erfasst als je zuvor. Die Märkte und Lieferketten sind zunehmend global. Die Informationsflut wird von Milliarden Einzelpersonen und über die sozialen Medien generiert.

Kunden, Bürger, Studenten und Patienten lassen uns echtzeitorientiert wissen, was sie denken, was sie mögen, möchten und was sie beobachten.

Daten an sich bringen zwar keinen Nutzen, aber in den vergangenen Jahren hat sich bestätigt, dass der wichtigste Aspekt intelligenter Systeme Daten sind – und noch genauer verlässliche Informationen, die aus diesen Daten entstehen. Es hat sich eine Art globales Datenfeld entwickelt. Die Welt selbst hat schon immer gewaltige Datenmengen produziert, die wir früher jedoch weder hören, sehen noch erfassen konnten. Im Smarter Planet sind wir dazu in der Lage, weil diese Daten inzwischen digitalisiert sind. Außerdem sind sie vernetzt, sodass wir auch darauf zugreifen können. Im Prinzip hat die Welt im Smarter Planet also ein zentrales Nervensystem bekommen.[2]

---

1 Vgl. online *BUNDESREGIERUNG* (2010).

2 Vgl. online *IBM* (2010a).

1.1.2 Intelligente Stromnetze

Wissenschaftler und Branchenexperten von *IBM* arbeiten weltweit an intelligenten Lösungen im Smarter Planet. Gemeinsam mit Stromversorgern arbeitet *IBM* an der schnellen Einführung „smarter" Stromnetze. *IBM* ist an 7 der 10 weltweit größten Projekte zur automatisierten Verbrauchserfassung beteiligt. Ebenfalls wird erforscht, wie man in Zukunft Millionen von Elektrofahrzeugen als „mobile Batterien" nutzen kann, um Überkapazitäten zu speichern und bei Bedarf wieder ins Netz einzuspeisen.

Es ist noch nicht allzu lange her, da galten die Stromnetze vieler Länder als Wunderwerke moderner Technik, als Inbegriff des weltweiten Fortschritts. Sie brachten auf einfache Weise erschwingliche Energie in nahezu beliebiger Menge in unsere Häuser, Städte, Straßen und Fabriken – und veränderten dadurch die Welt.

Diese Stromnetze stammen aber aus einer Zeit, als Energie billig war und Folgen für die Umwelt kaum eine Rolle spielten – ebenso wie die Ansprüche der Verbraucher: zentral organisiert und gespeist von einer relativ kleinen Zahl großer Kraftwerke. Diese Netze waren dafür gemacht, Strom zu liefern, und zwar nur in eine Richtung. Einer dynamischen, weltweit vernetzten Energieversorgung mit ständig schwankendem Angebot und Nachfrage sind sie schwer gewachsen.

Dieser Mangel an Flexibilität und Effizienz hat einen hohen Preis: Ohne eine intelligente Steuerung, die Lastspitzen ausgleicht oder den Stromfluss überwacht, geht in unseren Netzen jedes Jahr unglaublich viel Energie verloren: genug, um Deutschland, Indien und Kanada ein Jahr lang mit Strom zu versorgen.

„Wenn es gelingen würde, das US-amerikanische Netz nur 5 % effizienter zu machen, entsprächen die eingesparten Emissionen dem Ausstoß von 53 Millionen Autos. Jedes Jahr verschwenden wir Milliarden um Strom zu erzeugen, der nie irgendwo ankommt."[3]

Zum Glück kann man die Stromversorgung heute intelligenter gestalten. So intelligent, wie es ein komplexes, globales System heutzutage erfordert. Man kann vom Stromzähler zu Hause bis zu den Turbinen im Kraftwerk jeden Teil des Netzes in ein gemeinsames System einbinden. Tatsächlich ähnelt dieses „smarte Netz" eher dem Internet als dem bisher bekannten Stromnetz. Es kann von tausenden von Energiequellen gespeist werden – z. B. von Windparks und Solaranlagen.

Diese Vernetzung liefert neue Daten, die wir durch moderne Analyseverfahren zu aussagekräftigem Wissen verdichten können, als Grundlage für schnellere, bessere Entscheidungen in Echtzeit. Privatkunden und Unternehmen können besser entscheiden, wie sie ihren Stromverbrauch gestalten. Versorgungsunternehmen, wie sie ihre Netze auslasten. Regierungen, wie sie die Umwelt und natürlichen Ressourcen schonen. Das ganze System kann effizienter, zuverlässiger, anpassungsfähiger werden. Oder kurz: smarter.

Schon heute helfen erste Projekte mit solchen intelligenten Netzen privaten Verbrauchern, 10 % Stromkosten zu sparen und die Last zu Spitzenzeiten um bis zu 15 % zu reduzieren. Wie würden die Einsparungen aussehen, wenn wir dieses Projekt auch auf Unternehmen Behörden, Universitäten usw. anwenden?

---

[3] Vgl. online *IBM* (2010b).

Unsere Stromnetze können wieder ein Symbol des Fortschritts werden – wenn es uns gelingt, sie mit mehr Intelligenz auszustatten. Die Voraussetzungen dafür haben wir.[4]

1.1.3 Straßenverkehr

2007 lebte zum ersten Mal in der Geschichte der größte Teil der Weltbevölkerung in Städten. Tendenz: stark steigend.

Seit diesem Jahr gibt es ca. 60 Ballungsgebiete mit mehr als 5 Millionen Einwohnern – das sind 50 % mehr als im Jahr 2001. Die Infrastrukturen und Verkehrs-Management-Systeme von heute sind dem weltweiten Verkehrsaufkommen nicht mehr gewachsen. Allein die Staus auf den Straßen der EU haben 2007 mehr als 135 Mrd. EUR gekostet, Umweltfolgen nicht mitgerechnet.

Höchste Zeit also für eine intelligentere Lösung. Der Schlüssel dazu ist, den städtischen Verkehr als ein Gesamtsystem zu begreifen, anstatt sich auf einzelne Teillösungen zu konzentrieren: hier eine neue Brücke, dort eine weitere Fahrspur, hier eine Ampel, dort eine Busspur, hier ein Carsharing-Projekt, dort eine Umweltzone.

Stattdessen müssen die gegenseitigen Abhängigkeiten im System „Stadtverkehr" betrachtet werden. Viele andere Systeme, die damit zusammenhängen sind betroffen: Lieferketten, Umwelt, Unternehmen, was das Leben und Arbeiten in Städten betrifft. Dann wird der Verkehr nicht mehr als eine Schlange von Autos angesehen, sondern als ein Netz von Verbindungen.

„Smartes" Verkehrsmanagement ist zwar noch lange nicht die Regel. Aber es ist auch keine Science Fiction. An vielen Orten ist es schon heute Realität:[5]

- In Stockholm hat zum Beispiel *IBM* ein dynamisches Maut-System entwickelt, welches das Verkehrsaufkommen in der Innenstadt um 20 % reduziert, Wartezeiten um 25 % und Emissionen um 12 %.
- In **Singapur** helfen Echtzeit-Daten von Sensoren und Rechenmodelle, das Verkehrsgeschehen mit 90-prozentiger Sicherheit vorherzusagen.
- Und in **Kyoto** simulieren Stadtplaner Verkehrssituationen mit Millionen von Fahrzeugen, um die Folgen für die Stadt zu analysieren.

All das ist möglich, weil Städte ihr Verkehrssystem mit mehr „Intelligenz" ausstatten können. Sie können Straßen, Brücken, Kreuzungen, Verkehrsschilder, Ampeln und Mautsysteme miteinander vernetzen. Solche „smarten" Systeme können Pendlerströme besser regeln, Stadtplaner mit besseren Informationen versorgen, die Produktivität von Firmen erhöhen und die Lebensqualität steigern. Sie können Staus vermeiden, den Benzinverbrauch und die CO_2-Emissionen senken.

---

4 Vgl. online *IBM* (2010c).

5 Vgl. online *IBM* (2010d).

In den USA wuchs die Bevölkerung zwischen 1982 und 2001 beispielsweise um 20 %, der Verkehr hingegen um 236 %.[6]

Häufig ist der Neu- und Ausbau von Straßen einfach nicht mehr möglich – Straßen und Fahrzeuge hingegen können noch intelligenter gemacht werden:[7]

- mit Sensoren am Straßenrand, Transpondern und GPS.
- In Stockholm trug ein neues intelligentes Mautsystem erheblich zur Reduzierung von Verkehr und CO_2-Emissionen bei.
- In **London** ließ sich mit einem Staumanagementsystem das Verkehrsaufkommen auf den Stand von Mitte der Achtzigerjahre senken.
- In **Singapur** vereinfacht ein System zur Verkehrsvorhersage die Umleitung und Steuerung des Verkehrs im gesamten Stadtgebiet, um größere Staus und Überlastungen zu vermeiden.

1.1.4 Intelligentes Reinigen

Zunehmende Verschmutzung gerade in den Ballungsgebieten der Erde machen es notwendig, sich auch mit dem Thema des intelligenten Reinigens zu befassen. Hierzu gehören der faire Umgang mit den Menschen und der verantwortungsbewusste Umgang mit den natürlichen Ressourcen. Ein Hochdruckreiniger verbraucht zum Beispiel 80 % weniger Wasser als ein Gartenschlauch. Die Recyclingfähigkeit liegt bei guten Reinigungstechnik-Geräten bei über 90 %. Die weltweite Orientierung am UN Global Compact verpflichtet weltweit auch Hersteller von Reinigungstechnikgeräten zu verantwortlichem Handeln gegenüber Mensch und Umwelt.

1.2 Einsatz smarter Technologien in Städten

1.2.1 Erneuerbare Energien

Erneuerbare Energien werden auch regenerative Energien genannt. Sie entstehen aus Quellen, die sich entweder kurzfristig von selbst erneuern, oder deren Nutzung nicht zur Erschöpfung der Quellen beiträgt.

Niemand kann genau vorhersagen, wie lange die Ressourcen aus fossilen Brennstoffen und Uran noch zur Verfügung stehen. Dass auch die Techniken verfügbar sind, die es ermöglichen sanft mit unserem Planeten und seinen Schätzen umzugehen, lässt sich an Beispielen darlegen.

In Düsseldorf wurde zum Beispiel bereits 2010 eine umfassende Ausstellung über erneuerbare Energien gezeigt. Mit über 15 Exponaten war die interaktive Ausstellung „Erneuerbare Energien-Parcours" mehr als informativ. Die Exponate zeigten anschaulich die Arbeitsschritte wie Energie aus der Natur gewonnen wird. Thematisiert wurden hierbei Biomasseanlagen,

6 Vgl. online *IBM* (2010e).

7 Vgl. online *IBM* (2010f).

Wärmepumpen, Geothermie, ein Erdklimamodell – Energy Globe für Klimasimulationen bis 2200, Energiesparhäuser und Straßenbeleuchtung.

Strategisches Ziel ist, die Erzeugungskapazitäten im Bereich erneuerbare Energien bis zum Jahr 2020 zu vervielfachen. Die Europäische Union hat ein klares Ziel bezüglich der erneuerbaren Energien formuliert. Der Gesamtanteil der Energie aus erneuerbaren Quellen soll bis 2020 auf mindestens 20% steigen.[8]

1 Watt	1 Watt
1 Kilowatt	1.000 Watt
1 Megawatt	1.000.000 Watt
1 Gigawatt	1.000.000.000 Watt
1 Terawatt	1.000.000.000.000 Watt

Tabelle 1: Ein durchschnittliches Kraftwerk produziert 1 Gigawatt Strom.

1.2.2 Smart Grid

„Smart Grid" umfasst die Vernetzung und Steuerung vom intelligenten Erzeugen, Speichern und Verbrauchen in Energieübertragungs- und – Verteilungsnetzen mit Hilfe von Informations- und Kommunikationstechnik.

Die Landeshauptstadt Düsseldorf benötigt in der vorweihnachtlichen Zeit eine Spitzenlast von 750 Megawatt, hingegen wird Pfingstmontag die geringste Stromlast von 250 Megawatt verbucht. Zwar kommt der Strom zukünftig in den Städten im Smart Grid aus der Steckdose. Doch während Elektrizität heute gewissermaßen vom Kraftwerk ins Netz eingespeist über Trassen verteilt und dann abgezapft wird, soll der Strom künftig nur noch dorthin gelangen, wo er auch wirklich gebraucht wird.[9]

Auch die Städte in Deutschland bekommen intelligente Stromnetze. Es integriert alle Akteure auf dem Strommarkt durch das Zusammenspiel von Erzeugung, Speicherung, Netzmanagement und Verbrauch in ein Gesamtsystem. Es wird sicher, effektiv, verbraucherfreundlich, preisgünstig und umweltverträglich aufgebaut.

Durch „Smart Grid" soll in Zukunft das Stromnetz gezielt die Energie weiterleiten und durch die Kommunikation mit „Smart Metern", Geräte vom Strom abschalten, die nicht benötigt werden.

Durch diese zukünftige Kommunikation könnte eine Versorgungssicherheit der Energiebranche besser gewährleistet werden. Die Grundlast in Düsseldorf beträgt zum Beispiel ca. 200 Megawatt. Die Energiebranche steht vor der Herausforderung, diese Versorgungssicherheit auch im Falle von windstillen oder sonnenarmen Tagen zu gewährleisten.

---

8 *Europäisches Parlament/Europäischer Rat* (2009).

9 *o. V.* (2010a).

Eine Analogie zum Smart Grid wäre u. a die Stausituation auf der A46, Ausfahrt Düsseldorf Hafen (siehe Tabelle 2).

Auto	Strom
Autobahn	Stromleitung
Staumelder	Netzwerkwarte
Verkehrszähler	Smart Meter

Tabelle 2: Analogie Smart Grid und Autobahnstau

Beim Gedanken, dass täglich circa 285.000 Menschen von und nach Düsseldorf pendeln ist plausibel, dass es auch im Stromnetz beim zunehmenden Einsatz erneuerbarer Energien Steuerungs- und Regelbedarf gibt. Die Zahl der Einpendler ist um 10,8 % gegenüber dem Vorjahr gestiegen (220.000) und die der Auspendler um 12,1 % (60.000).[10] Ohne Umweltplakette darf nicht nach Düsseldorf eingefahren werden. Im Staufall gibt es Priorisierungen für Polizei, Krankenwagen sowie Bus und Taxi.

1.2.3 Smart Meter

„Smart Meter", auch intelligenter Zähler genannt. Durch den elektronischen Stromzähler können die Energieversorger, über zusätzliche Module, die erfassten Stromwerte über die Ferne auslesen.

Seit Anfang 2010 ist der Einbau von „intelligenten" Stromzählern in Neubauten und sanierten Wohnungen und Häusern gesetzlich vorgeschrieben. Der „intelligente" Stromzähler ist ein elektronischer Stromzähler, der die Verbrauchsdaten in digitale Signale umwandelt. Er kann mit verschiedenen Modulen erweitert und damit mehr oder weniger „intelligent" werden, z. B. mit einem Modul für zeitvariable Tarife oder zusätzlich mit einem GPRS-Modul für die Fernauslesung und Online-Zugriffe auf die Verbrauchsanalyse.[11]

Das Energiewirtschaftsgesetz formuliert, dass soweit dies technisch machbar und wirtschaftlich zumutbar ist, Messeinrichtungen anzubieten sind, die dem jeweiligen Anschlussnutzer den tatsächlichen Energieverbrauch und die tatsächliche Nutzungszeit widerspiegeln. Endverbrauchern soll also ein Instrument in die Hand gegeben werden, mit dem sie ihren individuellen Verbrauch besser nachvollziehen und beeinflussen können.

1.2.4 Elektromobilität

Das erste elektrisch angetriebene Schienenfahrzeug wurde im Jahre 1834 von *THOMAS DAVENPORT* gebaut. Zu dieser Zeit gab es noch keine aufladbaren Batterien. Knapp 30 Jahre später kam die erste aufladbare Batterie auf den Markt. Dadurch entwickelte sich später auch das Projekt „Elektroauto" immer weiter, aber erst 2009 wurde der „Nationale Entwicklungsplan für Elektromobilität" vorgestellt.[12]

---

10 Vgl. *O. V.* (2010b).

11 Vgl. online *SWD AG* (2012).

12 Vgl. *VERBAND KOMMUNALER UNTERNEHMEN* (2010).

Durch den Einsatz von Elektroautos soll der CO_2-Ausstoß bis 2050 um 40 % reduziert werden. Die Bundesregierung fördert den Einsatz von Elektroautos mit 500 Mio. EUR und verfolgt das Ziel, bis 2020 eine Million Elektrofahrzeuge auf die Straßen zu bringen. Dies könnte zu einer kumulierten Speichermöglichkeit von 10.000 Megawatt führen.[13]

Der Vorteil von Elektrofahrzeugen gegenüber Diesel- und Benziner-Fahrzeugen ist, dass beim Fahren keine Abgase und kein Lärm entstehen. Das ist eine Chance vor allem für die Luftqualität in den Städten. Ein „Zero-Emissions-Auto" ist dies jedoch nicht, weil die Emission bei der Stromerzeugung entsteht und sie je nach Energiequelle unterschiedlich hoch ist.[14]

Die Stromspeicherung, die aufgrund der schwankenden Erzeugung unerlässlich ist, kann durch Etablierung von Elektroautos realisiert werden. Diese können in späteren Szenarien den Strom aus dem Netz nehmen und bei Bedarf, sofern das Auto nicht benutzt wird, wieder einspeisen.

Eine Million Elektroautos verbrauchen weniger als ein Prozent der nach der Branchenprognose für 2020 zu erwartenden regenerativ erzeugten Strommenge. Das entspricht in etwa der Stromproduktion von 400 modernen Windkraftanlagen (2,5 MW).

Das Projekt „Elektromobilität" ist besonders sinnvoll, wenn der Strom zur Betankung aus erneuerbaren Energien generiert wird. Dadurch wird der CO_2-Ausstoß minimiert.[15]

1.2.5 Smart Work

„Smart Work" basiert auf energieeffizienten Arbeitsplätzen und energieeffizienten Rechenzentren.

Die verbrauchte Energiemenge lag bereits im Jahre 2001 in der Informations- und Kommunikationsbranche, bei rund 38 TWh, bei 7,1 % des gesamten Elektroenergieverbrauchs. Innerhalb von sechs Jahren erhöhte sich die Energiemenge der Informations- und Kommunikationsbranche auf 55,4 TWH und somit bereits auf 10,5 % des gesamten Stromverbrauchs in Deutschland. Ohne Gegenmaßnahmen wird ein Anstieg bis 2020 um mehr als 20 % auf rund 66,7 TWh erwartet.[16]

Green-IT im Rechenzentrum: In Deutschland gibt es zurzeit etwa 50.000 Rechenzentren, die 2007 mit 8,7 Milliarden Kilowattstunden (entspricht 8,7 GWh) fast die Jahresstromproduktion von circa 9 Kraftwerken verbrauchten. Der Grund dafür liegt darin, dass in den vergangenen Jahren die Betreiber von Rechenzentren vorwiegend auf Sicherheit und Hochverfügbarkeit gesetzt haben. „Green IT" erweitert diese Perspektive. Der *TÜV Rheinland* definiert den Begriff „Green IT" mit Energieeffizienz und Nachhaltigkeit in der IT.[17]

---

13 Vgl. *O. V.* (2010c).

14 Vgl. *Leodolter* (2010).

15 Vgl. *Bund für Umwelt und Naturschutz Deutschland e. V.* (2010).

16 Vgl. *Bundesministerium für Wirtschaft und Technologie* (2009).

17 Vgl. *TÜV Rheinland* (o. J.).

Beispiele *Kärcher*: Das Rechenzentrum und das Clientmanagement verfolgt das Ziel des energieeffizienten Arbeitsplatzes sehr akribisch. Durch Optimierung der Klimatisierung, Einsatz von neuster Technologie und Servervirtualisierung trägt das Rechenzentrum bei *Kärcher* einen positiven Beitrag zur Minimierung des CO_2-Austoßes bei.

Im Clientmanagement konnten durch das Verändern der Parameter an den Endgeräten an allen Arbeitsplätzen wesentliche Anteile der Gesamtkosten eingespart werden. Eine weitere Maßnahme war der Austausch alter PC-Systeme durch neue Technologien. Durch diesen Austausch konnten bei *Kärcher* weitere Kosten eingespart werden, um CO_2 zu reduzieren.

Das Unternehmen standardisiert seine IT-Arbeitsplätze zukünftig noch stärker, um schon im Beschaffungsprozess dem Thema Energieeffizienz ein hoher Stellenwert beizumessen. Extrem niedrige Stromverbräuche sind das Ergebnis, damit verbunden eine signifikante Senkung der Energiekosten und Verringerung des CO_2-Ausstoßes.

1.2.6 Smart Home

„Smart Home" bedeutet intelligentes Wohnen. Hier werden im privaten Wohnbereich Geräte eingesetzt, die für mehr Energieeffizienz und Komfort sorgen."

In Zukunft sollen auch die Haushaltsgeräte intelligent miteinander kommunizieren. Das bedeutet, dass beispielsweise die Heizung mit dem Wetterdienst verbunden ist und sich die Heizung nur dann einschaltet, wenn es laut Wetterdienst kalt wird. Eine weitere Möglichkeit ist eine Lüftungsanlage, die automatisch den Sauerstoffgehalt in einem Raum misst und bei Bedarf frische Luft zufügt, ohne dass ein Wärmeverlust stattfindet.

Smart Home kann bspw. umfassen:

- vernetzte Lüftungsanlagen
- Heizungsanlage an den Wetterdienst koppeln
- Sonnenbrille fürs Fenster
- Wärmedämmung durch Paraffin
- Verkauf von Strom

1.2.7 Smart Cleaning

„Smart Cleaning" bedeutet intelligentes Reinigen. Hier werden im privaten und im professionellen Bereich Geräte eingesetzt, die für mehr Energieeffizienz und Komfort sorgen."

Intelligentes Reinigen beinhaltet zum Beispiel den schlauen Gedanken, Wasser mit Hochdruck zu kombinieren. Verglichen mit anderen Reinigungsmethoden kann viel Wasser gespart werden und Sauberkeit erreicht werden. Auch Dampfdruck und Temperatur lösen Verschmutzungen ohne Chemie. Smarte Reinigungsgeräte zeichnen sich durch einen reduzierten Energie- und Ressourcenverbrauch aus. Im Einzelnen kann Wasser- oder Energie gespart werden, die Abwasserbelastung reduziert und der Materialeinsatz ressourcenschonend umgesetzt werden.

2 Herausforderungen – Fazit

James Cameron ist mit „*Avatar*" angetreten, die Welt wach zu rütteln. In seiner Vision des Planeten Pandora können dort nur Lebewesen existieren, die smart mit ihrer Umwelt in Einklang leben.

Viele Firmen gehen anhand der gezeigten Beispiele gemeinsam den Weg von einem smarter Planet und zu einer smarten Stadt bis hin zum smarten Reinigen. Smarte Unternehmen glauben daran, mit modernster Technologie und zukunftsweisenden Konzepten das Leben in den Städten und die Region des 21 Jahrhunderts mit Nachhaltigkeit und Fairness gestalten zu können.

Lets built a clean smart City!

Quellenverzeichnis

Bund für Umwelt und Naturschutz Deutschland e. V. (2009): BUND Freunde der Erde. Für eine zukünftige Elektromobilität: umweltverträglich, erneuerbar, innovativ; online: http://www.bund.net/bundnet/service/suche/?pub_searchWords=elektromobilit%C3%A4t, Stand: 8.09.2010, Abruf: 19.10.2010.

Bundesministerium für Wirtschaft und Technologie (2009): Pressemitteilung: OFFIS-Untersuchung ermittelt hohes Potential energieeffizienter IKT, online: http://www.bmwi.de/BMWi/Navigation/Presse/pressemitteilungen,did=323010.html, Stand: 02.12.2009, Abruf: 08.12.2010.

Bundesregierung (2010): Erneuerbare Energien – tragende Säulen künftiger Energieversorgern http://www.bundesregierung.de/Webs/Breg/DE/Energiekonzept/ErneuerbareEnergien/erneuerbare-energien.html, Abruf: 02.12.2010.

Bundesumweltministerium (2007): Das Protokoll von Kyoto zum Rahmenübereinkommen der Vereinigten Nationen über Klimaänderungen, online: http://unfccc.int/resource/docs/convkp/kpger.pdf, Abruf: 02.12.2010.

Europäisches Parlament/Europäischer Rat (2009): Richtlinie 2009/28/EG vom 23. April 2009, Absatz (8), online: http://eur-lex.europa.eu/LexUriServ/LexUriServ.do?uri=OJ:L:2009:140:0016:0062:DE:PDF.

Greiner, W. (2010): Die grünende IT – Wie die Computerindustrie das Energiesparen neu erfand, in: *Lampe, F.* (Hrsg.), Green-IT, Virtualisierung und Thin Clients, Wiesbaden 2010, S. 12.

IBM (2010a–f): online: http://www.ibm.de, Abruf: 01.12.2010.

Leodolter, S. (2010): Schwerpunkt E-mobil?, in: Wirtschaft & Umwelt, Nr. 2/2010, online: http://www.wirtschaftundumwelt.at/3953/3954/3959/4016/, S. 3, Abruf: 18.10.2010.

o. V. (2009): Energieflussbild (stark vereinfacht in Mio. t SKE) 2009, online: http://www.ag-energiebilanzen.de/viewpage.php?idpage=64, Abruf: 06.12.2010.

O. V. (2010a) : Positionspapier Smart Grid: Der Beitrag der Wärmepumpe zum Lastenmanagement in intelligenten Stromnetzen, in: *BUNDESVERBAND WÄRMEPUMPE (BWP) E. V./HEA – FACHGEMEINSCHAFT FÜR EFFIZIENTE ENERGIEANWENDUNG E. V.* et al. (Hrsg.), Stand September 2010, S. 3.

O. V. (2010b): Anzahl der Pendler gestiegen, in: Rheinische Post vom 23 Juni 2010, online: http://www.rp-online.de/duesseldorf/duesseldorf-stadt/nachrichten/Anzahl-der-Pendler-gestiegen_aid_872997.html.

O. V. (2010c): Elektromobilität und Erneuerbare Energien, BEE-Position, Berlin 2010, S. 3 f.

STADTWERKE DÜSSELDORF AG (2010): Homepage, online: www.swd-ag.de.

STATISTISCHES BUNDESAMT (2010): Umweltökonomische Gesamtrechnungen – Nachhaltige Entwicklung in Deutschland – Indikatoren der deutschen Nachhaltigkeitsstrategie zu Umwelt und Ökonomie, Wiesbaden 2010, S. 6.

TÜV RHEINLAND (o. J.): Energieeffizienz am IT-Arbeitsplatz (Green IT), Köln.

VERBAND KOMMUNALER UNTERNEHMEN (2010) Kleine Geschichte der Elektromobilität, online: http://www.vku.de/zukunftsthemen/elektromobilitaet/kleine-historie.html, Stand: o. A., Abruf: 14.10.2010.

Von der Energie zum Service oder was ist Smart an Smarter Energy?

MARC PETERS

IBM Deutschland GmbH

Executive Summary

Die Energiewende ist unaufhaltsam. Durch die Abschaltung der AKWs und einem weiteren Fokus auf die Einführung von dezentralen und erneuerbaren Energiequellen wird dieser Wandel in Deutschland noch weiter forciert.

Getrieben durch die Energiewende muss ein Umdenken stattfinden und disruptive[1] Geschäftsmodelle und -plattformen sind für Energieversorger von zunehmender Bedeutung.

Doch was verbirgt sich hinter diesem Wandel? Welche Rolle hat die weiterführende Digitalisierung von Anlagen und Komponenten? Was sind die Auswirkungen auf den Netzbetreiber, den Markt und natürlich auch die Verbraucher? Welche Rolle übernimmt die IT?

Der nachfolgende Beitrag versucht diese und noch weitere Fragen entsprechend zu adressieren und mögliche Antworten aufzuzeigen. Es deutet aber jetzt bereits Alles darauf hin, dass der gezielte und weitreichende Einsatz von IT einen Schlüssel zum Erfolg darstellt.

1 Herausforderungen und Treiber der Energiewende

Energiewende – das Schlagwort schlechthin wenn es um den Wandel in der Energieversorgungsbranche geht. Es zeichnet sich aber schon seit einiger Zeit eine notwendige Entwicklung am Markt ab, welche nicht erst durch die Ereignisse in Japan in 2011 initiiert wurden.

Insgesamt 6 Einflussfaktoren, bestimmen dabei maßgeblich die Entscheidungen der Energieversorger (siehe Abbildung 1).

---

1 Disruptive Innovation: Eine disruptive Innovation ist eine Innovation, welche unterstützt, neue Märkte und Netzwerke zu schaffen und ggf. bestehende Märkte über einen mittelfristigen Zeitraum umzuwandeln; vgl. *WIKIPEDIA* (2012a).

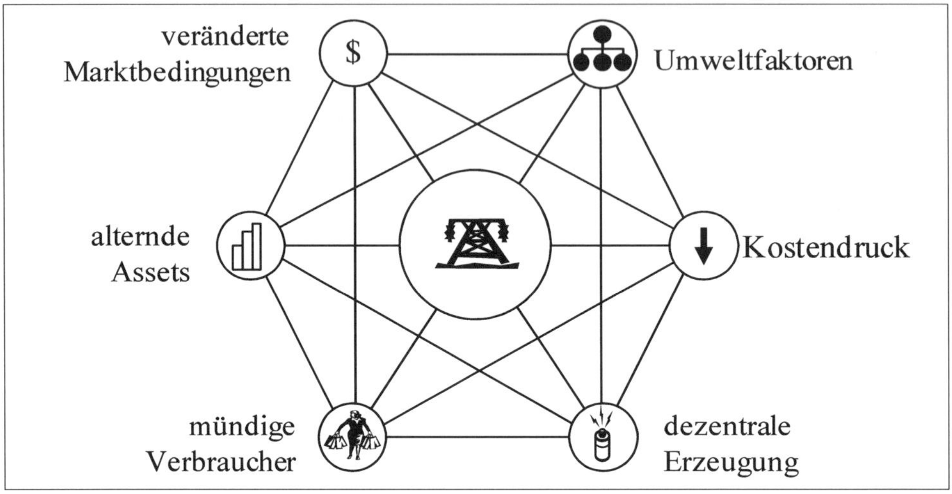

Abbildung 1: Einflussfaktoren der Energiewende

- Es gibt heute veränderte Marktbedingungen mit neuen Marktteilnehmern und disruptiven Plattformen. Das politische Umfeld und das globale Umfeld bedingen Veränderungen im Geschäftsmodell. Eine der größten Herausforderungen ist hierbei auch, dass die Organisation entsprechend nachziehen muss. Kernfrage: Wer sind die neuen Partner im Ecosystem? Wer hat den Kundenzugang?

- Die Netzinfrastruktur wird anfälliger. Sie wurde, insbesondere auf Deutschland bezogen, nach 1945 vollständig neu aufgesetzt und bis in die 70er Jahre hinein aufgebaut und ingenieurstechnisch soweit redundant ausgelegt, dass Deutschland über eine weltweit nahezu unerreichte Versorgungssicherheit verfügt. Das bedeutet konkret im Durchschnitt weniger als 15 Minuten Ausfallzeit pro Jahr und Kunde. Seit ungefähr 25 Jahren sind die Netze nahezu unverändert im Einsatz. Auch wenn dies nicht zwangsläufig zu Problemen führen muss, hat es gerade zu Beginn des neuen Jahrtausends starke Veränderungen in der dezentralen Erzeugung gegeben, mit denen Netzplaner in den 80er oder 90er Jahren sicherlich noch nicht gerechnet hatten.[2] Transformatoren, Leistungsschalter oder auch Lasttrenner sind oftmals für die veränderten Rahmenbedingungen nicht ausgelegt bzw. geplant worden. Kernfragen: Wo und wie können bestehende Anlagen optimierter eingesetzt werden und ein Netzausbau vermieden werden? Wie wird bessere Transparenz und Datenqualität ermöglicht?

- Steigende Energiepreise und die Klimadiskussion führen zu einem zunehmenden Interesse der Verbraucher an Energiemanagement und Energieeffizienz. Kunden werden und möchten verstärkt als solche wahrgenommen und behandelt werden. Energieversorger müssen weg von einer reinen Zählernummer-, Zählerstand- und Kontonummerorientierung hin zu einer Kundenfokussierung und einer gezielten Kundenansprache. Kernfragen: Wie kann der Verbraucher zum aktiven Beitrag motiviert werden? Wie erfolgt eine gezielte Kundenansprache?

---

2 Im Verbrauch konnten keine gravierenden Änderungen außer dem prognostizierten Anstieg beobachtet werden.

- Neue Herausforderungen die strikteren Ziele zum Umweltschutz und bezogen auf den Klimawandel zu erreichen. Langfristige Reduzierung von CO_2-Ausstoß, Atomausstieg, etc. erfordert alternative Lösungen. Kernfrage: Welchen Beitrag kann jeder Einzelne leisten? Wie hilft die IT dabei?

- Erhöhter Druck die operative Effizienz der Anlagen sowie die Produktivität des Außendienstes zu steigern und zu optimieren. Vormals prognostizierte Laufzeiten der Anlagen haben vermutlich nicht mehr Bestand, da Veränderungen schneller oder vehementer eintreffen bzw. eingetroffen sind als erwartet. Hinzukommt, dass auch Smart Meter eine andere Lebensdauer haben als die klassische Messtechnik. Eine Automatisierung von Prozessen und Abläufen ist dadurch zwingend erforderlich. Kernfragen: Wie wird der Rollout von Zähler und anderen Sensoren/Aktoren unterstützt? Wie erfolgt der Wechsel zu einer vorhersagegestützten Wartungsstrategie?

- Wachstum in erneuerbaren Energien und dezentraler Erzeugung bringt neue Herausforderungen im Bezug auf Netzmanagement und Netzstabilität mit sich. Damit gehen auch neue Geschäftsansätze und notwendige Aktionen einher. Ursache ist hier die Veränderung der klassischen Wertschöpfungskette. Kernfragen: Wie wird die zunehmende dezentrale PV-Einspeisung gemanagt und wird die Windenergie durch das Land transportiert? Wie können z. B. Kühlsysteme als Energiespeicher eingesetzt werden?

In der klassischen Wertschöpfungskette eines Energieversorgers ist die Erzeugung zentral aufgestellt. Energie wird über die unterschiedlichen Spannungsebenen zum Verbraucher transportiert. Informationen werden sporadisch ebenfalls unidirektional verteilt. Nicht zuletzt ist es in Deutschland nach wie vor Usus einmal pro Jahr die konkrete Rechnungsstellung zu haben. So wird der Zähler der Haushaltskunden üblicherweise auch nur einmal im Jahr abgelesen.

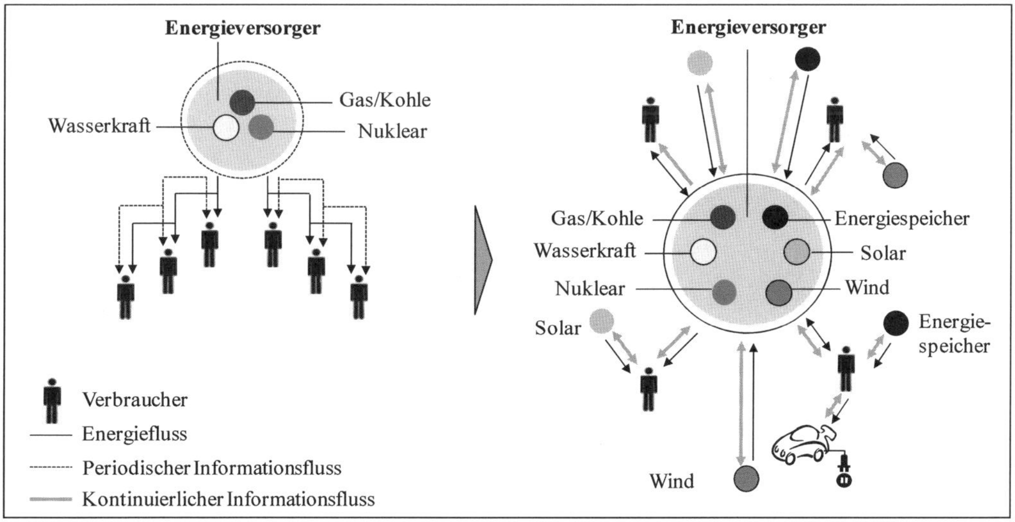

Abbildung 2: Transformation der Wertschöpfungskette

Im Rahmen der Energiewende werden klassische Kraftwerke durch weitere zentrale Erzeugungsanlagen und Energiespeicher ergänzt. Zudem kommen immer mehr dezentrale Erzeugungsanlagen zum Einsatz. Die Integration der dezentralen Komponenten wie Solareinspeisung in der Niederspannung oder auch Elektromobile erfordern einen zeitnahen bidirektionalen Informationsfluss. Das Netz muss ebenfalls einen bidirektionalen Energiefluss unterstützen.

Neue Themen erfordern dabei eine stärkere Interaktion verschiedener Marktrollen:

- Neue Tarife und Abrechnungen (pro Monat, pro Quartal,...)
- Energieeffizienz und Demand / Response Systeme
- Neue Dienstleistungen rund um und mit Energie
- Kunden als solchen wahrnehmen und auch gezielt ansprechen.

Stärkere Interaktion ist aber auch zwischen den einzelnen Energiesparten gefragt. So zum Beispiel kann die potentielle Nutzung des Gasnetzes als Energiespeicher aufgeführt werden.[3]

Insgesamt ist die zunehmende Möglichkeit der Vernetzung eine Chance für Energieversorger über neue Wege nachzudenken und diese auch einzuschlagen.

Gerade bei Smart-Metering- oder Smart-Grid-Ansätzen ist eine Instrumentierung der Anlagen de facto schon gegeben oder aber zwingender Bestandteil der Lösung. Das alleinige Instrumentieren von Anlagen ist jedoch nicht ausreichend. Erst das Zusammenspiel der einzelnen Systeme führt es zu einem Ganzen zusammen. Wichtiger Faktor hierbei sind die verfügbaren erforderlichen Kommunikationswege und die Sicherheit, mit der die Daten übertragen werden. Hier ist noch weitere Abstimmung erforderlich; ebenso wie bei der Nutzung der Informationen und dem damit einhergehenden Datenschutz.

Neben der Instrumentierung und der Integration ist auch das intelligente Auswerten bzw. Verarbeiten der Daten ein Mehrwert, der neue Möglichkeiten eröffnet. Dies wird in den kommenden Abschnitten noch weiter vertieft.

All diesen Initiativen ist aber gemein, dass man mit den bestehenden Systemen mehr machen kann als heute typischerweise gemacht wird. Dies bedeutet konkret, dass man die bestehenden Ressourcen effizienter einsetzen muss. Gemeint sind beispielsweise natürliche Ressourcen wie Öl, Gas, Kohle oder auch Wasser. Dazu gehört auch der effizientere Einsatz bestehender Anlagen im Verteilnetz durch den gezielten Einsatz von Instrumentierung, Integration und Intelligenz, um da – wo möglich – den Netzausbau zu vermeiden.

Energie ist Dreh und Angelpunkt für die Wirtschaft und für die Menschen. Veränderungen haben dadurch nicht nur Auswirkungen auf die Energieversorger, sondern auch auf jeden Einzelnen. Ein paar Zahlenbeispiele verdeutlichen das nochmals:

---

3 Vgl. zum Thema der Umwandlung von Strom in Gas auch *DEUTSCHE ENERGIE AGENTUR* (2012).

- Ein Viertel des weltweiten Kohlendioxid-(CO_2-)Ausstoßes wird durch Kraftwerke verursacht. Dies ist damit die größte durch Menschenhand geschaffene CO_2-Quelle.
- Es wird erwartet, dass sich die Erzeugungsleistung aus AKWs bis 2035 ca. verdoppelt.
- Es wird eine Anstieg des Energieverbrauchs bei Privatkunden von ca. 30 % bis 2035 erwartet.
- Es wird eine Reduzierung des Anteils am Strom aus Kohle von 40 % auf 37 % bis zum Jahre 2035 erwartet.
- In Referenzprojekten konnte durch gezielte Anreizmodelle der Verbrauch in Spitzenzeiten um 15 % reduziert werden
- 500 Millionen Messwerte pro Tag in einer typischen Smart-Metering-Installation.[4]
- 90 % der Verbraucher einer *IBM* Kundenumfrage antworteten, dass sie ein Smart Meter und Tools zum Managen des persönlichen Verbrauchs haben möchten.
- 100 Millionen Smart Meter werden in den kommenden 5 Jahren ausgerollt. Die Hälfte davon mit eingebautem Smart Home Gateway zur Energiesteuerung und neuen Services.
- Es wird ein Wachstum von erneuerbaren Energien in Europa von 2,5 % pro Jahr bis 2035 erwartet.

In die Zukunft blickende Energieversorger gehen neue Wege, um sich den Herausforderungen zu stellen. Hierbei ist sicherlich das Spannungsverhältnis zwischen den einzelnen bereichen Erzeugung, Netz und dem Smart Market zu berücksichtigen bzw. gezielt auch zu betrachten.

2 Lösungskonzept und Herangehensweise

Der richtige Umgang mit Daten und Informationen sowie den erforderlichen Kommunikationswegen ist eine entscheidende Grundlage, um den Herausforderungen der Energiewende zu begegnen.

Durch die zunehmende Anzahl an Sensoren wird die Menge an Daten, die erzeugt wird drastisch ansteigen. Das Gesamtvolumen der Daten, die zur Verfügung stehen steigt aber nicht nur durch die sogenannte Operations Technology. Gerade mit Blick auf den Verbraucher nimmt auch die Menge an unstrukturierten Daten zu, und muss für den weiteren Ausblick mit berücksichtigt werden. Wurden Abrechnungsdaten früher im Privatkundengeschäft einmal jährlich über Ablesekarte, Ableser, Telefon oder auch Internet-Formular eingegeben (also quasi 1 Zählerstand pro Zähler), so liefern Smart Meter 96 Messwerte pro Tag (35.040 Messwerte pro Jahr und Zähler).

4 Typische Installation mit 5 Millionen Smart Meter und 96 Messwerten pro Tag.

Es ist aber nicht nur das Volumen an Daten, welches zunimmt. Auch die Geschwindigkeit, mit der die Daten ausgewertet werden müssen und Entscheidungen anhand dieser Daten getroffen werden, steigt. Die Frequenz, mit der heute und auch in Zukunft Entscheidungen zu treffen sind, wird oftmals auch durch externe Faktoren wie der Globalisierung beeinflusst. Zu der Zeit, wo man noch Briefe schrieb, war es selbstverständlich einen Tag zu warten, bis der Brief ankommt. In Zeiten von eMail oder vielmehr Social Networking, Twitter und Co. nimmt die Erwartungshaltung, eine sofortige Reaktion zu erhalten, zu. Auf das Beispiel von eben gespiegelt bedeutet dies, dass die Erwartungshaltung, neue Tarifmodelle oder auch zeitnahe Abrechnungen, Angebote oder Effizienzberatung zu erhalten ebenfalls ansteigt.

Dies führt dann auch zum dritten Punkt bei den Informationen nämlich der Art der Daten, die Energieversorger zunehmend verarbeiten können sollen. Neben den Operational-Technology-Informationen sind es auch die Information-Technology-Informationen[5] und wie im vorigen Abschnitt schon angesprochen auch Social Media oder ähnliche Informationen, die einen Einfluss haben und berücksichtigt werden müssen. Neben reinen abrechnungsrelevanten Daten können elektronische Zähler auch Qualitätsdaten zur Energie mitsenden und somit ganz neue Analysemöglichkeiten bereitstellen.

Was zudem zu sehen ist und sich auch in dem kleinen Beispiel in den vorherigen Abschnitten schon abzeichnet ist, dass es einen Wandel gibt, was überhaupt mit den Daten gemacht wird. Wurden Messwerte früher nur zur Abrechnung verwendet, so könnte heute auch eine gezielte Kundenberatung oder Unterstützung für den Netzbetreiber über entsprechende Messsysteme unterstützt werden. Also aus einem reinen „Meter Reading to Cash“ (Ablese und Abrechnungs-) Prozess können in Zukunft weitere Prozesse effizient und automatisiert unterstützt werden.

Smarter Energy ist nicht nur zentraler Teil der *IBM* Smarter Planet Strategie, sondern auch zentraler Bestandteil im direkten Zusammenspiel mit anderen Industrien. So erfordern Smarter-Energy-Konzepte und -Lösungen geeignete Übertragungswege für die Daten. Bei Powerline-Kommunikation – also der Übertragung von Informationen über das existierende Stromnetz – kann der Energieversorger eigene Infrastruktur nutzen – mit allen Möglichkeiten und Einschränken der Technologie. Zudem ist davon auszugehen, dass es nicht einen einzelnen Kommunikationskanal geben wird, sondern mehre unterstützt werden müssen. Hier ist oftmals ein Kooperationsmodell mit traditionellen Telekommunikationsanbietern erforderlich.

Beim Thema Elektromobilität gibt es ein Zusammenspiel zwischen Energieversorger und Automobilhersteller oder OEM (Zulieferer). Oftmals wird der Energieversorger hier vor allen Dingen als Lieferant von Netzinfrastruktur und Strom gesehen. Nicht selten zielt hier dann die eigentliche Fragestellung eher auf vollkommen neue Mobilitätskonzepte und weniger auf das Fahrzeug.

Ein Themenbereich, der sicherlich auch auf Grund von bestehenden Strukturen verstärkt an Bedeutung gewinnt, ist das Zusammenspiel von Energieversorgung, Städten und Kommunen. Hier sind dann Themen wie Energieeffizienz, Mobilität und Integration unterschiedlicher Ereignisse aus den verschiedensten Bereichen wichtig.

---

5 Operations Technology steht hier für die klassische Prozess IT. Information Technology steht hier für klassische Geschäfts IT.

Smarter Energy ist somit nicht nur ein Konzept in sich, sondern wichtige Schaltstelle und Integrationspunkt hin zu anderen Bereichen.

Betrachtungen aus einer Vielzahl von unterschiedlichen Projekten haben gezeigt, dass dabei ein Ansatz, bei dem jede einzelne Anfrage als Insel gesehen und auch als solche umgesetzt wird zu hohen Kosten und kaum zur Wiederverwertung von Möglichkeiten führt. Ganz im Gegenteil: Die Betrachtung hat ergeben, dass aus den unterschiedlichen Bereichen der Wertschöpfungskette sich eine Vielzahl von ähnlichen Fragestellungen (ggf. mit unterschiedlichen Schwerpunkten) ergeben. Ziel sollte es also sein, diese Ähnlichkeiten auch gleich/identisch abzubilden und die Eigenheiten durch Anpassungen in den Prozessen oder der Modellierung dann gezielt zu berücksichtigen.

Der Smarter Energy Service Hub (SESH) in Abbildung 3 ist eine solches Konzept, welches sich dieser Aufgabenstellung annimmt.

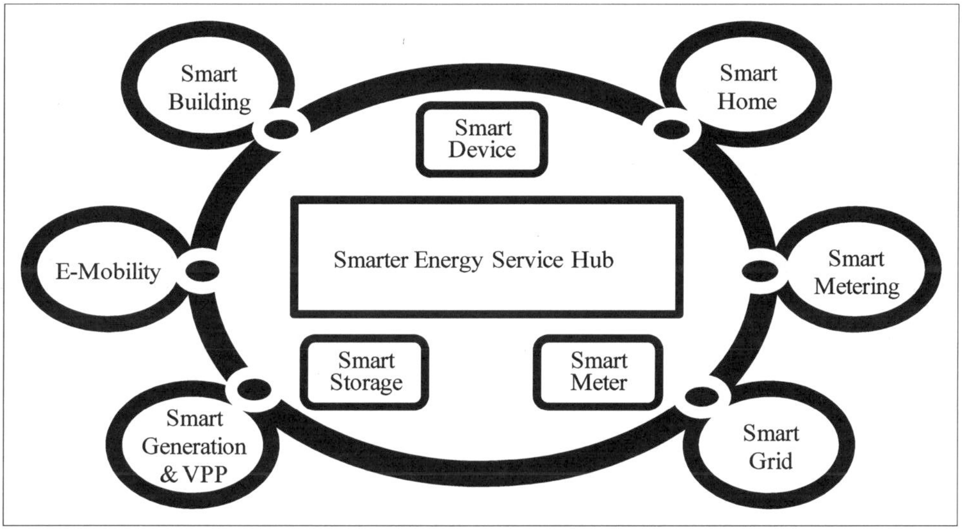

Abbildung 3: Smarter Energy Service Hub

Auch wenn die Begriffe „Hub" und „Service" oftmals – gerade im Zusammenhang mit einer Technologie-Company wie *IBM* – auch mit IT-technischen Begriffen in Verbindung gebracht werden, so ist dies hier nicht der Fall.

- Der „Hub" ist vielmehr, wie auch aus der Luftfahrt bekannt, ein großes Drehkreuz oder auch Drehscheibe und damit Verbindungspunkt zwischen verschiedenen Airlines, Passagieren und auch Dienstleistungen wie Post, Pakete oder Konsumgüter.
- Der „Service" bezieht sich nicht auf eine Implementierung à la Service-orientierter Architektur (SOA), sondern referenziert auf die Dienstleistung, die über und durch einen solchen Hub entsprechend realisiert und angeboten werden kann.

Der gerne verwendete Begriff der Datendrehscheibe ist hier durch aus auch etwas irreführend. Auch wenn Daten und Informationen sicherlich einen wichtigen Baustein zum Erfolg der Energiewende darstellen wird deutlich, dass es nicht nur um Daten geht. Gerade das Zusammenspiel der Daten mit den Prozessen und Personen ist ein weiterer wichtiger Baustein.

Hinzu kommen neue Marktteilnehmer in einem sich wandelnden Ökosystem von Partnern, Produkten, Services und Innovation. Die Herausforderungen an die Plattform sind somit durchaus umfassender und nicht nur auf die Daten bezogen.

Hier schließt sich denn auch langsam der Kreis dessen, was zu Beginn über die Herausforderungen der Energieversorger im Bezug auf neue Geschäftsmodelle und u.a. auch den Umgang mit Daten gesagt wurde.

Der Smarter Energy Service Hub adressiert zunächst einmal energienahe Themen. Dies können individuelle Ausprägungen von Fragestellungen sein, wie z. B. ein Smart-Metering-Portal oder ein Energieeffizienzportal. Es kann aber auch eine App (kleine Anwendung) sein, die Reservierung von Ladesäulen für Elektrofahrzeuge ermöglicht.

Die Merkmale der Drehscheibe – hier vorrangig der Datendrehscheibe – kommen dann zum tragen, wenn Informationen, die an einer Stelle anfallen, auch für weitere Einsatzzwecke verwendet werden können. Ein Beispiel verdeutlicht gut was hiermit gemeint ist:

- Messwerte eines elektronisches Stromzählers – kurz Smart Meter – können für den Abrechnungsprozess verwendet werden. So wie es auch heute bereits mit den klassischen Zählern durchgeführt wird.
- Der Smart Meter kann aber darüber hinaus auch im Rahmen einer Smart-Home-Umgebung einen Beitrag zur Energieeffizienz leisten, indem er den Bewohner direkt über den Verbrauch informiert. Er kann zudem auch für neue Arten von Dienstleistungen im Bereich Sicherheit, Komfort oder unterstütztes Wohnen einen Informationsbeitrag leisten. Was hier für eine Smart-Home-Umgebung passt ist sicherlich auch im größeren Stil im Bereich von Smarter Building eine wichtige Messgröße.
- Über einen Smart Meter könnten neben den Verbrauchsdaten auch Qualitätsdaten über und für das Netz geliefert werden. Somit wird der Smart Meter dann auch ein entsprechender Sensor im Smart Grid.
- Smart Meter werden zudem nicht nur eingesetzt, um den Verbrauch zu messen, sondern z. B. im Falle von PV-Anlagen auch, um die entsprechende Einspeisung/Erzeugung messen zu können.
- Es ist ebenfalls davon auszugehen, dass auch in Ladesäulen für Elektromobile entsprechende Smart Meter verbaut werden.

Die Serviceausprägung kommt dann zum Tragen, wenn die Energieversorger die Chance nutzen, mit den Daten, die sie erfassen auch neue und erweiterte Möglichkeiten zu erschließen und als Dienstleister für Konzernbereiche, aber auch für den externen Markt auftreten. Grundlegende Fähigkeiten der individuellen Lösungen sind in vielen Konstellationen gleich und können entsprechend wiederverwendet werden. Oftmals sind nur Prozessanpassungen oder Modellkonfigurationen erforderlich, um neue Einsatzbereiche erschließen zu können.

Dies bedeutet einen sofortigen Nutzen aus den Informationen und reduzierte Kosten in der Gesamtbetrachtung. Darüber hinaus wird der Energieversorger in die Lage versetzt, neue Themen schneller umzusetzen.

Diese Verknüpfung nicht nur von Informationen und Dienstleistungen, sondern auch von unterschiedlichen Industrien und Marktteilnehmern, kann ebenfalls anhand eines Beispiels dargestellt werden: In Städten und Metropolen gibt es unzählige öffentliche Gebäude (Schulen, Behörden, ...) bei denen Energieeffizienz-Maßnahmen durchgeführt und die Ergebnisse kontrolliert werden sollen. Städte bzw. auch die Stadtwerke sind oftmals verantwortlich für die Netzinfrastruktur. Hierzu zählt dann nicht nur das Stromnetz sondern auch die Gas- und Wasserleitungen sowie auch Infrastrukturen wie Straßen.

- Verteilte Erzeugung ist heute noch kein Problempunkt in Städten. Es ist aber zu erwarten, dass auch hier der Anteil erneuerbarer Energien und (micro)KWK Anlagen zunimmt.
- Städte benötigen neue und optimierte Mobilitätskonzepte. Wobei es sicherlich nicht mit dem Aufbau von Ladeinfrastruktur für Elektrofahrzeuge getan ist. Hierzu zählt vielmehr die intelligente Verknüpfung von unterschiedlichen Verkehrsmitteln und natürlich einer Vielzahl an Informationen, um jeweils gezielte Auskunft und Empfehlungen zu geben. Neben dem Komfortfaktor für den einzelnen Bürger sind hierbei aber auch CO_2-Reduzierung, Energieeffizienz und Lebensqualität wichtige Zielgrößen.
- Weltweit liegt bei diesen Überlegungen sicherlich auch noch der Bereich Wasserversorgung an zentraler Stelle. Ein Bereich, der in Deutschland sicherlich noch nicht so kritisch ist, aber gerade in den sich bildenden Megastädten rund um den Globus einen starken Fokus hat.

Lösungen rund um den Smarter Energy Service Hub adressieren hierbei 4 Schwerpunktthemen:

- **Transformation der Netzwerke** – Unterstützung bei der Transformation der Energienetze, Gas und Wasser Infrastruktur von einem starren und uni-direktionalen System hin zu dynamischen, automatisierten und verfügbaren Informationsnetzen. Optimierung des Nutzens bestehender Infrastruktur, sowie die gezielte Planung von Ausbauprojekten.
- **Optimierung der Erzeugungsleistung** – Unterstützung bei der Transformation des Erzeugungsportfolios, durch Flottenoptimierung und unter Einhaltung der gesetzlichen Vorgaben.
- **Transformation der Kundenbeziehung** – Stärkere Kundenfokussierung mit gezielten Informationen, Produkten und Dienstleistungen zur Kundenbindung, aber auch zur Unterstützung von Energieeffizienzbestrebungen und neuen Möglichkeiten.
- **Verbesserung der Unternehmensleistung** – Durch gezielte Information und Prozessexzellenz-Programme eine schnellere Grundlage für Entscheidungen erzielen. Damit die Risiken minimieren und Abweichungen von gesetzlichen Anforderungen zeitnah – ggf. sogar vorausschauend erfassen.

Um dabei den Nutzen des Smarter Energy Service Hub voll auszunutzen ist es nicht entscheidend, welche Daten erfasst werden können. Es ist viel wichtiger zu sehen, was mit diesen Daten, auf Grund der Fähigkeiten des Service Hub, für neue Informationen und Erkenntnisse abgeleitet werden können.

Anhand von 4 beispielhaften Szenarien (siehe Abbildung 4) kann gut aufgezeigt werden, wie zum einen die Drehscheibe eingesetzt und Komponenten wiederverwendet werden. Zum anderen wird auch aufgezeigt werden, wie anhand der Datendrehscheibe neue Geschäftsanwendungen aufgesetzt werden können.

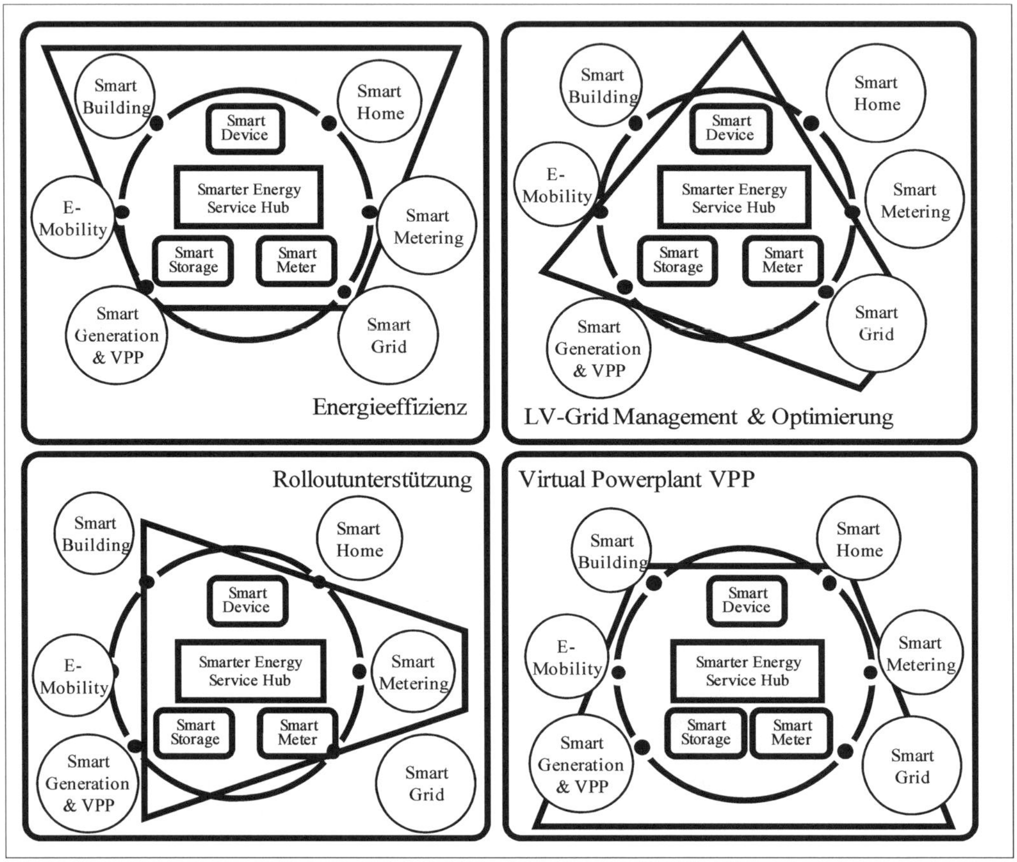

Abbildung 4: Auswahl möglicher Szenarien des SESH

Szenario – Energieeffizienz:
Primäre Business Bereiche für das Szenario der Energieeffizienz sind sicherlich Smart Home und Smarter Building. Wobei gerade beim Ersten die Masse an Gebäuden bzw. Wohnungen einen Effekt haben, kann allerdings auch der Ausbau durch diese Menge an Einheiten recht aufwändig werden. Smarter Building bietet vermutlich ein Potential welches kurzfristiger zu adressieren ist und zudem mit entsprechender Unterstützung aus dem Smarter Energy Service Hub heraus neue und erweiterte Serviceprodukte der Energieversorger für ihre Geschäftskunden ermöglicht.

Beide Bereiche bauen dabei auf entsprechende Feldkomponenten, wie Smart Meter oder entsprechende Devices/Geräte auf, die ein gezieltes An- und/oder Abschalten ermöglichen.

Schon aus diesem Grund ist ein direkter Bezug zu Smart Metering zu sehen. Im Sinne von weiteren Business-Szenarien, die hier jetzt nicht näher erläutert werden, sind Smart Home oder auch Smarter Building Teil von Demand Response oder flexiblen Lastmanagement-Systemen.

Unter Einbeziehung entsprechender Smart Home Controller oder Gateways sind vielfältige Szenarien im Haus möglich. Diese beziehen dann auch, sofern vorhanden, entsprechende dezentrale Erzeugungseinheiten (z. B. PV) oder auch Elektromobile in das Gesamtbild mit ein.

Um dieses Szenario interessant zu gestalten, reicht es bei weitem nicht aus, mit Hilfe entsprechender reiner Haus- oder Gebäudeautomatisierung eine Wohnung oder ein Gebäude auszustatten und ggf. über ein mobiles Endgerät steuerbar zu machen. Viel wichtiger ist es, Informationen gezielt in einen breiteren Kontext zu bringen um neue Services für den Verbraucher, aber auch für andere Unternehmensbereiche zu ermöglichen. Gerade hier sind noch einige Dinge im Bezug auf Datenschutz und Gebrauch der Daten zu klären.

Szenario – Niederspannungsmanagement und -Optimierung:
Das Szenario zum Niederspannungsmanagement und -Optimierung ist ein Smart-Grid-Szenario. Die Entwicklung und der Ausbau der erneuerbaren Energien – speziell PV – in der Niederspannung rückt genau diesen Netzbereich in Deutschland in den Fokus. Bislang gibt es wenig bis kaum Integration der Niederspannung in die Netzleitstände. Eigentlich möchte man auch so wenig wie möglich mit den Problemen dieser Spannungsebene beschäftigt sein. Jedoch muss bereits jetzt viel häufiger regulierend eingegriffen werden als geplant und gewünscht.

Neue Sensorik – u. a. Smart Meter können dabei helfen mehr Einblick in den LV-Bereich zu erhalten und mit entsprechenden Schaltfunktionen auch gezielt einzugreifen.

Szenarien innerhalb des Niederspannungs-Management und der Optimierung gehen dahin, dass gezielt bestehende Netze und Netzkomponenten effizienter genutzt werden und damit ein kostspieliger Netzausbau vermieden werden kann. Optimierung der Einspeisung von erneuerbaren Energien in die Niederspannung mitsamt entsprechendem Eventmanagement sind weitere Optimierungs- und Automatisierungsmöglichkeiten. Die Infrastrukturen kann dabei gezielt überwacht werden und unterstützt damit bei der Kundenbeziehung, sowie der Netzstabilität.

Mögliche Konflikte zwischen Netzbetreiber und Lieferanten müssen in den unterschiedlichen Optimierungsszenarien entsprechend berücksichtigt werden.

Gerade im Sinne der Transformationen gilt es hierbei die bidirektionale Kommunikation von Informationen zu beachten, wobei aus der Niederspannung vor allen Dingen kritische Alarme an den Leitstand weitergegeben werden sollten. Eine lückenlose und automatisierte Protokollierung der Aktionen und Zustände ist erforderlich, um den späteren Nachweispflichten zu genügen.

Die Verbindung zu den weiteren Bereichen der Drehscheibe ist aus den gerade geschilderten Beispielen offensichtlich.

Szenario – Rollout Unterstützung:
Das Szenario Rollout-Unterstützung adressiert primär den Bereich Smart Metering. Gerade hier ist bei größeren Meter Rollouts eine hochgradige Automatisierung der Prozesse unerlässlich. Aber selbst bei dem Rollout der sogenannten 6.000+ Kunden fallen in Deutschland Größenordnungen (ca. 16–19 % aller Kunden) an zu verbauenden Komponenten an, die nicht mehr einfach mittels eines Spreadsheets verwaltet werden können.

Ein wichtiger Bestandteil hierbei wird aus der Plattform heraus eine geeignete Geräteverwaltung sein, die diese Masseninformationen und Anlagendetails gezielt verwalten und verknüpfen kann.

Gerade bei dem Rollout von Smart Metern muss berücksichtigt werden, dass es nur eine begrenzte Anzahl von Technikern gibt, die diese Art von Arbeit durchführen können bzw. dürfen. Eine optimierte Einsatzplanung sowie automatisierte Integration und Fehlerbehandlung aber auch Stichprobenmanagement sind nicht nur notwendig, sondern unerlässlich. Ein einfaches Zahlenbeispiel verdeutlicht dies: Bei einem Rollout von 5 Millionen Zählern in den nächsten 3 Jahren (was in etwa der Anzahl 6.000+ Kunden in Deutschland entspricht, müssen über 900 Techniker während dieser Zeit jeden Tag bei 230 Arbeitstagen im Jahr 8 Zähler produktiv setzen. Wie viel dies dann bei einem Full Rollout und zudem noch in weiteren Sparten wie Gas und Wasser oder auch Wärme bedeutet, kann dann auch leicht berechnet werden. Zudem ist hierbei zu berücksichtigen, dass Smart Meter in definierten Intervallen (7 Jahre) auch wieder ausgetauscht werden müssen.

Die Rollout-Unterstützung tangiert dazu aber auch die weiteren Bereiche des SESH[6], da auch hier neue Komponenten/Assets ins Feld gebracht und auch entsprechend gemanagt werden müssen. Es ist zu erwarten, dass gerade kleinere Energieversorger hier nicht mit eigenen Systemen agieren werden. Somit bietet sich eine Chance für andere als Dienstleister in diesem Umfeld diese Anfragen als Service über die Plattform auch Dritten zu ermöglichen.

Szenario – Virtuelles Kraftwerk – Virtual Powerplant VPP:
Beim Szenario zum Virtual Powerplant oder kurz VPP sind gleich zwei Kerngeschäftsbereiche der Plattform direkt involviert – das Smart Grid und die Smart Generation. Selbst, wenn der Name virtuelles Kraftwerk eigentlich nur auf den Smart Generation beziehen lässt, so ist ein VPP nur auch im Zusammenspiel mit dem Smart Grid möglich und eigentlich sogar nötig. Verstärkt durch die Energiewende ist VPP heute eine aktuelle Thematik bei Energieversorgern, aber auch bei neuen Playern im Markt.

Von virtuellen Kraftwerken ist dann die Rede, wenn mindestens zwei Erzeugungsanlagen so miteinander verbunden arbeiten, dass diese nach Außen als ein Kraftwerk wahrgenommen werden. Sinnvolle Kombinationen sind zum einen Wind, Biogas und Solar oder konventionelle Erzeugung und erneuerbare Energien.

Der Smarter Energy Service Hub ist die ideale Basis für den schnellen Einstieg in eine effiziente Nutzung von Erzeugungsdaten aus den unterschiedlichen Erzeugungseinheiten. Neben der Integration und Aggregation von Daten zeichnet vor allen Dingen das Analysemodell für Prognosen, sowie das Optimierungsmodell für die Schaltaktionen die Fähigkeiten des VPPs aus.

---

[6] Smarter Energy Service Hub.

Alle vier Szenarien stellen neue Geschäftsmodelle und Anforderungen dar und basieren auf ähnlichen Fähigkeiten wie Business-Prozessmanagement, Asset Management, Zeitreihenmanagement sowie Optimierungs- und Vorhersagemodellen. Dies sind die Kernbausteine des Smarter Energy Service Hubs.

An dieser Stelle soll nochmals gezielter auf die möglichen und notwendigen Veränderungen der Geschäftsmodelle, Verantwortlichkeiten und Plattformen eingegangen werden. Der Smarter Energy Service Hub ist dabei nichts anderes, als das Konzept einer konkreten Umsetzung einer disruptiven Geschäftsplattform. Da dieser Begriff jetzt bereits an einigen Stellen referenziert ist, folgt hier eine kurze Darstellung des Zusammenhangs und der Bedeutung für den Energieversorger.

Um den Herausforderungen der Energiewende, sowie den ambitionierten Zielen im Bezug auf CO_2-Reduzierung und Energieeffizienz gerecht zu werden, reicht eine schleichende Evolution nicht mehr aus. Ein Umdenken und Neugestalten ist erforderlich. Dies erfordert an der einen oder anderen Stelle einen radikalen Schnitt.

Das Definieren neuer Geschäftsmöglichkeiten und Geschäftsmodelle sowie das Aufsetzen von entsprechenden Plattformen, die diese Modelle unterstützen, stellen Energieversorger vor neue Herausforderungen.

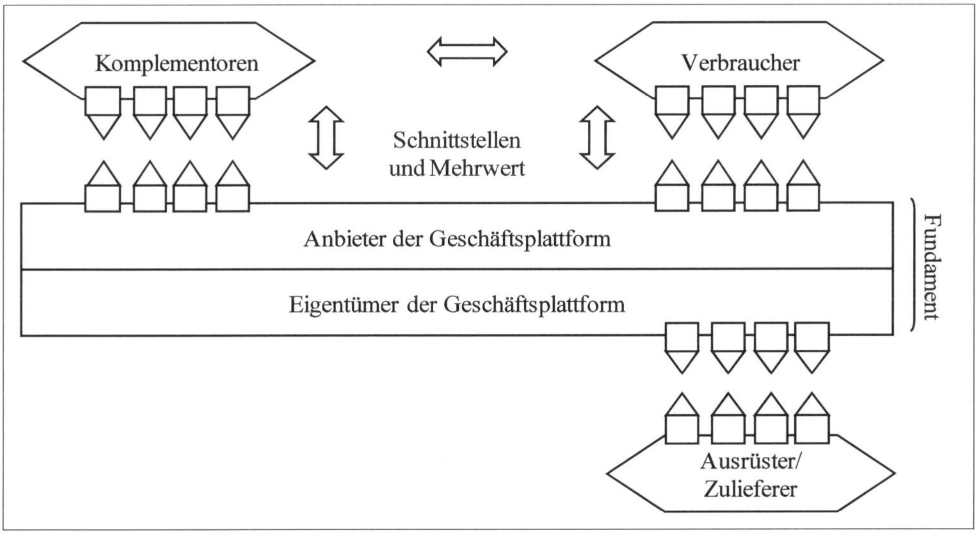

Abbildung 5: Aktoren einer disruptiven Geschäftsplattform

Insgesamt fünf Kategorien von Aktoren können bei der disruptiven Geschäftsplattform identifiziert werden:

- **Verbraucher** – Der Verbraucher oder auch End User ist letztendlich der Nutzer der Services aus der Plattform. Hierzu verfügt er über einen Vertrag sowie entsprechende Zugangsmöglichkeiten die Services zu beschaffen.
- **Komplementor** – Anhand der Informationen oder auch bereits existierender Services aus der bestehenden Plattform erstellt ein Komplementor neue Services. Diese neuen Services können hierbei eine Bündelung bestehender Komponenten sein, oder aber auch eine Bündelung bestehender Komponenten der Plattform mit neuen Informationen oder Services des Komplementor.
- **Ausrüster** – Der Ausrüster ist ein Lieferant von Basisprodukten in die Plattform hinein, z. B. ein Lieferant von Wärmepumpen oder PV-Modulen.
- Der **Plattform-Anbieter** und der **Plattform-Eigentümer** bilden zusammen das Fundament der Plattform.

Wie aus dem Modell in Abbildung 5 ersichtlich wird, kommen auch neue Marktteilnehmer in das Ecosystem der Energieversorger. Nicht nur die traditionellen Hersteller von technischen Anlagen (Kraftwerken, Netzkomponenten, ...), sondern auch völlig neue Partner gewinnen an Bedeutung.

Für diese, sowie auch für den Energieversorger ist es dabei von großer Bedeutung zu verstehen und zu klären, wie das Zusammenspiel ist. Auch muss klar sein, welche Rolle jeder einnimmt und mit welchem Geschäftsziel diese Rolle zusammen passt. Zudem ist neben den Schnittstellen und dem Weitergeben von Mehrwerten zu definieren, wie die Geldflüsse zwischen den Beteiligten ablaufen und wer für welche Leistung welchen Anteil erhält.

Es ist zu erwarten, dass gerade Energieversorger durch diese Art der Transformation gehen werden und müssen. Daraus leitet sich auch eine Standortbestimmung für die kommenden Jahre und Jahrzehnte ab. Die Zeiten, in denen sich z. B. ein Netzbetreiber zurücklehnen kann und darauf baut, dass er seit Jahrzehnten das Netz managt und dies auch in der gleichen Art noch in Zukunft so machen wird, sind vorbei.

Die Dynamik und Qualität des Ecosystems und der neuen Serviceleistungen auf einer Plattform bestimmen auch die Position des Energieversorgers. Neue Player mit denen bislang gut kooperiert wurde, können jetzt zu Wettbewerbern werden. Der mögliche Kampf um den Kunden, den Zugang zum Kunden und den Wohnungen, sowie erweiterten Dienstleistungen hat bereits begonnen. Erste Landschaften formieren sich, sind aber noch weiterhin sehr in Bewegung. Dennoch ist für eine erfolgreiche Zukunftsausrichtung eine Fokussierung auf diese Problemstellungen erforderlich.

Von der Energie zum Service:
In den disruptiven Geschäftsplattformen geht es natürlich nicht mehr vorrangig um Energie. Vielmehr ist jetzt die Rede von einem erweiterten Service- oder Produktkatalog. Bei einem Energieversorger in der Führungsrolle einer derartigen Plattform ist Energie weiterhin ein zentraler Bestandteil der Marktadressierung. Durch das Integrieren weiterer Industriebereiche und Ecosystem-Partner, sowie eigener Serviceapps, wird aus einer trockenen Materie, die aus der Steckdose kommt ein Produkt mit Emotionen, welches auch in der Kundenbindung neue

Wege gehen kann. Ein „Energy App Store“ ist die gedanklich logische Weiterführung und Ergänzung des Smarter Energy Service Hub.

Eine sogenannte „Killerapp“ im Energy App Store ist dabei noch nicht in Sicht. Wenn man es genau betrachtet, ist aber schon die Möglichkeit, schnell und vielfältig neue Szenarien und Modelle abzubilden so etwas wie ein inhaltliches Schlaraffenland. Und selbst aus anderen Industrien bekannte Killerapps wurden ursprünglich gar nicht in diese Kategorie gehoben. Man betrachte hier nur den Short Message Service (SMS) im Mobilfunk. Ursprünglich ein Nebenprodukt des GSM Netzes hat es sich seit einigen Jahren als großen Ertragsbringer für die Mobilfunknetzbetreiber entwickelt.

3 Was ist Smart an Smarter Energy?

Nachdem die vorherigen Kapitel sich intensiv mit den Rahmenbedingungen der Industry, sowie den Herausforderungen und möglichen Szenarien befasst haben, wird das Thema jetzt nochmals aus einem anderen Blickwinkel betrachtet

Was hat der Übergang von einem Energielieferanten/einem Versorger hin zu einem Dienstleister oder auch Service Erbringer nun mit Smart, oder noch gezielter, mit Smarter Energy zu tun? Oder ganz konkret gefragt, „Was ist denn jetzt überhaupt Smart an Smarter Energy?“ Die Abbildung 6 zeigt einen Ausschnitt dessen, was heute gerne schnell in die Diskussionen einfügt wird, wenn es um Smarter Energy geht.

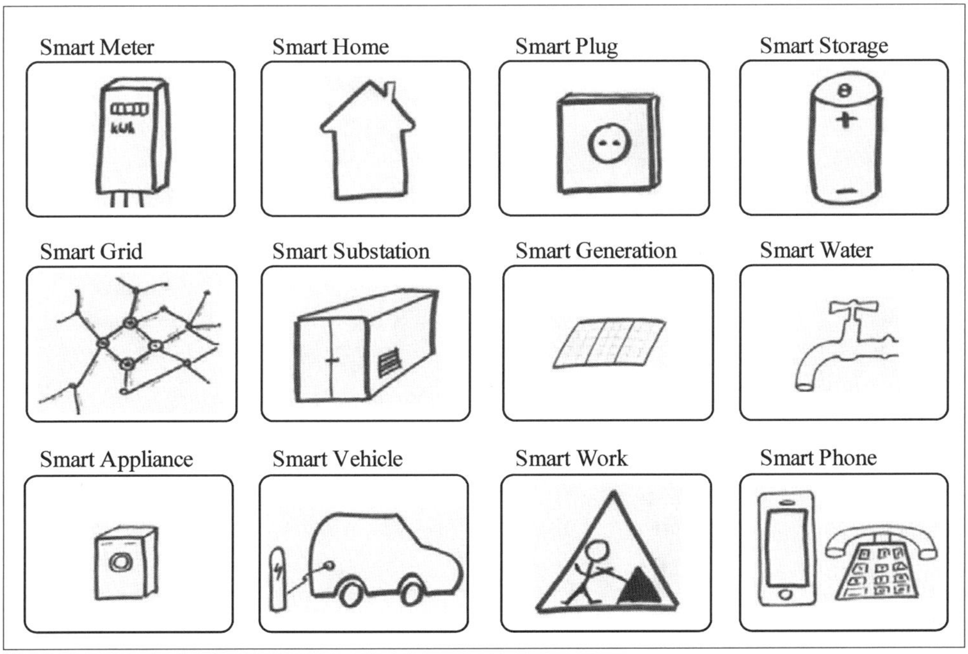

Abbildung 6: Smart in Smarter Energy

Im Markt und auch in der Literatur ist eine starke Ausbreitung des Wortes Smart zu sehen. Heutzutage scheint alles smart zu sein. Oder auch anders ausgedrückt, das was nicht Smart ist, ist wohl altmodisch und nicht mehr aktuell.

- **Smart Meter** – Diskussionen darüber, wie Smart ein Zähler sein kann und muss oder soll, sind weiterhin aktuell. Ist ein elektronischer Zähler mit mehreren Registern wirklich erforderlich? Welche Qualitätsinformationen muss der Zähler liefern, sodass er auch noch bezahlbar bleibt? Reicht gerade in Kombination mit einem Meter Gateway nicht eine einfache Messeinrichtung des Verbrauchs völlig aus?
- **Smart Home** – Dieser Aspekt wurde ja in einem vorherigen Kapitel bereits kurz angerissen. Das Gebäude oder die Wohnung ist sicherlich nicht Smart. Auch eine Hausautomatisierung ist nicht ausreichend und auch nicht neu. Erst die wirkliche Verknüpfung der Anlagen über die Hausgrenzen hinweg verhilft zu weiterer Integration.
- **Smart Plug** – Dies bezeichnet die Steckdose welche typischerweise Schaltungen ermöglicht bzw. den Verbrauch der angeschlossenen Geräte misst. Ist somit also nichts anderes als ein Sensor bzw. Aktor.

Das sind nur ein paar Beispiele. Diese lassen sich beliebig in ähnlicher Art für die aufgeführten weiteren Themenbereiche darstellen bzw. sogar noch um weitere „smarte" Themen ergänzen.

Aus den einzelnen Darstellungen wird ersichtlich, dass jedes Gerät, auch wenn es elektronisch ist, eigene Logiken abbilden oder Dinge selbstständig machen kann, noch weit entfernt von dem ist, was Smart ist. Eine reine Digitalisierung von Komponenten reicht nicht aus.

Es ist viel wichtiger zu verstehen, und hier wird die Brücke zu den vorherigen Kapiteln geschlagen, dass eine Integration von Prozessen, Informationen und Menschen den entscheidenden Unterschied für einen Smarter Energy Approach bringt.

Hierbei kommen darüber hinaus aber auch noch weitere Herausforderungen, die mit der Digitalisierung, aber auch Informatisierung sehr eng verbunden sind:

- **Sicherheit**: Durch mehr und neue Komponenten und einer weitreichenden Vernetzung nimmt die Anfälligkeit[7] des Gesamtsystems zu. Hier müssen geeignete technische Maßnahmen das Vertrauen abbilden.
- **Datenschutz**: Wichtiger und auch kritischer Punkt bei der möglichen und nötigen Weiterverwertung von Daten für neue Prozesse und Dienstleistungen.
- **Kommunikationsinfrastruktur**: Bislang oftmals in den Diskussionen und Projekten vernachlässigt aber zwingend erforderlich für die erfolgreiche Umsetzung.
- **Mobilitätskonzepte und -anforderungen**: Mobilität, sowohl im Bezug auf Endgeräte und Nutzen von Informationen an quasi jedem Ort, aber auch im Bezug auf geeignete und erforderliche neue Konzepte im Bereich technischer Außendienst.

---

7 Neue Feldkomponenten, Kommunikationseinheiten, Integration und Verknüpfung von Systemen und damit vermehrten potentiellen Angriffspunkten.

Alle diese Punkte führen dazu, dass immer mehr und unterschiedliche Arten von Daten erzeugt werden. Nur durch eine weitgehende Automatisierung der Abläufe bzw. gezieltes Aussteuern von einzelnen Aktionen macht einen Smarter-Energy-Ansatz erst möglich.

Dabei wird ersichtlich, dass es nicht mehr nur noch um reine Business IT bzw. Information Technology geht, sondern dass verstärkt auch die Operations Technology, oftmals auch Prozess-IT genannt, mehr und mehr in den Vordergrund rückt. Es ist außerdem zu beobachten, dass durch die „smarten“ Komponenten in den Anlagen, Geräten oder Netzen vergleichbare Technologien wie in der Business-IT Einsatz finden (werden). Das gleiche gilt auch vice versa dass Business IT bezogene Geschäftsprozesse mehr und mehr einen starken Bezug zu den Prozesskomponenten hat.

Dieses Aufeinandertreffen der von Information Technology und Operations Technology, welche bislang oftmals stark autark voneinander agiert haben, wird zunehmend ein Spannungsfeld.

Ohne an dieser Stelle dieses Spannungsfeld stärker auszuprägen, ist es gut zu verstehen, wie die Anforderungen des Marktes sowie der Bereiche der Energieversorger auf einer konzeptionellen Ebene mit den Herausforderungen, Möglichkeiten und Notwendigkeiten gruppiert werden können. Die Abbildung 7 zeigt hierbei insgesamt 8 Ebenen für diese Gruppierung.

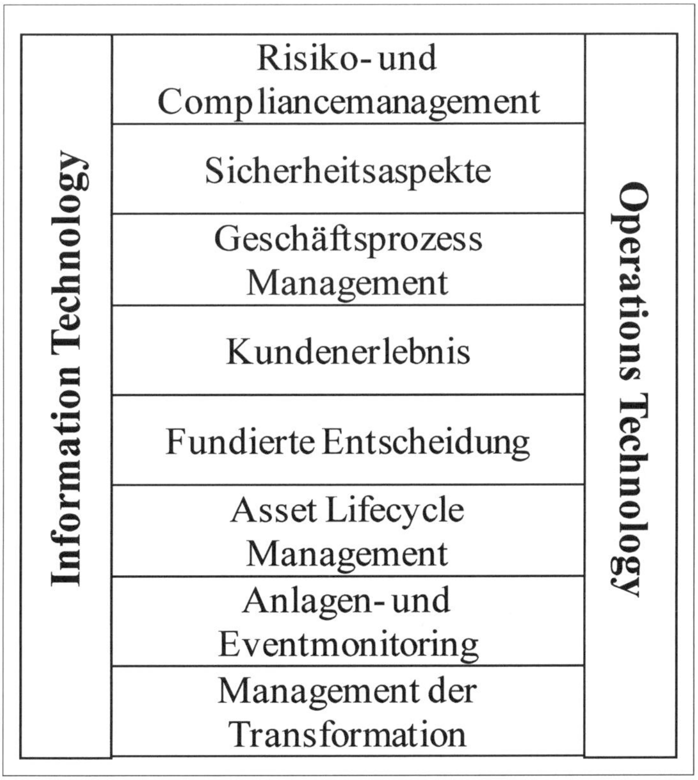

Abbildung 7: Zusammenspiel Information Technology und Operations Technology

- **Risiko- und Compliance Management**: Es ist zu erwarten, dass gerade dieser Bereich in Zukunft weiter an Bedeutung gewinnen wird. Sowohl was das Risikomanagement der Unternehmen anbelangt, als auch und vielleicht sogar gerade was die Einhaltung gesetzlicher Regularien anbelangt. Unter dem Schlagwort – Nachweispflicht – werden die Anforderungen an Energieversorger für eine zeitnahe und korrekte sowie schnelle Lieferung entsprechender Berichte zunehmen. Idealerweise helfen hierbei Frühwarnsysteme mit entsprechender Datenbasis zu erkennen, wenn ggf. Verletzungen der Vorgaben drohen.

- **Sicherheitsaspekte**: Gerade bei einer weiteren Integration der Operations Technology nimmt die Bedeutung der Sicherheit zu. Aber auch in Bereichen wie Smart Home muss Sicherheit gewährleistet sein. Im Bereich Smart Metering in Deutschland wird dies nicht zuletzt mit dem Smarter Gateway und den *BSI*-Schutzprofil-Anforderungen[8] definiert.

- **Geschäftsprozesse**: Die steigenden Anforderungen an Dynamik und Automatisierung lassen sich nur anhand einer entsprechenden IT-technischer Umsetzung von Geschäftsprozessen und weitreichender Integration abbilden.

- **Kundenerlebnis**: In den neuen Lösungen wird der Verbraucher ebenfalls neue Rollen einnehmen. Er kann zum Erzeuger werden. In Zukunft wird er zudem ein Partner im Smart Market und Smart Grid werden.

- **Fundierte Entscheidung**: Fundierter Entscheidungen können nur anhand einer entsprechenden soliden Informationsbasis getroffen werden. Hierzu zählen neben den klassischen Informationsquellen in Zukunft auch vermehrt unstrukturierte Informationen. So kann z. B. das Einbeziehen von Social-Computing-Informationen eine erweiterte Sicht auf Erfolge von Marketingaktionen geben. Um Entscheidungen noch weiter zu unterstützen, ist der gezielte Einsatz von Prognose- und Optimierungstools wichtig. Big Data ist hier sicherlich ein weiteres Schlagwort, das in diesem Zusammenhang neuerdings immer mehr diskutiert wird. Wichtig ist zu sehen, wie aus Big Data dann anhand entsprechender Analysen verdaubare Informationen extrahiert werden. Millionen von Daten werden z. B. durch einen Hersteller von Windkraftanlagen gesammelt und ausgewertet, um die Positionierung der Anlagen zu optimieren und damit bessere Erträge zu erreichen. Informationen können zudem in die Wartungs- und Entwicklungspläne einfließen. Dieses einfache Beispiel verdeutlicht auch die Integration und den notwendigen Dialog zwischen unterschiedlichen Industrien.

- **Asset Lifecycle Management**: Dieser Punkt ist nicht nur eine reine Ablage von Anlageninformationen, sondern, eingebettet in die Prozesse, ein Baustein zur Erfüllung gesetzlicher Anforderungen und auch für erweiterte Wartungsstrategien. Neben den bereits heute typischerweise abgebildeten Assets werden in Zukunft viele weitere Assets hinzugefügt werden (Smart Meter, Gateways, ...).

- **Anlagen- und Eventmonitoring**: Eine Domäne, die heute stark durch Leitstände abgebildet wird, kann in Zukunft – gerade in den Bereichen wo der Leitstand typischerweise nicht angebunden ist – ein stärkeres Eventmonitoring und Anlagenmanagement mit einer Vereinheitlichung der Datenformate und Integration von Ereignissen in weitere Prozesse erfordern. Beispiele sind hier u. a. im Niederspannungsbereich zu finden.

---

[8] BSI = Bundesamt für Sicherheit in der Informationstechnik.

- **Management der Transformation**: Die Veränderungen der Energieversorger haben bereits begonnen. Es geht um grundlegende Transformationen. Hierbei reicht es nicht aus, nur auf einer technischen Ebene Transformationen in Pilotprojekten durchzuführen. Vielmehr ist es erforderlich eine ganzheitliche Herangehensweise auf Prozess- und Überwachungsebene anzustreben.

Was ist nun Smart in Smarter Energy? Smart in Smarter Energy ist der intelligente und gezielte Einsatz von Informationstechnologie in Kombination mit Prozessen, Personen und Informationen sowie den Anlagen im Feld zur besseren Nutzung bestehender Ressourcen und Anlagen zur Reduzierung der Kosten und zur erweiterten Serviceerbringung.

4 Zusammenfassung und Schlussfolgerung

Es ist sicherlich nahezu unmöglich in diesem kurzen Beitrag alle Herausforderungen und Optionen detailliert zu beschreiben und zu allem Antworten zu liefern. Dies war aber auch nicht das Ziel. Vielmehr wird aufgezeigt, dass die Veränderungen nicht erst kommen werden, sondern bereits in vollem Gange sind.

Neue, disruptive Geschäftsmodelle und Plattformen entstehen. Die Entscheidung, wo ein Energieversorger in Zukunft sein möchte und welche Rolle er einnehmen möchte, obliegt allein ihm. Neue Mitspieler werden am Markt aktiv. Der Wettkampf um den Kundenzugang hat begonnen. Viele Dinge sind neu zu bewerten und zu testen, nicht nur aus technischer Sicht, sondern auch und gerade im Zusammenspiel neuer Partner, neuer Umsatz- und Bezahlmodelle.

Neben den traditionellen Lieferanten der Branche wird die IKT (Information und Kommunikationstechnologie) integraler Bestandteil neuer Lösungen sein. Es ist zu erwarten, dass der Anteil der IKT weiter steigen wird, um die zunehmende Flut an Informationen zu transportieren und nutzbar zu machen. Eine weitere Integration der Operational IT und Business IT scheint offensichtlich ist aber noch nicht ausformuliert. Ohne IT werden die Anforderungen der Energiewende nicht umgesetzt werden können.

Schlussendlich dreht sich alles um Daten, Informationen, Prozesse, Integration, Personen und Partner. Dies wird getrieben durch Regularien, aber auch durch den Markt und die Notwendigkeit schneller, automatisierter validierte Entscheidungen zu treffen.

Abschließend noch ein paar Worte zu Smart in Smarter Energy. Es sollte jetzt deutlich sein, dass Smart alleine nicht ausreichend ist. Entscheidend ist die Verknüpfung von Wissen und Informationen und Prozessen, um mehr aus dem herauszuholen, was heute da ist. Oder anders ausgedrückt: Die Ressourcen, die heute verfügbar sind, anhand neuer Plattformen und Services besser zu nutzen. Das gilt sicherlich für Energieversorger, ein Umdenken aller ist jedoch erforderlich.

Quellenverzeichnis

DEUTSCHE ENERGIE AGENTUR (2012), Strom in Gas umwandeln, online: http://www.power-togas.info/power-to-gas/strom-in-gas-umwandeln.html, Abruf : 06.08.2012

EIA (2011): International Energy Outlook online: http://www.eia.gov/forecasts/ieo/, Abruf: 30.07.2012.

IBM (2008): Pacific Northwest National Laboratory case study, online: ftp://ftp.software.ibm.com/software/solutions/pdfs/SAC00318-USEN-01.pdf, Abruf: 06.08.2012.

IBM (2012a): Solution Architecture For Energy (SAFE), online: http://www-01.ibm.com/software/industry/energy_utilities/, Abruf: 30.07.2012

IBM (2012b): Smart Planet Strategy, online: http://www.ibm.com/smarterplanet/de/de/ index.html , Abruf: 30.07.2012

IBM (2012c): Smarter Planet for Energy & Utilities, online: http://www.ibm.com/smarterplanet/de/de/smart_grid/ideas/index.html, Abruf: 30.07.2012

IBM UK (2011): Disruptive Business Models and Platforms, IBM Präsentation, 2011.

PETERS, M./SCHWAMMBERGER, F. (2012): IBM Webinar: Smarter Energy Service Hub vom 02.02.2012.

PETERS, M. (2012): Technoport Talk: What about Smart in Smarter Energy, Trondheim am 17.04.2012.

ONWORLD (2009): News Smart Meter, online: http://www.onworld.com/html/newssmartmeter.htm, Abruf: 30.07.2012.

SCHWAMMBERGER, F./PETERS, M. (2012): IBM Webinar: Virtual Powerplant VPP vom 09.05.2012.

THE CLIMATE GROUP/ MCKINSEY & CO. (2008): Smart 2020 Report, online: http://www.smart 2020org/_assets/files/02_Smart2020Report.pdf, Abruf: 30.07.2012

WIKIPEDIA (2012a): Disruptive Innovation, online: http://en.wikipedia.org/wiki/Disruptive_innovation, Abruf : 06.08.2012

WIKIPEDIA (2012b): Short Message Service, online: http://de.wikipedia.org/wiki/Short_Message_Service, Abruf: 30.07.2012.

Dritter Teil

Digitalisierung und Innovation – Ausgewählte Technologie- und Anwendungsaspekte

„Unternehmen müssen ihre Kunden gezielt und schnell erreichen.“

Interview mit *MICHAEL KLEINEMEIER*

SAP AG

MICHAEL KLEINEMEIER ist seit 1. Mai 2012 zusätzlich zu seiner Rolle als President Region DACH (Deutschland, Österreich, Schweiz) für das Global End-to-End Services Team verantwortlich. Dazu gehören auch die Bereiche Global Services sowie Solution & Knowledge Packaging.

Er hatte bereits früher zahlreiche Leitungsfunktionen bei *SAP* inne: von 2001 bis 2007 war er Managing Director der *SAP Deutschland AG & Co. KG*, seit 2004 darüber hinaus auch Regional President der damaligen Vertriebsregion EMEA Central (DACH und Benelux). 2007 wurde er zum Leiter des Produktbereiches für Industrielösungen und Corporate Officer der *SAP AG* ernannt, bevor er Anfang 2008 auf eigenen Wunsch ausschied.

Der 1957 in Nordrhein-Westfalen geborene Michael Kleinemeier studierte an der Universität in Paderborn und schloss sein Studium als Diplom-Kaufmann ab. Von 1989 bis 1999 arbeitete er bei der *SAP AG* in führenden Positionen in den Bereichen Vertrieb, Beratung und Schulung. Ab 1994 war er Prokurist der *SAP AG* und von 1999 bis 2001 Mitglied des Vorstandes der *SVC AG/itelligence AG*, einem Partnerunternehmen der *SAP*.

Er lebt mit seiner Frau und seinen drei Kindern bei Heidelberg in Baden-Württemberg.

Die Potenziale der Digitalisierung für Wachstum und Wohlstand werden von Vertretern aus Politik, Wirtschaft und Gesellschaft immer wieder gepriesen. Können Sie diese Potenziale näher konkretisieren?

KLEINEMEIER: Digitale Medien sind aus dem heutigen Leben nicht mehr wegzudenken. Sie liefern neue Kommunikations- und Arbeitsmittel für fast alle Berufe, vom Arzt im Krankenhaus (Digitale Patientenakte), zum Produktionsfacharbeiter, vom Journalisten zum Designer eines Produktes hin zum Shopfloor (3D-Visualisierung von Stücklisten), vom Schüler zum Lehrer (Digitaler Unterricht) – kurz, die digitalen Medien haben als Arbeitsmittel in alle Branchen Einzug gehalten und bestimmen das Arbeitsleben der meisten Menschen. Sie sind aber mittlerweile auch zu einer unerlässlichen Informationsquelle geworden, auf der Daten in Echtzeit eingestellt, abgefragt und ausgetauscht werden können.

In der Wirtschaft kann man sich kaum noch Prozesse vorstellen, die ohne die Anwendung digitaler Medien auskommen. Damit sind die Datennetze und die in einer Cloud oder anderen Formen gelagerten Daten zu Bestandteilen einer Infrastruktur geworden, die für das moderne Geschäftsleben unerlässlich geworden sind. Sie ermöglichen die globale Vernetzung, sowohl bei der Beschaffung von Rohstoffen als auch bei der Just-in-Time-Organisation von Produktion, der Lieferung von Teilen oder Fertigprodukten in alle Welt. Der Einsatz digitaler Medien hat dazu beigetragen, neue Absatzmärkte zu erschließen, indem er zu einer besseren internationalen Vernetzung von Anbietern, Produzenten, Zulieferunternehmen und Kunden geführt hat. Er hilft, Forschungstätigkeiten von Unternehmen und Institutionen kollaborativ in weltweit vernetzten Standorten zu organisieren. Digitale Medien haben den Arbeitsplatz in den meisten Berufen stark verändert – durch einen wesentlich erleichterten Zugriff auf notwendige Informationen und die Erhöhung der zeitlichen und geografischen Flexibilität. Das Home Office ist mittlerweile ohne Funktionseinbußen möglich. Diese Flexibilität bietet Chancen für die Vereinbarkeit von Beruf und Familie nicht nur in der IT-, sondern branchenübergreifend.

Ist Deutschland auf den internationalen Wettbewerb im Digital Business ausreichend vorbereitet?

KLEINEMEIER: Der IT-Standort Deutschland hat viele Stärken und auch einige Schwächen, die bei der Strategieentwicklung beachtet werden müssen. Der Hardware-Bereich ist in Deutschland nicht mehr beheimatet; eine Wiederansiedelung ist weder wahrscheinlich noch strategisch sinnvoll. Der Telekommunikationssektor ist durch wenig Dynamik gekennzeichnet, und auch hier sind keine großen Wachstumsimpulse zu erwarten. Eine hervorragende Ausgangsposition existiert hingegen im Bereich der Unternehmenssoftware und IT-Dienstleistungen. Software-Unternehmen gehören zu den innovativsten und dynamischsten in Deutschland. So machen Software und technologische Dienstleistungen alleine fast sieben Prozent aller Unternehmensgründungen oder rund 87 % aller Hightech-Gründungen aus.

Aus Sicht von Unternehmen ist es vor allem interessant zu wissen, wie man im digitalen Zeitalter nachhaltig erfolgreich sein kann. Worin sehen Sie die zentralen Erfolgstreiber?

KLEINEMEIER: Zur Zeit zeichnet sich eine zweite Stufe der Digitalisierung von Unternehmen ab, die durch verschiedene Aspekte gekennzeichnet ist.

Zum einen geht es um Steuerung und Transparenz. Während in der ersten Digitalisierungsphase die Abbildung des Unternehmens in Software-Systemen und das Management von Ressourcen im Vordergrund standen, steht in der zweiten Stufe die Nutzung der vorhandenen Unternehmensdaten als Entscheidungsgrundlage im Zentrum.

Unter dem Stichwort der „Business Intelligence“ können die wichtigsten Kennzahlen eines Unternehmens (wie beispielsweise Verkaufszahlen) mit minimalster zeitlicher Verzögerung, in „real time“ sozusagen, dem Management zur Verfügung gestellt werden, um faktenbasierte Entscheidungen treffen zu können.

Weiterhin verlangen Unternehmen zunehmend flexible und individualisierte Nutzungsmodelle. So erwartet Unternehmens-IT mehr und mehr IT-Dienstleistungen. Das heißt: Als Unternehmer kann ich mir kurzfristig Software-Module mieten, wenn ich sie brauche. Anstelle einer Installation von Software vor Ort wird gerade in kleinen und mittelständischen Unternehmen oder auch Töchtern großer Konzerne der Abruf von Software „on demand“ zunehmen. Daten werden nicht mehr vor Ort auf eigenen Servern, sondern in der „Daten-Cloud“ gespeichert.

Mobile Endgeräte spielen beim Zugriff auf Unternehmens-Software eine immer größere Rolle. War bislang die Unternehmens-Software vor allem auf stationären Rechnern installiert und abrufbar, steht nun bei vielen Anwendungen der Sprung auf mobile Endgeräte wie Smartphones oder Tablet PCs bevor. Dies erhöht die Flexibilität, gerade für jene Mitarbeiter in Unternehmen, die viel außer Haus unterwegs sind.

Hinzu kommen große Leistungssteigerungen in der Datenverwaltung und -auswertung. Die aktuelle Datenbank-Technologie basiert auf einem Prinzip, das in den 1970er Jahren entwickelt wurde (sogenannte relationale Datenbanken). Diese Technologie steht kurz vor der Ablösung durch die „In-Memory“-Computing-Technologie. Beim In-Memory-Computing werden die Daten im Hauptspeicher gehalten und außerdem so strukturiert, dass für eine bestimmte Abfrage nicht notwendige Daten nicht „angefasst“ werden und die zu bewegende Datenmenge so deutlich verringert wird. Dies bedeutet eine enorme Beschleunigung der Datenverarbeitung. Diese Effizienzsteigerung eröffnet neue Dimensionen für die Zugänglichkeit, Verarbeitungsgeschwindigkeit und Datenauswertung der darauf aufbauenden Unternehmens-Software und beeinflusst somit direkt die wirtschaftliche Leistungsfähigkeit einer Organisation.

Was sind Ihrer Meinung nach die größten gesellschaftlichen, politischen oder ökonomischen Hemmnisse für Innovationen im digitalen Zeitalter?

KLEINEMEIER: Falschverstandene „Technikschelte“ ist sicher ein Grund, warum Innovationen auch und gerade in der IT-Branche besonders kritisch betrachtet werden. Aber nicht Technologien sind gefährlich, sondern die Menschen, die sie falsch oder für die falschen, unethischen Zwecke einsetzen. Nicht der Zugang zum Netz schafft den „Cyberkriminellen“. So muss es auch der Anspruch an unsere Gesellschaft sein, mehr in Bildung und Ausbildung junger Menschen zu investieren, um den kritischen Umgang mit der größten Menge an Wissen zu fördern, die je einer Generation zur Verfügung stand und das unabhängig von der Herkunft des Einzelnen und seinen wirtschaftlichen Möglichkeiten.

Ein weiteres Hemmnis ist sicher die fehlende Förderung von Forschung und Entwicklung. Für die Hightech-Branche sind die Voraussetzungen für Forschungs- und Entwicklungstätigkeiten ein entscheidender Standortfaktor. Deutschland verfügt über eine international konkurrenzfähige Forschungslandschaft, droht allerdings, aufgrund des Fehlens einer international zum Standard gewordenen steuerlichen Förderung von Forschung und Entwicklung ins Hintertreffen zu geraten. Weiterhin müssen sich Deutschland und die Unternehmen in Deutschland noch stärker darauf konzentrieren, geeignete Mitarbeiter – Talente – zu rekrutieren und diese dann langfristig im Unternehmen halten, und zwar durch entsprechende Förderung und Weiterbildung.

Aus ökonomischer Sicht spielen auch die Kosten der Bürokratie eine wichtige Rolle, wenn es gilt, sich für oder gegen Innovationen in Richtung Digitalisierung zu entscheiden. So hat die Bundesregierung die Belastungen der Unternehmen durch bürokratische Pflichten auf 47,6 Mrd. Euro pro Jahr beziffert, 84 % davon tragen mittelständische Unternehmen. Dabei verursachen Pflichten aus den Bereichen Besteuerung, Bilanzierung und Buchführung mit Abstand die höchsten Kosten.

Wenn es um den Erfolg geht, steht die Innovationsfähigkeit immer wieder im Fokus. Welche Rahmenbedingungen müssen für ein innovatives Unternehmen in der digitalen Welt erfüllt sein?

KLEINEMEIER: Leistungsfähige Kommunikations-Infrastrukturen – zu denen sowohl das Festnetz, Datendienste als auch der Mobilfunk gehören – sind die Voraussetzung für die Entwicklung einer Wissensgesellschaft. Ihre Bedeutung darf nicht unterschätzt werden. Diese Infrastruktur steht in den nächsten Jahren vor großen Herausforderungen. Die Entwicklung betrifft nicht nur den privaten Nutzer, sondern ist auch für Unternehmen sehr relevant. Die neue Generation von Unternehmens-Software ermöglicht das Abrufen wichtiger Kerndaten über mobile Endgeräte und die Verbindung zwischen den ‚mobilen‘ Anwendungen und solchen, die auf der Unternehmensplattform ablaufen. Dafür braucht es schnelle Verbindungen und in diesem Kontext sind investitionsfreundliche Rahmenbedingungen zum Ausbau der Kommunikations-Infrastruktur zwingend notwendig.

Gut ausgebildete und engagierte Mitarbeiter sind unverzichtbar für jede Form der Innovation, auch die in der digitalen Welt. Unternehmen müssen sich bei der Suche nach diesen Mitarbeitern zunehmend einem internationalen Wettbewerb stellen; und junge Talente bleiben nicht immer dort, wo sie ausgebildet wurden. D. h. die Innovationsfähigkeit eines Unternehmens hängt wesentlich davon ab, ob es ihm gelingt, seine Mitarbeiter zu entwickeln und im Unternehmen zu halten. Finanzielle Anreize sind dabei zu wenig; Unternehmenskultur, Vielfalt, Vereinbarkeit von Beruf und Familie für die Mitarbeiter sowie soziales Engagement sind Grundvoraussetzungen für ein Arbeitsklima, in dem sich Innovation entwickeln kann.

Welche erfolgversprechenden Geschäftsmodelle ergeben sich aus dem Megatrend Digitalisierung?

KLEINEMEIER: Unter Digitalisierung von Unternehmen wird hier die Abbildung und Steuerung von Unternehmensprozessen in Software-Produkten verstanden. Diese Digitalisierung hat sich in den letzten zwei Dekaden enorm beschleunigt. Sie betrifft nicht nur die Arbeitsabläufe innerhalb einzelner Unternehmen, sondern auch deren Kontakte zu anderen Firmen, zu den Mitarbeitern, zur öffentlichen Hand – aber auch die Art und Weise, wie Innovationen entstehen.

Global operierende große Unternehmen haben die digitalen Technologien als erste umfassend genutzt, um ihre geografisch aufgeteilten Wertschöpfungsketten zu organisieren. Diese Entwicklung geschah vor allem in den 1990er Jahren und ist hinsichtlich der Grundlagen weitgehend abgeschlossen. Neue Impulse sind hier durch neue Technologien wie In-Memory-Computing zu erwarten, in denen die schnelle Auswertung von Daten als Entscheidungsgrundlage in Echtzeit im Vordergrund steht.

Global operierende mittelständische Unternehmen – oft sehr erfolgreich in ihren jeweiligen Marktnischen – haben die Vorteile der Digitalisierung ebenfalls früh genutzt. Der deutsche exportorientierte Mittelstand im Maschinenbau zum Beispiel ist ein „early adopter" von Unternehmens-Software. Ein weiterer Schub ist auch hier durch neue Real-time- und On-demand-Technologien zu erwarten. Auf den nationalen Markt beschränkte kleine und mittelständische Unternehmen sind – soweit hier eine Generalisierung möglich ist – oft weniger digitalisiert. Auch das Thema „Big Data" beschäftigt den Mittelstand schon heute – unabhängig davon, ob national oder global tätig. Technologien und Plattformen wie *SAP* HANA unterstützen Unternehmen jeder Größenordnung bei der Echtzeitverarbeitung und -analyse sowie der Bereitstellung und Visualisierung von riesigen Datenmengen.

Welche Auswirkungen hat die Digitalisierung auf Ihre Organisation heute?

KLEINEMEIER: Das Zusammentreffen von Technologien für mobile Endgeräte, On-demand- und In-Memory-Computing und deren Orchestrierung bietet eine einmalige Chance für unsere Branche. Durch eine integrierte Nutzung der zur Verfügung stehenden Technologien und Werkzeuge, werden Geschäftsprozesse nicht nur beschleunigt, flexibilisiert und gegebenenfalls verschlankt. Der kluge Einsatz dieser Technologien kann auch maßgeblichen Einfluss auf die strategische Ausrichtung von Unternehmen nehmen.

Auch den Designprozess hat die Digitalisierung beeinflusst: Heute steht der Endanwender stärker als je zuvor im Mittelpunkt des Designprozesses. Iterative Prozesse, wie sie bspw. bei der Softwareentwicklung zum Einsatz kommen, werden durch die neuen Technologien erleichtert. Bei der Entwicklung von mobilen Applikationen machen sich unsere Entwickler zunehmend Erkenntnisse aus z. B. konsumorientierten Branchen zu Nutze.

Nutzt Ihre Organisation digitale Methoden, um innovativer zu werden, zum Beispiel Customer Engineering, Crowd Engineering, Open Innovation?

KLEINEMEIER: *SAP*-Vorstandsmitglied *DR. VISHAL SIKKA* hat die Bedeutung von Open Innovation und Community Development für *SAP* auf den Punkt gebracht: „Open community based development is at the very heart of who we are.“

Die Einbettung neuer Methoden in den Entwicklungs- und Vertriebszyklus ist dabei kein neuer Trend, sondern eine natürliche Entwicklung. *SAP*-Kunden und -Partner haben schon immer Ergänzungen zur *SAP*-Software entwickelt und damit Innovationen auf Basis unserer Standard-Software geschaffen. Allein derzeit ist *SAP* an mehr als 50 Open-Source-Projekten beteiligt. *SAP*, ihre Kunden, Partner und freie Entwickler lernen voneinander und inspirieren sich gegenseitig, immer wieder innovative „Höchstleistungen“ zu bringen. Dabei ist Open Innovation nichts anderes als über Unternehmensgrenzen hinweg in einem rechtlich sicheren Rahmen, geistiges Eigentum auszutauschen und nutzbar zu machen.

Crowd-Sourcing ist eine digitale Methode, die diesen Austausch ermöglicht: Die mehr als zwei Millionen Mitglieder des *SAP* Community Network, viele davon außerhalb von *SAP* als Entwickler tätig, tauschen Know-how und Code über eine Code-Exchange-Plattform aus. Über Downloads und Seitenabrufe wird gemessen, welche Ideen ausgetauscht und welche Tools, Beispielapplikationen oder Hilfsprogramme stark nachgefragt werden. Die Ergebnisse dieses Austausches werden immer wieder in die Open Community zurückgespielt. Durch die enge Zusammenarbeit mit Kunden sorgt SAP dafür, dass immer an den richtigen Stellen die Standard-Software weiterentwickelt wird.

Ein Blick nach vorn: Wenn Sie ein Bild der zukünftigen digitalen Welt entwerfen sollten, was würden Sie auf der Leinwand festhalten?

KLEINEMEIER: Die Geschäftswelt ist massiven Veränderungen unterworfen und die Kunden reagieren darauf u. a. mit neuen und gewachsenen Anforderungen an die IT. Die Unternehmen müssen ihre Kunden gezielt und schnell erreichen, es gilt Anlagen und Geld effizient zu verwalten und die Talente zu finden, zu rekrutieren und zu halten, die diese Entwicklungen ermöglichen und den Erfolg nachhaltig machen.

Es gibt heute bereits mehr Mobiltelefone als Menschen. Jeder kann zu jeder Zeit erreicht werden, eine Marke in Sekunden die Welt erobern. Mehr als eine Milliarde Menschen nutzen die Möglichkeiten sozialer Netzwerke, ihre wachsende Macht – nicht nur als Konsumenten – ist unübersehbar. Schon im nächsten Jahr werden mehr als 15 Milliarden Geräte Zugang zum Internet haben bzw. über dieses zugänglich sein: Autos, Waschmaschinen, Kühlschränke, aber auch Kleidung und Accessoires. Können die Unternehmen diese Informationen zielgerichtet, nutzbringend und verantwortungsvoll nutzen? In jedem Fall wird es notwendig sein, eine unvorstellbare Menge an Daten zu sammeln, verfügbar zu machen und zu analysieren.

Welche strategischen Stoßrichtungen verfolgen Sie, um dieses Leitbild mit Leben zu füllen?

KLEINEMEIER: Viele unserer Kunden haben ambitionierte Pläne. Sie wollen Umsätze und Gewinne steigern, neue Märkte erobern und durch Zukäufe oder Fusionen expandieren. Dabei setzen sie vermehrt auf innovative IT-Lösungen ohne allerdings kurzfristigen Nutzen und Qualität dieser Lösungen aus den Augen zu verlieren.

Drei Aspekte stehen insbesondere für die Unternehmens-Software hier besonders im Vordergrund:

1. Schneller und leichter Zugang und einfache Bedienbarkeit
2. Flexible Nutzung (Public, Private oder Hybrid Cloud) und geringes wirtschaftliches Risiko
3. Echtzeit Analysen und direkter Zugang zu Kunden und/oder Konsumenten

Mit dem letzten Punkt sprechen Sie das Thema Big Data und In-Memory Analytics an. Warum sollten sich Unternehmer und IT-Verantwortliche hiermit beschäftigen?

KLEINEMEIER: Exakte Entscheidungen punktgenau treffen, funktioniert nur, wenn die Datenbasis stimmt. In unserer heutigen komplexen und globalisierten Welt, in der sich in Sekundenbruchteilen Aktienkurse halbieren können, brauchen Unternehmen nicht nur – idealerweise in Echtzeit – die richtigen Daten, sondern müssen befähigt werden, daraus auch die richtigen Schlüsse zu ziehen. In Zukunft sehen Experten gar eine Vervielfachung des aktuellen Datenvolumens. Hier lautet das Schlagwort „Big Data“. Diese Mengen an Daten fallen insbesondere durch die verstärkte Nutzung von sozialen Medien, durch die Erhebung von mehr und mehr Daten am Point of Sales, oder auch die Einspeisung von Sensordaten und weitere Maschine-zu-Maschine-Kommunikationen („Internet of Things“) an. Unternehmen müssen diese Daten erheben, übertragen, analysieren und daraufhin Entscheidungen treffen und umsetzen, wenn sie in Zukunft wettbewerbsfähig sein möchten. Wenn Unternehmen dies als Chance begreifen, ergeben sich zudem Möglichkeiten, komplett neue Geschäftsmodelle und -prozesse im Markt erfolgreich zu positionieren.

In-Memory Analytics – ist das nicht nur wieder alter Wein in neuen Schläuchen? Wo liegt die Neuartigkeit des Themas?

KLEINEMEIER: Wenn man unter „altem Wein“ versteht, dass die Daten auch in der Vergangenheit bereits vorhanden waren und man nur keinen Zugriff darauf hatte, dann Danke den „neuen Schläuchen“. Tatsache ist, dass aktuell, schnell und detailgetreu Eigenschaften einer völlig neuen Art der Analyse sind, die damit bisher unbekannte Qualität liefert. Wobei diese Analysen nicht nur bessere, weil informiertere Entscheidungen bei Vorständen ermöglichen, sondern In-Memory Analytics lässt auch Maschinen schneller entscheiden und – noch wichtiger – schneller reagieren. Nur eine „Echtzeit“-Analyse macht eine „Echtzeit“-Reaktion möglich, wie z. B. bei der Verarbeitung von Scanner-Daten im Gesundheitswesen, in der Qualitätssicherung in der Produktion oder auch bei der Verkehrssteuerung – also überall dort, wo enorme Datenmengen auf „Satzebene“ in Echtzeit analysiert werden müssen, um entsprechende Reaktionen zu triggern. Darüber hinaus trägt dieses neue Thema dazu bei, dass Daten in vorher nicht gekanntem Umfang mit Hilfe der spaltenbasierten Ablage und der prozessornahen Datenhaltung analysiert werden können. Dies gilt insbesondere für transaktionale Daten aus den operativen Systemen und nicht nur für Daten, die bereits in speziellen analytischen Data Warehouses persistieren.

Was muss eine In-Memory-Lösung aus Ihrer Sicht leisten?

KLEINEMEIER: Zuerst einmal muss sie all das leisten, was eine Lösung leisten muss, die ihre Daten nicht komplett im Hauptspeicher hält. D. h. auch, dass *SAP* HANA z. B. als Plattform für das *SAP* Business Warehouse eingesetzt wird und zukünftig als Datenbank für die Business Suite zur Verfügung steht. Mit *SAP* HANA geht es aber auch darum, existierende Lösungen zu erneuern – ohne diese neu zu entwickeln –, indem die Performance dieser Lösungen um Potenzen verbessert wird. Es geht darum neue Anwendungen zu entwickeln, die auf Basis einer Datenbank traditioneller Technologie nicht denkbar wären. Und nicht zuletzt geht es darum, den Betrieb solcher Systeme zu optimieren, d. h. die „Total Cost of Ownership“ zu reduzieren. Bei *SAP* HANA und der „Real Time Data Platform“, worin neben HANA auch die *Sybase* Datenbankprodukte ASE und IQ eine bedeutende Rolle spielen, handelt es sich um die bahnbrechende Neuentwicklung einer In-Memory-Lösung, die die Möglichkeiten der Hardware optimal für die Anwendung und den Anwender nutzt.

Welches sind Ihrer Meinung nach die größten Stolpersteine bei der Implementierung von In-Memory-Lösungen?

KLEINEMEIER: Die ersten erfolgreich umgesetzten In-Memory Projekte zeigen keine spezifischen Besonderheiten zu den bisherigen und bekannten Lösungen. Auch hier gelten eine saubere vorherige Planung und eine Abstimmung zwischen Hardware- und Software-Architektur als Erfolgsgarant.

Läuft ein Big-Data-Projekt wie alle anderen IT-Projekte ab oder gibt es Besonderheiten, die unbedingt Beachtung finden sollten?

KLEINEMEIER: Bei einer Umsetzung von Big Data auf Basis der In-Memory Appliance *SAP* HANA kann – anders als bei herkömmlichen Data-Warehouse-Projekten – auf die aufwändige Aggregation von Daten weitgehend verzichtet werden. Insgesamt ist die Daten-Modellierung deutlich flexibler als bisher. Daher können Go-Lives viel schneller im Rahmen eines inkrementellen Vorgehens in Sprints bereitgestellt werden. Diese liefern dann sukzessive Erweiterungen bei den angebundenen Datenquellen oder bei den zielgruppenspezifischen Auswertungen. Diese Vorgehensweise hat sich in Bezug auf die Nutzerakzeptanz klar bewährt.

Herr Kleinemeier, wir danken Ihnen für dieses Gespräch.

„Das größte Potenzial der Digitalisierung ist die Vernetzung mit Datenkapital.“

Interview mit *FREDDIE GEIER*

adventures GmbH

FREDDIE GEIER ist Geschäftsführer der *adventures GmbH* (www.adventures.de). *Adventures* unterstützt innovative Wegbereiter und Unternehmen, Brücken in die Zukunft zu schlagen. Zuvor war *FREDDIE GEIER* General Manager bei *Apple*, verantwortlich für die Central European Region und Geschäftsführer des Software-Unternehmens *Elgato*, wo er maßgeblich am Ausbau des Unternehmens zu einem der führenden Anbieter im Bereich Home Entertainment beteiligt und federführend für die Implementierung des weltweiten Vertriebskanals sowie die Etablierung der EyeTV-Produktlinie als Defacto-Standard für *Apple*-Produkte zuständig war. Als Senior Director bei *Apple* in Cupertino, Kalifornien, war er zudem mitverantwortlich für den Aufbau der Software Division sowie zentrale M&A-Aktivitäten. Ferner war er General Manager bei *Astarte* und Gründer des Multimedia-Distributors *ComLine*. *FREDDIE GEIER* ist Mitglied im Münchner Kreis.

Die Potenziale der Digitalisierung für Wachstum und Wohlstand werden von Vertretern aus Politik, Wirtschaft und Gesellschaft immer wieder gepriesen. Können Sie diese Potenziale näher konkretisieren?

GEIER: Die Potenziale der Digitalität werden von Interessenvertretern gerne großformatig an die Wand projiziert, meist abstrakter als nötig. Das Kapital für Wohlstand und Wachstum ist die neue Intelligenz durch Daten. Wirtschaftlich gesehen haben wir noch nicht einmal begonnen, dieses Kapital systematisch zu nutzen, weder für unsere Organisations- noch für Wertschöpfungsprozesse. Wir stehen aktuell vor der konkreten Aufgabe, gewohnte Bausteine unserer Kultur und Wirtschaft strukturell zu analysieren, um die verfügbare Komplexität zu integrieren und sie dabei durch kluge Filter persönlich nutzbar zu machen. Die Potenziale der Digitalisierung, ob wirtschaftlich, gesellschaftlich oder politisch besteht trotz überlebensgroßer Thesen derzeit gerade nicht im „Größer denken", sondern in etwas, das ich Re-Provinzialisierung nennen würde: Es geht darum, das Globale in die persönliche Welt zu holen, und zwar so, dass man damit arbeiten kann. Ich sehe dabei zwei grundlegende Ansatzpunkte, um das Kapital der Digitalität zu heben:

- Das **kommunikative Potenzial** der Digitalisierung liegt darin, wie sie Individuen verbindet und ihnen Öffentlichkeit ermöglicht. Die Demokratisierung der Öffentlichkeit erfordert soziale und kritische Kompetenz, birgt aber enormes Potenzial, u. a. politischer Natur. Dies war sehr anschaulich in den Anfängen des sogenannten „Arabischen Frühlings" zu beobachten. Über digitale Netzwerke konnten isolierte Interessengruppen sich zu einem Schwarm organisieren und eine Öffentlichkeit finden, die an staatlichen Medien und ihrer Zensur vorbeiging. Dieses Muster reflektiert das politische Potenzial eines Social-Web-Prinzip der ersten Stunde, das Long-Tail-Prinzip. Indem Produkte über E-Commerce ihre Kunden weltweit finden können, werden Nischen- und Spezialprodukte relevant. Das Potenzial der Vernetzung, um politische Mechanismen zu verändern, zeigt sich auch hierzulande. *STEFFEN SEIBERT* steht mit @RegSprecher täglich über Twitter im Sichtkontakt mit mittlerweile 75.000 Bürgern und ihnen dabei Rede und Antwort. Wenn die Piratenpartei mit ihrem Online-Abstimmungsprogramm „Liquid Feedback" Bürger in die Entscheidungsfindung der Partei einbezieht, testet sie nicht nur ein Tool, sondern ein neues demokratisches Konzept.

  Diese Vernetzung ist mehr als ein Dekor der politischen Öffentlichkeitsarbeit: Parteien, Institutionen, aber auch Arbeitgeber müssen in Zukunft auf das Pull- statt das Push-Prinzip setzen, um Kontakt zum engagierten Nachwuchs zu bekommen. Denn ihre Medienöffentlichkeit ist bereits zerstreut, und pulverisiert sich weiter: Mit der Verbindung von Web und TV und der flächendeckenden Verbreitung von Smart-TVs wird eine letzte Bastion der klassischen Sender-Öffentlichkeit verschwinden. Parteien erreichen ihre Zielgruppen dann nicht mehr verlässlich mit der Talkrunde am Donnerstagabend. Ebenso wirken Arbeitgeber bremsend, wenn sie privat vernetzten Menschen als einzige Kommunikationsmittel im Unternehmen E-Mail, Telefon und Meetings anbieten.

- Das **wirtschaftliche Potenzial** der Vernetzung geht einen Schritt weiter. Es liegt darin, wie Individuen und Unternehmen sich mit Kapital verbinden. Firmen wie Einzelpersonen haben heute unmittelbaren Zugang zu den wichtigsten Formen von Kapital: Wissen, Expertise, Talent, Daten und Informationen gehören dazu, ebenso wie Geld. Zwölf Prozent aller Filme beim diesjährigen Sundance-Festival waren finanziert durch die Open-Funding-Plattform Kickstarter. Die in der Entwicklerszene seit Jahrzehnten gängige Open-Source-Kultur ermöglicht es Ingenieuren heute, durch Erfahrungswerte von Kollegen eigene Innovationsprozesse zu verkürzen. Anderseits arbeiten Automobilunternehmen wie *BMW* heute bereits mit Open-Research-Plattformen und Kreativpools in der eigenen Zielgruppe. Viele renommierte Unternehmen wie *adidas* nutzen soziale Plattformen für neue Formen der Human-Ressources-Arbeit.

Aktuell stehen Unternehmen vor dem größten Potenzial der Digitalisierung: Ging es in der ersten Phase des Web vor allem darum, die kommunikative Vernetzung zu proben, geht es jetzt um die Vernetzung mit Datenkapital. Vorreiter beginnen, in Systeme zu investieren, die Daten auswerten, Texte lesen und Bilder erkennen können. Sie investieren damit in das Erfolgsrezept großer Unternehmen wie *Amazon* oder *Facebook*. Denn das Potenzial der Digitalisierung liegt für Unternehmen nicht nur im Dialog und im vernetzten Arbeitsplatz, sondern auch in einer neuen Wertschöpfung – in Services, die Produkte um einen persönlichen Mehrwert erweitern. Sie entstehen durch die intelligente Verbindung von Informationen. Algorithmen sind die Maßschneider für die neuen Informationswerte.

Weiß ich, welche Kontoversionen meiner Bank die beliebtesten in meiner Berufsgruppe sind, welche Vorsorgevarianten die meist gewählten in meiner Altersgruppe sind? Kann ich die Theaterrezension im eMagazine auf dem iPad digital ausschneiden, archivieren und ggf. mit Freunden teilen? Kann ich eigene Adressen und Fotos in meinen digitalen Städteguide „New York" integrieren? Mit digitaler Intelligenz können wir die „Ich"-Perspektive des Konsumenten an Produkten ausformen. Wenn Unternehmen den traditionell geschlossenen Produktbegriff öffnen und die Entität „Produkt" erweitern durch Services aus der wachsenden Datenintelligenz, können sie integrierte Leistungsbündel schaffen für den persönlich orientierten Konsum heute. Nichts anderes steht hinter dem Erfolg von iTunes.

Ist Deutschland bzw. sind die deutschen Unternehmen auf den internationalen Wettbewerb im Digital Business ausreichend vorbereitet?

GEIER: Allein auf Grund meiner beruflichen Vita müsste ich diese Frage erwartungsgemäß mit „nein" beantworten, doch so einfach ist es nicht. Natürlich habe ich in meinen verschiedenen Positionen bei *Apple* die Kultur eines hochinnovativen amerikanischen Unternehmens erlebt. Der unmittelbare Glaube an Ideen, an die Eleganz des Einfachen in Zeiten der Komplexität, das sind enorme Wettbewerbsvorteile in der Digitalisierung. Außerdem sind sie eingebettet in eine wesentlich zurückhaltendere Gesetzgebung, was das Datenschutz-, Leistungsschutz- und Urheberrecht betrifft. Ich halte deutsche Unternehmen nicht für per se schlecht vorbereitet. Sie stehen vor einer juristischen und einer organisatorischen Aufgabe. Letztere fordert die deutsche Kultur in ihrem Kern heraus.

Die juristische Prüfung neuer Technologien und der zügige Entwurf von adäquaten Rechtsgrundlagen werden ganz entscheidend sein für die Wettbewerbsfähigkeit. Die Rechtslage muss schnell sachlich verhandelt werden. Da bspw. im Bereich Cloud Computing nicht sicher ist, ob amerikanische Systeme rechtskonform mit den deutschen Datenschutzrichtlinien sind, müssen Unternehmen hier derzeit in eigene Systeme investieren. Verlage sind gelähmt und lähmen sich z. T. selbst in der Verhandlung des Urheber- und Leistungsschutzrechts.

Die organisatorische und weit schwierigere Aufgabe für Unternehmen sehe ich derzeit darin, ihre Organisationsstrukturen und Führungskultur auf vernetzte Arbeitsprozesse auszurichten. Kontrolle im Gedanken des Produktionsprozesses nach *HENRY FORD* kann dem Hauptmerkmal der vernetzten Kommunikation – der zeitlichen Parallelität – nicht gerecht werden. Abteilungsübergreifendes Wissensmanagement und Social-Media-Kommunikation sind Wettbewerbsfaktoren, die nicht mit streng vertikal organisierten Abstimmungsprozessen einhergehen. Auch Mitarbeiter über 35 Jahre erleben die Möglichkeiten der Digitalität heute außerhalb des Unternehmens und empfinden bspw. einen autoritären Führungsstil als überkommen. Jüngere Mitarbeiter fühlen sich oft gelähmt durch tradierte E-Mail- und Meeting-Kulturen in großen Unternehmen. Auch ist eine der Innovation nachgeschaltete Markenführung nicht mehr zeitgemäß: Mitarbeiter kommunizieren heute eine Marke bzw. das Unternehmen ebenso wie Kampagnen. Auch bei der Konstruktion neuer Datenwege und Services lässt sich die „brand“ mitdenken. Dieses Umdenken betrifft natürlich auch Firmen in anderen europäischen Ländern und den USA. In Amerika allerdings trifft es auf eine andere Kultur, die Neuerungen leichter eingeht als die deutsche.

Den entscheidenden kulturellen Punkt und ein erhebliches Hemmnis für die internationale Wettbewerbsfähigkeit in Deutschland sehe ich im tradierten Innovationsverständnis. In Deutschland fehlt die Akzeptanz des Scheiterns. Das Credo „fail fast, fail cheap and fail often“ wird in den USA auch strukturell und organisatorisch umgesetzt, vor allem aber wird es kulturell gestützt. Das macht US-Unternehmen ungemein agil. Die disruptive Natur der Digitalisierung fordert diese kooperative, agile Kultur nun umso mehr ein. Es ist ein kleiner Clash of Cultures, vor dem wir Deutschen stehen und er erfordert Integrationsarbeit. Wie wichtig die kulturelle Implementierung von Technologie ist, muss in Deutschland noch betont werden. Change Management wird noch zu sehr als Soft-Skill-Investment betrachtet.

Deutsche Unternehmen sind gut vorbereitet, wenn sie sich die Stärken unserer Kultur zunutze machen für den anstehenden Wandel. Die Mündigkeit des Einzelnen, Selbstorganisation und Transparenz sind in der deutschen Kultur seit der Aufklärung tief verankert, das Ingenieurwesen, seine Innovationsfähigkeit und unser Qualitätsverständnis sind weltweit anerkannt. In meiner Zeit bei *Apple* habe ich *STEVE JOBS* als einen großen Verehrer deutscher Autos kennengelernt. Sogar die deutsche Gesetzgebung in puncto Datenschutz ist begründbar und die Diskussion darüber, wie die vernetzte Kommunikation unser Arbeits- und Sozialleben verändert, wird auch in den USA kritisch geführt. Der große Unterschied: In den USA sind die kritischsten Vordenker gleichzeitig digital affin, bspw. *SHERRY TURKLE*, Professorin am berühmten MIT und Wirtschaftsjournalist und Blogger *NICHOLAS CARR*. Sie können und wollen die Errungenschaften des digitalen Lebens nicht zurückdrehen, sondern kritisch gestalten. Dieses kritische, vorantreibende „Mittendrin“ sollte vorbildhaft sein für die deutsche Arbeit an den Rahmenbedingungen einer vernetzten Ökonomie. Deutsche Führungskräfte fragen oft nach dem RoI der Digitalisierung an sich. Wenn wir analysieren, welche Probleme wir durch Datenintelligenz lösen können, können wir uns die Frage nach dem RoI von Social Media, Big Data etc. selbst beantworten.

Was sind Ihrer Meinung nach die größten gesellschaftlichen, politischen und/oder ökonomischen Hindernisse und Hemmnisse für Innovationen im digitalen Zeitalter?

GEIER: Die größten Hindernisse sind aus meiner Sicht: **Ideologie im Diskurs über die Rahmenbedingungen:** Entscheidend in Deutschland ist ein ideologiefreier Diskurs über Datenschutzentwürfe sowie das Urheber- und Leistungsschutzrecht. Derzeit wird die Digitalisierung instrumentalisiert für Utopien ebenso wie für Dystopien. Dabei ist es durchaus möglich, Leistung zu honorieren, Daten nachhaltig und verantwortlich zu behandeln – und Rahmenbedingungen dafür dennoch innovationsfreundlich zu gestalten. Hier ist aber von Politik und Legislative selbst innovatives Denken gefragt. Wir brauchen Kriterien, die die neue Situation adäquat erfassen und dafür die lobbyismus-freie Zusammenarbeit von Politik und Wirtschaft.

BARACK OBAMA hat das Thema in seiner diesjährigen PreConvention-Kampagne mit einem markanten Vergleich angesprochen. In seiner „you didn't build that-speech" erklärte er US-Wirtschaftsunternehmen, sie nutzten das Internet zwar, aber die Regierung hätte es gebaut. Seine Botschaft mündete in der Aussage „you know what, there are some things we do better together."

Ein sehr großes Hindernis sehe ich außerdem in der noch **vorherrschenden Managementkultur**, aus der meine Generation stammt. Verantwortung und Abstimmungsebenen im Management sind bis dato hierarchisch organisiert, Motivation und Incentives sind eng daran geknüpft. In der vernetzten Gesellschaft, in der nachwachsende Generationen Arbeitgeber im Zuge ihrer Laufbahn mehrmals wechseln, werden der persönliche Handlungsspielraum und die eigene Entwicklung wichtiger. Verpassen Unternehmen es, Organisationsstrukturen zu schaffen, in denen engagierte Mitarbeiter stärker fähigkeits- und interessengeleitet arbeiten dürfen, verlieren sie Talent. Nicht zuletzt denke ich auch, dass ein Management die Vernetzung für die Mitarbeiter derart gestalten muss, dass gesunde Grenzen zwischen Arbeit und Privatsphäre erkannt und anerkannt werden.

Eine ökonomische Hürde sehe ich derzeit in einem **Self-fulfilling-prophecy-Effekt**: Unausgereifte digitale Finanzierungsmodelle verfälschen Investitionsstrategien. Ein Beispiel sind große Medienmarken. Verlage haben ihren Content in Online-Sites und Apps übersetzt und dabei auf tradierte Erlösmodelle gesetzt, auf Werbeeinnahmen und bei Apps zusätzlich auf Copy-Preise. Das Printprodukt Magazin ist in seiner Struktur unverändert geblieben. Damit blieb das digitale Potenzial des Produkts bisher unausgeschöpft und der Erfolg insbesondere bei vielen General-Interest-Produktpaketen bisher aus. Neue Ansätze werden derzeit deshalb nicht gewagt, „digital" gilt als RoI-schwach. Bezeichnenderweise geht dies zurück auf die Überfrachtung der Technologie. User journalistischen Contents sind digital anders sozialisiert und organisiert. Wer einzelne Songs kaufen und in einer Bibliothek arrangieren kann, tut sich schwer damit, ein ganzes Magazin als geschlossene Entität zu erwerben, die er nicht aufbrechen kann.

Welche Persönlichkeiten und Unternehmen betrachten Sie als besonders innovativ im Digital Business und warum?

GEIER: Ein bekanntes Unternehmen, das jedoch kontinuierlich neue Wege geht, ist für mich *Amazon*. *JEFF BEZOS* hat den Kindle durch seine besondere Oberfläche konsequent auf das Leseerlebnis ausgerichtet und ihn damit ein Stück weit vom iPad emanzipiert. Die augenfreundliche Screen-Beleuchtung geht übrigens auf eine MIT-Innovation zurück, die dafür gar nicht vorgesehen war. *BEZOS*' Entscheidung, den Produktpreis des Kindle niedrig zu halten und an Inhalten Geld zu verdienen, halte ich wie bereits erwähnt für sehr klug. In jüngerer Zeit hat *Amazon* eine neue Gattung und neuen Anreiz für Inhalteanbieter und Verlage eingeführt. Kindle Singles sind Texte, die ein Thema ausgiebiger als Artikel und Reportagen beleuchten, aber kürzer sind als Bücher. Sie kosten zwischen 99 US-Cent und 2,99 US-Dollar. *Amazon* schnürt damit das Mischpaket des Magazins und der Anthologie auf und verkauft einzelne Texte nach dem iTunes-Modell. Zwei Millionen Stück waren es im ersten Jahr. Die Gattung erlaubt eine schnelle Produktion und damit hohe Aktualität. Unter den Autoren ist sowohl ein Italien-Korrespondent des *Economist* und *Guardian*, der seinen Text zum Unglücksfall des Kreuzfahrtschiffs „Costa Concordia" sehr erfolgreich verkaufte als auch Web-Vordenker *JEFF JARVIS*: Im Februar 2012 veröffentlichte er „Gutenberg the Geek" als Kindle Single – passenderweise vergleicht er darin die Anfänge des Buchdrucks mit denen der digitalen Welt.

Ebenso progressiv wie die Gattung Kindle Singles ist in meinen Augen „Amazon Lending“: Unter diesem Namen bietet der Konzern ausgesuchten US-Unternehmen, die Amazon Marketplace nutzen, Kredite an und fördert so ihre Umsatzaktivitäten.

Es gibt viele weitere Beispiele, aber in Deutschland ist mir das gelungene Management rund um die Einführung einer neuen Social Software bei *BASF* besonders aufgefallen. *CORDELIA KROOSS*, bei *BASF* Senior Enterprise Community Manager, hat die Implementierung von connect.*BASF* geleitet, eine Software, über die Mitarbeiter bloggen, Wikis füllen, Experten finden, Fragen stellen und beantworten sollen. Das Besondere an dieser Aufgabe ist nicht das Einsetzen der Software, sondern das Coaching und die Motivation der Mitarbeiter, diese neuen Möglichkeiten auch aktiv zu nutzen. Bei *BASF* ist das gelungen, und es zeugt von gelungenem Change Management.

Welche erfolgversprechenden Anwendungsszenarien und ggf. Geschäftsmodelle ergeben sich aus dem Megatrend Digitalisierung?

GEIER: Ich sehe weniger neue Geschäfts- denn neue Erlösmodelle. Ich halte auch den Begriff „digitales Geschäftsmodell“ in vielen Fällen für irreführend: Geschäftsmodelle von Nicht-Technologie-Unternehmen sind nicht digital, sie können digitale Intelligenz aber nutzen, u. a. für eine integrierte Wertschöpfung. Was sich allerdings deutlich abzeichnet sind neue Geschäftsfelder und eine Neugewichtung bestehender Variablen im Geschäftsmodell. Es stellt sich v. a. die Frage, ob das eigentliche Produkt auch das wichtigste Kapital bleibt. *Amazon* hat diesbezüglich einen klugen Shift in der eigenen Wertschöpfung vorgenommen: Hinter dem Kindle steht die Strategie, Geld nicht schwerpunktmäßig mit der Hardware, sondern mit der Nutzung zu verdienen.

Von einem sehr beeindruckenden Beispiel, jenseits von *Amazon & Co*, habe ich bereits vor einigen Jahren gehört, von einem Anwendungsszenario, das ein amerikanischer Dienstleister der Luftverkehrsindustrie mit Hilfe von „Big Data“ geschaffen hat. Als eine US-Airline 2001 die Ungenauigkeit der ETA (estimated time of arrival) und damit sowohl Wartezeiten für Passagiere als auch Leerlauf von Crew und Bodenpersonal reduzieren wollte, entwickelte der Dienstleister *Passur Aerospace* einen neuen ETA-Service. Der sogenannte „RightETA“ kalkuliert die Ankunftszeit auf der Grundlage mehrdimensionaler Informationen, u. a. öffentlich verfügbare Wetterdaten, Flugpläne sowie Daten der Airline und von Radarstationen rund um die Flughäfen. Dieser Prozess erzeugt einen großen, kontinuierlichen Strom an Daten, der einen gewaltigen Erfahrungsdatensatz ergibt.

Welche Chancen und Risiken verbinden Sie für Ihre Organisation mit dem Thema Digitalisierung?

GEIER: *adventures* arbeitet an der zuvor erwähnten Aufgabe und entwickelt Software und Anwendungen, die Produkte digital erweitern. In diesem Konzept steckt eine wesentliche Chance der Digitalisierung per definitionem. Mit der steigenden Zahl digitalisierter Texte sowie bereits vorhandenen Informationen und Strukturdaten über die Unternehmen verfügen, wächst die Grundlage für diese Art von Anwendungen. Mein Team und ich befinden uns derzeit in der dankbaren Situation, mit der Entwicklung solcher Anwendungen auch in Zukunft sehr gut ausgelastet zu sein.

Das klassische unternehmerische Risiko ist bei *adventures* überschaubar, weil wir ein kleines Unternehmen sind. Deshalb stehen wir allerdings stärker als große Unternehmen vor der Herausforderung, Talente anzuziehen und an uns zu binden. Da die Firma Mitarbeitern auf Grund ihrer Größe keine klassischen Aufstiegsperspektiven bieten kann, nutze ich unsere Überschaubarkeit, um ihnen alternative Argumente zu liefern. Durch unsere geringe Größe haben wir die Möglichkeit, Freiheiten und persönlichen Spielraum zu gewähren, wie es einem Konzern nicht möglich ist: Wir fördern die persönliche Entwicklung und z. B. auch nicht-unternehmenseigene Projekte von Mitarbeitern. Mir ist eine solche freigeistige, kooperative Kultur sehr wichtig. Das Spannungsverhältnis von Individuum und Organisation betrifft im Zuge der Digitalisierung allerdings auch große Unternehmen zunehmend, denke ich: Wie Mitarbeiter sich in offenen Strukturen untereinander und nach außen vernetzen und organisieren können ist bereits ein Recruiting-Argument.

Welche Auswirkungen hat die Digitalisierung auf Ihre Organisation heute schon? Wie wird sich diese Situation verändern?

GEIER: Mein Unternehmen *adventures* ist seit der Gründung 2009 auf das Geschäftsfeld einer neuen Wertschöpfung mittels Software ausgerichtet und damit durch und durch in der Digitalisierung verankert. Das Geschäftsmodell von *adventures*, Anwendungen für Unternehmen zu konzipieren, die Produkt-/Leistungsbündel schaffen, wächst mit der Digitalität. Die großen US-Plattformen bauen die „Ich-Perspektive von Konsumenten weiter aus, der *Facebook* Edge Rank ebenso wie *Google*s Suchalgorithmen. Mit den neuen Smart-TV-Geräten lässt sich jetzt sogar Fernsehen individuell organisieren.

Aus Sicht der Unternehmer bzw. Unternehmen ist es vor allem interessant zu wissen, was im digitalen Zeitalter nachhaltig erfolgreich macht. Worin sehen Sie die zentralen Erfolgstreiber?

GEIER: Nachhaltiger Erfolg entsteht für mich daraus, Talente zu finden, sie zu fördern durch die Kultur und Organisation des Unternehmens, die eigene Wertschöpfung radikal zu hinterfragen und nicht zuletzt beides, Mitarbeiter und Produktentwicklung, enger mit der Markenführung zu verbinden. Diese drei Säulen ermöglichen es nach meiner Erfahrung, immer wieder neue und attraktive Produkte zu entwickeln und zu vermarkten.

Wenn es um den Erfolg im digitalen Zeitalter geht, steht die Innovationsfähigkeit immer wieder im Fokus. Welche Rahmenbedingungen müssen für ein innovatives Unternehmen in der digitalen Welt erfüllt sein? Wie müssen die bestehenden Rahmenbedingungen ggf. modifiziert werden?

GEIER: Was die inneren Rahmenbedingungen eines Unternehmens heute betrifft, gilt es die bestehende Organisations- und Managementkultur zu dezentralisieren. Denn Ideen sind nicht singulär, das ist auch die Erfahrung aus meiner Zeit bei *Apple*. Sie schweben oft jahrelang als Versatzstücke durch ein Unternehmen, bis sie auf etwas treffen, das sie komplettiert. Es geht dabei nicht immer alles verändernde Innovationen, sondern eine Kultur der kontinuierlichen Verbesserungen, die erfolgreiche Unternehmen pflegen. Veränderungen entstehen vor allem durch Reibung und die vernetzende Technologie spielt dem wunderbar in die Hände. Es geht nicht mehr nur darum, Ideen zu schützen, sondern sie zu verbinden. Doch obwohl wir längst über die Technik verfügen, die Wissen und Talent ideal verknüpfen kann, müssen Mitarbeiter in den meisten deutschen Unternehmen noch auf *Facebook*-Gruppen ausweichen – und damit auf unternehmensfremde Server – um sich über Aufgabenstellungen auszutauschen. Das muss sich ändern. Außerdem ist nach wie vor eine Führungskultur Alltag, die Konkurrenz zwischen Abteilungen und Firmen einer Unternehmensfamilie kultiviert.

Schließlich sehe ich in der Entbürokratisierung von Innovation eine wichtige Rahmenbedingung. Damit meine ich nicht die lockere Vergabe von Investitionsbudgets, sondern unbürokratische Prozesse. Innovationen müssen in einer vernetzten Kultur kontinuierlich stattfinden. Das bedeutet, sie müssen skalierbarer werden. Mitarbeiter benötigen Prokura und eine explizite, agile Führung, die sie absichert, indem sie Fragestellungen des Unternehmens permanent vermittelt. *Steven Berlin Johnson*, US-Wirtschaftsjournalist und Autor hat dies einmal böse so formuliert: „And top-heavy bureaucracies remain innovation stinkholes.“ Er vergleicht die idealen Voraussetzungen für Innovationen übrigens mit denen europäischer Kaffeehäuser. Wichtig dabei ist zu verstehen: Innovationen im digitalen Zeitalter sind meist Evolutionen, also Weiterentwicklungen bereits vorhandenen Kapitals, auf das mit anderen Augen geschaut wird.

Nutzt Ihre Organisation digitale Möglichkeiten, um innovativer zu werden (z. B.Customer Engineering, Crowd Engineering, Open Innovation etc.)?

Geier: *adventures* setzt vernetztes Arbeiten ein, um für Unternehmen Prototypen für die digitale Wertschöpfung zu entwickeln. Als kleines Team ist *adventures* die Vernetzung mit Wissen am Markt und Talent per definitionem eingeschrieben und unsere Entwickler sind Digital Natives, die auch mich immer wieder mit neuen Arbeitstools überraschen. Darüber hinaus umfasst das professionelle Netzwerk von *adventures* auch enge Verbindungen zu Beratungsunternehmen im Bereich Open Innovation und Enterprise 2.0.

Ein Blick nach vorn: Wenn Sie ein Bild der zukünftigen digitalen Welt entwerfen sollten, was würden Sie auf der Leinwand festhalten?

Geier: Weniger. Weniger Geräte. Darauf weniger sichtbare Informationen. Unter wenigen Icons liegen alle wichtigen – verwaltbaren – Bereiche unseres Lebens, also das, was Harvard-Professor und Computerspezialist *David Gelernter* bereits 2010 als privates Informationsnest skizziert hat. Unsere Gesundheitsdaten, Bankaktivitäten, eine Medienbibliothek mit eigenen Notizen, Arbeit und Daten der Freunde.

Dazu ein Beispiel: Ich verbringe viel Zeit an Flughäfen. Vor einigen Jahren traf ich einen Bekannten, ebenfalls Unternehmer, am Flughafen in London. Er war wie ich nach San Francisco unterwegs, wo er neben seiner Wohnung an der Westküste auch ein Apartment bewohnt. Er trug nichts außer seinem Mobiltelefon bei sich. Ich muss immer neidvoll an dieses Bild zurückdenken. Nicht auf Grund seiner mehreren Wohnsitze, sondern auf Grund der Vorstellung, das man eigentlich sehr wenig braucht, um sich andernorts zuhause zu fühlen. Wenn ich nach San Francisco fliege, verbringe ich stattdessen den Flug damit zu überlegen, wer mir den Hemdenservice und das neue ruhige Restaurant empfohlen hatte, ob der Tipp womöglich über *Facebook* kam oder per E-Mail. Auf Reisen will ich in Zukunft mein soziales Netzwerk auch nach Empfehlungen durchsuchen können, nach „Trusted Content“ also. Wir können uns zig tausend Informationen auf Knopfdruck besorgen, aber kennen die Quellen nicht persönlich. Meine Vorstellung also ist es, besonderes Wissen noch viel besser zu organisieren.

Welche strategischen Stoßrichtungen verfolgen Sie, um dieses Leitbild mit Leben zu erfüllen?

GEIER: *adventures* entwickelt Software-Konzepte und Prototypen für dieses Leitbild. Ein von uns entwickelter Prototyp ist eine Anwendung für eMagazines, digitale Zeitungen und eBooks. Sie ermöglicht das Ausschneiden und Archivieren von Artikeln oder Passagen und die Organisation der gesammelten Stellen. Die Anwendung übersetzt ein Grundbedürfnis, das Festhalten inspirierender Informationen, in ein Archiv, das User organisieren und mit einem intelligenten Algorithmus durchsuchen können.

Eine Frage an Sie als ehemaligen Apple-Chef Zentraleuropa: Wie sehen Sie Apple momentan im globalen Wettbewerb um die Vorherrschaft digitaler Ökosysteme positioniert?

GEIER: *Apples* Ökosystem aus Hardware, Entwicklerszene und Content-Partnern ist nach wie vor vorbildlich als sich befruchtender Kreislauf. iTunes ist über *Apple*-Endgeräte hinaus etabliert, das iPhone hat die Eisdecke zum Massenmarkt durchstochen und auch das iPad und der iKiosk entwickeln sich erfolgreich. Das fehlende Glied im perfekt funktionierenden Screen-Organismus, die *Apple*-Version eines Smart-TV ist in Arbeit. Entscheidend wird nun der Ausbau der Inhalte für diese Organismuserweiterung. Darin sehe ich insgesamt die große Aufgabe derzeit: Der Kampf um Autorität im Markt verengt sich mehr und mehr auf Partner- und Zuliefererbeziehungen.

Facebook, *Google*, *Amazon* oder *Apple*: Sie alle haben ihre Produkte und Ökosysteme etabliert, entscheidend wird jetzt die Bindung von Content-Partnern und Kunden. *Facebook* und *Amazon* werden Kreditgeber für ihre Kunden, *Amazon* bindet durch seine Preispolitik in der Hardware sowie neue Content-Modelle Kunden und Autoren an sich. Sie bauen an einem digitalen Buch- und Produktmarkt. Und schon 2001 war es nicht der neu gestaltete Walkman, der *Apple* den Durchbruch auf dem Markt mobiler Endgeräte verschaffte, sondern das perfekt sortierte Kaufhaus für Songs, das dahinter stand..

Welche Rolle spielt das Thema Konvergenz aus Ihrer Sicht in diesem Wettbewerb?

GEIER: Konvergenz spielt die entscheidende Rolle im globalen digitalen Wettbewerb auch bei der Verbindung von eigenen Interessen und Incentives für Partner. Dabei geht es um ein strukturelles Verständnis von Konvergenz innerhalb der Wertschöpfung.

In einem Fachartikel von Ihnen schreiben Sie über digitale Ökosysteme und die „Personifizierung des Konsums“. Können Sie diesen Zusammenhang mit wenigen Worten erläutern und die Auswirkungen auf die Unternehmen und ihre Kunden an einem Beispiel skizzieren?

GEIER: Durch die Vernetzung haben sich die Ansprüche des Konsumenten verschoben. Er kann sich mit anderen Individuen und Kapital verbinden und ein persönliches Netzwerk aufspannen – damit hat sich sein Anspruch an Produkte verändert: Der Fokus liegt auf dem „i“ in „iPhone“ und dieser Trend wird sich verstärken: *Google* arbeitet an immer feineren Algorithmen zur individualisierten Suche, *Facebook*s Ranking für Postings in der Chronik zeigt mir heute schon die Statusmeldungen meiner aktivsten sozialen Kontakte zuerst. Konsumenten, die intelligente Systeme gewöhnt sind, erwarten von Marken, die sie nutzen, diese Intelligenz auf allen Ebenen: Der Laufschuh Nike+ dokumentiert die gelaufenen Kilometer heute schon auf dem iPod seiner Besitzer für den Austausch mit ihrer Lauf-Community. Ein solcher Service der Dokumentation und Visualisierung von Daten wäre bei der Wahl der Bank oder Versicherung ein ganz neues Verkaufsargument. Aber auch der Verknüpfung mit der Intelligenz von *Facebook*- und *Apple*- bzw. *Google*-Anwendungen wird zu etwas, dass man den Status eines Produkts nennen könnte.

Herr GEIER, wir danken Ihnen für dieses Gespräch.

Ausgewählte Quellenhinweise

JOHNSON, S. B. (2012): Future Perfect: The Case for Progress in a Networked Age, Kindle Edition, New York (NY) 2012.

GELERNETER, D. (2010): Wie wir mit unserem Leben in Verbindung bleiben, online: http://www.faz.net/aktuell/feuilleton/debatten/digitales-denken/die-zukunft-des-internet-wie-wir-mit-unserem-leben-in-verbindung-bleiben-1577906.html, Stand: 01.03.2010.

Big Data Management auf Basis von In-Memory-Technologien

MICHAEL NIEENDICK, JOCHEN JANSEN und *TORSTEN KALINOWSKI*

Lekkerland information systems GmbH und *BearingPoint GmbH*

Executive Summary

Big Data wird in den heutigen Tagen gern als Marketing-Begriff in den unterschiedlichsten Zusammenhängen genannt und verspricht nicht zuletzt der Heilsbringer für Unternehmensentscheidungen zu werden. Parallel zu Big Data etabliert sich zunehmend eine Technologie, die eine Verarbeitung von großen Datenmengen überhaupt erst hinsichtlich eines Business-Nutzens ermöglicht – die In-Memory-Technologie.

Dieser Artikel soll dazu beitragen, einen kompakten Einblick in das Potenzial, die Funktionsweise, sowie Chancen und Risiken von Big Data Management auf Basis von In-Memory-Technologie zu geben. Hierzu werden Hintergrundinformationen zur Datenverarbeitung von Big Data mittels In-Memory-Technologien aufgezeigt, sowie die fachlichen Anforderungen und deren Nutzen untersucht.

In diesem Artikel wird ganz bewusst darauf verzichtet, eine klare Trennung zwischen Inhalten für technisch- und betriebswirtschaftlich orientierte Leser vorzunehmen. Wir als Autorenteam sind der Meinung, dass auf Basis von In-Memory-Technologien in den nächsten Jahren weitreichende Veränderungen in Enterprise-Applikationen zu erwarten sind. Big Data Management bildet hier nur einen Einstiegspunkt. Diese Veränderungen können allerdings nur erfolgreich umgesetzt werden, wenn die Schnittmenge von fachlichen Anforderungen, technologischer Machbarkeit und Kosteneffizienz optimiert wird. Demzufolge möchten wir die Gelegenheit mit diesem Beitrag nutzen, diese Themen bei der gesamten Leserschaft gleichermaßen zu platzieren und im Idealfall eine weitere Brücke zwischen Business und IT zu bauen, wie im weiteren Verlauf beispielsweise durch die Etablierung von Enterprise Services beschrieben wird.

1 Big Data Management

1.1 Definition Big Data

In den letzten Jahren explodierte die Datenmenge. Unternehmen erfassen und speichern Billionen Bytes an Informationen über ihre Kunden, Lieferanten und Operationen. Immer mehr IT-gestützte Geschäfts- und Unternehmensprozesse, heterogene Tools und Systeme zur Unterstützung der Geschäftsprozesse, Informationen aus den unternehmenseigenen Systemen über finanzielle Transaktionen, steigende Interaktionen mit Kunden, die zunehmende Relevanz von Social Media und Internet der Dinge (Machine to Machine Communication) sowie die immer größere Anzahl an mobilen Endgeräten führen zu einem exponentiellen Wachstum der Datenbestände entlang der gesamten Wertschöpfungskette. Dieses enorme und stetige Wachstum stellt Unternehmen vor neue Herausforderungen, speziell im Bereich der Analyse und der Visualisierung ihrer Datenmengen.

Laut Marktforschern und Analysten wird die Menge an Daten, die auf die Unternehmen hereinbrechen bzw. von den Unternehmen gehandhabt werden müssen, in den kommenden Jahren massiv zunehmen. Der *International Data Corporation* (IDC) zufolge, einem der führenden globalen Anbieter für Marktintelligenz, Beratungsleistungen sowie Veranstaltungen für die

Informationstechnologie- und Telekommunikationsbranche, verdoppelt sich das Datenvolumen alle 18 Monate.[1] Analog dazu prognostiziert *Gartner*, das weltweit führende IT-Forschungs-und Beratungsunternehmen, dass sich allein das Datenvolumen innerhalb der Unternehmen und deren Systemen in den nächsten fünf Jahren mehr als versechsfachen wird.[2] Das *McKinsey Global Institute* geht davon aus, dass das weltweite Datenvolumen jährlich um 40 % steigt.[3] Diese Entwicklung und die daraus entstehenden Herausforderungen werden in der Fachpresse und von Analysten unter dem Begriff „Big Data" zusammengefasst. Im Zeichen dieses neuen Begriffes geht es um neue Methoden für die Speicherung, Echtzeit-Verarbeitung, Analyse, Suche, globale Bereitstellung und Visualisierung von Informationen.

Laut einer Prognose auf dem *Gartner* Symposium in Orlando 2011 gehört Big Data zu den Trends, die in naher Zukunft die Entwicklung und Nutzung von IT-Systemen massiv verändern werden. *PETER SONDERGAARD*, *Gartner* Senior Vice President, sprach in Orlando gar von einer neuen Ära.[4] IT ist nicht mehr nur ein passiver Beobachter, sondern ein aktiver Gestalter der Welt und der Unternehmen. Neue Technologien und Trends wie Cloud, Social Media, Mobility und Big Data wirken innovativ und einschneidend. „Zusammen revolutionieren sie Business und Gesellschaft", so *SONDERGAARD*[5].

1.2 Big Data und daraus resultierende Herausforderungen

Die mögliche neue Rolle der IT weg vom passiven Beobachter hin zum aktiven Gestalter der Welt und der Unternehmen hat natürlich auch Folgen für die Unternehmens-IT. In Zeiten immer höherer Integration von Systemen und wachsender Mobilisierung von Geschäftsprozessen wächst parallel zum Datenvolumen auch die Nachfrage an eine zeitnahe Verarbeitung von internen, externen, strukturierten, sowie unstrukturierten Daten in allen Unternehmensbereichen stetig.

Nicht nur die IT, auch die Fachbereiche in den Unternehmen sehen zunehmend den Bedarf große Datenmengen verarbeiten zu wollen bzw. zu müssen. Die enormen Potenziale, die sich aus großen Datenmengen ergeben, werden von vielen Unternehmen nicht gesehen. Das *McKinsey Global Institute* geht z. B. davon aus, dass alleine durch die Nutzung der Informationen, die bereits in den gespeicherten Daten vorliegen, das amerikanische Gesundheitswesen um 300 Mrd. USD jährlich entlastet werden könnte.[6]

Dem enormen Potenzial steht aber gleichzeitig auch die Schwierigkeit der Unternehmen gegenüber das stetig wachsende Datenvolumen zu handhaben und für die Informationsgewinnung und Geschäftsprozessoptimierung zu nutzen. Herkömmliche, aktuell eingesetzte Technologien sind nicht mehr in der Lage diese Datenmengen im Sinne der Unternehmen zu verarbeiten. *SONDERGAARD* zufolge müssten die CIOs ihre IT neu erfinden und das „postmoderne Business annehmen, das von den Kundenbeziehungen getrieben und durch die Explosion von

1 Vgl. online: http://www.idc.com.
2 Vgl. online: http://www.gartner.com/technology/home.jsp.
3 Vgl. *MCKINSEY GLOBAL INSTITUTE* (2011), S. VI.
4 Vgl. online: http://www.computerwoche.de/management/it-strategie/2498041.
5 Vgl. online: http://www.computerwoche.de/management/it-strategie/2498041.
6 Vgl. *MCKINSEY GLOBAL INSTITUTE* (2011), S. VI.

Informationen, Zusammenarbeit und Mobilität befeuert wird."[7] Im Rahmen von Big Data wird das für die IT-Verantwortlichen jedoch nicht einfach. Das Thema hat viele unterschiedliche Facetten. Oft haben die Daten unterschiedliche Herkunft und Eigentümer sowie unterschiedliche Strukturen, sodass sich letztlich nur gemeinsam mit den Fachabteilungen und Dateneigentümern eine Big-Data-Management-Strategie erarbeiten lässt. Neben den klassischen Fragen, wie die Daten schnell und effizient gespeichert und analysiert werden, geht es auch um die Frage nach dem Geschäftsnutzen, da neue Technologien in der Regel auch ihren Preis haben und die Auswertung der Daten nicht in allen Bereichen wirtschaftlich sinnvoll möglich ist. In vielen Bereichen ist der Geschäftsnutzen schneller und effizienter Datenanalysen auch nur marginal. Es gilt die richtigen Geschäftsprozesse und -szenarien zu identifizieren. Auch hier besteht Unterstützungs- und Nachholbedarf bei den IT-Verantwortlichen.

Aber auch der richtige Umgang mit den Informationen darf nicht vernachlässigt werden. Nur wer die richtigen Schlüsse aus den gesammelten Informationen zieht, kann letztlich von den Daten profitieren. Wie andere wesentliche Faktoren der Produktion, wie z. B. Maschinen, Rohstoffe oder Personal, ist es zunehmend der Fall, dass ein Großteil der modernen Wirtschaftstätigkeit, die in den letzten Jahren erfolgten Innovationen und des erreichten Wachstums ohne Daten nicht möglich gewesen wäre.[8] Denken wir an den rasanten Aufstieg und das enorme Wachstum von *Apple* und *Facebook* in den letzten Jahren. Dies wäre ohne Daten wohl kaum möglich gewesen! Konzerne müssen zunehmend zu der Erkenntnis gelangen, dass Daten ein wichtiger Unternehmenswert sind. Ziel einer Big-Data-Management-Strategie muss es sein, dass die optimale Nutzung von Daten im Unternehmen dazu beiträgt, den laufenden Betrieb sicherzustellen, bestehende Prozesse zu optimieren und im besten Fall Wettbewerbsvorteile, durch Informationsvorteile zu schaffen. Das *McKinsey Global Institute* geht davon aus, dass Big Data Management die nächste Herausforderung und Hürde für Innovation, Wettbewerb und Produktivität ist.[9]

Um diese Hürden entsprechend meistern zu können, braucht es jedoch geeignete Werkzeuge, um die Daten effizient zu klassifizieren, zu sortieren und auszuwerten. Hinsichtlich der Masse an unstrukturierten Daten, die vermehrt in die Unternehmen strömen, ist das eine große Herausforderung. Das Aufkommen neuer Technologien, mit denen das Informationschaos durchdrungen und ausgewertet werden kann, macht dies vergleichsweise bezahlbar und schnell. Rechenpower ist heute günstig, Multiprozessor- und Multicore-Techniken sind Realität. Die Kosten für Arbeitsspeicher fallen, sodass In-Memory-Verarbeitung realistisch wird. Standardsoftware lässt sich heute einfach in Server-Cluster oder Clouds einbinden, was zu enormen Skalierungseffekten geführt hat. Handelsübliche Hardware ist heute in der Lage, Aufgaben zu erledigen und Rechenoperationen durchzuführen, die noch vor wenigen Jahren Supercomputern vorbehalten waren. Und das zu einem Bruchteil der Kosten! Dennoch muss darauf geschaut werden, wo sich durch den Einsatz neuer Technologien die Geschäftsprozesse wirtschaftlich sinnvoll optimieren lassen bzw. wo der Einsatz neuer Technologien zu einem spürbaren und messbaren Geschäftsnutzen beiträgt.

---

7 Vgl. http://www.computerwoche.de/management/it-strategie/2498041.

8 Vgl. McKINSEY GLOBAL INSTITUTE (2011), S. IV.

9 Vgl. McKINSEY GLOBAL INSTITUTE (2011), S. IV.

Die Anforderung, die von den Fachbereichen an die IT adressiert wird, ist unmissverständlich: Das Business möchte aus den unaufhaltsam wachsenden Mengen polystrukturierter Daten detaillierte Informationen und damit einen Wissensvorsprung in Echtzeit ableiten. Diese Informationen können dann zur Optimierung der Geschäftsprozesse, zur Generierung neuer Geschäftsfelder oder zur Stärkung der Wettbewerbsposition genutzt werden. Und das am besten heute schon und zu einem bezahlbaren Preis! Daher gilt es Potenziale und Geschäftsnutzen, die aus Big Data Management entstehen, entsprechend zu analysieren und basierend darauf entsprechende Strategien für den Umgang mit Big Data aufzusetzen und passende Technologien und Applikationen zusammenzustellen.

1.3 Die Situation heute

Laut *Avanade*, einem Tochterunternehmen von *Microsoft* und *Accenture*, ist die Datenflut bereits heute real.[10] Abteilungen und Unternehmen reagieren darauf meist individuell. Daher ist es in vielen Unternehmen und Behörden Realität, dass Abteilung A mit der implementierten Business-Intelligence-Lösung (BI) arbeitet, während andere Abteilungen ihre Daten mit selbstgestrickten Lösungen, Analysen und Excel-Makros auswerten. Die Folgen können inkonsistente Datenbestände und fehlerhafte Reports sein. Das Nebeneinander verschiedener Auswertungstools und Excel-basierter Geschäftsanalysen birgt Risiken und führt zu Problemen. So werden Entscheidungen aufgrund falscher Reports oder inkonsistenter Daten falsch oder zu spät getroffen.

Eine weitere von *Avanade* durchgeführte Studie bestätigt die Risiken, die Unternehmen aufgrund schlechter Datenqualität ausgesetzt sind. Dort gaben die meisten der mehr als 500 befragten Managern und IT-Entscheider aus 17 Ländern an, vom akuten Datenaufkommen am Arbeitsplatz überwältigt zu sein. Aufgrund des Informationsüberflusses sehen sich viele der befragten C-Level-Manager nicht in der Lage, Entscheidungen rechtzeitig zu treffen.[11] Das bedeutet, dass falsche und inkonsistente Daten für die betroffenen Firmen auch finanziell nachteilig sein können. Immer komplexer werdende Märkte erfordern schnelle Entscheidungen vom Management, sei es um das Geschäft auf dem richtigen Kurs zu halten, Anforderungen von Kunden schnellstmöglich zu erkennen oder mögliche neue Geschäftsfelder zu generieren. Doch für eine sichere Entscheidungsgrundlage braucht es eine valide, belastbare, saubere und zur richtigen Zeit zur Verfügung stehende Datenbasis. Ist die nicht gegeben, drohen Fehlentscheidungen, die finanzielle Auswirkungen haben und in letzter Konsequenz das gesamte Unternehmen in Schieflage bringen können.

Die Studie von *Avanade* bestätigt ebenfalls, dass sich viele Mitarbeiter von den zahlreichen Daten, die über die unterschiedlichen Kanäle und Tools auf sie einströmen, abgelenkt und überfordert fühlen. Eine weitere wichtige Erkenntnis der Studie ist, dass ein Drittel der Befragten auf der Suche nach den richtigen Informationen zur rechten Zeit, nicht weiß, wer im Unternehmen über die für sie erforderlichen Daten bzw. Informationen verfügt.[12] Daher kann ein inkonsistenter Datenbestand Firmen auch in nicht finanzieller Hinsicht schaden. Der Imageverlust, wenn beispielsweise Kunden mit über sie falsch ausgewerteten Daten versorgt

---

[10] Vgl. AVANADE (2010), S. 1.

[11] Vgl. AVANADE (2010), S. 1.

[12] Vgl. AVANADE (2010), S. 3.

werden, wichtige Mitarbeiter aufgrund ständiger Informationssuche frustriert das Unternehmen verlassen oder wenn gegen Compliance-Regeln verstoßen wird, sind oft nur schwer monetär zu messen.

Daten in guter Qualität und rechtzeitig bereitgestellt, sind einer Arbeit des Instituts für Wirtschaftsinformatik an der *Universität St. Gallen* zufolge eine Voraussetzung für die Leistungsfähigkeit von Unternehmen. Auf mögliche interne und/oder externe Einflussfaktoren, sowohl bereits bekannte als auch potenziell neue Faktoren, können Unternehmen nicht reagieren, wenn ihre Daten inkonsistent, unvollständig, veraltet, unkorrekt oder schlicht nicht verfügbar sind, heißt es in der Arbeit.[13] Weiterhin liefern Daten wertvolle Informationen über Kunden sowie Stärken und Schwächen von Prozessen und bilden daher die Basis für ein effizientes und effektives Berichtswesen sowie die Harmonisierung und Optimierung von Geschäftsprozessen.

2 In-Memory-Technologie

Die In-Memory-Technologie beschreibt einen technologischen Ansatz, bei dem sich alle für eine Aufgabe oder Transaktion notwendigen Daten und Informationen im Hauptspeicher unterbringen lassen. Produkte, die auf der In-Memory-Technologie basieren, sind vermehrt erst in den letzten zwei bis drei Jahren auf den Markt gekommen. Doch wie war die Situation davor?

Aktuelle Systeme und Technologien wurden für Computersysteme mit eingeschränktem Hauptspeicher entwickelt. Die Begrenzung des Hauptspeichers hat zur Folge, dass die lesenden und schreibenden Festplattenzugriffe die Engpässe beim Datendurchsatz bilden. Folglich wurde bei der Architektur dieser Systeme der Fokus auf die Optimierung der lesenden und schreibenden Zugriffe auf die Festplatte gelegt, z. B. durch das Minimieren der zu lesenden oder schreibenden Anzahl von Blöcken (oder Seiten) aus dem Arbeitsspeicher auf die Festplatte beim Verarbeiten einer Abfrage.[14]

Um dem Engpass der Festplattenzugriffe entgegenzuwirken und dadurch für mehr Beschleunigung bei der Datenverarbeitung zu sorgen, haben die Hersteller von Datenbanken und anderen Speichersystemen unterschiedliche technologische Verfahren eingeführt: „Diese reichen von der Einschränkung der Schreib- und Lesevorgänge auf die äußeren Bahnen der Festplattensektoren über die Vorverarbeitung der Daten in oder beziehungsweise auf der Festplatte selbst bis hin zu großen Zwischenspeichern, die die tatsächlichen Zugriffe auf Festplatten reduzieren sollen."[15] Allerdings haben alle diese Verfahren einen Punkt gemeinsam: Sie lesen und schreiben Daten auf Festplatten. Es wird lediglich versucht den Zugriff auf eben diese Festplatten zu beschleunigen.

13 Vgl. *Universität St. Gallen* (2009).

14 Vgl. *SAP AG* (2012), S. 10.

15 Vgl. online: http://www.heise.de/developer/artikel/In-Memory-Computing-als-Treiber-neuartiger-Geschaeftsanwendungen-1620949.html.

Computer und deren Architektur haben sich in den letzten Jahren aber stark verändert. Der Hauptspeicher ist heute nicht mehr die begrenzende Ressource. Arbeitsspeicher ist mittlerweile bezahlbar und kann dank moderner 64-Bit-Betriebssysteme effektiver genutzt werden. Waren Betriebssysteme mit 32-Bit-Adressraum noch auf vier Gigabyte Speicher beschränkt, kann mittels der 64-Bit-Adressierung fast beliebig viel Speicher genutzt und allokiert werden. Moderne Server haben 2 Terrabyte Arbeitsspeicher und ermöglichen es damit komplette Datenbanken im Arbeitsspeicher zu halten.[16] Jedoch würde das Vorhalten aller Daten im Hauptspeicher keinen Sinn machen, wenn die CPUs nicht über ausreichend Leistung verfügten. Wenn z. B. die Verarbeitungsgeschwindigkeit der CPU langsamer ist als ein Lese- oder Schreibvorgang von einer Festplatte, müssten die zu verarbeitenden Daten nicht im Hauptspeicher liegen. In den vergangenen Jahren hat es im Bereich der CPUs aber große Veränderung gegeben. Die technologische Entwicklung vollzog damit einen Schritt hin zur CPU. Mit diesem Schritt war es nicht mehr zwingend notwendig, Daten schnell aus dem Arbeitsspeicher zu räumen, damit neue Daten zur Verarbeitung aufgenommen werden können.

Mit der Minimierung bzw. Abschaffung der lesenden und schreibenden Zugriffe auf die Festplatte stellt sich natürlich die Frage nach dem Sinn und der Notwendigkeit von Festplatten nutzenden Datenbanken. Mit dieser Sinnfrage werden in der Folge aber die Techniken irrelevant, die sich mit der Beschleunigung beim Lesen und Schreiben von Festplatten beschäftigen (s. o.). Im Gegensatz dazu sind nun andere Technologien gefragt. Und zwar die, die den schnellen Informationsaustausch zwischen Hauptspeicher und CPU-Registern ermöglichen.[17]

Der Schritt der Technik hin zur CPU ist auch dem Fortschritt auf diesem Gebiet geschuldet. Im Bereich der Prozessoren gab es in den letzten Jahren einschneidende Veränderungen. Multi-Core-CPUs (mehrere CPUs auf einem Chip oder in einem Paket) sind mittlerweile Standard. Die Kommunikation zwischen den einzelnen Prozessorkernen hat sich erheblich verbessert. Zusätzlich ist Parallel-Verarbeitung möglich. Derzeit sind Server-Prozessoren mit bis zu 128 Prozessorkernen, sogenannten Cores, verfügbar. Das bedeutet, dass gleichzeitig bis zu 128 Cores auf neue zu verarbeitende Daten oder Instruktionen warten. Mit der zunehmenden Anzahl der Prozessorkerne erhöht sich damit auch das Datenvolumen, das pro Zeitintervall verarbeitet werden kann. Dadurch verschiebt sich der Performance-Engpass von den Festplattenzugriffszeiten auf den Datentransfer zwischen CPU-Cache und Hauptspeicher (siehe Abbildung1).[18]

---

16 Vgl. *SAP AG* (2012), S. 10.

17 Vgl. online: http://www.heise.de/developer/artikel/In-Memory-Computing-als-Treiber-neuartiger-Geschaeftsanwendungen-1620949.html.

18 Vgl. *SAP AG* (2012), S. 10.

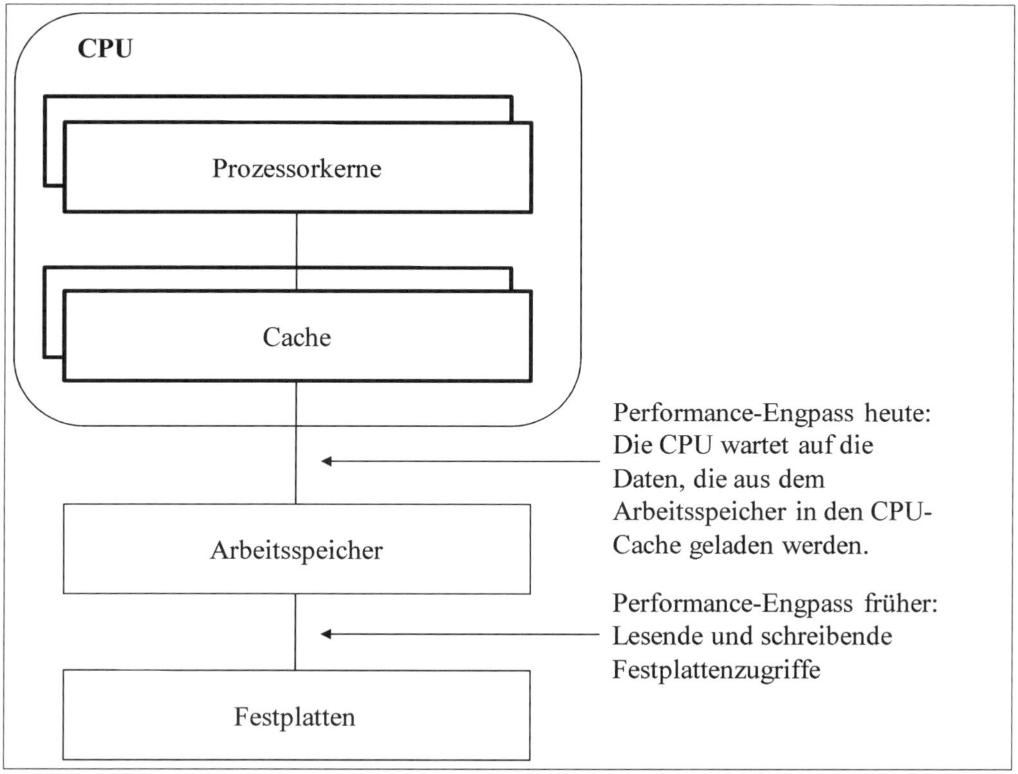

Abbildung 1: Hardware-Architektur – Heutige und vergangene Performance-Engpässe

Um die aktuell zur Verfügung stehende Rechenleistung effektiv und effizient zu nutzen, ist es notwendig, über entsprechende Software zu verfügen, die komplexe Rechenaufgaben in viele kleine Prozessstränge (Threads) zerlegen kann. Erst damit lässt sich moderne Hardware und die große Anzahl an Rechenkernen optimal nutzen. Zur optimalen Verarbeitung sind die Daten zudem schnell genug und in optimierten Datenstrukturen bereitzustellen. Dazu ist es notwendig die Daten in entsprechenden Strukturen im Arbeitsspeicher zu halten, die sich z. B. an den Prozessor-Caches (L1, L2 und Smart Cache) und/oder den CPU-Registern orientieren. Die Software muss außerdem sicherstellen, dass die Daten auch so im Speicher verteilt sind, dass alle Operationen hochparallelisiert in möglichst vielen Rechenkernen gleichzeitig ausgeführt werden können. Erst dann lässt sich die Ausführungszeit maximal optimieren.[19] Und genau das sind In-Memory-Technologien. Fast alle Hersteller von In-Memory-Technologien bieten Kombinationen aus Hard- und Software an, die optimal aufeinander abgestimmt wurden und so den maximalen Performancegewinn versprechen.

19 Vgl. online: http://www.heise.de/developer/artikel/In-Memory-Computing-als-Treiber-neuartiger-Geschaeftsanwendungen-1620949.html.

Im Gegensatz zu herkömmlichen relationalen Datenbanken bei denen Backup- und Recovery-Verfahren seit Jahren etabliert sind, deren technischer Reifegrad extrem weit fortgeschritten sind und deren Funktionsweise sich auf dem Markt bewiesen hat, stellt sich bei In-Memory-Technologien natürlich die Frage nach Backup, Recovery sowie dauerhafter und sicherer Speicherung der Daten. Es gibt einige In-Memory-Datenbanken auf dem Markt, die diese Eigenschaften nicht bereitstellen, da ihre Einsatzzwecke und Nutzungsszenarien diesen Grad der Datensicherheit nicht erfordern. Es gibt jedoch auch Ansätze, die über eine vollständige Persistenzschicht verfügen und damit auch die Haltbarkeit der Daten, z. B. bei einem Stromausfall sicherstellt.[20] Diese Technologien und Datensicherheitsmechanismen müssen Ihren technologischen Reifegrad und Funktionsweise im Praxisalltag allerdings erst noch beweisen.

Bis dahin bleibt die In-Memory-Technologie ein vielversprechender Ansatz mit viel Potenzial für Big Data Management. Den technologischen Vorteil und den betriebswirtschaftlichen Nutzen muss diese Technologie allerdings noch erbringen.

3 Erwarteter Business-Nutzen von Big Data Management

Zunächst ist festzuhalten, dass Fachabteilungen in Unternehmen in den ersten Jahren und Jahrzehnten der elektronischen Datenverarbeitung einen evolutionären Prozess durchschreiten mussten. Innerhalb dessen war es notwendig die verschiedenen Stufen des Sinns und Zweckes von Geschäftsdaten zu erkennen und später auch zu nutzen.

In der ersten Evolutionsstufe spiegelten Daten das Ergebnis der Geschäftstätigkeit wieder. Deren Speicherung war ein lästiges Übel, das zudem auch noch sehr viel Geld kostete. Der einzige Zweck der Speicherung war es legalen Anforderungen bspw. der steuerlichen Gesetzgebung zu genügen.

Im Zuge deutlich fallender Preise für Speichereinheiten am Ende des letzten Jahrtausends trauten sich Unternehmen auch zusehends Daten unmittelbar aus Ihren Geschäftsprozessen abzuspeichern, die das Potenzial zu haben schienen, einen zusätzlichen Nutzen generieren zu können. Diese Tendenz verdeutlichen die zu dieser Zeit zunehmenden Bestrebungen der Unternehmen beispielsweise in Kundenbeziehungsmanagement zu investieren. Waren bis dato allenfalls Adressinformationen und vielleicht noch Auftragsinformationen vorgehalten worden, gab es nun in entsprechenden Softwareapplikationen die Möglichkeit strukturierte Informationen für eine Kundenhistorie, Marketingaktionen, Reportings, Statistiken u. v. m abzulegen und – was noch wichtiger ist – auszuwerten.

Die dritte Stufe schließlich, deren Zenit wir vermutlich gerade erahnen können, bediente sich in ihren Anfängen erstmals Daten, die nicht unmittelbar aus der Geschäftstätigkeit generiert wurden. Als Beispiel diene hier das Geomarketing, das die Planung, Koordination und Kontrolle kundenorientierter Marktaktivitäten von Unternehmen mittels geographischer Informationssysteme beschreibt. Hier wurden Methoden angewendet, die den Raumbezug der unter-

[20] Vgl. online: http://www.heise.de/developer/artikel/In-Memory-Computing-als-Treiber-neuartiger-Geschaeftsanwendungen-1620949.html.

suchten unternehmensinternen und -externen Daten herstellten, analysierten und visualisierten, sowie sie zu entscheidungsrelevanten Informationen aufbereiteten.[21]

Aktuell setzen wir uns damit auseinander die Flut von datenbasierten Informationen, die vermutlich erstmals den Begriff Big Data rechtfertigt, zu bezwingen. Wir arbeiten mit unstrukturierten Daten, deren Volumen dramatische Steigerungsraten erfährt. Interessierte vor 10 Jahren einen Vertriebsmitarbeiter noch wann sein Kunde Geburtstag hat, welchen Familienstatus er hat oder was sein bevorzugtes Reiseland ist, dann geht der Wissensdurst heute weit darüber hinaus. Dem Vortrieb von Social Media, öffentlichen Chatrooms und Internet-Blogs geschuldet, interessieren sich produzierende Unternehmen auch dafür, welchen Ruf ihre Produkte in einem Blog-Portal genießen. Liegen die Informationen in Form von Text-Blogs beispielsweise zwar unstrukturiert aber noch leicht maschinenlesbar vor, stelle man sich nur den Aufwand vor, der betrieben werden muss, ähnliche Informationen aus einem Video-Blog zu ziehen. Spätestens dann sind wir im Zeitalter von Big Data angekommen.

3.1 Was erwarten Unternehmen heute von den „Enterprise Services" der IT?

Wenn in der oben erwähnten Vergangenheit Fachabteilungen in Unternehmen ihre „EDV-Abteilung" als die Truppe sah, die helfen sollte den täglichen Kampf am Computer-Arbeitsplatz zumindest nicht zu verlieren, dann hat sich die Erwartungshaltung naturgemäß erheblich geändert.

Die Dienste, die dem Unternehmen nun angeboten werden, haben nur noch bedingt mit dem Bereitstellen von Computersystemen zu tun. Vielmehr verstehen sich die „Enterprise Services", die das operative Geschäft einer Unternehmung unterstützen sollen als der Teil einer modernen IT-Organisation, der ein extrem ausgeprägtes Verständnis von den Prozessen und Funktionen des Geschäftsbetriebs hat. Dabei spielt es keinerlei Rolle, ob dieser Bereich als eine separate legale Einheit ausgegliedert ist oder in Form einer Abteilung oder eines Bereiches organisatorisch zum Unternehmen gehört. Wahrgenommen werden die Mitarbeiter dieser „Enterprise Servcies" daher idealerweise eher als ein integraler Bestandteil der operativen Geschäftseinheiten als ein Teil der IT. Von „Enterprise Services" wird erwartet, sich mit einer fachlichen Fragestellung zum internen Rechnungswesen genauso auseinandersetzen zu können, wie es ein Mitarbeiter aus der Controlling-Abteilung tun würde. Ideen zu einer Optimierung der Transportprozesse können oder sollen genauso aus „Enterprise Services" generiert werden wie aus dem Logistik-Fachbereich. Lediglich die Perspektive, aus der die Fragestellung beleuchtet wird oder die Idee konzipiert wird, kann eine andere sein.

Ein Unternehmen erwartet – zu Recht – von „Enterprise Services" ein valider Teil der Wertschöpfung zu sein. Was bedeutet dies im Falle von Big Data? Es reicht nicht aus, dem Business minutiös aufzuzeigen das Big Data Management viele Möglichkeiten bietet. Es wäre ebenfalls viel zu kurz gesprungen, würde dazu noch die Auflistung von Aufwänden für die Nutzung nebenan gestellt.

---

21 Vgl. *SCHÜSSLER* (2000).

Das Unternehmen erwartet über alle hierarchischen Level eine Darstellung des sich einstellenden Nutzens für das Unternehmen. Vorbei ist die Zeit, in der die Fachabteilung geplant hat, welchen Vorteil sie von einer Neuerung hat und die IT-Abteilung lediglich noch die Kosten für die Realisierung und den Betrieb beibringen musste. Da wundert es wenig, wenn die IT in einem Unternehmen nur als Kostenverursacher gesehen wurde, wenn die Rolle lediglich daraus bestand, Kosten zu nennen.

Im Falle von Big Data wird von „Enterprise Services" erwartet, nicht nur die Aufwände für eine Implementierung und den Betrieb zu beziffern, sondern auch die Benefits, die sich mit der Nutzung ergeben, nachvollziehbar aufzuzeigen.

Die Darstellung dieses Nutzens für das Unternehmen wird idealerweise zielgruppengerecht dargestellt. Das Top-Management interessiert – abgeleitet aus dem umfassenderen Verantwortungsbereich – die Darstellung der Vorteile, die sich aus dem Gesamtnutzungsplan ergeben. Für eine Fachabteilung muss sich entweder unmittelbar ein positiver Business Case ergeben oder es müssen Vorteile darstellbar sein, die sich zumindest mittelbar ergeben könnten. Es ist maximal schwierig, sich die Unterstützung von Fachabteilungen zu sichern, wenn der Nutzen sich lediglich auf dem Corporate Level darstellen lässt.

3.2 Mit welchen Herausforderungen kämpft die IT?

Losgelöst von Big Data haben Inhouse-IT-Abteilungen zunächst immer noch mit Ihrem Selbstbild und Selbstverständnis zu kämpfen.

Der oben skizzierte Weg von der einstmals „hochherrschaftlich" betriebenen Abteilung, die als Lieferant von technischen Kern-Services (wie Email oder Internet-Zugang) auftrat, führte über ein Mandat, das sich der Prozessautomatisierung verschrieben hatte und damit organisatorische Effizienz erschuf, hin zu einem Business-Transformator, der mittels moderner Lösungen ein essentieller Erfolgsfaktor dafür sein wird, die Business Ziele des Unternehmens zu erreichen.[22]

Der Weg, der mit diesem Wandel beschritten werden muss ist zwar thematisch ein weiter, aber die Zeitstrecke in der manche Unternehmen ihn zurückgelegt haben ist verhältnismäßig kurz. Die Anforderungen an die Mitarbeiter, die mit diesem Rollenwechsel konfrontiert werden, verändern sich erheblich. So ist es nicht erstaunlich, dass mit dem Wechsel des Mandats auch die Aufgaben einzelner Mitarbeiter wechseln. Die Ausbildung, der Anspruch, die Ziele, das Berufsbild mancher Mitarbeiter muss nicht zwingend mit dem Neuen korrelieren. Daher stehen den Managern mancher IT-Abteilungen der unmittelbaren Herausforderung gegenüber, eine Deckungsgleichheit von Aufgaben und Ressourcen zu bewerkstelligen.

Darüber hinaus gilt es sich des Spagats bewusst zu werden, der sich aus einer immer komplexer werdenden Technik auf der einen Seite und einer fortwährend tiefer gehenden Kenntnis betriebswirtschaftlicher Funktionen und Prozesse auf der anderen Seite ergeben. Eine moderne IT muss mit ihren „Enterprise Services" das eine im Griff behalten und entweder selbst zu managen in der Lage sein oder sich Dienstleister bedienen, die das uneingeschränkte Vertrauen

---

22 *IBM INSTITUTE FOR BUSINESS VALUE'S* (2011).

genießen und über das Know-how verfügen, diese Aufgabe zu übernehmen. Zum anderen muss mit den gleichen Mitarbeitern eine tiefe Verzahnung mit den Fachabteilungen des eigenen Unternehmens bewerkstelligt werden.

Dazu müssen wir uns ein weiteres Spannungsfeld deutlich machen. Die interne IT stellt lange nicht mehr den einzigen Weg in die Welt von Lösungen aus der Informations-Technologie dar, der sich für Fachabteilungen oder das Top-Management eines Unternehmens ergibt. Beratungs- und Strategieberatungsunternehmen haben mittlerweile ein exquisites Verständnis dafür entwickelt, wie man direkt auf Entscheider zugehen und Begehrlichkeiten im Zusammenhang mit innovativen Lösungen wecken kann.

Eine weitere Herausforderung – vielleicht sogar die Königsdisziplin – der sich „Enterprise Services" stellen muss, sind die eher unstrukturiert und in Folge von zufälliger Vertriebsaktivität einzelner Berater ins Unternehmen getropften Informationen in ein für das Unternehmen sinnvolles Zielbild zu überführen. Dabei kann es in der Natur der Sache liegen, dass die Eliminierung des einen oder anderen Vertriebsversprechens eines Beratungshauses mangels Deckungsgleichheit mit dem Zielbild erheblichen Aufwand erfordert.

Unabhängig davon ist jede interne IT immer auch in einer Sandwich-Position zwischen dem eigenen Unternehmen und den für IT-Aufgaben instrumentalisierten Providern. Der Fullservice Inhouse IT-Provider, der ohne verlängerte Werkbank für alle von ihm angebotenen Services auskommt, stellt heutzutage zweifelsfrei einen beglückwünschenswerten Sonderfall dar, wenn man von seiner Kostensituation mal absieht. Alle anderen haben idealerweise ihre persönliche Gratwanderung meistern können und einen für die Ziele der Unternehmung, die Leistungsfähigkeit der eigenen IT und die Erlöserwartung des Providers optimalen Weg gefunden.

3.2.1 Mit welchen Herausforderungen kämpft die IT hinsichtlich Big Data?

Primär kämpft die Inhouse-IT noch nicht wirklich mit Big Data. Wenn überhaupt von Kampf die Rede sein kann, dann gilt es – um im Bilde zu bleiben – im Moment noch sich des Schlachtfeldes bewusst zu werden. Es muss erarbeitet werden, welche Chancen die Verarbeitung von Big Data bietet und wie diese Verarbeitung in eine Lösung überführt werden könnte. Welche Geschäftsanforderungen will man denn bedienen und mit welchen Lösungsmöglichkeiten versehen.

Die Verarbeitung von Big Data macht eine neue Art von Software (manchmal auch in Verbindung mit intelligenter Hardware) notwendig, die massiv parallel auf hunderten oder tausenden von Prozessoren bzw. Servern arbeitet (siehe Kapitel 2). Bei genauerer Betrachtung kann man das alte Henne-Ei-Bild strapazieren. Machte die Datenmenge eine solche revolutionäre Technik notwendig oder waren In-Memory-Computing und spaltenorientierte Datenbanksysteme plötzlich da und brauchten eine Existenzberechtigung. Die Beantwortung – wenn überhaupt möglich – ist natürlich müßig. Was bleibt ist die Herausforderung, die mit Big Data auf die Informationstechnologiebereiche von Unternehmen zukommt.

Es gilt eine Lösung zu identifizieren, die möglichst genau die Anforderungen erfüllt, die die Unternehmung an die Speicherung, Aufbewahrung, Auswertung und Visualisierung von großen Datenmengen hat. Zusätzlich sollen auch noch nicht genau antizipierbare Erfordernisse (wie z. B. Simulationen) gewährleistet werden können. Zu allem Überfluss muss die Wirtschaftlichkeit der Investition zu jeder Zeit gegeben sein.

Das Stichwort „Wirtschaftlichkeit" stellt aktuell und vermutlich auch noch für eine gewisse Zeit die größte Herausforderung der IT im Zusammenhang mit der Verarbeitung von Big Data dar.

Auf der einen Seite sind die Anforderungen des Business an die schiere Unendlichkeit der verfügbaren Daten noch nicht klar herausgearbeitet. Für die Erledigung dieser Aktivität sind wie weiter oben beschrieben die „Enterprise Services" elementarer Bestandteil. Hier ist also für einen zu erstellenden Business-Case der Nutzen klar und deutlich zu identifizieren. Zum anderen sind die erheblichen Kosten, die mit der Einführung und dem Betrieb aktueller In-Memory-Lösungen verbunden sind, zusammenzutragen und zu managen.

Bezogen auf die Identifizierung des Nutzens wird der internen IT eine recht undankbare Rolle zuteil. Fällt es den Bereichsverantwortlichen noch recht einfach einen qualitativen Nutzen auszuweisen, ist es oftmals die Aufgabe der IT diesen qualitativen Nutzen zu quantifizieren. Das ist natürlich beliebig komplex oder schwierig. Ist die technische Beschleunigung der Monatsabschlussarbeiten von 15 auf 5 Werktage vielleicht noch in Euro und Cent ausweisbar, dann wird es beim wirtschaftlichen Nutzen, der mit der Analyse von Point-of-Sale-(POS-) Daten einhergehen kann schon schwieriger. Genau hier sind wieder die „Enterprise Services" der IT mit der bereits erwähnten Expertise gefragt um diese Herausforderung anzunehmen und zu erfüllen.

Die Kosten stellen die zweite und etwas größere Herausforderung moderner IT Organisationen mit dem Thema Big Data dar. Die Entwicklungslabore der großen Anbieter von aktuellen In-Memory-Lösungen haben große Investitionen ihrer Konzerne in diese Technologien verursacht. In der Anfangszeit der Vermarktung ihrer In-Memory-Produkte hielten sich viele Anbieter mit Preisinformationen deutlich zurück, was bei vielen potenziellen Mittelstandskunden die Befürchtung nährte, dass sie sich solcherlei Technologie gar nicht leisten können. Und auch heute, nachdem die Preislisteninformationen vorliegen, versuchen die Hersteller den Nimbus ihres Produktes dadurch zu heben, dass sie von vorne herein ausschließen den Einsatz ihres Produktes rabattieren zu wollen.

So begibt sich die interne IT nochmals in ein Spannungsfeld zwischen den fordernden Fachbereichen bzw. dem Top-Management auf der einen Seite und den Lösungslieferanten auf der anderen Seite, die Ihre Investitionen möglichst kurzfristig amortisieren möchten.

Auch wenn die IT nicht unmittelbar mit den Kritikpunkten an Big Data konfrontiert werden, die vielleicht primär aus einem moralisch-ethischen Umfeld generiert zu werden scheinen, seien diese hier aufgelistet. Im bereits thematisierten Selbstverständnis der internen IT im Generellen und der „businessverzahnten" Rolle von „Enterprise Services" im Besonderen, muss es als überaus glaubwürdig gewertet werden, wenn sich auch in der IT kritisch mit den bspw. von *BOYD DANAH*[23] ausformulierten Kritikpunkten an Big Data auseinandergesetzt wird.

---

[23] Vgl. *DANAH* (2010).

Diese sind:

- Größere Datenmengen sind nicht notwendigerweise bessere Daten
- Nicht alle Daten sind gleich erzeugt
- „Was?“ und „Warum?“ sind zwei unterschiedliche Fragen
- Vorsicht bei der Interpretationen von Daten
- Nur weil es verfügbar ist, muss die Verwendung nicht auch ethisch sein

3.3 Wo stehen wir aus Kundensicht heute und wo können wir mit In-Memory-Technologien hingelangen?

Ohne Umschweife: Wir stehen am Anfang. Es bedarf vermutlich mehr als nur einer Kristallkugel um zu erahnen wo die Reise hingehen wird. In-Memory-Technologie eröffnet sagenhafte Möglichkeiten. Die Vertriebsversprechen, die damit gemacht werden, sind atemberaubend. Unter optimalen Umständen sollen mit diesem technologischen Nachbrenner ausgestattete Analysetools bis zu 10.000-mal schneller laufen. Und selbst wenn es nur 1.000-mal schneller wäre, was für Zeiten kämen auf uns zu? Nun, in diesem Fall bemühen wir den Dreisatz und stellen fest: Wenn wir im gleichen Zuge, in dem unsere Analysen 1.000-mal schneller laufen als bisher etwa 2.000-mal so große Datenmengen in Folge Big Data analysieren wollen, dann werden wir nur noch halb so schnell sein. Diese bewusste Vereinfachung unter Ausblendung aller IT-technischen Zusammenhänge und Skaleneffekte soll eines verdeutlichen: Es eröffnet, wie verantwortungsvoll alle Beteiligten mit dem Heilsbringer „In-Memory-Computing“ umzugehen haben. Wenn der zu erwartende Vorteil durch nicht konsequent zu Ende gedachte Einsatzszenarien überkompensiert wird, dann wird der Heilsbringer keinen Siegeszug antreten können.

Ein weiterer Faktor, der diesen Siegeszug sogar im Vorfeld schon verhindern kann, liegt in der Vermarktung. Die In-Memory-Technologie kann nur von ihrer zügigen Verbreitung profitieren. Hier sind eindeutig die Produzenten gefordert. Sie müssen dafür sorgen, dass eine Erfolgsgeschichte Ihrer Produkte dadurch möglich wird, dass Sie infolge einer marktverträglichen Preisfindung zunächst ihre Kunden in die Lage versetzen Erfolgsgeschichten zu schreiben.

3.4 Welche Voraussetzungen müssen für den Einsatz einer so neuen Technologie vorhanden sein?

Sicherlich ist in einer initialen Betrachtung die Wirtschaftlichkeit des Einsatzes zu untersuchen. Leider fällt bei einer so neuen wie auch komplexen Technologie die Kosten-Nutzenbetrachtung nicht leicht, weil viele Sachzusammenhänge erst erarbeitet werden müssen. Außerdem sind allen beteiligten Parteien nicht unbedingt vom Start weg alle Einflussfaktoren auf die Wirtschaftlichkeit bekannt. So kann zum Beispiel der eine oder andere Einsatzfall erst erarbeitet werden müssen.

In einem vorgeschalteten Proof of Concept kann der Business-Case idealerweise einen Nebenprodukt sein. Hierüber können zusätzliche Benefits generiert werden, wie die technische Evaluierung von Zusatzprodukten, Performanceverifikation der einzusetzenden Lösung, Architekturfestlegungen, Know-how-Transfer oder -Aufbau in der internen IT und Festhalten von Erkenntnissen in Dokumentationen für ein nachgelagertes Implementierungsprojekt.

Dies alles können notwendige Voraussetzungen für einen erfolgreichen Einsatz einer neuen Technologie sein. Die hinreichende Voraussetzung muss aber grundsätzlich die Beantwortung der Frage nach dem Nutzen für das Geschäft sein.

In dem Moment, in dem die IT (intern oder extern oder gemeinsam) die Frage beantworten kann, wie eine Unternehmung mit Hilfe von „In-Memory-Technologie" auf Basis von Big Data zusätzlichen Umsatz generiert, die Kosten reduzieren kann oder seine Erlöse maximiert, wird kein verantwortungsvoller Entscheider dem Einsatz dieser Technologien im Wege stehen.

4 Chancen und Risiken von Big Data Management

Auf der einen Seite handelt es sich bei Big Data Management um eine Lösung mit Potenzial, um die IT noch effektiver für die Unternehmenssteuerung einzusetzen und Prozesse zu realisieren, die aufgrund von technischen Barrieren bis heute nicht möglich waren. Auf der anderen Seite sind Entscheider aus Business und IT gleichermaßen skeptisch, in wie weit angedachte Einsatzszenarien bereits zu Ende gedacht sind und gegebenenfalls überbewertet werden.

Eines ist sicher, die Technologie, die für Big Data Management notwendig ist, hat den Sprung aus den Laboren geschafft und stellt in einer Vielzahl von Projekten ihre Marktreife im Praxiseinsatz unter Beweis. Nun gilt es die Visionen in Taten umzusetzen und die neuen Technologien zu nutzen. Wir befinden uns allerdings heute in einer Zeit, in der Investitionen in der IT längst nicht mehr aufgrund von technischer Verliebtheit durchgewunken werden. Der operative Nutzen, d. h. der zu Grunde liegende Business-Case steht im Vordergrund einer jeglichen Investition. Lässt sich aus der Technologie daher nicht ganz klar ein finanzieller Nutzen ermitteln, der nach einer bestimmten Laufzeit einen Profit zu erwarten hat, wird es in der Regel keine Investitionsfreigabe geben.

Nun stellt sich für Business und IT gleichermaßen die Frage nach der richtigen Taktik und Herangehensweise. Es wäre sträflich einen Trend zu verschlafen, mit dem sich Anwendungsfälle aus den Köpfen von Anwendern und Entscheidern umsetzen lassen, welche bis heute aufgrund von technischen Einschränkungen nicht realisiert werden konnten und mit denen positiv auf die Geschäftsentwicklung Einfluss zu nehmen ist.

Es ist aber auf keinen Fall zu leugnen, dass jüngste Marketinginitiativen für technologische Trends und deren prognostizierter Paradigmenwechsel zu Skepsis bei Entscheidern geführt haben, ob es sich bei In-Memory-Technologie nicht auch wieder um eine sehr gut strukturierte und viel beworbene Marketingmaßnahme handelt. Entscheider aus Business und IT stehen daher den Hochglanzfolien der Hersteller skeptisch gegenüber und fordern den Beweis hinsichtlich des technologischen Nutzens auf Basis der eigenen IT-Architektur und -Daten, sowie einer tatsächlichen Handhabbarkeit der Technologie.

Die Unsicherheit bezüglich des tatsächlichen technischen Potenzials und die Auswirkungen auf einen zu definierenden Anwendungsfall in Kombination mit vermeintlich hohen Investitionskosten führen unweigerlich zu einer Zwickmühle, in der sich Hersteller und Anwender derzeit befinden.

4.1 Die Hersteller- und Anwender-Zwickmühle

Heutige betriebswirtschaftliche Standardsoftware, sogenannte ERP-Systeme (Enterprise Resource Planning), sowie Analysesysteme basieren sehr häufig auf relationalen Datenbanken. Das relationale Datenbank-Modell wurde bereits 1970 erstmals von *Edgar F. Codd*[24] vorgestellt und etablierte sich zunehmend in Kombination mit der Structured Query Language (SQL) und dem Transaktions-Konzept[25], welches einen wichtigen Teil zur Datensicherheit beiträgt. Durch das stetige Datenwachstum von Enterprise-Applikationen waren Relationale Datenbank Management Systeme (RDBMS) irgendwann nicht mehr in der Lage, allen Anforderungen von ad-hoc Abfragen in einem zufriedenstellenden Zeitfenster gerecht zu werden. Diese Problematik führte schließlich zu einer Trennung zwischen transaktionalen Systemen, auch OLTP[26]-Systeme genannt, und analytischen Systemen, welche oft mit OLAP[27]-Systemen bezeichnet werden. Der Unterschied zwischen transaktionalen Systemen und analytischen Systemen besteht im Design der zugrundeliegenden Datenbank Schemata, d.h. der formalen Beschreibung der Datenstruktur. OLTP Schemata sind sehr stark normalisiert und arbeiten zeilenorientiert, so dass ein Geschwindigkeitsvorteil für schreibende Zugriffe, wie beispielsweise Inserts, Updates und Deletes, erreicht wird[28]. In diesen transaktionalen Systemen wird in der Regel mit wenigen Datensätzen gearbeitet, wobei sich die Datenbankprozesse stetig wiederholen und strukturiert sind. Dies wirkt sich in OLTP-Systemen bei schreibenden Prozessen positiv auf die Geschwindigkeit aus.

In analytischen Systemen werden meist lesend komplexe Abfragen auf große Datenmengen durchgeführt, daher ist hier eine Optimierung von lesenden Zugriffen erwünscht. In OLAP-System ist die Datenhaltung meist verdichtet und wird in der Regel zyklisch aus den transaktionalen Systemen aufgefrischt. OLAP optimierte Systeme sind meist auf einem multidimensionalen Datenmodell aufgebaut, wobei sich zunehmend auch spaltenorientierte Datenbanksysteme etablieren. Spaltenorientierte Datenbanksysteme zeichnen sich durch extrem schnelle lesende Zugriffe und einer starken Datenkomprimierung aus.

---

[24] Vgl. *Codd* (1970), S. 377-387.

[25] Vgl. *Gray* (1980), S.282-298.

[26] OLTP steht für Online Transactional Processing

[27] OLAP steht für Online Analytical Processing

[28] Vgl. *Plattner/Zeier* (2011), S.12-13

Die Trennung zwischen OLTP und OLAP bietet aus Geschwindigkeitsgesichtspunkten einen großen Vorteil. Allerdings werden durch diese technisch bedingte Trennung auch Datensilos gebildet, in denen redundante[29] Daten gespeichert werden. Durch die zyklische Auffrischung der Daten in das OLAP-System besteht aus Sicht des Reportings immer nur die Möglichkeit des Blicks in die Vergangenheit. Eine Analyse des aktuellen Status ist meist nicht möglich. Aktuell bilden das stetige Datenwachstum in Analysesystemen und die steigenden Ansprüche der Nutzer hinsichtlich komplexerer Analysefähigkeiten und guter Performance Herausforderungen der IT. Klassische relationale Datenbanken kommen an die Grenzen ihrer Leistungsfähigkeit, die mittels zusätzlicher Hardwareleistung ausgeglichen werden muss. Dies führt zwangsläufig zu steigenden Kosten. Eine Alternative ist der Umstieg auf eine andere Technologie, wie beispielsweise reine Disk-basierte oder spaltenorientierte Datenbanksysteme. Aber auch diese ist ohne hohe Kosten kaum möglich.

Ein großer Softwarekonzern bietet seit 2011 eine In-Memory-Datenbank an, welche zeilen- und spaltenorientierte Datenhaltung ermöglicht. Ziel dieser Technologie soll es zukünftig sein, Transaktions- und Analysedaten nicht mehr getrennt zu halten und somit die Möglichkeit zu haben, Analysen nahezu in Echtzeit durchzuführen. Zum heutigen Zeitpunkt wird die Technologie als sogenannten Appliance angeboten, d. h. einer Kombination aus speziell aufeinander abgestimmter Hardware und Software, um hauptsächlich Analysen zu beschleunigen.

Soweit zur Theorie. Zusammengefasst könnte man sagen, dass die Hersteller zwar auf die Bedürfnisse des Marktes reagiert haben, aber aus Sicht der potenziellen Kunden der Bedarf noch nicht klar genug ausformuliert ist. Frei nach dem Motto; Wir haben eine perfekte Lösung, jetzt suchen wir nur noch ein passendes Problem. Aus Sicht der Kunden ist daher eine vielschichtigere Betrachtungsweise notwendig, die einen Einsatz von In-Memory-Technologien rechtfertigt: Das Interesse an In-Memory-Technologie ist in sehr vielen Unternehmen einerseits sehr hoch, jedoch sind konkrete Anwendungsfälle rar, die auch einen entsprechenden Business-Nutzen, in Anbetracht der gegenüberstehenden Investitionskosten, liefern können. Da es sich zum Beispiel bei der Appliance um eine Kombination aus Hardware, Datenbanksoftware und gegebenenfalls um zusätzliche Tools zur Datenladung und zum Reporting handelt, könnte es hier unter Umständen zu nicht unerheblichen Investitionskosten hinsichtlich Hardware und Lizenzen kommen.

Auch für die Hersteller stellt sich die Frage, wie sie die neue Technologie in den Markt bekommen können, ohne diese zu Dumpingpreisen anzubieten, so dass auch langfristig solide Lizenzeinnahmen vorhanden sind. Parallel dazu machen sich die Unternehmen Gedanken, ob und wie sie die Technologie implementieren können, ohne zu große Investitionen vorzunehmen, die einen nicht absehbaren Return On Investment (ROI) nach sich ziehen. Für Unternehmen ist es daher notwendig, eine Zieldefinition und eine Strategie für den Einsatz von In-Memory-Technologien zu erarbeiten.

---

29 Mit redundant ist das mehrfache Vorhandensein von inhaltlich vergleichbaren Datensätzen gemeint.

4.2 Ansatz zur Zieldefinition für den Einsatz von In-Memory-Technologie

Der Einsatz neuer Technologien im Kontext einer Unternehmens-IT muss in der Regel mit einer Kostenersparnis einhergehen oder einen greifbaren Geschäftsvorteil generieren, ansonsten besteht keine realistische Chance, dass sich eine neue Technologie am Markt etabliert. Neben der reinen betriebswirtschaftlichen Betrachtung in Bezug auf Anschaffung, Implementierung und Betrieb sind Punkte wie Beherrschbarkeit der Technologie, Aufwand für Änderungen, Daten- und Benutzersicherheit sowie Governance notwendige Faktoren, die bei der Einführung einer neuen Technologie eine entscheidende Rolle spielen. Gerade bei neuen Basistechnologien, bei der es sich bei In-Memory-Computing zweifelsfrei handelt, liegt meist auch eine sehr komplexe Technologie zugrunde, die es erst einmal gilt zu verstehen, bzw. die Komplexität auf ein Maß zu reduzieren, die ein Verständnis überhaupt erst möglich macht.
Ein sinnvoller Ansatz sich der In-Memory-Technologie zu nähern, ist der Weg über die Evaluierung möglicher Anwendungsfälle für Big Data Management. Hierbei steht immer die Frage nach der Erreichung eines individuellen Wettbewerbsvorteils mittels In-Memory-Technologie im Vordergrund. Dabei ist allerdings mitentscheidend, wie weit der Entwicklungsstand der Technologie fortgeschritten ist.[30] Je mehr sich eine Technologie am Markt etabliert, desto mehr Erfahrungen sind vorhanden, tatsächliche Anwendungsfälle sind umgesetzt und zudem technische Erweiterungen oder Schnittstellen zu Drittsystemen verfügbar.

Wählt man den Ansatz über die Evaluierung möglicher Anwendungsfälle ist die zu Grunde liegende Strategie entscheidend. „Think big – start small" hat sich als solider Grundsatz erwiesen, um eine Technologie kennenzulernen, gemeinsam mit ihr zu wachsen, aber den Fokus nicht aus den Augen zu verlieren. Daher ist es zu empfehlen, sich nicht nur über die vordergründigen Anwendungsfälle Gedanken zu machen, sondern auch Anwendungsfälle zu diskutieren, die auf den ersten Blick nicht realistisch erscheinen. Ziel der Evaluierung ist ein möglichst breites Spektrum an Anwendungsfällen aus unterschiedlichen Unternehmensbereichen zu erhalten, um einen möglichst großen Nutzen zu erreichen und die Kosten zu verteilen. Es empfiehlt sich daher bereits während der Analyse Kostentreiber zu identifizieren und eine Aufstellung der Kosten für Lizenzen, Hardware und Wartung durchzuführen. Jeder in dieser frühen Phase bewertbare Nutzen, der beispielsweise aus einer beschleunigten Prozesslaufzeit abgeleitet werden kann, sollte ebenfalls aufgeführt sein, auch wenn er erstmals nur auf Basis von Literaturwerten berechnet oder abgeschätzt wird.

Nach Aufnahme und Diskussion der Anwendungsfälle erfolgt die Fokussierung auf diejenigen Anwendungsfälle, die den höchsten „added-value" erwarten lassen. Als Ergebnis ist daher ein einzelner Anwendungsfall oder eine Kombination aus mehreren Fällen realistisch, für die anschließend ein Business-Case gerechnet werden sollte. Unter Fokussierung ist die Konzeption des Anwendungsfalls, bzw. der Anwendungsfälle zu verstehen, auf der sich die Business-Case Berechnung aufbaut. Je kompletter und transparenter der jeweilige Anwendungsfall beschrieben ist, desto genauer lässt sich die Business-Case Berechnung durchführen.

[30] Die Aussagen und Ansätze beziehen sich auf den aktuellen technologischen Stand von 08/2012.

Innerhalb des Business-Case lässt sich die Kostenseite auf Basis von konkreten Angeboten für die ausgewählten Anwendungsfälle sehr genau bestimmen, wobei der Nutzen in der Regel nicht konkret bewertet werden kann, eine Abschätzung sollte allerdings möglich sein.

Die bis zu diesem Zeitpunkt erarbeiteten Ergebnisse und Erkenntnisse sollten auf jeden Fall dazu befähigen, eine Entscheidung hinsichtlich eines konkreten Projektes zu fällen und gegebenenfalls eine Implementierungs-Roadmap aufzustellen, bzw. eine Entscheidung gegen ein Projektvorhaben zu treffen. Der aufgezeigte Ansatz soll nicht die Lösung zu dem im vorigen Kapitel aufgebrachten Motto „Wir haben eine perfekte Lösung, jetzt suchen wir nur noch ein passendes Problem", sein. Vielmehr wird sich ein einzelner Anwendungsfall nach heutigen Erkenntnissen selten rechnen lassen, so dass ein positiver Business-Case das Ergebnis ist.

Auf alle Fälle sind die Herausforderungen auf dem Weg vom Anwendungsfall bis zur Formulierung einer Entscheidung vielschichtiger, als es der Ansatz auf den ersten Blick vermuten lässt. Um die notwendige Transparenz in einen oder mehrere Anwendungsfälle zu bringen, ist eine eindimensionale Betrachtungsweise meist nicht ausreichend. Es ist vielmehr notwendig, die Betrachtung vom derzeitigen Grad der Aktualität der eigenen IT-Infrastruktur zu beginnen und die geplante Ausrichtung einzubeziehen. Dies ist beispielsweise für den Bereich Reporting ein absolutes Muss, um entsprechende Lizenzkosten abschätzen zu können und gegebenenfalls Mischformen zu nutzen. Weitergehend sind Einflussfaktoren wie der vorhandene und geplante Einsatz von mobilen Lösungen einzubeziehen, sowie die Abschätzung der zu verarbeitenden Datenvolumina, aus der sich letztlich die Hardwarekosten ableiten. Sollte die Transformation einer vorhandenen klassischen Datenbank zu einer In-Memory-Datenbank ein möglicher Anwendungsfall sein, ist die Betrachtung der technischen Migration alleine nicht ausreichend. Um das volle Optimierungspotenzial auszunutzen, müssen die vorhandenen Datenstrukturen ebenfalls auf die Anwendung für In-Memory optimiert werden. Bei diesem Anwendungsfall ist daher eine gründliche Untersuchung notwendig, ob für alle Daten ein In-Memory-Modell eine Optimierung darstellt und ob daher eine Transformation die richtige Entscheidung ist.

4.3 Anwendungsfälle für In-Memory-Technologien heute

In-Memory-Technologien haben das Potenzial die IT nachhaltig zu verändern und neue Wege aufzuzeigen. Als dieser Beitrag entstand, hat die Zukunft bereits begonnen, aber In-Memory-Technologien stehen erst am Anfang. Damit sich eine neue Technologie etablieren kann, muss sich zum einen ihre Investition amortisieren und zum anderen ihr Nutzen in der Praxis bewähren. Diese beiden Punkte sind aktuell bei der In-Memory-Technologie noch nicht hinreichend erfüllt. Umso wichtiger ist es, dass diese neue Technologie realistisch hinsichtlich Kosten und Nutzen betrachtet wird.

Die In-Memory-Technologie ist heute noch nicht soweit und wird es sicherlich in absehbarer Zeit auch nicht sein, dass sie die zentrale Datenhaltung in einer Unternehmens-IT sein wird, aber sie kann heute bereits Szenarien liefern, die mit etablierten Technologien nicht möglich sind. Es ist entscheidend, ob die Szenarien als einzelnes oder in Kombination den notwendigen „added-value" liefern, die eine Einführung einer In-Memory-Technologie rechtfertigt. Der Vorteil liegt in der Flexibilität der Einsatzgebiete, die bereits heute von der Beschleunigung von Geschäftsprozessen, über das Reporting von Massendaten bis hin zur Optimierung von Planungsprozessen geht.

Die Vision hinter der In-Memory-Technologie ist klar mit der Zusammenführung von Geschäftsprozessen und Analyse beschrieben, so dass zu jedem Zeitpunkt aktuelle Geschäftszahlen mit historischen Werten und externen Daten zur Unternehmenssteuerung verfügbar sind – OLTP und OLAP vereint durch In-Memory-Technologie.

Dies ist allerdings noch ein weiter Weg und vor allem stehen noch viele Fragen unbeantwortet im Raum. Eine dieser Fragen ist beispielsweise die Zusammenführung von spalten- und zeilenbasierten Strukturen, z. B. in einem sogenannten Hybridmodell oder weiterhin die Empfehlung einer klaren Trennung.

Neben dem oder der finalen technischen Konzepte und dem visionären Zielbild stellt sich allerdings vielmehr die Frage, was In-Memory-Technologien heute bereits in der Lage sind zu leisten und welche Anwendungsfälle realisierbar sind? Recherchiert man auf einschlägigen Internetseiten nach Use Cases für den Einsatz von In-Memory-Technologie, findet man eine Vielzahl von beschriebenen Fällen für diverse Anwendungsbereiche und Zielindustrien. Stand heute sind allerdings hauptsächlich Use Cases verfügbar, die auf das beschleunigen von Analysen ausgerichtet sind, wobei aktuell die Zahl der Anwendungsfälle für Planungsszenarien, sogenannten „Predictive Analysis", ebenfalls stark wächst. Echte Use Cases zur Optimierung von Geschäftsprozessen sind leider fast nicht vorhanden. Allerdings ist das auch die Königsdisziplin, in der es gilt, sich auch geistig von etablierten Prozessen zu lösen und diese durch neue Vorgehensmodelle zu erweitern oder gar zu ersetzen.

5 Fazit

Neue Technologien und Trends wie Social Media und Mobility führen zur Notwendigkeit immer größer werdende Datenmengen zu verarbeiten und verstärken damit die Veränderungen hinsichtlich eines immer wichtiger werdenden Big Data Management. Ein Big Data Management gehört daher nicht nur unserer Meinung nach zu einem der Trends, die in naher Zukunft die Entwicklungen in der IT sowie in der Geschäftswelt beeinflussen wird.

IT-Abteilungen werden zukünftig mehr und mehr von den Fachbereichen aufgefordert, aus der unaufhaltsam wachsenden Menge an Daten detaillierte Informationen abzuleiten und diese idealerweise in Echtzeit zur Verfügung zu stellen, um Geschäftsprozesse zu optimieren, neue Geschäftsfelder zu generieren und/oder um die Wettbewerbs- bzw. Marktposition zu stärken. Die Herausforderung liegt darin, die Anforderungen der Fachbereiche bezahlbar zu machen und daraus entsprechende Strategien hinsichtlich Technologie und Prozesse zu entwickeln. Ohne diese Strategien wird es kaum möglich sein, Daten in guter Qualität rechtzeitig bereitzustellen.

Um den heutigen und zukünftigen Anforderungen gerecht zu werden, ist der Einsatz von In-Memory-Technologie ein vielversprechender Ansatz. Diese Technologie führt zwar aktuell in den meisten IT-Organisationen zu kontroversen Diskussionen, aber eines ist sicher: Die In-Memory-Technologie hat das Potenzial, die IT nachhaltig zu verändern – jedoch ist dies noch ein langer Weg.

Klassische Datenbanken sind heute absolut zuverlässige und betriebssichere Produkte, die in vielen Rechenzentren auf der Welt ohne merkliche Ausfallzeiten betrieben werden. Es existieren langjährige Erfahrungen im Betrieb, im Störfall, sowie bei Backup- und Recovery-Lösungen. In-Memory-Datenbanken müssen all dies erst nachweisen. Erst wenn sichergestellt ist, dass ein Betrieb von In-Memory Datenbanken kein merklich höheres Risiko birgt als der Betrieb von klassischen Datenbanken, hat diese Technologie eine Chance kritische Geschäftsprozesse zu beheimaten.

Nach wie vor steht allerdings das Kosten-Nutzen-Verhältnis im Mittelpunkt der Diskussion. Auch wenn die zu speichernden Datenmengen stetig wachsen und die Preise für Hauptspeicher weiter fallen, sind Disk-basierte Datenbanken weiterhin die kostengünstigere Alternative. Die Frage, um die es sich immer wieder dreht ist die nach einem gewinnbringenden Anwendungsfall, auf dessen Basis sich ein ROI berechnen lässt. Ist dies nicht möglich, müssen sich die Anwender die Fragen stellen, ob ein zu erwartender Geschwindigkeitsvorteil eine Investition in In-Memory-Technologien rechtfertigt. Das Dilemma für IT-Organisationen besteht allerdings darin, dass eine Potenzialabschätzung von In-Memory-Technologien am grünen Tisch und ohne Erfahrungen nahezu unmöglich ist. Aus diesem Grund wird es nicht ohne ein Investment für die IT-Organisationen und Fachbereiche möglich sein, die Fragen nach Potenzial und Nutzen zu beantworten. Hierbei ist im Kapitel zur Zieldefinition ein möglicher Ansatz vorgestellt worden, um zu einer Investitionsentscheidung zu gelangen.

Wie bereits beschrieben sind aktuell echte Use Cases zur Optimierung von Geschäftsprozessen noch Mangelware. Ein Grund dafür ist sicherlich, dass nur wenige Geschäftsprozesse dafür infrage kommen, da sie heute durch die hohe Integration in systemtechnische Abläufe schwer herauszulösen und dadurch optimierbar sind. Auf der anderen Seite ist es ebenfalls notwendig, sich auch geistig von etablierten Prozessen zu lösen und diese durch neue Vorgehensmodelle zu erweitern oder gar zu ersetzen. Hier ist es gefragt auch mal „über den Tellerrand zu schauen“.

Ein weiterer kritischer Erfolgsfaktor der In-Memory-Technologie liegt unserer Meinung nach in der Vermarktung und der zügigen Verbreitung. Hier sind Hersteller wie Anwender gleichermaßen gefordert. Sie müssen die Komplexität dieser neuen Technologie beherrschen, das Potenzial verstehen, sowie Kosten und Nutzen transparent für die Entscheider im Unternehmen darstellen. Die Darstellung des Nutzens für das Unternehmen muss dabei zielgruppengerecht erfolgen. Zusätzlich müssen die Hersteller dafür sorgen, dass eine Erfolgsgeschichte ihrer Produkte aufgrund marktverträglicher Preise möglich wird. Erst dann sind Anwender in der Lage, auch entsprechende Erfolgsgeschichten zu schreiben.

Aber auch mit marktverträglichen Preisen gilt: Wenn die IT-Community nicht die geeigneten Use Cases findet, wird es für die Hersteller problematisch, die In-Memory-Produkte zu vermarkten. Hochglanzfolien hin oder her. Letztendlich sind die „Enterprise Services“ der IT mit der bereits erwähnten Expertise gefragt, um diese Herausforderung anzunehmen und gemeinsam mit den Fachbereichen zu bewältigen.

Im Kontext der Digitalisierung und der damit verbundenen stetigen Durchdringung von täglichen Abläufen und Gewohnheiten ist Big Data Management ein wichtiges Element. Doch wie bei allen Dingen muss man genau abwägen, ob die angebotene Technologie dazu beiträgt die individuellen Bedürfnisse zu verbessern und vor allem, ob der richtige Zeitpunkt für den Einsatz gekommen ist.

Quellenverzeichnis

AVANADE, GLOBAL SURVEY (2010): The Business Impact of Big Data, o. O. 2010.

AVANADE, GLOBAL SURVEY (2012): Is Big Data Producing Big Returns?, o. O. 2012

CODD, E. F. (1970)*:* A Relational Model of Data for Large Shared Data Banks, in: Communications of the ACM, New York (NY) 1970.

COMPUTERWOCHE.DE (2011): Gartner ruft das „postmoderne Business“ aus, online: http://www.computerwoche.de/management/it-strategie/2498041/index.html, Stand: 19.10.2011, Abruf: 15.08.2011.

DANAH, B. (2010): Privacy and Publicity in the Context of BigData, in: WWW 2010 Conference, 26–30.04.2012, Raleigh (NC) 2010.

GRAY, J (1980): A Transaction Model, in Automata Languages and Programming, 85. Jg. (1980), S. 282–298.

IBM INSTITUTE FOR BUSINESS VALUE'S (2011): IBM CIO Study, o. O. 2011.

INTERNATIONAL DATA CORPORATION (2012): Homepage, online: http://www.idc.com, Stand: 2012, Abruf: 16.08.2012.

MCKINSEY GLOBAL INSTITUTE (2011): Study: Big Data: The Next Frontier For Innovation, Competition and Productivity, o. O. 2011.

GARTNER INC. TECHNOLOGY (2011): Homepage, online: http://www.gartner.com/technology/home.jsp, Stand: 2012, Abruf: 16.08.2011.

HEISE DEVELOPER (2011)*:* In-Memory Computing als Treiber neuartiger Geschäftsanwendungen, online: http://www.heise.de/developer/artikel/In-Memory-Computing-als-Treiber-neuartiger-Geschaeftsanwendungen-1620949.html, Stand: 15.08.2011, Abruf: 25.06.2012

PLATTNER, H./ZEIER, A (2011): In-Memory Data Management. An Inflection Point for Enterprise Applications, Heidelberg 2011.

SCHÜSSLER, F. (2000): Geomarketing. Anwendungen Geographischer Informationssysteme im Einzelhandel, Marburg 2000.

SAP AG (2012)*:* SAP HANA Database – Development Guide, Stand: 11.07.2012.

UNIVERSITÄT ST. GALLEN (2011): Studie: Innovative Unternehmensanwendungen mit In-Memory Data Management, St. Gallen (CH) 2011.

Sicher in die Cloud navigieren – Mit Trusted Cloud Computing das Business entwickeln

Stefan Pechardscheck und *Christoph Schiefer*

BearingPoint GmbH

Executive Summary

Cloud Computing hat einen stetig wachsenden Marktanteil und wird als die Zukunft der IT gesehen. Die Vorteile sind bestechend: Erhöhte Flexibilität gekoppelt mit hoher Wirtschaftlichkeit durch Standardisierung und Skaleneffekte. Dies ermöglicht IT-Abteilungen, sich auf Innovation und die Unterstützung des Kerngeschäfts der Organisation zu konzentrieren. Aber viele Entscheider haben noch Vorbehalte zur Reife der Cloud-Services, zu offenen Sicherheits- und Datenschutzfragen sowie hinsichtlich des Migrationsaufwands. Beispielsweise ist der Datenschutz beim grenzüberschreitenden Transfer von personenbezogenen Daten von besonderer Kritikalität. Es stellt sich die berechtigte Frage, ob man der Cloud wirklich „vertrauen" kann.

Aktuell stehen verschiedene Betreibermodelle zur Auswahl: Private oder Public Cloud? Oder das Beste aus beiden Welten? Wie also lassen sich potenzielle Risiken kontrollieren und gleichzeitig die Vorteile der Cloud vollständig ausschöpfen? Aber auch in Richtung der Anbieter stellt sich die Frage, wie sie das Vertrauen ihrer Kunden gewinnen können?

In diesem Beitrag untersuchen wir die Faktoren, die für Trusted Cloud Computing maßgebend sind. Auf Grundlage der „Cloud-Trust-Pyramide" zeigen wir auf, wie Organisationen ihre eigene Bereitschaft für den Weg in die Cloud realistisch einschätzen können, was bei der Auswahl von Anbietern von Cloud Services zu beachten ist und wie der Weg in die Cloud sicher und erfolgsversprechend gestaltet werden kann.

1 Im Geschäftsleben kommt es auf Vertrauen an – so auch beim Cloud Computing

Cloud Computing entwickelt sich zum führenden Modell zur Entwicklung und Bereitstellung von digitalen Lösungen – aber auch hier gilt: Geschäftsbeziehungen basieren auf Vertrauen.

Aktuell erleben wir eine massive Veränderung in der IT-Service-Landschaft: Über das Internet angebotene hochstandardisierte Applikationen und Services – ein Ansatz, der oft als „Public Cloud Computing" bezeichnet wird – und dynamisch angebotene „Private Cloud"-Lösungen verzeichnen weltweit einen zunehmenden Marktanteil. Cloud-basierte Services beruhen dabei im Prinzip auf IT-Outsourcing. Hier werden Applikationen und Infrastrukturen durch professionelle IT-Dienstleister gehostet und bereitgestellt. Diese Service-Modelle ermöglichen es, IT-Services für Organisationen weiter zu standardisieren oder sogar zu industrialisieren.

IT-Dienstleister, Beratungsunternehmen, Regierungsbehörden und vor allem Organisationen mit direktem digitalem Kontakt zu Endverbrauchern sehen daher enormes Potenzial im Transfer von IT-Dienstleistungen in die Cloud. Die Vorteile sind beeindruckend: Erhöhte Flexibilität gepaart mit effizienterer Service-Erbringung ermöglichen es IT-Abteilungen, sich auf Innovationen und die Schaffung von Mehrwerten für das Kerngeschäft zu konzentrieren. Was könnte man mehr erwarten?

Während Privatanwender der Cloud offener gegenüberstehen und diese vermehrt nutzen, ist die Akzeptanz bei Unternehmen noch nicht durchgängig ausgeprägt. Derzeit überwiegt hier noch die Zurückhaltung der Entscheider gegenüber den potenziellen Vorteilen. Unserer Erfahrung nach sind die wesentlichen Vorbehalte, dass die Cloud Services noch nicht ausgereift sind und die IT- bzw. Geschäftsanforderungen nicht vollständig erfüllt werden können. Bedenken gibt es auch hinsichtlich von Sicherheits- und Datenschutzfragen sowie zu den Risiken und Aufwänden einer Migration.

Manche Vorbehalte sind sicherlich berechtigt, dennoch basieren sie teils auf einem unbehaglichen Bauchgefühl, dessen Ursache schwer zu greifen, aber dessen Einfluss auf die Akzeptanz offensichtlich ist. *Gartner* prognostiziert ein weltweites Wachstum von 17,7% zwischen 2011 und 2016 für Public Cloud Services. Dieser Durchschnittswert wird in Lateinamerika (26,4%) und Nordamerika (19,1%) übertroffen. In Westeuropa zeigt sich mit einem Wachstum von nur 11,8% – Deutschland mit 12,9% etwas höher – ein ganz anderes Bild.[1] Offenbar haben Europäer weit weniger Vertrauen in die Cloud als Amerikaner.

Eine kürzlich von *Forrester* durchgeführte Studie stellt fest, dass ungefähr ein Drittel der Unternehmen skeptisch gegenüber IaaS-Clouds sind. Großteils weil sie glauben, dass die bereits intern vorhandene Infrastruktur günstiger ist als das, was die Cloud anbieten kann.[2] Andere Studien zeigen, dass viele CFOs bzw. CIOs der Cloud nicht vertrauen und, abgesehen von Pilotprojekten, noch keine umfassenden Initiativen gestartet haben. Der „Cloud Monitor 2012" zeigt beispielsweise, dass lediglich ein Drittel der deutschen Unternehmen gegenüber Cloud Computing aufgeschlossen sind.

Warum aber gewinnt Cloud Computing[3] nur langsam das Vertrauen der Kunden und warum kann es seinen Wertbeitrag noch selten beweisen? Was können und was müssen Cloud-Dienstleister tun, um das Vertrauen in ihren Zukunftsmärkten aufzubauen?

Um diese Fragen zu beantworten, klären wir zunächst, was unter Cloud Computing verstanden wird und worin das Potenzial der Cloud liegt. Im Anschluss wird die grundlegende Bedeutung von Vertrauen im Geschäftsleben und im Besonderen für die Cloud betrachtet.

1.1 Definition und wesentliche Vorteile von Cloud Computing

Cloud Computing beinhaltet die On-Demand-Bereitstellung von standardisierten IT-Diensten – Infrastruktur (i.W. Rechenleistung und Datenspeicher) oder Software-Anwendungen. Beim Cloud Computing wird unterschieden, ob der Dienst intern oder ausschließlich für einen Kunden erbracht (Private) oder hochstandardisiert für alle Kunden identisch angeboten wird. Beim letzterem, dem Public Cloud Computing, wird das Internet als Kommunikations-Backbone genutzt. Privatanwender und neu gegründete Unternehmen waren unter den ersten, die Public Cloud Services genutzt und von den innovativen (und oftmals kostenlosen) Anwendungen, auf die praktisch von jedem Ort und mit jedem Gerät zugegriffen werden kann,

---

1 Vgl. GARTNER (2012).

2 Vgl. FORRESTER (2012).

3 Hinweis: Der Einfachheit halber verwenden wir in diesem Artikel den Begriff Cloud Computing und spezifizieren dies nur dann mit Begriffen wie „Private" oder „Hybrid" wenn wir diese explizit von der Public Cloud unterscheiden wollen.

profitiert haben. Zunehmend lässt sich beobachten, dass auch etablierte Unternehmen folgende der zahlreichen Vorteile der Cloud nutzen:

- Skaleneffekt (Economies of Scale) – Kostenaufteilung und Mandantenfähigkeit reduzieren Einführungs- und Betriebskosten pro Anwender
- Ressourcenteilung auf standardisierten und virtualisierten Plattformen maximiert die Auslastung der Rechenleistung oder des Speichers und gleicht schwankende Bedarfe aus
- Standardisierte, web-basierte Anwendungen werden komplett inklusive Hosting und Wartung bereitgestellt – Kaufen statt Selbermachen reduziert sowohl Investitions- als auch Betriebsaufwand
- IT-Ressourcen sind skalierbar und bei Bedarf flexibel anpassbar; sie werden überdies nur nach Nutzung bezahlt, was das Investitionsrisiko reduziert
- Geschwindigkeit und Flexibilität, um Veränderungen im Geschäftsleben zu begegnen und neue Chancen zu nutzen, z. B. bei Fusionen oder dem Eintritt in neue Märkte
- Services und Rechenzentren können hochverfügbar und mit maximaler Sicherheit ausgelegt werden
- Kleinere und mittlere Unternehmen (KMU) können von den neuesten Technologien und innovativen Lösungen mit verbesserter Benutzerfreundlichkeit und Funktionalität sowie Zugriffsmöglichkeiten jederzeit und mit jedem Gerät profitieren
- Der Fokus auf das Kerngeschäft und nicht auf die Infrastruktur verschafft Freiräume, die bestehenden Geschäftsmodelle zu verbessern oder neue zu generieren
- Cloud Computing kann also eine treibende Kraft für Geschäftswachstum und Wertschöpfung sein. Aber nur, sofern darauf vertraut werden kann, dass alles sicher funktioniert.

1.2 Die Cloud hat ein Akzeptanzproblem!?

Vertrauen ist eine wesentliche Voraussetzung für Geschäftserfolg. In Geschäftsbeziehungen, die auf Vertrauen basieren, verringern sich Abstimmungsaufwände, die Kommunikation verbessert sich und die Zusammenarbeit läuft reibungsloser. Als soziales Konstrukt wird Vertrauen als die gegenseitige Bereitschaft zwischen Personen und Organisationen definiert, die stets davon ausgehen, dass Regeln fair eingehalten werden, auch wenn opportunistisches Handeln möglich wäre. Im Geschäftsumfeld wird darüber hinaus angenommen, dass vom Vertragspartner jede erforderliche und zumutbare Anstrengung unternommen wird, um die vereinbarte Servicequalität sicherzustellen.

Das Paradoxe beim Cloud Computing ist, dass die Unternehmen, die selbst keine Erfahrungen in der der Cloud gesammelt haben, eher zurückhaltend sind. Hingegen berichten Unternehmen, die bereits Services in der Cloud nutzen, größtenteils von positiven Ergebnissen.[4] Der Cloud kann also grundsätzlich vertraut werden! Um das „Warum noch nicht?" beantworten zu können, ist eine wesentliche Hürde zu beachten: Kontrollverlust. „Von zwei Übeln ist das kleinere zu wählen", sagt eine alte Weisheit. Viele Cloud-Dienstleister bieten Technologien, Fähigkeiten und Prozesse auf einem hohen Niveau an, das man in vielen internen IT-

4 Vgl. *KPMG/BITKOM* (2012).

Abteilungen nicht immer so vorfinden würde. Dennoch fühlen sich IT-Leiter und Geschäftsführer verständlicherweise sicherer, wenn sie wissen, dass die Systeme und Daten, die ihre Geschäftsgrundlage bilden, von Personen betreut werden, die für die eigene Firma arbeiten.

Weiteres Misstrauen besteht beim IT-Personal auf allen Ebenen, da hier mitunter den Status quo und in der Tat auch die eigenen Arbeitsplätze in Frage gestellt sehen. Genau die Mitarbeiter, die über das nötige technische und prozessuale Wissen verfügen, um die Anforderungen an Cloud-Dienste verstehen und definieren zu können, sind diejenigen, die eine Verlagerung in die Cloud – meist faktisch ein Outsourcing – gegebenenfalls als wenig attraktive Zukunftsoption einschätzen. Entscheider und Techniker, die sich um die Sicherheit ihres Arbeitsplatzes oder ihres Einflussbereiches Sorgen machen, werden im Zweifel wohl kaum für den Cloud-Dienstleister einsetzen.

Was sich letztlich abzeichnet ist ein Machtkampf zwischen Geschäftsführung bzw. den Fachseiten, der IT-Abteilung und den externen Dienstleistern, in dem jeder um die zentrale Rolle kämpft: Wer ist dafür verantwortlich die informationstechnologische Grundlage für das Unternehmen zu bestimmen und bereitzustellen? Während externe Dienstleister diese Rolle gerne inne hätten, haben manche Dienstleister ein Glaubwürdigkeitsproblem. Dies ist der Tatsache geschuldet, dass in der Vergangenheit immer wieder Services angepriesen wurden, bevor diese wirklich professionell und reif genug waren. Und wie die Erfahrung vieler Anbieter zeigt, ist es schwer Vertrauen wieder aufzubauen, wenn es erst einmal verspielt ist.

Cloud-Computing-Modelle sind sicherlich nicht für jedes Szenario geeignet. Und es wird immer Herausforderungen – von der Architektur bis hin zum operativen Betrieb – geben. Jedoch wird aktuell gerade in Europa die Frage wo bzw. wann Cloud-Dienste sinnvoll eingesetzt werden, von der Frage überschattet, ob man sie überhaupt nutzen sollte. In den folgenden Abschnitten betrachten wir, welche Qualitäten Cloud Computing auf allen Ebenen unter Beweis stellen muss, von der Erfüllung grundlegender Technologie- und Sicherheitsfragen bis hin zu Governance und Verzahnung von Geschäft und IT, um sicherzustellen, dass Organisationen das Nutzenversprechen von Cloud auch voll einlösen können.

2 Cloud-Trust-Pyramide

Für *BearingPoint* stellt sich nicht die Frage, ob Cloud Services eine gute Idee sind. Wir sehen Cloud Computing als Teil eines seit vielen Jahren stattfindenden übergreifenden Trends dahingehend, dass IT-Services im Sinne von austauschbaren Commodity-Leistungen bereitgestellt werden. Aus Sicht des Betreibermodells ist Public Cloud Computing lediglich eine Spielart von Outsourcing: Cloud Services sind IT-Services, die mit flexiblen Vertragslaufzeiten von Dritten erbracht werden. Hierbei bietet ein service-basierter Ansatz einen vielversprechenderen Ausgangspunkt als ein technik-basierter Ansatz. Dieses Prinzip gilt übrigens unabhängig davon, ob die IT intern oder als ausgelagerter Service bereitgestellt wird.

Während die Frage zunächst offen bleibt, wie man die Vorteile von Cloud Computing am besten nutzen kann, sind bestehende Bedenken real und müssen adressiert werden. *BearingPoint* hat hierzu als Rahmenwerk die „Cloud Trust Pyramide" (siehe Abbildung 1) entwickelt. So können aus Sicht des Business die Kriterien, die bei einer Transformation von Services in die

Cloud und für den Aufbau von Vertrauen entscheidend sind, analysiert und evaluiert werden. Es werden verschiedene Ebenen unterschieden, die einerseits durch weiche Faktoren, wie die Einstellung zu Vertrauen und Werten, und anderseits durch harte Faktoren wie Normen, Standards und Verträge bestimmt werden. Dabei besteht eine positive Rückkopplung zwischen dem emotional-abstrakten Vertrauen und dem juristisch-konkreten Vertrag. Bei einem höheren Maß an Vertrauen agieren Vertragspartner, ohne bei jeder kleinen Änderung die Vertragsbedingungen interpretieren zu müssen. Überwiegt aber Unklarheit oder besteht gar ein Misstrauensverhältnis, sind die im Vertrag festgeschriebenen Klauseln bei der Definition und Erfüllung der Erwartungshaltungen entscheidend. Das jeweilige Gewicht kann sich im Zeitverlauf durchaus ändern und mal ist das Vertrauensverhältnis und mal der Vertrag maßgebend.

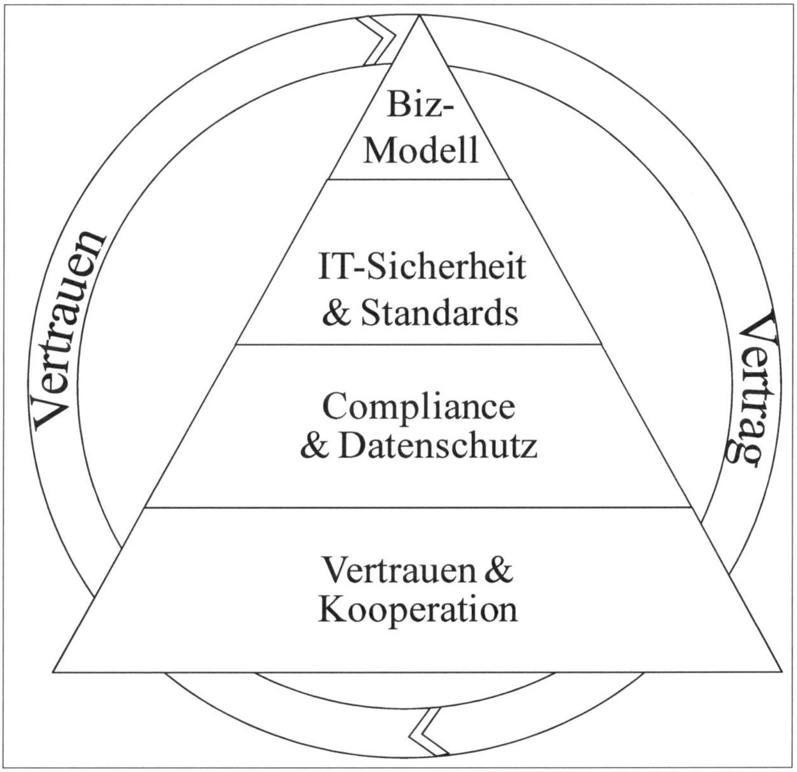

Abbildung 1: Cloud-Trust-Pyramide

Die *BearingPoint* Cloud-Trust-Pyramide besteht aus vier Ebenen:

- **Ebene 1** – Vertrauen & Kooperation: Kunden vertrauen Dienstleistern aus zwei Motiven. Erstens, das Vertrauen in bereitgestellte Services: Durch individuelle Erfahrung oder den Erfahrungen Dritter erwarten Personen oder Organisationen, dass Services wie versprochen erbracht werden. Zweitens, Vertrauen in die Menschen, die diese Services bereitstellen: Die persönliche Zusammenarbeit erzeugt und verstärkt das Gefühl des Vertrauens. Beide Aspekte basieren auf Erfahrung aber auch auf psychologischen und interkulturellen Faktoren.

- **Ebene 2** – Compliance & Datenschutz: Unter der Maßgabe, dass beim Public Cloud Computing Daten extern gespeichert werden, müssen sich sowohl Service Provider als auch Kunde – in Abhängigkeit der Vertraulichkeitsanforderungen – darüber im Klaren sein, welche internen, nationalen und internationalen gesetzlichen Regelungen und Compliance-Bestimmungen anzuwenden sind.
- **Ebene 3** – IT-Sicherheit & Standards: Die IT-Organisation des Kunden definiert Sicherheitsanforderungen und überwacht deren Einhaltung, so dass Risiken minimiert werden. Gleichzeitig werden Standards zum Einsatz von Technologien und Prozessen vorgegeben. Sämtliche Anforderungen müssen ausnahmslos von den Providern erfüllt werden. Während die Sicherheit der Daten und der Serviceerbringung vorrangig ist, muss im Sinne der Balance auch auf eine standortunabhängige und komfortable Zugriffsmöglichkeit für berechtigte Anwender geachtet werden. Anderenfalls wird die Nutzung des Services eingeschränkt oder gänzlich unattraktiv.
- **Ebene 4** – Geschäftsmodell & Governance: Damit Cloud Computing sein Werteversprechen einlösen kann, müssen die bereitgestellten Services nicht nur auf die Betriebs- und Steuerungsmodelle der IT-Organisation abgestimmt sein, sondern müssen auch mit dem grundlegenden Geschäftsmodell in Hinblick auf Funktionalität und Skalierbarkeit harmonisieren. Vertrauen – aber auch Verträge – sind hier entscheidend: Eine Organisation möchte nicht im entscheidenden Moment feststellen müssen, dass Services nicht in der definierten Qualität zur Verfügung stehen oder nicht wie erforderlich skalierbar sind.

Durch die Analyse der grundlegenden Rolle von Vertrauen einerseits und von vertraglichen Regelugen anderseits auf jeder Ebene bietet die Cloud-Trust-Pyramide einen Rahmen, um die eigenen Anforderungen klar zu definieren und – im Abgleich mit Rahmenbedingungen des Markts und der Service-Provider – qualifiziert beurteilen zu können. In den folgenden Abschnitten betrachten wir die einzelnen Ebenen detaillierter.

3 Vertrauen und Kooperation

Vertrauen ist die Grundlage jeder Geschäftsbeziehung. Warum beispielsweise, vertrauen Menschen ihr Geld einer Bank an? Oder, warum sollte eine Organisation sensible und wertvolle Daten in die Cloud übertragen? Provider erzielen eine Kostenersparnis, indem sie Prozesse automatisieren und für viele Kunden gleichzeitig und räumlich ausgelagert erbringen. Cloud Computing bedeutet damit auch, Geschäfte mit jemandem zu machen, den man nicht persönlich kennt. In diesem Abschnitt betrachten wir zuerst die Rolle des Vertrauens und anschließend, wie sich Vertrauen auf die Bereitstellung von Cloud Services auswirkt.

3.1 Die Rolle von Vertrauen im Geschäftsleben

Für den ersten Schritt in Geschäftsbeziehungen müssen sowohl Anbieter als auch der Service bzw. das Produkt das Vertrauen des Kunden gewinnen. Selbst in Geschäftsbeziehungen mit minimalen Berührungspunkten bleibt Vertrauen auf allen Ebenen (zwischenmenschlich, zwischen Abteilungen und zwischen Organisationen) wesentlich. Ein Vertrauensvorschuss birgt zwar Risiken, kann aber eine langfristige Perspektive eröffnen, wenn beispielsweise die Aufgabenerfüllung durch den Leistungserbringer nicht ständig nachverfolgt werden muss. So gilt: Kontrolle ist gut, Vertrauen ist besser. Wirtschaftlich argumentiert: Erhöhtes Vertrauen senkt die Transaktionskosten. Vertrauensbildung heißt Folgendes zu verstehen:

- **Vertrauen schafft Vertrauen:** Vertrauen kann nicht a priori vorausgesetzt werden, aber es entwickelt sich Schritt für Schritt durch bewiesene „Vertrauensvorschüsse". Allgemein gesagt wird vertrauensvolles Handeln nach dem Prinzip der Gegenseitigkeit mit größerem Vertrauen belohnt. Zusammengefasst: Vertrauen erzeugt Vertrauen, Misstrauen verstärkt Misstrauen.
- **Offene Zusammenarbeit erfordert Vertrauen:** Nur mit Vertrauen kann eine erfolgreiche Zusammenarbeit erreicht werden, z. B. durch die Bereitschaft, lösungsrelevante Informationen zwischen Anbieter und Kunde auszutauschen. Für die Entwicklung von gänzlich neuen und innovativen Lösungen sind offene Diskussionen und Ideenaustausch entscheidend – dies geht mit einem höheren Maß an Vertrauen einher.
- **Vertrauen aufbauen:** Vertrauen wird aufgebaut, indem man die vereinbarten Erwartungen der anderen Seite erfüllt. Vertrauen bilden und verlieren ist ein asymmetrischer Prozess: Ein „Engelskreis" oder ein „Teufelskreis". Es dauert lange Vertrauen aufzubauen, aber es kann in Bruchteilen von Sekunden gefährdet oder irreparabel zerstört werden.

Vertrauen ist stark von kulturellen Faktoren und der Haltung gegenüber Risiken abhängig. Zum Beispiel haben Start-ups oder Unternehmen, die mit innovativen Technologien arbeiten, tendenziell eine progressivere Grundeinstellung gegenüber dem Umgang mit Risiken. Solche Grundeinstellungen hängen aber auch vom Ziel der Organisation ab. Unternehmen, deren Geschäftsmodell auf dem sorgsamen Umgang mit großen Mengen an vertraulichen Daten beruht, verankern auch ein entsprechendes Risiko-Management in allen Geschäftsprozessen.

Einfach nur zu vertrauen, ist in geschäftlichen Beziehungen natürlich naiv. Daher wird in allgemeinen Geschäftsbedingungen und den konkreten Vertragsbestimmungen ein gemeinsames Verständnis des eigentlichen Ziels, der zu erbringenden Leistungen und des kommerziellen Rahmens festgelegt. Dies dient genau dazu, eine Rechtsgrundlage für den Fall zu schaffen, dass etwas schief gehen sollte. Verträgen mit unvollständigen oder unklaren Definitionen der Rechte und Pflichten – beabsichtigt oder auch nicht – wohnt daher immer das Risiko künftiger Streitigkeiten inne.

3.2 Vertrauen in Anbieter von Cloud-Services

Cloud Computing ist eindeutig ein (IT-)Bereich, in dem Vertrauen von großer Bedeutung ist. Wenn die Cloud dazu dienen soll den Mehrwert für das Geschäft (Business Value) signifikant zu erhöhen, wird keine Organisation umhin kommen, die Kontrolle über potenziell kritische Daten und Kerngeschäftsprozesse aus der Hand zu geben. Mit anderen Worten, die Kontrolle wird an möglicherweise unbekannte Dritte übergeben.

Zu Beginn begegnen potenzielle Kunden von Cloud Computing den Anbietern tendenziell eher mit Misstrauen. Die Anbieter müssen ihren zukünftigen Kunden daher erst einmal die Leistungsfähigkeit beweisen. Provider sind aber auch nicht perfekt. Zum Beispiel hat die *International Working Group on Cloud Computing Resiliency* (*IWGCR*) berichtet, dass 13 renommierte Cloud Services durchschnittlich 99,9% exklusive der Netzwerk-Ausfallzeiten verfügbar waren. Auch wenn dies im Vergleich zu den Ausfallzeiten vieler IT-Systeme anderer Unternehmen kein schlechter Wert ist, so ist es weit entfernt von der für geschäftskritische Systeme erwarteten Zuverlässigkeit (99,999%)[5] und zeigt ein anderes Bild als das Marketing der Cloud Service Anbieter zu vermitteln versucht.

Mit der Angst vor Kontrollverlust und dem Wissen, dass Services nicht immer die Erwartungen erfüllen, suchen Organisationen nach mehr als nur plakativen Aussagen zu Cloud Computing. Service Provider reagieren darauf und helfen Organisationen dabei die Vorteile von Cloud Services zu verstehen ohne aber die Herausforderungen zu ignorieren.

3.3 Lösungsansätze

Wie kann also ein grundlegendes Vertrauen zwischen Cloud-Anbietern und ihren Kunden aufgebaut werden? Besonders wichtig ist, dass Organisationen in ihrem eigenen Interesse eine angemessene Analyse hinsichtlich der Provider und Service-Typen durchführen. Für die Analyseschritte können folgende Erfahrungswerte herangezogen werden:

Individuelles und institutionelles Vertrauen sollte auf Fakten basieren: Transparenz hinsichtlich strategischer Ziele sowie Beispiele der Einhaltung dieser Strategie und die Reputation der Organisation am Markt sind Ausgangspunkte für eine vertrauensvolle Geschäftsbeziehung. Zertifizierungen durch unabhängige Dritte (z. B. ISO 27000) und extern geprüfte Zahlen (z. B. Finanzzahlen, aber auch Ausfallzeiten, Antwortzeiten etc.) können das Vertrauens-Level zusätzlich erhöhen. Die Nachforschungen über einen Anbieter können auch durch dessen allgemeinen Ruf oder durch Empfehlungen von Dritten unterstützt werden.

Den Zielkonflikt zwischen Kosten/Nutzen und Anwenderakzeptanz verstehen: Während sich die grundsätzliche Akzeptanz von Services auf Basis der erwarteten Rentabilität (Erträge minus Kosten) entscheidet, ist die Anwenderakzeptanz eng verknüpft mit Aspekten der Vertrauenswürdigkeit, Skalierbarkeit, Sicherheit, Verlässlichkeit etc. Werden diese Erwartungen nicht vertraglich garantiert oder bei der Ausführung nicht erfüllt, wird das Vertrauen sinken. Entscheider müssen folglich sicherstellen, dass die Erwartungshaltung deutlich artikuliert ist aber auch die tatsächlichen Kostenauswirkungen dieser Anforderungen verstanden wird.

Kunden sollten Transparenz von den Anbietern einfordern: Um die Bedenken ihrer Kunden hinsichtlich des Kontrollverlustes zu zerstreuen, müssen Cloud-Anbieter transparent bezüglich ihrer Lösungen, Verfügbarkeit und möglicher Problemen sein. *Amazon* und *Salesforce* sind zum Beispiel führend im Hinblick auf Transparenz, denn sie stellen ein detailliertes, öffentlich zugängliches „Service Health Dashboard“ zur Verfügung. Als bei *Amazon* im April 2011 eine größere Serviceunterbrechung auftrat, wurden detaillierte Informationen bezüglich des Ausfalls, den Gründen hierfür und der Lösungen veröffentlicht.[6]

Anbieter sollten kulturelle Unterschiede und Marktverhältnisse berücksichtigen: Der in einem Land bewährte Service kann nicht ohne weiteres auf andere Länder übertragen werden. Hintergrund sind die unterschiedlichen wirtschaftlichen und politischen Ebenen sowie Entwicklungsstände. Zudem bewirken Marktverhältnisse und Trends der Vergangenheit, dass

---

5 Vgl. *ESSERS* (2012).

6 Vgl. *AMAZON WEB SERVICES* (2011).

Cloud Computing in manchen Ländern mehr akzeptiert wird als in anderen. Die Outsourcing-Quoten sind z. B. in angelsächsischen Ländern höher. Dies liegt teilweise an der schon früh erfolgten Liberalisierung des Telekommunikationssektors und teilweise an der divergierenden Einstellung gegenüber Risiken.

Erfahrungen mit Pilotprojektensammeln: Wie bei jeder größeren Änderung ist es für Organisationen sinnvoll, Cloud-Services zu pilotieren, bevor sie komplett ausgerollt werden. Auch Anbieter können davon profitieren, da erfolgreiche Piloten das Vertrauen stärken und die Akzeptanzbereitschaft erhöhen können. Auf nationaler Ebene gilt: Je mehr Cloud-Initiativen es in einem Land gibt und je mehr öffentliche Behörden und private Unternehmen Cloud Sourcing praktizieren, desto größer das Vertrauen in die Cloud.

Zusammenfassung: Vertrauen und Kooperation

- Managen von Vertrauen und Erwartungen ist der Schlüssel für nachhaltigen Erfolg
- Vertrauen ist schwer zu gewinnen und leicht zu verlieren
- Vertrauen wird umso wichtiger je höher die Geschäftskritikalität der Services
- Anbieter müssen transparent agieren und für die Services ein klares Werteversprechen anbieten
- Schrittweiser Aufbau von Vertrauen und Akzeptanz durch smarte Piloten
- Etablierung und langfristige Pflege einer vertrauensvollen Beziehung zwischen Kunde und Cloud-Anbieter

4 Compliance und Datenschutz

Die größte Unsicherheit beim Cloud Computing gründet weniger in unklaren Versprechen und noch nicht nachgewiesenen Nutzenpotenzialen, sondern in juristischen Fragen. Wenn persönliche oder personenbezogene Daten in der Cloud gesammelt, verarbeitet oder verwendet werden, muss deren Schutz gemäß Datenschutzgesetzen und weiteren spezifischen Vorschriften gewährleistet sein: Die entscheidende Frage dabei ist, ob Gesetze vollständig eingehalten werden, wenn man Cloud Services in einem bestimmten Land oder gar länderübergreifend nutzt. Auch Rechtsanwälte und Experten haben keine einheitlichen Antworten zu diesem Thema, was der großen Komplexität der aktuellen nationalen und internationalen Gesetzgebung geschuldet ist.

Organisationen müssen zu allen Zeiten sicherstellen, dass nicht nur personenbezogene Daten sondern auch Geschäftsgeheimnisse und Forschungsdaten vertraulich bleiben. Auch wenn Mechanismen zur Sicherstellung der Vertraulichkeitsanforderungen existieren (etwa Anonymisierung oder Verschlüsselung) basieren die Geschäftsmodelle mancher Anbieter auf der Nutzung von Kundendaten, zum Beispiel Analysen im Bereich der Medikamentenforschung. Solche Modelle werden nun anfänglich in der Praxis erprobt, aber bereits nur die Diskussion des potenziellen Einsatzes ruft Ressentiments hervor.

Dies führt zu einem grundlegenden Paradoxon der Cloud. Das zu erfüllende Compliance-Level ist meist höher als bei der konventionellen internen IT und dennoch bleibt die Sorge insbesondere vor Kontrollverlust und Datenrisiken. Das Risiko der Wirtschaftsspionage sowie die Tatsache, dass viele Services sehr abstrakt und teilweise nicht vollständig zu überblicken sind, erschwert es Cloud-Providern, alle Bedenken auszuräumen. Daher sind sowohl ein umfassendes Maß an Transparenz als auch Vertrauen erforderlich, um Akzeptanz für Cloud Services zu erreichen. Die Voraussetzung ist, dass Rechtsvorschriften eingehalten werden und relevante Vereinbarungen im Vertrag zwischen Anbieter und Kunde dokumentiert sind.

4.1 Daten sind zu schützen

Auch wenn keine für Cloud Computing spezifischen Compliance-Vorschriften und Datenschutzgesetze existieren, gibt es in jedem Land relevante Gesetze zu Datenverarbeitung, IT-Outsourcing oder Dienstleistungen. Das Wichtigste dabei sind die landesspezifischen Datenschutzgesetze. Es gibt aber auch europaweit geltende Vorschriften, wie z. B. die EU-Datenschutzrichtlinie (95/46/EG). Zudem sind weitere Compliance-Regularien zu beachten, wie bspw. Basel II, aber auch ISO-Standards und internationale Gesetze wie *SARBANES-OXLEY-ACT* oder Payment Card Industry Data Security Standard (PCI). Während es bereits schwer genug ist, die rechtlichen Anforderungen innerhalb eines Landes zu erfüllen, wird dies noch schwerer, wenn IT-Services länderübergreifend angeboten werden.

„Zur Vereinheitlichung des Europäischen Datenschutzrechts hat die Europäische Kommission am 25. Januar 2012 einen Vorschlag für eine neue Europäische „Datenschutz-Grundverordnung" veröffentlicht. Wenn dieser Vorschlag als Verordnung erlassen wird, würden sowohl die EU-Datenschutzrichtlinie als auch die Datenschutzgesetze der Mitgliedstaaten ersetzt werden. Damit wäre in der gesamten EU ein einheitliches Datenschutzrecht maßgeblich. Damit würde die Datenverarbeitung über Ländergrenzen hinweg wesentlich vereinfacht. Insbesondere müssten Unternehmen, die in mehreren EU-Staaten tätig sind, nicht mehr unterschiedliche Datenschutzgesetze beachten. Es bleibt allerdings festzuhalten, dass diese neue Regelung nicht vor Anfang 2015 in Kraft treten wird – bis dahin gelten die bereits bestehenden gesetzlichen Regelungen."

Prof. Borges, Experte für internationales IT-Recht und Inhaber des Lehrstuhls für Bürgerliches Recht, deutsches und internationales Wirtschaftsrecht, insb. IT-Recht an der Ruhr-Universität Bochum

Im Folgenden ein Überblick über die wichtigsten Gesetze und Herausforderungen zum Thema Datenschutz für ausgewählte Länder und Regionen:

Bei EU-Mitgliedstaaten kann man davon ausgehen, dass diese ein angemessenes Datenschutzniveau haben und die Einhaltung der spezifischen Gesetze in den einzelnen Staaten verpflichtend ist. Dank der bestehenden EU-Richtlinie können Services ohne rechtliche Schwierigkeiten aus und in Ländern der Europäischen Union und des Europäischen Wirtschaftsraums (EWR–beinhaltet EU-Länder plus Island, Liechtenstein und Norwegen) angeboten werden. Provider, die Cloud Services in der EU anbieten möchten, müssen insbesondere die länderspezifischen und detaillierten Gesetzgebungen beachten. In vielen europäischen Ländern wurden Datenschutzbehörden und -beauftragte benannt, sowohl um den gesetzeskonformen Umgang mit persönlichen Daten zu überwachen, als auch neue rechtliche Anforderungen in Bezug auf Cloud Services zu spezifizieren. Die *Europäische Kommission* hat Länder außerhalb der EU bestimmt, die einen entsprechenden Datenschutz bieten: insbesondere Schweiz, Kanada, Argentinien, Guernsey und die Isle of Man. Für europäische Staaten, die nicht Mitglieder der EU oder des EWR sind, gelten eigene Datenschutzgesetze. Für diesen Fall bietet die EU Standardvertragsklauseln an.

Die EU sowie die Schweiz räumen speziell US-Firmen ein entsprechendes Datenschutzniveau ein, sofern sich diese zu den Grundsätzen des Safe-Harbor-Programms verpflichten. Große Anbieter wie *Microsoft*, *Amazon*, *Google* und *Facebook* haben die Vereinbarung, welche einen Transfer von persönlichen Daten in die USA erlaubt, bereits unterzeichnet. Jedoch haben manche Staaten (z. B. Deutschland) strengere Gesetze bezüglich des Exports von Daten, die mit Safe-Harbor in Konflikt stehen.[7] Hinzu kommt, dass nur ein Bruchteil der Provider, die am Safe-Harbor-Programm teilnehmen, die formalen Voraussetzungen tatsächlich erfüllen, da sich die Unternehmen überwiegend selbst und ohne unabhängige Überprüfungen zertifizieren.[8] Die Datenverarbeitung eines Cloud-Providers fällt unter die Gesetzgebung oder den Einflussbereich des Staates in dem der Anbieter seinen Hauptsitz hat, unabhängig davon, wo der Kunde seinen Sitz hat. Eine sichere Auftragsdatenverarbeitung ist also nur dann praktikabel wenn der Anbieter seinen Hauptsitz in einem EU/EWR-Staat hat und wenn die Daten dort verarbeitet werden. US Provider, die EU/EWR-Cloud Services anbieten, müssen vertraglich garantieren, dass personenbezogene Daten diese Gebiet nicht verlassen, selbst wenn US-amerikanische Gerichte oder Behörden es verlangen.[9]

Auch wenn US-Provider die Safe-Harbor-Grundsätze unterzeichnet haben, können europäische Firmen ihre Daten nicht ohne Risiko in eine Cloud übertragen, auf die US-amerikanischen Behörden Zugriff haben. Der amerikanische „Patriot Act" aus 2002 und die Änderung des Cybersecurity Act 2010 ermöglicht es Strafverfolgungsbehörden auf solche Daten zuzugreifen. Dies führt sowohl zu einer ungeklärten rechtlichen Lage aufgrund von Überlappungen von EU-Richtlinien und Bundesgesetzen, als auch zu Unsicherheit hinsichtlich einer strafrechtlichen Ermittlung bei dem Transfer personenbezogener Daten außerhalb Europa. Insofern sollten Strafverfolgungsbehörden ihre Macht nicht zu sehr ausreizen, sei es hinsichtlich des Umfangs der Untersuchungen, oder hinsichtlich territorialer Fragen.[10] Aufgrund vergleichbarer Gesetze zur internationalen Strafverfolgung, sollte dieses Risiko allerdings nicht zu hoch bewertet werden. Die USA entwickeln aktuell auf staatlicher und bundesstaatlicher Ebene neue Datenschutzgesetze bzw. interpretieren bestehende Gesetze so, dass personenbezogene Daten besser geschützt werden.

Japan bietet ein hohes Datenschutz-Level, vergleichbar dem der EU. Die Datenschutzsituation ist wesentlich transparenter als in anderen Ländern Asiens. Aktuell setzt Japan auf eine Cloud-Strategie mit Initiativen, wie z.B. einer E-Government-Cloud und lokalen, öffentlichen Cloud Services für spezifische Anwendungsfälle wie Medizin und Bildung. Es gibt mehrere Länder, die ein gewisses Maß an Vertraulichkeitsregelung bieten, deren Datenschutzgesetze jedoch nicht die EU-Standards erfüllen, wie z. B. Russland oder Brasilien. Das russische Datenschutzgesetz enthält einige Lücken und Einschränkungen. Trotz spezifischer Datenschutzregelungen ist ein hohes Vertraulichkeitslevel nicht garantiert. Dies muss berücksich-

7 Vgl. MCAFEE (2011).

8 Vgl. TANGENS (2012).

9 Vgl. BÖKEN (2012).

10 Vgl. WALDEN (2011).

tigt werden, wenn man Cloud Services aus Russland oder vergleichbaren Ländern bezieht. Außerhalb der westlichen Wirtschaftsräume wirbt China für sich als Standort für Cloud Services. Aber hier reguliert der Staat noch stark die Telekommunikations- und Internetdienste. Provider werden von der Regierung überwacht und zensiert und Datenschutzgesetze fehlen bislang noch. In China erstellte Daten dürfen zudem nicht außerhalb Chinas gespeichert oder gehostet werden, was die Nutzung länderübergreifender Service-Plattformen verhindert. Aus Indien kommen seit Jahren führende IT-Provider, die Nutzung von Cloud Services ist aufgrund fehlender Regelungen zum Datenschutz jedoch risikobehaftet – hier ist sehr gründlich zu prüfen, welche Daten überhaupt transferiert werden dürfen.

Wichtig ist der Hinweis, dass derzeit viele Regierungen zum einen daran arbeiten, die Datenschutzgesetze zu detaillieren und zum anderen länderübergreifend zu vereinheitlichen, um das Potenzial des freien Austauschs von Informationsströmen zu fördern. Die folgende Grafik gibt einen Überblick zum Datenschutzniveau aus europäischer Sicht:

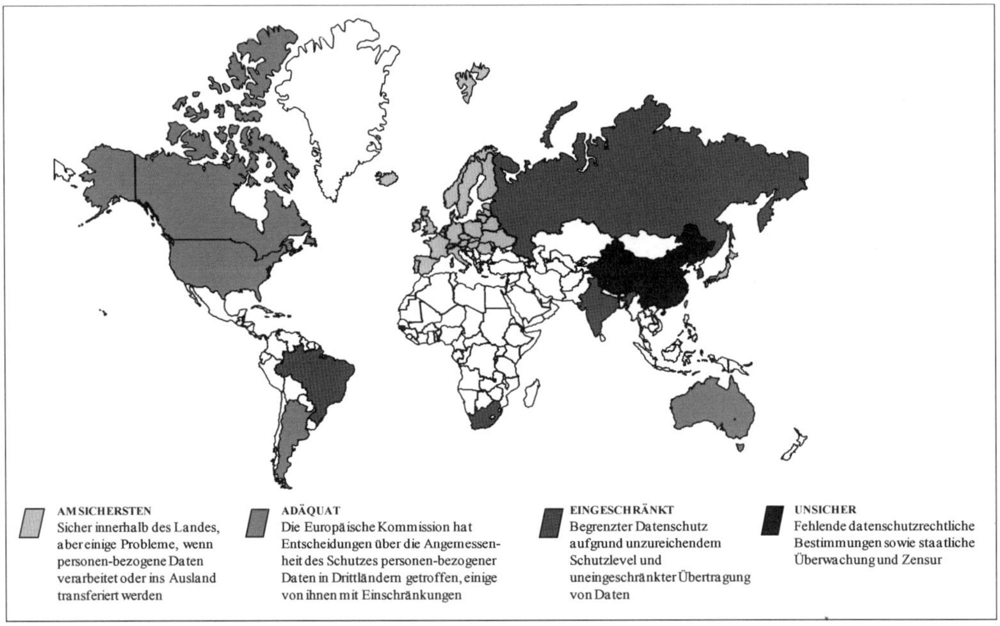

Abbildung 2: Internationales Datenschutzniveau aus europäischer Sicht

Vor dem Hintergrund dieser rechtlichen Komplexität ist es für Organisationen sehr schwierig, Cloud Computing für vertrauliche Daten zu nutzen und dabei alle nationalen und internationalen Gesetze vollständig einzuhalten, beziehungsweise eine ausreichende Vertraulichkeit der Informationen zu gewährleisten. Daraus ergeben sich einige spezifische Herausforderungen:

Der Fokus der aktuellen juristischen Debatte liegt auf dem Vertrags- und Datenschutzrecht[11] und weniger auf Themen wie Haftbarkeit, geistigem Eigentum, Vorratsdatenspeicherung oder Steuervorschriften. Für Cloud-Computing-Modelle, wie Public Cloud, ist es insbesondere problematisch, Compliance-Anforderungen an die Datenverarbeitung von Unternehmen und

[11] Vgl. BORGES/BRENNSCHEIDT (2012).

Behörden zu erfüllen. Vor allem Compliance-Anforderungen, die nicht nur Datenschutz und Informationssicherheit beinhalten, sondern auch Kontrollmöglichkeiten, Transparenz und Beeinflussbarkeit, sowohl für die Speicherung als auch für die Übertragung der Daten über öffentliche Netzwerke.[12]

Auf dem Verhandlungstisch werden die erforderlichen rechtlichen Bestimmungen bei Cloud-Computing-Verträgen oft außer Acht gelassen. Standardverträge laufen den individuellen Kundenanforderungen zuwider. Zum Beispiel bei der Spezifikation von Standorten von Rechenzentren oder Vertragsklauseln bezüglich Datensicherheit. Viele bekannte Anbieter benutzen standardisierte allgemeine Geschäftsbedingungen, die keine Regelungen zur Durchführung von Audits beinhalten.

Im schlimmsten Fall könnte ein Cloud-Kunde nicht in der Lage sein, rechtliche Schritte gegen einen international agierenden Anbieter einzuleiten, und hätte keinen Zugriff auf die Daten, für deren Schutz er rechtlich verantwortlich ist. Dies gilt umso mehr, wenn man die besonderen und noch unzureichend erfüllten rechtlichen Herausforderungen zum Datenschutz beim grenzüberschreitenden Outsourcing betrachtet.

Insofern mag es erstaunlich erscheinen, dass Organisationen überhaupt Cloud-Dienste nutzen. Was kann also getan werden, um das Vertrauen weiter zu erhöhen?

4.2 Lösungsansätze

Die Kontrolle über den Verbleib der Daten ist entscheidend – Kunden müssen vertraglich festlegen, in welchen Ländern, in denen ein Provider seine Services anbietet, ein System betrieben und die Daten gespeichert werden dürfen. Eine umfassende und sorgfältige Analyse der potenziellen Cloud-Lösung sollte den Beteiligten Klarheit verschaffen, indem aus der Business-Perspektive die für die betroffenen Services relevanten Gesetze und Normen identifiziert werden. Nach Ansicht von *BearingPoint*, werden verbesserte rechtliche und regulatorische Rahmenbedingungen in Verbindung mit verstärkten Informations- und Kontrollpflichten durch Selbstregulierung und Zertifizierungen zu einer vertrauensvolleren Einstellung gegenüber Cloud Computing führen. Das wird allerdings nicht von heute auf morgen geschehen – zwischenzeitlich sollten Organisationen folgendes beachten:

- **Klären des geltenden Rechtes**: Cloud Services werden auf Grundlage eines Vertrages zwischen Cloud-Anbieter und Cloud-Kunde bereitgestellt. Rechtliche Klarheit wird durch die Festlegung von Verantwortlichkeiten und durch die vollständige Beschreibung der notwendigen Regelungen im Vertrag geschaffen. Da es kein spezifisches Rahmenwerk für Cloud-Computing-Verträge gibt, empfiehlt es sich sowohl Serviceinhalte und die Lokation des Rechenzentrums als auch garantierte Rechte und Pflichten in den Vertrag aufzunehmen.[13]

---

12 Vgl. *Arbeitskreise Technik und Medien der Konferenz der Datenschutzbeauftragten des Bundes und der Länder* (2011).

13 Vgl. *BITKOM* (2010).

- **Vertraulichkeit vertraglich festsetzen**: Anbieter müssen die Vertraulichkeit und Integrität der ihnen anvertrauten persönlichen Daten garantieren, sofern dies vertraglich festgelegt wurde. Soweit rechtlich festlegbar muss die Datenverarbeitung, entsprechend den Interessen des verantwortlichen Datenbesitzers, den vertraglichen Zweck erfüllen. Der Cloud Service Provider muss auch andere rechtliche Bestimmungen, die für seine Kunden von Belang sind, erfüllen – vorausgesetzt sie werden eindeutig definiert. Standardklauseln, wie die von der *Europäischen Kommission* in 2010 veröffentlichten, können ein wichtiges Werkzeug sein, um dieses Ziel zu erreichen. Dies trifft insbesondere auf die Übertragung von persönlichen Daten zu Providern in Drittländern zu. Es bleibt allerdings immer noch unklar, wie effektiv diese Klauseln für vertragliche Beziehungen genutzt werden können. Des Weiteren muss die *Europäische Kommission* noch die Klauseln für europäische Cloud Provider aktualisieren, die mit Unterauftragnehmern außerhalb der EU zusammenarbeiten wollen.

- **Verschiedene Vertragsarten in Betracht ziehen**: Cloud-Verträge können als gemischte Vertragsarten betrachtet werden, die überwiegend Mietvertragsbestandteile enthalten. Dies entspricht der Natur des Cloud Computing, wo Hard- und Softwarc jc nach Bedarf und zeitlich begrenzt zur Verfügung gestellt werden.[14]

- **Garantien festschreiben und Risiken streuen**: Eindeutige Garantien im Vertrag sind wichtig. Ein Cloud Provider muss beispielsweise nach europäischem Gesetz garantieren, dass personenbezogene Daten den EWR nicht verlassen. Anbieter aus Ländern mit weniger strengen Gesetzen hinsichtlich des Datenschutzes, wie z. B. die USA, haben Schwierigkeiten solche Garantien zu geben. Durch Vertragsverhandlungen mit individuellen Vereinbarungen sollten verbleibende Risiken auf alle beteiligten Parteien verteilt werden.

- **Pflichtbewusstsein stärken**: Da eine Cloud-Infrastruktur nicht auf bestimmte Standorte beschränkt ist, erweist es sich für Cloud-Kunden als schwierig ihren gesetzlichen Weisungs- und Kontrollpflichten nachzukommen. Die Einhaltung von Regelungen und Anforderungen der Organisation müssen jedoch nach wie vor gewährleistet werden – zum Beispiel durch Anonymisierung oder Maskierung/Ausblendung von persönlichen oder Kundendaten. Cloud Provider können ihre Kunden unterstützen, indem sie so transparent wie möglich sind und bedarfsgerechte Lösungen zur Auswahl anbieten.

- **Cloud-Kunden sollten bestehende Verträge überprüfen**: Die im Cloud Computing Umfeld bereits bestehenden Verträge sollten im Detail überprüft und im Zweifel neu verhandelt werden. Im Fall von vertraglichen Mängeln, kann die verantwortliche Datenschutzbehörde eine Strafe verhängen und die weitere Nutzung verbieten.

4.3 Selbstverpflichtung und Zertifizierung als möglicher Weg

Das größte Druckmittel für ein vertrauenswürdiges Cloud Computing würde sich aus einem international koordinierten, verlässlichen und optimierten rechtlichen und regulatorischen Rahmenwerk ergeben. Während eine internationale Reglementierung noch in Arbeit ist, können Cloud Provider ihre Kunden verstärkt dabei unterstützen, deren eigene rechtliche und regulatorische Verpflichtungen zu erfüllen. Anbieter sollten zudem dazu beitragen ihre eigenen Auditierungs-Prozesse, Zertifizierungen, branchenspezifischen Verhaltenskodizes und Selbst-

[14] Vgl. *BORGES/BRENNSCHEIDT* (2012).

verpflichtungen zu entwickeln.[15] So können sich Cloud Provider (auf eigene Kosten) durch Dritte auditieren lassen. Anspruchsvolle Kunden erwarten durchaus, dass sie den Cloud Provider selbst prüfen oder vollständige und detaillierte Prüfberichte erhalten, anstatt lediglich die Zusammenfassungen, die üblicherweise von den Cloud-Providern zur Verfügung gestellt werden. Solche Audits sind für den Anbieter mühsam, zumal sie regelmäßig wiederholt werden müssen und Ressourcen binden.

Cloud Provider müssen diese Audits aber als Teil der „Geschäftskosten" akzeptieren. Hier ist es im Sinne von Anbietern und Kunden zusammenzuarbeiten. Ein Zusammenschluss von Kunden aus einer bestimmten Branche könnte auf eigene Kosten eine Prüfungsgesellschaft beauftragen, die eine gründliche Auditierung des Cloud-Anbieters hinsichtlich Compliance, Datenschutz und Sicherheitskontrollen durchführt und einen detaillierten Bericht erstellt. Durch eine gebündelte Auditierung können die Kunden Geld sparen und zudem ist die Prüfungsgesellschaft eher den Kunden und nicht dem Anbieter verpflichtet. Anbieter können durch diese Form der Auditierung ebenfalls Zeit und Aufwand sparen und gleichzeitig ihren größten Kunden Transparenz beweisen. Diese Bemühungen sollten durch führende Industrieverbände vorangetrieben werden.

Ein zweiter – derzeit sehr kontrovers diskutierter – Schritt ist die Überarbeitung von bestehenden Standards und Normen und die Anpassung an die weltweiten Cloud-Dienstleistungen durch internationale Gremien. Diese Standards werden im nächsten Abschnitt näher behandelt. Es sei jedoch darauf hingewiesen, dass sich die meisten etablierten Zertifizierungen, wie zum Beispiel ISO 27001, immer noch auf konventionelle Rechenzentren und Services beziehen. Ein Ansatz, den wir wie bei den gesetzlichen Audits sehen, sind freiwillige Zertifizierungen. Der deutsche Verband *EuroCloud* zum Beispiel hat das „Euro Cloud Certificate" entwickelt. Dieses Gütesiegel für SaaS-Anwendungen basiert auf einem Audit des Cloud-Providers und schließt in die Prüfung Bereiche wie Vertragswerk, Compliance, Sicherheit, Betrieb, Prozesse und Implementierung mit ein. Andere Beispiele sind das „Trusted Cloud Zertifikat" der *TÜV AUSTRIA Gruppe* und das „Security, Trust & Assurance Registry" (STAR) der *Cloud Security Alliance* (*CSA*) aus den USA. STAR beinhaltet u. a. eine Auflistung der Cloud Provider, welche CSA-Maßnahmen in ihre Service-Angebote übernommen haben. Aktuell wird mit dem Ziel der Schaffung eines europaweiten Überprüfungs- und Zertifizierungsprozesses für Cloud Service Provider an der Definition eines umfassenden „European Cloud Gold Standard" gearbeitet. Es ist allerdings zu vermerken, dass sich diese Form der Zertifizierungen in der Vergangenheit nicht immer bewährt haben. Auch für die vielfältigen Cloud-Services erscheint es derzeit noch fraglich, ob sich ein länderübergreifender verbindlicher Standard durchsetzen wird.

Da durch Selbstkontrolle aufwändige Kontrollen (und damit Kosten) vermieden werden können, sollte diese als Ergänzung zum rechtsverbindlichen Datenschutz gesehen werden. Deshalb müssen Selbstverpflichtungserklärungen auch Aussagen bezüglich der Compliance mit nationalen Rechtsystemen, Interoperabilität, Datenportabilität und Servicequalität beinhalten.[16] Die Förderung von Selbstkontrollen und Verhaltenskodizes und deren Akzeptanz (durch Cloud-Kunden) als Beweis der Einhaltung von Sorgfalts- und Kontrollpflichten, sind ein zentraler Punkt bei der Verbesserung der positiven Wahrnehmung von Cloud-Services.

15 Vgl. *BITKOM/VOICE* (2012).

16 Vgl. *BITKOM/VOICE* (2012).

Zusammenfassung: Compliance und Datenschutz

- Corporate Risk und IT-Security Management frühzeitig in Cloud-Projekte einbeziehen
- Länderspezifische Compliance- und datenschutzrechtliche Bestimmungen berücksichtigen
- Rechtliche und Compliance-Anforderungen in den Vertrag aufnehmen
- Regelmäßiger Audits oder Zertifizierungen zur Kontrolle und Vertrauensbildung durchführen
- Einen pragmatischen Umgang pflegen, um Risiken zu adressieren und Vorteile zu nutzen
- Hinweis: Zur Erleichterung des grenzüberschreitenden Datenflusses erarbeiten Regierungen derzeit Regelungen zur Harmonisierung nationaler Vorschriften

5 IT-Sicherheit und Standards

Sicherheit ist bei Internet-basierten Services immer noch ein elementares Thema. Datendiebstahl und unbefugte Zugriffe (Hacking) sind weitverbreitete Probleme und die Angst vor Industriespionage ist virulent. Sicherheit hat aus diesem Grund eine hohe Priorität – gerade auch im Kontext von Cloud Computing. Cloud Services werden daher meist noch nicht für sensible Aufgabenbereiche wie Forschung und Entwicklung oder für solche mit kritischen Geschäftsdaten genutzt. Gleichzeitig werden E-Mails ohne jegliche Verschlüsselung zwischen Unternehmen ausgetauscht, und stellen dabei eine erhebliche Sicherheitslücke dar. Wählen Unternehmen jedoch zu rigorose Sicherheitsmaßnahmen, kann dies die Anwender davon abhalten die Services zu nutzen. Das führt zu einer weiteren Herausforderung hinsichtlich der Zugänglichkeit und Interoperabilität von Cloud-Angeboten.

Sowohl Sicherheit als auch der technische Zugang zu den Services können durch die Einführung geeigneter Standards adressiert werden. Doch diese sind im Bereich Cloud noch nicht ausreichend ausgereift. Was können Anbieter und Kunden vor diesem Hintergrund unternehmen, um das Vertrauen in diese Services zu mehren?

5.1 Balancieren von Sicherheitsbedürfnis und Alltagstauglichkeit

Cloud Computing erfordert Vertrauen in die Verlässlichkeit, Verfügbarkeit und Sicherheit der Technologien und Prozesse, die auf Standards basieren. 2011 hat das *US National Institute of Standards and Technology* (*NIST*) die bestehende Cloud-Normenlandschaft und vergleichbare Standards geprüft und diese in drei Gruppen eingeteilt:

Sicherheitsstandards zielen auf Mechanismen (z. B. für Netzwerk-, physische oder Host-Sicherheit) und Prozesse ab. Cloud Security ist mehr als einfach nur „die bösen Jungs" auszusperren. Das Kernproblem ist der Schutz der Vertraulichkeit bei der Nutzung öffentlich zugänglicher Services. Aktuell führt die schwierige Kontrollierbarkeit der vertraulichen Bearbeitung von personenbezogenen Daten dazu, dass Public oder Hybrid Clouds nur eingeschränkt nutzbar sind. Wenn aber die Daten anonymisiert oder verschlüsselt werden und nur der Cloud-Anwender den Schlüssel bewahrt, verlieren die Daten ihre Personenbezogenheit und können risikoarm in die Cloud transferiert werden.[17]

Portabilitätsstandards konzentrieren sich auf die Herausforderung, Daten und Dienste zwischen Cloud-Computing-Providern zu übertragen. Dabei ist sicherzustellen, dass Daten und Prozesse in der Cloud verwaltet und dem Kunden in einer Form bereitgestellt werden, die von anderen Providern übernommen und verarbeitet werden kann. Die Portabilität von Services spielt insbesondere im Zuge eines Anbieterwechsels eine wichtige Rolle.

Interoperabilitätsstandards befassen sich damit, wie man Daten in die Cloud oder aus der Cloud migrieren kann, aber auch wie sich die interne IT des Kunden optimal integrieren lässt. Das *NIST* hat die Interoperabilitätsstandards in zwei Gruppen aufgeteilt, in Self-Service-Management und funktionale Schnittstellen.[18] Die deutschen Verbände *BITKOM* und *VOICE* zeigen die wesentlichen Vorteile von geeigneten Cloud-Standards wie folgt auf (insbesondere für mittelständische Unternehmen):[19]

- Reduktion von Sicherheits- und Geschäftsrisiken
- Verringerung von Implementierungs- und Integrationskosten von Cloud Computing
- Sicherstellung der Provider-Unabhängigkeit (Minimierung „Vendor Lock-in")
- Sicherstellung von transparenten Audit- und Governance-Prozessen
- Höheres Vertrauen in Cloud Computing.

Cloud-Computing-Standards schaffen Transparenz und Verlässlichkeit bezogen auf Referenzarchitekturen, Geschäftsbedingungen und Prozesse sowie rechtliche Vorgaben.

5.2 Unausgereifte Standards und der Lock-in-Effekt

Eine Bewertung der bestehenden Cloud Standards durch das deutsche *Bundesministerium für Wirtschaft und Technologie* (*BMWi*) aus dem Jahr 2012 hat ergeben, dass nur drei von 160 Standards als ausgereift und umfassend betrachtet werden können.[20] Obwohl viele Standards spezifische Aspekte des Cloud Computing abdecken und auf der ganzen Welt eine Vielzahl an Standardisierungs-Initiativen im Gange sind, hat dies bislang nicht zu einem Rahmenwerk von einfach handhabbaren, übergreifend koordinierten und generell anerkannten Standards geführt. Daraus ergeben sich folgende Herausforderungen:

---

[17] Vgl. *BÖRKEN* (2012).

[18] Vgl. *NIST* (2011).

[19] Vgl. *BITKOM/VOICE* (2012).

[20] Vgl. *BMWI* (2012).

Sicherheitsrisiken: Anmeldung ohne sichere Authentifizierung, unsichere Schnittstellen, kriminelle Mitarbeiter, unsichere Netzwerkinfrastruktur, Diebstahl von Zugangsdaten, fehlende Verschlüsselung und eine nicht transparente Sicherheitssituation beim Provider. Um den Verlust von Integrität, Vertraulichkeit oder Verfügbarkeit zu vermeiden, müssen für diese Risiken geeignete Schutzmaßnahmen definiert werden.

Fehlende Übersicht zu Standards: Aktuell ist es kompliziert festzustellen, welche Standards bereits existieren oder etabliert werden müssen, um den Informationsaustausch zwischen Cloud-Nutzern und Anbietern, aber auch zwischen verschiedenen Ländern und Regionen, sicherzustellen.

Vendor Lock-in: Technische Standards wie Datenformate, Protokolle, APIs und andere Faktoren unterscheiden sich oft zwischen den einzelnen Cloud-Anbietern, wodurch ein Wechsel zwischen Cloud-Providern schwierig oder gar unmöglich wird. Eine Abhängigkeit des Kunden zu einem bestimmten Cloud Provider kann es zeitaufwändig und teuer machen, zu einem anderen Anbieter zu migrieren.

5.3 Lösungsansätze: IT sicher gestalten

Cloud-Service-Anbieter müssen aufzeigen, wie sie die Sicherheits- und Datenschutzanforderungen ihrer Kunden adressieren. Neben der Minimierung möglicher Risiken, müssen die Vertraulichkeit, Integrität und Verfügbarkeit von Services und Daten geschützt werden.[21] Zur Erreichung dieser Ziele, sind folgende Aspekte im Hinblick auf Strategie, Management und Betrieb zu berücksichtigen:

Entwicklung einer IT-Sicherheitsstrategie für Cloud Computing: Das Outsourcing in die Cloud muss im Rahmen der IT-Sicherheits- und Risikostrategie eines Unternehmens erfolgen. Für die Weiterentwicklung unternehmensweiter Sicherheits- und Risikomanagementprozesse, die alle relevanten Bedrohungen und Themen zu Cloud Computing abdecken, sind die Kunden selbst verantwortlich. Sicherheits-Management für Cloud Services fokussiert insbesondere auf betriebliches Kontinuitätsmanagement, Incident Management, Change Management sowie die Prozesse für Sicherheitsmanagement an sich. Wesentliche Strategien wie Fall-back müssen mit dem Cloud Provider abgestimmt und von diesem unterstützt werden.

Auswahl der Cloud Anbieter unter Berücksichtigung der IT-Sicherheitsstrategie: Die Erfahrung zeigt, dass eine frühzeitige und gewissenhafte Analyse sowie die Einbindung des Risikomanagements äußerst wichtig sind. Damit wird sichergestellt, dass alle Beteiligten rechtzeitig eingebunden und die erforderlichen Maßnahmen umgesetzt werden. Um eine optimale Lösung zu erreichen, sollten Bestandteile des eigenen IT-Sicherheitsmanagements mit denen des Cloud-Service-Anbieters verbunden und neue Prozesse, wie zum Beispiel ein anerkanntes Informationssicherheits-Managementsystem (ISO/IEC 2700x), implementiert werden. Good-Practice-Maßnahmen, beispielsweise von der *Cloud Security Alliance* (*CSA*), können hierbei als Grundlage dienen, um die IT-Sicherheit auf neue Aspekte des Cloud Computing anzupassen.

---

21 Vgl. *IBM* (2012).

Klassifizierung von Daten- und Service-Sicherheit: Die Sicherheit von Rechenzentren, Daten, Plattformen und der Cloud-Service-Administration muss gewährleistet sein. Da eine rechtskonforme Verarbeitung personenbezogener Daten zwar wichtig, aber alleine nicht ausreichend ist, müssen alle Daten und Services hinsichtlich Risiko, Schutzbedarf und Datensicherheit klassifiziert (z. B. Blacklist, Greylist und Whitelist) werden.

Nutzung von Sicherheits-Technologien für eine sichere IT: IT-Lösungen wie Verschlüsselung, Anonymisierung und Maskierung von Daten können die Vertraulichkeit gewährleisten und sind oftmals effizienter als juristische Ansätze zur Erfüllung der Compliance. Aktuell werden laufend neue IT-Sicherheitsdienste angeboten, mit dem Ziel, die Lücke zwischen den Kunden und den Public-Cloud-Anbietern zu schließen.

Definition der betrieblichen IT-Sicherheits-Architektur: Der Aufbau einer angemessenen IT-Sicherheits-Architektur ist entscheidend für den umfassenden Schutz von Ressourcen und Cloud-Anwendern. Mögliche Handlungsfelder sind Kryptographie, Redundanz, Zugriffskontrolle, Intrusion Prevention, Intrusion Detection, Identity Management, und Logging & Auditing. Im Betrieb ist eine klare Trennung der Verantwortlichkeiten und Aufgaben erforderlich, die entsprechend dokumentiert werden muss. Das Erkennen und Minimieren von Risiken wird durch Maßnahmen wie bspw. real-time Health Monitoring und Alerting beschleunigt. Auch Audits und Service Level Agreements (SLAs) tragen zu einem besseren Risikomanagement von Cloud Services bei.

Es empfiehlt sich, zunächst den Schutzbedarf zu ermitteln und Cloud-spezifische Sicherheitsanforderungen zu definieren. Anschließend sollte ein Sicherheits-Check der Cloud-Anbieter auf allen Ebenen bis hin zu einer sicheren Datenmigration durchgeführt werden.

5.4 Sichere, offene internationale Standards und umfassende Verträge

Alle Beteiligten profitieren von der Einführung umfassender Standards im Umfeld von Cloud Computing. Wer Standards für Cloud Computing erarbeitet, muss auf nationaler und internationaler Ebene mit Partnern zusammenarbeiten, damit ein fairer Wettbewerb hinsichtlich Preise und Lösungen gewährleistet ist. Deshalb spielen Organisationen wie die amerikanische *NIST*, das deutsche *BSI* oder die internationale *CSA* eine wichtige Rolle bei der Entwicklung von Standards und ihren Zielen.[22]

Cloud-Initiativen hinsichtlich IT-Sicherheitsthemen sind bisher erfolgreich durch bestehende Richtlinien unterstützt worden. Solche Richtlinien werden bspw. durch die EU-Internetsicherheitsagentur *ENISA* als detaillierte Checklisten mit Bewertungskriterien für Cloud-Anbieter angeboten. Ein anderes Beispiel auf nationaler Ebene ist der Maßnahmenkatalog, der vom deutschen *Bundesamt für Sicherheit in der Informationstechnik* (*BSI*) entwickelt wurde, und minimale Sicherheitsanforderungen für Anbieter zur Verfügung stellt.[23] Offene Standards sind vorwiegend international und Use-Case-basiert. Um einem Lock-in entgegenzuwirken und einen einfacheren Wechsel zwischen Anbietern zu gewährleisten, müssen offene technische und organisatorische Standards definiert werden. Im Hinblick auf Service-Level-Agreements und allgemeine Geschäftsbedingungen müssen folgende Punkte abgedeckt sein:

---

22 Vgl. *BMWi* (2012).

23 Vgl. *BSI* (2010).

- Datenportabilität zwischen unterschiedlichen Cloud-Typen (Private, Hybrid oder Public Clouds)
- Bereitstellung von Daten in einem offenen Datenformat für die Datenmigration
- Technische, organisatorische und funktionale Interoperabilität.

Die Spezifikation solcher Standards wird benötigt, um einerseits die Geschäftsprozesse einfacher und effizienter an Cloud-Service-Anforderungen anpassen und um andererseits die Rechtssicherheit gewährleisten zu können. Inzwischen gibt es bereits Verträge, um Lock-in zu minimieren. Grundlegende Erwägungen beinhalten die Gewährleistung des Zugriffsrechts auf die Daten, transparenter Zugriff auf die Systeme zu jeder Zeit und die Festlegung geeigneter Maßnahmen, falls ein Strafverfahren gegen den Anbieter eingeleitet werden sollte.

Für den Fall, dass sich die Sourcing-Strategie einmal ändert, ist die Definition einer Exit-Strategie noch vor Abschluss der Vertragsverhandlungen notwendig. Damit kann ein Lock-in vermieden werden. Darüber hinaus werden Unternehmen durch (Cloud) Services gezwungen über IT-Standardisierung nachzudenken, anstatt sich mit der Entwicklung und Wartung individueller Anwendungen zu beschäftigen.

Zusammenfassung: IT-Sicherheit & Standards

- Vertragspflichten für Anbieter definieren, wie z.B. Zugriff auf Daten und virtuelle Maschinen
- Ausrichten geschäftlicher Anforderungen mit richtigem Maß an Sicherheit, Verfügbarkeit und Business Continuity
- Cloud-Potenzial: Sicherer Zugang zu Services - überall, jederzeit und mit jedem Gerät
- Mögliche Feinde und Risiken identifizieren, um Spionage zu verhindern und sicherzustellen das Kundendaten jederzeit vertraulich sind
- Verwenden von Standards, um Zugänglichkeit und Interoperabilität für Daten und Services zu gewährleisten
- Vermeiden des Lock-in-Effektes und Berücksichtigung einer Exit-Strategie im Vertrag

6 Geschäftsmodell und Governance

Der zunehmende Einsatz von Cloud Computing bewirkt eine grundlegende Änderung in der Zusammenarbeit von Geschäftsbereichen, IT-Abteilungen und Providern. Zudem haben Cloud Services einen direkten Einfluss auf das Kerngeschäft: Wenn zum Beispiel der Service eines Providers ausfällt, oder erforderliche Anpassungen des Mengengerüsts (Aufstockungen oder Reduzierungen des Services) zu langsam umgesetzt werden, kann dies direkte Auswirkungen auf die Kunden haben. Die Herausforderungen reichen vom Erkennen und Einführen der richtigen Geschäftsmodelle und Governance-Strukturen bis hin zur Sicherstellung eines effektiven IT-Supports für Anwender. Im Folgenden behandeln wir diese Themen und zeigen Lösungsansätze auf.

6.1 Mehrwert für Geschäftsmodell und Cloud

Geschäftsmodelle für Cloud Computing müssen sowohl funktional überzeugend, als auch in der Lage sein die Prozesse und Produkte des Kunden zu unterstützen. Anbieter und ihre Kunden haben unterschiedliche Geschäftsstrategien und Ziele, aber je besser sie aufeinander abgestimmt sind, desto größer sind die gegenseitigen Vorteile. Dies kann anhand folgender Dimensionen betrachtet werden:

- **Produkt:** Was ist das Nutzenversprechen der gelieferten Cloud Services und was sind die Abhängigkeiten zum Service Portfolio des Kunden?
- **Kunde:** Wie gelangen die Services zum Kunden und wie kann eine hohe Akzeptanz und Kundenzufriedenheit erreicht werden?
- **Infrastruktur:** Welche Ressourcen, Konfigurationen und Aktivitäten sind erforderlich, um den Service bereitzustellen?
- **Finanzielles:** Welche Kostenstrukturen und Erlösmodelle werden benötigt, um einen nachhaltigen Wert für den Anbieter zu schaffen?[24]

Cloud Computing bietet dem Business direkten Zugriff auf Good Practice IT-Services. Diese Good Practices umfassen u. a. erprobte Applikationen und in manchen Fällen sogar gesamte Geschäftsprozessen. Daraus ergibt sich die Chance die Geschäftsmodelle auf eine Weise weiterzuentwickeln, die sowohl für den Kunden und dessen Endkunden, als auch für den Anbieter neue Nutzenpotenziale ermöglichen.

Um dies zu fördern, werden Kunden ihre Governance- und organisationale Strukturen sowiedie Entscheidungswege und Verantwortlichkeiten ihrer IT-Organisation anpassen müssen. Damit kann auf neue Geschäftsanforderungen und -modelle reagiert werden und Umgebungen mit mehreren Anbietern unterstützt werden. Mehr denn je müssen IT-Abteilungen einen klaren Mehrwert für das Kerngeschäft liefern. Darüber hinaus müssen sie sich von der reinen Bereitstellung von IT-Services zu Beratern und Moderatoren an der Nahtstelle zwischen Fachbereichsanwendern und Cloud-Service-Anbietern wandeln. In der Vergangenheit haben IT-Abteilungen versucht, die Anzahl der IT-Provider zu konsolidieren, aber mit Cloud Computing wird die Anzahl der Anbieter wachsen – und dementsprechend die Herausforderungen.

---

24 Vgl. *Osterwalder* (2004).

6.2 Auswirkung der Cloud auf das Business

Eine vertrauensvolle Zusammenarbeit zwischen Cloud-Anbieter und IT-Organisation sowie zwischen IT-Organisation und Business ist Voraussetzung für die Ausrichtung der Cloud-Angebote an die Geschäftsanforderungen der Kunden. Entscheidungsprozesse der IT-Organisation und Organisationsstrukturen müssen (neu) gestaltet und aktiv verändert werden, um von Cloud Computing und den daraus resultierenden Geschäftsvorteilen zu profitieren:

Mehr Handlungsspielraum für die IT-Abteilung: Unternehmen müssen mit vielen unterschiedlichen Providern und Service-Umgebungen auf zuverlässige und effiziente Weise umgehen. Dies kann auf unterschiedliche Weise erreicht werden. Einerseits, indem man die IT-Organisation als zentralen (Cloud) Provider-Manager einsetzt, oder andererseits indem man der IT-Organisation die Befugnisse erteilt, organisationsweite Leitlinien bspw. für Anbieterauswahl, Sicherheits-, Daten- und Berichtstandards zu definieren. Diese Aufgaben würden bei einem föderierten Governance-Modell zwischen der Unternehmens-IT und den CIOs der einzelnen Geschäftsbereiche aufgeteilt.

Mehrwert für das Business durch ein gemanagtes IT-Service-Portfolio: Es ist wesentlich, dass die IT-Organisation wertschöpfend für das Geschäft tätig ist, indem sie ein optimales Portfolio an IT-Services bereitstellt und verwaltet. Die IT-Organisation muss daher neue Fähigkeiten erwerben, um sich als Beratungsdienstleister mit tiefem Verständnis der Geschäfte aufzustellen. Im Portfolio-Management werden objektiv und effizient die geeigneten IT-Lösungen ausgewählt. Diese sind möglichst flexibel und standardisiert, was beispielsweise durch die Kombination von Inhouse-Services mit Cloud-Lösungen erreicht werden kann.

Die alte Kernfrage „Make or Buy? Individuelle IT-Lösungen – von der eigenen IT-Abteilung entwickelt und betrieben – werden immer mehr durch extern bereitgestellte, standardisierte Software ersetzt. Business und IT müssen hierfür die realen Vollkosten einer spezifischen Lösung kennen, um entscheiden zu können, wann ein Service gemietet, ein Standardpaket gekauft oder Individualsoftware (weiter-)entwickelt werden sollte.

Die IT-Abteilung muss pragmatisch agieren: IT-Abteilungen sollten sich nicht dazu verleiten lassen, übertragene Kompetenzen und Verantwortlichkeiten sowie ihre Rolle als zentraler Anbieter mit tiefer vertikaler Integration um jeden Preis zu erhalten. Auch das IT-Sicherheitsmanagement sollte im Rahmen der Einführung von Cloud-Services maßvoll urteilen und nicht geneigt sein, höhere Sicherheitslevel, als die in der Praxis bislang gelebten durchzusetzen und damit innovative Projekte zu blockieren. Um langfristig den Einfluss und die Rolle der IT-Organisation zu erhalten, muss diese als wertschöpfend wahrgenommen werden. Ansonsten werden Anwender und Fachseiten Cloud Services direkt von Anbietern beziehen und Leitlinien und Standards umgehen. Dies wiederum würde das Kosteneinsparungspotenzial infolge von fragmentierten, nicht gebündelten IT-Anforderungen reduzieren.

Ein Multi-Provider-Umfeld managen: Die IT-Organisation muss es ermöglichen, dass IT-Services sicher und effizient von einer Vielzahl externer Anbieter bereitgestellt werden. Das erfordert ein gebündeltes Providermanagement mit standardisierten und koordinierten Berichtswesen, Prozessen und SLAs/Verträgen, die zu den Geschäftsanforderungen passen. Geeignet ist der Einsatz von Best Practices, wie beispielsweise ITIL für Service-Management oder COBIT für IT-Governance und Steuerungsvorgaben. Cloud Services werden mitunter in verschiedenen Ländern genutzt, daher müssen Kommunikations- und Eskalationsverfahren für Service Desks sowie Verfügbarkeitszeiten anbieterübergreifend etabliert sein.

Auch Cloud-Anbieter müssen ihren Kunden vertrauen: Um weiterhin Vertrauen zu beweisen und zu verdienen, müssen auch Cloud Provider ihre Einstellung gegenüber Verträgen ändern. Cloud-Services sollten keine langfristigen Bindungen erfordern. Anbieter sollten ihre Kunden so zufriedenstellen, dass sie freiwillig regelmäßig ihre Verträge verlängern. *MARK JEFTOVIC*, CEO des SaaS Anbieters *easyDNS* trifft den Nagel auf den Kopf: „Software-As-A-Service ist das Cyber-Äquivalent eines Bäckers, bei dem Kunden jeden Morgen ihre Brötchen kaufen. Muss man diesen Kunden ein sich automatisch verlängerndes Jahresabonnement aufdrängen, um ihnen jeden Tag Frühstück und eine Tasse Kaffee zu verkaufen?“[25]

Zusammenfassung: Geschäftsmodell und Governance

- Die tatsächlichen Kosten von In-house-IT und kundenspezifischer Software kennen, um transparent über „Selber-Machen“, „Kaufen“ oder „Mieten“ zu entscheiden.
- Cloud-Dienste und -Anbieter identifizieren, die Synergieeffekte mit dem eignen Geschäftsmodell ermöglichen
- Anforderungen des Business verstehen und proaktiv Innovationen entwickeln
- Cloud Computing dazu nutzen, neue Geschäftsmodelle zu realisieren
- Organisation und Fähigkeiten an die neuen Anforderungen anpassen
- Das Zusammenspiel von Angebot und Nachfrage durch klare Governance steuern

7 Der Weg in die Cloud

Bis hierher haben wir ein Verständnis für die Potenziale und Barrieren von Cloud Computing entwickelt. Was ist also zu tun, um ein erfolgreiches Cloud-Projekt zu starten? Wie findet man passende Cloud Services und -Anbieter? Und wie migriert man Anwendungen sicher in die Cloud? Um Cloud Services einzusetzen, muss man deren Einführung als stetigen Prozess verstehen.

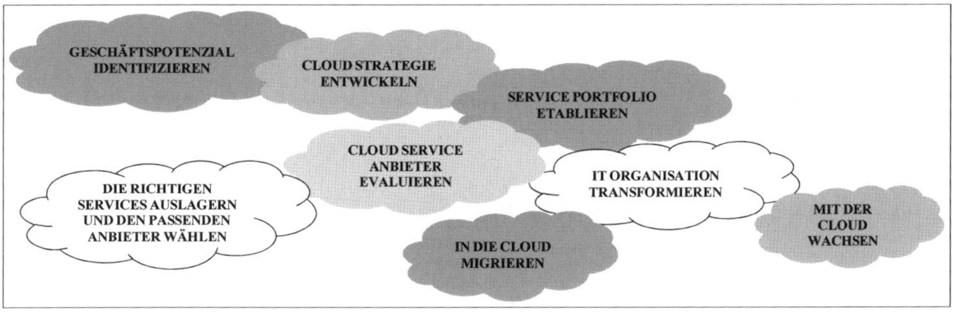

Abbildung 3: Die Schritte in die Cloud

25 Vgl. *JEFTOVIC* (2012).

Geschäftspotenzial erkennen: Cloud Computing bietet unzweifelhaft große Geschäftsvorteile, zum Beispiel wenn ein neuer Produktionsbetrieb aufgebaut wird, oder im Zusammenhang mit Fusionen und Übernahmen, wo IT-Services sehr schnell konsolidiert und skaliert werden müssen. Anforderungen müssen also hinsichtlich der Unterstützung der Geschäftsprozesse, oder neuer Vertriebskanäle entsprechend der Geschäftsstrategie definiert werden.

Cloud-Strategie erarbeiten: Die wichtigste Entscheidung für die Cloud-Strategie ist, die Wahl des passenden IT-Betreibermodells: Public oder Private Cloud? Oder das Beste aus beiden Welten? Diese Entscheidung ist von der strategischen Marschrichtung des Unternehmens und von der individuellen Risikobewertungen abhängig. Das Private-Cloud-Szenario ist entweder eine Weiterentwicklung des bereits erprobten IT-Outsourcing, oder eine Umgestaltung der internen IT. Beide Varianten haben eine Gemeinsamkeit: die Anwendung von Best Practices der IT-Servicebereitstellung auf Basis eines hohen Grades an Standardisierung, Virtualisierung und Automatisierung. Das Public-Cloud-Szenario ist tendenziell eine Ergänzung zur internen IT oder zu bereits ausgelagerten IT-Services. Bedarfsgerecht ausgewählte Cloud Services bereichern das IT-Service-Portfolio und ersetzen bereits vorhandene Lösungen oder integrieren neue Services ohne großen Investitionsaufwand. Weitere Szenarien sind so genannte Hybrid, Virtual Private oder Community Clouds, die Elemente von Private und Public Clouds für spezifische Lösungen kombinieren.

Entscheidungsdimensionen

Bei Cloud Services kann zwischen verschiedenen Betreibermodellen, Serviceebenen und Funktionen unterschieden werden. Die passende Kombination ermöglicht eine wirtschaftliche und an den Geschäftsanforderungen ausgerichtete Cloud-Strategie und stellt sicher, dass die Cloud Services mit den bestehenden IT-Organisationen eng verzahnt sind. Die Entscheidungsdimensionen sind im *„Cloud Cube"* dargestellt. Die traditionelle IT bildet dabei die Basis und gibt organisatorische und technische Rahmenbedingungen vor.

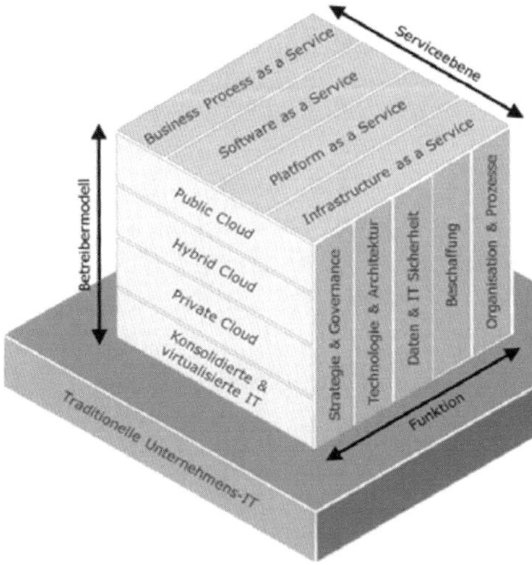

Die vier *Service-Ebenen* unterteilen sich in IT-nahe Services, die sich auf das Angebot von Infrastrukturleistungen (IaaS und PaaS) beschränken sowie Services, die komplette Anwendungen (SaaS) und Geschäftsprozesse wie z. B. CRM bereitstellen. Abhängig von Kritikalität und spezifischen Anforderungen an die Services können *Betreibermodelle* von individuellen Unternehmenslösungen bis zum global einheitlichen Standard in einer Public Cloud gewählt werden. Cloud Services berühren alle *Funktionen* der IT-Organisation – von der IT-Strategie und IT-Sicherheit über die Architektur bis zur Beschaffung. Diese Funktionen sind an die neuen Anforderungen der Cloud Services auszurichten.

Service Portfolio entwickeln: Cloud Services werden in verschiedenen Arten angeboten - als Technologie-basierte Services (IaaS und PaaS) und als Business-basierte Services (SaaS oder BPaaS). Jede Service-Ebene beinhaltet unterschiedliche Arten von Anbietern und Produkten, so dass die spezifischen Vorteile und Risiken auf den ersten Blick nicht vergleichbar sind. Wie auch immer die strategische Entscheidung ausfallen mag, wichtig ist es, das bestehende IT-Portfolio aus Anwendungen und Services mit den potentiellen Cloud-Lösungen auf strukturierte und transparente Weise abzugleichen. Während des gesamten Prozesses ist es wichtig, diese stets auf Basis der vorhandenen strategischen IT-Planungs- und Management-Prozesse durchzuführen.

Potenzielle Cloud Services evaluieren: Zu Beginn sollte man sich auf einfache Szenarios und Piloten mit geringem Risiko und einer Rollback-Option konzentrieren. Plattformen für Softwareentwicklung und Testen sind häufig ein guter Startpunkt in die Cloud, bevor man geschäftskritische Anwendungen und Services in Angriff nimmt. Damit kann viel Zeit und Geld für das Testen eingespart und dadurch die Einführung neuer Business-Services beschleunigt werden. Aber auch SaaS, z. B. für Collaboration und CRM haben sich als effektive erste Schritte in die Cloud erwiesen. Das Assessment des Potenzials eines bestimmten Services erfordert ein detailliertes Lösungsdesign, das die Anforderungen an Business Case und an Technik erfüllt. Diese beinhaltet technische Parameter, wie die zu erwartende Anzahl von Anwendern, die Nutzung in bestimmten Zeiträumen und Datenvolumen. Auch finanzielle Aspekte, der Nutzen für Geschäft und Organisation sowie Compliance und Transformations-Risiken müssen adäquat berücksichtigt werden. Um die Sicherheitsanforderungen in Public Cloud-Szenarios zu erfüllen, können verschiedene Architektur-Muster in Betracht gezogen werden, wie z. B. „Far Data", um kritische Daten „On-premise" zu behalten, oder die durchgängige Nutzung kryptographischer Verfahren. Die Identifikation und Evaluation geeigneter Service-Szenarien führt zu einer priorisierten Liste von in Frage kommenden Cloud Computing Services. Ein umfängliches Assessment von Reife, Nutzen und Eignung erleichtert zudem die Vorbereitung einer folgenden Ausschreibung. Die folgende Abbildung zeigt ein Beispiel für ein Cloud Assessment:

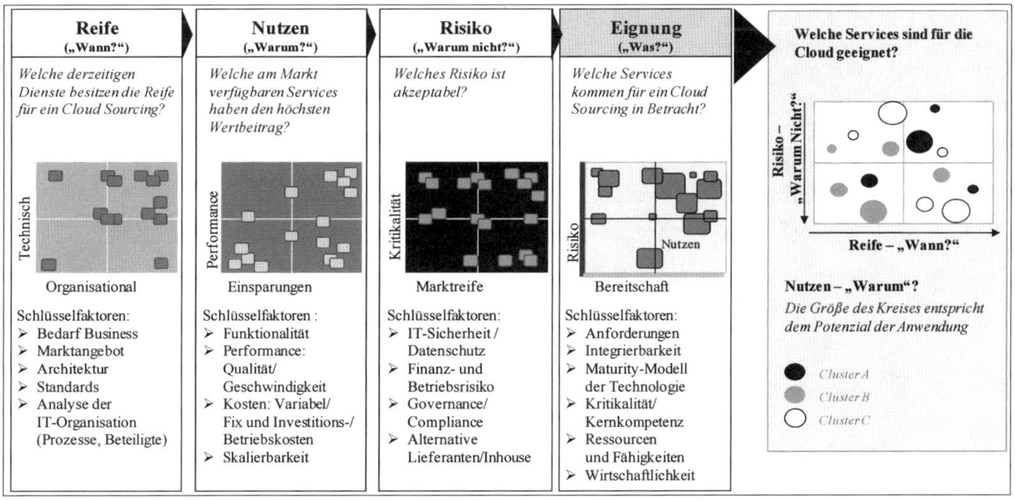

Abbildung 4: Beispiel für ein Cloud Assessment

Die richtigen Services beziehen und den richtigen Provider wählen: Wenn der Service extern erbracht werden soll, wird zunächst eine Auswahlliste von Anbietern auf Basis ihrer Fähigkeiten erstellt. Cloud Services und selbstverständlich deren Provider müssen gründlich überprüft werden, ob sie Sicherheits-, Compliance- und rechtliche Anforderungen erfüllen. Service-Anforderungen spiegeln sich in einem SLA wider und das Preismodell sollte den Geschäftsanforderungen entsprechen. Wenn große Public-Cloud-Computing-Anbieter Standardvereinbarungen ohne Anpassungsmöglichkeiten anbieten, ist dies kritisch zu analysieren. Die eigenen Anforderungen zurückzuschrauben und die entsprechenden Risiken bewusst in Kauf zu nehmen, sollte als letzte Möglichkeit in Betracht gezogen werden.

In die Cloud migrieren: Abhängig vom Umfang der Transformation von IT-Services in die Cloud sind entsprechende Projekt- und Change-Management-Methoden und -Werkzeuge erforderlich. Diese umfassen eine Roadmap für die Migration und spezifische Checklisten für die technischen Änderungen, z. B. ein umfassendes Testkonzept, aber auch ein Go-Live-Plan und ein Blueprint für die Datenmigration. Das Ziel des organisatorischen Change-Managements ist es, die Akzeptanz für den Wandel zu steigern. In einer Cloud Roadmap werden Optimierungspotenziale hinsichtlich Kosteneinsparungen und Qualitätsverbesserungen definiert. Deren Umsetzung ist kontinuierlich zu überwachen, um sicherzustellen, dass die gesteckten Ziele erreicht werden.

IT-Organisation transformieren: Für eine nachhaltige Integration von Cloud Services muss die Organisation und ihre relevanten Prozesse an die Servicebereitstellung angepasst werden. Die Standardisierung von IT-Anwendungen und Services führt zu einer Standardisierung von IT-Prozessen. Für die Koordination von Bedarf und Lieferung sowie die Einhaltung entsprechender Standards muss eine stringente IT-Governance quer über alle Regionen und Service-Angebote etabliert werden. Das Ziel ist es, eine Organisation zu schaffen, die basierend auf Portfolio-Management-Techniken von den Geschäftsanforderungen gesteuert wird. Tool-basierte IT-Service-Management-Prozesse erleichtern das Management einer Umgebung mit vielen Anbietern.

Mit der Cloud wachsen: Wenn die ersten Cloud-Einführungen erfolgreich verlaufen, sind die fachlichen Mitarbeiter und Entscheider ins Boot zu holen. Werden Geschäftsvorteile, wie Agilität, Flexibilität und Kostenvorteile aufgezeigt, macht es dies wesentlich einfacher, Budget und Unterstützung der Geschäftsleitung zu sichern. Die treibende Kraft des Wandels kann dabei Strukturen, die sich mit der Zeit entwickelt haben, aufweichen. Entscheidend ist, dass der Mehrwert für das Geschäft (Business Value) dabei nicht vergessen wird. Es ist eine laufende Aufgabe, die bestehenden Geschäftsanwendungen auszubauen und neue Ideen für innovative Geschäftsmodelle zu entwickeln, so dass das Cloud-Portfolio Schritt für Schritt wachsen kann.

8 Wettervorhersage: Ein Silberstreif am Horizont

Für die einen ist der Begriff „Cloud" vielversprechend, während er für andere zu vage ist und seine negativen Assoziationen nicht abschütteln kann. IT-Anbieter haben mittlerweile verstanden, dass sie nicht länger jeden neuen IT-Service als „Cloud" bezeichnen können. Manche sehen bereits von der Nutzung dieses Begriffes in ihren Angeboten ab und konzentrieren sich stattdessen auf Nutzenargumente und Mehrwerte. Wie auch immer, das Potenzial Cloud-basierter Dienste (egal wie sie bezeichnet werden) wächst stetig.

8.1 Trends rund um die Cloud

Ein wesentlicher Effekt von Cloud Computing besteht darin, dass IT-Abteilungen infolge von Standardisierung bzw. Industrialisierung sowie Outsourcing von Schlüsselkomponenten effizienter und gleichzeitig flexibler werden. Das Outsourcing von IT-Infrastruktur und Anwendungen wird damit als bereits langanhaltender Trend verstärkt und zunehmend zur Normalität; seinen Schrecken hat es längst verloren. Innerhalb der IT gibt es weitere Trends und Entwicklungen, die in enger Wechselwirkung mit Cloud Computing stehen und die sich voraussichtlich auch gegenseitig verstärken werden:

Mobilität: Über alle Plattformen von Mobilgeräten hinweg ist eine Verlagerung von Privat- und Geschäftskundenservices in die Cloud zu verzeichnen. Mit der steigenden Bedeutung von mobilen Services, wird die IT nicht nur in der Cloud sein, sondern im Äther – überall.

Digitale Gesellschaft: Ein weiter gefasster Blick auf Mobilität ist, wie solche Geräte und Services die Art und Weise, wie sich Individuen und Gruppen verhalten und interagieren, ändern. Wir bewegen uns in eine digitale Gesellschaft, in der Alltag zunehmend online gelebt wird und die Grenzen zwischen Beruf und Freizeit immer mehr verschwimmen.

Big Data: Die produzierten Datenmengen wachsen weiterhin rasant. Wie können aus der Flut der Daten entscheidungsrelevante Informationen generiert werden? Das Schlagwort „Big Data“ umschreibt plakativ, wie Organisationen neuartige Datenspeicher und Analysemodelle einsetzen können. Derartige Analysemethoden profitieren von den Datenverarbeitungsmöglichkeiten, die On-Demand in der Cloud angeboten werden.

Nachhaltigkeit und Green IT: Konfrontiert mit schrumpfenden Ressourcen und dem demografischem Wandel können Organisationen, Unternehmen und Länder auf lange Sicht nur dann erfolgreich sein, wenn sie auf verantwortungsvolle und nachhaltige Weise agieren. Die Nutzung und der Energieverbrauch von IT sind dabei eng miteinander verknüpft. Green-IT und Green-by-IT sind zwei Wege, wie Nachhaltigkeitsziele mit den Entscheidungen des IT-Managements vereint werden können.

Die Folge all dieser Entwicklungen ist ein wesentlicher Wandel der angebotenen IT-Services und der Anbieter-Landschaft. Unternehmen und IT-Organisationen müssen sich auf diese neue Situation einstellen und den Fokus anstelle auf die pure IT vermehrt auf die Kernaufgaben des Unternehmens und auf Innovationen richten. Die Bereitstellung von Cloud-Services wird den Trend zu IT-Outsourcing und zur Konzentration auf das Business verstärken. Damit wird sich der kontinuierliche Trend zum Geschäftsprozess-Outsourcing (BPO) und die einhergehende Konzentration auf das Kerngeschäft fortsetzen.

Beispiele für Trusted Cloud Computing

Folgende Initiativen von europäischen Regierungen haben das Ziel, Vertrauen in die Cloud aufzubauen, um das Potenzial der IT als Treiber für Wirtschaftswachstum zu aktivieren:

- Im Rahmen des Technologie-Programms „Trusted Cloud“ des deutschen *Bundesministeriums für Wirtschaft und Technologie* (*BMWi*) werden 14 Cloud-Service-Projekte zur Entwicklung von Cloud-Lösungen für kleine und mittelgroße Unternehmen gefördert. *BearingPoint* leitet das Kompetenzzentrum und begleitet die Projekte in Fragen zur Sicherheit, Standardisierung und rechtlichen Anforderungen. Zudem wird ein Kommunikationsnetzwerkes für Nachhaltigkeit und Wissenstransfer initiiert.
- In Großbritannien wurde mit G-Cloud ein Programm gestartet, um die Verwendung von Cloud Computing durch die Regierung zu fördern. Ziel ist es, die Art und Weise wie der öffentliche Sektor IT beschafft und betreibt auf eine neue Grundlage zu stellen
- Die französische Initiative „Andromède“ hat das Ziel, eine Cloud-Computing-Infrastruktur zu schaffen, um die Kontrolle von strategischen Daten auf nationalem Gebiet zu gewährleisten und keine sensiblen Daten auf im Ausland installierten Servern verbreiten zu lassen.
- Als Teil der Digitalen Agenda der EU adressiert die europäische Cloud-Strategie die Notwendigkeit zu handeln. Eine Initiative – die *Europäische Cloud Partnerschaft* (*ECP*) – konzentriert sich auf die Bündelung der fragmentierten Nachfrage nach Cloud Services im Öffentlichen Sektor, um Standards zu setzen und IT-Kosten zu reduzieren.

8.2 Von der Cloud zur Trusted Cloud

Täglich schießen neue Cloud Services wie Pilze aus dem Boden, dabei lässt sich das Tempo der Einführung nur schwer überblicken. Die treibende Kraft dahinter sind Konsumenten, die erstmalig die Möglichkeit erhalten, ihre persönlichen Daten mit einem Klick in die *Apple* iCloud, auf das *Google* Drive oder in die *Dropbox* zu schieben. Vielleicht ist das gar kein Grund zur Sorge – wahrscheinlich haben mehr Leute ihre Daten durch einen Festplatten-Crash verloren, als Datenschutzgesetze durch die großen Cloud-Anbieter gebrochen werden. Aber die subtile Angst vor dem Kontrollverlust bleibt und ebenso die Befürchtungen hinsichtlich Industriespionage durch Wettbewerber oder Nationalstaaten.

So lange sich Unternehmen um ihre Kundendaten und ihr geistiges Eigentum sowie um ihre Geschäftsfähigkeit sorgen, werden nur verlässliche und vertrauenswürdige Anbieter und Services auf lange Sicht erfolgreich sein. Es müssen also kritische Fragen gestellt und beantwortet werden, von denen sicherlich einige schon vor langer Zeit im Rahmen von IT-Outsourcing-Projekten gelöst wurden. Anbieter müssen es mit ihren Verpflichtungen genau nehmen und ihre Services mit detaillierten Leistungsbeschreibungen und transparenten Verträgen anbieten, die alle rechtlichen und ethischen Anforderungen erfüllen, sowie klare Wertversprechen (sogenannte Value Propositions) beinhalten.

Da Cloud Computing einer der wichtigsten Treiber für die Standardisierung von IT-Services ist, sollten Anbieter verstärkt zusammenarbeiten, um Service-übergreifende Standards zu definieren. Der Begriff „Co-opetition"[26] fasst es treffend zusammen: Das Spiel muss so gestaltet sein, dass das Kuchenstück für alle beteiligten Parteien größer wird! Während Anbieter Ressourcen investieren müssen, um den ersten Spielzug zu machen, müssen sie sich auch darüber bewusst sein, dass Vertrauen schneller verloren gehen kann als es aufgebaut wird. Regierungen spielen eine wichtige Rolle, indem sie die verschiedenen Mitspieler und Interessensgruppen zusammenbringen und die Regeln für das „Cloud-Spiel" bestimmen.

In einer global vernetzten Welt ist es essentiell, transnationale Gesetze und Regelungen für Datenverarbeitung und -übertragung zu definieren. Dies ist notwendig, um branchenweite Richtlinien vorzugeben und der Nutzung von Cloud-Services zum Durchbruch zu verhelfen. Cloud Computing kann demnach eine positive Kraft sein, wenn es darum geht die Transparenz zu erhöhen und Datenschutzgesetze auf ein höheres Niveau zu bringen.

Kunden müssen die Angebote und die potenziellen Lücken zu ihren Anforderungen sorgfältig und neutral bewerten, um zu einer soliden Entscheidung zu kommen. Dabei können sich die Zielvorstellungen fortlaufend ändern.

Letztendlich steht fest, dass die Zukunft der IT in der Cloud liegt. Als Folge der Industrialisierung von IT-Services führt Cloud Computing zu einer preiswerteren und vereinfachten Nutzung der IT. Nebenbei fördert die Cloud die Entwicklung der Wissensgesellschaft. Jedoch können die Vorteile der Cloud nicht vollständig ausgeschöpft werden, so lange nicht jeder dasselbe Verständnis davon hat, was die Cloud ist und welchen Mehrwert sie bietet. Es ist daher entscheidend auf den Nutzen für Privatpersonen, wie auch für Unternehmen, zu fokussieren. Der Mehrwert der Cloud entscheidet letztlich über den zukünftigen Erfolg. Mit einem Vertrauensvorschuss und einem konsequenten Fokus auf die Herausforderungen, kann Trusted Cloud Computing der Ausgangspunkt der vielversprechenden Reise in die Cloud sein.

Quellenverzeichnis

Amazon Web Services (2011): Zusammenfassung der Amazon EC2 und Amazon RDS Service Ausfälle in der US East Region, online: http://bit.ly/MwvE4w, Stand: 29.04.2011.

McAfee, A. (2011): What Every CEO Needs to Know About the Cloud, in: HBR, online: http://bit.ly/PQa4sY, Stand: 11.2011.

Arbeitskreise Technik und Medien der Konferenz der Datenschutzbeauftragten des Bundes und der Länder (2011): Orientierungshilfe - Cloud Computing - Version 1.0, online: http://bit.ly/S2Ulo0, Stand: 26.09.2011.

Böken, A. (2012): Patriot Act und Cloud Computing: Zugriff auf Zuruf?, online: http://bit.ly/Nqte4R, Stand: 01.2012

[26] Vgl. *Brandenburger/Nalebuff* (1997).

BITKOM (2010): Leitfaden Cloud Computing – Was Entscheider wissen müssen, online: http://bit.ly/NgbaIJ, Stand: 12.2010.

BITKOM/VOICE (2012): Empfehlungen für den Cloud Computing-Standort Deutschland, online: http://bit.ly/S2V6gA, Stand: 03.2012.

BORGES, G./BRENNSCHEIDT, K. (2012): Rechtsfragen des Cloud Computing – ein Zwischenbericht, Ruhr-Universität Bochum, Bochum 2012.

BRANDENBURGER, A./NALEBUFF, B. (1997): Co-opetition, online: http://amzn.to/L82EK1, Stand: 29.12.1997

BUNDESMINISTERIUM FÜR WIRTSCHAFT UND TECHNOLOGIE (2012): Das Normungs- und Standardisierungsumfeld von Cloud Computing, online: http://bit.ly/xUkTAU, Stand: 02.2012.

BUNDESAMT FÜR SICHERHEIT IN DER INFORMATIONSTECHNIK, BSI (2010): Eckpunktepapier: Sicherheitsempfehlungen für Cloud Computing Anbieter, online: http://bit.ly/mIV1cS, Stand: 28.09.2010.

ESSERS, L. (2012): Cloud Ausfälle seit 2007 kosten über 70Mio. $, in: Computerworld, online: http://bit.ly/N1b2R1, Stand: 19.06.2012.

FORRESTER (2012): Understand The True Cost Of Cloud Services, online: http://bit.ly/PQ 93RN, Stand: 20.06.2012.

GARTNER (2012): Forecast: Public Cloud Services, Worldwide, 2010-2016, 2Q12 Update, online: http://bit.ly/P0nCj7, Stand: 27.06.2012.

IBM (2012): Security strategy roadmap for cloud computing, online: http://ibm.com/P0pb0p, Stand:08.2012.

KPMG/BITKOM (2012): Cloud-Monitor 2012, online: http://bit.ly/PQ9886, Stand: 03.2012.

JEFTOVIC, M. (2012): Contracts Suck, online: http://bit.ly/P0pYyC, Stand: 01.06.2011.

NATIONAL INSTITUTE OF STANDARDS AND TECHNOLOGY (2011): NIST Cloud Computing Standards Roadmap – Version 1.0, online: http://bit.ly/PLIHiJ, Stand: 07.2011.

OSTERWALDER, A./UNIVERSITÉ DE LAUSANNE (2004): The Business Model Ontology: A Proposition in a Design Science Approach, online: http://bit.ly/MgWEQ2, Stand: 2004.

WALDEN, I. (2011): Accessing Data in the Cloud: The Long Arm of the Law Enforcement Agent, online: http://bit.ly/SGX3jn, Stand: 11.2011.

TANGENS, R. (2012): Big Brother Award 2011 in der Kategorie „Kommunikation", online: http://bit.ly/Mi4Uyd, Stand: 04/2012.

Die eierlegende Wollmilch-App – Nutzeranforderungen an mobile Informations- und Buchungssysteme für öffentliche und intermodale Verkehrsangebote und Stand der technischen Entwicklung

MARC SCHELEWSKY

Innovationszentrum für Mobilität und gesellschaftlichen Wandel (InnoZ) GmbH

Executive Summary

In diesem Beitrag werden aktuelle Entwicklungslinien eines digitalen Informations- und Buchungssystems für öffentliche und intermodale Mobilitätsangebote auf mobilen Endgeräten vorgestellt. Entlang eines Drei-Ebenen-Modells – Datensammlung, nutzergerechte Informationsaufbereitung und Zugang – lassen sich privatwirtschaftliche und öffentlich geförderte Projekte strukturieren, die mit innovativen Mobilitätsangeboten und -dienstleistungen den herkömmlichen öffentlichen Verkehr (ÖV) ergänzen, erweitern oder auch konkurrenzieren. Dazu zählen auch die bereits in mehreren deutschen Städten verfügbaren flexiblen Carsharing-Angebote, die als Reaktion auf ein neues gesellschaftliches Verständnis von Mobilität gesehen werden können. Damit sich das Potenzial dieser neuen Angebote in Ergänzung zum ÖV voll entfaltet, bedarf es einer informationstechnischen Hinterlegung. Smartphones scheinen dazu das geeignete technische System zu sein, da sie mit mobilem Webzugang und über zahlreiche Sensoren individualisierte Informationen bereitstellen können und sich an spezifische Bedürfnisse anpassen lassen.

Um bei der hohen Dynamik im Mobilitätsmarkt und den flexiblen Gestaltungsmöglichkeiten von Smartphone-Applikationen (Apps) Insellösungen oder Fehlentwicklungen zu vermeiden, müssen individuelle Nutzeranforderungen beachtet werden. Die Ergebnisse der Begleitforschung aus dem Projekt *cairo – context aware intermodal routing* zeigen Änderungen der Nutzeranforderung auf und geben Hinweise, welche technischen Entwicklungen notwendig sind, um den neuen Mobilitätsbedürfnissen der Nutzer zu entsprechen. Dabei zeigt sich aber auch, dass nur dann, wenn die technischen Entwicklungen entlang der drei Ebenen des vorgeschlagenen Modells über Standardisierungen integriert und interoperabel gestaltet werden, den heterogenen Anforderungen der Nutzer entsprochen werden kann.

1 Einleitung – drei Ebenen eines nutzergerechten Informations- und Zugangssystems für den ÖV

Smartphone-basierte intermodale bzw. multimodale Informationssysteme (Apps) für Angebote und Dienstleistungen des öffentlichen Verkehrs (ÖV) befinden sich im Spannungsfeld zwischen umfassendem Funktionsumfang und Informationsvielfalt einerseits und einfacher Bedienbarkeit und Übersichtlichkeit andererseits. Stehen nur die Basisfunktionalitäten und -informationen eines bestimmten ÖV-Angebots zur Verfügung, können mitunter spezifische Anforderungen der Nutzer nicht abgebildet werden, wodurch der Nutzwert der Applikation sinkt. Enthält zum Beispiel die Auskunft über eine Zugverbindung keine Angaben zu den entsprechenden Abfahrtsgleisen, muss im Bahnhof trotzdem die Abfahrtstafel bzw. der Fahrplan aufgesucht werden. Der Vorteil mobiler Informationen ist dahin. Umgekehrt führen die Bereitstellung von umfassenden Informationen und umfangreichen Spezialfunktionen schnell zu einer dysfunktionalen Unübersichtlichkeit.

Das wird deutlicher, wenn man sich den Informationsumfang der gesamten ÖV-Angebotslandschaft vergegenwärtigt – mit differenzierten Informationen zu Abfahrtzeiten, Verspätungen, Gleisen, Gleisabschnitten, alternativen Mobilitätsangeboten, Buchungsmöglichkeiten, multi-/intermodalen Routeninformationen usw. und dem Anliegen, diese in einer App zu integrieren. So ein Dienst würde nur bei geübten und technikaffinen ÖV-Nutzern Verwendung finden, weil die Komplexität des ÖV-Systems mit deren gesamthaften Abbildung in einer App letztlich nur vergrößert statt reduziert würde. Eine ideale ÖV-App sollte deshalb sowohl die heterogenen, individuellen Informationsbedürfnisse der Nutzer bedienen können, aber trotzdem komplexitätsreduzierend bzw. intuitiv bedienbar sein.

Folgt man diesem Gedanken, dann lassen sich zunächst zwei Ebenen eines solchen idealtypischen Informationssystems unterscheiden: Auf der ersten Ebene müssen dafür alle zur Verfügung stehenden Daten von Mobilitätsangeboten, -dienstleistungen und Infrastrukturen erfasst werden. Das betrifft statische Informationen wie Fahrplandaten, Standorte von intermodalen Angeboten wie Car- oder Bikesharing, Angebote von Mitfahrvermittlungen usw. und dynamische Daten wie Verspätungsinformationen, Störungsmeldungen, Reichweiten von Fahrzeugen (Tankanzeige oder Ladestand bei Elektrofahrzeugen), Statusinformationen über Verkehrsmittel. Diese Daten können dann entweder auf einer Plattform bzw. einem Server gesammelt, aufbereitet und zur weiteren Verarbeitung bereit gestellt oder aber über offene Schnittstellen abgerufen werden. Auf der zweiten Ebene stehen dann Funktionen und Dienste bereit, die die gesammelten Daten nutzergerecht aufbereiten. Das können Routeninformationen sein, ggf. Alternativen unter Nutzung intermodaler Angebote, Indoor-Navigation in komplexen Gebäuden, um sicher zwischen Verkehrsmitteln wechseln zu können usw. Diese Ebene hat somit die Funktion eines Filters, der aus den vorhandenen Informationen diejenigen auswählt, die in einer spezifischen Situation von einem bestimmten Nutzer benötigt werden, dabei die individuellen Präferenzen berücksichtigt und diese in verständlicher Form darstellt.

Doch mit den Informationen über die ÖV-Angebote wird nur ein Teil der ÖV-Welt erfasst. Um diese ÖV-Angebote und Dienstleistungen nutzen zu können, muss der Zugang zu diesen ermöglicht werden. Der Zugang zu öffentlichen Verkehrsangeboten wird dabei oft als sehr aufwändig und kompliziert wahrgenommen.[1] Diese Erkenntnis verwundert wenig, bedenkt man die Vielzahl an Verkehrsunternehmen und -verbünden mit jeweils eigener Tarifsystematik, die sich nach Waben, Zonen, Flächenzonen, Überlappungszonen, Verbundtarifen, Tagestickets, Zeitfahrkarten und Ähnlichem differenziert. Die Tarifstruktur der öffentlich zugänglichen individuellen Mobilitätsdienste setzt sich aus zeit- und/oder entfernungsabhängigen Komponenten zusammen, wobei die Taktung in sehr unterschiedlichen Intervallen erfolgen kann. Die Kosten für eine mehrfachgebrochene Route unter Nutzung von ÖV und Sharing-Angeboten lassen sich somit vorab kaum ermitteln. Preistransparenz – bestenfalls sogar mit Best-Price-Option – ist jedoch eine häufig genannte Anforderung an ein Ticketing-System, wie sich der Begleitforschung zum Projekt *cairo* entnehmen lässt.[2]

Somit können schließlich drei Ebenen eines intermodalen Informationssystems unterschieden werden: Sammlung relevanter ÖV-Daten, nutzergerechte Informationsaufbereitung und Zugang. Auf allen drei Ebenen lassen sich Aktivitäten und Projekte beobachten, die das Ziel verfolgen, ein intuitiv bedienbares, aber umfassendes ÖV-Informations- und Zugangssystem zu entwickeln, um so die Komplexität des ÖV-Systems beherrschbar zu machen. Damit, so die Annahme, kann den Nutzern das Gefühl des Ausgeliefertseins genommen werden.[3] Im Folgenden werden aktuelle Aktivitäten und Projekte vorgestellt und ihre Potenziale analysiert, in wie weit sie dazu beitragen können den ÖV transparenter zu gestalten, um damit

1 Vgl. *KARL/MAERTINS* (2009), S. 10.

2 Vgl. *SCHELEWSKY* et al. (2012).

3 *KNIE* (2009), S. 33.

Zugangshürden abzubauen und neue Kundenpotenziale zu erschließen. Im zweiten Kapitel wird die Frage nach den Umsetzungsoptionen einer umfassenden Datenplattform und den damit verbundenen rechtlichen und organisatorischen Herausforderungen behandelt. Das dritte Kapitel analysiert gesellschaftliche Trends und die korrespondierende Heterogenisierung von Mobilitätsangeboten bevor im vierten Kapitel auf unterschiedliche technische Lösungsansätze zur Umsetzung eines umfassenden ÖV-Informationssystems eingegangen wird. Zentral wird dabei die Frage nach komplexitätsreduzierenden Verfahren behandelt, um nur die Informationen bereitzustellen, die vom Nutzer in einer bestimmten Situation tatsächlich benötigt werden. Das fünfte Kapitel widmet sich unterschiedlichen Zugangssystemen zu den ÖV-Angeboten, bevor schließlich eine abschließende Bewertung erfolgt und ein Ausblick gegeben wird, wie der öffentliche Verkehr von einem ganzheitlichen informationstechnischen Ansatz profitieren kann.

2 Mobilitätsdatenmarktplatz und Intermodalität oder wem gehören die Daten?

2.1 MDM: MobilitätsDatenMarktplatz

Die Idee, alle verfügbaren Verkehrsdaten – sowohl des ÖVs als auch des Individualverkehrs (IV) – auf einer Plattform zu sammeln, zu veredeln und Dritten zur Verfügung zu stellen, wurde mit der *High Tech Initiative* der Bundesregierung 2006 aufgegriffen. Erste Überlegungen zur operativen Umsetzung einer umfassenden Datenplattform wurden 2007 im Rahmen des Projekts *Metadatenplattform für Verkehrsinformationen Individualverkehr* entwickelt.[4] Aus diesen Überlegungen heraus wurde die Metadatenplattform zu einem Mobilitätsdatenmarktplatz transformiert, bei dem neben der Datensammlung und Veredelung stärker auf den Austausch von Verkehrsdaten fokussiert werden sollte. Dieser Idee folgend differenziert sich der Mobilitätsdatenmarktplatz in zwei Ebenen; einer Portalfunktion, die eine Übersicht über alle vorhandenen Daten gewährleistet und damit für Markttransparenz sorgt, sowie einer Broker-Funktion, die für den Datenaustausch zwischen dem sog. Datengeber und Datennehmer sorgt.

Die Portal-Funktion soll in diesem Konzept sicherstellen, dass die Datenbestände einheitlich beschrieben werden, damit Datensuchende einen schnellen Überblick erhalten, ob ein Datenangebot deren Bedürfnissen entspricht. Die einzustellenden Daten werden dann thematisch und in ihrem räumlichen Bezug beschrieben. Desweiteren sind rechtliche und kommerzielle Bedingungen des Datenangebots zu hinterlegen. Stößt nun ein Datenangebot auf Interesse, kann über die Portalfunktion ein Datenüberlassungsvertrag geschlossen werden, indem detailliert festgelegt wird, wie ein solcher Datenaustausch zu erfolgen hat. Für diese Zwecke werden Musterverträge und standardisierte Nutzungsbedingungen bereitgestellt. Ist ein Datenüberlassungsvertrag geschlossen, kann ein Datenaustausch entsprechend der ausgehandelten Bedingungen erfolgen. Dazu wird die Broker-Funktion des Mobilitätsdatenmarktplatzes genutzt, die die technischen Details regelt und die Datenübermittlung protokolliert. Für die Übertragung der Daten kann ein natives Datenformat (*Datex II*) oder aber ein beliebiges Datenformat über eine definierte XML-Schnittstellegenutzt werden.

4 Alle Informationen sind, soweit nicht anders gekennzeichnet, der Website des Mobilitätsdatenmarktplatzes entnommen. Auf weitere Zitationen wird verzichtet.

Im ersten Newsletter des *MDM*-Portals weist der Beitrag „Funktionalitäten des MDM: Die neue Einfachheit des Komplexen" implizit auf die Defizite des Portals hin. Dort findet sich eine Beschreibung der Dateninhalte, die auf dem Portal eingestellt und verfügbar gemacht werden sollen. Dazu zählen Messwerte aus Verkehrs- und Umfelddetektoren und daraus abgeleitete Daten, z. B. zur Verkehrslage und Reisezeiten, Informationen über Parkraum, Baustellendaten usw. Diese Liste umfasst nur Daten, die für den Individualverkehr einen Mehrwert bieten.

Entgegen dem ursprünglichen Ansatz der Metadatenplattform[5], Informationen zum Individualverkehr und des öffentlichen Verkehrs mit Spezialangeboten wie Wetter, Hotel, Parken zu bereichern und gesamthaft zur Verfügung zu stellen, zeigt sich der Metadatenmarktplatz auf dem Auge des ÖVs blind. Auch Informationen über Fußgängerwege oder Wege für Radfahrer werden nicht erwähnt. Hinweise auf Angebote oder Information des ÖVs finden sich auf dem gesamten Portal nicht. Ebenso fehlen Informationen, ob vorgesehen ist, zukünftig die Datenbestände des Daten-Portals auch auf ÖV-Daten auszuweiten. Mit der einseitigen Fokussierung auf IV-Daten tritt der Datenmarktplatz in Konkurrenz zu den umfassenden Datenbeständen der Hersteller von Navigationsgeräten. Hier werden bereits zahlreiche Verkehrsdaten über die Nutzer der Navigationsgeräte in Echtzeit erfasst, verarbeitet und wieder zur Verfügung gestellt. Das Interesse von Unternehmen wie *TomTom* oder *Navteq* an den Angeboten des Datenmarktplatzes dürfte entsprechend gering ausfallen. Zudem, und das ist an dieser Stelle der wesentliche Kritikpunkt, ist diese einseitige Fokussierung auf IV-Daten nur für monomodale Autofahrer interessant. Dem stehen aber gesellschaftliche Trends entgegen. Zunehmend lassen sich vor allem im urbanen Raum neue Angebotsformen beobachten, die mit einem neuen gesellschaftlichen Mobilitätsverständnis korrelieren. Daraus erwachsen völlig neue Anforderungen an Informationsplattformen. Auf diese Entwicklungen wird später zurückzukommen sein.

2.2 Verkehrsdaten als öffentliches Gut?

Doch zuvor sollte an dieser Stelle nicht unerwähnt bleiben, dass ein kommerzieller Handel mit ÖV-Daten nicht unproblematisch ist. Mit offenen Entwicklungsumgebungen, sogenannten SDKs (System Development Kits), wurde freien Programmierern die Möglichkeit gegeben, im eigenen Wohnzimmer Smartphone-Apps zu entwickeln. Die Umgebungen stehen für die Betriebssysteme *Android* und *iOS* zur Verfügung. Damit besteht die Möglichkeit, Applikation für den ÖV zu entwickeln, die spezifische Nutzeranforderungen berücksichtigen. Doch aus dieser Möglichkeit ist ein Konflikt erwachsen, dem die Frage zugrunde liegt, wem eigentlich die Verkehrsdaten gehören. Innerhalb der freien Entwickler-Communities und Open-Data-Bewegungen besteht die Auffassung, dass öffentliche Verkehrsdaten über offene Schnittstellen, z. B. *Google GTFS* bzw. *GTFS real time*, zur freien Verfügung bereit gestellt werden sollten.[6] Neben den Potenzialen, die durch Open-Data gegeben sein würden, wird diese Auffassung vor allem damit begründet, dass es Mittel der öffentlichen Hand sind, die zur Finanzierung des ÖV-Systems und damit auch der Datenbestände genutzt werden.

---

5 Vgl. *ZIMMERMANN* (2008).

6 Vgl. *BLEYL/FROMMENWILER* (2012).

Ein Blick auf die Finanzierungsgrundlagen öffentlicher Verkehrsangebote zeigt, dass diese Annahme nicht unbegründet ist. Die ÖV-Finanzierung erfolgt derzeit vor allem über die Regionalisierungsmittel. Auch wenn die Leistungserbringung teilweise private Verkehrsunternehmen übernehmen, so werden diese Leistungen im sogenannten Bestellerprinzip von der öffentlichen Hand eingekauft.[7] Nach *ASTRID KARL* beliefen sich die Zuschüsse aus den öffentlichen Haushalten für den ÖPNV auf eine Summe von 33 bis 35 Milliarden Euro pro Jahr, inklusive Infrastrukturfinanzierung und Schulden von *Bundesbahn/Reichsbahn*.[8] Umgekehrt, so die Argumente der Verkehrsverbünde, ist die Bereitstellung dieser Daten auch mit Aufwendungen für die Pflege und Wartung entsprechender Server verbunden. Jeder Klick erzeugt Kosten, so die Kurzformel. Zudem, so ein weiteres Argument, muss die Qualität der Informationen aus Sicht der Verkehrsverbünde und Verkehrsunternehmen sichergestellt werden.[9] Eine schlechte Verarbeitung der Daten und möglicherweise fehlerhafte Auskünfte haben nicht nur negative Auswirkungen auf die wahrgenommene Dienstleistungsqualität, sondern werfen zudem noch Haftungsfragen bei Erstattungsansprüchen auf. Entsprechend stark sind die Vorbehalte der Verkehrsverbünde und Verkehrsunternehmen, ihre Daten frei zur Verfügung zu stellen.

Dieser kleine Exkurs verdeutlicht zum einen, dass mit einer Bereitstellung und Nutzung von ÖV-Daten zahlreiche ungeklärte rechtliche Fragen verbunden sind. Dürfen diese überhaupt kommerziell verwertet werden oder dürfen sie nur zum Selbstkostenpreis – als die Kosten, die für die Bereitstellung von Infrastruktur, Server und Aufbereitung der Daten anfallen – angeboten werden? Wer haftet für fehlerhafte Verbindungsinformationen und einen dadurch ausgelösten Erstattungsanspruch? Bereits 2008 wurden in einer Auseinandersetzung zwischen dem Berliner IT-Studenten *J. WITT* und den *Berliner Verkehrsbetrieben* (*BVG*) über die Nutzung von Streckennetzplänen in einer freien Applikation und damit verbundenen Urheberrechtsverletzungen gestritten.[10] Der Streit wurde beigelegt, nachdem erkannt worden war, dass das entwickelte Informationssystem großen Zuspruch bei den Berliner Kunden fand.

Das grundlegende Rechtsverständnis der Verkehrsunternehmen und -verbünde hinsichtlich der Erfassung, Aufbereitung, Speicherung und Weitergabe von IST- und SOLL-Daten wurde in der vom *BMVBS* beauftragten Studie *Eigentums- und Nutzungsrechte im öffentlichen Verkehr*[11] dargelegt. Dazu gibt es ausführliche Kapitel zu Vergütung von Verkehrsdaten, Urheberrecht und weiteren Rechtsverhältnissen, z. B. Informationspflichten. Von besonderem Interesse ist hier der Urheberschutz bzw. Herstellerschutz von Verkehrsdaten, der sich mit steigender Wertschöpfungstiefe bei der Datenaufbereitung vergrößert.[12] Dabei kommt die Studie zunächst zu dem Ergebnis, dass selbst bei inhaltlicher und technischer Bearbeitung nur „in einigen wenigen Fällen […] die besonderen Voraussetzungen des § 87a UrhG, insbesondere die ‚wesentliche Investition' bereits erfüllt sein".[13] Dieses Rechtsverständnis ändert sich bei fortgeschrittener Wertschöpfungstiefe, z. B. durch die algorithmische Bearbeitung der Daten in Informationssystemen: „Hinsichtlich eines Fahrplanauskunftssystems kann demgegenüber davon ausgegangen werden, dass i.d.R. die besonderen Voraussetzungen der §§ 87a ff

7 *KARL* (2005), S. 75.

8 *KARL* (2008), S. 12.

9 *GENNARO* (2010), S. 39 und S. 56 ff.

10 Vgl. *IHL* (2008a) und *IHL* (2008b).

11 *GENNARO* (2010).

12 *GENNARO* (2010), S. 46 ff.

13 *GENNARO* (2010), S. 63.

UrhG erfüllt sind. Insbesondere ist der Wertschöpfungsprozess soweit fortgeschritten, dass sowohl der bis dahin entstandene personelle als auch finanzielle Aufwand das Vorliegen einer ‚wesentlichen Investition' begründen kann, sodass dann Herstellerschutz im Sinne des §§ 87a ff UrhG besteht".[14] Demnach würden gegen eine Nutzung von Verkehrsdaten, die nur in einem geringen Maße aufbereitet worden sind, nach dem Urheberrecht zunächst keine Einwände bestehen.

Zur besseren Einschätzung der Ergebnisse der Studie tragen die identifizierten drei Gruppen von Nutzungsarten bei, die nach Nutzung im Rahmen von Verkehrsdienstleistungen, Datennutzung als Zusatzleistung für weiteres Kerngeschäft (nicht Verkehr), Nutzung für wissenschaftliche und Forschungszwecke differenziert sind.[15] Zur Nutzung von Daten durch externe Informationsdienstleister wie *Google* nimmt die Studie wie folgt Stellung: „Der Datenaustausch mit den weiteren Informationsdienstleistern ist zur Zeit noch keine gängige Praxis, wenn auch die ersten Gespräche zur Datenüberlassung stattgefunden haben".[16] Freie Programmierer und das Thema Open Data finden in der Studie ebenfalls keine Erwähnung. Das sind die blinden Flecken der Studie, die derzeit vor allem durch Gespräche zwischen dem *Verband Deutscher Verkehrsunternehmen* (*VDV*) und *Google* an Aktualität gewinnen. Dabei wird die Frage aufgegriffen, ob ÖV-Daten über die *Google*-Plattform bereitgestellt werden können bzw. sollten.[17] In anderen europäischen Staaten ist dies bereits gängige Praxis. Dort bietet *Google* neben IV- und ÖV-Informationen inzwischen auch ein Fahrrad-Routing an. Damit avanciert *Google* zu einem privaten Anbieter umfassender Verkehrsinformationen und stellt diese in aufbereiteter Form über entsprechende Plattformen und Applikationen zur Verfügung. Aus Nutzersicht dürfte dies zu begrüßen sein, weil die Ausrichtung des Mobilitätsdatenmarktplatzes aktuell diese Leerstelle nicht zu füllen vermag.

3 Die neue Mobilität

3.1 Gesellschaftlicher Wandel und neue Anforderungen an urbane Mobilität

Sechs Jahre nach den ersten Überlegungen zur Umsetzung einer Metadatenplattform bzw. eines Mobilitätsdatenmarktplatzes entsteht der Eindruck, dass der Zeitpunkt verpasst worden ist, aktuelle Trends und Dynamiken rechtzeitig in das Konzept des Mobilitätsdatenmarktplatzes zu integrieren. Derzeit lassen sich in Deutschland zunehmend privatwirtschaftliche Kooperationen beobachten, bei denen Angebote des Carsharings, Ridesharing und weitere Mobilitätsdienstleistungen zu umfassenden Mobilitätsangeboten integriert werden. Betreiber dieser neuen, flexiblen Carsharing-Angebote sind die Automobilhersteller, die sich damit im Mobilitätsmarkt neu positionieren. Derzeit weisen diese Angebote in der Flächendeckung, Verfügbarkeit (Dichte) und intermodalen Verknüpfung noch Schwächen auf, dennoch gibt die hohe Dynamik der letzten drei Jahre in diesem Segment Hinweise auf grundlegende Ver-

---

[14] *GENNARO* (2010), S. 63.

[15] Vgl. *GENNARO* (2010), S. 80.

[16] *GENNARO* (2010), S. 80.

[17] Vgl. *IPHONE-TICKER* (2012).

änderungsprozesse im Mobilitätsmarkt und es ist zu erwarten, dass sich die neu entstehenden Plattformen sowohl räumlich als auch angebotsseitig weiter ausdehnen werden.

Diese Dynamik lässt sich zunächst auf drei Ursachen zurückführen: Erstens auf ein neues gesellschaftliches Verständnis von Mobilität, das sich vor allem in urbanen Räumen zeigt und von einem neuen Pragmatismus geprägt ist. Zweitens, daraus folgend, auf ein verändertes Selbstverständnis der Automobilindustrie, die sich jenseits des reinen „Autobauers" neu positionieren will. Dies ist vor dem Hintergrund steigender Mobilitätskosten und versiegender Ölreserven eine notwendige rationale und strategische Neuausrichtung. Drittens schließlich sind die technologischen Voraussetzungen geschaffen, neue Mobilitätskonzepte zu konzipieren und informatorisch zu vernetzen. Das betrifft sowohl alternative Antriebstechnologie als auch die rasante Verbreitung digitaler Medien, wie Handys und Smartphones. Beide technischen Entwicklungen profitieren voneinander und dynamisieren sich gegenseitig. In dem Maße, wie unsere Umwelt zunehmend digital erfasst wird, die Dinge des Alltags „smart" oder „intelligent" werden, erfasst diese Entwicklung auch die Konzeption und Umsetzung innovativer Mobilitätsangebote. Diese technischen Grundlagen treffen auf neue gesellschaftliche Dispositionen, bei denen Nutzen vom Besitz entkoppelt ist. Ein Blick ins Internet scheint diese Annahme zu bestätigen: *Couchsurfing*, *Dogsharing*, *Tamyca*, *Foodsharing* – die Abkehr vom Privatbesitz zugunsten des Teilens und gemeinschaftlichen Nutzens geht weit über das bekannte Carsharing hinaus und reicht inzwischen bis zum geteilten Haustier.

In diesem Gedanken kumulieren verschiedene Elemente des gesellschaftlichen Wandels, die im Zusammenspiel zu einer größeren Bereitschaft bzw. Notwendigkeit führen, zum Beispiel Verkehrsmittel effizienter zu nutzen, Autos nicht mehr als Ausdruck des individuellen Status zu begreifen und Transportmittel dem Anlass entsprechend auszuwählen. In diesem Zusammenhang wird oft von einem neuen Pragmatismus gesprochen, bei dem nicht mehr das „Wie" der Raumüberwindung entscheidend ist, sondern vielmehr das „Dass".[18]

Zu den Treibern dieses neuen gesellschaftlichen Verständnisses von Mobilität kann eine zunehmende Verstädterung[19] gezählt werden, die andere Mobilitätsbedürfnisse hervorruft als sie in dünn besiedelten Regionen auftreten. Auch lässt sich ein stärker ausgeprägtes Umweltbewusstsein anführen, bei dem Konsum und Nachhaltigkeit in ein Gleichgewicht gebracht werden sollen. Diese postmaterialistischen Werthaltungen sind eine Facette zunehmend differenzierter Lebensstile und Lebensentwürfe, die zur Folge haben, dass sich die sogenannten Normalerwerbsbiografien, Rollenverständnisse und tradierte Familienstrukturen mehr und mehr als die Ausnahme denn die Regel darstellen.[20] Hinzu kommen sozio-ökonomische Veränderungen, wie steigende Mobilitätskosten bei nur noch moderat wachsenden Realeinkommen bzw. einer Zunahme der Spreizung von hohen und niedrigen Einkommen.[21] Schließlich, wie bereits erwähnt, ist eine stärkere Digitalisierung aller Lebensbereiche – mit bislang nur in Ansätzen erforschten Konsequenzen – zu beobachten. Dies führt wahrnehmbar zu einer stärkeren informationstechnologischen Hinterlegung von Mobilitätsangeboten, die mit einer hohen gesellschaftlichen Durchdringung digitaler Medien korrespondiert.[22] All diese Trends und Entwicklungen haben in ihrem Zusammenwirken zur Folge, dass die allzwecktaugliche

18 Vgl. *Nenseth, Hjorthol* (2007).

19 Vgl. *UN* (2011).

20 Vgl. *Hradil* (2006).

21 Vgl. *Hunsicker/Sommer* (2012), S. 54ff., und vgl. *Hunsicker* et al. (2008), S. 28.

22 Vgl. *Accenture* (2009, 2010).

„Rennreiselimousine“ mit den Leistungsmerkmalen „gute Beschleunigung, hohe Endgeschwindigkeit und maximale Reichweite“[23] nicht mehr den konsumprägenden Maßstab darstellt, an dem sich die Konstrukteure der Automobilhersteller orientieren können.[24] Zunehmend entstehen Fahrzeugkonzepte und Mobilitätsangebote, die auf die differenzierten Bedürfnisse und Anforderungen städtischer Bewohner reagieren.

Mit diesen gesellschaftlichen Veränderungen war bereits eine reaktive Essenz gegeben, als Katalysator der hohen Dynamik im Mobilitätsmarkt dienten schließlich die 2009 auf Grundlage des Konjunkturpakets II initiierten Projekte zur Förderung der Elektromobilität in Deutschland. Bereits 2008 beschlossen die Ressorts *BMWi, BMVBS, BMBF* und *BMU* im Rahmen der Koordinierungsplattform und in Vorbereitung auf den Nationalen Entwicklungsplan, die Anstrengungen im Bereich der Elektromobilität zu bündeln und zu erhöhen.[25]

Bei den Projekten des *BMVBS* stand die Förderung akteursübergreifender Mobilitätskonzepte, die Integration unterschiedlicher Verkehrsträger sowie die Entwicklung neuer Mobilitätsdienstleistungen durch den Aufbau elektrisch betriebener Flotten im öffentlichen Raum im Fokus.[26] Die wesentlichen Defizite der Elektrofahrzeuge sollten durch den Betrieb im Carsharing-Modus und der Integration in den öffentlichen Verkehr aufgefangen werden. Zu den Defiziten gehören die langen Ladezeiten von bis zu acht Stunden bei relativ kurzen Reichweiten von rund 150 Kilometern und ein hoher Anschaffungspreis, der teilweise das Doppelte vergleichbarer Modelle mit Verbrennungsmotor beträgt. Mit diesen Eigenschaften stellen Elektrofahrzeuge für die meisten privaten Käufer keine attraktive Alternative zum Privatauto dar.[27] Durch den integrierten Ansatz fallen diese Defizite jedoch nicht so stark ins Gewicht. Dem hohen Anschaffungspreis steht damit ein nutzungsbezogenes Abrechnungssystem entgegen, d. h. es wird nur die tatsächlich in Anspruch genommene Leistung fakturiert (pay-per-use). Ist ein Fahrzeug nicht ausreichend geladen, kann auf alternative Elektrofahrzeuge der öffentlichen Flotten zurückgegriffen werden. Auch die im Vergleich zu herkömmlichen Fahrzeugen deutlich kürzeren Reichweiten stellen für den größten Teil der täglichen Wegstrecken keine Nutzungshürde dar. Die durchschnittlich mit dem Pkw zurückgelegte Wegstrecke liegt bei rund 40 Kilometern und kann damit problemlos mit elektrisch betriebenen Fahrzeugen bewältigt werden.[28]

Im Rahmen des vom *BMVBS* geförderten Projekts *BeMobility – Berlin elektroMobil* wurde das erste Mal eine größere Flotte von Elektrofahrzeugen erfolgreich im operativen Betrieb getestet. In der Nutzungspraxis wie auch in der begleitenden Nutzeruntersuchung hat sich das theoretisch entwickelte Mobilitätskonzept als sehr robust erwiesen. Die Annahmen der Ergänzung von elektrisch betriebenen Flotten und öffentlichem Verkehrsangebot ließ sich im Feldtest bestätigen.[29] Das in diesem Projekt zum Ausdruck kommende Verständnis von Elektromobilität, das sich nicht auf den Austausch des Antriebsstrangs reduzieren lässt, sondern auf eine mehrfache Verknüpfung mit dem öffentlichen Verkehr abzielt,[30] hat als soziale Inno-

23 KNIE (1997), S. 245.
24 Vgl. CANZLER/KNIE (2009).
25 Vgl. *BMWI* et al. (2009).
26 Vgl. *BMVBS* (2009).
27 Vgl. HOFFMANN et al. (2012), S. 19.
28 Vgl. HOFFMANN et al. (2012), S. 15.
29 Vgl. HOFFMANN et al. (2012), S. 29.
30 Vgl. CANZLER/KNIE (2011), S. 11 f.

vation einen starken Einfluss auf die neuen Mobilitätsdienstleistungen und -angebote ausgeübt.[31]

Entsprechend wächst bei den großen Automobilkonzernen der Handlungsdruck, sich auf diese gesellschaftlichen Veränderungen und die korrespondierenden Auswirkungen auf den Mobilitätsmarkt einzustellen. Diese Einschätzung wird auch in der Studie *„Zukunft der Mobilität 2020“* von *Arthur D. Little* geteilt. Sie konstatiert, dass Luxus und Motorleistung nur noch für wenige Kundengruppen relevante Größen seien und vielmehr Nachhaltigkeit, Individualität und optimierte Kostenpositionen die entscheidenden Bewertungskriterien sind.[32] Davon ausgehend zeigt die Studie vier idealtypische Geschäftsmodelle für Automobilhersteller auf, wie sie sich in Zukunft positionieren können. Besonders das Geschäftsmodell des „Mobility Service Provider“, gekennzeichnet durch das Angebot voll integrierter Mobilitätsdienstleistungen bei abnehmender Bedeutung eines bestimmten Mobilitätsträgers, lässt sich schon heute in vielen Ausprägungen beobachten, wie im Folgenden zu zeigen ist.

3.2 Carsharing 2.0 und integrierte Mobilitätsdienstleistungen

Die ersten Automobilhersteller, die neben Fahrzeugen auch Mobilitätsdienstleistungen ins Produktportfolio aufgenommen haben, waren die *Daimler AG*, die das Unternehmen *Car2go* gründete, sowie der französische Fahrzeughersteller *Peugeot* mit dem Konzept *Múby Peugeot*. Besonders die *Car2go*-Dienstleistung ist erwähnenswert, weil zum ersten Mal ein stationsungebundenes Carsharing-Konzept in die Praxis umgesetzt wurde. Dadurch können die Kunden die Carsharing-Fahrzeuge nach der Nutzung an jedem beliebigen öffentlichen Parkplatz innerhalb des definierten Geschäftsgebiets abstellen. Eine Rückführung an eine bestimmte Station ist nicht notwendig. Ebenso wurden mit diesem Konzept die Merkmale Instant Access und Open-end-Nutzung realisiert, da auf spontane Mobilitätsbedürfnisse der Nutzer reagiert werden soll, denen eine lange Vorabbuchung sowie die Notwendigkeit, das Nutzungsende vorab definieren zu müssen, entgegenstehen. Mit dieser Flexibilität entstehen aber auch neue Herausforderungen. Um zu verhindern, dass ein Fahrzeug spontan von einem anderen Nutzer „vor der Nase“ weggeschnappt wird, ist eine 15 minütige Reservierung möglich. Die aus der räumlichen Flexibilität resultierende willkürliche Verteilung der Fahrzeuge wird mit einer App aufgefangen, die die Standorte der Fahrzeuge auf einer Karte anzeigt, Informationen zum Ladestand bereitstellt und die Reservierung der Fahrzeuge ermöglicht. In 16 Städten in Europa und Nordamerika ist das Angebot von *Car2go* bereits verfügbar oder wird in Kürze bereitgestellt werden (Stand Juli 2012).[33]

Mit *DriveNow* hat die *BMW AG* gemeinsam mit der *SIXT AG* ein vergleichbares stationsungebundenes Carsharing-Konzept realisiert, das inzwischen in drei deutschen Städten verfügbar ist. Auch *DriveNow* bietet eine App zur Fahrzeugsuche mit Reservierungsfunktion an. Beiden Angeboten ist gemeinsam, dass sie auf eine Vernetzung mit anderen Mobilitätsdienstleistungen angewiesen sind, um ihr Potenzial voll zu entfalten. *DriveNow* kooperiert deshalb mit der Mitfahrzentrale *flinc*, die ein dynamisches Ridesharing anbietet. Um die Vermittlungswahrscheinlichkeit zu erhöhen, kann dieser Service auch auf Teilstrecken genutzt werden. Das

[31] Vgl. *CANZLER/KNIE* (2011), S. 105 f.

[32] Vgl. *WINTERHOFF* et al. (2009), S. 9.

[33] Die folgenden Darstellungen basieren, soweit nicht anders gekennzeichnet, auf Website-Informationen der Anbieter. Auf weitere Zitationshinweise wird verzichtet.

Angebot von *flinc* steht als Webportal und als Smartphone-Applikation zur Verfügung und kann inzwischen auch über den Bordcomputer von *DriveNow* genutzt werden. Zudem kooperiert *DriveNow* in Berlin mit der *Berliner Verkehrsgesellschaft BVG* und bietet deren Abo-Kunden eine kostenlose Mitgliedschaft sowie 60 Freiminuten an.[34]

Auch *Car2go* bietet einen ergänzenden Mitfahrdienst an, der aber App- oder fahrzeugseitig noch nicht mit dem Kernangebot verknüpft ist, sondern als eigenständige Applikation zur Verfügung steht. Der Pilot startete bereits 2010 unter dem Namen *Car2gether*. Das Konzept wurde überarbeitet und zwischenzeitlich in *Moovel* umbenannt. Im Gegensatz zum ursprünglichen Ansatz von *Car2gether*, eine eigene Vermittlungsplattform für Mitfahrgelegenheiten zu etablieren, kooperiert *Daimler* bei der *Moovel*-Plattform mit der Fahrtvermittlung *mitfahrgelegenheit.de*. Darüber hinaus bestehen Kooperationen mit ÖPNV-Unternehmen.[35] Ergänzt wird dieses Angebot zudem um einen in die App integrierten Taxiruf, der als Mobilitätsversicherung dient, falls weder die Angebote des ÖV noch private Mitfahrgelegenheiten zur Verfügung stehen. Als Erweiterung für das zweite Halbjahr 2012 ist die Integration von *Car2go* in *Moovel* geplant sowie eine Erweiterung zum Kauf von ÖPNV-Tickets.

Als dritter großer Automobilhersteller bietet *Citroën* mit dem Start im August 2012 ein flexibles Carsharing-Angebot an. Hier tritt das Carsharing-Angebot aber als nur ein Element der Plattform *MultiCity* auf, die zuvorderst auf einen Verkehrsmittelvergleich zwischen ÖV, motorisiertem Individualverkehr (MIV) und Flugzeug abzielt. Buchungsmöglichkeiten für die unterschiedlichen Angebote sind auf dem Online-Portal ebenfalls enthalten und über Links auf den Partnerseiten erreichbar. Die Plattform wird ergänzt um weitere mobilitätsnahe Angebote Dritter, zum Beispiel Buchungsmöglichkeiten für Lastminute- und Pauschalreisen, Hotels und Ferienhäuser usw. Die Auskunft über die Angebote soll diskriminierungsfrei erfolgen und allein auf die Bedürfnisse der Nutzer abzielen, je nachdem, ob die verkehrsgünstigste, preiswerteste, schnellste oder auch umweltverträglichste Tür-zu-Tür-Verbindung präferiert wird. Als Besonderheit findet sich in der Auskunft auch ein Hinweis auf die frei nutzbare Zeit während der Reise.[36] Als Grundlage für dieses Informationsportal dient das bereits seit längerem freigeschaltete Verkehrsmittelvergleichsportal der *Deutschen Bahn*. Die Besonderheit im Angebotsportfolio von *Citroën MultiCity* ist die elektrisch betriebene Carsharingflotte, die stationsungebunden zum Einsatz kommen wird. Zunächst werden die Angebote der Informationsplattform und das Carsharing-Angebot getrennt in zwei Apps für Smartphones zur Verfügung stehen, mit gleichem Layout, jedoch ohne technische oder inhaltliche Verknüpfung.

Peter Weis, Geschäftsführer von *Citroën* Deutschland, beschreibt das Angebot von *MultiCity* als Instrument zur Kundenbindung: „Es ist sowohl unser Bestreben, die Menschen zu *Citroën* zu bringen, als sie auch bei uns zu halten. Dazu müssen diese Menschen nicht zwingend ein Fahrzeug besitzen".[37] Diese Aussage bestätigt das zuvor erwähnte neue Selbstverständnis der Automobilhersteller, das in diesem Beispiel dem Mobility Service Provider zugeordnet werden kann. In dieser Form geht das Portal von *MultiCity* über die kombinierten Angebote von *Car2go* oder *DriveNow* hinaus und integriert eine Vielzahl unterschiedlicher Verkehrsunternehmen. Damit ist es zugleich das Portal, das aus Nutzersicht der Metadatenplattform bzw.

---

34 Vgl. *AUTOMOBILWOCHE* (2012).

35 Mit der *STUTTGARTER STRASSENBAHNEN AG* und dem *VERKEHRS- UND TARIFVERBUND STUTTGART GMBH*.

36 Zur Bedeutung frei verfügbarer Reisezeit vgl. *PERRY* et al. (2001) und *GREEN* (2002).

37 *KFZ-BETRIEB ONLINE* (2011).

dem Mobilitätsdatenmarktplatz in den Grundfunktionalitäten am nächsten kommt, aber weniger stark auf Informationen des MIV ausgerichtet ist, sondern Informationen über ÖV, MIV und Flug gleichberechtigt nebeneinanderstellt.

All diesen neuen Mobilitätsangeboten ist gemeinsam, dass sie mindestens zwei unterschiedliche Dienstleistungen integrieren. Zudem wird die Strategie verfolgt, das Angebotsportfolio sukzessive um neue Angebote und Dienstleistungen auszuweiten. Eine umfassende Plattform für Informationen zu Mobilitätsangeboten und -dienstleistungen, wie sie im Mobilitätsdatenmarktplatz angelegt war, ist jedoch nicht in Sicht. Jedes dieser Portale enthält ausgewählte Angebote von kooperierenden Unternehmen, eine diskriminierungsfreie Umsetzung eines umfassenden Informationsangebots wird jedoch lediglich von *MultiCity* im Bereich des Verkehrsmittelvergleichs verfolgt. Damit bleibt das Problem der Verfügbarkeit umfassender ÖV-Informationen weiterhin bestehen und wird durch die beschriebenen Plattformansätze nur auf ein höheres Aggregationsniveau gehoben. Die Smartphone-Applikation der *Deutschen Bahn*, der *DB Navigator*, stellt in dieser Hinsicht bislang das umfassendste Informationsangebot zur Verfügung. Auf der Basis von Datenüberlassungsverträgen lassen sowohl Informationen für den Fernverkehr als auch für die Angebote des Nahverkehrsabrufen. Allerdings – so zeigt die Begleitforschung des Projekts *cairo* – gehen inzwischen die Anforderungen der Nutzer über das bislang erreichte Informationsangebot hinaus.

4 Die informationstechnische Hinterlegung – Smartphone-Applikationen

4.1 Das Projekt cairo – Nutzeranforderungen und technische Optionen

Im Rahmen des vom *BMWi* geförderten Projekts *cairo – context aware intermodal routing* wurde ein Auskunftssystem für den ÖV entwickelt, das umfassende Informationen des öffentlichen Verkehrs bereitstellt und die intermodalen Angebote der *Deutschen Bahn* (*Flinkster* und *Call a Bike*) integriert. In der ersten Phase des Projekts (2009–2011) wurde auf der Grundlage des *DB Railnavigators* eineJava-Applikation für mobile Endgeräte entwickelt und die erwähnten Kernfunktionalitäten umgesetzt. Dazu zählen neben Verbindungsauskunft und Abfahrtsplänen vor allem Verspätungsinformationen und Informationen über die Standorte der intermodalen Angebote. In der zweiten Projektphase (2011–2012) stand die vollständige Migration der *cairo*-Applikation auf die gängigen Smartphone-Betriebssysteme im Zentrum des Vorhabens. Die technische Ausstattung der Smartphones ermöglichte die Umsetzung neuer Funktionen und eine deutlich verbesserte Bedienbarkeit. Dazu zählt die Eingabe über Touchscreens oder die alternative Spracheingabe. Ebenso bietet die Nutzung von GPS-Koordinaten zur Ermittlung des eigenen Standorts mehr Komfort und ersetzt umständliches Eintippen von Orts- und Straßennamen. Eine besondere Funktion von *cairo* stellt die Ortung innerhalb von fahrenden Zügen dar. Anhand der GPS-Daten des Smartphones wird die Zugnummer des aktuell genutzten Verkehrsmittels ermittelt und für ein Anschlussrouting bereitgestellt. Die technischen Entwicklungen wurden zu Beginn der ersten Projektphase von Usability Tests begleitet. Damit sollten technische Fehlkonzeptionen vermieden werden und Nutzeranforderungen und -bedürfnisse stärkere Berücksichtigung finden. Dieser breite Entwicklungsansatz sollte sicherstellen, dass die Applikation *cairo* einen hohen Nutzwert aufweist, um so auch ÖV-ferne Nutzergruppen erschließen zu können.

Wie weit diese Ziele erreicht werden konnten, wurde mit einer zweistufigen sozialwissenschaftlichen Begleitung des Projekts überprüft. Die erste Feldphase mit vier Erhebungswellen fand im Sommer und Herbst 2010 statt, die zweite Erhebungsphase mit zwei Erhebungswellen im Mai und Juni 2012. Im Zentrum der Untersuchung standen Fragen nach Akzeptanz, Aneignung und Nutzung der *cairo*-Applikation. Die Akzeptanzforschung fokussiert auf die soziale Mikroebene der Wirkung und Verbreitung von Innovationen,[38] d. h. es werden subjektive, non-aggregierte Dispositionen untersucht. Innerhalb der Akzeptanzforschung wird weiter begrifflich zwischen Einstellungsakzeptanz (attitudinal acceptance) und Verhaltensakzeptanz (behavioral acceptance) unterschieden.[39] Die meisten Akzeptanzmodelle sehen dabei in den Einstellungen eine direkte oder indirekte Einflussgröße auf das realisierte Verhalten, wobei zu unterscheiden ist zwischen spezifischen Verhaltenssituationen und Verhaltensaggregaten.[40] Übertragen auf das realisierte Verkehrsverhalten bedeutet dies zunächst, dass eine positive Einstellung gegenüber öffentlichen Verkehrsmitteln die Nutzung der öffentlichen Verkehrsangebote generell wahrscheinlicher macht, jedoch keine Aussage über die Nutzung eines Busses oder der U-Bahn in einer bestimmten Situation getroffen werden kann. Dabei ist jedoch zu beachten, dass der Zusammenhang kein kausaler ist, sondern nur ein korrelativer,[41] wobei eine häufige Nutzung der öffentlichen Verkehrsmittel durchaus auch eine positive Einstellung diesem gegenüber bewirken kann. Aus diesem Theorierahmen ergibt sich die Frage, welchen Beitrag ein Informationssystem wie *cairo* leisten kann, um zu einer höheren Einstellungsakzeptanz des ÖVs zu gelangen. Dieser Frage liegt die Annahme zugrunde, dass eine verbesserte mentale Verfügbarkeit der öffentlichen und halböffentlichen Verkehrsangebote akzeptanzsteigernd wirkt. Die mentale Verfügbarkeit sollte durch die Integration von Carsharing-Angeboten als Alternativen zum klassischen ÖV gesteigert werden.

Zunächst konnte die nutzerorientierte Begleitforschung von *cairo* den korrelativen Zusammenhang zwischen Einstellung und Verhalten bestätigen. Nahezu alle Testnutzer können als ÖV-affin gekennzeichnet werden und bewerten diesen entsprechend positiv. Ihnen ist der ÖV durch intensive Nutzung vertraut. Hinweise auf Berührungsängste konnten in den qualitativen Aussagen nicht gefunden werden, vielmehr wurden Verbesserungspotenziale angesprochen, sowohl beim Betrieb als auch beim Auskunftssystem. Trotzdem gaben alle 391 Befragten (2010; t_0)[42] an, froh über die Angebote des öffentlichen Nahverkehrs zu sein. 94,5 % können mit dem ÖV alle für sie wichtigen Ziele erreichen, und nur knapp ein Drittel der Befragten (29,5 %) stimmte der Aussage zu, dass sie in ihrer persönlichen Bewegungsfreiheit eingeschränkt wären, wenn sie nur Bus, Bahn oder Fahrrad nutzen würden. Korrespondierend zu diesen positiven Einstellungen gegenüber dem ÖV ist die realisierte Nutzung der ÖV-Angebote sehr ausgeprägt. Über 70 % der Befragten nutzen den ÖPNV mindestens an drei Tagen pro Woche, 40 % gaben an, ihn sogar täglich zu nutzen. Entsprechend hoch ist die Verfügbarkeit an Zeitkarten oder der BahnCard 100 mit 45,6 % (2012; t_0).

38 Vgl. *SIMON* (2001).

39 Vgl. *QUIRING* (2007).

40 Vgl. *AJZEN* (1991), S. 181.

41 Vgl. *BAMBERG* (2004), S. 246.

42 Die Verweise auf die beiden Erhebungsphasen werden im laufenden Text mit den Jahreszahlen der Erhebung und der entsprechenden Erhebungswelle gekennzeichnet, also t_0–t_3 für 2010 bzw. t_0 und t_1 für 2012.

Allerdings zeigte sich in dieser hohe Zustimmung und intensiven Nutzung der ÖV-Angebote, dass ÖV-ferne Nutzergruppen trotz eines breiten Rekrutierungsansatzes nicht für die Feldphase gewonnen werden konnten. Damit ließ sich die These, dass bessere Informationssysteme auch ÖV-ferne Nutzergruppen an den ÖV heranführen können, zunächst nicht überprüfen. Vielmehr bestand das Interesse vieler Testnutzer von *cairo* darin, ihre Verkehrspraxis zu optimieren und effizienter zu gestalten. Dies ließ sich offenen Angaben entnehmen und konnte auch mit einer Faktorenanalyse überprüft und bestätigt werden.[43]

Dieses Ergebnis ist vor dem Hintergrund einer multi- und intermodalen Verkehrspraxis und der Kenntnis von ÖV-Informationssystemen unter den Befragten sehr plausibel. Über 90 % der Befragten nutzen je nach Anlass unterschiedliche Verkehrsmittel oder halten die Kombination von Verkehrsmitteln für eine sehr gute Möglichkeit, ihre alltägliche Mobilität zu bewältigen. Diese multi- bzw. intermodale Praxis zeigt sich auch in der Nutzung verschiedener Mobilitätsangebote wie Carsharing und Bikesharing. 65 % der Befragten geben an, Mitglied bei einem Carsharing-Unternehmen zu sein, 52 % geben eine Mitgliedschaft bei einem Bikesharing-Unternehmen an (2012; t_0). Ebenso haben über 90 % der Befragten Erfahrung im Umgang mit Navigations- und Informationsdiensten und nutzen sie, um sich auf Fahrten und Reisen besser orientieren zu können (2012; t_0).

Bereits in der ersten Erhebungsphase konnte die hohe Verbreitung von Informationssystemen unter den Probanden festgestellt werden. So gab jeder befragte *iPhone*-Nutzer an, den *DB Navigator* als Applikation auf das Smartphone geladen zu haben (2010; t_0). In der zweiten Erhebungsphase konnte diese hohe Verbreitung und Nutzungsintensität von ÖV-Informationssystemen unter den Probanden bestätigt werden. Fast 80 % der Befragten geben an, mindestens einmal pro Monat den *DB Navigator* zu nutzen, die nur für *Android*-Betriebssysteme zur Verfügung stehende Alternative *Öffi* wird immerhin noch von knapp 54 % der Probanden mit entsprechendem Smartphone-Betriebssystem genutzt. Die Nutzungsintensität und Verbreitung weiterer Informationssysteme ist zwar deutlich geringer, aber zusammengenommen ergibt sich ein Bild, bei dem jeder Proband über mehr als eine ÖV-Applikation pro Endgerät verfügt.

Insgesamt zeichnen sich die Probanden durch intensive Kenntnis und Nutzung mobiler, elektronischer Medien aus. 99,3 % geben an, dass sie ihr Smartphone fast immer bei sich tragen und auch eingeschaltet haben (96,4 %). Auch die positive emotionale Einstellung gegenüber digitalen mobilen Medien ist unter den Befragten sehr ausgeprägt. Nahe 100 % geben an, dass es ihnen Spaß macht, elektronische Geräte zu nutzen (2012; t_0). Diese Ergebnisse zeigen, dass die Testnutzer sowohl intensive ÖV-Nutzer sind als auch von einer hohen Technikaffinität gekennzeichnet sind, die sich unter anderem in der hohen Verfügbarkeit und Nutzung von Mobilitätsdiensten ausdrückt. Vor diesem Hintergrund sind die geäußerten Anforderungen der Probanden an ÖV-Informationsdienste von besonderem Interesse.

Die Anforderungen der Nutzer an Smartphone-basierte Informationssysteme haben sich über die beiden Erhebungsphasen deutlich geändert. In der ersten Phase wurde von etwa der Hälfte der Probanden eine „Verbindungsauskunft" gewünscht, die Echtzeitinformationen enthält und sich durch eine hohe Geschwindigkeit auszeichnet. Zwei Jahre später ist dagegen der Begriff der Multimodalität stärker ins Zentrum der Anforderungen gerückt. Nach wie vor sollte die Interaktion mit der App einfach, intuitiv, übersichtlich und verständlich sein. Daneben gewinnt jedoch eine Integration der oben beschriebenen Mobilitätsangebote zunehmend an

[43] Vgl. SCHELEWSKY et al.(2012).

Bedeutung. Während sich ein Nutzer eine „automatische Anzeige von Carsharing/Taxi/ Mietwagen/eigener PKW als Alternative für Nahverkehr mit Preisen und Möglichkeit zum Reservieren" wünscht, zielt die Aussage eines weiteren Probanden direkt auf die neuen Carsharing-Angebote: „Unbedingt *Car2go* und *DriveNow* als Carsharing-Unternehmen einbinden!" (2012; t_0). Die Einbindung kann aber auf zwei unterschiedliche Arten erfolgen, entweder multimodal als Alternativangebot oder intermodal als Angebotskombination. In den Aussagen der Probanden lassen sich beide Anforderungen finden. Einmal sollte ein Informationssystem „standortbezogene Daten vom Carsharing mit nutzen, denn oft kann man das Warten auf den Bus vermeiden, wenn um die Ecke Carsharing zur Verfügung steht". Damit wird eine „Entscheidungshilfe bei Verkehrsmittelwahl" erwartet. Im Gegensatz zu diesen gewünschten multimodalen Informationen in Form eines Verkehrsmittelvergleichs, äußern andere Nutzer das Bedürfnis nach einem intermodalen Routingdienst, der „systemübergreifende Auskünfte, z. B. für eine Fahrradtour mit Anfahrt über DB oder Carsharing, Fahrradmiete, [...] U-Bahn/ Flugzeug" bietet (2012; t_0).

In diesen entgegengesetzten Anforderungen der Nutzer wird ein Dilemma offensichtlich, dass die zweite Ebene des eingangs skizzierten idealtypischen ÖV-Informationssystems betrifft. Die heterogenen Nutzeranforderungen zeigen, dass eine systemseitig vordefinierte Form der Informationsaufbereitung nicht ausreicht, um allen Bedürfnissen zu entsprechen. Werden einfach mehr Funktionen implementiert, wird die Applikation unübersichtlich und kompliziert. Aber genau das sollte ein Informationssystem gerade nicht sein:„Die einfache und intuitive Bedienung muss im Vordergrund stehen", äußert sich ein Nutzer und formuliert gleich einen Lösungsansatz:„Ein individualisierbares Menü schafft Zeitersparnis in der Bedienung und Kundenbindung an die App". Wie ein Hinweis auf die Komplexität dieser Anforderung klingt dann die Aussage: „Einfachheit ist die neue Komplexität" – wohl vor allem für die Entwickler. Welche Ansätze derzeit verfolgt werden, um diesen Anforderungen zu entsprechen, wird im nächsten Kapitel dargelegt.

4.2 Die BeMobility-Suite

Übergeordnetes Ziel des Projekts *BeMobility – Berlin elektroMobil* war die Umsetzung eines Mobilitätskonzepts mit elektrisch betriebenem Carsharing und den Angeboten des ÖVsentlang der Integrationsstufen „räumlich", „informatorisch" und „tariflich". Die hier interessierende informatorische Integration wurde mit der *BeMobility-Suite* umgesetzt, die als Smartphone-Applikation für *iOS* und *Android* sowie als Website entwickelt wurde. Die *BeMobility-Suite* ist eine skalierbare Diensteplattform mit der Möglichkeit eines multi- und intermodalen Routings. Über Schnittstellen werden dazu Datenbestände der verschiedenen Mobilitätsangebote und -dienstleistungen abgerufen und in das Informationsangebot integriert. Die dazu vom *DAI-Labor* der *TU Berlin* entwickelten IT-Lösungen zeigen Optionen auf, die zahlreichen neuen Mobilitätsdienstleistungen und -angebote nutzergerecht auf einer Plattform bereitzustellen und miteinander zu verbinden. Der verfolgte Ansatz umfasst drei Elemente: die sogenannte *Service Interconnection*, eine semantische Beschreibung von Daten und Diensten sowie eine skalierbare Plattform, auf der spezifische Micro-Dienste integriert werden können.

Die skalierbare Plattform ist als dienstorientierte Architektur darauf ausgerichtet, die Vielzahl möglicher Use-Cases im Kontext der Elektromobilität abzubilden. Dafür wurde zunächst ein Routingdienst und mehrere infrastrukturspezifische Dienste (Micro-Dienste), z. B. für Fahrzeugsuche, Ladesäulen, Parkhäuser usw. entwickelt und auf der Plattform bereitgestellt. Die Verknüpfung der einzelnen Dienste innerhalb der Applikation erfolgt über das neuartige Konzept der *Service Interconnection.* Die Verknüpfung erfolgt informationsbasiert, d. h. alle logischen Verknüpfungsmöglichkeiten zwischen den einzelnen Micro-Diensten werden über ein aufrufbares Kontextmenü angezeigt, unlogische Verknüpfungen werden vom System herausgefiltert. Dadurch werden komplexe Handlungsschritte in ihre Komponenten zerlegt, ohne dass dabei ein großer kognitiver Aufwand beim Nutzer entsteht. Welche Verknüpfungsmöglichkeiten angeboten werden, wird über semantische Beschreibungen der Daten und Dienste bestimmt, d. h. den Daten werden bestimmte Attribute zugeordnet, die von den Diensten interpretiert werden können. Auf diese Weise lassen sich Adressen, Ladesäulentypen, Fahrzeugdaten, Abfahrtszeiten und andere Daten zwischen den Micro-Diensten austauschen. Ruft man den Micro-Dienst „Fahrzeugsuche" auf, erscheint zunächst eine Liste im Umkreis zur aktuellen Position. Über die Funktion *Service Interconnection* kann dann wahlweise der Standort des Fahrzeuges in einer Karte angezeigt werden, dieser als Ausgangspunkt eines intermodalen Routings genutzt werden oder aber man lässt sich den Ladestand des Fahrzeugs, die nächsten Haltestellen in der Umgebung anzeigen usw. Alle zur Verfügung stehenden Optionen werden in einer Liste als Kontextmenü angezeigt. Jedes Ergebnis enthält wiederum weitere logische Verknüpfungsmöglichkeiten über die *Service Interconnection.*

Daneben wurde die Möglichkeit geschaffen über In-App-Schnittstellen (Aufrufschnittstellen) externe Applikation in die *BeMobility-Suite* zu integrieren. Ein praktisches Beispiel für die Nutzung dieser Technologie betrifft die fehlende Buchungsfunktionalität in der *BeMobility-Suite.* Über die definierten In-App-Schnittstellen und semantischen Informationsbeschreibungen besteht die Möglichkeit, ein Fahrzeug in der *BeMobility-Suite* auszuwählen, z. B. als Teil einer intermodalen Route, und anschließend alle buchungsrelevanten Fahrzeugdaten an externe Applikationen mit Buchungsfunktionalität weiterzuleiten. Ein kleines Skript erweitert die externen Applikationen dazu, die übergebenen Informationen auf Basis der Semantiken sinnvoll zu interpretieren. Durch den Rückgriff auf die bestehenden und erprobten externen Dienste lassen sich so sensible Vorgänge des operativen Betriebs, wie Buchung oder Ticketverkauf, darstellen, ohne diese Funktionalitäten neu umzusetzen. Dadurch wird Redundanz bei der Entwicklung vermieden.[44] Theoretisch können auf diese Weise beliebig viele externe Apps unterschiedlicher Mobilitätsdienstleistungen in einer Plattform integriert werden.

Denkt man diesen Ansatz einen Schritt weiter, kann nicht nur die beschriebene Heterogenität neuer Mobilitätsangebote und -dienstleistungen aufgefangen werden. Die Skalierbarkeit der Plattform kann zudem genutzt werden, um persönliche Präferenzen abzubilden. Grundvoraussetzung dafür ist ein einheitlicher semantischer Standard, der bei der Entwicklung einer Applikation über das SDK (System Development Kit) integriert werden müsste. Nutzer können dann – wie derzeit über die App-Stores möglich – ein individuelles Set an Applikationen zusammenstellen, die untereinander kommunizieren und Informationen austauschen. Auf diese Weise ließen sich alle Carsharing-Angebote in einer Plattform integrieren bzw. genau die Angebote, für die ein Nutzer eine Zugangsberechtigung besitzt. Damit besteht ein erster Ansatz, Applikationen für ÖV-Angebote und -Dienstleistungen stärker zu personalisieren.

---

44 Vgl. TROLLMANN (2011).

4.3 Optionen der Personalisierung von Auskunftssystemen

Mit Personalisierung wird in der Informationstechnik die Möglichkeit zur Anpassung eines Programms oder Dienstes an individuelle Bedürfnisse, Anforderungen oder Fähigkeiten bezeichnet. Die Personalisierung kann formale Aspekte umfassen, die sich stärker auf das Layout und die Visualisierung von Inhalten beziehen oder auf die Inhalte und Funktionen selber. Beide Personalisierungsoptionen können akzeptanzsteigernd wirken, weil sie die Identifikation des Nutzers mit der Applikation fördern. Bei Mobilitätsinformationssystemen kann die Personalisierbarkeit von Funktionen einen Beitrag zur nutzergerechten Ausgestaltung von Applikationen beitragen.

Naheliegend ist der Ansatz, Mobilitätsapplikationen durch die Option der An- bzw. Abwahl unterschiedliche Dienste und Dienstangebote zu personalisieren. Besonders bei der Integration unterschiedlicher Car- oder Bikesharing-Angebote erscheint dies sinnvoll. Ähnlich verhält es sich mit den unterschiedlichen Zugangssystemen (siehe dazu auch Kap. 5). Mit der Aus- oder Abwahl bestimmter Mobilitätsangebote und elektronischen Bezahlverfahren lassen sich individuelle Präferenzen stärker berücksichtigen. Das trifft auch für die Personalisierung der Routingalgorithmen zu, was technisch aber weitaus ambitionierter ist. Die als Demo-Version verfügbare App *TeleportR* sieht fünf Parameter vor, die als Schieberegler individuelle Einstellungen ermöglichen: fun, eco, fast, green, social. Eine für Nutzer wie für Programmierer einfachere Variante könnte Voreinstellungen entlang der Kategorien schnell, bequem, günstig, ökologisch bieten. Entsprechend würde ein Routing z. B. auf ICEs verzichten, wenn günstige Verbindungen gewünscht werden, oder auf das Carsharing, wenn eine ökologisch höherwertige Verbindung bevorzugt wird.

Die Realisierung dieser unterschiedlichen Optionen kann über die Umsetzung von individuellen Mobilitätsprofilen erfolgen, in der alle Personalisierungsoptionen zusammengefasst werden. Vor allem für mobilitätseingeschränkte Personen hätten solche Mobilitätsprofile einen besonderen Mehrwert. Um die Art der Mobilitätseinschränkung beschreiben zu können, sind zahlreiche Angaben notwendig, die von der Auswahl der erforderlichen Einstiegsart in ein Fahrzeug (ebenerdiger Einstieg bzw. Rampe erforderlich) über die Auswahl von Fußwegen (keine Treppen möglich, Rolltreppe gewünscht) bis hin zu erforderlichen Durchgangsbreiten reichen.[45] Diese müssen dann nur einmal eingegeben werden und werden dann bei jeder Verbindungsabfrage berücksichtigt.

Die genannten Optionen zur Personalisierung von mobilen Informationssystemen verfolgen das Ziel, die Eingabe und Auswahl bei der Verbindungssuche zu vereinfachen und damit als Informationsfilter zu dienen. Ein weiterer vielversprechender Ansatz besteht darin, persönliche Daten wie Termine oder POIs für die Auswahl von möglichen Verbindungen zu nutzen. Das wird im Folgenden unter dem Stichwort Kontextsensitivität diskutiert. Im Unterschied zu den manuell zu erstellenden Nutzer- bzw. Mobilitätsprofilen steht hier die Automatisierung im Vordergrund.

---

[45] Die Online-Auskunft des *RHEIN-MAIN-VERKEHRSVERBUNDS* (*RMV*) fragt 15 Parameter ab, um ein barrierefreies Routing zu realisieren.

4.4 Kontextsensitivität

Ziel der Kontextsensitivität ist es, möglichst viele explizite Eingaben des Nutzers durch eine automatische Erkennung des Benutzerkontextes zu ersetzen. Ebenso soll eine Analyse auch komplexen Nutzerverhaltens gedeutet werden, um ihn dabei zu unterstützen.[46] Die Interaktion des Nutzers mit dem System wird dabei von seinen Intentionen und Präferenzen, gegebenenfalls vorab gesammelten und aufbereiteten Informationen sowie von weiteren Informationen über die physikalische Umgebung des Nutzers beeinflusst.[47]

Mit der Erfassung des Kontexts lassen sich aufwändige Eingaben und Interaktionen des Nutzers mit dem System verringern und Komplexität reduzieren. Die Erfassung des Kontextes dient damit auch als Informationsfilter. Die Applikation *cairo* enthält bereits einige kontextsensitive Dienste, wie die Funktion „Unterwegs", mit der aktuelle Fahrten, d. h. der Zug, in dem sich der Nutzer befindet, gesucht und für ein weiteres Routing genutzt werden können. Die Position des Nutzers wird dabei über den Verlauf der GPS-Trackingpoints gedeutet. Damit kann unterschieden werden, ob sich ein Nutzer im ICE, in einem Nahverkehrszug oder einfach nur neben der Bahnstrecke befindet. Entsprechend können die Informationen bereitgestellt werden: Verfügbare Carsharing-Angebote am nächsten ICE-Halt, Anschlusszüge am Regionalbahnhof oder der Weg zur nächsten Bushaltestelle.

Werden darüber hinaus Kalendereinträge, Wetterinformationen und weitere externe Datenquellen integriert, lässt sich das Verständnis des Nutzerkontexts und der sich daraus ergebenden Informationsbedürfnisse weiter verbessern. Kombiniert man die Erfassung des Kontexts mit Push-Funktionen, so können bestimmte Dienste weitestgehend automatisiert werden. Werden Störungen auf dem täglichen Weg zur Arbeit ermittelt, wird der Nutzer nur an Werktagen zu bestimmten Uhrzeiten informiert. Durch einen Abgleich mit Kalendereinträgen können vorab Verbindungsvorschläge unterbreitet werden. Diese Vorschläge können dann je nach Wetterlage, Temperatur oder Jahreszeit variieren und individuellen Präferenzen angepasst werden.

Die Erfassung des Kontexts in Verbindung mit persönlichen Präferenzen erscheint derzeit ein vielversprechender Ansatz, die Komplexität möglicher Informationen zu reduzieren und nutzergerecht aufzubereiten. In der Praxis lassen sich erste Ansätze beobachten, Informationssysteme für den ÖV stärker zu personalisieren und dabei den Kontext des Nutzers zu berücksichtigen. Zahlreiche Forschungsaktivitäten in diese Richtung lassen vermuten, dass hier in den nächsten Jahren mit Innovationsschüben zu rechnen ist.

---

46 Vgl. *ACKERMANN* et al. (2009), S. 83.

47 Vgl. *ACKERMANN* et al. (2009), S. 90.

5 Zugangssysteme zu den Angeboten des ÖV

5.1 Ansätze elektronischer Ticketing-Verfahren

Der Zugang zu den klassischen ÖV-Angeboten mit elektronischen Tickets kann in drei unterschiedlichen Abstufungen erfolgen, die vom einfachen bargeldlosen Bezahlen (ePayment), über elektronische Tickets (eTicket), die auf einer Chipkarte oder dem Smartphone geladen werden, bis hin zu automatisierten Ticketsystemen reichen. Technisch anspruchsvoll ist vor allem die letzte Variante, da die genutzten Verkehrsmittel und damit auch die Ticketpreise erst ex post über die Rekonstruktion der Routen ermittelt werden. Dazu können GPS-Daten genutzt werden oder die via 2D-Barcodes oder NFC-Technologie erfassten Zu- und Ausstiegspunkte. Befindet sich ein Nutzer nach dem Check-in-Vorgang im System, kann er es so lange und so intensiv nutzen, wie gewünscht. Bei den automatisierten Systemen lassen sich zwei Ansätze unterscheiden: Check-In/Check-Out-Systeme (CICO) und Be-In-/Be-Out-Systeme (BIBO). Während CICO-Systeme jeweils zum Fahrtantritt und Nutzungsende eine Interaktion des Nutzers mit dem System erfordern, ist dies bei BIBO-Systemen nicht erforderlich. Der Nutzer muss nur ein Verkehrsmittel betreten, alle anderen Prozesse erfolgen über Funk ohne weiteres Zutun.

Derzeit bestehen in Deutschland drei Zugangssysteme zum klassischen ÖV, die über regionale Lösungen hinausreichen. Dazu zählen bei der Deutschen Bahn die Systeme *Touch&Travel* (CICO) und das *DB Tickets*-System (eTicket). Daneben ist das *Handy-Ticket Deutschland* (eTicket) weit verbreitet. Weitere Zugangssysteme sind produktspezifisch ausgelegt und bieten meistens als RFID-basierte Kartenlösung Zugang zu einem intermodalen Angebot. Von besonderem Interesse ist hier das System *Touch&Travel*, da es den größten Beitrag zur Komplexitätsreduktion leistet.

5.2 Das System Touch&Travel

Während bei eTicketing-Systemen vor der Fahrt alle buchungsrelevanten Daten eingegeben werden müssen und auf dieser Basis ein Ticket für eine bestimmte Verbindung bzw. eine spezifische Fahrtberechtigung erstellt wird, stellt das System *Touch&Travel* der *Deutschen Bahn* einen grundsätzlich anderen Ansatz dar, bei dem vorab keine genaue Informationen zur beabsichtigten Fahrt benötigt werden. Bei *Touch&Travel* handelt es sich um ein CICO-System, bei dem ein Kunde sich bei Fahrtantritt über das System anmeldet und dadurch eine (zeitlich unbegrenzte) Fahrterlaubnis erhält. Der Kunde kann mit dieser Fahrterlaubnis derzeit deutschlandweit alle Fernverkehrsverbindungen nutzen sowie ausgewählte Verbindungen ins Ausland. Zudem sind die Verkehrsverbünde *VBB* und *RMV* beteiligt. Nach der Nutzung, beim Verlassen des ÖV-Systems, meldet sich der Kunde mit wenigen Tastendrücken ab (Check-Out-Vorgang), das Hintergrundsystem identifiziert dann auf Basis unterschiedlicher Ortungstechnologien (Funkzellenortung, GPS, Daten aus Fahrscheinkontrollen) die zurückgelegte Verbindung bzw. die genutzten Verkehrsmittel und ermittelt im Nachhinein den entsprechenden Fahrpreis. Vorteil dieses Systems ist die hohe Flexibilität, da es Open-End-Fahrten ermöglicht und den Nutzer von der Kenntnis des Tarifs entlastet. Zudem müssen nicht mehrere Tickets für die unterschiedlichen Verbünde bzw. für Nah- und Fernverkehr erworben werden. Ein besonderes Feature bei *Touch&Travel* ist die Ermittlung von Bestpreis-Tarifen, d. h., dass mehrere Einzelfahrten innerhalb eines Tages automatisch zu einem günstigeren Tagesticket zusammengefasst werden. Im Gegensatz zu den Handy-Ticketing-Versionen entfällt jedoch die Kostentransparenz, da der Fahrpreis erst nach Fahrtende bzw. dem Check-Out-Vorgang endgültig festgestellt werden kann. Wochen- oder Monatskarten sind mit diesem System derzeit noch nicht darstellbar.

Während in der Ursprungsversion das Check-In- und Check-Out-Verfahren ausschließlich NFC-gestützt erfolgte, wurde das System um eine 2D-Barcode-Variante erweitert, um die Nutzung des Dienstes auch mit Smartphones ohne NFC-Funktionalität zu ermöglichen. Ebenso kann die Position des Nutzers über GPS ermittelt werden, das System listet dann mögliche Haltestellen und Bahnhöfe im Umfeld der aktuellen Position des Nutzers auf.

5.3 Nutzeranforderungen an Zugangssysteme

Der nutzerfreundlichste, aber technisch anspruchsvollste Ansatz, dem Nutzer ohne weiteres Zutun den Zugang zu ÖV-Angeboten zu ermöglichen und diese zu fakturieren, also das BIBO-System, ist bislang nur in Pilotprojekten realisiert worden. In den begleitenden Projekten zur *VDV*-Kernapplikation wurden neun unterschiedliche Verfahren zur Umsetzung einer automatisierten Be-Out-Funktion identifiziert. Gerade hier liegt die Schwachstelle bei CICO-Systemen, da besonders beim Verlassen des ÖV-Systems oft der Check-Out-Vorgang vergessen wird und der Nutzer – bewegt er sich weiter im ÖV-System, ist aber im Besitz einer Zeitkarte für einen bestimmten Verkehrsverbund – ÖV-Leistungen doppelt bezahlen muss. Die *Touch&Travel*-App ist inzwischen um eine Erinnerungsfunktion erweitert worden, die den Nutzer zu einer definierten Uhrzeit nach dem Verlassen des Systems an den Check-Out-Vorgang erinnert.

Automatisierte Ticketing-Systeme wie *Touch&Travel* entsprechen den Nutzeranforderungen nach einem einfachen Zugangsverfahren. Gewünscht wird vor allem eine Umsetzung von CICO- oder BIBO-Systemen für alle klassischen ÖV-Angebote, also auch den ÖPNV, wie die Begleitforschung von *cairo* ergeben hat. Seltener gewünscht ist die Integration von Car- oder Bikesharing-Angeboten in die Bezahlsysteme. Dabei stellt deren Integration bei einer Preisermittlung ex post keine zu große Herausforderung dar. Da die Fakturierung der Carsharing-Produkte über die vom Fahrzeug erfassten und an das Back-End-System übermittelten Wegstrecken erfolgt, ist dafür lediglich die Funktionserweiterung „Fahrzeug öffnen“ im Smartphone erforderlich. Die verursachten Kosten werden nach dem Check-Out-Vorgang angezeigt, die genaue Fakturierung aller in Anspruch genommenen Mobilitätsdienstleistungen erfolgt dann am Monatsende mit einer Mobilitätsrechnung. Die systemische Anforderung besteht dabei weniger in der Konzeption einer Applikation, – das Öffnen von Fahrzeugen ist eine Standardfunktion im Carsharing, egal ob dieser Prozess von einem Smartphone oder einer RFID-Karte ausgelöst wird – sondern vielmehr in einer zentralen Erfassung und Rechnungslegung der in Anspruch genommenen ÖV-Leistungen. Werden umfassende Mobilitätsdienstleistungen von mehreren kooperierenden Unternehmen angeboten, stellt sich der Frage, wer übernimmt das Haftungsrisiko, wer ist der Endkundenhalter usw. Die kritischen Faktoren bei der Erstellung umfassender integrierter Mobilitätsdienstleistungen sind in diesem Falle also weniger technischer Natur, sondern vielmehr unternehmenspolitische Herausforderung von Kooperationspartnern.

6 Bewertung und Ausblick

Die ersten Smartphone-Apps waren einfache und intuitiv bedienbare Anwendungsprogramme mit sehr fokussiertem Funktionsumfang. Eine Wasserwaage konnte nur als Wasserwaage eingesetzt werden, ein Kompass zeigte die Himmelsrichtungen an, mehr nicht. Mit der verbesserten Leistungsfähigkeit der Smartphones hat sich auch der Funktionsumfang der Apps vergrößert. Inzwischen ist ein Sättigungsgrad an Funktionalität erreicht, der bei weiterer Komplexitätssteigerung zur Dysfunktionalität führen kann. Bei Apps mit großem Funktionsumfang werden viele Funktionen vom Nutzer gar nicht mehr wahrgenommen, tatsächlich genutzt wird nur ein Bruchteil der zur Verfügung stehenden Informationsangebote. Um die vielen neuen Möglichkeiten und Anforderungen, die durch den veränderten Mobilitätsmarkt entstehen, sinnvoll und nutzergerecht in Apps zu integrieren, müssen neue Konzepte der Menüführung, des Funktionsmanagements und der Informationsdarbietung entwickelt werden.

Viele innovative Ansätze stammen dabei nicht von den Verkehrsunternehmen, sie lassen sich oftmals bei kleinen Start-ups beobachten, die mit zielorientierten Lösungen neue Wege aufzeigen. Ein erneuter Blick auf die zahlreichen Carsharing-Angebote und deren informationstechnische Hinterlegung zeigt zunächst für jeden Anbieter eine funktionale App. Diese Dienste folgen der Logik „Suchen und Buchen“, sind einfach strukturiert und intuitiv bedienbar. Doch jede App bietet nur den Zugang zu dem spezifischen Angebot des Carsharing-Betreibers. Eine Darstellung aller Angebote in einer Ansicht ist über diese Apps nicht möglich. Eine Lösung bietet das Schweizer Unternehmen *AppBrain*. Mit deren Applikation *MOBILITY MAP* lassen sich die Standorte aller Carsharing- und ausgewählter Bikesharing-Angebote in einer Karte anzeigen. Zudem bietet die App die Funktionen „Reservieren“ und „Navigation“ an. Doch hier zeigen sich auch die Limitierungen solcher anbieterfernen Entwicklungen. Das „Reservieren“ ist nur für die Angebote *DriveNow* und *Car2go* möglich, für das *Flinkster*-Angebot steht diese Option nicht zur Verfügung, da diese nicht über die Schnittstelle angeboten wird. Eine ähnliche Limitierung fällt bei der Funktion „Navigation“ auf, die dazu dient, sich von der eigenen Position zu einem Fahrzeug navigieren zu lassen. Wählt man diese Funktion aus, erscheint eine Liste an Navigations-Apps, die bereits vorher auf das Smartphone geladen wurden. Wird eine Navigations-App über diese Funktion aufgerufen, werden die Koordinaten des ausgewählten Fahrzeugs an die Navigations-App übergeben. Viele Applikation können diese Information jedoch nicht richtig verarbeiten und interpretieren diese Ziffernfolgen als Postleitzahl. Hier fehlen Standardisierungen und Interoperabilität.

Wie bereits bei der *BeMobility-Suite* beschrieben, könnten solche Standards in Form von Klassen und Datenformaten über die Entwicklungsumgebungen, den SDKs, bereitgestellt werden. Mit einem standardisierten Set an semantischen Beschreibungen ließe sich die Informationsübergabe zwischen beliebigen Apps realisieren. Damit würde auch die Notwendigkeit einer eierlegenden Wollmilch-App entfallen. Ein Nutzer stellt sich über die App-Stores ein individuelles Set an benötigten Applikation zusammen, der semantische Standard sichert die Kommunikationsfähigkeit. Die zwischen den Apps ausgetauschten Informationen würden über diesen Standard sinnvoll interpretiert werden. Auch spezifische App-seitige Kartendarstellungen könnten dadurch entfallen. Nach dem Öffnen der Kartenansicht über den Arbeitsplatz ließen sich über einen Button „Mobilitätsangebote anzeigen“ die Standorte der Carsharing-Fahrzeuge und Mieträder entsprechend der bereits heruntergeladenen Carsharing-

Apps als Symbole anzeigen. Über diese Symbole in der Kartenansicht können dann die Fahrzeuge gebucht werden oder aber man lässt sich den Weg dorthin anzeigen.

Derzeit stehen diesem Ansatz vor allem noch praktische Probleme entgegen, da nicht jedes potenziell zu integrierende Datum vorab semantisch beschrieben werden kann. Hier müsste ein Art Standardisierungskomitee die Weiterentwicklung dieses Standards steuern und überwachen. Wird dieser Ansatz konsequent verfolgt, ergeben sich zahlreiche Vorteile. Man erreicht eine größere Übersichtlichkeit, da die Redundanz bei der App-Entwicklung vermieden würde. Auch ein zentrales Erfassen aller Verkehrsdaten, wie es beim Mobilitätsdatenmarktplatz vorgesehen ist, wäre nicht mehr erforderlich. Ebenso könnten alle Buchungs-, Reservierungs- und Ticketoptionen über die spezifischen intermodalen Angebote abgebildet werden, ohne das Dritte mit sensiblen Geschäftsprozessen betraut werden. Ein einheitlicher Kundenhalter, der am Monatsende eine Mobilitätsrechnung für alle in Anspruch genommenen Leistungen erstellt, würde allerdings zunächst entfallen. Ebenso müssten die bereits bestehenden Zugangssysteme für die ÖV- bzw. ÖPNV-Kernleistungen flächendeckend erweitert werden. Mit den beschriebenen Möglichkeiten der Informationsfilterung durch Personalisierung und Kontexterfassung ließen sich dann die einzelnen, fokussierten Mobilitätsapplikationen zu einem Assistenzsystem erweitern, das proaktiv und ohne weiteres Zutun des Nutzers die benötigten Informationen bereitstellt.

Werden die beschriebenen technischen Systeme logisch über Semantiken miteinander verknüpft und – im Hinblick auf die Zugangssysteme – flächendeckend ausgebaut, ließe sich der öffentliche Verkehr mit den intermodalen Angeboten des Car- und Bikesharing sowie weiteren Mobilitätsdienstleistungen zu einem funktionalen Äquivalent des privaten Automobils erweitern.[48] Mit so einem mobilen Assistenzsystem würde die Routinefähigkeit des gesamten ÖV-Systems vergrößert und die Sichtbarkeit alternativer Angebote gesteigert werden. Der Verkehr würde dann in Zukunft ganz einfach funktionieren: „Man tritt aus dem Haus und nimmt sich das gerade passende Verkehrsmittel. Kein langes nachdenken, kein Ticketkauf, keine Orientierungsprobleme, keine Suche nach dem eigenen Auto“[49].

So verführerisch diese Vision klingt und so vielversprechend die technischen Entwicklungen auch sein mögen, es fehlt der gemeinsame Wille. Auch wenn Automobilhersteller Carsharing- oder sogar Ridesharing-Angebote im Portfolio haben, bleiben sie am Umsatz gemessen doch Autobauer und keine „Mobility Service Provider“. Auch wenn neue Werteorientierungen unter jungen Menschen konstatiert werden können, die dem Gedanken „nutzen statt besitzen“ entsprechen, ist für einen Großteil das Auto nach wie vor Symbol für Unabhängigkeit und Freiheit. Auch wenn sich in den großen Städten zahlreiche Carsharing-Angebote etablieren, bleiben die Straßen weiterhin gesäumt vom privaten Blech. Und auch wenn die mobilen Informationsangebote zu einer größeren Transparenz des ÖVs beitragen, gewinnt man damit wohl kaum neue Nutzer, die nun das eigene Auto stehen lassen und anfangen Bus zu fahren. So bleibt zu konstatieren, dass aus heutiger Sicht der *einfache* Verkehr der Zukunft wohl noch ein ganzes Stück entfernt liegt. Dennoch sollte die derzeitige Dynamik und auch die Offenheit für neue Ideen und Ansätze genutzt werden, den ÖV transparenter und damit attraktiver zu gestalten.

---

[48] Vgl. CANZLER (2006), S. 21.

[49] CANZLER/KNIE (2001), S. 17.

Quellenverzeichnis

ACCENTURE (2009): Mobile Web Watch 2009. Das mobile Internet erreicht den Massenmarkt, online: http://www.accenture.de, Stand: 23.07.2012, Abruf: 23.07.2012.

ACCENTURE (2010): Mobile Web Watch-Studie 2010. Durchbruch auf Raten – mobiles Internet im deutschsprachigen Raum, online: http://www.accenture.de, Stand: 23.07.2012, Abruf: 23.07.2012.

ACKERMANN, R. et al. (2009): Wesentliche technologische Eigenschaften und Trends, in: *HERZOG, O./SCHILDHAUER, T.* (Hrsg.), Intelligente Objekte. Technische Gestaltung – Wirtschaftliche Verwertung – Gesellschaftliche Wirkung, Berlin/Heidelberg 2009, S. 75–95.

ADL (2009): Zukunft der Mobilität 2030 – Die Automobilindustrie im Umbruch? o. O. 2009.

AJZEN, I. (1991): The Theory of Planned Behavior, in: Organizational Behavior and Human Decision Processes, 50. Jg. (1991), Nr. 2, S. 179–211.

AUTOMOBILWOCHE (2012): DriveNow kooperiert mit BVG, Automobilwoche vom 4. Juli 2012. online: http://www.automobilwoche.de/article/20120629/REPOSITORY/120629886/1279/drivenow-kooperiert-mit-bvg, Stand: 23.07.2012,Abruf: 23.07.2012.

BAMBERG, S. (2004): Verkehrsmittelwahl: Eine Frage des Eigennutzes, der Moral oder der Gewohnheit?, in: *ZANGER, C./HABSCHEID, S./GAUS, H.* (Hrsg.), Bleibt das Auto mobil? Mobilität und Automobilität im interdisziplinären Diskurs, Frankfurt am Main et al. 2004, S. 241–259.

BMVBS (2009): Bundesweites Modellvorhaben „Förderprogramm Modellregionen Elektromobilität" vom 26. März 2009, online: http://www.bmvbs.de/cae/servlet/contentblob/31004/publicationFile/467/foerderprogramm-modellregion-elektromobilitaet.pdf, Stand: 26.03.2009, Abruf: 27.07.2012.

BMWI et al. (2009): Auszug aus dem Bericht an den Haushaltsausschuss; Konjunkturpaket II, Ziffer 9 Fokus „Elektromobilität" vom 10.03.2009, online: http://www.foerderinfo.bund.de/_media/elektromobilitaet_konjunkturpaket_ii.pdf, Stand 10.3.2009, Abruf: 24.07.2012.

BLEYL, M./FROMMENWILER, T. (2012): VDV 45x oder Google? Neue Schnittstellen für den Datenaustausch, Vortrag auf dem itcs-Seminar, online: http://www.itcs-info.de/download/ITCS_Seminar_Mar_12/TO-05-VDV%2045x%20oder%20Google-Dr.%20Bleyl-ATRON.pdf, Stand: 10.08.2012, Abruf: 10.08.2012.

CANZLER, W. (2006): Designperspektiven innovativer Mobilitätsdienstleistungen – Soziologische Grundlagen, in: *HERDEGEN, K./RAMMLER, S.* (Hrsg.), Designperspektiven innovativer Mobilitätsdienstleistungen, Braunschweig 2006, S. 13–30.

CANZLER, W./KNIE, A. (2009): Vorsicht! E-Mobility-Hype! Die Elektrorevolution gibt es nur, wenn das Auto neu definiert wird. Fünf Thesen, in: changeX; Ressort Arbeit & Leben vom 22.10.2009.

CANZLER, W./KNIE, A. (2011): Einfach aufladen. Mit Elektromobilität in eine saubere Zukunft, München 2011.

CHRISTOPH, U. et al. (2010): Context Detection on Mobile Devices. Paper präsentiert auf der 2010 International Conference on Indoor Positioning and Indoor Navigation (IPIN), 15.–17. September 2010, Zürich 2010.

GENNARO, M. et al. (2010): Eigentums- und Nutzungsrechte im öffentlichen Verkehr. Abschlussbericht des Forschungsvorhaben Nr. 70.825 im Auftrag des BMVBS, Berlin 2010.

*HOFFMANN, CHR.*et al. (2012): Bewertung integrierter Mobilitätsdienste mit Elektrofahrzeugen aus Nutzerperspektive. Ergebnisse der Begleitforschung im Projekt BeMobility – Berlin elektroMobil. InnoZ-Baustein 11, Berlin 2012.

HRADIL, S. (2006): Soziale Milieus – eine praxisorientierte Forschungsperspektive, in: Das Parlament, Berlin 2006, S. 44–45.

HUNSICKER, F. et al. (2008): Megatrends und Verkehrsmarkt. Langfristige Auswirkungen auf den Personenverkehr. InnoZ-Baustein Nr. 4, Berlin 2008.

HUNSICKER, F./SOMMER, C. (2012): Mobilitätskosten 2030: Preisauftrieb setzt sich fort, in: Internationales Verkehrswesen, 64. Jg. (2012), Nr. 4, S. 54–56.

IHL, J. M. (2008a): BVG stößt Kunden mit iPhone vor den Kopf, in: taz, 2008 vom 31.10.2008.

IHL, J. M. (2008b): iPhone-Fahrplan für Nahverkehr doch erlaubt, in: taz, 2008 vom 11.11.2008.

IPHONE-TICKER (2012):Verhandlungen hinter geschlossenen Türen: Googles Fahrplansuche in Deutschland weiterhin nicht in Sicht, online: http://www.iphone-ticker.de, Stand: 28.03.2012, Abruf: 05.08.2012.

KARL, A. (2005): Strukturelle Reformblockaden im Öffentlichen Verkehr – Eine Krisenanalyse, in: *SCHÖLLER, O.* (Hrsg.), Öffentliche Mobilität. Perspektiven für eine nachhaltige Verkehrsentwicklung, Wiesbaden 2005, S. 70–95.

KARL, A. (2008): Öffentlicher Verkehr im Gewährleistungsstaat. Der ÖPNV zwischen Regulierung und Wettbewerb, Berlin 2008.

KARL, A./MAERTINS, CHR. (2009): Intermodales Angebotsdesign: Die Schließung der Angebotslücken zwischen öffentlichem Verkehr und privater Mobilität. InnoZ-Baustein Nr. 5, Berlin 2009.

KNIE, A. (1997): Die Interpretation des Autos als Rennreiselimousine: Genese, Bedeutungsprägung, Fixierung und verkehrspolitische Konsequenzen, in: *DIENEL, H.-L./TRISCHLER, H.* (Hrsg.), Geschichte der Zukunft des Verkehrs. Beiträge zur historischen Verkehrsforschung, Bd. 1., Frankfurt am Main/New York 1997, S. 243 ff.

KNIE, A. (2009): Das NaVö – oder wie das Handy den öffentlichen Verkehr privatisiert, in: GDI Impuls. Wissensmagazin für Wirtschaft, Gesellschaft, Handel, 2009, S. 32–37.

NENSETH, V./HJORTHOL, R. (2007): Social Trends Affecting Car Use (= TOI report, 874/ 2007), Oslo 2007.

QUIRING, O. (2006): Methodische Aspekte der Akzeptanzforschung bei interaktiven Medientechnologien, in: Münchener Beiträge zur Kommunikationswissenschaft Nr. 6 (Dezember), München 2006.

QUIRING, O. (2007):Social Influences on Acceptance and Adoption of Interactive Technologies, in: *HESS, T.* (Hrsg.), Ubiquität, Interaktivität, Konvergenz und die Medienbranche, Göttingen 2007, S. 109–126.

ROGERS, Y. (2006): Moving on From Weiser's Vision of Calm Computing: Engaging UbiComp Experiences, in: UbiComp 2006: Ubiquitous Computing: 8th International Conference, September 2006, Orange County (CA), S. 404–421.

SCHELEWSKY, M./BOCK, B./JONUSCHAT, H. (2012): „Einfach und komplex" – Nutzeranforderungen an intermodale Smartphone-Applikationen zur individuellen Routenplanung, InnoZ-Baustein Nr. 13, Berlin 2012 (im Erscheinen).

SIMON, B. (2001): Wissensmedien im Bildungssektor. Eine Akzeptanzuntersuchung an Hochschulen, Wien 2001.

TROLLMANN, F. (2011): Datenschnittstellen und Service Interconnection Unterschiedliche Möglichkeiten der Datenintegration. Erfahrungen aus dem Projekt „BeMobility – Berlin elektroMobil", online: http://www.innoz.de/, Stand: 14.09.2011, Abruf: 02.08.2012.

UN (2011): World Urbanization Prospects. The 2011 Revision. Highlights, New York 2011.

Elektronische Tagebücher im Selbstmanagement des Diabetes mellitus

HEIKO BURCHERT, HORST MERTENS und *JANKO SCHILDT*

Fachhochschule Bielefeld und *EMPERRA GmbH – E-Health Technologies, Potsdam*

Executive Summary

Elektronische Tagebücher im Selbstmanagement des Diabetes mellitus bedeuten eine Abkehr von der papiergebundenen Dokumentation der mit der Selbstversorgung eines Diabetikers verbundenen Daten. Durch den Einsatz bspw. eines telemedizinischen Systems bei der Betreuung und Versorgung von Diabetikern – der erste Aspekt von Innovation – werden alle Daten automatisch und ohne Zutun des Patienten erhoben und dokumentiert. Sie liegen somit zugleich digital vor. Der zweite Aspekt von Innovation bei diesem Thema ist in der spürbar eintretenden Verbesserung der Versorgungsqualität zu sehen. Innovativ daran ist nicht zuletzt, dass durch ein solches System neben weiteren Aspekten auch dem Unwesen „Verkauf der Blutzuckerteststreifen auf *ebay* und Realisierung eines Nebenverdienstes statt Nutzung dieser Teststreifen zur Messung des Blutzuckerwertes“ ein Riegel vorgeschoben werden kann.

1 Einführung

Das Thema „Elektronische Tagebücher im Selbstmanagement des Diabetes mellitus“ greift die beiden Themenschwerpunkte des Bandes „Innovation“ und „Digitalisierung“ wie in der Abbildung 1 dargestellt auf.

Abbildung 1: Themenbezogener Zusammenhang zwischen Innovation und Digitalisierung

Viele der bisher eingesetzten und als elektronische Tagebücher bezeichneten Lösungen für den Bereich Diabetes mellitus sind in der Mehrzahl Datenbanksysteme, in die lediglich teilautomatisiert Blutzuckerwerte aus den Speichern der Blutzuckermessgeräte eingespeist werden können. Zusätzlich wird häufig die Möglichkeit angeboten, „analoge“ Daten per Hand, z. B. Insulinwerte, einzupflegen. Damit ist weiterhin eine Fehlerquelle, die durch die menschliche Interaktion hinzukommt, gegeben. Innovative elektronische Tagebücher bei der Versorgung und Betreuung von Diabetikern sollten automatisch generiert sein, wenn bspw. telemedizinische Systeme zum Einsatz gebracht werden. Diese tragen dann unter anderem dazu bei, dass ein handschriftliches Diabetes-Tagebuch nicht mehr geführt werden muss. Aus medizinischer Sicht sind für ein objektivierbares Stoffwechselprofil eines Diabetes-Patienten vor allem Blutzuckerwerte, Brot- bzw. Kohlenhydrateinheiten und Insulinapplikationen relevant. Automatisiert generierte digitale und nachträglich nicht manipulierbare Daten versetzen den betreuenden Arzt zudem in eine optimierte Behandlungssituation, weisen sie doch eine deutlich höhere Qualität und Quantität – nicht zuletzt auch bedingt durch eine höhere Vollständigkeit dieser Daten – auf. Somit besteht die Möglichkeit für den Arzt, die Versorgung und

Betreuung von Diabetikern in ein wirkliches Selbstmanagement, welches in den Händen des Diabetikers ruht, zu überführen. Damit lassen sich zugleich auch die bekannten Defizite des bisherigen Selbstmanagement eines Diabetes mellitus beheben.

Diesen Punkten wird im folgenden Beitrag nachgegangen. Der Abschnitt 2 gewährt Einblicke in den Diabetes mellitus und in die bisherigen Formen eines Selbstmanagement. Im Abschnitt 3 erfolgt eine Konzentration auf die ökonomischen Dimensionen der Defizite des bisherigen Selbstmanagement von Diabetikern. Dies lässt sich vor allem an einer Analyse der auf *ebay* zu findenden und von Privat angebotenen Blutzuckerteststreifen zeigen. Im Abschnitt 4 wird dann auf die telemedizinische Innovation bei der Versorgung und Betreuung von Diabetikern und deren Effekte für den Behandlungsprozess eingegangen.

2 Das Selbstmanagement beim Diabetes mellitus

2.1 Der Diabetes mellitus

Der Diabetes mellitus zählt zu den Volkskrankheiten in Deutschland. Die Zahl der Diabetiker beläuft sich je nach Schätzung zwischen 6 und 10 Mio. Bundesbürger. Die Zahl der Neuerkrankungen pro Jahr steigt stetig.[1]

Die chronische und damit lebenslange Krankheit Diabetes mellitus wird nach medizinischen Gesichtspunkten in verschiedene Typen unterteilt. Die beiden wichtigsten sind der Typ I und der Typ II. Der Typ-I-Diabetes tritt häufig bereits im Kindes- oder Jugendalter auf und ist durch einen absoluten Mangel an Insulin gekennzeichnet. Dieser wird durch autoimmunologische Zerstörung von Insulin-bildenden Zellen der Bauchspeicheldrüse hervorgerufen. Die Patienten können nicht ohne eine Insulintherapie überleben. Nach aktuellen Erhebungen geht man von einem Anteil in Höhe von ca. 5 % aller Diabetes-Erkrankten aus.

Der Typ-II-Diabetes (früher auch als Altersdiabetes bezeichnet) ist vor allem durch eine verminderte Insulinsensibilität des Organismus gekennzeichnet. Bei 15 % kommt außerdem ein immunologisch getriggerter Insulinmangel hinzu. Dieser wird neben genetischer Prädisposition vor allem durch eine falsche Ernährung und einen Bewegungsmangel ungünstig beeinflusst. Übergewicht gilt als wichtigster Risikofaktor für die Manifestation eines Diabetes mellitus Typ II. Diese Form kann – zumindest in den Anfangsstadien – durch diätetische Maßnahmen, körperliche Bewegung und durch orale Antidiabetika günstig beeinflusst werden. Langfristig sind aber viele dieser Patienten an die Insulintherapie gebunden, um eine gewisse Blutzuckerstoffwechsel-Homöostase gewährleisten zu können. Insgesamt ergibt sich für diese Gruppe ein Anteil von ca. 90 % aller Diabetiker.[2] Aus Hochrechnungen der GEMCAS-Studie, einer Querschnittsbefragung von Hausärzten, kann auf eine Verteilung von ca. 94 % Typ-II-Diabetiker und ca. 6 % Typ-I-Diabetiker geschlossen werden.[3]

---

1 Vgl. *HAUNER* (2010), S. 9.

2 Vgl. *HÄUSSLER/KLEIN/HAGENMEYER* (2009), S. 4.

3 Vgl. *MOEBUS* et al. (2009), S. 34.

Neben der primären Diabetes-Erkrankung sind vor allem die durch den veränderten Glukose-Stoffwechsel bedingten Gefäßerkrankungen (Makro- und Mikroangiopathien) langfristig für die Ausbildung der komplikationsreichen und damit kostenintensiven Folgeerkrankungen relevant. Hierzu zählen Herz-Kreislauf-Erkrankungen mit Herzinfarkten, Schlaganfälle, Nephropathien, Retinopathien mit Erblindungsrisiko, Neuropathien und das diabetische Fußsyndrom mit drohender Amputation.[4]

Diabetiker haben ein ca. vierfach höheres Herzinfarktrisiko und ein mindestens zweifach höheres Risiko für Schlaganfälle. Makroangiopathische Veränderungen schlagen sich insbesondere in dem Auftreten kardiovaskulärer Komplikationen nieder. So treten z. B. Herzinfarkte drei- bis viermal häufiger bei Diabetikern im Vergleich zu Nichtdiabetikern auf.[5]

Die diabetische Nephropathie stellt eine weitere schwerwiegende mikroangiopathische Komplikation des Diabetes mellitus dar. Aufgrund des schleichenden meist durch den Patienten nicht wahrgenommenen Verlaufs der Erkrankung wird die Diagnose häufig erst zufällig im Rahmen von Laboruntersuchungen gestellt.[6] Ein erstes klinisches Zeichen für das Vorliegen einer diabetischen Nephropathie ist eine Mikroalbuminurie. Bei der Nichtbehandlung einer Mikroalbuminurie kommt es zu einer langsam fortschreitenden Zerstörung des Nierengewebes und damit zu einer zunehmenden Beeinträchtigung der Blutreinigungsfunktion. Die terminale Niereninsuffizienz stellt das Endstadium der Erkrankung dar und macht eine Nierenersatztherapie in Form einer Dialyse oder Nierentransplantation notwendig. In Deutschland wurden zum Stichtag 31. Dezember 2001 57.188 Patienten mit Verfahren der chronischen Nierenersatztherapie in Folge eines Nierenversagens versorgt. Mindestens 30 % aller Diabetiker entwickeln im Laufe ihres Lebens eine solche Nierenerkrankung. Nahezu ein Drittel aller Dialysen oder Nierentransplantationen sind auf Diabetes mellitus zurückzuführen.[7] Der Diabetes als Grunderkrankung für ein Nierenversagen gewinnt immer stärker an Bedeutung.[8] Bei 22 % der Patienten liegt als Ursache ein Diabetes [Typ-I-Diabetes 5 % (2.860); Typ-II-Diabetes 17 % (9.722)] vor.[9]

Auch die Netzhautveränderungen durch den Diabetes mellitus, die Retinopathien, sind Grund für ein fünfmal höheres Erblindungsrisiko gegenüber der Normalpopulation. Krankhafte Veränderungen von Blutgefäßen in Folge der Diabeteserkrankung werden häufig zunächst an der Netzhaut (Retina) festgestellt. Im Rahmen der diabetischen Retinopathie kommt es zu einer Schädigung der Netzhautgefäße, welche die lichtempfindlichen Zellen mit Sauerstoff und Nährstoffen versorgen. Bei Nichtbehandlung wird die Erkrankung über das Stadium der proliferativen Retinopathie und/oder das des diabetischen Makulaödems zu einer Beeinträchtigung des Sehvermögens bis hin zur Erblindung des Patienten führen.[10]

---

4 Vgl. *Hamm* (1995), S. 52.

5 Vgl. *Schulze* et al.(1998), S. 503.

6 Vgl. *Greiner* (1999), S. 165.

7 Vgl. *Frei/Schober-Halstenberg* (2002), S. 9 und S. 17 f.

8 Vgl. *Grabensee* (2000), S. 132, sowie *Frei/Schober-Halstenberg* (2002), S. 35 f.

9 Vgl. *Frei/Schober-Halstenberg* (2002), S. 35.

10 Vgl. *Bull/Klebingat* (2002), S. 2.

Das diabetische Fußsyndrom manifestiert sich durch Nerven- und Gefäßveränderungen und kann bis hin zu Amputationen führen. Von dieser Erkrankung sind mindestens ein Zehntel aller Diabetiker betroffen. Rund 25 % der Gesamtkosten für die stationäre Behandlung von Diabetikern werden durch das diabetische Fußsyndrom verursacht.[11] Die Amputation stellt das Endstadium der Erkrankung dar. Für 85 % dieser Amputationen sind Fußulzera an den unteren Extremitäten verantwortlich, die bei 15 % der Diabetiker im Laufe ihrer Diabeteserkrankung auftreten.[12] Jährlich werden ca. 28.000 Amputationen bei Diabetikern durchgeführt.[13]

Nach statistischen Erhebungen in Deutschland versterben ca. 3 von 100.000 Einwohnern vor dem 65. Lebensjahr an Diabetes mellitus. Bezieht man allerdings Folgekrankheiten des Diabetes mit ein, so ergibt sich allein für Herzinfarkt als Todesursache eine um mindestens ein halbes Jahr im Durchschnitt verringerte Lebenserwartung der 60-Jährigen.

Gemäß der beiden KoDim-Studien[14] beliefen sich die Gesamtkosten für die Behandlung des Diabetes mellitus in Deutschland im Jahre 2000 auf 27,8 Mrd. Euro. Im Jahr 2007 wurden bereits 42,0 Mrd. Euro verausgabt. Dies entspricht einem Wachstum um 51,1 %. Allein die Kosten für die medizinische Versorgung der Diabetiker stiegen von 2000 auf 2007 von 12,9 auf 19,1 Mrd. Euro an. Rund ein Drittel davon gehen in die ärztliche Betreuung der Diabetiker und ihre Versorgung mit Insulin, Kanülen, Blutzuckerteststreifen und Lanzetten. Die restlichen zwei Drittel werden jedes Jahr zur Behandlung der mit Diabetes mellitus verbundenen Folgekrankheiten aufgewandt. Hierzu zählen u. a. – wie bereits angesprochen – das Nierenversagen mit der anschließenden Dialyse, die diabetische Retinopathie, die bis zur Erblindung führt, oder der diabetische Fuß, der mit einer Amputation und einer Versorgung mit Körperersatzstücken verbunden ist.

Der Diabetes mellitus ist also eine Volkskrankheit mit immenser gesundheitsökonomischer Bedeutung, die sich insbesondere in einer Kostenbelastung der gesetzlichen Krankenversicherungen zeigt. Demgemäß fand diese Erkrankung als eine der ersten Eingang in strukturierte Behandlungsprogramme. Von Seiten der Gesundheitspolitik und der Selbstverwaltung wird seitdem größte Aufmerksamkeit der Definition von Anforderungen an strukturierte Behandlungsprogramme und deren Umsetzung gewidmet. Gemäß dieser Anforderungen mündet die sektorenübergreifende Betreuung und Versorgung von Patienten mit Diabetes mellitus idealerweise in einem Selbstmanagement.

2.2 Selbstmanagement versus Selbsttestung mit Fremdkontrolle

Der Zuckerstoffwechsel eines Menschen ist ein sich ständig regulierendes System, das maßgeblich den Energieumsatz und damit die Funktionsfähigkeit der Körperzellen gewährleistet. Dies bedeutet, dass der Organismus z. B. auf jede Nahrungsaufnahme mit entsprechender hormoneller Regulation in Form von angepasster Insulinausschüttung reagieren muss, um den Blutzucker im Gleichgewicht zu halten. Somit ist klar, dass dies nur durch ein Therapie-Selbstmanagement des Patienten zu gewährleisten ist. Je nach Schulungsgrad und physiologi-

---

11 Vgl. *DAHMEN* (1997), S. 566.

12 Vgl. *SCHWEGLER* et al.(2002), S. 435.

13 Vgl. *DAHMEN* (1997), S. 567.

14 Vgl. *HAUNER* et al. (2007) sowie *KÖSTER* et al. (2010).

schem Selbstverständnis unterliegt diese Therapie objektiven, aber vor allem subjektiven Fehlern. Hinzu kommt ein deutlicher zeitlicher Mehraufwand für Diabetiker im alltäglichen Umfeld, der ergänzende Dokumentationen schwierig macht.

Laborparameter, wie der $HbA1_c$-Wert, der die Stoffwechselgüte von zwei bis drei zurückliegenden Monaten im Gesamten repräsentiert oder im Intervall übliche Arztkonsultationen können kaum den punktgenau notwendigen Einfluss auf die tägliche Stoffwechselselbststeuerung ermöglichen .Um eine einigermaßen nachvollziehbare Evidenz der Eigenbehandlung zu erhalten, ist das Führen eines Diabetes-Tagebuches die tragende Säule des Selbstmanagements eines jeden Diabetikers. Ihm kommt bei der Behandlung seiner Erkrankung die entscheidende Rolle zu.[15] Die Mindest-Bestandteile eines den Anforderungen an strukturierte Behandlungsprogramme für Patienten mit Diabetes mellitus[16] entsprechenden Selbstmanagements sind:

- regelmäßiges Messen des Blutzuckerwertes,
- das Ermitteln der mit der nächsten Mahlzeit aufzunehmenden Menge an Broteinheiten,
- das Ermitteln der zu verabreichenden Insulinmenge und deren Applikation,
- die Dokumentation dieser drei Werte zeitpunktgenau (Datum und Uhrzeit),
- die rechtzeitige Wiederbeschaffung der verbrauchten Materialien (Insulin, Kanülen, Blutzuckerteststreifen und Lanzetten) sowie
- das Vorlegen dieser Dokumentation beim behandelnden Arzt.

Studien zufolge ist bereits das Führen eines Diabetes-Tagebuches z. T. mit erheblichen Problemen verbunden. Franke verglich bei 94 seiner Patienten die Eintragungen in deren handschriftlich geführten Diabetes-Tagebuch mit denen in ihrem Blutzuckermessgerät auf automatischem Wege gespeicherten Daten. Dabei konnte er feststellen, dass die Hälfte der eingetragenen Werte falsch oder freierfunden war, da sie nicht mit den elektronisch dokumentierten Daten übereinstimmten.[17]

Die Dokumentation der applizierten Insulinmenge setzt eine entsprechende Therapietreue seitens des Patienten voraus. Patienten mit einem geringen Krankheitsbewusstsein verzichten erfahrungsgemäß eher auf ihre Medikation.[18] Sofern in solchen Fällen überhaupt eine Dokumentation der Medikation erfolgt, dürfte sie wohl der Kategorie „freierfunden" zuzuordnen sein.

---

15 Vgl. *Kulzer* et al. (2011), S. 33 f.

16 Vgl. den vom Gemeinsamen Bundesausschuss entwickelten Anforderungskatalog, der Eingang in den Artikel 1 der Zwanzigsten Verordnung zur Änderung der Risikostruktur-Ausgleichsverordnung vom 23. Juni 2009 gefunden hatte.

17 Vgl. *o. V.* (2008).

18 Vgl. *Gensthaler* (2008).

Ein geringes Krankheitsbewusstsein verknüpft mit einer als Last empfundenes Dokumentieren aller für die ärztliche Therapiesteuerung erforderlichen Daten führt nicht selten zu Aufzeichnungen, wie in der Abbildung 2 – wenn überhaupt – zu erkennen.

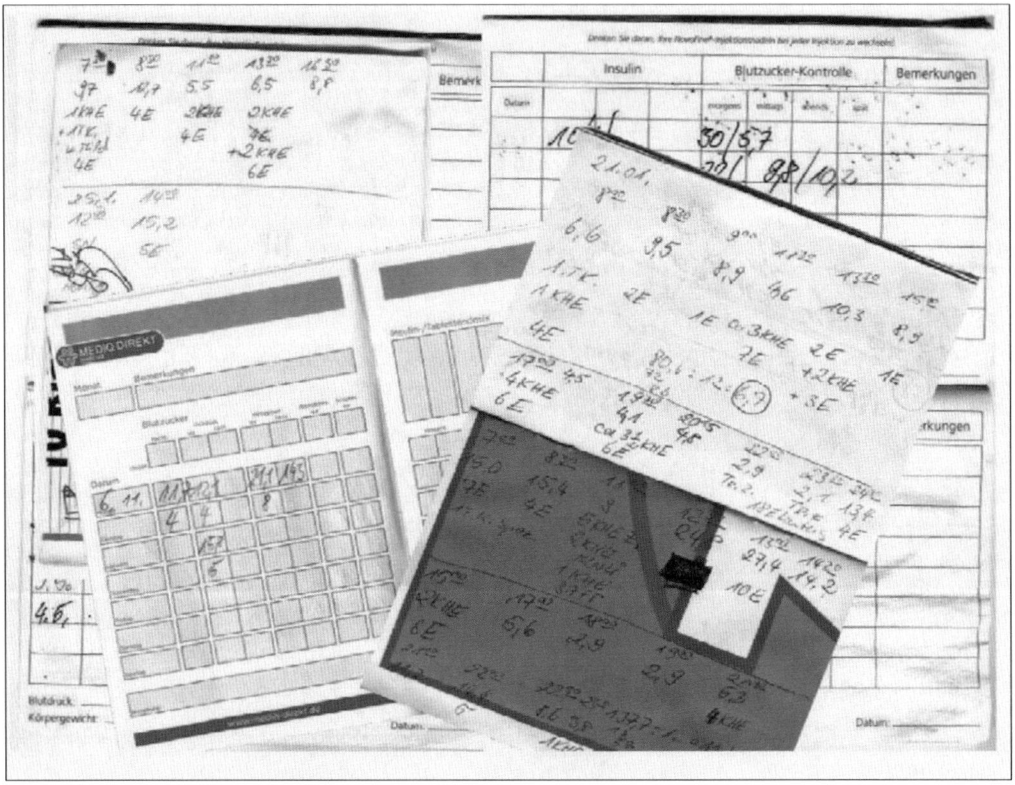

Abbildung 2: Beispiele handschriftlicher Dokumentationen

Die Qualität der Dokumentation ist grundsätzlich eher als schlecht einzuschätzen. Zudem haben sich die Zeiten für einen Arzt-Patienten-Kontakt so verdichtet, dass es dem betreuenden Arzt kaum noch möglich ist, diese Daten im Beisein des Patienten auf eine angemessene Art und Weise auszuwerten, so dass sie als Grundlage für seine Therapieplanung genutzt werden können. Die bisherige Ausgestaltung des Selbstmanagements erfüllt noch nicht einmal die Anforderungen an eine „Selbsttestung mit Fremdkontrolle“[19]. Eine leitliniengerechte Versorgung und Betreuung eines Diabetikers kann nicht sichergestellt werden, wenn sich der Arzt bereits bei der Frage nach dem Bedarf an verbrauchten Materialien ausschließlich auf die Aussage des Patienten zu verlassen hat. Zudem kommt es oft genug vor, dass auf Grund einer Immobilität des Patienten der Kontakt zum Arzt entweder telefonisch oder über eine dritte Person erfolgt. Derartige Strukturen tragen dazu bei, dass es u. a. auch zu den im folgenden Abschnitt beschriebenen Defiziten im Selbstmanagement des Diabetes mellitus mit den skizzierten Folgen kommt.

[19] Vgl. KULZER (2011) zitiert nach STEGMAIER (2011), S. 15.

3 Blutzuckerteststreifen auf Abwegen

3.1 Analysen auf *ebay*

Die hier zugrundeliegende Analyse der von Privat angebotenen Blutzuckerteststreifen basiert auf einer etwa anderthalb Jahre andauernden Beobachtung der Angebote auf *ebay*. Von Anfang 2011 bis Ende Mai 2012 wurden z. T. täglich der Bestand sowie der Zugang von Teststreifen-Angeboten erhoben. Gelegentlich erfolgten tagesbezogene Detailanalysen.

Grundsätzlich kann festgehalten werden, dass die Zahl der Blutzuckerteststreifen-Angebote im Zeitraum Anfang August 2011 bis Ende Dezember 2011 relativ konstant geblieben ist (siehe die Trendgerade in der Abbildung 3). Einen wesentlichen Sprung der Angebotszahl gab es Anfang August 2011. Bis zu diesem Zeitpunkt schwankte die Zahl der von Privat unterbreiteten Angebote von Blutzuckerteststreifen um den Wert 200, vgl. den Beginn der durchgezogenen Linie. Seit dieser Zeit kann ein Schwanken mit stärkeren Abweichungen um einen Wert von ca. 900 beobachtet werden. Eine genauere Betrachtung der Schwankungen zeigt, dass es am Anfang und gegen Ende des Monats einen Ausschlag nach oben gibt. Zur Monatsmitte und an den Monatsgrenzen gibt es jeweils die geringste Anzahl von Angeboten. Zum Jahreswechsel 2011/2012 reduzierten sich die Angebote von Privat auf *ebay* deutlich.

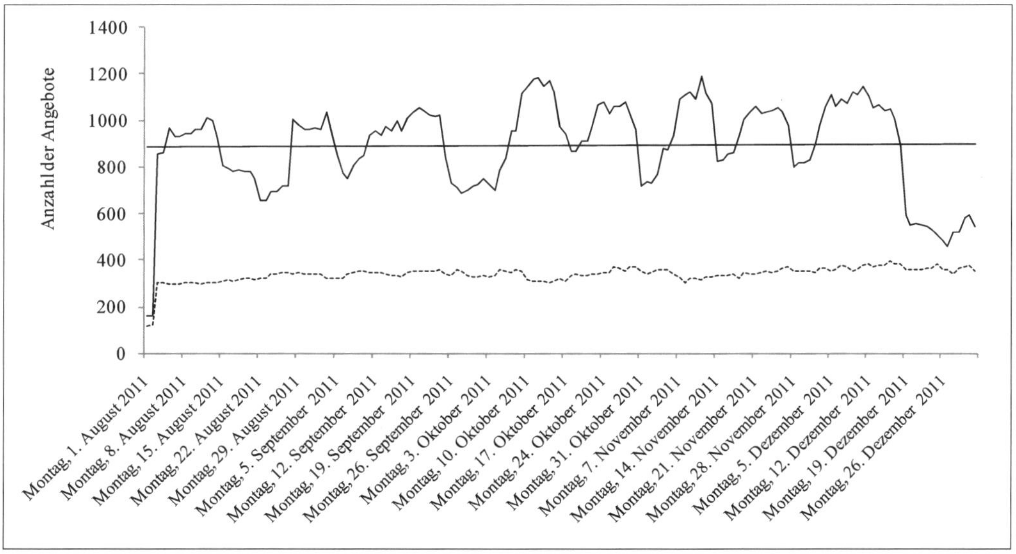

Abbildung 3: Anzahl der auf ebay gefundenen Angebote an Blutzuckerteststreifen von Privat

Die gepunktete Linie verdeutlicht die Anzahl der gewerblich angebotenen Blutzuckerteststreifen. Diese ist – bis auf den Sprung Anfang August 2011 – bis heute in etwa konstant geblieben und schwankt um den Wert 300. Anbieter sind zumeist Internet-Apotheken.

Stichtagsbezogene Detail-Analysen ermöglichen Einblicke in die Angebotsstruktur. Eine solche Analyse ist die nach der Anzahl der Packungen pro Angebot sowie die Packungsgröße, also die handelsüblich in einer Packung enthaltenen Blutzuckerteststreifen. Handelsüblich sind Packungen mit 10, 25, 50 oder 100 Blutzuckerteststreifen.[20] Am Dienstag, den 15. Mai 2012 wurden um 10.30 Uhr auf *ebay* bei Eingabe der Produktbezeichnung „Blutzuckerteststreifen" 1.147 Angebote angezeigt. Bei genauerer Betrachtungen waren davon tatsächlich bei 1.005 Angeboten Blutzuckerteststreifen von Privat zu finden. Die verbleibenden 142 Angebote enthielten Blutzuckermessgeräte, Insulin-Pens und -Pumpen, Lanzetten, Kanülen oder Diabetes-Tagebücher, alles von Privat!

Von den 1.005 Angeboten mit Blutzuckerteststreifen standen zehn für Angebote von 10er Packungen, 28 für Angebote von 25er Packungen, 891 für Angebote von 50er Packungen und 76 für Angebote von 100er Packungen, siehe auch Abbildung 4, in welcher dies relativ dargestellt ist.

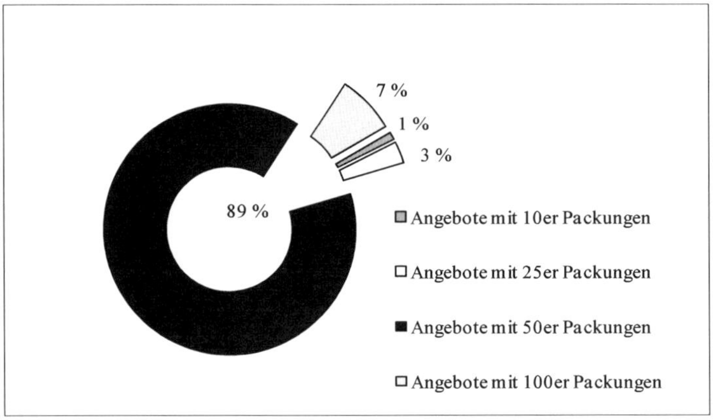

Abbildung 4: Struktur der Angebote eines Tages nach der Packungsgröße

In einem nächsten Schritt wurde die Anzahl der jeweiligen Packungen pro Angebot erfasst. Deutlich wurde, dass sich hinter den zehn Angeboten von 10er Packungen genau 44 Packungen oder 440 Teststreifen verbargen. Die 28 Angebote von 25er Packungen enthielten in Summe 74 Packungen mit insgesamt 1.850 Teststreifen. Bei den 891 Angeboten von 50er Packungen waren es 1.844 Packungen mit 92.200 Blutzuckerteststreifen und bei den 76 Angeboten von 100er Packungen 111 Packungen mit 11.100 Teststreifen. In Summe standen am 15. Mai diesen Jahres 105.590 Teststreifen zum Kauf auf *ebay*.

Die Abbildung 5 zeigt bezogen auf die 50er und 100er Packungen, wie oft welche Anzahl der jeweiligen Packungen in einem Angebot enthalten waren und wie oft es zum jeweiligen Angebot kam.

[20] Deutlich seltener wird auch die Packungsgröße 200 Stück verordnet.

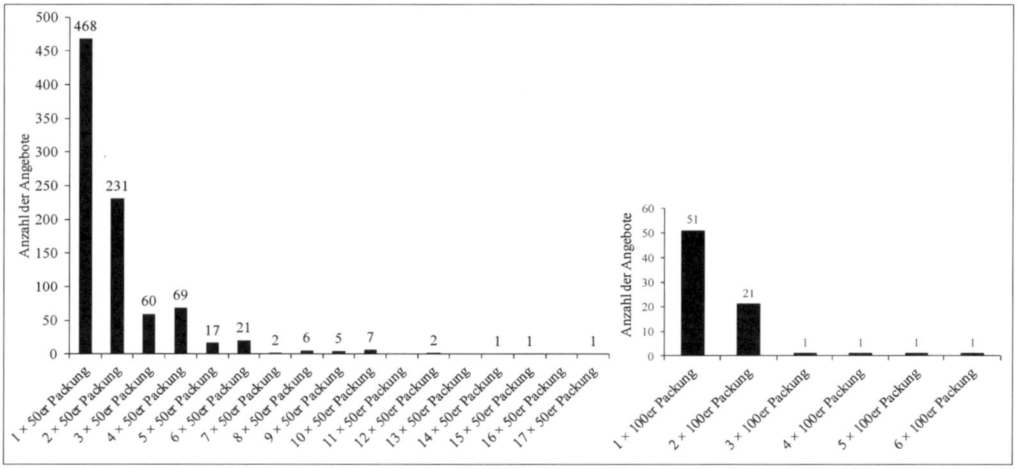

Abbildung 5: Anzahl der 50er und 100er Angebote je Anzahl der Packungen im Angebot

In beiden Fällen dominiert das Angebot von genau einer Packung. Bei den 50er Packungen werden so mehr als ein Viertel aller Packungen verkauft. Rund die Hälfte aller 50er Packungen geht als Ein- oder Zwei-Packungsangebote raus. Einige Angebote lassen auf Grund ihrer Gestaltung erkennen, dass es sich um eine Aufteilung eines größeren Bestandes von 50er Packungen auf mehrere Ein- oder Zwei-Packungsangebote handelt. Bei den 100er Packungen sind es mehr als 82 % aller Packungen, die als Ein- oder Zwei-Packungsangebote ihren Weg zum Käufer finden.

Eine sich hier anschließende Frage ist die, ob es sich bei diesen Verkäufern um solche handelt, die Blutzuckerteststreifen am 15. Mai 2012 erstmalig oder zum wiederholten Mal anboten. *Ebay* unterstützt einen solchen Analysegedanken, denn bekanntlich lassen sich u. a. die vergangenen Verkäufe des jeweiligen Verkäufers mit der Angabe von Datum, Inhalt und Preis anzeigen. Eine Sichtung aller Angebote nach genau dieser Information ergab, dass 86 % der privaten Anbieter zum wiederholten Male Teststreifen veräußerten. Lediglich 14 % waren erstmalige Anbieter.

Eine weitere Analyse ist die Betrachtung danach, ob die Anbieter über einen definierten Zeitraum auf Gebote warten oder ob sie das Sofort-Kaufen ermöglichen. Dies ist insofern wichtig, weil sich hinter diesen Angeboten eine verfügbare Anzahl von Packungen verbergen und ein Preis vorgeben ist. Zudem ist die Angebotsdauer deutlich kürzer. Der Anteil der Sofort-Kauf-Angebote am 15. Mai 2012 betrug 14,1 %. Hinter diesen Angeboten standen im Durchschnitt fünf 50er Packungen. Es dauerte in etwa anderthalb Tage, bis diese Angebote verkauft waren. Die Gebote an diesem Tag umfassten im Durchschnitt 2,1 50er Packungen über eine Restlaufzeit von drei Tagen.

Wird unterstellt, dass eine 50er Packung für ca. 20 Euro ersteigert oder gekauft wurde, konnten die Verkäufer allein mit diesen Angeboten 54.370 Euro erlösen. Auf das Jahr hochgerechnet werden so ca. 7,6 Mio. Euro umgesetzt.

3.2 Folgen und Erklärungsversuche

Von Privat angebotene Blutzuckerteststreifen sind in aller Regel Teststreifen, die von einem Arzt verordnet, vom Diabetiker oder einem Angehörigen ohne Zuzahlung in einer Apotheke abgeholt, nicht aber zur Messung des Blutzuckerwertes verwandt wurden. Mit der im März 2011 erlassenen und zum 1. Oktober 2011 in Kraft getretenen Verordnungseinschränkung von Blutzuckerteststreifen für Diabetiker vom Typ II[21] grenzt sich jedoch die Zahl derer, die dies tun, deutlich ein.

Eine erste ökonomische Folge aus den jährlichen mittels *ebay* realisierten Umsätzen mit Teststreifen ist der den gesetzlichen Krankenversicherungen entstandene unmittelbare finanzielle Schaden: Wenn einer Krankenversicherungen eine 50er Packung ca. 30 Euro kostet, dann ergeben sich unter Nutzung der obigen Werte Ausgaben in Höhe von 11,4 Mio. Euro pro Jahr[22]. Insofern diese Ausgaben nicht zu dem gewünschten Ziel: Selbstkontrolle des Blutzuckerwertes, sondern zu einem Nebenverdienst führen, ist dies ein unmittelbarer finanzieller Schaden.

Dieser Schaden ist durch einen mittelbaren zu ergänzen. Der mittelbare Schaden ergibt sich aus den gesundheitlichen Folgen der Nichtnutzung der Blutzuckerteststreifen in der entsprechenden Situation. In aller Regel ist es eine Diabetes-Situation, also jemand leidet an Diabetes mellitus und wurde seitens seines betreuenden Arztes dazu aufgefordert, mit den verordneten Blutzuckerteststreifen regelmäßig die Blutzuckerwerte zu ermitteln, damit dann unter Berücksichtigung der mit der nächsten Mahlzeit aufzunehmenden Menge an Broteinheiten durch Gabe der entsprechenden Menge eines Insulinpräparates auf den Wert reagiert werden kann.

Werden die zu verkaufenden Blutzuckerteststreifen aus einer solchen Situation genommen, fehlen sie beim Selbstmanagement des Diabetikers. Die Resultate sind nicht bemerkte Entgleisungen (Hypo- oder Hyperglykämien) mit den bekannten kurzfristig eintretenden akuten Schädigungen des Organismus des Diabetikers oder der sich eher langfristig entwickelnden bedrohlichen Situation. Diese so hervorgerufenen gesundheitlichen Beeinträchtigungen des Diabetikers bedeuten eine zusätzliche finanzielle Belastung seiner Krankenversicherung.

---

21 Vgl. BUNDESMINISTERIUM FÜR GESUNDHEIT (2011).

22 Der Wert dürfte höher liegen, da bisher das Ausmaß der von privat verkauften Lanzetten, Kanülen, Insulin-Pens oder -Pumpen sowie Blutzuckermessgeräten, nachdem sie vom Arzt verordnet und von der gesetzlichen Krankenversicherung bezahlt wurden, noch nicht erfasst wurde. Deren Erwähnung an dieser Stelle ist ein Hinweis darauf, dass es dies gibt.

Woher stammen die Blutzuckerteststreifen? Dazu ist es notwendig, sich die gesamte Versorgungskette für Blutzuckerteststreifen vor Augen zu führen (siehe Abbildung 6).

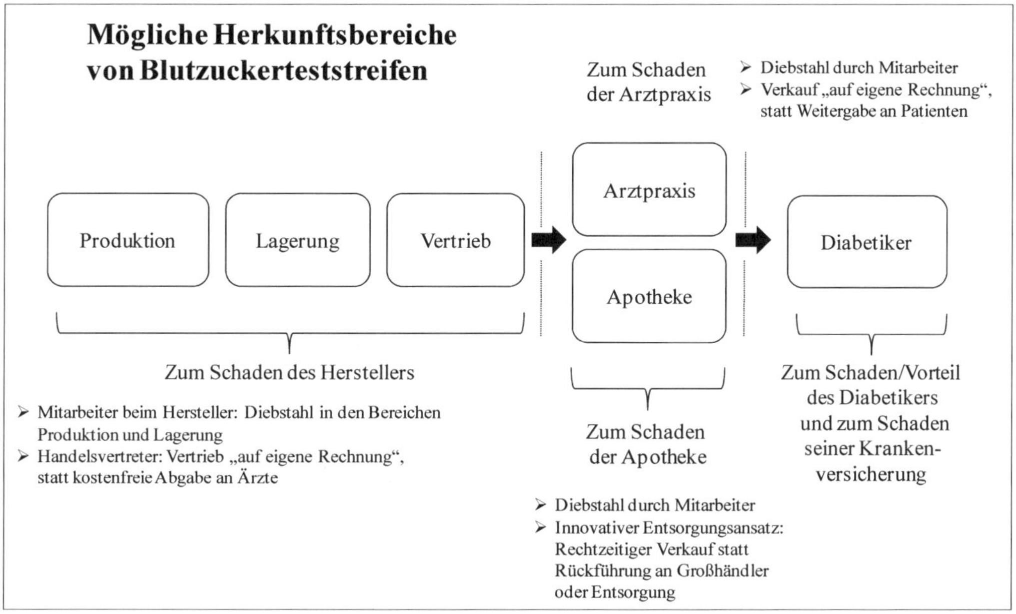

Abbildung 6: Mögliche Herkunftsbereiche der Teststreifen

Die Versorgungskette beginnt beim Hersteller. Denkbar ist, dass in den produzierenden Bereichen oder im Endlager Teststreifen entwendet werden. Wahrscheinlicher für eine Herstellernahe Herkunft von Blutzuckerteststreifen ist der Vertrieb, wenn bspw. die Außendienstmitarbeiter die Teststreifen auf eigene Rechnung verkaufen, anstatt sie, wie es ihrer Arbeitsbeschreibung entspricht, kostenfrei dem Arzt oder Apotheker oder deren Mitarbeitern auszuhändigen. Ein ähnliches Verhalten kann grundsätzlich auch in diesen Bereichen angenommen werden. Aus Mangel an Belegen[23] wird für die weiteren Betrachtungen in diesem Beitrag auf die letztendliche mögliche Quelle von Blutzuckerteststreifen zurückgegriffen, nämlich die Diabetes-Situation beim Patienten.

Im Einzelnen sind die folgenden Diabetes-Situationen für ein „Abzweigen“ von Blutzuckerteststreifen denkbar, vgl. Abbildung 7. Entweder es handelt sich um die eigene oder die Diabetes-Situation eines anderen. In der eigenen Diabetes-Situation kann ein Teil der verordneten Teststreifen zum Zwecke der beabsichtigten Veräußerung auf *ebay* von vornherein eingespart, also nicht genutzt werden. Sofern die Zahl der verordneten Teststreifen, einer vom betreuenden Arzt erwarteten Anzahl von Messungen entspricht, käme es damit im entsprechenden Umfang zur Nichtmessung des Blutzuckerwertes. Auf der Seite des Arztes führt dies zu einer fehlerhaften Wahrnehmung des Behandlungserfolges des Diabetikers, wenn er doch mehr Blutzuckerteststreifen zum Zwecke der Nutzung verordnet hatte und sich nun ein ent-

[23] Aktuell wird die von *ebay* bereitgestellte Funktion der Betrachtung der Bewertungen eines Verkäufers durch die Käufer zurückliegender Artikel-Angebote genutzt, um sie nach vormals bereits verkauften Blutzuckerteststreifen zu durchforsten. Aus der Kenntnis vergangener Verkäufer lassen sich sogenannte Verkaufsmuster identifizieren, die u. U. auch hypothetische Annahmen über die tatsächliche Herkunft der Blutzuckerteststreifen erlauben.

sprechend schlecht eingestellter Diabetes mellitus ergibt. Eine zweite Option, um aus der Sicht eines Diabetikers in der eigenen Krankheitssituation an veräußerbare Teststreifen heranzukommen, ist das Vortäuschen eines entsprechend höheren Bedarfs. Statt der durchschnittlich z. B. 150 genutzten Teststreifen pro Monat lässt sich der Patient von vornherein 250 Blutzuckerteststreifen verordnen. Die überschüssigen 100 Teststreifen werden unmittelbar in den Verkauf gegeben.

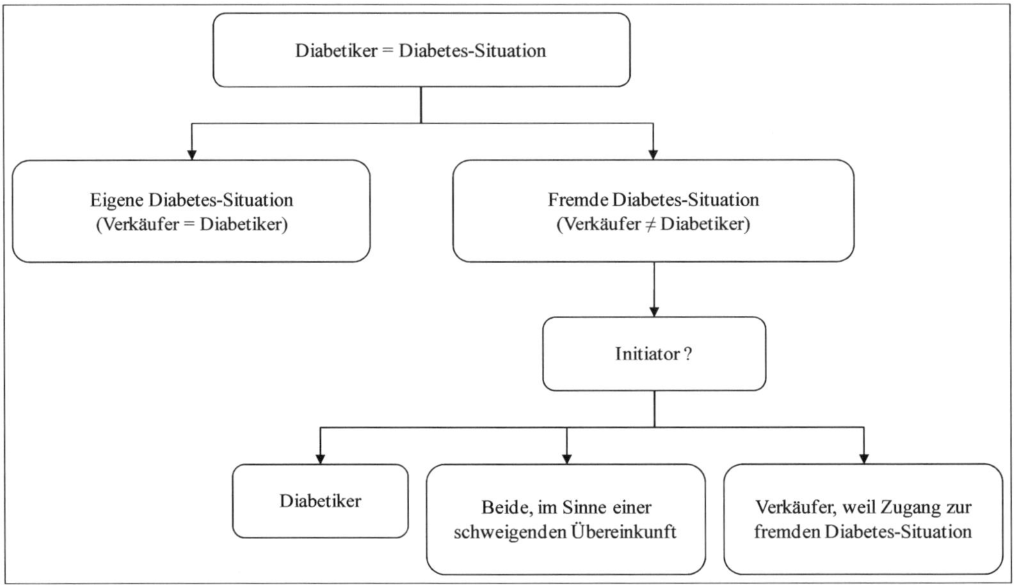

Abbildung 7: Systematisierung der Diabetes-Situationen

Im Rahmen einer fremden Diabetes-Situation ist zu unterscheiden, von wem die Initiative zum „Abzweigen" von Blutzuckerteststreifen ausgeht. Dies kann einerseits der Diabetiker in der fremden Diabetes-Situation sein oder derjenige, der als Beteiligter in diese Situation eingebunden ist. Als Letztere sind „geschäftstüchtige" Angehörige oder auch Pflegekräfte vorstellbar. Beide könnten entweder von einer rationierten Menge an Teststreifen einen Teil abzweigen oder, sofern bspw. der Kontakt zum verordnenden Arzt über sie läuft, eine entsprechend höhere Menge an Blutzuckerteststreifen verordnen lassen und die überschüssige Menge „bei Seite nehmen". Dass es dafür aller Wahrscheinlichkeit nach empirische Befunde gibt, lässt sich aus der Existenz von knapp 2 Mio. Treffern unter google.de ableiten, wenn als Suchbegriffe „Diebstahl" und „Pflege" eingegeben werden.

Denkbar ist allerdings auch, dass die Initiative vom Diabetiker selbst ausgeht. Für die Abgabe der Blutzuckerteststreifen an den anderen liegen dann bspw. Motive, wie Dankbarkeit, Verbundenheit gegenüber dem pflegenden Angehörigen oder der Pflegekraft oder auch das „Erkaufen von Zuneigung" dem Handeln zugrunde.[24] Dies kann grundsätzlich bei jeder beliebi-

---

24 Als Suchbegriffe „Geschenke an Pflegekräfte" bei google.de eingegeben, führt zu mehr als 1,8 Mio. Treffern. Hieraus lässt sich ebenfalls eine gewisse empirische Relevanz ableiten, erst recht wenn die aufgelisteten Foren betrachtet werden, in denen Pflegekräfte über die Annahme oder Nichtannahme von welcher Art von Geschenken diskutieren.

gen personenbezogenen Dienstleistung beobachtet werden. Das Motiv verstärkt sich, wenn die auf die Dienstleistung Angewiesenen alleinlebende Ältere sind, welchen es an Kommunikationsmöglichkeiten mangelt.

Das grundsätzliche Motiv für das Handeln des Anbieters ist die Realisation eines steuerfreien Nebeneinkommens entweder mit der eigenen Krankheit oder mit der eines anderen. Gelingt es einem Anbieter bspw. jeden Monat zwei 50er Packungen Teststreifen für je 20 Euro zu veräußern, können jährlich 480 Euro auf Kosten der gesetzlichen Krankenversicherung, welche dafür 720 Euro verausgabt hatte, nebenbei verdient werden.

Ein Interesse an diesen Angeboten haben zwei Gruppen von Diabetikern. Zum einen sind dies die privatversicherten Diabetiker, die bei ihrer Krankenversicherung einen Tarif mit Selbstbeteiligung gewählt haben. Ein solcher Tarif erspart ihnen monatlich bis zu 150 Euro an Beitragszahlungen. Bei einer Selbstbeschaffung z. B. von monatlich 100 Teststreifen rechnet sich dies einerseits, wenn der privat versicherte Diabetiker diese über *ebay* für 40 Euro oder weniger ersteigert. Andererseits spart er gegenüber dem Apothekenabgabepreis, der in der Regel oberhalb von 20 Euro für eine 50er Packung liegt. Zum anderen sind dies die gesetzlich versicherten Typ-II-Diabetiker, die sich auf Grund der vom Bundesministerium für Gesundheit am 17. März 2011 verabschiedeten und zum 1. Oktober 2011 in Kraft getretenen Verordnungseinschränkung[25] die Blutzuckerteststreifen nun auf eigene Rechnung zu beschaffen haben. Letzteres setzt voraus, dass diese Diabetiker ein entsprechend ausgeprägtes Krankheitsbewusstsein aufweisen. Wäre dies nicht der Fall würde es zu den bereits angesprochenen kurzfristig eintretenden akuten Schädigungen des Organismus des Diabetikers oder einer sich eher langfristig entwickelnden bedrohlichen Situation mit den finanziellen Belastungen der Krankenversicherung des Diabetikers kommen.

4 Telemedizinische Betreuung und Versorgung von Diabetikern

Neben den als relativ ergebnislos einzuschätzenden Versuchen über eher gesundheitspolitische Appelle oder einer verhaltenspräventorischen Einflussnahme auf die Patienten über Schulungen und Beratungen können auch moderne telemedizinische Systeme den Patienten in seinem Selbstmanagement unterstützen.

4.1 Das telediabetische System ESYSTA

Das telediabetische System ESYSTA, welches von der *EMPERRA GmbH – E-Health Technologies* mit Sitz in Potsdam unlängst auf dem Markt eingeführt wurde, besteht aus vier Komponenten. Dies sind die Hardwarekomponenten Blutzuckermessgerät, Insulin-Pen, Basis-Station (siehe dazu die Abbildung 8) und softwareseitig das Datenportal mit seinen ausdifferenzierten Nutzungsmöglichkeiten und dem Online-Zugriff über Computer und mobile Datengeräte.

---

25 Vgl. *Bundesministerium für Gesundheit* (2011).

Hintergrund der ESYSTA-Entwicklung ist die Idee, dass die vom Diabetes-Patienten ohnehin eingesetzten Behandlungsgeräte wie Blutzuckermessgeräte und Insulin-Pens in herkömmlicher Weise bedient werden können und dennoch eine Möglichkeit der automatisierten Datenerfassung bieten. Dabei wurde Wert darauf gelegt, dass die zusätzlich notwendigen Technologien zur Datenspeicherung und -übertragung nahezu unbemerkt im Hintergrund ablaufen. Um den Einrichtungsaufwand der Datenübertragung über die im häuslichen Milieu befindlichen Basis-Station gering zu halten, ist die Benutzung nach dem „Plug-and-Play"-Prinzip ausgelegt, also unmittelbar nach Anschluss an die Steckdose ist die Übertragung möglich.

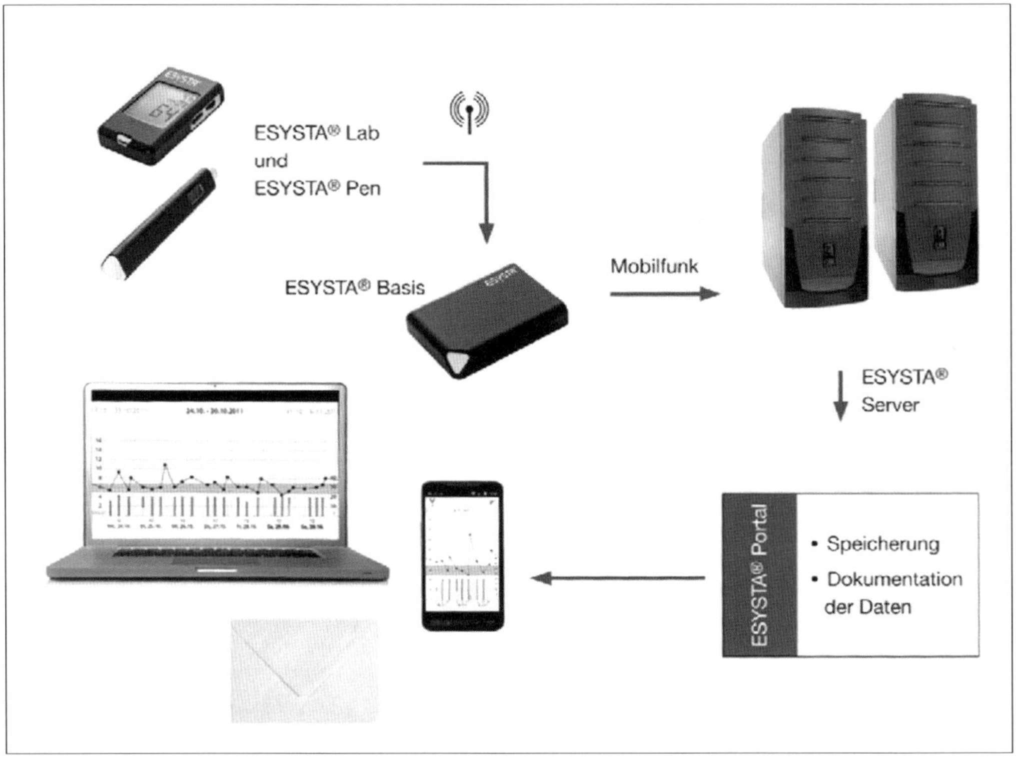

Abbildung 8: Das telediabetologische System ESYSTA

Die Insulin-Pens und Blutzuckermessgeräte dieses Systems werden im Alltag eingesetzt und speichern bis zu 1.000 Datensätze (Blutzuckerwerte, Broteinheiten und Insulin-Dosen) jeweils mit Datum- und Uhrzeit des Mess- bzw. Applikationsvorganges. Sobald der Diabetiker nach Hause kommt, übertragen diese Geräte alle gespeicherten Werte mindestens einmal täglich automatisiert per Kurzstreckenfunk an die Basis-Station und nachfolgend über das Mobilfunknetz an eine patientenindividuelle Datenbank. Auf dieses Datenportal kann der Patient mittels Internetbrowser oder über Smartphones unkompliziert zugreifen. Im Einzelfall können diese Online-Tagebuchdaten auch in regelmäßigen Abständen per Post zugestellt werden. Die Speicherfunktionen und der Datenfunk sind technologisch auf minimale Stromaufnahme getrimmt, so dass alle Behandlungsgeräte mit den wechselbaren Knopfzellen mehrere Monate auskommen.

Neben der Verschlüsselungsalgorithmik auf allen Stufen der Datenübertragung und -speicherung sind weitere Features für die Sicherheit personenbezogener medizinischer Daten implementiert. Bei entsprechender Autorisierung des Arztzugriffs durch den Patienten selbst kann der behandelnde Experte auf die gleichen Ansichten seiner Patienten über Webbrowser zugreifen. Auf dieser Grundlage können ergänzende Einträge zu wichtigen Parametern aus den etablierten Disease-Management-Programmen (z. B. regelmäßige Laborwerte, physiologische oder Krankheits-Daten) durch den Arzt selbst eingepflegt werden. Auch diese sind vom Patienten jederzeit zu erkennen.

Von Vorteil ist außerdem die Möglichkeit, dass die Insulin-Pens über spezielle Adapter alle handelsüblichen Insulin-Patronen der unterschiedlichen Hersteller verspritzen können. Somit muss die Insulinierung eines Patienten nicht verändert werden, wenn er bzw. der betreuende Arzt dieses telemedizinische System einsetzen will.

Es ist zu erwarten, dass durch die sehr niedrigen technologischen Hürden und die hinzugekommene Zeitersparnis durch automatisiertes Monitoring für die Diabetes-Patienten auch eine hohe Akzeptanz erreicht wird, die wiederum eine Grundlage für die Verbesserung der Eigenbehandlung, also das so genannte gesteigerte Self Empowerment des Patienten, bewirken kann.

Auf Seite der diabetologischen Betreuer muss sich dies in die täglichen Praxis- bzw. Behandlungsabläufe integrieren lassen. Dafür könnten aktuell erkennbare Intentionen der Gesetzgebung in Hinblick auf abrechenbare Leistungen für telemedizinische Dienstleistungen ein wichtiger Meilenstein sein.

4.2 Die Versorgungseffekte

Ansatzpunkte der Unterstützung durch dieses Systemsind einerseits die Entlastung von allen Dokumentationsaufgaben. Hierzu sind das Blutzuckermessgerät und der Insulin-Pen mit einer Speicher- und Sendefunktion ausgestattet. Die gemessenen Blutzuckerwerte werden mit Datum und Uhrzeit gespeichert. Der Insulin-Pen speichert die applizierte Menge an Insulin ebenso mit Datum und Uhrzeit ab. Da das Blutzuckermessgerät die Eingabe der mit der nächsten Mahlzeit aufzunehmenden Broteinheiten ermöglicht, steht auch dieser Wert mit Datum und Uhrzeit zur Verfügung. Einmal am Tag werden automatisiert oder vom Patienten initiiert beide Speicher ausgelesen und die Werte sofort auf einem patientenbezogenen Daten-Portal zur weiteren Nutzung abgelegt.

Andererseits kann auf Basis dieser Daten bspw. über eine Ampelfunktion dem Patienten direkt (bspw. auch als App auf einem Smartphone) eine unmittelbare Rückkopplung bezogen auf die Qualität seines Selbstmanagements gegeben werden. Die Ampel schaltet auf „Rot“, wenn ein gravierender und umgehend abzustellender Fehler im Selbstmanagement festgestellt wurde. Ein „Gelb“ steht für einen sich entwickelnden Fehler. Mit einer Information darüber in Verbindung mit einer klaren Empfehlung kann über Veränderungen im Selbstmanagement der Fehler abgestellt werden. Wenn zeitgleich der betreuende Arzt diese Ampel des Patienten auf seinem EDV-System in der Praxis verfügbar hat und nutzt, könnte ggf. die Rückkopplung aus dem telediabetischen System durch eine ärztliche Rückkopplung ergänzt werden.

Die Entlastung des Diabetikers von der Dokumentation hat nicht nur einen Gewinn an Lebensqualität für den Diabetiker zur Folge. Besonders von Vorteil ist dies für die gesamte Behandlungssituation selbst. Der Arzt verfügt durch ein solches System erstmals über eine vollständige und fehlerfreie Dokumentation aller diabetesrelevanten Daten. So kann er zu einer gesicherten Therapieempfehlung gelangen, was bisher keineswegs der Fall ist.

Das telediabetologische System ESYSTA weist zudem die Eigenschaft auf, dass dem betreuenden Arzt diese Daten auch dann vorliegen, wenn der Patient selbst nicht in der Praxis anwesend ist. Dies ist ein Gewinn für die Betreuung und Versorgung, insbesondere von immobilen Patienten, wie sie u. a. in der stationären Pflege anzutreffen sind. In ländlichen Regionen mit einer geringen Arztdichte und weiten Wegen zu einem Arzt sind solche Systeme eine Unterstützung für die nichtärztlichen Mitarbeiter von Arztpraxen,[26] welche die Patienten zu Hause besuchen, um dort deren Betreuung und Versorgung sicherzustellen.

Mit Blick auf den Aspekt der von Privat auf *ebay* veräußerten Blutzuckerteststreifen kann ein solches System dem betreuenden Arzt „auf Knopfdruck" auch die aktuellen Verbrauchsdaten bezogen auf das Insulin und die Blutzuckerteststreifen bereitstellen. Wird weiterhin unterstellt, dass zu jedem Stechen eine neue Lanzette genutzt wird, lässt sich von der Anzahl der gemessenen Blutzuckerwerte auch auf den Verbrauch an Lanzetten schließen. Ebenso beim Einsatz der Kanülen. Aus den Daten sind weiterhin ablesbar, wann eine Insulin-Patrone gewechselt wurde und welche Menge Rest-Insulins noch in der entnommenen Patrone enthalten war. Wird bspw. im Rahmen der nächsten Patientenschulung darauf reagiert, hilft dies, die Menge des nicht genutzten Insulins zu reduzieren.

Mit einem solchen System liegen dem Arzt die tatsächlichen Verbrauchsdaten vor, die zugleich die Grundlage für die Folgeverordnungen sind. Technisch realisierbar – jedoch noch nicht umgesetzt – ist die automatische Generierung und Weiterleitung eines Folgerezeptes an die Hausapotheke des Diabetikers, die dann selbständig den Patienten mit den verordneten Dingen beliefert.

5 Fazit

Es gibt eine Stelle, an welcher ein Teil der Defizite im Selbstmanagement der Diabetiker deutlich sichtbar wird: Die von Privat auf *ebay* angebotenen Blutzuckerteststreifen! Die Nichtnutzung der Teststreifen im Selbstmanagement hat eine Verschlechterung des Diabetes mellitus zur Folge. Ein Diabetiker mit einem geringen Krankheitsbewusstsein sieht darin nur den positiven Effekt eines Nebenverdienstes. Die später eintretenden negativen gesundheitlichen Folgen sind für ihn aktuell ohnehin nicht greifbar. Dieses Handeln belastet jedoch unmittelbar und mittelbar die gesetzlichen Krankenversicherungen. Auf der anderen Seite entlastet es zum einen die Privatversicherten und deren Krankenversicherungen. Die gesetzlich Versicherten und unter die Verordnungsbeschränkung fallenden Typ-II-Diabetiker nutzen derartige Angebote, um die Teststreifen zu kaufen, die zuvor von den gesetzlichen Krankenversicherungen eigentlich für das Selbstmanagement der Typ-I-Diabetiker bezahlt aber nicht genutzt werden.

26 Verwiesen sei hier auf die Versorgungskonzepte AGNES, EVA oder VERA; vgl. u. a. BURCHERT (2011).

Wirksame Abhilfen stellen innovative telemedizinische Systeme für Patienten mit Diabetes mellitus dar. Diese tragen nicht zuletzt durch die Nebenfunktion der Kontrolle des Verbrauchs von Insulin, Kanülen, Lanzetten und der Blutzuckerteststreifen dazu bei, dass das Selbstmanagement von Diabetikern auf eine qualitativ neue Stufe – unterstützt durch Daten in digitaler Form – gehoben werden kann. Dies wiederum ist ein Ausgangspunkt für weitergehende Optimierungen der bisherigen Versorgung und Betreuung von Diabetikern.

Quellenverzeichnis

BULL, A./KLEBINGAT, D. (2002): Gesundheitsökonomisches Modell zur Bewertung einer telemedizinisch gestützten Blutzuckereinstellung beim Diabetes mellitus. Ernst-Moritz-Arndt-Universität Greifswald, 2002, unveröffentlichtes Manuskript.

BUNDESMINISTERIUM FÜR GESUNDHEIT (2011): Bekanntmachung eines Beschlusses des Gemeinsamen Bundesausschusses über die Änderung der Arzneimittel-Richtlinie (AM-RL): Anlage III – Übersicht der Verordnungseinschränkungen und -ausschlüsse: Harn- und Blutzuckerteststreifen bei Diabetes mellitus Typ 2 vom 17. März 2011, in: Bundesanzeiger Nr. 90 (S. 2144) vom 16. Juni 2011.

BURCHERT, H. (2011): Lexikon Gesundheitsmanagement, Herne 2011.

DAHMEN, H.-G.(1997): Das diabetische Fußsyndrom und seine Risiken: Amputation, Behinderung, hohe Folgekosten, in: Gesundheitswesen, 59. Jg. (1997), S. 566–568.

FREI, U./SCHOBER-HALSTENBERG, H.-J. (2002): Nierenersatztherapie in Deutschland. Bericht über Dialysebehandlung und Nierentransplantation in Deutschland 2001/2002. QuaSi-Niere GmbH, Berlin 2002, online: http://www.bundesverband-niere.de/files/QuaSi-Niere-Bericht_2001–2002.pdf.

GRABENSEE, B. (2000): Methodenwahl der Nierenersatztherapie, in: Ellipse, 16 Jg. (2000), Heft 4, S. 132–137.

GENSTHALER, B. M. (2008): Diabetes mellitus – Therapietreue besser, Prognose besser, online: http://www.pharmazeutische-zeitung.de/index.php?id=5658, Ausgabe: 19/2008, Abruf: 02.06.2012.

GREINER, W. (1999): Ökonomische Evaluationen von Gesundheitsleistungen: Fragestellungen, Methoden und Grenzen dargestellt am Beispiel der Transplantationsmedizin, Baden-Baden 1999.

HAMM, H.(1995): Diabetische Spätkomplikationen, in: *LAMPRECHT, K.*(Hrsg.), Diabetes mellitus – eine Beobachtungsstudie in der Allgemeinmedizin, 1995, S. 52–64.

HAUNER, H. (2010): Diabetesepidemie und Dunkelziffer, in: diabetesDE (Hrsg.), Deutscher Gesundheitsbericht Diabetes 2011, Berlin 2010, S. 8–13.

HAUNER, H./KÖSTER, I./SCHUBERT, I. (2007): Prevalence of Diabetes Mellitus and Quality of Care in Hessen, Germany, 1998–2004. Analysis of the Sample AOK Hessen/KV Hessen, 1998–2004, in: Deutsches Ärzteblatt, 104. Jg. (2007), Heft 41, S. 2799–2805.

HÄUSSLER, B./KLEIN, S./HAGENMEYER E.-G. (2010): Weißbuch Diabetes in Deutschland. Bestandsaufnahme und Zukunftsperspektiven. 2. Auflage, Stuttgart 2010.

KÖSTER, I./HUPPERTZ, E./HAUNER, H./SCHUBERT, I. (2010): Direct Costs of Diabetes Mellitus in Germany – CoDiM 2000–2007, in: Experimental and Clinical Endocrinology & Diabetes, 118. Jg. (2010), S. 1–9.

KULZER, B./BERGER, M./DANNE, TH./LANDGRAF, R./HAAK, TH./HERMANNS, N. (2011): Gemeinsame Stellungnahme von diabetesDE, der Deutschen Diabetes-Gesellschaft (DDG), des Verbandes der Diabetesberatungs- und Schulungsberufe in Deutschland e. V. (VDBD) und der Deutschen Diabetes-Stiftung (DDS) zur Änderung der Arzneimittelrichtlinie und der Anlage III „Harn- und Blutzuckerteststreifen bei Patienten mit Diabetes mellitus Typ 2" (Ausführliche Stellungnahme) vom 19. April 2011, Berlin 2011.

MOEBUS, S./BALIJEPALLI, CH./LÖSCH, CHR./GÖRES, L./VON STRITZKY, B./BRAMLAGE, P./WASEM, J./JÖCKEL, K.-H. (2010): Age- and sex-specific prevalence and ten-year risk for cardiovascular disease of all 16 risk factor combinations of the metabolic syndrome – A cross-sectional study, in: Cardiovascular Diabctology, 9. Jg. (2010), Nr. 34, online: doi: 10.1186/1475-2840-9-34, PMCID: PMC2929217.

o. V. (2008): Diabetes-Tagebücher oft fehlerhaft geführt. Studie: Von 4.000 Messwerten war jeder zweite falsch – Plädoyer für das Auslesen elektronischer Daten, online: http://www.aerztezeitung.de/medizin/krankheiten/diabetes/article/493848/diabetes-tagebuecher-oft-fehlerhaft-gefuehrt.html, Stand: 02.05.2008, Abruf: 02.06.2012.

SCHULZE, J./KUNATH, H./ROTHE, U./MÜLLER, G. (1998): Ärztliche Leitlinien Diabetes mellitus in Sachsen. Instrument des interdisziplinären Qualitätsmanagements zur Optimierung der Patientenversorgung, in: Zeitschrift für ärztliche Fortbildung und Qualitätssicherung, 92. Jg. (1998), S. 503–507.

SCHWEGLER, B./BÖNI, T./FURRER, J./SPINAS, G. A./LEHMNANN, R. (2002): Praktisches Management des diabetischen Fußes, in: Therapeutische Umschau, Bd. 59, (2002) Heft 8, S. 435–442.

STEGMAIER, P. (2011) Die neue Evidenz ist da, aber zu spät, in: Monitor Versorgungsforschung, 4. Jg. (2011), Heft 3, S. 14–16.

Zwanzigste Verordnung zur Änderung der Risikostruktur-Ausgleichsverordnung (20. RSA-ÄndV) vom 23. Juni 2009, in: BGBl. Teil I, Nr. 35 (2009), S. 1542.

Vierter Teil

Digitalisierung und Innovation – Ausgewählte Methodikaspekte

Design Thinking im Unternehmen – Herausforderung mit Mehrwert[1]

Hester Hilbrecht und *Oliver Kempkens*

SAP AG

---

1 Vorab erschienen in Business+Innovation, 3. Jg. (2012), Nr. 2, S. 33–41.

1 Einführung

Um wirtschaftlich und erfolgreich am Markt und in der Gesellschaft agieren zu können, stehen unternehmerisch kontinuierlich Veränderungen und die Weiterentwicklung von Produkten, Prozessen oder Dienstleistungen im Vordergrund. Innovation ist jenes Schlagwort, das Inventionen, Neuerungen und – daraus resultierend – Erfolg prophezeit.[2] Durch Innovationen werden einerseits nicht nur Neuerungen („schöpferische Unternehmer") geschaffen, es können andererseits auch Ressourcen eingespart und Kosten sowie Energieverbrauch gesenkt, die Nachhaltigkeit dabei aber gefördert werden („Arbitrageunternehmer").[3]

JOHN BESSANT, Professor an der Business School der *Universität Exeter*, stellte treffend fest, dass viele Unternehmen zwar fraglos bereit seien zu innovieren, dass jedoch fraglich bleibe, wie dies erfolgreich funktionieren könne.[4] Design Thinking (im Folgenden mit DT abgekürzt) als Konzept oder auch als systematische Methode der Innovationsgenerierung hat sich innerhalb der letzten zehn Jahre entwickelt und ist in letzter Zeit schlicht zum Inbegriff erfolgreicher Innovation geworden. *TIM BROWN*, der heutige Geschäftsführer und Vorsitzende von *IDEO*, einem der ersten globalen Design-Beratungsunternehmen, beschreibt DT als „a discipline that uses the designer's sensibility and methods to match people's needs with what is technologically feasible and what a viable business strategy can convert into customer value and market opportunity."[5] Er impliziert damit, dass das Denken eines Designers die Art, wie man Produkte, Dienstleistungen, Prozesse und sogar Strategien entwickelt, komplett verändern kann.[6]

IDEO gilt seit dem legendären *ABC*-Nightline-Beitrag aus dem Jahre 1999 als Primus der Branche. Seinerzeit gestalteten *IDEO*-Geschäftsführer *DAVID KELLEY* und sein Team für den Fernsehsender *ABC* innerhalb von fünf Tagen einen gewöhnlichen Einkaufswagen in einen nutzerorientierten, flexiblen und variablen Einkaufswagen um. Der Aufstieg von *IDEO* zu einer der wichtigsten Beratungsfirmen für Design und Innovation wurde 2005 perfekt gemacht. Seit 2005 leitet *KELLEY* auch den akademischen Ableger an der *Stanford University*, das *Hasso Plattner Institute of Design* (kurz: *d.School*), mitsamt einer eigenen Institution, an der DT gelehrt wird. Der weltweite Erfolg der Innovationsmethode DT ist demnach sehr eng mit dem Aufstieg von *IDEO* verknüpft.

2 Prinzipien des Design Thinking

Der DT-Prozess ist kein Wundermittel. So stellte *BROWN* auch in „Change by Design" fest: „Um Design Thinking erfolgreich anwenden zu können, bedarf es einer Kombination von intuitivem/emotionalem und rationalem/analytischem Denken, als [sic] auch einer Balance der rechtmäßigen Anforderungen des Managements an Stabilität, Effizienz und Vorherseh-

---

2 Vgl. *REIMANN/SCHILKE* (2011), S 46.

3 Vgl. *CHESBROUGH* (2006), S. 43, und *REIMANN/SCHILKE* (2011), S 48.

4 Vgl. *BESSANT* (2003), S. 761.

5 Vgl. *BROWN* (2008), S. 86.

6 Vgl. *MARTIN* (2009), S. 62.

barkeit mit den Bedürfnissen der Design-Thinker an Spontaneität, Serendipität und Experimentieren“[7]. Dabei verlangt er einen ganzheitlichen interdisziplinären und integrativen Geschäftsansatz, der die starren Muster standardisierter organisationaler Strukturen aufschlüsselt, die in ihrem eigentlichen Design Kreativität, Kollaboration, Wissensteilung und im Gegenzug Innovation verhindern. Auch um den Prozess gewinnbringend unternehmensintern anzuwenden, ist es unerlässlich, Ansatz und Theorie zu verstehen.

Folglich ist DT auch als prozessuale Matrize allein nicht ausreichend. Erst wenn man organisationalen Freiraum schafft und diesen mit solidem Geschäftsdenken und einem motivierten Team kombiniert, ist ein Nährboden für unternehmerische Innovationskraft geschaffen, der Mehrwert bringen kann.

Unter Design wird in diesem Zusammenhang nicht nur die Verschönerung der Oberfläche am Ende der Produktionskette verstanden; vielmehr wird der Begriff Design ganzheitlicher – analog zum englischen Sprachverständnis – verstanden.[8] Etymologisch abstammend von lat. designare, etwas bestimmen, ausgestalten, festlegen, handelt es sich bei Design somit um Entwicklung, Intuition und Synthese, um das Identifizieren und Differenzieren von bedeutsamen Lösungen. Um unternehmerisch relevante Lösungen zu generieren, gibt es einen kreativen Prozess. In diesem werden aus Erfahrungen, die zunächst erworben und dann verwertet wurden, Lösungen erzeugt. Design fördert demzufolge die Kundenbeziehung und -bindung und zielt auf den Geschäftserfolg ab. Zusammenfassend werden in Designprozessen Lösungen für Probleme generiert und durch kreative Methoden und Techniken zielgerichtet Innovationen entwickelt.[9]

DT ist somit eine Methode, durch die der Lösungsspielraum vergrößert werden kann. Dafür existiert kein vorgefertigter Algorithmus, kein reglementierter Handlungspfad, wie Probleme zu lösen seien. Unsicherheiten sind auszuhalten. Es existiert vielmehr eine Heuristik mit logischen Schritten, die idealtypisch aufeinander abfolgen, dabei aber gerade Flexibilität erhalten sollen. Essenziell dabei ist, dass die Ergebnisse auf die Bedürfnisse der Menschen bzw. Nutzer abgestimmt sind. Die Innovationslösung, schematisiert in Abbildung, ist somit ein Zusammenspiel aus Anziehungskraft (den menschlichen Faktoren), Umsetzbarkeit (den technischen Faktoren) und Wirtschaftlichkeit (den Unternehmensfaktoren bzw. den finanziellen Spielräumen).[10]

---

7 *BROWN/KATZ* (2009), S. 78 ff.

8 Vgl. *GROTS/PRATSCHKE* (2009), S. 18.

9 Vgl. *PORCINI* (2009), S. 8.

10 Vgl. *GROTS/PRATSCHKE* (2009), S. 18 f.

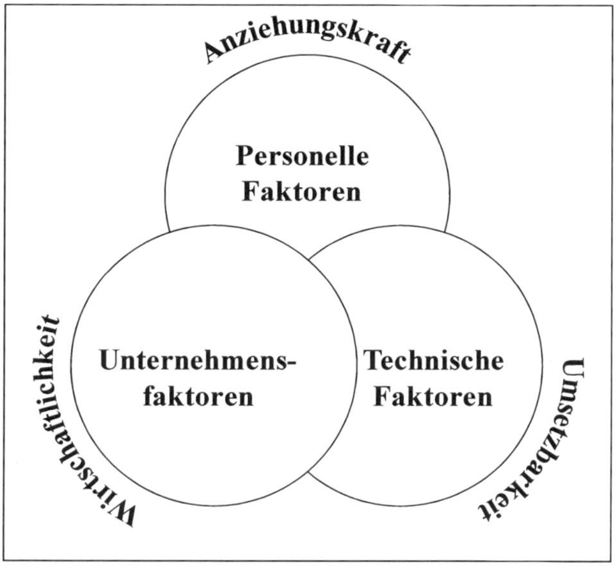

Abbildung 1: Faktorenschnittmenge für Innovationslösungen im Design Thinking[11]

Konzeptionell basiert DT daher auf drei gleichwertigen Grundannahmen, die im Folgenden detailliert erläutert werden.

2.1 Multidisziplinäre Teams

Multidisziplinäre Teamarbeit ist für jedes DT-Projekt (Challenge) idealtypisch. Ein solches Team besteht idealiter auf horizontaler Ebene aus Teilnehmern der unterschiedlichsten Fachbereiche, wie Juristen, Medienwissenschaftlern, Theologen, Betriebswirten, Anthropologen, und vertikal aus allen Hierarchieebenen. Durch die Vielfältigkeit der einzelnen Personen wird die Stärke des Teams gefördert. Damit sich jeder Teilnehmer optimal einbringen kann, kommt es insbesondere bei starken hierarchischen Unterschieden im Team darauf an, bestehende „Rollen" und „Positionen" (Hierarchien) abzulegen bzw. aktiv Machtungleichheiten zu bearbeiten. Jedes Teammitglied hat unterschiedliche Erfahrungen und betrachtet Probleme aus anderen Blickwinkeln, wodurch viele Perspektiven, unterschiedliche Methoden, Inhalte und Einstellungen in den Prozess einfließen können.[12]

Um als Teilnehmer in einem DT-Team mitzuarbeiten, ist eine Design- oder Design-Thinking-Ausbildung nicht grundsätzlich notwendig, jedoch gewisse Eigenschaften bzw. eine Offenheit (Mindset) dem Prozess gegenüber. Dieses Persönlichkeitsprofil (Personality Profile) unterteilt Brown in fünf Bereiche: Einfühlungsvermögen (Empathy), integratives Denken, Optimismus, Experimentierfreude und die Fähigkeit zu gemeinsamem Arbeiten (Collaboration).[13]

---

11 In Anlehnung an *Grots/Pratschke* (2009), S. 19.

12 Vgl. *Plattner* (2009), S. 104 ff.

13 Vgl. *Brown* (2008), S. 87.

PLATTNER bezeichnet das Verbinden des Persönlichkeitsprofils mit dem Fach- bzw. Expertenwissen als „T-Profil". Dabei steht der vertikale Balken für das analytische Wissen, das jeder Design Thinker aus seinem eigenen Fachgebiet mit ins Projekt einbringt. Der horizontale Balken repräsentiert die persönlichen Eigenschaften: a) die Offenheit gegenüber Neuem und dem Finden einer gemeinsamen Sprache, b) das Vernetzten des eigenen Wissens mit dem der anderen.[14]

Feinfühligkeit (Empathy) bedeutet, dass sich der Design Thinker in die Lage anderer, bspw. die seiner Kollegen, Klienten, Kunden und Nutzer, aktiv hineinversetzen kann, um die Welt aus deren Augen zu betrachten. Dadurch begibt sich der Design Thinker in eine Position, sich Lösungen vorstellen (Experience) zu können, die die expliziten wie auch impliziten Bedürfnisse der Nutzer befriedigen. Der Schlüssel liegt dabei in der Wahrnehmung (Perception), die inhärent mit dem Kreativitätspotenzial der Person interagiert.[15] Integratives Denken meint die Befähigung, sich nicht nur auf analytische Prozesse zu verlassen, die Entweder-oder-Lösungen hervorrufen, sondern ebenso die Fähigkeit aufzuweisen, prominente und teilweise auch widersprüchliche Aspekte eines Problems zu identifizieren, um dadurch schließlich neuartige und innovative Lösungen zu kreieren, die existierende Alternativen übertreffen. Ein Design Thinker sollte optimistisch sein: Egal wie herausfordernd die scheinbaren Beschränkungen eines zu lösenden Problems sind – es ist besser, wenigstens eine potenzielle Lösung zu haben, die vorteilhafter ist als die existierende Alternative. Experimentierfreude beschreibt die Offenheit, Dinge ausprobieren zu wollen, Erfahrungen zu sammeln, ungewöhnliche Wege einzuschlagen und auch Fehler in Kauf zu nehmen, um so zu signifikanten Innovationen zu kommen. Die letzte essenzielle Eigenschaft eines Design Thinker ist die Fähigkeit, in einem Team zu arbeiten. Durch die immer komplexer werdenden Produkte und Prozesse sowie den sich immer schneller entwickelnden Markt ist es schwierig geworden, Neues von nur einer einzelnen Person, „dem Genie", entwickeln zu lassen. Für komplexe Probleme ist es unabdingbar, in einem heterogenen Team zu arbeiten sowie Fachleute zu konsultieren, um so die Wahrscheinlichkeit zu erhöhen, innovative Lösungen zu generieren.[16] DT geht daher von einem enthusiastischen, interdisziplinären Kollaborateur aus, der flexibel und zur Not auch konfliktfähig ist. Dies bedeutet, dass die persönlichen Kenntnisse im Idealfall auch folgende Bereiche umfassen:

- Konfliktfähigkeit (Feedback-Regeln, Konfliktbearbeitungsmethoden, Gruppendynamiken),
- Kommunikationsfähigkeiten (Kommunikationsmodelle, Gewaltfreie Kommunikation, Körpersprache),
- Ehrgeiz und Engagement,
- Prozesskenntnis.

14 Vgl. *PLATTNER* (2009), S. 66 ff.

15 Vgl. *CAPOZZI/DYE/HOWE* (2011), S. 1 ff.

16 Vgl. *BROWN* (2008), S. 87.

2.2 Raumkonzept

Neben der Multidisziplinarität eines DT-Teams und den persönlichen Eigenschaften eines Design Thinker ist ebenso die Umgebung, in der gearbeitet wird, sehr wichtig. Für innovative Lösungen wird eine kreative Umgebung benötigt, die architekturpsychologisch „Energie", Offenheit und Kommunikation untereinander fördert. Beispiele für kreative Arbeitsbereiche finden sich inzwischen u. a. bei Firmen wie *Procter & Gamble* und *IDEO* sowie an den *Hasso-Plattner-Instituten/Schools of Design Thinking* in Potsdam und Stanford. Die Inneneinrichtung ist so gewählt, dass die Teams sie ihren Bedürfnissen anpassen können. Tische, Tafeln und Sofas sind beweglich und jederzeit verschiebbar, die Arbeits- und Diskussionsplätze einerseits und Entspannungsplätze andererseits so ausgerichtet, dass physisch beide Bedürfnisse unterstützt werden können, einerseits etwa durch Hochtische und -stühle für einen Aktivitätsanreiz durch hohen Muskeltonus, anderseits durch Sofas (niedriger Muskeltonus).[17]

Durch Stell- und Projektionsflächen sowie den Einsatz von unterschiedlichsten technischen Mitteln wie Smartboards, Beamern oder Lautsprechern werden die Teammitglieder über die unterschiedlichen Wahrnehmungskanäle angesprochen.[18]

2.3 Prozess

DT wird in der Literatur in unterschiedlich viele Phasen gegliedert. Simon etwa beschreibt den Prozess in vier, *Kelley* in drei Schritten, und selbst die beiden Hasso-Plattner-Institute beschreiben den Prozess unterschiedlich. Die *HPI School of Design Thinking* in Potsdam beschreibt ihn in sechs Schritten, das Mutterinstitut in Stanford nennt fünf. Prinzipiell unterscheiden sich die Prozesse mit der jeweils unterschiedlichen Anzahl von Schritten aber nicht grundsätzlich, geht es doch konkret immer um die Schlüsselphasen Inspiration, Ideenfindung und Implementierung, abstrakt um die Aufgliederung des Wissenstunnels (Knowledge Funnel). Die Beschreibung von *Martin*[19] verdeutlicht dies (siehe Abbildung 2).

---

17 Vgl. *Porcini* (2009), S. 70 ff.

18 Vgl. *o. V.* (2009), S. 1 und S. 6.

19 Vgl. *Martin* (2009).

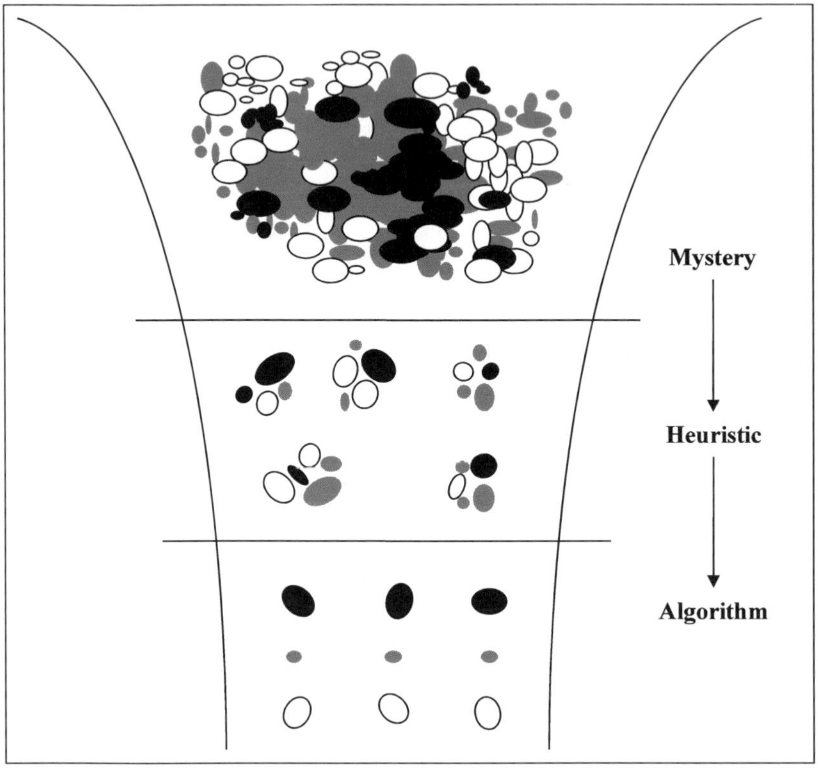

Abbildung 2: *The Knowledge Funnel*[20]

MARTIN beschreibt, wie sich das Wissen kontinuierlich durch den Trichter bewegt und dabei drei Schritte durchläuft: das Mysterium, die Heuristik und den Algorithmus. Im ersten Schritt wird das Mysterium erforscht, bevor es im zweiten Schritt zu einer handhabbaren Größe, der Heuristik, verkleinert wird. Dies geschieht anhand einer ersten Ahnung (Hypothese).

Das Besondere dabei ist sowohl das Wechselspiel zwischen analytischem und intuitivem Denken als auch zwischen deduktiver und induktiver Logik. Heuristiken sind Intuitionen, die zur Sprache gebracht werden, jedoch nicht garantieren, dass dadurch ein bestimmtes Ergebnis erzeugt wird. Algorithmen hingegen sind bestätigte Produktionsprozesse, die ein bestimmtes Ergebnis sicherstellen. Der Algorithmus ist somit der letzte Schritt.[21] *MARTIN* erklärt die Besonderheit von DT u. a. durch die Anwendung von „abduktiver Argumentation" (nach *PEIRCE*[22]), der erkenntnistheoretischen Hypothesenbildung. Das bedeutet, dass die Balance zwischen Intuition und Analytik, zwischen Verlässlichkeit und Validität sowie zwischen Erkundung (exploration) und Verwertung (exploitation) durch die Logik der abduktiven Argumentation gehalten wird. In der zweiten Stufe werden Vorhersagen aus der Hypothese abgeleitet (Deduktion), woraufhin in der dritten Stufe nach Fakten gesucht wird, die die Vorannahmen verifizieren (Induktion). Die Abduktion sorgt somit durch ihre anfängliche Kennt-

20 In Anlehnung an *MARTIN* (2009), S. 8.

21 Vgl. *MARTIN* (2009), S. 8 ff.

22 Vgl. *PEIRCE* (1998).

niserweiterung („Hypothese“) für einen Startpunkt, der im Nachfolgenden argumentativ überprüft wird, vorerst jedoch darauf abzielt zu prognostizieren, ob etwas richtig sein könnte.[23] Durch diese dritte Argumentationslogik werden prognostizierte Erklärungen herausgefordert und diskursiv überprüft.[24]

Ungeachtet der per definitionem vorgesehenen Anzahl an Prozessschritten zeichnet sich DT nach Erstellung einer Hypothese durch ein Wechselspiel von Informationssammlung (Phasen: gemeinsames Verständnis, Beobachten, Ideen generieren, Testen) und Informationsverarbeitung (Phasen: Synthese, Prototypenerzeugung) aus und gleicht somit den ganzheitlichen systemtheoretischen Ansätzen zur Untersuchung bzw. Bearbeitung von Problemen.

Im Folgenden werden wir uns auf die sechs Schritte des von der *HPI School of Design Thinking* in Potsdam definierten DT-Prozesses (Abb. 3) stützen. Der Prozess ist in die Schritte (1) gemeinsames Verständnis (Understand), (2) Beobachten (Observe), (3) Synthese (Point of View), (4) Ideenfluss (Ideate), (5) Prototypenerzeugung (Prototype) und (6) Testen (Testing) unterteilt.[25]

Das Besondere an diesem Prozess sind seine Iterationsschleifen. *BROWN*[26] bezeichnet den Prozess wie folgt: „It is a system of spaces rather than a predefined series of orderly steps.“[27] Die einzelnen Prozessschritte folgen linear aufeinander, können aber jederzeit wiederholt bzw. ergänzt werden. Durch die Iterationsschleifen einzelner Prozessschritte gewinnt der Prozess an Effizienz, indem nach jedem Schritt – vor allem nach dem Erstellen der Prototypen und dem Testen – wertvolles Feedback eingeholt wird und somit – hermeneutisch – wiederverwertet werden kann, um die Lösung genau auf die Bedürfnisse der Nutzer abzustimmen. Der DT-Prozess ist folglich ein ergebnisoffener Prozess.[28]

3 Design Thinking als unternehmerische Vision

Innovationsmanagement ist Teil der Unternehmensstrategie und kann sich auf Produkte, Dienstleistungen, Prozesse und Strukturen beziehen. Während Innovationen am Produkt (bzw. an der Dienstleistung) in der Regel darauf abzielen, die Bedürfnisse von Kunden besser zu befriedigen, sind Prozessinnovationen meist auf Verbesserung von Verfahrenseffektivität und -effizienz ausgerichtet.

Gleich welches unternehmensrelevante Problem (Produkt, Service, Prozess) angegangen werden soll: Ein Grundverständnis der Recherchephase (Research – Observe) muss bei den Projekteignern bzw. den Projektteilnehmern existieren. Grundsätzlich ist DT als kreativer Prozess zur Problembearbeitung ein Prozess, der auf die soziale Realität des Problems abzielt. Ziel ist somit, bisher unbeachtete bzw. weniger beachtete Interessen (Insights) des Nutzers zu

23 Vgl. *PEIRCE* (1998), S. 226 ff.

24 Vgl. *MARTIN* (2009), S. 64 f.

25 Vgl. *PLATTNER* (2009), S. 113 ff.

26 Vgl. *BROWN* (2008).

27 *BROWN* (2008), S. 88.

28 Vgl. *GROTS/PRATSCHKE* (2009), S. 22.

identifizieren. Diese könnten zwar auch durch quantitative Methoden in Form von Modellen extrahiert werden, doch das ist i. d. R. sehr kostenintensiv. Qualitative, insbesondere ethnografische Forschungsmethoden sowie klassische Fallstudien (Case Study Testing) eignen sich ideal für die Belegung von Hypothesen, die am Anfang eines jeden DT-Prozesses in Form einer Frage aufgestellt werden.[29]

Nach dem Projektstart innerhalb der Beobachtungs-Phase bieten sich somit regelmäßig zwei Standardformen des zielgruppenorientierten Erkenntnisgewinns an:

- Narratives Interview (Storytelling; Darstellung der Eigenwahrnehmung) und
- Beobachten (Darstellung der Fremdwahrnehmung, um den Widerspruch zwischen Sagen und Handeln aufzulösen).

Neben den Erkenntnissen aus Interviews (Zielgruppe, Experten, „Heavy User") bzw. Beobachtungen ist es üblich, die Beobachtungs-Phase durch „Schreibtischrecherche" (Desk Research) zu unterstützen. Insbesondere die folgenden Punkte sind für die Informationsakkumulation des konkreten Projektes hilfreich:

- Entstehungsgeschichte des Produktes/der Dienstleistung/des Prozesses, insbesondere Motive und Umgang mit Problemen;
- Problemdiskussionen zu dem konkreten Thema;
- Analogien aus anderen Bereichen, in denen ähnliche Problemstellungen bearbeitet wurden.

Hauptunterschied zwischen dem Prozess der *School of Design Thinking* an der *Stanford University* und dem in Potsdam ist die Zusammenfassung der ersten beiden Prozessphasen des gemeinsamen Verständnisses (understand) und Beobachtens (Observe) zur Phase Empathy. Diese Zusammenfassung führt auf die Weiterentwicklung des Prozesses zurück, denn vielerorts wird im Zusammenhang mit DT stets vom User-centered, vom nutzerorientierten Innovationsprozess gesprochen. *Stanford* spricht demgegenüber – in Anlehnung an *IDEO* – stets explizit von einem Human-Centered Design (HCD) und bringt dies auch sprachlich durch den weiteren Begriff der Empathy (Feinfühligkeit/Einfühlungsvermögen) zum Ausdruck. Insbesondere auf den nächsten Prozessschritt, die Synthese, hat diese Weiterentwicklung Auswirkungen.

User-Centered Design (UCD) ist allgemeiner Ausdruck einer Philosophie und Methodik, die den Endnutzer in die Gestaltung von EDV-Systemen und -Software einbezieht. Das bedeutet, dass der (zukünftige) Nutzer einer Website oder eines Produktes mit seinen Aufgaben, Zielen und Eigenschaften unmittelbar den Entwicklungsprozess mitbestimmt.

Dass die Systeme an den Menschen als Nutzer angepasst werden sollen, bedeutet nicht, sie ausschließlich dem Konzept der Bedienbarkeit (Usability) zu unterwerfen, sondern auch neue, in sich stringente, menschenfreundliche Lösungen zu ermöglichen. Im Gegensatz zum UCD zeichnet sich das HCD durch die Erweiterung des Nutzerzwecks auf die Umwelt aus. HCD zielt folglich durch die Integration verschiedener Wissensgebiete darauf ab, die zersplitterte und spezialisierte Wissenschafts- und Arbeitswelt wieder zusammenzuführen und von

[29] Vgl. FLYVBJERG (2006), S. 225 ff., und FLYVBJERG (2011), S. 305 ff.

den unterschiedlichen Sichtweisen zu profitieren, um so einen nachhaltigeren Ansatz zu schaffen.

Ein weiterer wichtiger Punkt ist die Untersuchung des globalen Bezugs einer Arbeit und das Schulen des ganzheitlichen Denkens beim Entwickler und beim Nutzer. Der Entwickler soll sich über die Relevanz des eigenen Themas im Klaren sein, damit er sie dem Nutzer vermitteln kann. So soll der Schritt zum anwenderbezogenen Wissen erleichtert werden.

Ein Beispiel erleichtert die Abgrenzung: Die Produktinnovation einer mit Erdnussbutter gefüllten Salzbrezel mit Schokoladenüberzug als „Office Snack" für den amerikanischen Markt ist zweifelsohne eine nutzerorientierte Innovation, sofern sie erfolgreich und wirtschaftlich ist. Gemessen an den ganzheitlichen, nachhaltigen Ansätzen des HCD und der extremen Kalorienanzahl für einen Snack bei minimaler körperlicher Bewegung wäre dies jedoch keine erwünschte Human-Centered, sondern nur eine User-Centered Innovation.

Betrachtet man beide Designtypen aus erkenntnistheoretischer Sicht, zeigt sich, dass die Unterschiede vor allem in der Wahrnehmung des Nutzers liegen. Aus UCD-Sicht sind die Interessen und Verhaltensweisen wichtig. Beim HCD werden die Interessen und Verhaltensweisen durch externe Erkenntnisse (sog. „Weisheiten" – idealtypische menschliche Verhaltensweisen) ergänzt.[30]

Die Zusammenfassung der ersten beiden Prozessschritte (hier zur sog. Empathy) versucht die emotionale Bindung des Nutzers an ein Objekt stärker zu betonen, sagt jedoch nichts Grundlegendes darüber aus, ob nun ein Produkt, eine Dienstleistung oder ein Prozess aus einem UCD- oder einem HCD-Ansatz vorliegt; im Endeffekt kann die Frage retrospektiv analytisch auch offen bleiben, sollte doch idealerweise schon bei der unternehmensinternen Implementierung des Innovationsmanagements (bspw. in der Vision) geklärt werden, ob ein UCD- oder ein HCD-Ansatz verfolgt werden soll.

4 Design Thinking als iterativer Prozess

4.1 Gemeinsame Verständnis-Phase

In diesem ersten Schritt des Prozesses geht es um das gemeinsame Verstehen der Hypothese (i. d. R. einer Fragestellung, der sog. „How might we-question") des Problems und der damit verbundenen Aufgabenstellung.[31] Ziel ist es, im Team ein gemeinsames Verständnis von der Aufgabenstellung zu entwickeln und das Problem zu definieren. Es ist herauszufinden, auf wen sich das Problem bezieht und mit welcher Zielgruppe agiert werden soll. Ziel dieser Phase ist es also zu ermitteln, was das Projekt für den Erfolg benötigt.[32]

---

30 Vgl. *IDEO* (2011) S. 16 ff.

31 Vgl *PLATTNER* (2009), S. 115.

32 Vgl *PLATTNER* (2009), S. 115 ff.

Eine geeignete Methode für den ersten Schritt ist die Anwendung der fünf W- Fragen: Wer, was, wann, wo und warum? Oftmals auch: Wie? Mit Hilfe dieser Fragen werden passende Antworten getriggert, um die Aufgabenstellung und das Problem angemessen zu verstehen und zu definieren. Diese Fragen könnten wie folgt aussehen:[33]

- Wer ist unser Auftraggeber und wer ist unsere Zielgruppe? Wichtige Aspekte sind hierbei Größe, Art und Eigenschaften.
- Was wird von unserem Auftraggeber als Problemlösung vorgeschlagen? Soll es sich dabei evtl. um eine Print-, Internet- oder Video-Lösung handeln?
- Wann wird die Design-Lösung benötigt und wie lange wird sie eingesetzt? Ein sehr wichtiger Aspekt ist der zeitliche Horizont des Projekts.
- Wo wird die Design-Lösung eingesetzt? Wichtige Aspekte sind der Ort, das Land bzw. die Medien.

4.2 Beobachten-Phase

Die zweite Phase des Design-Thinking-Prozesses ist die Beobachten-Phase (Observe, Research), um sich vor der Ideenfindungsphase inspirieren zu lassen.[34] Ziel ist es, sich in den Nutzer hineinzuversetzen, sich in seine Perspektive einzufühlen und ihn zu beobachten, wenn möglich aus einer 360-Grad-Sicht.[35]

Für den Teil der Beobachtung können – wie oben beschrieben – sowohl Instrumente der quantitativen Forschung, wie etwa die statistische Zusammensetzung der Zielgruppe, als auch Instrumente der qualitativen Forschung, so etwa die Ermittlung des Zielgruppenkonsums, angewendet werden. Intensives Beobachten (Fremdwahrnehmung) sollte von Interaktionen und Dialogen (Eigenwahrnehmung) gefolgt werden. Wichtig ist es, Beobachtungen, Befragungen und andere Aktivitäten in dem jeweiligen Umfeld des beobachteten Menschen durchzuführen. Somit kann sich der Beobachter besser in die Lage des Beobachteten hineinversetzen und Verständnis für ihn aufbringen sowie das Kernproblem samt Kontext betrachten. Denn wertvolle Informationen und Anregungen sind häufig im Hintergrund oder im Umfeld des eigentlichen Problemfokus zu finden.[36]

---

33 Vgl. *AMBROSE/HARRIS* (2010), S. 16.

34 Vgl. *BROWN* (2008), S. 86.

35 Vgl. *DECETY/JACKSON* (2006), S. 54 ff., und *PLATTNER* (2009), S. 118.

36 Vgl. *GROTS/PRATSCHKE* (2009), S. 20.

4.3 Synthese-Phase

Die dritte Phase des DT-Prozesses ist die Synthese-Phase. In dieser Phase des DT-Projektes definiert das Projektteam einen gemeinsamen Standpunkt.[37]

Ziel ist es, die in der Beobachtungs-Phase generierten Erkenntnisse im Team auszuwerten, zu interpretieren und zu gewichten. Damit soll eine einheitliche Wissensbasis entstehen, anhand derer festgestellt und definiert werden kann, inwiefern weitere Informationen für das Fortsetzen des Prozesses benötigt werden.[38] Um das gesamte Team auf den gleichen Wissensstand zu bringen, werden zunächst alle gesammelten Informationen vorgestellt – visuell sowie narrativ. Das Gesamtbild des Teams soll nun mit den generierten Informationen verknüpft werden. Dies geschieht vor allem im Dialog: durch das Stellen von Fragen während der einzelnen Vorstellungen sowie durch erste Interpretationen. Die relevanten Informationen werden von den weniger wichtigen getrennt, sodass aus diesem Schritt die Synthese gebildet werden kann. Um die gesammelten Informationen mit dem Team zu teilen und sie dann zu bündeln, eignen sich u. a. folgende Methoden: Storytelling, Customer Journey Map und Persona.

4.4 Ideenfluss-Phase

Bei der vierten Phase des DT-Prozesses wird der Fokus auf die Ideenfindung gelegt. Sie dient dazu, aus den identifizierten Problemen Lösungen für die Nutzer zu generieren.

Methodisch lautet das Ziel, möglichst viele Ideen in einem relativ kurzen Zeitraum zu kreieren, um die Auswahl aus einer größtmöglichen Ideenmenge treffen zu können.

Die wichtigste Methode der Ideenfindung ist hier das Brainstorming als eine Kreativtechnik, die im Team eingesetzt wird, um Ideen und konkrete Lösungsansätze zu entwickeln.[39]

Eine weitere Methode ist das Bodystorming, eine noch neue Methode, die Empathie, Ideengenerierung sowie das Entwickeln von Prototypen umfasst. Es ist eine Technik, bei der physisch eine bestimmte Situation erfahrbar gemacht wird, um neue Ideen zu entwickeln.[40]

4.5 Prototypen-Phase

Die fünfte Phase widmet sich der Entwicklung von Prototypen; ausgewählte Lösungsmöglichkeiten werden dabei weiterentwickelt. Ziel ist es, potentielle Lösungen zu gestalten, indem diese erfahrbar und kommunizierbar gemacht werden. Die Ideen sollten in einer ausgewählten Form für den Nutzer lebendig (Tangible) gemacht werden, sodass dieser sich in die Lösungen einfühlen und konstruktives Feedback geben kann.[41] Die Prototypen bringen die Vorstellungen und Forschungsergebnisse aus den Köpfen der Teammitglieder in die physische Welt und schaffen so auch projektintern ein gemeinsames Verständnis. Dabei kann ein

---

[37] Vgl. *Plattner* (2009), S. 120.

[38] Vgl. *Plattner* (2009), S. 120.

[39] Vgl. *Ambrose/Harris* (2010), S. 66.

[40] Vgl. *o. V.* (2010), S. 35.

[41] Vgl. *Plattner* (2009), S. 123.

Prototyp alles sein, was eine physische Form annimmt, wie zum Beispiel eine Tafel mit Haftnotizen, ein Rollenspiel, ein Objekt, ein Interface oder auch ein Ablaufplan (Scenario, Storyboard). Der Prototyp sollte dabei dem Fortschritt im Prozess angepasst werden, sprich: In frühen Phasen sollten die Prototypen grob und in einem kurzen Zeitraum entwickelt werden, um möglichst schnell von ihnen zu lernen und viele verschiedene Möglichkeiten zu erforschen. Denn am erfolgreichsten sind sie, wenn die Testpersonen sie erfahren und mit ihnen interagieren können. Durch den Lerneffekt dieser Interaktionen kann ein tiefgründiges Einfühlungsvermögen entstehen, und dadurch können erfolgreichere Lösungen entwickelt werden.[42]

Je nach Art des Produkts oder Services sollte die Form des Prototyps ausgewählt werden, wie zum Beispiel Papier- und Pappmodelle, 3D-Modelle, Filme, Rollenspiele, Storytelling oder auch Co-creation.

4.6 Testen-Phase

Die abschließende Phase bildet das Testen. Hierbei werden die zuvor entwickelten Prototypen am Nutzer getestet, damit man sich anschließend ggf. in die Iteration begeben kann. Im Gegensatz zum Ingenieursverständnis dient das Testen hier lediglich dazu, direkte Resonanz der Nutzer zu erzeugen.

Ziel ist es, die Prototypen und Problemlösungen zu verfeinern und weiterzuentwickeln. Das Testen regt die nächste Iteration des Prototyps an. Dies kann jedoch auch bedeuten, im Prozess „zurück" zu gehen (z. B. zur Research), wenn bspw. festgestellt wurde, dass kein entsprechender Bedarf besteht. Weiterhin soll durch das Testen mehr über den Nutzer gelernt und erfahren werden. Durch die Beobachtung und Beschäftigung mit dem Prototyp bietet sich eine weitere Gelegenheit, Verständnis für den Nutzer zu entwickeln, wodurch weitere Erkenntnisse hervorgebracht werden können, die einer Spezifizierung der Problemformulierung dienen.[43]

Dies ist ein weiterer iterativer Schritt, in dem die einzelnen Teile der einfachen, schnellen Prototypen im angemessenen Zusammenhang der Lebensbedingungen der Nutzer platziert werden. Die Prototypen werden unter der Vorgabe erstellt, dass es sich um die richtige Lösung handeln könnte. Getestet wird jedoch mit dem Hintergedanken, dass es die falsche Lösung sei, um auf diese Weise am schnellsten und besten herauszufinden, was ansprechend und was verbesserungswürdig i. S. d. Nutzers ist.[44]

---

42 Vgl. *GROTS/PRATSCHKE* (2009) S. 21.

43 Vgl. *PLATTNER* (2009), S. 125.

44 Vgl. *O. V.* (2010), S. 8.

5 Herausforderungen auf dem Weg zum Erfolg

Bei der unternehmensinternen Durchführung von multidisziplinären Innovationsprojekten kann es immer wieder zu Problemen kommen. Diese können einerseits lediglich Hürden auf dem Weg zum Ziel darstellen, sich andererseits jedoch auch zu ernsthaften Hindernissen entwickeln, die ein Scheitern des Projektes bedeuten. Häufige Herausforderungen für die erfolgreiche Durchführung eines DT-Projektes lassen sich wie im Folgenden beschrieben systematisieren:

5.1 Teilnehmer

Je nach Kontext des Projektes können einzelne Teilnehmer moralische, ethische oder anderweitige wertbasierte Probleme mit dem Projektthema haben. Insbesondere bei Innovationsprojekten im Rüstungskontext, zu denen bspw. externe Innovatoren bzw. Personen zugezogen werden, die ansonsten nur mittelbar mit dem Geschäftskern konfrontiert sind, können persönliche Schwierigkeiten bei der Projektdurchführung entstehen, die sich im ungünstigsten Fall auf die gesamte Projektgruppe ausweiten bzw. zumindest die eigene Offenheit beschränken.[45]

Ähnliche Schwierigkeiten können auch auftreten, wenn Mitglieder in Projektgruppen delegiert oder Projektteams gebildet werden, in denen unbearbeitete Konflikte bzw. Spannungen existieren und keine Klärungshilfe geleistet wird.

Unternehmensinterne Projektteilnehmer, die sich in Change-Prozessen befinden, können durch Angst vor Neuem, insbesondere durch die ggf. irrationale Angst, „am eigenen Ast zu sägen", betroffen sein. Ziel seitens des Managements muss es stets sein, Innovationsprozesse in diesen sensiblen Fällen so offen wie möglich zu gestalten.

Grundsätzlich sind bei interkulturellen Gruppen die unterschiedlichen Wahrnehmungen von Kommunikationsformen und Sprachbarrieren zu beachten, die je nach Projekt und Kontext eine Rolle spielen können.

Ist ein Projektteam gebildet worden, sollte mindestens ein Prozessfachmann im Team sein bzw. gewählt werden, der die formelle Prozess- und Kommunikationshoheit besitzt. Seine Aufgabe muss von Anfang an auch das Vermeiden von Zielkonflikten sein, d. h. er muss eine ausgewogene Interessenklärung (bzw. Erwartungsklärung) der einzelnen Teilnehmer im Vorfeld vornehmen.

5.2 Projektkontext

Mangelnde Ergebnisoffenheit aufgrund persönlicher Motive des unternehmensinternen Projektleiters oder mangelnde organisationale Erwartungshaltungen können die Leistungsbereitschaft der Projektgruppe negativ beeinflussen. Ähnliche Phänomene sind auch zu beobachten, wenn durch mangelnde Führungsstärke (Leadership) bzw. mangelnde Vision (Unternehmen, Geschäftsführung, Projektleiter) keine sinnstiftenden, sondern halbherzige Rahmenbedingun-

45 Vgl. *ROHDE* (2007), S. 1, und *TUNSTALL* (2007), S. 1.

gen geschaffen werden. Auch eine Implementation nur zu Imagezwecken gegenüber Kunden sollte im Idealfall der Projektgruppe positiv vermittelt werden.

Ebenso kann mangelnde Transparenz im Unternehmen zu mangelnder Kooperationsbereitschaft führen, insbesondere wenn es um die Innovierung unternehmensinterner Prozesse geht (hinzu kommt der Faktor der „Unsicherheit") bzw. wenn Mitarbeiter gleichzeitig Experten sind.

Des Weiteren können unternehmensinterne machtpolitische Konflikte bei dichotomen oder unklaren Aufgaben- bzw. Rollenverteilungen zwischen Abteilungen (bspw. Forschung und Entwicklung, Geschäftsfeldentwicklung oder Produkt-Management) ein positives Ergebnis gefährden. So kann bspw. der Innovationsprozess persönlich vereinnahmt und damit unternehmensintern „gefärbt" und folglich entwertet werden.

Im Umkehrschluss können jedoch auch fehlende finanzielle oder anderweitige Unterstützungsmöglichkeiten bspw. bei der Durchführung der Recherchc, bei der Ausstattung bzw. bei der Vermittlung von Kontakten Hürden für Projektgruppen darstellen, insbesondere wenn externe Projektgruppen für ein Unternehmen in einem geschlossenen Segment (bspw. Rüstung) innovieren.

5.3 Prozess

DT unterliegt eigenen originären Hindernissen, die durchaus als Herausforderung angesehen werden dürfen. Grundsätzlich soll die Multidisziplinarität der Teams dazu beitragen, verschiedene Blickwinkel auf eine Problemstellung zu erhalten und durch die Teamarbeit die bestehenden Blickwinkel zu verändern (Reframe). Insbesondere können Limitierungen bei Innovationsprojekten bspw. durch eine vorgegebene Vision, durch einen HCD-Ansatz, Zeitdruck (Grenzen in der Projektplanung), mangelnde Akzeptanz im Unternehmen oder fehlende Arbeitsmaterialien entstehen.

Zudem wies die US-amerikanische Autorin und Mediatorin *TAMMY LENSKI* auf das grundsätzliche Phänomen der selbsterfüllenden Prophezeiung bei der Konfliktbearbeitung hin, die den Lösungsspielraum in der Phase der Synthese beschränken kann: „Solutions depend on how we frame the problem.".[46] Sieht man in der Projektgruppe das Scheitern als einen Prozessschritt an, kann dieses Hindernis zwar durch Iterationen gelöst werden; gepaart mit persönlichen oder kontextbezogenen Hürden kann sich daraus jedoch ein Erfolg gefährdendes Hindernis ergeben. Dies setzt jedoch voraus, dass unternehmensintern geklärt ist, was das Innovationsprojekt leisten soll, dass also Kriterien für den Erfolg definiert worden sind.

46 *LENSKY* (2006), o. S.

6 Fazit

Design Thinking ist eine Methode zur Entwicklung innovativer Ideen. Konzipiert und gelehrt von Kelley, basiert das DT auf der Grundüberzeugung, dass effiziente Innovation nur erreicht werden kann, wenn Personen mit Erfahrungen aus unterschiedlichen Fach- und Lebensbereichen in multidisziplinären Gruppen zusammenkommen und gemeinsam Perspektiven einer Challenge in einer kreativen Umgebung erforschen. Insofern bietet DT als phasenbasierter Prozess eine einmalige Möglichkeit, unternehmensinterne Kompetenzen strategisch zu bündeln und den Lösungsspielraum durch die multidisziplinäre Sichtweise auf eine Problemstellung zu erweitern.

Ungeachtet des konkreten Ergebnisses können auch bei scheinbar erfolglosen Innovationsprojekten weiterhin Abstrahleffekte, wie bspw. ein besserer Einblick in die Zielgruppe, interne Motivationssteigerungen oder verbessertes Teamwork, erzielt werden.

Gleichzeitig kann DT als Innovationsmethode aufgrund zu hoher Erwartungshaltungen, halbherziger Planung oder persönlicher, kontextbezogener oder prozessualer Hindernisse auch herausfordernd sein. Wird DT jedoch angemessen und methodisch fundiert angewendet, so können unterschiedliche Perspektiven zu den konkreten Problemsachverhalten erschlossen werden. Dadurch kann das DT neben „den herkömmlichen" Effektivitätsmaßnahmen eine weitere aktive und intelligente Innovationsinvestition sein, die es dem Unternehmen ermöglicht, auf künftige Herausforderungen zu reagieren und rentabel zu bleiben, sobald die Zukunft zur Realität wird.

Quellenverzeichnis

AMBROSE, G./HARRIS, P. (2010): Design Thinking – Fragestellung, Recherche, Ideenfindung, Prototyping, Auswahl, Ausführung, Feedback. München 2010.

BESSANT, J. (2003): Challenges in Innovation Management, in: *SHAVININA, L. V.* (Hrsg.), The International Handbook on Innovation, Oxford (UK) 2003, S. 761–774.

BROWN, T. (2008): Design Thinking, in: Harvard Business Review, 86. Jg. (2008), Juni, S. 84–92.

BROWN, T./KATZ, B. (2009): Change By Design – How Design Thinking Transforms Organizations And Inspires Innovation. New York 2009.

CAPOZZI, M./DYE, R./HOWE, A. (2011): Sparking Creativity in Teams – An Executive's Guide, online: http://www.mckinseyquarterly.com/Sparking_creativity_in_teams_An_executives_guide_2786, Stand: 04.2011, Abruf: 20.12.2011.

CHESBROUGH, H. (2006): Open Innovation – The New Imperative For Creating And Profiting From Technology, Boston (MA) 2006.

DECETY, J./JACKSON, P. L. (2006): A Social Neuroscience Perspective on Empathy, in: Association for Psychological Science 15. Jg. (2006), Nr. 2, S. 54–58.

FLYVBJERG, F. (2006): Five Misunderstandings about Case Study Research, in: Qualitative Inquiry, 12. Jg. (2006), Nr. 2, S. 219–245.

FLYVBJERG, F. (2011): Case Study, in: *DENZIN, N. K./LINCOLN, Y. S.* (Hrsg.), The Sage Handbook of Qualitative Research, Thousand Oaks, S. 301–316.

GROTS, A./PRATSCHKE, M. (2009): Design Thinking – Kreativität als Methode, in: Marketing Review St. Gallen, 26. Jg. (2009), Nr. 2, S. 18–23.

HILBRECHT, H./KEMPKENS, O. (2012): Design Thinking im Unternehmen – Herausforderung mit Mehrwert, in: Business+Innovation – Steinbeis Executive Magazin, 3. Jg. (2012), Nr. 2, S. 33–41.

IDEO (2011): Human-Centered Design Toolkit: An Open-Source Toolkit To Inspire New Solutions in the Developing World, Kanada.

LENSKY, T. (2006): Solutions Depend on How We Frame the Problem, online: http://lenski.com/solutions-depend-on-how-we-frame-the-problem/, Stand: 04.02.2006, Abruf: 15.12.2011.

MARTIN, R. L. (2009): The Design Of Business. Why Design Thinking Is The Next Competitive Advantage, Boston.

O. V. (2009): Citizen Office – Das Büro der Optionen, online: http://www.creative-innen-einrichter.de/themen/arbeiten-heute-2.html, Stand: o. A., Abruf: 10.10.2011.

O. V. (2010): Bootcamp Bootleg, online: http://dschool.typepad.com/files/ bootcampbootleg 2010.pdf, Stand: 04.08.2011, Abruf: 03.10.2011.

PEIRCE, C. S. (1998): The Essential Peirce, Bloomington 1998.

PLATTNER, H. (2009): Design Thinking, München 2009.

PORCINI, M. (2009): Your New Design Process Is Not Enough – Hire Design Thinkers! In: dmi Review, 20. Jg. (2009), Nr. 3, S. 5–18.

REIMANN, M./SCHILKE, O. (2011): Differentiation by Aesthetic and Creative Design. A Psychological and Neural Framework of Design Thinking, in: *MEINEL, C./LEIFER, L.* (Hrsg.), Design Thinking: Understand – Improve – Apply, Heidelberg et al. 2011, S. 45–56.

ROHDE, D. (2007): Army Enlists Anthropology in War Zones, online: http://www.nytimes.com/2007/10/05/world/asia/05afghan.html?pagewanted=1&hp, Stand: 05.10.2007, Abruf: 19.10.2011.

SCHUMPETER, J. (1912): Theorie der wirtschaftlichen Entwicklung, Berlin.

TUNSTALL, E. (2007): What If Uncle Sam Wanted You? Online: http://observatory.designobserver.com/entry.html?entry=6137, Stand: 01.11.2007, Abruf: 20.10.2011.

Shared Ideas: Integration von Open-Innovation-Plattform-Methoden in Design-Thinking-Prozesse

CLAAS DIGMAYER und *EVA-MARIA JAKOBS*

RWTH Aachen University

Executive Summary

Der Prozess der weltweiten Digitalisierung überbrückt nicht nur räumliche und zeitliche Grenzen, sondern ermöglicht auch die Auflösung starrer Unternehmensgrenzen mit weitreichenden Folgen – insbesondere für die Entwicklung innovativer Produkte und Dienstleistungen: Statt umfangreicher Marktstudien können Unternehmen über das Internet zusammen mit potentiellen Kunden innovieren. Das als *Open Innovation* bezeichnete Prinzip bietet ökonomische Vorteile und verringert die *Flop*-Gefahr von Innovationen auf dem Markt. Eine Methode der Open Innovation sind community-basierte Innovationswettbewerbe, in denen Kunden Bedürfnis- und Lösungsinformationen generieren. Online von Kunden eingereichte Konzepte und Ideen bedürfen der weiteren Bearbeitung; sie müssen an unternehmensinterne Produktionskapazitäten angepasst sowie iterativ mit Kunden weiterentwickelt und getestet werden – ein Prozess, für den sich Methoden des Design Thinking eignen. Die Möglichkeiten der Integration von Innovationswettbewerben in den Prozess des Design Thinking werden in diesem Beitrag diskutiert[1] sowie Empfehlungen zur Gestaltung von Innovationsplattformen für Kundengruppen gegeben, die zunehmend an Bedeutung für Unternehmen gewinnen: Senior-Experten. Die Empfehlungen basieren auf Studien des Projekts OpenISA.

1 Einleitung

Durch die weltweite Digitalisierung und die Etablierung neuer Informations- und Kommunikationstechnologien (IuK), wie das Web 2.0, entwickelt sich die traditionelle Kapitalwirtschaft zu einer Digitalwirtschaft.[2] Folgen dieses Wandels sind radikale Veränderungen in der Beziehung zwischen Produzent und Konsument sowie in der Entwicklung von Innovationen.[3]

In der traditionellen, produzenten-zentrierten Entwicklung von Produkten und Dienstleistungen (Closed Innovation) erfolgt der Innovationsprozess in Unternehmensgrenzen: „[...] innovation starts with basic research. Results with commercial potential then move to applied research and to development of new products and processes. Production and diffusion then follow“[4]. Den Konsumenten kommt eine passive Rolle zu. Ihre Bedürfnisse werden vom Unternehmen identifiziert und durch das Entwickeln und Designen neuer Produkte befriedigt[5] – ein Modell, das häufig zu Misserfolgen führt: Zwischen 75 und 90 Prozent aller Produktinnovationen erweisen sich auf dem Markt als Fehlschläge[6].

---

1 Wir danken an dieser Stelle *Gavin Melles* (*Swimbourne University*, Melbourne) für viele anregende Gespräche und Diskussionen zum Thema Design Thinking.

2 Vgl. *Huang/Niu* (2010), S. 1181.

3 Vgl. *Nambisan* (2002), S. 392 f.

4 *Von Hippel* (2010), S. 6 f.

5 Vgl. *Von Hippel* (2005), S. 2.

6 Vgl. *Cooper* (2003), S. 139.

Durch die Verbreitung von IuK-Technologien verteilen sich Design- und Innovationstätigkeiten zunehmend über Kontexte und Kompetenzen, so dass die Grenze zwischen Unternehmen, Öffentlichkeit, Hochschulen und Privatpersonen oft verschwimmt.[7] Unternehmen können ihre Grenzen öffnen und mit Hilfe des Internets die Innovationskraft der Kunden für Produktentwicklungsprozesse nutzen – ein Ansatz, der als Open Innovation bezeichnet wird. Ein zweiter Ansatz, der die Entwicklung innovativer Produkte fokussiert, ist das Prinzip des Design Thinking: Interdisziplinäre Design-Thinking-Teams beobachten die Nutzer in ihrer Alltagsumgebung und erkennen deren Probleme und Bedürfnisse, entwickeln dafür Lösungen und testen diese mit Vertretern der Zielgruppe.

Beide Ansätze – Open Innovation und Design Thinking – haben ihre Vor- und Nachteile. Anliegen des Beitrags ist es, zunächst die Ansätze und ihre Vor- und Nachteile vorzustellen (Kapitel 2 und 3). In einem zweiten Schritt wird diskutiert, wie das Potenzial des DesignThinking-Ansatzes durch die Integration von Open-Innovation-Plattformen erweitert bzw. verbessert werden kann. In Anlehnung an *BROWN*[8] wird angenommen, dass Webplattformen den Prozess des Design Thinking durch den Einbezug einer breiten Öffentlichkeit sinnvoll ergänzen können. Abschließend werden Beispiele für Innovationswettbewerbe vorgestellt (Kapitel 5) und Empfehlungen für die Gestaltung webbasierter Innovationsplattformen gegeben. Sie richten sich auf eine spezielle, zunehmend wichtige Zielgruppe, die Gruppe der Seniorexperten (Kapitel 6).

2 Open Innovation

Das Prinzip der Open Innovation beschreibt die Integration externer Partner (Abschnitt 2.1) in die Generierung neuartiger Produkte und Dienstleistungen (2.2). Von den verschiedenen Open-Innovation-Methoden (2.3) bieten insbesondere Innovationswettbewerbe in Kombination mit Toolkits für Open Innovation die Möglichkeit, große Teile von Kundensegmenten kostengünstig in den Entwicklungsprozess einzubeziehen.

2.1 Entwicklung und Hintergrund von Open Innovation

Das traditionelle Modell der Closed Innovation berücksichtigt nicht, dass Nutzer eine wichtige Wissensressource für innovative Ideen darstellen, die über einfache Produktverbesserungen hinausgehen.[9] Die Innovationskraft des Kunden bleibt in traditionellen Entwicklungsansätzen ungenutzt. Open Innovation beschreibt dagegen Ansätze, die Unternehmensgrenzen für die kooperative Entwicklung von Innovationen mit externen Akteuren öffnen.[10] Die paradigmatische Wende von der geschlossenen zur offenen Innovation wurde von *CHESBROUGH*[11] beschrieben; den Ansatz offener Innovation nutzen inzwischen verschiedene Unternehmen (z. B.

7 Vgl. *BJÖRGVINSSON* et al. (2010), S. 42.

8 Vgl. *BROWN* (2008), S. 90.

9 Vgl. *VON HIPPEL* (2010), S. 15.

10 Vgl. *REICHWALD/PILLER* (2006), S. 95 ff.

11 Vgl. *CHESBROUGH* (2003).

Innocentive und *Adidas*) mit Erfolg.[12] Im Open-Innovation-Ansatz kann die Kundenintegration auf drei Arten erfolgen[13]:

- Unternehmen analysieren, identifizieren und kommunizieren Innovationen zusammen mit Kunden,
- Unternehmen binden Kunden in den Entwicklungsprozess ein,
- Unternehmen ermutigen Kunden, bestehende Produkte und Dienstleistungen zu verbessern.

2.2 Vorteile und Einsatzmöglichkeiten von Open Innovation

In der Open Innovation nehmen Nutzer eine aktive Rolle ein; sie können die Produkte und Dienstleistungen (mit-)entwickeln, die sie tatsächlich benötigen, anstatt sich auf Unternehmen als (meist unzureichende) Mittler verlassen zu müssen.[14] Kunden veröffentlichen ihre Ideen häufig ohne Gegenleistung[15] und sind somit eine wertvolle Ressource für Innovationsprozesse. Insbesondere virtuelle Umgebungen ermöglichen eine schnelle, flexible und anhaltende Interaktion zwischen Unternehmen und Kunden, die von beiden Seiten geringe physische und kognitive Aufwände erfordert.[16]

2.3 Open-Innovation-Methoden

Für den Innovationsprozess sind *Bedürfnis-* und *Lösungsinformationen* von Bedeutung (Abschnitt 2.3.1). Diese können mit verschiedenen Methoden erhoben werden, wovon in diesem Beitrag *Innovationsplattformen* (Abschnitt 2.3.2) und *Toolkits für Open Innovation* (Abschnitt 2.3.3) detailliert vorgestellt werden. Anschließend werden Vor- und Nachteile von Innovationsplattformen (mit integrierten Toolkits) diskutiert (Abschnitt 2.3.4).

2.3.1 Methoden für das Erheben von Bedürfnis- und Lösungsinformation

Unternehmen, die erfolgreich innovieren wollen, benötigen zwei Arten von Informationen: *Bedürfnis-* und *Lösungsinformation.* Bedürfnisinformation liefert Erkenntnisse über latent vorhandene oder explizite Bedürfnisse der Kunden sowie den Nutzen, den Kunden durch die Innovation (auch gegenüber bestehenden Produkten) gewinnen. Lösungsinformation richtet sich auf „Wissen, wie ein Bedürfnis durch eine bestimmte Produktspezifikation oder eine Dienstleistung bedient werden kann“[17]. Bei beiden Informationsarten kann es sich um *„sticky information“*[18] handeln – Information, die nur mit hohem Aufwand bei einer Informationsressource (Kunde oder Unternehmen) identifiziert und für andere nutzbar gemacht werden

12 Vgl. *Reichwald/Piller* (2006), S. 257 ff.
13 Vgl. *DeSouza* et al. (2008), S. 35.
14 Vgl. *von Hippel* (2005), S. 1.
15 Vgl. *Harhoff* et al. 2003.
16 Vgl. *Sawhney* et al. (2005), S. 6.
17 *Piller* et al. (2008), S. 55.
18 Vgl. *von Hippel* (1994).

kann. Bezogen auf innovative Produkte und Dienstleistungen verfügen häufig die Kunden über die für Unternehmen schwer zugängliche Bedürfnisinformation, die Unternehmen dagegen über Lösungsinformation.

Der Open-Innovation-Ansatz bietet vier Methoden, um Bedürfnis- und/oder Lösungsinformation zu erheben[19]:

- *Lead-User-Methode*: Die Methode dient der Identifikation besonders innovativer Kunden (Lead User). Lead User antizipieren innovative Leistungseigenschaften früher als andere Kundensegmente. Sie besitzen innovationsfördernde Persönlichkeitsmerkmale (Kompetenz, Kreativität, Intelligenz) und entwickeln eigenständig Lösungen, die andere Verbraucher beeinflussen. Sie sind aus den genannten Gründen als Ressource im Innovationsprozess von Interesse. Identifizierte Lead User können für ein Unternehmen auf zwei Arten von Nutzen sein: Das Unternehmen erhebt und nutzt Lead-User-Ideen für Innovationen oder lädt Lead User zu einem Lead-User-Workshop ein, um mit ihnen Probleme zu lösen. Im ersten Fall wird Bedürfnisinformation erhoben, im zweiten Fall Lösungsinformation.
- *Methode Innovationswettbewerb*: Veranstalter von Innovationswettbewerben fordern dazu auf, Beiträge zu einem vorgegebenen Thema in einem definierten Zeitrahmen einzureichen. Im Vordergrund steht die Ideengenerierung in frühen Phasen des Innovationsprozesses (Bedürfnisinformation). Je nach Gestaltung der Wettbewerbsparameter kann mit Innovationswettbewerben auch Lösungsinformation generiert werden.
- *Toolkits für Open Innovation*: Der Ausdruck Toolkit bezieht sich auf eine webbasierte Applikation, mit der Nutzer Bedürfnisinformation in Produktkonzeptionen überführen können, wodurch das Problem der *sticky information* umgangen wird. Abhängig von der Art des Toolkits können auch komplexe Problem-Lösungen generiert werden (siehe Abschnitt 1.3).
- *Open Innovation Communities*: Communities für Open Innovation zielen auf die Generierung von Bedürfnis- und Lösungsinformation in virtuellen Gemeinschaften.

Im Folgenden werden zwei Methoden genauer vorgestellt, die für den hier betrachteten Gegenstand von Interesse sind.

2.3.2 Innovationswettbewerbe

Die Gestaltung und Durchführung von Innovationswettbewerben wird von verschiedenen Parametern (Organisator, Zeitraum, Form, Themenstellung, Incentives) beeinflusst.[20] Innovationswettbewerbe können von einem Organisator (Unternehmen, öffentliche Organisation, gemeinnützige Institution, Einzelperson) in einem definierten Zeitrahmen (von wenigen Stunden oder Monaten bis fortlaufend) als Innovationsplattform online, als Wettbewerb offline oder in beiden Varianten durchgeführt werden. Zu einer mehr oder weniger spezifizierten Aufgabe können Vertreter einer spezifizierten oder unspezifizierten Zielgruppe einzeln oder im Team Beiträge einreichen, die verschiedenartig elaboriert ausgearbeitet werden (Idee, Entwurf, Konzept, Prototyp, Lösung, sich kontinuierlich weiterentwickelnde Lösung). Die

---

19 Vgl. REICHWALD/PILLER (2006), S. 155 ff.

20 Vgl. HALLERSTEDE/BULLINGER (2010), S. 2 f.

eingereichten Beiträge werden bewertet (von einer Jury, Peer Reviewern und/oder Nutzern) und mit Preisen belohnt (monetär und/oder nicht monetär). Innovationsplattformen können Community-Funktionen enthalten.

Anhand der Parameter Community-Funktion, Belohnungssystem, Laufzeit und Ausarbeitungsgrad der Beiträge werden folgende Typen von Wettbewerben unterschieden:[21]

- *Community-basierte Wettbewerbe* ermöglichen die Bildung einer überwiegend hedonisch ausgerichteten Online-Community (Merkmale: Community-Funktionen, nicht monetäre Belohnung, kurze Laufzeit, mittlere Elaboration der Beiträge).
- *Experten-basierte Wettbewerbe* richten sich an Sachkundige des fokussierten Themenfeldes (Merkmale: Community-Funktionen, monetäre Belohnung, lange Laufzeit, hohe Elaboration der Beiträge).
- *„Mob"-basierte Wettbewerbe* sehen keine Interaktion vor – die Teilnehmer reichen lediglich ihren Beitrag ein (Merkmale: keine Community-Funktionen, monetäre und/oder nicht monetäre Belohnung, lange Laufzeit, mittlere Elaboration der Beiträge).

Bedürfnisinformation wird über community-basierte und mob-basierte Wettbewerbe gewonnen, Lösungsinformation dagegen eher über die detailliert ausgearbeiteten Beiträge expertenbasierter Wettbewerbe. Durch die Integration von Toolkits für Open Innovation können die genannten Wettbewerbsformenauch für Lösungsinformation genutzt werden.

Online durchgeführte Innovationswettbewerbe werden als *Innovationsplattform* umgesetzt. Innovationsplattformen beinhalten typische Bausteine wie *Startseite*, *Eingabemöglichkeit für Ideen, Ideenevaluation* (z. B. über eine vorgegebene Bewertungsskala), *Nutzerprofil*, *Rechtstexte*, *Jury-* und *Preisinformation* und *Portalanbieter.*[22] Es können Funktionen zur Community-Bildung und Nutzerinteraktion implementiert werden, z. B. über Twitter-Kanal, RSS-Feeds, Social Bookmarking[23], themenbezogene Diskussion, Nutzer-Profil, Nachrichten und die Integration sozialer Netzwerke[24].

2.3.3 Toolkits für Open Innovation

Toolkits für Open Innovation sind nutzerfreundliche, webbasierte Werkzeuge, die neue Technologien wie computergestützte Simulation oder Rapid Prototyping nutzen, um schnelle und kostengünstige Produktentwicklungen zu ermöglichen.[25] Sie bieten Nutzern einen Lösungsraum, in dem sie experimentieren und sich der Ideallösung annähern können. Der Lösungsraum ist die „[...] Gesamtmenge aller Problemlösungen, die ein Unternehmen auf Basis vorhandener Produktarchitekturen und darauf abgestimmter Fertigungs- und Vertriebsprozesse gegenwärtig anbieten kann.".[26] Toolkits werden in Bereichen eingesetzt, in denen Produkte

[21] Vgl. *Hallerstede/Bullinger* (2010), S. 4 ff.
[22] Vgl. *Belz* et al. (2009), S. 33 ff.
[23] Vgl. *Hallerstede/Bullinger* (2010), S. 2 f.
[24] Vgl. *Koch/Richter* (2007), S. 23 ff.
[25] Vgl. *Thomke/Von Hippel* (2002), S. 5.
[26] *Reichwald/Piller* (2006), S. 45.

und Dienstleistungen an heterogene Nutzerbedürfnisse angepasst werden müssen, sowie für die Entwicklung physischer Güter, Informationsgüter und verwandter Services.[27]

Durch den Einsatz von Toolkits werden iterative Problemlöse-Handlungen zwischen Unternehmen und Kunden auf die Seite der Konsumenten verschoben, was Probleme der Er- und Vermittlung von *sticky information* umgeht.[28] Nutzer können Designs selbst vervollständigen, was Entwicklungszeit spart.[29]

Die Gestaltung von Toolkits für Open Innovation muss verschiedenen Anforderungen genügen:

- Nutzer sollen komplette Trial-and-Error-Schleifen selbst durchführen können.
- Sie erhalten einen Lösungsraum, der es ihnen ermöglicht, das gewünschte Produkt zu erstellen.
- Toolkits stellen den Nutzern vorgefertigte Komponenten zur Verfügung, die im zu gestaltenden Produkt standardmäßig integriert werden (z. B. tragende Gebäudestützen bei der Konstruktion eines Gebäudes).
- Die Nutzung von Toolkits soll ohne zusätzliches Wissen oder Fertigkeiten möglich sein.
- Erstellte Ideen können vom Produzenten ohne weiteren Entwicklungsaufwand produziert werden.[30]

Es werden zwei Arten von Toolkits unterschieden: Low-End- und High-End-Toolkits.[31] Für *Low-End-Toolkits* sind ein kleiner Lösungsraum und eingeschränkte gestalterische Freiheit charakteristisch. Sie ermöglichen Kunden die Individualisierung bestehender Produkte, Unternehmen die kommerzielle Auswertung bestehender Märkte. Low-End-Toolkits können von allen potenziellen Konsumenten genutzt werden.[32] *High-End-Toolkits* zeichnen sich durch einen großen Lösungsraum und hohe gestalterische Freiheit aus. Sie ermöglichen Lösungen für bekannte wie auch für unbekannte Probleme. High-End-Toolkits richten sich an fortgeschrittene Nutzer und Experten.

Die Unterscheidung beider Typen ist nicht immer trennscharf. So können auch technisch restriktive Low-End-Toolkits Nutzern die Möglichkeit bieten, innovative Funktionen für bestehende Produkte zu entwickeln.[33]

---

27 Vgl. *VON HIPPEL* (2001), S. 250 ff.

28 Vgl. *REICHWALD/PILLER* (2006), S. 208 ff.

29 Vgl. *THOMKE/VON HIPPEL* (2002), S. 5.

30 Vgl. *VON HIPPEL* (2001), S. 250 ff.

31 Vgl. *FRANKE/SCHREIER* (2002), S. 225 ff.

32 Vgl. *REICHWALD/PILLER* (2006), S. 167 f.

33 Vgl. *REICHWALD/PILLER* (2006), S. 169 ff.

2.3.4 Vor- und Nachteile des Open-Innovation-Plattform-Ansatzes

Innovationsplattformen bieten Unternehmen verschiedene Vorteile, wie kostengünstigen Zugriff auf Bedürfnisinformation in hoher Quantität und Qualität[34], die Möglichkeit der Außendarstellung eines Unternehmens, Aufbau und Pflege von Kunden-Beziehungen und die Bestimmung von Trends[35]. Eine wichtige Funktion von Innovationswettbewerben besteht in der Identifikation von Lead Usern: Normalerweise müssen besonders innovative Kunden durch aufwändige Fremdselektion bestimmt werden (z. B. mit der Lead-User-Methode). In Innovationswettbewerben ist das nicht so – Lead User heben sich von selbst durch ihre Teilnahme und Leistung (in Form von Kreativbeiträgen) ab.[36] Teilnehmer, die sich als Lead User erweisen, können von Unternehmen in den weiteren Wertschöpfungsprozess integriert werden (z. B. durch eine Festanstellung im Unternehmen).

Probleme des Ansatzes zeigen sich bei der Erhebung von Bedürfnis- und Lösungsinformation sowie bei der Selektion von Beiträgen.

Erheben von Bedürfnisinformation: In Innovationswettbewerben wird Bedürfnisinformation durch die potentiellen Nutzer einer zu entwickelnden Innovation generiert. Die Ideen sind subjektiv und haben unterschiedliches Potenzial. Die Herausforderung besteht darin, vielversprechende Ideen zu selektieren. Die Auswahl obliegt firmenseitig den Auswählenden und ihren Annahmen bzw. Perspektiven. Die Integration von Community-Funktionen erbringt zusätzliche Informationen, die das ausschreibende Unternehmen in die Auswertung eingereichter Ideen einbeziehen kann, z. B. Kommentare der Teilnehmer, die Bedürfnisinformation anderer Teilnehmer spezifizieren oder korrigieren. Abgegebene Bewertungen erlauben Hinweise darauf, welche Bedürfnisinformation von den Teilnehmern (in ihrer Eigenschaft als potenzielle Nutzer) als besonders relevant angesehen wird. Die eingereichten Beiträge können zu thematischen Gruppen zusammengefasst und daraus Trends abgeleitet werden.[37]

Erheben von Lösungsinformation: In Innovationswettbewerben wird von den Nutzern Lösungsinformation generiert. Das Spektrum der Elaboration reicht von kurzen Beschreibungen bis zu vollständig ausgearbeiteten Lösungen. Plattformen mit Community-Funktionen ermöglichen, Lösungsinformation im Team zu erarbeiten, was zu qualitativ oder quantitativ anspruchsvolleren Lösungen führen kann. Probleme betreffen die Selektion qualitativ hochwertiger Beiträge durch das Unternehmen[38] sowie den Umstand, dass Lösungsinformation häufig nur auf Seiten des Unternehmens vorhanden ist, so dass Kunden zwar Bedürfnisse anzeigen, jedoch keine Lösungen für diese Bedürfnisse entwickeln können. Dieses Problem kann auf Innovationsplattformen durch den Einsatz von Toolkits (siehe Abschnitt 2.3.2) umgangen werden: Kunden entwickeln Entwürfe in einem vorgegebenen Lösungsraum, der die Lösungsinformation des Unternehmens (teilweise) wiedergibt.

Selektion von Beiträgen: Die Selektion bzw. Auswahl eingereichter Ideen erfolgt bei Innovationsplattformen durch eine Expertenjury (bzw. Peer Reviews) und/oder die Teilnehmer (als potenzielle Nutzer). Im ersten Fall erhält jeder Experte eine Teilmenge der eingereichten Ideen und bewertet sie – z. B. mit der Bewertungsmethode der Consensual Assessment

[34] Vgl. *Sawhney* et al. (2005), S. 5.

[35] Vgl. *Belz* et al. (2009), S. 12 ff.

[36] Vgl. *Reichwald/Piller* (2006), S. 176.

[37] Vgl. *Belz* et al. (2009), S. 14.

[38] Vgl. *Erickson* et al. (2012), S. 156.

Technique bezogen auf Kriterien wie *Originalität, Nützlichkeit* und *Ausarbeitungsgrad.*[39] Anschließend werden die Beiträge und Ergebnisse in der Gruppe diskutiert. Die Selektion basiert auf den subjektiven Urteilen einer Gruppe von Personen. Ihre möglicherweise durch die Unternehmenssicht vorgeprägte Perspektive auf Wettbewerbsbeiträge kann zur Fokussierung von Nutzen und Umsetzbarkeit führen. Infolgedessen werden möglicherweise Aspekte wie Innovationspotenzial und Brauchbarkeit einer Idee für den Nutzer vernachlässigt. Um Feedback zur wahrgenommenen Nützlichkeit *durch den Kunden* zu erhalten, bietet sich die Implementierung einer Bewertungsfunktion auf der Innovationsplattform an.

3 Design Thinking

Design Thinking ist eine Methodologie für die Lösung komplexer Design-Probleme in interdisziplinären Teams (Abschnitt 3.1). Sie wird für die Entwicklung innovativer Produkte und Dienstleistungen verwendet (Abschnitt 3.2). In einem iterativen, mehrphasigen Prozess können mit verschiedenen Methoden Ideen zu Produkten und Dienstleistungen entwickelt bzw. diese verbessert werden (Abschnitt 3.3).

3.1 Entwicklung und Hintergrund von Design Thinking

Der Ansatz des Design Thinking entwickelte sich aus dem Diskurs über Vorgehensweisen und Methoden von Designern, der in den 1960er Jahren in den wissenschaftlichen Fokus rückte.[40] Design-Theorien der so genannten ersten Generation (1960er Jahre) überführen in einem Top-Down-Prozess komplexe Probleme in kleinere, wohldefinierte Probleme. In der Praxis zeigte sich, dass sich komplexe Design-Probleme mit solchen Ansätzen nur schwer lösen lassen.[41] Eine zweite Generation von Design-Theorien entstand in den 1980er Jahren. Sie basiert auf der Erkenntnis von *ROWE*[42], dass sich Designer in ihrer Arbeit weniger auf Fakten, als vielmehr auf Vorannahmen stützen und dass die Art des Problemlösungsprozesses das Ergebnis, d. h. die Lösung beeinflusst. Im Gegensatz zum Top-Down-Ansatz fokussieren Theorien der zweiten Generation Design als sozialen Prozess, in dem in interdisziplinären Teams eine Formulierung des zu lösenden Problems gesucht wird.[43] Aus der Synthese der genannten Design-Theorien entstand die Methodologie des Design Thinking.[44]

---

39 Vgl. *BELZ* (2009), S. 55 f.

40 Vgl. *KIMBELL* (2009), S. 2.

41 Vgl. *BECKMANN/BARRY* (2007), S. 26.

42 Vgl. *ROWE* (1987).

43 Vgl. *BECKMANN/BARRY* (2007), S. 26.

44 Vgl. *KIMBELL* (2009), S. 5.

Der Begriff Design Thinking wurde von *TIM BROWN*[45] und *ROGER MARTIN*[46] geprägt. Er charakterisiert nach *KIMBELL*[47] Problemlösemethoden von Designern. *PLATTNER* et al.[48] verstehen Design Thinking als Lernprozess, in dem Vertreter verschiedener Fachrichtungen kooperieren, neues Wissen generieren und auf dieser Basis bessere Lösungen entwickeln. Der Ansatz ermöglicht auch Nicht-Designern die Anwendung von Design-Methoden – z. B. zur Lösung von Unternehmensproblemen im Management. Den Designern selbst kommen im DesignThinking-Prozess vielfältige Rollen zu, die über die Aufgaben des traditionellen Ansatzes hinausgehen (z. B. Design Lead oder die Rolle des Vermittlers[49])

Das Konzept Design Thinking wird von der Design- und Innovationsagentur *IDEO* vermarktet und am *Hasso Plattner Institute of Design* (*Stanford University*, Palo Alto) gelehrt. Es erfährt seit 2006 wachsende Aufmerksamkeit[50] und wird zunehmend in verschiedenen Bereichen eingesetzt[51], wie den Ingenieurswissenschaften, in der Gesundheitspflege und für soziale Innovationen.

3.2 Phasen und Methoden von Design Thinking

Design Thinking ist eine Design-Methodologie, die Kreativität fördern und den Transfer von Design-Methoden, -Werkzeugen und -Prozessen in andere Bereiche ermöglichen soll.[52] Ziel ist „[...] to match people's needs with what is technologically feasible and what a viable business strategy can convert into customer value and market opportunity“[53].

Mit Design Thinking werden Design-Probleme bearbeitet, die als komplex oder *wicked* bezeichnet werden: Weder das Problem noch die Lösung sind zu Beginn des Entwicklungsprozesses definit.[54] Der Ansatz stützt sich auf die Beobachtung von Menschen in ihrer Alltagswelt. Durch Beobachtung wird ein umfassendes Verständnis ihrer Bedarfe und Wünsche aufgebaut. Beobachtungen liefern Erkenntnisse in Bezug auf (explizite wie implizite) Bedürfnisse, Kontexte, soziale Faktoren sowie aufkommende Trends und ermöglichen den Mitgliedern des Design-Thinking-Teams den Aufbau von Empathie zum Kunden.[55] Beobachtung und Verständnis helfen, das indefinite, zu lösende Problem einzugrenzen. In Design-Thinking-Teams werden anhand der gesammelten Informationen Ideen entworfen, Prototypen entwickelt und getestet. Design-Thinking-Teams bestehen idealerweise aus fünf bis sechs interdisziplinär ausgerichteten Experten, die neben tiefgreifendem Wissen in ihrem Fachge-

---

45 Vgl. *BROWN* (2009).

46 Vgl. *MARTIN* (2009).

47 Vgl. *KIMBELL* (2009), S. 7 ff.

48 Vgl. *PLATTNER* et al. (2009), S. 61.

49 Vgl. *HOWARD/MELLES* (2011).

50 Vgl. *KIMBELL* (2011), S. 287.

51 Vgl. *HOWARD/MELLES* (2011), S. 11.

52 Vgl. *THORING/MÜLLER* (2011), S. 137 f.

53 Vgl. *BROWN* (2008), S. 86.

54 Vgl. *BUCHANAN* (1992).

55 Vgl. *HOLLOWAY* (2009), S. 51.

biet über eine breiter Kenntnis von Nachbardisziplinen verfügen und gute Kommunikationsfähigkeiten aufweisen (so genannte *„t-shaped*“-persons[56]).

Der Design-Thinking-Prozess umfasst nach *PLATTNER* et al.[57] sechs iterativ zu durchlaufende Phasen:

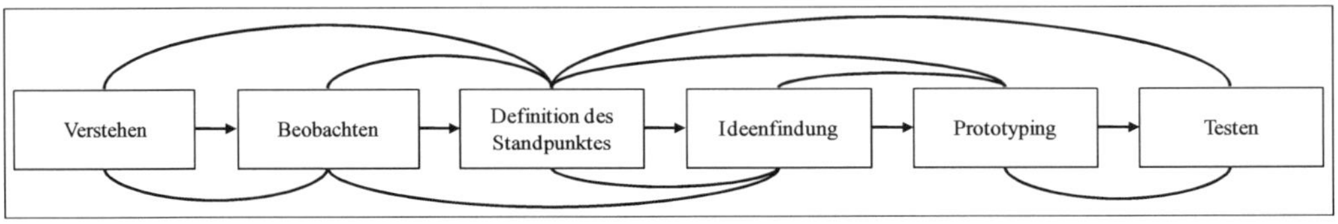

Abbildung 1: Phasen des Design-Thinking-Prozesses nach PLATTNER et al.[58]

Phase 1 „Verstehen“: Das interdisziplinäre Design-Thinking-Team definiert die Aufgabenstellung und die Zielgruppe. Es werden Maßstäbe für den Erfolg des Design-Prozesses sowie zeitliche und inhaltliche Prioritäten festgelegt.

Phase 2 „Beobachten“: Das Team tritt in Kontakt mit der Zielgruppe und versucht, Informationen über den Kontext der Aufgabenstellung zu gewinnen (z. B. Arbeitsplatzbedingungen). Solche Informationen werden häufig mit ethnographischen Methoden erhoben: Potenzielle Nutzer des zu entwickelnden Produkts (oder der Dienstleistung) werden in konkreten Anwendungssituationen beobachtet und anschließend zu ihrem Nutzungsverhalten befragt. [59] Die Beobachtungen liefern u. a. Erkenntnisse zu *impliziten* Bedürfnissen der Nutzer. Die Ergebnisse werden schriftlich, als Foto, Video oder Sprachaufnahme festgehalten.

Phase 3 „Definition des Standpunkts“: Im Team werden die Ergebnisse der Phase 2 ausgewertet. Die Team-Mitglieder tauschen sich aus, um eine gemeinsame Wissensbasis zu schaffen. Ausgehend von der Wissensbasis wird entschieden, ob weitere Beobachtungen nötig sind (Iteration der Beobachten-Phase) oder der Design-Thinking-Prozess weiter vorangetrieben werden kann. Für die Definition des Standpunkts bietet sich die Persona-Methode an – „[...] der Entwurf einer idealtypischen, fiktiven Person [...], für die die Innovation entwickelt werden soll.“[60]. Andere Methoden des Aufbaus geteilter Perspektiven sind *Storytelling* und *Rollenspiele*.[61]

Phase 4„Ideenfindung“: In dieser Phase sollen in möglichst kurzer Zeit möglichst viele Ideen für eine Problemlösung generiert werden. Hierfür wird häufig die Methode des *Brainstorming* eingesetzt. Während der Ideengeneration sollen Ideen weder debattiert noch bewertet werden. Dies geschieht erst im zweiten Teil der Phase, indem Ideen verfeinert und per Mehrheitsbeschluss selektiert werden.

56 Vgl. *THORING/MÜLLER* (2011), S. 138.

57 Vgl. *PLATTNER* et al. (2009), S. 113.

58 Vgl. *PLATTNER* et al. (2009). Die geschwungenen Linien deuten mögliche Iterationsschleifen an.

59 Vgl. *PLATTNER* et al. (2009), S. 118 ff.

60 *PLATTNER* et al. (2009), S. 120.

61 Vgl. *IDEO* 2003.

Phase 5 „Prototyping“: Die entwickelten Ideen sollen schnell und kostengünstig in eine sicht- und kommunizierbare Form überführt werden, um sie testen und Feedback von zukünftigen Nutzern einholen zu können. Prototypen können u. a. als gespielte Abläufe, (reale oder virtuelle) Modelle oder Videofilme umgesetzt werden. Andere Methoden sind Quick-and-Dirty-Prototyping oder Paper-Prototyping.[62]

Phase 6 „Testen“: Die Prototypen werden von potenziellen Anwendern getestet. Die Mitglieder des Design-Thinking-Teams lernen die Stärken und Schwächen ihrer Idee kennen und verbessern sie iterativ.

Der Design-Thinking-Prozess umfasst Sequenzen divergierender und konvergierender Lösungsversuche. In Divergenz-Phasen werden Ideen generiert, in Konvergenz-Phasen wird die Menge generierter Ideen durch Selektion eingeschränkt. *Verstehen, Beobachten, Ideenfindung, Prototyping* und Iterationen sind Divergenz-Phasen, während *Definition des Standpunkts*, die Auswahl von Ideen sowie *Testen* als Konvergenz-Phasen einzuordnen sind.[63]

Die Phasen des Design Thinking werden in der Literatur nicht einheitlich definiert. Im *Bootcamp Bootleg* des *Instituts für Design* an der *Universität Stanford*[64] werden die Phasen *Empathie, Definition, Ideenfindung, Prototyping und Testen* unterschieden. Die Phase *Empathie* entspricht der Kombination der Phasen *Verstehen* und *Beobachten* nach *PLATTNER* et al.[65], die Phase *Definition* ist äquivalent zu *Definition des Standpunkts*.

Brown beschreibt Design-Thinking nicht als Abfolge einzelner (iterativer), festgelegter Schritte, sondern als ein System von drei Räumen (*Inspiration, Ideenentwicklung, Implementierung*): „The spaces demarcate different sorts of related activities that together form the continuum of innovation.“[66] Dem Raum *Inspiration* lassen sich die Phasen *Verstehen* und *Beobachten* nach *PLATTNER* et al. zuordnen. Die Phase *Definition des Standpunkts* verteilt sich über die Räume *Inspiration* und *Ideenentwicklung*. Die Phasen *Ideenfindung, Prototyping* und *Testen* lassen sich dem Raum *Ideenentwicklung* zuordnen. Der Raum *Implementierung* fokussiert Aspekte wie die Produktion und Vermarktung des finalen Prototypen. Die folgenden Ausführungen stützen sich auf die Beschreibung des Design-Thinking-Ansatzes nach *PLATTNER* et al.

3.3 Vorteile und Nachteile des Design-Thinking-Ansatzes

Das Potential von Design Thinking besteht in der praxisnahen, nutzerzentrierten Generierung von Ideen. Die durch Design Thinking entwickelten Innovationen sind für die Kunden sowohl ästhetisch und emotional ansprechend als auch funktional: „In other words, they do the job and and we love them.“[67].

62 Vgl. *IDEO* (2003).
63 Vgl. *THORING/MÜLLER* (2011), S. 141 f.
64 Vgl. *D.SCHOOL* (2010).
65 Vgl. *PLATTNER* et al. (2009), S. 115 ff.
66 *BROWN* (2008), S. 88.
67 *BROWN* (2008), S. 92.

Nachteile ergeben sich u.a. in methodischer Hinsicht bezogen auf das Erheben von Bedürfnis- und Lösungsinformation sowie die Selektion von Ideen:

Erheben von Bedürfnisinformation: Im Design-Thinking-Prozess wird Bedürfnisinformation durch ethnographische und soziologische Methoden wie Beobachten oder Befragen gewonnen und in einen Standpunkt überführt, der eine möglichst umfassende Sicht des Problems intendiert. Die Ableitung von Bedarfen anhand des Materials der Beobachtungsphase beruht auf der subjektiven Sicht der Anwender des Design-Thinking-Ansatzes und kann zu Fehlinterpretationen führen[68].

Erheben von Lösungsinformation: Im Prozess des Design Thinking werden Ideen zur Problemlösung nur vom Design-Thinking-Team entwickelt; die Rolle des Nutzers beschränkt sich auf das Testen vorgegebener Lösungsansätze. *KIMBELL* beschreibt dies wie folgt: „[...] the emphasis on designers in design thinking overly privileges the roles that design professionals play in constituting the meaning and effect of design outcomes“[69]. Das Prinzip orientiert sich am *Consultative-Design*-Ansatz, mit dem Innovationen *für* und nicht (wie im Ansatz des *Representative Design*[70]) *mit* der Zielgruppe entwickelt werden, was zu hohen Flop-Raten auf dem Markt führen kann. *BROWN* empfiehlt, das „*Innovations-Ökosystem*“ durch Ko-Kreation mit potenziellen Anwendern und durch die Nutzung von Web-2.0-Plattformen zur Vergrößerung des Design-Thinking-Teams zu erweitern.[71]

Selektion von Lösungen: Im Prozess des Design Thinking wird die Auswahl allein vom Design-Team getroffen. Vorgaben für den Selektionsprozess gibt es nicht; die Auswahl wird oft per Abstimmung im Team getroffen.[72] Hierbei kann es zu zwei Typen von Fehlern kommen: (1) eine schlechte Idee wird selektiert,(2) eine gute Idee wird ignoriert. Schlechte Ideen können meist in der Test-Phase identifiziert werden, wodurch eine Iteration der Selektion notwendig wird. Schwerwiegendere Konsequenzen ergeben sich, wenn das Potenzial einer guten Idee nicht erkannt wird: Diese wird möglicherweise nicht weiter verfolgt und geht im Design-Prozess verloren.

In der Literatur zu Design Thinking werden bisher primär Vorteile der Methode genannt. Was bislang zu großen Teilen fehlt, ist eine kritische Auseinandersetzung mit den Risiken bzw. Schwachstellen des Ansatzes, etwa unter dem Aspekt ihrer Kompensation. Dies wird hier durch die Integration von Innovationsplattformen in die Methodik des Design-Thinking-Ansatzes diskutiert.

---

[68] Vgl. *BADKE-SCHAUB* et al. (2010), S. 42 f.

[69] *KIMBELL* (2009), S. 9.

[70] Vgl. *IIVARI* (2004), S. 289.

[71] Vgl. *BROWN* (2008), S. 90.

[72] Vgl. *THORING/MÜLLER* (2011), S. 141 ff.

4 Die Integration von Innovationswettbewerben in den Design-Thinking-Prozess

Wie oben dargestellt, haben beide Vorgehensweisen – die Open-Innovation-Methode *Innovationswettbewerb* und der Prozess des *Design Thinking* – ihre spezifischen Vor- und Nachteile. Der vorliegende Beitrag geht *BROWN*[73] folgend davon aus, dass die Integration von Innovationswettbewerben in Design-Thinking-Prozesse ein erfolgsversprechender Ansatz ist, um durch die Kombination beider Methoden ihre Potenziale zu verstärken und ihre Schwächen abzubauen.

Eine Kombination ist aufgrund der gleichen Zielstellung beider Ansätze möglich: Design Thinking und Innovationsplattformen zielen darauf ab, innovative Produkte und Dienstleistungen zu entwickeln. In beiden Ansätzen werden dazu Bedürfnis- und Lösungsinformation erhoben: Je nach Parametergestaltung eines Innovationswettbewerbs und dem Einsatz von Toolkits auf der Innovationsplattform werden Bedürfnis-, Lösungs- oder beide Arten von Information generiert. Im Prozess des Design Thinking wird in den Phasen *Verstehen, Beobachten* und *Definition des Standpunkts* Bedürfnisinformation generiert, in den Phasen *Ideenfindung, Prototyping* und *Testen* dagegen Lösungsinformation.

Bei Bedürfnis- und Lösungsinformation handelt es sich in der Regel um *„sticky information"*, die sich nur schwer identifizieren und zwischen den Interessensgruppen im Innovationsprozess (Unternehmen, externe Partner, Kunden) kommunizieren lässt. Design Thinking und Innovationsplattformen dienen der Erhebung von *„sticky information"* zur Entwicklung innovativer Produkte und Dienstleistungen als Lösung eines komplexen Problems.

Eine Kombination von Design Thinking und Innovationsplattformen ermöglicht Vorteile in vier Hinsichten: bei der Erhebung von Kontext-, Bedürfnis- und Lösungsinformation sowie der Selektion von Information.

Erhebung von Kontextinformation: Im Design Thinking-Ansatz liefern die Beobachtung der Zielgruppe und ihrer Lebens- und Handlungsbedingungen Kontexthinweise, die dem Design Thinking-Team ermöglichen, eine nutzerzentrierte Perspektive einzunehmen und Innovationen an Kontextbedingungen anzupassen. Dieser Aspekt fehlt bei Innovationsplattformen; sie liefern wenig oder keine Kontextinformation und sind insofern *informationsärmer*. Die Kombination von Design Thinking und Innovationsplattformen gleicht das Defizit aus. Die in Phase 1 des Design-Thinking-Prozesses generierte Kontextinformation kann dafür genutzt werden, die Aufgabenstellung der Innovationsplattform kontextreich zu gestalten und/oder die auf der Plattform eingereichten Beiträge auf vorab generierte Kontextmodelle zu beziehen. Im erstgenannten Fall wäre zu prüfen, ob und wie sich die Kontextualisierung von Aufgabenbeschreibungen auf die Qualität und Qualität von Plattformbeiträgen auswirkt.

Erhebung von Bedürfnisinformation: Im Design Thinking-Prozess werden die im Feld gewonnenen Einsichten im Design Thinking-Team ausgewertet. Da die Auswertung auf subjektiven Einschätzungen der Team-Mitglieder beruht, kann es zu Fehlinterpretationen kommen. Die Integration von Innovationsplattformen erlaubt eine reichere Datenbasis: Die Sicht weniger Designer wird durch die Sicht vieler potentieller Nutzer ergänzt. Die breitere Datenbasis

---

73 Vgl. *BROWN* (2008), S. 90.

ermöglicht das Relativieren, Bestätigen oder Ergänzen einzelner Urteile und Effekte der Ko-Kreation. Die durch die Plattform eingebrachte zusätzliche Information umfasst individuell generierte wie auch durch Kommentare anderer Teilnehmer bewertete, ergänzte oder korrigierte Bedürfnisinformation. Anhand der Bewertung von Ideen durch die Plattformnutzer können Unternehmen ablesen, welche Bedürfnisinformation als besonders relevant angesehen wird. Die Bildung und Auswertung thematisch gruppierter Beiträge ermöglicht die Ableitung von Trends.

Für die Generierung von Bedürfnisinformation eignen sich insbesondere Innovationswettbewerbe, in denen die Zielgruppe nach Problemen und Herausforderungen ihres Alltags gefragt wird.[74] Ein solcher Wettbewerb sollte Community-Funktionalitäten beinhalten, um die Kooperation zwischen den Teilnehmern zu fördern.

Erhebung von Lösungsinformation: Im Prozess des Design Thinking werden Ideen zur Problemlösung nur vom Design-Thinking-Team entwickelt; die Nutzerintegration findet erst in den Test-Phasen statt. Innovationsplattformen, die Toolkits und Community-Funktionen anbieten, unterstützen nicht nur frühe Phasen der Entwicklung von Lösungsinformation *mit* der Zielgruppe; durch entsprechend gestaltete Toolkits für Open Innovation kann Lösungsinformation entwickelt werden, die unternehmensinterne Produktionskapazitäten (z. B. Produktionsprozesse und -Know-how[75]) berücksichtigt. Die Beiträge und Diskussionen der Plattformnutzer können als Ergänzung der mit Brainstorming-Techniken gewonnenen Ideen des Design-Thinking-Teams genutzt werden. Bewertungen und Kommentare vereinfachen den Selektionsprozess und verringern die Wahrscheinlichkeit, dass die falschen Ideen ausgewählt oder gute Ideen ignoriert werden. Eingereichte Ideen können vom Design-Team weiterentwickelt und mit Vertretern der Zielgruppe getestet werden.

Für die Erhebung von Lösungsinformation bieten sich Wettbewerbe mit kurzer Laufzeit an, um so schnell wie möglich erste Prototyen erstellen zu können. Community-Funktionen ermöglichen Nutzern die Weiterentwicklung von Ideen.

Selektion von Lösungen: Im Prozess des Design Thinking obliegt die Auswahl weiterzuentwickelnder Lösungen allein dem Design-Team. Durch die Erweiterung des Design-Thinking-Ansatzes in Form integrierter oder parallel laufender Open-Innovation-Plattformen können Nutzerbewertungen und Kommentare in die Bewertung einbezogen werden.

Die Integration von community-basierten Innovationswettbewerben bietet weitere Vorteile:

- Über Innovationsplattformen können Lead User identifiziert und als Vertreter der Zielgruppe in das Design-Thinking-Team integriert werden.
- Über Innovationsplattformen können Probanden für die *Test*-Phase rekrutiert werden.
- Das gemeinsam entwickelte Produkt (Dienstleistung) kann später auf der Innovationsplattform bei einer bereits bestehenden Community beworben werden.

---

74 Vgl. HALLER et al. (2011), S. 105.

75 Vgl. VON HIPPEL/KATZ (2002), S. 822.

Ob und wie das Potenzial community-basierter Innovationsplattformen zum Tragen kommt, hängt unter anderem von ihrer Gestaltung ab. Dies zeigen die Ergebnisse des interdisziplinären Forschungsprojekts OpenISA, in dem Innovationsplattformen für Senior-Experten erprobt wurden.

5 OpenISA: Innovationsplattformen für Senior-Experten

Kommunikationswissenschaftliche Studien zu Open-Innovation-Plattformen für Senior-Experten zeigen, dass die Wahrnehmung derartiger Plattformen, der damit verbundenen Wettbewerbe und ihrer Betreiber stark von der Gestaltung der Plattformen abhängt und damit auch die Bereitschaft, am Wettbewerb teilzunehmen. Die Studien waren Teil des Forschungsprojektes OpenISA[76], dessen Gegenstand webbasierte Innovationsplattformen zur Entwicklung gesundheitsbezogener Dienstleistungen und Produkte bilden. Der Fokus des Projektes gilt Senior-Experten, d. h. älteren Menschen, denen aufgrund ihrer Berufs- und Lebenserfahrung unterstellbar ist, dass sie Bedürfnis- und Lösungsinformation für die Entwicklung innovativer Produkte und Dienstleistungen in diesem Bereich beisteuern können. Aus kommunikationswissenschaftlicher Perspektive ging es um die Frage, wie Senior-Experten adressiert werden (wollen) und Oberflächen von Open-Innovation-Plattformen gestaltet sein sollten, um von der Zielgruppe als attraktiv, vertrauenswürdig und funktional wahrgenommen zu werden.

Im Folgenden werden die Zielgruppe der Senior-Experten und ihre Relevanz für den Wirtschaftsmarktdargestellt (Abschnitt 5.1). Im Anschluss werden exemplarisch Funktionen von Wettbewerbsplattformen für die Zielgruppe vorgestellt, um einen Eindruck vom funktionalen Spektrum derartiger Plattformen zu vermitteln, und Wettbewerbe vorgestellt (5.2).

5.1 Senior-Experten

Der demographische Wandel beeinflusst die Bevölkerungsstruktur mit weitreichenden Folgen. Eine Konsequenz des steigenden Anteils Älterer an der Bevölkerung ist das zunehmende Bedürfnis nach altersgerechten Produkten und Dienstleistungen. Ältere Konsumenten wurden Ende der 1990er Jahre als attraktive potenzielle Zielgruppe identifiziert, die jedoch schwierig zu erreichen ist – der Markt für die Zielgruppe gilt aufgrund hoher Misserfolgsraten neuer Produkte und Dienstleistungen als schwierig.[77] Vor diesem Hintergrund erscheint es mehr als sinnvoll, Senior-Experten über webbasierte Plattformen aktiv in Innovations-Prozesse einzubinden, um Produkte und Dienstleistungen zu entwickeln, die den tatsächlichen Bedürfnissen und Anforderungen der Zielgruppe entsprechen.[78] Bei der Gestaltung derartiger Plattformen ist zu berücksichtigen, dass es nicht *die* Gruppe der Älteren gibt. Altern ist ein hochgradig

---

[76] Förderer: Ziel 2-Programm des *Landes Nordrhein-Westfalen* und der *Europäischen Union* (Europäischer Fonds für Regionale Entwicklung 2007–2013 – „Investition in unsere Zukunft"). Projektpartner: *Lehrstuhl für Technologie und Innovationsmanagement* (*RWTH Aachen University*), *Professur für Textlinguistik und Technikkommunikation* (*RWTH Aachen University*), *MedCom international medical&socialcommunication GmbH, Deutsche Seniorenliga e. V.*

[77] Vgl. *LEYHAUSEN/VOSSEN* (2011), S. 175 ff.

[78] Vgl. *BULLINGER* et al. (2011), S. 163 ff.

individuell verlaufender Prozess, der Vor- und Nachteile mit sich bringt. Vorteile betreffen u. a. zunehmendes Wissen, Relativierungs- und Einschätzungsvermögen; Nachteile ergeben sich mit dem Nachlassen körperlicher und kognitiver Fähigkeiten (z. B. Sehvermögen und Geschwindigkeit der Informationsverarbeitung). Ein zweiter Faktor betrifft die Verteilung von Internetnutzer-Typen über die Gesamtpopulation der das Internet nutzenden Senior-Experten. In der Summe der Faktoren bilden Senior-Experten, die durch Open-Innovation-Plattformen adressiert werden, eine äußerst heterogene Gruppe mit unterschiedlich ausgeprägter Erfahrung und Kompetenz im Umgang mit digitalen Kommunikations- und Interaktionsangeboten und differierenden Nutzerpräferenzen und -strategien.[79]

5.2 Innovationsplattformen und ihre Funktionen

Im Projekt OpenISA wurden drei community-basierte Innovationswettbewerbe durchgeführt, die sich an Senior-Experten richten. Ihre Laufzeit war zunächst begrenzt; sie wurden nach Ablauf der Einreichungsfrist als offene Innovationsplattformen weitergeführt. In allen drei Wettbewerben wurde Bedürfnis- und Lösungsinformation erhoben.

Der Innovationswettbewerb *Einfach telefonieren* (www.einfachtelefonieren.de) startete im März 2010 mit der Aufgabe, Ideen für die Entwicklung altersgerechter Mobilfunktelefone der nächsten Generation einzureichen. Die Teilnehmer wurden aufgefordert, Ideen zu den Kategorien *Design, Bedienbarkeit, Zubehör, Services, Funktionen* und *Gesundheitsdienstleistungen* auf der Innovations-Plattform einzureichen. Sie konnten dazu u .a. ein Toolkit nutzen. Als Gewinne wurden Reisen zur Funkausstellung in Berlin sowie Mobilfunktelefone ausgelobt.

Der Innovationswettbewerb *Job nach Maß* (www.job-nach-mass.de) fokussiert die Frage, wie Arbeitsplatzbedingungen für ältere Menschen verbessert werden können. Er startete im September 2011. Gesucht werden Ideen zu den Kategorien *Arbeitszeitgestaltung, Arbeits(-platz-) Gestaltung, betriebliche Gesundheit, Weiterbildung* sowie *Zusammenarbeit und Kommunikation.* Die besten Einsendungen wurden mit Tablet-PCs prämiert.

Der Innovationswettbewerb *Stilsicher Unterwegs* (www.stilsicher-unterwegs.de) begann im Mai 2012. Er erhebt Ideen für die Entwicklung innovativer Rollatoren für ältere Menschen, die sich den Kategorien *Design, Sicherheit, Funktionen, Bedienbarkeit* und *Zubehör* zuordnen lassen. Als Preise wurden Camcorder ausgelobt.

Community-basierte Internetplattformen haben ein breites funktionales Spektrum. Die oben genannten Innovationsplattformen nutzen wettbewerbsbezogene Funktionen wie *Registrieren, Anmelden und Idee einreichen* sowie community-bezogene Funktionen *wie Idee kommentieren, Idee bewerten* sowie *Nachrichten an andere Mitglieder versenden.*

Für die Teilnahme am Wettbewerb müssen sich die Nutzer zunächst registrieren und dann anmelden (siehe Abbildung 2). Bei der Registrierung wird für jeden Nutzer ein Nutzerkonto erstellt, unter dem Ideen eingereicht, bewertet und kommentiert sowie Nachrichten versendet werden können. Die Registrierung ermöglicht zudem, Gewinnerbeiträge eindeutig Autoren zuzuordnen. Die registrierten Nutzer bilden eine Community mit definierten Rechten. Die

[79] Vgl. DIGMAYER/JAKOBS (2012b).

Nutzung der Plattformfunktionen setzt voraus, dass sich das Community-Mitglied regelkonform anmeldet.

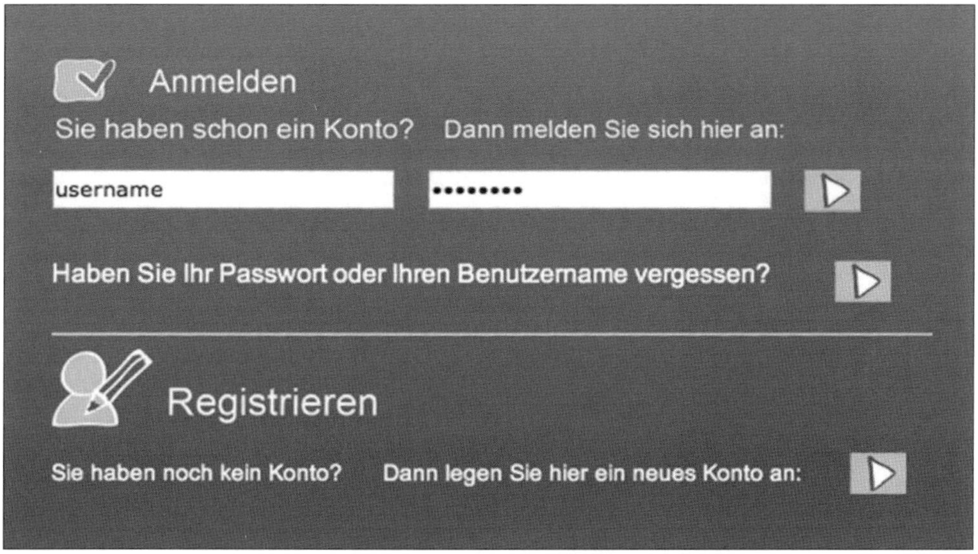

Abbildung 2: Registrierungs- und Anmeldungs-Funktion (Screenshot)

Das Einreichen von Ideen-Beschreibungen erfolgt über elektronische Formulare. Die Eingabe erfordert obligatorische Angaben (Titel, Beschreibung und die Angabe von „*Besonderheiten*", die die Idee von bestehenden Produkten abhebt), das Zuordnen der Idee zu einer der vorgegebenen Kategorien und ihre Bewertung. Optional können Bilder oder andere Anhänge (Texte, Videos) hochgeladen werden (siehe Abbildung 3).

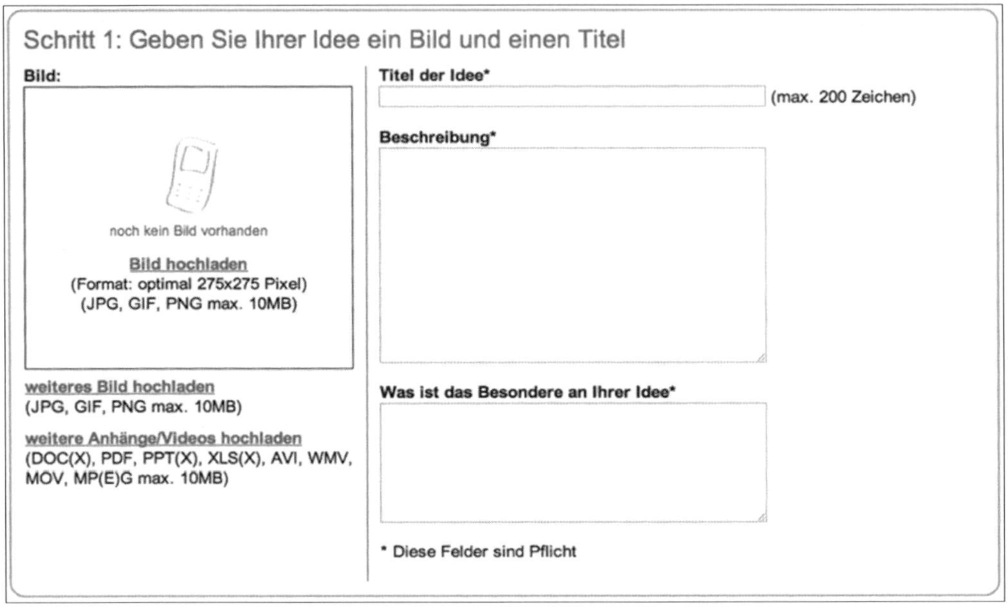

Abbildung 3: Die Eingabe textueller Idee-Beschreibungen (Screenshot)

Die Community-Mitglieder können die Ideen anderer durch die Vergabe von bis zu fünf Sternen bewerten (siehe Abbildung 4). Die Bewertungen fließen ein in die Gesamtbewertung der Idee, die in der allen Nutzern zugänglichen Gesamtübersicht von Ideen angezeigt wird.

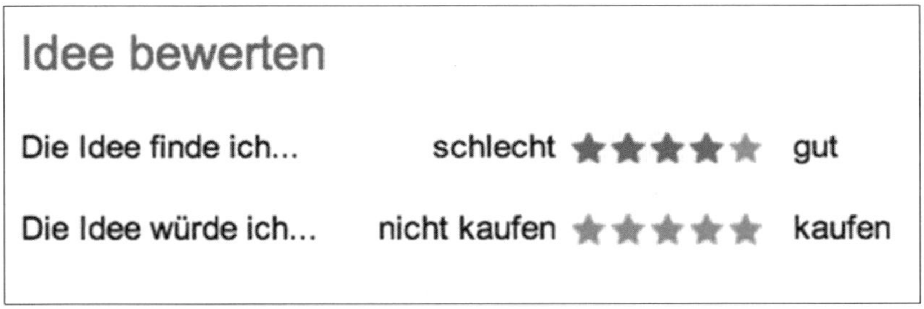

Abbildung 4: Die Bewertung von Ideen

Community-Mitglieder haben die Möglichkeit, Ideen anderer über ein Formularfeld zu kommentieren (siehe Abbildung 5). Über die Kommentar-Funktion können Mitglieder ihre Bewertungen begründen und Ideen weiterentwickeln. Die Kommentare erscheinen auf einer Übersichtsseite, die automatisch zu jeder eingereichten Ideen angelegt wird.

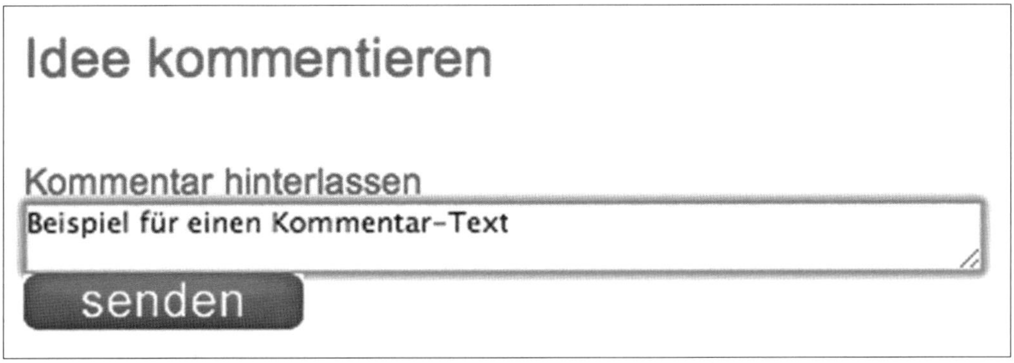

Abbildung 5: Die Kommentar-Funktion (Screenshot)

Eine weitere Möglichkeit des interaktiven Meinungsaustauschs ist die Nachrichten-Funktion. Mitglieder können an andere Mitglieder (für jeden Besucher der Website einsehbar) Mitteilungen verschicken, die im mit der Registrierung angelegten Profil des Empfängers angezeigt werden (siehe Abbildung 6).

Abbildung 6: Nachrichten-Funktion (Screenshot)

Im Wettbewerb *„Einfach telefonieren"* können die Teilnehmer neben verbalen Idee-Beschreibungen ein Toolkit für Open Innovation nutzen (siehe Abbildung 7). Das Toolkit ist als *Handy-Baukasten* konzipiert. Baukasten-Ideen entstehen durch die Auswahl und Kombination vorgegebener Gestaltungselemente. Die Elemente sind fünf Rubriken zugeordnet (*Handytypen, Tastatur, Display, Zierelemente, Textgravur*) und erlauben eine vom Nutzer gewählte Handy-Basisform gestalterisch zu modifizieren (z. B. ihre Größe, Farbe und Beschriftung). Das Design wird ergänzt durch die Auswahl und Zuordnung von Funktionen, die Vergabe eines Titels und eine textuelle Beschreibung der Gestaltungsidee. Der Baukasten ist ein Low-End-Toolkit. Im Gegensatz zur Option, eigene Ideen einzureichen (ohne Vorgaben), erlaubt das Toolkit dem ausschreibenden Unternehmen, vorgegebene Lösungsinformation durch Nutzer auf Präferenzen abprüfen zu lassen. Der Funktionsumfang des Toolkits geht zugleich über die bloße Produktkonfiguration hinaus: die Wettbewerbsteilnehmer haben die Möglichkeit, ihr Design durch innovative Funktionen zu ergänzen.

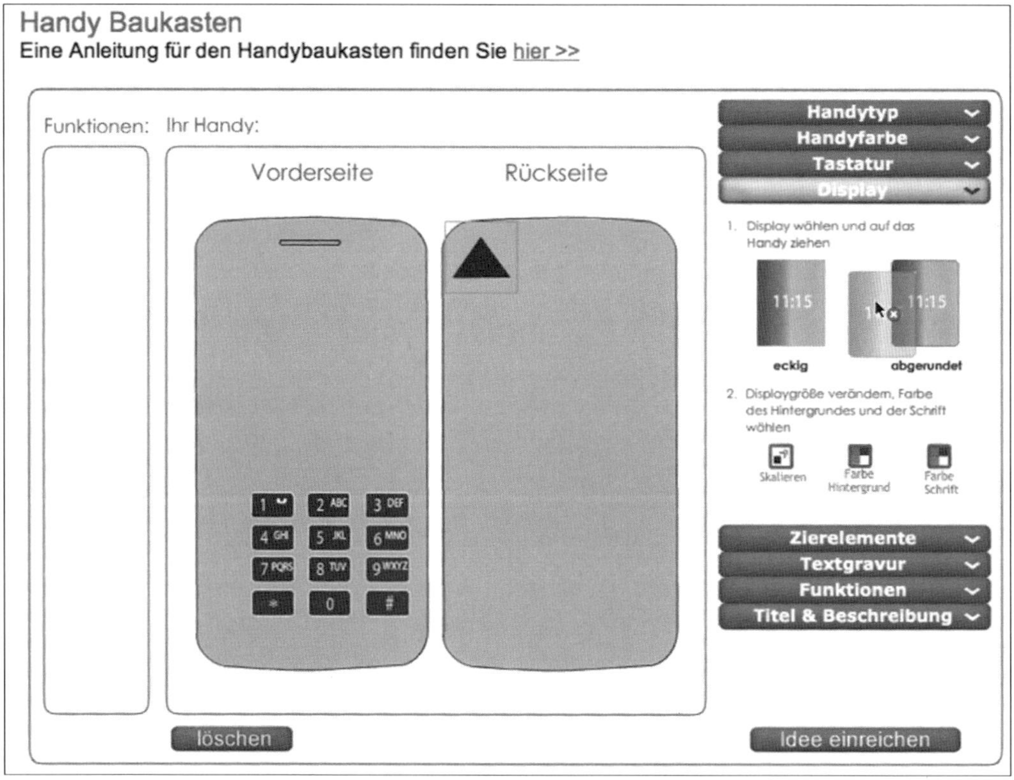

Abbildung 7: Handybaukasten (Screenshot)

6 Anforderungen an die Gestaltung von Innovationsplattformen

In Studien wurde mit Vertretern der Zielgruppe geprüft, wie diese Gestaltungseigenschaften von Innovationsplattformen wahrnehmen, welche Eigenschaften sie als hilfreich und attraktiv empfinden, welche Anforderungen sie stellen und wo sie Unterstützung benötigen. Die Erhebung erfolgte mit verschiedenen Methoden (*Heuristische Evaluation, Cognitive Walkthrough, Nutzertest, Logfile-Analyse*) und Datentriangulation. Ein besonderes Interesse galt der kommunikativen Usability der Innovationsplattformen. Kommunikative Usability erfasst die Qualität der sprachlich-kommunikativen Gestaltung von Inhalten (etwa einer Website oder eines App), der Benutzerschnittstelle und ergänzender Teile (Hilfen, eTutorials etc.).[80] Sprache bildet nach wie vor eine, wenn nicht die wichtigste Modalität für die Interaktion zwischen Mensch und Computer.

Die Studien lieferten umfangreiche Erkenntnisse zur adressatengerechten Gestaltung von Innovationsplattformen für die Zielgruppe der Senior-Experten. Sie beziehen sich auf die *Berücksichtigung verschiedener Nutzertypen, die Gestaltung eines Leitsystems, die Funktionsgestaltung, die Gestaltung von Hilfen sowie die Toolkit-Gestaltung.*

6.1 Berücksichtigung verschiedener Nutzertypen

Eine adressatengerechte Gestaltung von Innovationsplattformen muss die Anforderungen verschiedener Typen älterer Nutzer berücksichtigen. Nutzertypen können unterschieden werden nach der Vorerfahrung mit dem Internet und Innovationsplattformen sowie der Art der Nutzung von Innovationsplattformen.

Vorerfahrung mit dem Internet: Nutzertypen unterscheiden sich bezogen auf die Dauer, die Frequenz und das Spektrum der Internetnutzung (z. B. als sporadische, instrumentelle oder fortgeschrittene Nutzer). Dies gilt nicht nur allgemein, sondern auch bezogen auf Altersgruppen.[81] Ältere Nutzer, die das Internet selten und nur für wenige Aktivitäten verwenden (z. B. für das Verfassen von E-Mails), verfügen häufig nur über eine eingeschränkte Kenntnis konventionalisierter Gebrauchsmuster (z. B. der Durchführung eines Online-Einkaufs) und zeigen ein unsicheres Nutzungsverhalten. Unerfahrene Nutzer verfügen über ein generelles Bedürfnis an Orientierungs- und Handlungshilfen, das auf Innovationsplattformen durch die Implementierung eines Leitsystems (siehe Abschnitt 6.2) und spezieller Nutzerhilfen (siehe Abschnitt 6.4) erfüllt werden kann. Erfahrene Nutzer wünschen nur bei auftretenden Problemen zielgerichtete Unterstützungsleistungen der Plattform.[82]

Vorerfahrung mit Innovationsplattformen: Viele (ältere) Nutzer verfügen nicht über Erfahrungen im Umgang mit Innovationsplattformen. Sie benötigen in Ersatzkontakt-Situationen kurze, leicht verständliche Erklärungen zu dem übergeordneten Zweck, den Funktionen und dem Aufbau der Plattform.[83] Den älteren Erstnutzern muss verdeutlicht werden, dass es sich im Falle wettbewerbsbasierter Plattformen um ein szenario-basiertes Webangebot handelt: Innovationsplattformen simulieren Offline-Preisausschreiben, in denen die Nutzer in Konkurrenz zueinander stehen. Im Widerspruch dazu steht, dass der Einsatz von Community-Funktionalitäten die Kooperation zwischen Nutzern fördert – dieser (scheinbare) Widerspruch muss kommunikativ bearbeitet und für den Nutzer aufgelöst werden, insbesondere in Hinsicht auf die Gewinnbedingungen des Wettbewerbs. Ältere Nutzer, die über Vorerfahrung mit Innovationsplattformen verfügen, wünschen statt Erklärungen zur Funktionsweise der Plattform kurze Wege zu den wichtigsten Funktionen.

---

80 Vgl. *JAKOBS* (2012).

81 Vgl. *DIGMAYER/JAKOBS* (2012a), S. 1 f.

82 Vgl. *DIGMAYER/JAKOBS* (2012b).

83 Vgl. *DIGMAYER/JAKOBS* (2012a), S. 2.

Nutzertypen nach Plattformnutzung: Eine Logfile-Analyse des Wettbewerbs *Einfach telefonieren* ergab drei Arten der Nutzung von Innovationsplattformen: Beobachter (passive Plattformnutzer, die nur die Beiträge anderer betrachten), Ideenlieferant (aktive Plattformnutzer, die Ideen einreichen) und Community-Nutzer (die über Community-Funktionen partizipieren). Mischformen und Wechsel zwischen den drei Nutzungsarten können auftreten. Die genannten Nutzertypen (passiver Beobachter, Community-Nutzer, Ideenlieferant) müssen bei der Plattformgestaltung berücksichtigt werden. Das Interface sollte Nutzertypen bei der Erfüllung ihrer übergeordneten Ziele unterstützen[84]: Ideenlieferanten sollten schnell und unkompliziert Kommentare zu ihren Ideen (im Zeitverlauf) betrachten und gegebenenfalls rückfragen können, Community-Nutzer sollten schnell und unkompliziert Ideen überblicken und mit anderen diskutieren können, Beobachter sollten unaufwendig verfolgen können, was sich auf der Plattform tut.

Die Plattform sollte passive Nutzer als solche identifizieren und sie dazu ermutigen, sich aktiv durch Ideen und/oder Interaktion mit anderen zu beteiligen, etwa durch eine prägnante Vermittlung der Vorteile einer aktiven Teilnahme (Preise für die besten Ideen, Anerkennung durch die Community, etc.). Dies bedingt vorab Überlegungen zu Anreiz- und Motivationskonzepten. Eine Möglichkeit, passive Nutzer zu Ideen zu inspirieren, ergibt sich mit kontextreichen Aufgabenbeschreibungen (z. B. Stories), die ihnen helfen, Problemsituationen nachzuvollziehen und/oder sich vorzustellen (siehe Abschnitt 4).

6.2 Integration eines Leitsystems

Unerfahrene Internetnutzer sollten auf Innovationsplattformen durch ein Leitsystem unterstützt werden, das sie früh auf übergeordneter Ebene über die wichtigsten Funktionen der Plattform informiert und ihnen Pfade durch das Gesamtsystem anbietet. In unseren Studien äußerten die Probanden mehrheitlich den Wunsch, durch die Struktur der Plattform geleitet zu werden. Das Leitsystem sollte Informationen zu typischen Anschlusshandlungen und Feedback anbieten.

Anschlusshandlungen sind Folgehandlungen. Der Nutzer der Innovationsplattform sollte zu jedem Zeitpunkt wissen, worin der nächste Schritt zum Erreichen seiner Ziele besteht. Wird dem Nutzer nach jeder Aktion einer Handlungskette (z. B. Anklicken eines Links, Absenden eines Formularfeldes, Lesen eines Feedbacks) signalisiert, worin der nächste (von ihm verlangte) Schritt besteht (ein bestimmtes Element anklicken, einen Wert eintragen und mit einer bestimmten Tastenkombination bestätigen,...), minimiert dies Orientierungsprobleme: Er muss nicht überlegen, wo er sich im System befindet, sondern lediglich die ihm angebotene Anschlusshandlung vollziehen. Anschlusshandlungen sollten durch Buttons umgesetzt werden, weil Buttons – im Gegensatz zu normalen Links – anzeigen, dass ein Klick wichtige Handlungen zur Folge hat.[85]

---

84 Vgl. JAKOBS (2012).

85 Vgl. VAN DUYNE et al. (2007), S. 691 ff.

Nach Abschluss einer Folgehandlung benötigen insbesondere ältere Nutzer Feedback, ob eine Handlung erfolgreich war, welches Ergebnis erreicht wurde, was dieses Ergebnis ermöglicht. Im Falle von Innovationsplattformen betrifft dies z. B. den Erfolg der Anmeldung und Registrierung im System, z. B. durch verbale System-Rückmeldungen wie „Sie haben sich erfolgreich angemeldet. Sie haben nun Zugriff auf den internen Bereich des Wettbewerbs."

6.3 Funktions-Gestaltung

Die Gestaltung des Funktionsspektrums einer Innovationsplattform (siehe Abschnitt 5.2) muss sorgfältig an die Bedürfnisse der intendierten Zielgruppe angepasst werden: Stoßen ältere Nutzer auf Gestaltungsschwächen, kann dies Vertrauenseinbußen in die Plattform und deren Betreiber und dadurch den Verlust potenzieller Beiträge und Teilnehmen zur Folge haben. Die Kommentare der Probanden aus den Usability-Tests zu *Einfach telefonieren* sowie Beobachtungen der Plattformnutzung lieferten Hinweise zur adressatengerechten Funktionsgestaltung einer Innovationsplattform:

- *Funktion Registrieren:* Die Probanden äußerten massive Bedenken, persönliche Daten wie Namen oder Adresse anzugeben, um das Hinterlassen von Spuren im Internet und unerwünschte Werbung zu vermeiden; die Angabe der eigenen E-Mail-Adresse wurde jedoch als unkritisch angesehen. Die Logfile-Analyse des Wettbewerbs zeigte, dass die Registrierungs-Unterseite der häufigste Ausstiegspunkt in der Nutzung der Innovationsplattform *Einfach telefonieren* war: Sobald potenzielle Nutzer den Eindruck gewannen, dass zu viele Daten über sie erhoben wurden, verließen sie die Website und gingen dem Wettbewerb als Teilnehmer verloren. Bei der Registrierung sollten daher nur die Daten erhoben werden, die für die Identifizierung bzw. Benachrichtigung potenzieller Wettbewerbsgewinner notwendig sind. Erklärungen zur Verwendung erhobener Daten (ausführlich dargestellt unter *„Allgemeine Geschäftsbedingungen*") sollten auf der Registrierungs-Unterseite kurz und stichwortartig zusammengefasst werden, um Bedenken auszuräumen und das Vertrauen der Nutzer zu sichern.
- *Funktion Idee einreichen:* Die Probanden der Usability-Tests äußerten Bedenken, dass die Teilnehmer des Wettbewerbs die Ideen anderer stehlen könnten, d. h. bereits eingereichte Ideen nochmals einreichen könnten. Im Feldversuch zeigten sich ähnliche Phänomene. Bei der tatsächlichen Nutzung der Plattform bezichtigten sich Mitglieder gegenseitig des Ideendiebstahls (über Community-Funktionen). Dass ein und dieselbe Idee mehrfach eingereicht wird, kann – wie die Logfileanalyse zeigt – Zufall sein (der dann mitunter nicht als solcher wahrgenommen wird): Die wenigsten Nutzer sahen sich alle eingereichten Ideen an, bevor sie ihren Beitrag einstellten. Doppelte Beiträge können aus Unkenntnis bereits eingereichter Ideen entstehen. Zur Lösung des Problems bieten sich zwei Vorgehensweisen an: Ideen werden vom System beim und/oder nach dem Einreichen mit den Beschreibungen bereits bestehender Beiträge verglichen. Werden Ähnlichkeiten zu anderen Ideen festgestellt, wird der Nutzer darauf hingewiesen (z. B. „Ihre Idee könnte ein anderes Mitglied bereits eingereicht haben. Bitte prüfen Sie folgende Ideen..."). Von Anfang an sollte als Teil der Wettbewerbsbedingungen klar geregelt sein, wie sich Teilnehmer verhalten sollen, um das Doppeln von Ideen zu vermeiden. Die Regeln sollten kurz und bündig auf der Unterseite zur Abgabe einer eigenen Idee angezeigt werden.

- *Funktion Idee bewerten:* Probanden der Usability-Tests bemerkten, dass Nutzer die Bewerten-Funktion missbrauchen könnten, um eigenen Beiträgen eine höhere Gewinnwahrscheinlichkeit zu sichern. Das ausschreibende Unternehmen und/oder die Jury sollten sich daher vorab Gedanken machen, ob sie Bewertungen wie auch andere Feedback-Formen qualitativ oder quantitativ auswerten.

6.4 Hilfen-Gestaltung

Nutzerhilfen müssen auf Innovationsplattformen angeboten werden, wenn Nutzer über Content- und Interface-Angaben hinaus Hilfestellungen benötigen, um die Ziele und Zwecke zu erreichen, die sie zur Nutzung des Angebots motivieren. Dies gilt insbesondere für komplexe Inhalte wie *Übersicht über das Gesamtsystem* und komplexe Handlungsabläufe, wie z. B. die Nutzung von Toolkits. Die durch Hilfen angebotenen Beschreibungen und Instruktionen, sollen selbstbeschreibend, d. h. aus sich heraus verständlich und nachvollziehbar sein. Je nach Problemstellungen eignen sich verschiedene Typen von Hilfen (von kurzen Instruktionen über aufgabenspezifische Hilfen und vollständigen Systembeschreibungen bis zu Schritt-für-Schritt-Anleitungen[86]). Die Nutzung hoch-komplexer, interaktionsreicher Funktionen wie Toolkits können wirkungsvoll durch interaktive Videotutorials unterstützt werden [87] Sinnvoll ist die Berücksichtigung verschiedener Hilfepräferenzen durch Alternativangebote: Manche Nutzer präferieren bezogen auf Handlungsabfolgen animierte visuelle Darstellungen, andere dagegen schriftliche Anleitungen, die sie ausdrucken, Schritt für Schritt abarbeiten und bei Bedarf nachlesen können. Wichtig ist insbesondere, dass der Nutzer ein mentales Modell der Vorgehensweise entwickeln kann: In welcher Abfolge muss er vorgehen? Welche Handlung führt zu welchem Resultat? Welche Anschlusshandlungen sind notwendig?

Bei der Gestaltung von Hilfen sollten insbesondere verschiedene Nutzertypen nach Vorerfahrung mit dem Internet (siehe Abschnitt 6.1) berücksichtigt werden: Unerfahrene Selektivnutzer konsultieren Hilfen, um genau zu *verstehen,* wie Innovationsplattformen genau funktionieren (als wesentliche Voraussetzung für die Nutzung von Funktionen). In Schritt-für-Schritt-Anleitungen muss für sie die gesamte Website wie auch für einzelne Funktionen erklärt werden. Routinierte ältere Internetnutzer bevorzugen kurze Hilfetexte zu Zweck und Funktionen der Website auf der Einstiegsseite. Zu komplexen Funktionen (wie Toolkits) benötigen sie Hilfen, die den Arbeitsablauf nicht unterbrechen und ihnen die Möglichkeit geben, Funktionen selbst auszuprobieren.

6.5 Toolkit-Gestaltung

Toolkits repräsentieren die komplexeste Funktion von Innovationsplattformen. In Usability-Tests zum Toolkit von *Einfach telefonieren* zeigte sich, dass Probanden vor allem mit der hohen Anzahl gleichzeitig angebotener Gestaltungsmöglichkeiten und einer Mischung unterschiedlicher Bedienungsschemata Probleme hatten.[88]

---

86 Vgl. DIX et al. (2004), S. 395 ff.

87 Vgl. DIGMAYER/JAKOBS (2012a) 2012a.

88 Vgl. DIGMAYER/JAKOBS (2012b).

Die hohe Anzahl parallel angebotener Gestaltungsoptionen und damit verbundener Vorgehensweisen erzeugte kognitive Überlastung: Ältere Nutzer erwarteten, Schritt für Schritt durch das Toolkit geleitet zu werden – eine Unterstützungsleistung, die der *Handy-Baukasten* von *Einfach telefonieren* nur unzureichend berücksichtigte. An der Aufgabe, sich die Funktionsweise des Toolkits selbst zu erschließen, scheiterte die Mehrheit der Probanden.

Eine andere Anforderung richtet sich auf Kohärenz und Einheitlichkeit. Nutzer versuchen frühere Erfahrungen im Umgang mit Angeboten des Internets auf neue, ihnen unbekannte Angebote zu übertragen. Dies gilt auch für Bedienschemata. Im Toolkit von *Einfach telefonieren* wurden Bedienschemata (Klick auf Link versus Drag & Drop) unmarkiert gemischt. Der unmarkierte Wechsel von Bedienschemata wie *Klick auf Link* (bekannt aus Webbrowsern) und *Drag & Drop* (bekannt aus Betriebs-Systemen) führte zu vielfältigen Bedienungsschwierigkeiten. Toolkits müssen ein Bedienschemata konsistent verwenden.

7 Fazit

Design Thinking und Innovationsplattformen dienen der Generierung innovativer Ideen. Durch Kombination der Ansätze ergeben sich Möglichkeiten, die Schwachstellen der Ansätze kompensieren und Stärken fördern können. Um Innovationsplattformen erfolgreich in den Prozess des Design Thinking zu integrieren, muss die Plattformgestaltung sorgfältig den Bedürfnissen der intendierten Zielgruppe angepasst werden. Die Qualität der Plattformgestaltung scheint eine wesentliche Voraussetzung für die Zuschreibung von Qualität und den Aufbau von Vertrauen in die Plattform und ihre Betreiber. Insgesamt ist hier weitere Forschung nötig, etwa zu Anreiz- und Motivationskonzepten, Fragen der Vertrauensbildung und zielgruppenspezifischer Adressierungsstrategien.

Quellenverzeichnis

Badke-Schaub, P./Roozenburg, N./Cardoso, C. (2010): Design Thinking: A paradigm on its way from dilution to meaninglessness?, in: Proceedings of the Design Thinking Research Symposium, Syndey (Australien) 2010.

Beckmann, S. L./Michael, B. (2007): Innovation as a Learning Process: Embedding Design Thinking, in: California Management Review, 2007, S. 25–56.

Belz, F.-M./Silvertant, S./Füller, J./Pobisch, J. (2009): Ideenwettbewerbe: Konsumenten involvieren, Ideen generieren, Lead User identifizieren, München 2009.

Björgvinsson, E./Ehn, P./Hillgren, P.-A. (2010): Participatory design and "democratizinginnovation", in: Proceedings of the Professional Developers Conference, Sydney (Australien) 2010.

Brown, T. (2008): Design Thinking, in: Harvard Business Review, 2008, S. 84–95.

BROWN, T. (2009): Change by Design: How Design Thinking Transforms Organizations and Inspires Innovation, New York 2009.

BUCHANAN, R. (1992): Wicked Problem in Design Thinking, in: Design Issues, 1992, S. 5–21.

BULLINGER, A. C./RASS, M./ADAMCZYK, S. (2010): Using Innovation Contests to Master Challenges of Demographic Change, in: *KUNISCH, S./BOEHM, S./BOPPEL, M.* (Hrsg.), From Grey to Silver: Challenges and Opportunities of Demographic Change, 2010, S. 163–174.

CHESBROUGH, H. (2003): Open Innovation: The New Imperative for Creating and Profiting from Technology, Boston (MA) 2003.

COOPER, R. G. (2003), Profitable product innovation: the critical success factors, in: *SHAVININA, L. V.* (Hrsg.), The International Handbook on Innovation, Oxford 2003, S. 139–157.

D.SCHOOL (2000): Aktuelle Informationen, online: http://dschool.stanford.edu/wp-content/uploads/2011/03/BootcampBootleg2010v2SLIM.pdf, Stand: 03/2011, Abruf: 13.08.2012.

DESOUZA, K. C./AWAZU, Y./JHA, S./DOMBROWSKI, C./PAPAGARI, S./BALOH, P./KIM, J. Y. (2008): Customer-driven Innovation, in: Research-Technology Management, 2008, S. 35–44.

DIGMAYER, C./JAKOBS, E.-M. (2012a): Help Features in Community-based Open Innovation Contests. Multimodal Video Tutorials for the Elderly, in: Proceedings of the ACM Special Interest Group on Design of Communication conference, Seattle (WA) 2012.

DIGMAYER, C./JAKOBS, E.-M. (2012b): Innovationsplattformen für Ältere, in: *MARX, K./SCHWARZ-FRIESEL, M.* (Hrsg.), Sprache und Kommunikation im technischen Zeitalter. Wieviel Technik (v)erträgt unsere Gesellschaft?, Berlin 2012 (im Druck).

DIGMAYER, C./JAKOBS, E.-M. (2012c): Interactive Video Tutorials as a Tool to remove Barriers for Senior Experts in Online Innovation Contests., in: Proceedings of the 6th International Technology, Education and Development Conference Valencia (Spanien) 2012.

DIX, A./FINLAY, J./ABOWD, G./BEALE, R. (2004): Human-Computer Interaction. Harlow 2004.

ERICKSON, L. B./PETRICK, I./TRAUTH, E. M. (2012): Organizational Uses of the Crowd: Developing a Framework for the Study of Crowdsourcing, in: Proceedings of the Conference on Computers and People Research, Milwaukee (WI) 2012.

FRANKE, N./SCHREIER, M. (2002): Entrepreneurial Opportunities with Toolkits for User Innovation and Design, in: International Journal on Media Management, 2002, S. 225–235.

HALLER, J./BULLINGER, A. C./MÖSLEIN, K. M. (2011): Innovation Contests: An IT-Based Tool for Innovation Management, in: Business & Information Systems Engineering, 2011, S. 103–106.

HALLERSTEDE, S. H./BULLINGER, A. C. (2010): Do you know where you go? A taxonomy of online innovation contests, in: Proceedings of the ISPIM Conference, Bilbao 2010.

HARHOFF, D./HENKEL, J./VON HIPPEL, E. (2003): Profiting from voluntary information spillovers: how users benefit by freely revealing their innovations, in: Research Policy, 2003, S. 1753–1769.

HOLLOWAY, M. (2009): How tangible is your strategy? How design thinking can turn your strategy into reality, in: Journal of Business Strategy, 2009, S. 50–56.

Howard, Z./Melles, G. (2011): Beyond designing: roles of the designer in complex design projects, in: Proceedings of the Oz CHI, Canberra (Australien) 2011.

Huang, Q.-H./Niu, F.-L. (2010): Internet Economics and Electronic Commerce paradigm revolution, in: Proceedings of the International Conference on E-Business and E-Government, Guangzhou (China) 2010.

IDEO (2003): Ideo Method Cards. o. O. 2003.

Iivari, N. (2004): Enculturation of User Involvement in Software Development Organizations – An Interpretive Case Study in the Product Development Context, in: Proceedings of the Nordi CHI, Tampere (Finnland) 2004.

Jakobs, E.-M. (2012): Kommunikative Usability, in: *Marx, K./Schwarz-Friesel, M.* (Hrsg.), Sprache und Kommunikation im technischen Zeitalter. Wieviel Technik (v)erträgt unsere Gesellschaft?, Berlin 2012 (im Druck).

Kimbell, L. (2009): Beyond design thinking: Design-as-practice and designs-in-practice, in: Proceedings of the Centre for Research on Socio-Cultural Change Annual Conference, Manchester 2009.

Kimbell, L. (2011): Rethinking Design Thinking: Part I, in: Design and Culture, 2011, S. 285–306.

Koch, M./Richter, A. (2009): Enterprise 2.0. Planung, Einführung und erfolgreicher Einsatz von Social Software Unternehmen., München 2009.

Leyhausen, F./Vossen, A. (2011): We Could Have Known Better – Consumer-Oriented Marketing in Germany's Ageing Market, in: *Kunisch, S./Boehm, S. A./Boppel, M.* (Hrsg.), From Grey to Silver: Managing the Demographic Change Successfully, Berlin/ Heidelberg 2011, S. 175–184.

Martin, R. L. (2009): The Design of Business: Why Design Thinking is the Next Competitive Advantage, Boston (MA) 2009.

Nambisan, S. (2002): Designing virtual customer environments for new product development: towards a theory, in: Academy of Management Review, 2002, S. 392–413.

Plattner, H./Meinel, C./Weinberg, U. (2009): Design Thinking. Innovationen lernen – Ideenwelten öffnen, München 2009.

Piller, F./Klein-Bölting, U./Lüttgens, D./Neuber, S. (2008): Die Intelligenz der Märkte nutzen: Open Innovation, in: BBDO Insights, 2008, S. 50–63.

Reichwald, R./Piller, F. (2006): Interaktive Wertschöpfung: Open Innovation, Produktindividualisierung und neue Formen der Arbeitsteilung, Wiesbaden 2006.

Rowe, P. (1987): Design thinking, Cambridge 1987.

Sawhney, M./Verona, G./Prandelli, E. (2005): Collaborating to create: the internet as a platform for customer engagement in product innovation, in: Journal of Interactive Marketing, 2005, S. 4–17.

Thomke, S./Von Hippel, E. (2002): Customers as Innovators: A new Way to create Value, in: Harvard Business Review, 2002, S. 74–81.

VAN DUYNE, D. K./LANDAY, J./HONG, J. (2006): The Design of Sites: Patterns for Creating Winning Websites, Crawforsville (Indiana) 2006.

VON HIPPEL, E. (1994): "Sticky Information" and the Locus of Problem Solving: Implications for Innovation, in: Management Science, 1994, S. 429–439.

VON HIPPEL, E. (2001): User Toolkits for Innovation, in: Journal of Product Innovation Management, 2001, S. 247–257.

VON HIPPEL, E./KATZ, R. (2002): Shifting Innovation to Users via Toolkits, in: Management Science, 2002, S. 821–833.

VON HIPPEL, E. (2005): Democratizing innovation, London 2005.

VON HIPPEL, E. (2010): Open, distributed and user-centered: Towards a paradigm shift in innovation policy, in: EIM Research Reports, Zoetermeer 2010, S. 1–39.

Aus der Fülle des Alltags zur schlanken Innovation: Wie man lernend Innovation auf dem Bildungsmarkt gestaltet

Henning Breuer und *Gregor Erkel*

uxberlin und *Telekom Innovation Laboratories*

Executive Summary

Globale Trends schaffen einerseits neue Marktpotenziale und fordern andererseits Unternehmen heraus, ihre Fähigkeiten zur Selbsterneuerung und Innovation zu verändern. Sichtbar wird das unter anderem in neuen Methoden der offenen Innovation und der Kundenintegration sowie der Bildung von neuen Geschäftseinheiten zur Erschließung neuer Geschäftsfelder (Abschnitt 1). Ein vielversprechendes neues Geschäftsfeld sind neue Medien für Studierende. Politische Rahmenbedingungen und neue Technologien schaffen neue Herausforderungen, aber auch Möglichkeiten, die erst erschlossen werden müssen (2). Ethnographische Feldforschung und strategische Marktanalysen helfen, neue Geschäftsfelder zu erschließen. Um langfristig relevante neue Angebote für Studierende zu entwickeln, müssen Unternehmen sowohl die Situation der Studierenden als auch den Markt verstehen, und kreativ neue Ideen entwickeln (3). Um diese Ideen bis zur Marktreife zu entwickeln, sind schlanke Innovationsprozesse erforderlich. Sie ermöglichen Unternehmern im Unternehmen, Ideen greifbar zu machen, in Geschäftsmodelle zu fassen und mit Hilfe einfacher Überprüfung und schneller Experimente Annahmen zu validieren und Realität werden zu lassen (4). Die kontinuierliche Interaktion mit Kunden legt dabei nahe, sowohl den Innovationsprozess als auch das Produkt von den Werten aus zu betrachten, die es für Kunden repräsentiert. Unternehmen und Studierende stehen so vor derselben Herausforderung, denn wo bewährte Erfahrungen fehlen ist forschendes Lernen gefragt (5).

1 Wissensgesellschaft und offene Innovation

Die zunehmend wissensbasierte Wertschöpfung, Digitalisierung, und die Globalisierung des Wettbewerbs haben zu einer Dynamik geführt, die fortwährende Innovation im Großen wie im Kleinen erfordert. Die Entwicklung wissenschaftlicher Methoden und technologischer Verfahren nehmen Autoren zum Anlass, um von einer „Wissensgesellschaft“ oder einer „Wissenschaftsgesellschaft“[1] zu sprechen. Entsprechend zählen Innovation als Treiber von wirtschaftlichem Wachstum und Wissensgesellschaft (neben sozialer Kohäsion und Nachhaltigkeit) zu den vorrangigen Handlungszielen der europäischen Lissabon-Strategie. In einer Studie[2] bestimmen 43 Prozent der befragten Führungskräfte die Fähigkeit Innovationen hervorzubringen als wichtigste Fähigkeit für zukünftiges Wachstum.

Die globalen Trends schaffen einerseits neue Marktpotenziale. Sie fordern andererseits Unternehmen heraus, ihre Fähigkeiten zur Selbsterneuerung und Innovation zu verändern. Sichtbar wird das unter anderem anhand von neuen Methoden der offenen Innovation und der Kundenintegration sowie an der Bildung von neuen Geschäftseinheiten zur Erschließung neuer Geschäftsfelder. Fand Innovation noch von kurzem in Forschungs- und Entwicklungsabteilungen statt, die von außen einem Hochsicherheitstrakt ähnelten, lautet das neue Paradigma seit etwa 10 Jahren „offene Innovation“[3]. Das heißt, Organisationen beziehen unterschiedliche externe Akteure, wie etwa Hochschulen oder Endkunden, in ihre Innovationsvor-

---

1 *KREIBICH* (1986).

2 Vgl. *CARDEN/MENDONCA/SHAVERS* (2005).

3 *CHESBROUGH* (2010).

haben mit ein. Insbesondere die Position des Kunden hat sich im Laufe der letzten 30 Jahre grundlegend geändert. Einst passiver Empfänger von Diensten ist er erst zum statistischen Wert der Marktforschung und jüngst zum aktiven Mitgestalter bei der Wertschöpfung geworden. Potenzielle Nutzer werden nicht nur in die Bewertung und Optimierung, sondern auch in die Konzeption und Entwicklung neuer Produkte und Services einbezogen. So hat sich die Idee der Kundenorientierung von einer Art zuvorkommenden Kundendienstes am Ende der Wertkette zunehmend an deren Anfang verlagert. Innovation wird dabei nicht nur vom Kunden her gedacht, sondern von der ersten Idee bis zur Markteinführung in direkter Interaktion praktiziert und durchgängig am Wert für Kunden ausgerichtet.

Ein vielversprechendes neues Geschäftsfeld, das von denselben Trends geprägt wird, sind neue Medien für Studierende. Politische Rahmenbedingungen und neue Technologien schaffen hier neue Herausforderungen, aber auch Möglichkeiten, die bislang kaum genutzt werden. Aus Sicht der studierenden „Kunden" sind die kleinteiligen, medialen Lernangebote und weitläufig verstreuten Inhalte kaum auf ihre Studienanforderungen angepasst. Aus Sicht der am Bildungsmarkt involvierten Unternehmen und Organisationen erfordert Innovation ergebnisoffenes Lernen auf Seiten der Mitarbeiterinnen und Mitarbeiter, die sich so mit den Studierenden in einer vergleichbaren Lage befinden.

Dieser Beitrag beschreibt den anfänglichen Lernprozess einer neu ins Leben gerufenen Geschäftseinheit. Diese hat es sich zum Ziel gesetzt, im direkten Austausch mit Studierenden und Hochschulen ein neues, hochwertiges Lernmedium zu schaffen. Wir beschreiben zum einen das Vorgehen und stellen zum anderen zentrale Ergebnisse einer ethnographischen Feldforschung und einer Analyse von Markttrends dar. Auf Basis dieser Ergebnisse wurden Konzepte für eine integrierte Lernumgebung entwickelt, die derzeit mit Studierenden weiter entwickelt, umgesetzt und erweitert wird. Aus der Reflektion des Prozesses leiten wir Hypothesen ab zu einer veränderten Konzeption und Ausgestaltung der Wertschöpfungskette am Bildungsmarkt.

2 Veränderungen der Studienkultur

Kulturelle Veränderungen gelten als Treiber für Innovationen[4] und motivieren zur Suche nach neuartigen Lösungen, so aktuell etwa im Bereich des Finanzwesens und der Energiewirtschaft. In Deutschland und Europa befindet sich auch die Studienkultur in einem radikalen Wandel, der alle beteiligten Akteure – Studierende, Lehrende, öffentliche Bildungsträger und private Unternehmen betrifft. Um einen einheitlichen europäischen Bildungsraum zu schaffen und die Wettbewerbsfähigkeit und Effizienz der Hochschulen zu steigern findet seit 2002 eine umfassende Hochschulreform statt. In der Kombination mit einer zunehmenden Verbreitung digitaler Technologien im Bildungssektor entstehen neue Gestaltungsmöglichkeiten, aber auch neue Anforderungen an die unterschiedlichen Akteure: die Hochschulen, die Studierenden, aber auch die Anbieter von Infrastrukturen und Inhalten.

---

4 Vgl. *HUTTER* et al. (2010).

Einst Hort des Wissens müssen die **Hochschulen** mit ansehen, wie der Ansturm von Studierenden und der politische Veränderungsdruck ihre Kapazitäten übersteigen. Während mehr Studierende mit fast gleichbleibendem Lehrpersonal unterrichtet werden, stellen der Bologna-Prozess, Exzellenz-Initiativen und Drittmittelakquise neue Anforderungen. Andererseits läuft ihnen das Wissen davon: Hochschulen gelten nicht mehr als Speerspitze der Innovation. Nicht nur junge Entrepreneure, sondern auch z. B. Manager in Technologieunternehmen behaupten inzwischen, dass (offene) Innovation in Unternehmen um Jahre dem voraus sei, was an Hochschulen noch als letzter Schrei gelehrt wird. Entsprechend machen auch eher Start-ups und Unternehmen Schlagzeilen als die Hochschulen, wenn es um gesellschaftliche Veränderungen und Innovation geht.

Auch die **Studierenden** klagen und kämpfen mit den Veränderungen – wie wir auch in der empirischen Studie sehen werden. Das Bild vom entspannten Langzeitstudenten, der sich zwischen ausgelassenen Partys den schöngeistigen Dingen des Lebens widmet, geistert zwar noch in den Köpfen. Allerdings verstärkt es dort im Kontrast zur Realität eher die Frustration. Studierende sehen sich professionellen Anforderungen gegenüber – etwa was Zeitmanagement, Kommunikation und Kooperation betrifft – meist ohne allerdings über die dazu erforderlichen Mittel und Fähigkeiten zu verfügen; die entsprechenden finanziellen und technischen Ressourcen und auch die gesellschaftliche Anerkennung bleiben ihnen meist verwehrt. Vielen fehlt bereits ein angemessenes Verständnis, was überhaupt von ihnen erwartet wird – oft vergehen Semester der Orientierung, bis das System Studium verstanden wird. Wie wir in der Studie beobachtet haben, bereitet vielen allein das Medienmanagement mehr Aufwand als lernförderlich zu sein: Unterschiedliche Aufzeichnungen, Skripte, Karteikarten, Lehrbücher, Online- und Offline-Medien zu unterschiedlichen Lernzwecken (wie Prüfung, Verstehen oder Abschlussarbeit).

Der Umfang und die Vielfalt der Veränderungen der Studienkultur führt nicht nur für Hochschulen und Studierende, und nicht nur auf einer politischen und administrativen Ebene zu einer Suche und Experimenten mit neuen Gestaltungsmöglichkeiten, auch technisch sind neue Unterstützungsmöglichkeiten für die Studierenden und Bildungsanbieter gefragt. Die **technische Entwicklung** sowie die Anbieter von Inhalten und Infrastrukturen sind schließlich häufig eher mit der Umsetzung neuer technischer Möglichkeiten und der Absicherung ihrer etablierten Geschäftsfelder und Vermarktungsstrategien beschäftigt, als mit der Frage, wie Studierende heute mit Hilfe digitaler Medien umfassend gefördert werden können. Ausgehend von Grundprinzipien lerner-zentrierter Gestaltung[5] wurden für einzelne Lernziele und Inhalte zwar Konzepte, Prototypen und Produkte entwickelt.[6] Allerdings bleibt das Angebot weitgehend fragmentiert und schlecht auf die bestehenden Ressourcen wie Lernmanagementsysteme der Hochschulen und digitale Datenbestände von Bibliotheken und Fachverlagen abgestimmt. Diese Leerstelle eröffnet ein „Suchfeld für Innovation“, und der Beitrag soll zeigen, wie sich das entstehende Innovationspotenzial derart erschließen lässt, dass sich nicht nur begründete Ideen entwickeln, sondern wertvolle Innovationen am Bildungsmarkt etablieren lassen.

---

5 Vgl. *Quintana/Krajcik/Soloway* (2000).

6 Vgl. etwa *Breuer* et al. (2008) und *Breuer* et al. (2011).

3 Von Menschen und Märkten

Wie schafft man es eine innovative Lösung zu finden, die zum einen auf dem Markt noch nicht existiert und zum anderen den Studierenden einen tatsächlichen Mehrwert bietet? Um langfristig relevante neue Angebote für Studierende zu entwickeln, müssen Unternehmen sowohl die Situation der Studierenden (3.1) als auch den Markt (3.2) verstehen, und kreativ neue Ideen entwickeln (3.3) und sukzessive zusammen mit ihren Kunden und Partnern umsetzen (3.4).

Mit den Eckpfeilern der Ausgangsidee, eine browserbasierte Umgebung mit Anwendungen, zur Unterstützung von Studierenden und Lehrenden zu schaffen, waren die Grenzen eines Suchfeldes abgesteckt, das die meisten der Projektbeteiligten aus eigener Erfahrung kannten. Der eigene biographische Bezug ist hilfreich, aber fast nie hinreichend für das Verständnis des Gestaltungsfeldes. „Lokale Suche“[7] bezeichnet die Gefahr, naheliegende Lösungsansätze zu verfolgen, statt diejenigen mit dem größten Mehrwert und Erfolgspotenzial. Anstatt vom Problem über ein einfaches Brainstorming zur Lösung zu eilen, nehmen Teilnehmerinnen kreativer Prozesse Umwege in Kauf, um die Bandbreite und Vielfalt der möglichen Lösungen zu erschließen. Um nachhaltige Geschäftspotenziale mit substantiellem Mehrwert für Studierende im Suchfeld zu finden, wurde ein Forschungskonzept mit drei aufeinander bezogenen Teilen formuliert: einem empirischen, einem analytischen, einem kreativen Teil. Um ein breites Spektrum an Ideen zu gewinnen und dabei Zeit zu sparen wurden unterschiedliche Teams mit der Durchführung des empirischen und des analytischen Teils beauftragt und erst im kreativen Teil zusammengeführt. Wir beschreiben kurz die Arbeitsstränge und beispielhafte Ergebnisse.

Eine Besonderheit unseres Ansatzes liegt darin, nicht nur Lernen im engeren Sinne als strukturiert durch Inhalte, Medien, und eine ihnen übergeordnete Didaktik[8] zu begreifen, sondern eingebettet in die Lebenswelt der Studierenden von heute zu verstehen. Dem entspricht der Einstieg mit einer ethnographischen Studie, die es erlaubt, tief in den Alltag der untersuchten Menschen und Kulturen einzutauchen. Sie ermöglicht zudem, nicht nur den Tauschwert und Gebrauchswert neuer Lösungen zu gestalten, sondern Angebote im Einklang mit symbolischen und persönlichen Werten[9] der zukünftigen Kunden zu gestalten.

3.1 Die empirische Arbeit: Ethnographie in der Fülle des Studienalltags

Um die Erfolgschancen der Innovation zu erhöhen[10], aber auch um relevanten Mehrwert zu bieten, sollte das neue Angebot im direkten Kontakt mit zukünftigen Kunden entstehen. Entsprechend wurden in verschiedenen Schritten Studierende und Hochschullehrer in den Entwicklungsprozess eingebunden. Zunächst wurde eine ethnographische Studie durchgeführt. Ihr Ziel, tief in die Lebenswelt Studierender von heute einzutauchen, und Werte, Bedürfnisse und Probleme zu identifizieren, die ein relevantes Werteversprechen adressieren muss. Gegenüber einfachen Befragungen haben ethnographische, auf Beobachtung beruhende Untersu-

7 *STUART/PODOLNY* (1996).

8 Vgl. *CLARK* (1994).

9 Vgl. *BREUER* et al. (2012).

10 Vgl. *PRAHALAD/RAMASWAMY* (2000).

chungsmethoden den Vorteil, auch unerfüllte Bedürfnisse zu identifizieren, die den Probanden selbst nicht umfänglich bewusst oder sehr neue sind und sich eher aus Verhalten und selbstgestrickten Problemlösungsversuchen ableiten lassen.[11]

Ein aussagekräftiges Samples von Studierenden unterschiedlicher Fächer (v. a. Rechtswissenschaften, Betriebswirtschaftslehre und Humanwissenschaften) im Alter zwischen 19 und 27 Jahren wurden jeweils sechs Stunden ihres Studienalltags begleitet. Mit Hilfe eines Beobachtungs- und Gesprächsleitfadens wurde sichergestellt, dass manche Fragestellungen bei jedem Studierenden berücksichtigt wurden, wie etwa Fragen nach typischen Lernsituationen und Routinen, Gebrauch von Lernmedien oder dem Stellenwert sozialer Interaktion. Neben einer Feldforschung im natürlichen Umfeld zu Hause bei den Studierenden, in der Universität, und in der Bibliothek wurden auch Studientagebücher ausgegeben. Diese Form der Selbstbeobachtung ermöglicht es, über einen längeren Zeitraum Einsichten in den Studienalltag zu gewinnen. Dazu wurden die Teilnehmer und Teilnehmerinnen in den Gebrauch eines Online-Tagebuchs eingewiesen, in dem sie fünf Tage lang mehrmals täglich ihre Lernaktivitäten und den Gebrauch von Lernmaterialien und Hilfsmitteln dokumentieren, aber auch ihre Motivation, Wünsche und Probleme mit Hilfe von Skizzen und Notizen beschreiben sollten. Alle Ergebnisse wurden zunächst dokumentiert und dann von den (insgesamt fünf) beteiligten Feldforschern vorstrukturiert. In einem dreitägigen Workshop zur Mustererkennung wurden dann die Themen, Bedürfnisse und Werte herausgearbeitet, für die es wiederkehrende Hinweise im Datenmaterial gab und die besondere Relevanz für Studierenden hatten.

Insgesamt wurde im ethnographischen Teil nicht nur auf Lernaktivitäten im engeren Sinn und die Prüfungsvorbereitung geachtet. Auch Anforderungen hinsichtlich des Zeitmanagements in konnten identifiziert werden. Von einem Student im 3. Semester Betriebswirtschaftslehre stammt das Zitat: „Ein Student ist wie ein Manager. Man muss seine Zeit selber einteilen und man muss den Druck aushalten." Wie er hinzufügt, fehlen aber anders als bei einem Manager die professionellen Ressourcen und die Anerkennung.

Über den Projektverlauf lieferten diese und andere Geschichten wertvolle Referenzen. Zu zahlreichen Gelegenheiten wurde auf der Fülle des beforschten Studentenlebens zurückgegriffen werden, um Konzepte mit Vorstellungen zu füllen oder anhand der beobachteten Realität auf Schlüssigkeit zu prüfen.

Im Anschluss an die Erhebungsphase und die Auswertung der Beobachtungen und Interviews mit den einzelnen Probanden wurden übergreifende Ergebnisse von den beteiligten Feldforschern in einem mehrtägigen Mustererkennungsworkshop herausgearbeitet. Ein zentrales Ergebnis sind vier Gruppen von Bedürfnissen oder Werten, die eine herausgehobene Relevanz für die Studierenden besitzen.

- **Qualität des Lernens**: Klagen über schlechte Lehr- und Lernmaterialien gehen einher mit dem Wunsch nach situationsangemessener Unterstützung und einfachen Hilfsmitteln etwa zur Markierung, Weiterverarbeitung und Erinnerungshilfe für digitale Inhalte.
- **Motivation**: Ein zentrales Thema nicht nur der Lernforschung, sondern auch der Probanden sind Fragen der Motivation über das Semester und Studium hinweg, von kleinen Belohnungen bis zum Wunsch nach Rückmeldungen und Bewertung von Lernerfolg und Fortschritt an Wissen und Fähigkeiten.

---

11 Vgl. SUTHERLAND/DENNY (2007).

- **Effizienz**: Verschärft durch die Verkürzung der Studiendauer ist Effizienz ein zentraler Wert für Studierende, die nicht nur mit ihrer Zeit haushalten und Lernaktivitäten allein und in Lerngruppen organisieren. Auch die Suche nach, der Zugang zu, und der Austausch von Lernmaterialien wird stark unter Effizienzgesichtspunkten bewertet.
- **Organisation und Produktivität**: Der Wunsch nach einfacher Handhabung von Quellen, gut organisierten und ubiquitär zugänglichen Lernmaterialien sowie flexibler Umgang mit analogen und digitalen Inhalten steht oft im Widerspruch zur Realität.

Die Ergebnisse wurden zum einen als Ausgangsbasis für einen Kreativworkshop genutzt, in dem zunächst Konzepte skizziert wurden, die jeweils mindestens zwei der vier Bedürfnisgruppen und Werte unterstützen. Erste Ideen entstanden zur Unterstützung von Planung, Zusammenarbeit und Textarbeit, z. B. die Idee eines rituellen Startbildschirms, der bewusstes Lernen fördert mit der Eingangsfrage „Was will ich in der nächsten Stunde erreichen?". Eher die Zusammenarbeit als die Planung betreffend entstand die Idee, Lernprofile für soziale Lernnetzwerke zu nutzen.

Eine weitere häufige Anforderung der Lernenden ist die motivationale Unterstützung. Die Studierenden fühlten sich häufig über die Dauer des Semesters „alleingelassen" und wünschten sich Hilfsmittel, mit denen es ihnen leichter gelingt, die individuelle Motivation aufrecht zu halten. So wurden Möglichkeiten angeregt, den Arbeitsaufwand unter Berücksichtigung des zu bearbeitenden Materials über den Semesterverlauf planen, oder auch nur eine einfache „Erfolgskontrolle" einzuführen, wie sie z. B. über eine individuelle Fortschrittsanzeige möglich ist (Stichwort „Gamification").

3.2 Die analytische Arbeit: Markttrends und Blauer Ozean

Komplementär zur Sicht der Nutzer wurde eine Marktrecherche durchgeführt, um mehr über bereits am Markt befindliche Angebot zu erfahren und direkte und indirekte Wettbewerber, aber auch übergeordnete Trends zu identifizieren. Diese Analyse existierender Angebote und potenzieller Wettbewerber ist hilfreich und erforderlich, um einen ersten Überblick zu generieren, wer mit welcher aktuellen Stoßrichtung bereits in dem anvisierten Markt tätig ist.

Neben der reinen Anzahl von Akteuren ist deren Größe (im Bezug auf Umsatz und aktive Kunden) in Kombination mit der jeweiligen Positionierung für die Auswahl und genaue Definition des eigenen Marktangangs relevant.

Hieraus lassen sich sowohl Entscheidungen hinsichtlich Partnering, „Make or Buy" ableiten, als auch „Filter" für die weitere Detaillierung des geplanten Angebotes generieren.

Im Rahmen der Literaturstudie wurden zum einen die relevanten Akteure (Stakeholder) identifiziert: Lehrinhalte nachfragende Studierende, Lehre anbietende Hochschulen, deren Dozenten und Mitarbeiter, sowie Fachverlage (Content-Provider).

Für jede wurden anhand der Literatur Bedürfnisse und Aufgaben unterschieden, z. B. für die Studierenden gegliedert nach den Prozessschritten der Vorbereitung und Studienwahl, der Finanzierung und Einschreibung, des Studiumsmanagement, sowie aus den anschließenden Bereichen Karriereservice und Alumni.

Zum anderen wurden Trend-Publikationen, Analysen des deutschen und weltweiten Bildungsmarktes, Best-Practice-Berichte und solche zu Start-ups im Bereich elektronischer Bildungsangebote durchgesehen, aggregiert und nach Relevanz für die Interessensgruppen gruppiert. Im Ergebnis wurden sechs Trends identifiziert:

- **Open Education**: Freie Verfügbarkeit von Lehrinhalten online, insbesondere auch sogenannter lerner-generierter Inhalte[12],
- **Edutainment**: Implementierung von Spielprinzipien (Game Mechanics) in Lehrprozessen,
- **Learning-on-the-go**: Lernen in kleinen Lehreinheiten,
- **Virtual Environment**: Verknüpfung von Lehrinhalten mit virtuellen Kontexten,
- **Peer Learning**: Kollaboratives Lernen über Hochschulgrenzen hinweg,
- **Enriched (digital) Content**: Integration von audiovisuellen, interaktiven und sozialmedialen Elementen in klassische Lehrmaterialien.

Auf der Basis dieser erweiterten Kenntnis wurden neue Geschäftsmöglichkeiten entwickelt, die die in der Feldforschung identifizierten Bedürfnisse in unterschiedlichem Umfang adressieren So wurden Möglichkeiten für neue Angebote in den Bereichen Kooperationswerkzeuge, der Digitalisierung und des spielerischen Umgangs mit Inhalten, sowie in neuen Formen der Aggregation und des Teilen von Inhalten gefunden. Dies Geschäftsmöglichkeiten wurden in einem letzten Prozessschritt mit Best Practices verprobt. In Steckbriefen wurden Angebote z. B. von *Blackboard*, *iTunes U*, *iversity* u.a. analysiert.

Auch hier führten wir im Anschluss einen Kreativworkshop durch, der Kreativtechniken mit Prinzipien der „Blue Ocean“-Strategie verband. Analysen des kompetitiven Umfelds und darauf aufbauende Variationen und Erweiterungen bestehender Geschäftsmodelle liefern Hinweise, wie Unternehmen neue Märkte erschließen oder entwickeln können. Ein solcher Ansatz nach *KIM/MAUBORGNE*[13] zielt auf die Entdeckung unberührter Märkte. Im Gegensatz zum „roten Ozean“ gesättigter Märkte mit zahlreichen Konkurrenten werden diese mit einer einprägsamen Metapher „Blauer Ozeane“ bezeichnet.

Ausgehend von einem Trend, wie dem zur Integration neuer Medien in die etablierten Lehrmaterialien, wurden konkurrierende Angebote auf dem Bildungsmarkt mit Hilfe von Wertkurven skizziert.

---

12 Vgl. *BREUER/MATSUMOTO* (2011).

13 Vgl. *KIM/MAUBORGNE* (2005).

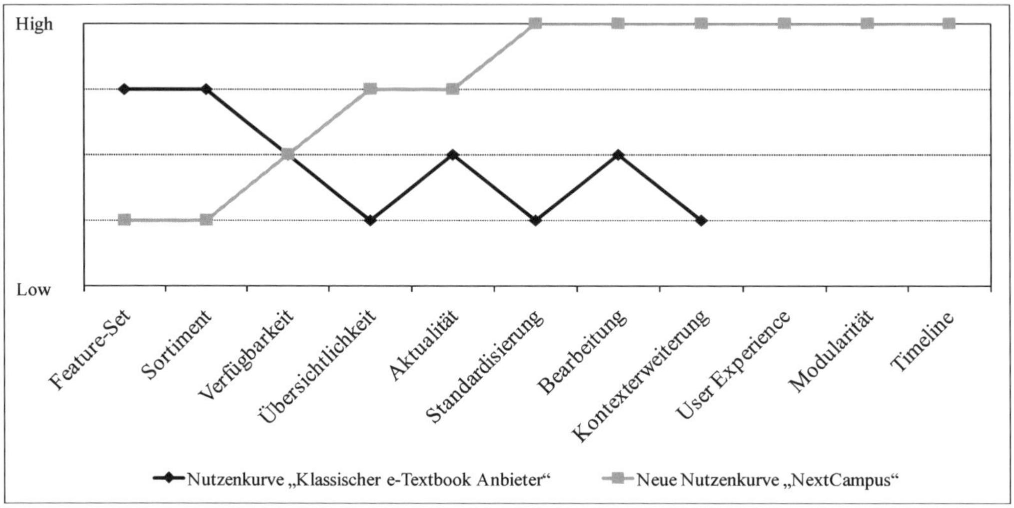

Abbildung 1: Beispielhafte Wertekurven für Anbieter elektronischer Publikationen

In Kreativübungen wurden die Teilnehmenden schrittweise angeleitet, das Vorbild anderer Marken und Megatrends für ein Brainstorming neuer Ideen zu nutzen. So wurde etwa ein neues Kundewertkonzept für Lern-Management-Systeme skizziert, das sich durch besondere Flexibilität, Offenheit, und Eignung für einen erfahrungsorientierten und persönlichkeitsfördernden Gebrauch auszeichnet. Aufbauend auf demselben Trend und Ergebnissen der empirischen Studie (wie dem Bedürfnis nach einfachem Zugang zur einschlägigen Literatur) wurde auch die Idee eines modular aufgebauten „Digitalen Kon-Text Buchs“ formuliert.

3.3 Die kreative Arbeit: Triangulation und lebendige Interaktion

Mit Hilfe der empirischen Feldforschung lassen sich Felder für Unterstützungsbedarf (von Studierenden) erschließen und erste Nutzeranforderungen an neue Produkte bestimmen. Die Empirie und die theoriegeleitete Interpretation der Ergebnisse liefern aber noch keine neuen Produktideen. Umgekehrt kann die strategische Marktanalyse auf neue, bislang vernachlässigte Tätigkeitsfelder für Unternehmen hinweisen, aber auch sie liefert keine konkreten Produktideen mit dem Potenzial zur Innovation. Zusammengenommen liefern Nutzerforschung und Marktbetrachtung aber eine solide Grundlage, um in einer Reihe von Workshops mit ausgewählten Experten solche Ideen zu entwickeln und zu spezifizieren. Die Triangulation oder Verschränkung unterschiedlicher Vorgehensweisen kann dabei nicht nur die Glaubwürdigkeit von Befunden erhöhen, sondern auch zur Entwicklung einer Vielfalt von Ideen beitragen, die sowohl relevant für Studierende, also auch strategisch vielversprechend aus Sicht des Marktes sind.

Im Idealfall lassen sich aus den empirisch beobachteten und abgeleiteten symbolischen- und persönlichen Werten für die Studierenden direkt mögliche Unterscheidungsfaktoren für Wertkurven gewinnen. Die empirisch erkannten Werte indizieren dann, welche Kernelemente des Angebots eliminiert, reduziert, gesteigert oder neu geschaffen werden müssen, um neue

Wertekurven zu gewinnen, die wirklichen Mehrwert für Kunden liefern und sich im Sinne eines „Blauen Ozeans“ von der Wertekurven der etablierten Konkurrenz abheben.

Im beschriebenen Projekt erfolgte diese Engführung erst im Rahmen der Workshops. Im Ergebnis standen Ideen wie das Kontextbuch, das zum einen studentischen Werten wie Qualität und Effizienz Rechnung trägt und zum anderen eine am Markt bislang einzigartige Flexibilität modular zu beziehender Inhalte bietet, die genau auf die persönlichen Entwicklungsziele zugeschnitten sind. Anstelle von Publikationsreihen lassen sich etwa Themenschwerpunkte abonnieren oder von den Unterrichtenden kursbezogen zusammenstellen. Auch Anforderungen zur Ausgestaltung einer solchen Idee etwa im Bezug auf die Handhabung von Notizen oder die Integration von Feedback lassen sich vor allem aus der Empirie ableiten. Einen anderen Ansatz bildet eine persönliche Lerngeschichte, die nicht nur als Leitfaden der Erinnerung und Wiederholung von Inhalten dienen kann, sondern in Auszügen auch für andere die eigenen Lernfortschritte, Kenntnisse, und Qualifikationen anschaulichen machen kann. Zug um Zug konkretisierte sich die Idee einer integrierten Lernumgebung, die eigene Funktionen wie Lernkarten und interaktive Übungen lebenslang über Cloud-Dienste auf verschiedene Endgeräten zur Verfügung stellt, und offene Schnittstellen zu Lernmanagement-Systemen einerseits und kostenpflichtigen elektronische Inhalten, Kursen und Funktionen andererseits zur Verfügung stellt.

Abbildung 2: Visuelle Ideenskizzen aus den Kreativworkshops

Eine zusätzliche Bereicherung der Workshops wurde durch ein prozessbegleitendes Graphic Recording gewonnen. Ziel der Illustration ist es zum einen, den Kreativprozess durch eine visuelle Kommunikationsebene zu erweitern und eigene Umwege für die Ideenfindung anzubieten. Die entstehenden Visualisierungen eignen sich zudem als anschauliches Workshop-Protokoll für die Teilnehmer und Teilnehmerinnen und – in Auszügen – für eine ansprechende Kommunikation der Ergebnisse an andere Projektbeteiligte oder externe Interessenvertreterinnen.

3.4 Die Entwicklungsarbeit

Auf den ersten Blick waren mit den diesen Arbeiten vor allem einige Produktideen und Anforderungen gewonnen worden, die versprachen, für Studierende relevant zu sein und noch nicht vom Markt bedient zu werden. Als ebenso wichtig wie die konkreten Ideen erwiesen sich mit der Zeit aber die Lernerfahrungen der Projektbeteiligten, die durch ihre Teilnahme an den empirischen und analytischen Arbeiten sowohl einen Einblick und ein besseres Gespür für die Welt der Studierenden gewonnen hatten und als auch systematisches Verständnis des Marktes für Lernmedien und seiner Entwicklungstrends gewonnen hatten.

Der Grundsatz, von Anfang an eng mit den späteren Nutznießern der neuen Bildungsangebote zusammen zu arbeiten, wurde dann auch in der Entwicklungsphase der ersten Prototypen beibehalten.

Zwei komplette Klassen eines Bachelor-Studiengangs „Sales und Vertrieb" wurden für den Praxistest des ersten lauffähigen Prototypen, des sog. „Minimal Viable Product" (MVP) gewonnen und lieferten den Entwicklern sowohl Feedback zu Systemfehlern, vor allem aber zu den eigenen Präferenzen und weiteren Entwicklungswünschen. Zusätzlich zu diesen spontanen, aus der Nutzung resultierenden Rückmeldungen wurde durch wiederholte Befragungen weiteres explizites Feedback gewonnen, was auch Rückschlüsse auf erste Verhaltensänderungen durch die digitalen Lernmöglichkeiten liefert.

Außerdem wurden anonymisiert und aggregiert die tatsächlichen Nutzungsgewohnheiten der Studierenden erfasst. Hierbei ging aus ausschließlich darum, implizites Feedback zu erhalten, um Produktverbessuren vornehmen zu können: Sei es, um Features, die nicht genutzt werden, anders zu präsentieren, oder sie zur Vereinfachung der Anwendung zu entfernen, oder um systematische Fehlbedienungen durch Produktanpassungen zu beheben bzw. das Augenmerk der Entwicklung auf stark genutzte Elemente zu richten. Noch bevor das System vollumfänglich funktionierte, hatte es so bereits seine ersten Nutzer und wurde gemeinsam mit ihnen kontinuierlich verbessert.

Neben den Inhalten und der persönlichen Lernumgebung ist für ein integriertes Angebot die Auswahl eines entsprechenden Endgerätes erforderlich. Hier wurde ein Hersteller gefunden, der die Relevanz des Bildungsbereiches bereits für sich identifiziert hatte. Mit ihm wurden die Geräte, vor allem aber die spezifische Integration in das Betriebssystem und das übergreifenden Nutzungskonzept abgestimmt. So wurde es möglich, die Nutzungsgewohnheiten und Präferenzen der digital Lernenden ganzheitlich zu untersuchen und die Ergebnisse direkt in die Gestaltung eines integrierten Systems aus Inhalten, Anwendung und Geräten einfließen zu lassen.

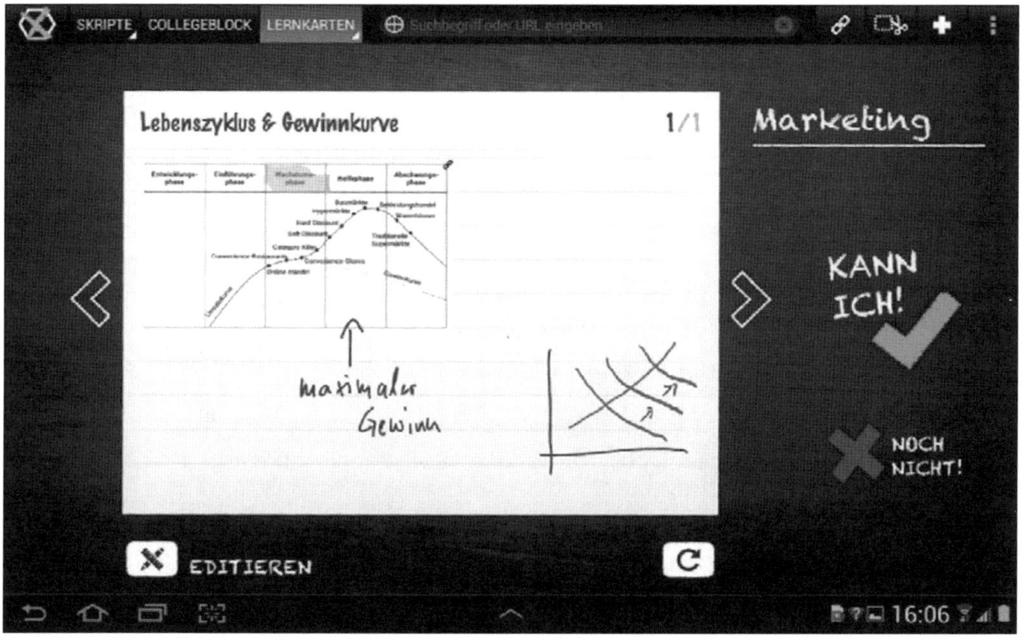

Abbildung 3: *Lernkarte des Prototypen mit verknüpfter Graphik und handschriftlichen Notizen*

4 Schlanke Innovation als Forschendes Lernen im Team

Lernsoftware hat zumindest dem Anspruch nach einen klar umrissenen Lerninhalt, folgt einem bestimmten didaktischen Konzept und ist auf eine mehr oder weniger klar definierte Zielgruppe ausgerichtet.[14] Elektronische Publikationen multimedialer Lernmaterialien stehen dagegen am Anfang einer Entwicklung, die sich bislang wenig an den Anforderungen der Studierenden und ihrer Lebenswelt orientiert. Um hier einen anderen Weg einzuschlagen wurde bereits die anfängliche Ideenfindung an der Alltagserfahrung Studierender ausgerichtet.

Um diese Ideen bis zur Marktreife zu entwickeln sind schlanke Innovationsprozesse erforderlich. Sie ermöglichen Unternehmern im Unternehmen, Ideen greifbar zu machen, in Geschäftsmodelle zu fassen und mit Hilfe einfacher Überprüfung und schneller Experimente ihre Annahmen zu validieren und Realität werden zu lassen.

[14] Vgl. *BAUMGARTNER* (1997).

4.1 Schlanke Innovation als forschendes Lernen

Anders als auf bestehenden Märkten fehlen Unternehmungen in Form von Start-ups, Spin-offs und New Ventures Wissen und Erfahrungen, auf denen üblicherweise ein laufendes Geschäft beruht. Die wichtigste Aufgabe von Gründern ist daher nicht Profit zu machen[15], sondern Lernerfahrungen zu sammeln, die helfen, das noch nicht existierende Geschäft in einem noch unbekannten Marktumfeld zum Laufen zu bringen. Entsprechend wurde an anderer Stelle[16] ein Modell aus fünf *E* beschrieben, die zunehmende Reifegrade bei der Entwicklung und Einführung neuer Geschäftsmodelle anhand der erforderlichen Kernaktivitäten definieren. Diese sind:

- Die **Exploration** relevanter Ideen zu den einzelnen Komponenten des Geschäftsmodells,
- die vertiefende **Elaboration** einzelner Komponenten (wie Preismodell oder Partner) und
- erste **Evaluation** zentraler Annahmen (etwa durch Interviews mit Kunden und Partnern),
- **Experimente** zu Hypothesen, etwa zur Preisbereitschaft oder zur Kostenstruktur, sowie
- die **Evolution** des Unternehmens angesichts neuer Angebotsmodule und mittelfristiger Entwicklungen im Markt.

Die fünf E beschreiben im Kern die wesentlichen Lernziele des Gründerteams in den unterschiedlichen Reifegraden ihres Vorhabens. Eine Didaktik forschenden Lernens[17], die zunehmend für Studierende aller Semester gefordert wird, findet hier im Übertragenen Anwendung auf das Lernen von Gründerteams in Unternehmen. Der Ansatz kann und muss im Rahmen dieses Beitrags nicht weiter entfaltet werden[18], auch da die beschriebenen Aktivitäten zur Entwicklung der Lernumgebung vorwiegend nur der anfänglichen Exploration und Elaboration galten. Interessanter für unseren Zusammenhang ist ein verändertes Verständnis strategischer Rollen, das sich aus einem unternehmerischen Innovationsprozess ergibt, der als Lernprozess konzipiert ist, sich an Werten der Nutzer und Interessensvertreter orientiert und in direkter Interaktion mit diesen entwickelt.

4.2 Strategische Rollen bei digitalen, interaktiven Diensten

Durch Wertschöpfungsketten[19] werden aufeinander aufbauende Tätigkeiten im Produktionsprozess dargestellt. Dabei tragen primäre Aktivitäten, nach *PORTER* die Eingangslogistik, Produktion, Ausgangslogistik, Marketing und Vertrieb sowie der Kundenservice, direkt zur Produkterstellung bei, während unterstützende Aktivitäten (Unternehmensinfrastruktur, Personalwirtschaft, Technologieentwicklung und Beschaffung) die primären Tätigkeiten unterstützen. Das an industrieller Produktion orientierte Modell ist inzwischen vielfach kritisiert worden, z. B. da es komplexe Prozesse in eine lineare Reihe bringt und etwa auf wissensbasierte Dienstleistungen so kaum übertragbar ist. Zudem wurde kritisiert, dass Kunden erst am Ende der Kette in Er-

---

15 Vgl. *RIES* (2011).

16 Vgl. *BREUER/MAHDJOUR* (2012).

17 Vgl. *HUBER* (2008).

18 Vgl. *BREUER/MAHDJOUR* (2012).

19 Vgl. *PORTER* (2000).

scheinung treten wogegen heute Wertschöpfung zunehmend als Interaktion verstanden wird, bei der Kunden, Partner und andere Stakeholder von Beginn an einbezogen werden.[20]

Die klassische Wertschöpfungskette geht von einem Produkt aus, das dann Kunden angeboten und verkauft wird. Schlanke Managementmethoden setzen dieser „Push"-Strategie eine Pull-Strategie entgegen, der gemäß Nachfrage und konkrete Anforderungen erst aus einer jeweils zu entwickelnden Kundenbeziehung entstehen und die Herstellung auslösen. Die Prozesskette soll damit dynamisch gestaltet und auf die Anteile reduziert werden, die Mehrwert für Kunden generieren.

In nächsten Schritt ist unseres Erachtens naheliegend, die Wertkette nicht nur vom Kunden her zu denken, sondern auch so darzustellen. Schließlich geht die ursprüngliche Produktdefinition von einer Teilhabe am Leben des Kunden aus und wird über mehrere Iterationen anhand seiner Rückmeldungen optimiert. Darüber hinaus lösen auch im operativen Betrieb der Lernumgebung Lernprozesse der Kunden erst eine insofern nachgelagerte Strukturierung und ggf. Neuentwicklung und Bereitstellung von Inhalten aus.

Die Umkehr der Wertkette macht insbesondere im Zusammenhang mit lerner-zentrierter Gestaltung[21] Sinn. Denn während bei nutzerzentrierter Gestaltung die zu erledigende Aufgabe meist definiert ist und dem Nutzer ein geeignetes Werkzeug zu ihrer Erledigung zur Verfügung gestellt wird, sollen lerner-zentrierte Medien die Lernenden dabei unterstützen, für den Einzelfall festzulegende und auf den vorhandenen Kenntnissen und Kompetenzen aufbauende Lernziele zu erreichen, die letztlich zu einer ergebnisoffenen Entwicklung der Persönlichkeit beitragen. Das heißt, auch bedingt durch Lernen als Entwicklungsprozess müssen letztlich einzigartige Präferenzen sogenannter „Segments-of-One"[22] bedient werden. Vor dem Hintergrund eines stark individualisierten (durch Einzelfertigung und Projektorganisation geprägten) Industriegüterbereichs und zunehmender Individualisierung auch im privaten Umfeld[23] lassen sich Trends zur Umkehr der Wertkette und interaktiven Wertschöpfung[24] auch in anderen Industriezweigen beobachten.

Anknüpfend an die Arbeiten zur Wertkette haben *Schlueter/Shaw*[25] generische Wertketten für digitale interaktive Dienste entwickelt, die einen Strang für Inhalte von einem für Infrastruktur unterscheiden. Später wurde der Ansatz für die strategische Positionierung wissenschaftlicher Bibliotheken auf Märkten für wissenschaftliche und technische Information angewandt.[26]

Der nutzergetriebene Ansatz und das Verständnis von Innovation als Lernprozess, der beim Kunden beginnt, legen zwei Anpassungen des Modells nahe: Zum einen lässt sich die Abfolge der Prozesse umkehren, so dass die Schaffung von Märkten und die kundenseitigen Schnittstellen und Systeme am Anfang, nicht am Ende der Prozesskette stehen. Dieser Logik entsprechend begann das Next-Campus-Projekt nicht nur mit einer empirischen Studie im Alltag

20 Vgl. *Reichwald/Piller* (2009).

21 Vgl. *Quintana, Krajcik/Soloway* (2000).

22 *Peppers/Rogers* (1997).

23 Vgl. *Reichwaldt/Piller* (2009), S. 24 ff.

24 Vgl. *Reichwaldt/Piller* (2009), S. 24 ff.

25 Vgl. *Schlueter/Shaw* (1996).

26 Vgl. *Geyer-Schulz* et al. (2004).

der Kunden. Auch die ersten Entwicklungsschritte wurden von studierenden Testnutzern begleitet. Später werden die neu gewonnenen Kunden auch nachgelagerte Aktivitäten wie die Strukturierung und Erstellung eigener Inhalte mit übernehmen.

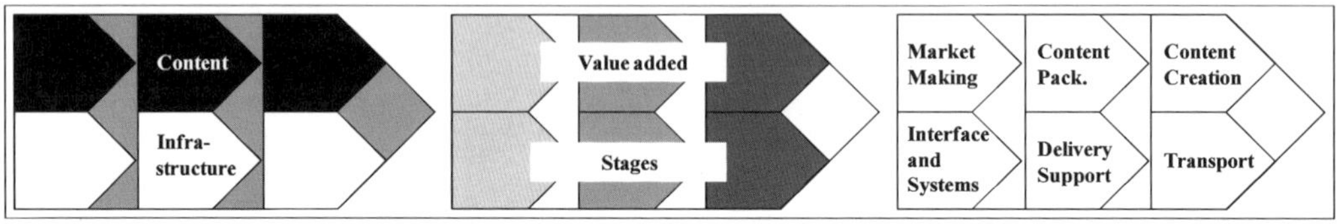

Abbildung 4: *Wertkette interaktiver Dienste angepasst von SCHLUETER/SHAW: Radikale Kundenorientierung stellt Marktentwicklung und Interfaces an den Anfang der Prozesskette*[27]

Zum anderen ist auch nach bzw. trotz der Umkehrung der Wertschöpfungskette, die im vorliegenden Beispiel im wesentlichen dem Entwicklungsprozess folgt und nicht die Branchenstruktur darstellen soll, ein ständiger Regelkreis zur laufenden Anpassung und Optimierung des Angebotes wichtig. Das heißt, dass jedes Produktteil als Element des Gesamtbildes die enge Abstimmung und Interaktion mit den angrenzenden Teilen beider Ketten und Stufen erfordert, um eine erfolgreiches Produkt anbieten zu können.

Die „kuratorische" Auswahl wertvoller Möglichkeiten, den Einzelnen in seiner Lebenssituation zu unterstützen wird umso wichtiger, je mehr Angebote verfügbar sind und je stärker die Individualisierung als gesellschaftlicher Trend greift. Diese Entwicklung zeigt sich auch in der Individualisierung von Lernbiographien und der Schwierigkeit der Studierenden, unterschiedliche Angebote für den eigenen Lernerfolg einzusetzen und effizient zu kombinieren. Vor allem dieser Anforderung einer bedarfsgerechten Schnittstelle zum Kunden müssen die insofern nachgelagerten Prozesse und Aspekte des Angebots gerecht werden, um nachhaltig Mehrwert zu liefern, wo er allein entscheidend wird: beim Kunden in seiner Entwicklung.

Zum Bereich des Market Making für wissenschaftlich und technische Information zählen bspw. laut *GEYER-SCHULZ* et al.[28] Aktivitäten wie Training und Unterstützung der Nutzer, Lagerhaltung, Ausleihe, Distribution, Lizensierung, sowie die Bereitstellung von Portaldiensten und Werkzeuge für Forschung und Literaturrecherche. Während wissenschaftliche Bibliotheken alle diese Angebot abdecken, sind Akteure wie die Autoren, Verlage, Buchhandlungen und wissenschaftliche Gesellschaften nur in einzelnen dieser Bereiche aktiv. Allen gemein bleibt die Ausrichtung auf die Unterstützung der Vermittlung und des Aufbaus von Wissen mit Hilfe einzelner Dokumente und interaktiver digitaler Formate.

Neben dem auf Inhalte fokussierten Lernen, dem Verstehen und letztendlichen Anwenden des Stoffes, der eine Anpassung der Content-Erstellung und -Zusammenstellung erforderlich macht , sind die Organisation des Studienalltags, die Stärkung der Motivation und die Planung des Lernalltags, die durch technische Werkzeuge unterstützt werden können, ein wesentlicher Erfolgsfaktor, der von Lernenden in seiner wesentlichen Rolle bestätigt wird.

---

27 Vgl. *SCHLUETER/SHAW* (1996).

28 Vgl. *GEYER-SCHULZ* et al. (2004).

Aber auch die Darstellung der digitalen Informationen auf unterschiedlichen Endgeräten, mit verschiedener Leistung, unterschiedlichen Bildschirmen, Eingabemöglichkeiten und Verbindungsoptionen ist für die Ermöglichung von Lernerfolg entscheidend und zeigt die Bedeutung des strategischen Erfolgsfaktors Interfaces und Systems.

Die Schaffung und Weiterentwicklung von Innovationen ermöglicht es, im laufenden Betrieb bzw. vom ersten Entwurf an, selber als Entwickler zu lernen, welche Elemente in welcher Ausprägung für ein erfolgreiches Angebot erforderlich sind. Die jeweiligen Hypothesen können und werden regelmäßig überprüft und angepasst, um iterativ Verbesserungen zu erzielen und neue Erkenntnisse zu gewinnen. Das bedeutet aber auch, dass ein übergreifendes Verständnis, eine entsprechende Prüfung der Annahmen und eine Messung der quantifizierbaren Variablen für die Identifikation der strategischen Erfolgsfaktoren entscheidend sind. Somit wird die anfängliche Begleitung der Studierenden zur laufenden und integralen Aufgabe. Mit anderen Worten stellt die beschriebene Vorgehensweise selbst ein integrales Moment einer innovationsorientieren Strategie und ihrer Erfolges dar.

5 Lernen und Lernen Gestalten

Bei dem Versuch, das Lernen an Hochschulen mit neuen Medien zu unterstützen wurden so die Projektbeteiligten selbst zu Studierenden ihres eigenen Vorhabens. Unternehmen und Studierende stehen so vor derselben Herausforderung, denn wo langjährig bewährte Erfahrungen und verlässliche Praktiken fehlen ist aktiv, forschendes Lernen gefragt. Studierende sind dabei in der Regel für die Arbeit an ihrer eigenen Entwicklung freigestellt, während Unternehmen direkten Mehrwert für andere schaffen müssen um erfolgreich zu sein. Die frühzeitige Einbindung der Studierenden selbst ist nicht nur ein probates Mittel, um die Relevanz der entwickelten Lösungen festzustellen, sondern kann helfen, begeisterte Pilotkunden als Multiplikatoren zu gewinnen, die mit der neuen Plattform und ihren Entwicklern lernend ihren eigenen Markt schaffen.

Quellenverzeichnis

Baumgartner, P. (1997): Didaktische Anforderungen an (multimediale) Lernsoftware, in: *Issing, L. J./Klimsa, P.* (Hrsg.), Information und Lernen mit Multimedia. 2. Auflage, Weinheim 1997, S. 241–252.

Breuer, H./Mahdjour, S. (2012): Lean Venturing: Entrepreneurial Learning to Model and Grow New Business, 5th ISPIM Innovation Symposium – Stimulating Innovation: Challenges for Management, Science & Technology, Seoul (Korea) 2012.

Breuer, H./Schwarz, H./Feller, K./Matsumoto, M. (2012): Value Innovation in Learner-Centered Design. How to Develop Relevant Digital Learning Tools, ACE Asian Conference on Education Proceedings, Osaka (Japan) 2012.

Breuer, H./Matsumoto, M. (2011): Ubiquitous Learning Environments: Notions of Context, Application Scenarios and Reflective Stories, in: *Bastiaens, T./Ebner, M.* (Hrsg.), Proceedings of World Conference on Educational Multimedia, Hypermedia and Telecommunications 2011, Chesapeake (VA) 2011, S. 2366–2374, online: http://www.editlib.org/p/38189.

Breuer, H./Zurita, G./Baloian, N./Matsumoto, M. (2008): Mobile Learning with Patterns. Proceedings of the 8th IEEE International Conference on Advanced Learning Technologies (ICALT), Santander (Spain) 2008, S. 626–630.

Carden, S. D./Mendonca, L. T./Shavers, T. (2005). What Global Executives Think About Growth and Risk, in: McKinsey Quarterly 2, online: http://www.mckinseyquarterly.com/What_global_executives_think_about_growth_and_risk_1608, Stand: Mai 2005, Abruf: 17.12.2012.

Chesbrough, H. (2010): Open Business Models: How to Thrive in the New Innovation Landscape, Boston (MA) 2010.

Clark, R. (1994): Media Will Never Influence Learning, in: Educational Technology Research and Development, 42. Jg. (1994), Nr. 2, S. 21–29, online: ocw.metu.edu.tr/file.php/118/Clark_1994_2.pdf, Stand: 1994, Abruf: 17.12.2012.

Geyer-Schulz, A./Neumann, A./Heitmann, A./Stroborn, K. (2004): Strategic Positioning Options for Scientific Libraries in Markets of Scientific and Technical Information – The Economic Impact of Digitization, in: Journal of Digital Information, 4. Jg. (2004), Nr 2, online: http://journals.tdl.org/jodi1/article/view/101/100, Stand: 2004, Abruf: 17.12.2012.

Huber, L. (2009): Warum forschendes Lernen nötig und möglich ist, in: *Huber, L./Hellmer, J./Schneider, F.* (Hrsg.), Forschendes Lernen im Studium. Aktuelle Konzepte und Erfahrungen, Bielefeld 2009, S. 9–35.

Hutter, M./Antal, A. B./Farias, I./Marz, L./Merkel, J./Mützel, S./Oppen, M./Schulte-Römer, N./Strassheim, H. (2010): Forschungsprogramm der Abteilung „Kulturelle Quellen von Neuheit“, Wissenschaftszentrum Berlin für Sozialforschung, Discussion Paper, online: http://bibliothek.wzb.eu/pdf/2010/iii10-401.pdf, Stand: 2010, Abruf: 10.12.2012.

Kim, W. C./Mauborgne, R. (2005): Blue Ocean Strategy: How to Create Uncontested Market Space and Make the Competition Irrelevant, Boston (MA) 2005.

Kim, W. C./Mauborgne, R. (2005): Der Blaue Ozean als Strategie. Wie man neue Märkte schafft, wo es keine Konkurrenz gibt, München/Wien 2005.

Kreibich, R. (1986): Die Wissenschaftsgesellschaft. Von Galilei zur High- Tech- Revolution, Frankfurt/Main 1986.

Peppers, D./Rogers, M. (1997): Enterprise One to One: Tools for Competing in the Interactive Age, New York (NY) 1997.

Porter, M. E. (2000): Wettbewerbsvorteile. Spitzenleistungen erreichen und behaupten, 6. Auflage, Frankfurt /Main 2000.

Prahalad, C. K./Ramaswamy, V. (2000): Wenn Kundenkompetenz das Geschäftsmodell mitbestimmt, in: Harvard Business Manager, 22. Jg. (2000), Nr. 4, S. 64–75.

Quintana, C./Krajcik, J./Soloway, E. (2000): Exploring a Structured Definition for Learner-Centered Design, in *Fishman, B./O'Connor-Divelbiss, S.* (Hrsg.), 4th International Conference of the Learning Sciences, Mahwah (NJ), S. 256–263).

Reichwald, R./Piller, F. (2009): Interaktive Wertschöpfung. Open Innovation, Individualisierung und neue Formen der Arbeitsteilung. 2. Auflage. Wiesbaden 2009.

Ries, E. (2011): Lean startup. Schnell, risikolos und erfolgreich Unternehmen gründen, München 2011.

Sutherland, P./Denny, R. (2007): Doing Anthropology in Consumer Research, Walnut Creek (CA) 2007.

Stuart, T. E./Podolny, J. M. (1996): Local Search and the Evolution of Technological Capabilities, in: Strategic Management Journal, 17. Jg. (1996), Nr. 1, S. 21–38.

Schlueter, Chr./Shaw, M. J. (1997): A Strategic Framework for Developing Electronic Commerce, in: IEEE Internet Computing, 6. Jg. (1997), Nr. 1, S. 20–28.

„Im digitalen Zeitalter müssen Unternehmen nicht ihre eigenen Innovationen haben.“

Interview mit *SINA AFRA*

Markafoni

Dipl.-Kfm. Sina Afra ist Chairman und Chief Executive Officer von *Markafoni*. Zuvor zeichnete er als Managing Director und Aufsichtsratsmitglied von *eBay Türkei* sowie zwischen 2006 und 2008 als Mitglied der Geschäftsleitung von *ebay Deutschland* für die Themenbereiche Strategie und M&A verantwortlich. Von 1993 bis 2005 war *SINA AFRA* bei *KPMG*, zuletzt als Principal im Bereich Strategic Financial Management, tätig.

Die Potenziale der Digitalisierung für Wachstum und Wohlstand werden von Vertretern aus Politik, Wirtschaft und Gesellschaft immer wieder gepriesen. Können Sie diese Potenziale näher konkretisieren?

AFRA: Digitalisierung ist ein Schlüsselbegriff. Er lässt sich auf unterschiedlichste Bereiche anwenden und bekommt je nach Anwendungsfeld eine unterschiedliche Bedeutung – sowohl positive als auch negative. Das riesige Potenzial liegt in der vereinfachenden, beschleunigenden Wirkung der Digitalisierung: Informationen sind für alle erhältlich und zugänglich. Heute sprechen wir über die Digitalisierung von Büchern, Straßenkarten oder anderen Informationsträgern. Morgen werden ganz neue Felder auftauchen und unser Leben verändern. Es braucht eine gewisse Offenheit, um mit den Potenzialen der Digitalisierung umzugehen.

Welche Chancen und Risiken verbinden Sie für Ihr Unternehmen Markafoni mit dem Thema Digitalisierung?

AFRA: Digitalisierung – in meinem Fall als Online-Händler – ist der Schlüssel für das gesamte Unternehmen. Wir leben in einer digitalen Unternehmung. Das größte Risiko ist dabei das verpassen von neuen Technologien in unserem Geschäftsfeld. Daher sind wir an allen relevanten Technologien interessiert: neue CRM Technologien, Online-Marketing-Tools, digitale Archivierungsmethoden, Sicherheitstechniken aber auch neueste Logistiksysteme, die in die digitale Welt reinpassen. Das Thema Digitalisierung ist wie ein Häuserkampf – es gibt nicht mehr eine zentrale Technologie, sondern viele, die es zu erobern gilt. Die Geschwindigkeit der Adoption der neuen digitalen Technologien ist dabei die größte Chance.

Ist Deutschland bzw. sind die deutschen Unternehmen auf den internationalen Wettbewerb im Digital Business ausreichend vorbereitet?

AFRA: Vom Wissensstand und dem Ausbildungsniveau ist Deutschland ganz vorne mit dabei. Die Herausforderungen liegen zum einen in der Geschwindigkeit und zum anderen in der risikoorientierten Sichtweise auf dieses Feld.

Auch wenn es die beste Technologie der Welt ist – und „Made in Germany“ – wird in Deutschland vieles unter Risikoaspekten bewertet. Der US-Amerikaner ist viel experimentierfreudiger, dadurch auch viel schneller. Manchmal sollten neue Technologien schnell umgesetzt werden. Das ist der einzige Nachteil, den ich für den Standort Deutschland sehe. Ich denke auch, dass ein Teil der Entscheidungsträger in Deutschland schon zu überfordert für diese Technologien und deren Geschwindigkeit ist.

Ein Beispiel sei aus dem Medienbereich erlaubt: Die Digitalisierung der Medienbranche ist seit Ende der 1990er Jahre ein großes Thema: Werbeeinnahmen fallen weg, Inhalte werden anders konsumiert (nicht mehr Papier) und die Leserschaft erwartet eine neue Art von Visualisierung der Inhalte. Hinzukommt eine starke Konvergenz der verschiedenen Medien (TV, Zeitung, Zeitschriften etc). Lange weigern sich führende Journalisten eine Online-Ausgabe herauszugeben („Wir denken, dass der beste Weg eine Zeitung zu lesen in Papier ist.“). Danach wollen einige die Onlineinhalte kostenpflichtig machen, andere zeitversetzt herausgeben, etc. Bis wir auf das heutige Niveau gekommen sind, sind 10 Jahre verstrichen. Und noch nicht mal heute haben alle Zeitungen (beispielhaft) eine iPad-Ausgabe!

Welche erfolgversprechenden Anwendungsszenarien und ggf. Geschäftsmodelle ergeben sich aus dem Megatrend Digitalisierung?

Afra: Das Thema Digitalisierung hat keine starren Anwendungsmodelle. Ich glaube, dass wir uns nach wie vor in einer Experimentierphase befinden. Jeden Tag kann ein „black swan" erscheinen. Solange dies so ist, empfehle ich Neugier und Geschwindigkeit. Die Anwendungsszenarien sind vielfältig!

Welche Persönlichkeiten und Unternehmen betrachten Sie als besonders innovativ im Digital Business und warum?

Afra: Meine Helden sind alle Gründer, die aus einem persönlichen Bedürfnis heraus etwas Unternehmerisches initiiert haben und im nächsten Schritt die Welt verändern konnten. Beispielhaft seien dafür Firmen wie *Skype*, *Fab.com* oder *Spotify* genannt.

Was sind Ihrer Meinung nach die größten gesellschaftlichen, politischen und/oder ökonomischen Hindernisse und Hemmnisse für Innovationen im digitalen Zeitalter?

Afra: Im digitalen Zeitalter müssen Unternehmen nicht ihre eigenen Innovationen haben. Es reicht auch schon bestehende Technologien weiter zu entwickeln oder die Entwicklungen gemeinsam mit anderen voranzutreiben. Das geht bis hin zu Open-Source-Technologien, die durch viele Entwickler gemeinsam vorangetrieben werden. Gesellschaftlich ist die größte Herausforderung die Kluft zwischen den verschiedenen Bildungsschichten und Altersgruppen. Hier müssen wir acht geben, dass diese Schere sich nicht zu weit öffnet. Politisch gesehen würde ich mir wünschen, dass Politiker beim Thema Digitalisierung nicht sofort an Datenschutz denken. Eine etwas breitere Sichtweise könnte da helfen. Ökonomisch muss der Staat Anreize schaffen – insbesondere für junge Unternehmen und Gründer im Technologiebereich. Nicht nur für das Unternehmen, sondern auch bis in die Investorenriege hinein. Mit den richtigen Anreizen könnte man Städte wie Berlin oder München mit Technologieunternehmen füllen.

Aus Sicht der Unternehmer bzw. Unternehmen ist es vor allem interessant zu wissen, was im digitalen Zeitalter nachhaltig erfolgreich macht. Worin sehen Sie die zentralen Erfolgstreiber?

Afra: Das einzige was beständig ist, ist der technologische Wandel. Wer das verinnerlicht, sollte zumindest auf einem Weg des nachhaltigen Erfolgs sein. *Nokia* war vor 10 Jahren das Unternehmen mit den besten Mobilfunkgeräten auf der Welt. Irgendwann haben die Manager vor lauter Erfolg vergessen, dass der technologische Wandel niemals stoppt. Und irgendwann kamen *Apple* und die ganzen Koreaner. Eine unternehmerische Paranoia ist empfehlenswert, wenn man im digitalen Zeitalter nachhaltig erfolgreich sein möchte.

Welche innovativen Geschäftsmodelle ergeben sich insbesondere für E-Commerce-Unternehmen aus dem Megatrend der Digitalisierung?

AFRA: E-Commerce ist die Digitalisierung des Groß- und Einzelhandels. Einige Komponenten der Wertschöpfungskette sind modifiziert (z. B. keine Läden bzw. Offline Präsenz). Daher ergeben sich alle innovativen Geschäftsmodelle des E-Commerce aus den erfolgreichen Handelsmodellen. Bisher sind sehr wenige Konzepte des E-Commerce hinzugekommen, die wirklich signifikant anders als herkömmliche Handelskonzepte sind.

Meines Erachtens liegt der größte Vorteil der Digitalisierung des Handels in den orts- und zeitunabhängigen Einkaufmöglichkeiten. So einfach sich das anhört, es ist eine sehr starke treibende Kraft. *Amazon* verkauft die Bücher nicht billiger aber rund um die Uhr mit einem hervorragenden Service.

In einer zweiten Welle kommen E-Commerce-Unternehmen hinzu, die altbewährte Konzepte digitalisieren, so z. B. *Groupon*. Das Thema Einkaufsgutscheine ist sehr alt, aber die digitale Umsetzung atemberaubend (eine Mail an Millionen von Kunden – Aufbau von Zeitdruck und Verknappung des Gutes).

Worauf kommt es bei der Internationalisierung digitaler Geschäftsmodelle an?

AFRA: Im Wesentlichen brauchen digitale Geschäftsmodelle in jedem Land gleiche oder ähnliche Infrastrukturen und Technologien. Daher sollte man trennen: Alles, was der Kunde sieht, muss lokalisiert werden. Alles, was der Kunde nicht sieht (Technologien, Server, CRM, teilweise Logistik etc.) sollte zentral sein, um Skaleneffekte zu erzielen. *Markafoni* ist neben der Türkei in Australien, Ukraine, Griechenland und Polen aktiv. Am Anfang haben wir alle Länder zentral aus Istanbul betrieben (technologisch). Mit der Zeit und dem lokalen Erfolg geht dann immer mehr in das jeweilige Land über.

Sie selbst haben das Unternehmen Markafoni sehr erfolgreich in der Türkei etabliert. Was waren bzw. sind die zentralen Erfolgsfaktoren?

AFRA: Zwei Faktoren waren und sind für mich immer noch sehr zentral: Zum einen waren wir der erste Anbieter eines fashion-basierten E-Commerce-Konzepts in der Türkei. Dadurch haben wir einen großen „First Mover Advantage“ bekommen. Der Markenname *Markafoni* ist um ein Mehrfaches bekannter als von den Wettbewerbern.

Zum anderen haben wir uns immer sehr langfristig orientiert und niemals kurzfristige Ziele in den Vordergrund gestellt. Wenn ein Markenbesitzer seine Waren nicht geben wollte, dann haben wir keine Grauimporte betrieben. Dies hätte die Beziehung zum Markenbesitzer langfristig zerstört. Stattdessen haben wir auf Dialog gesetzt und innovative Modelle entwickelt. Heute arbeiten wir mit allen Marken, die offiziell in der Türkei vertreten werden, zusammen.

Markafoni ist heute als E-Commerce-Gruppe, in mehreren Ländern aktiv, mit über 1.500 Angestellten und die größte E-Commerce-Gruppe der Türkei. Weltweit ist *Markafoni Türkei* das zweitgrößte Private-Shopping-Unternehmen nach *Vente Privee* und wurde von der Zeitschrift Wired zu den begehrtesten Start-up-Unternehmen in Europa gewählt. *Markafoni Tür-*

kei verkauft im Monat 0,7 Millionen Artikel und betreibt das größte Online-Logistikzentrum der Türkei mit 25.000 qm^2.

Was würden Sie heute anders machen und warum?

AFRA: Rückwirkend könnte man vieles anders machen. Wir hatten nicht viel Zeit um den besten Weg zu finden, sondern mussten den schnellsten Weg gehen. Das hat immer wieder dazu geführt, dass wir in einigen Bereichen in drei Jahren dreimal das Gleiche erneuert haben. Diesen Zyklus hätte ich uns allen gerne erspart – aber wir wussten nicht, wie groß wir werden würden. Mit dem Wissen hätten wir Vieles anders gemacht.

Wie beurteilen Sie die Wachstumschancen für Ihr Geschäftsmodell?

AFRA: Das Geschäftsmodell ist skalierbar und fokussiert auf Waren, die im Lebenszyklus ihren Zenit überschritten haben. Wir sehen noch Riesenpotenziale auf „New-in-Season"-Waren und erweitern die Gruppen um vertikale Unternehmen wie *zizigo.com* (Schuhe), *misspera.com* (Kosmetik) oder *enmoda.com* (Streetfashion). Wir wachsen im dreistelligen Bereich und ich hoffe, dass wir das Wachstum noch gute 3 Jahre auf diesem Niveau halten können. Das Wachstum 2011 war 340 %.

Ein Blick nach vorn: Wenn Sie ein Bild der zukünftigen digitalen Welt entwerfen sollten, was würden Sie auf der Leinwand festhalten?

AFRA: Mein Bild von der digitalen Zukunft ist ein Bild des **digitalen *DARWIN*ismus**: Alles wird besser, neue Technologien ersetzen alte Technologien. Jede neue Technologie kommt mit verschiedenen Optionen auf den Markt, die Halbwertzeit der Technologie wird immer schneller, Markteintrittsbarrieren sind kaum noch nachhaltig aufbaubar.

Welche strategischen Stoßrichtungen verfolgen Sie, um dieses Leitbild mit Leben zu erfüllen?

AFRA: „Schneller laufen als die anderen" – wenn Geschwindigkeit ein zentrales Thema ist, dann gelten ganz einfache Regeln. Wer schneller ist – in der Innovation, in der Adaption oder in der Erneuerung – wird die Nase vorn haben.

Herr Afra, wir danken Ihnen für dieses Gespräch.

„Borrow with Pride“ – Digitale Geschäftsmodellinnovationen durch branchenübergreifende Imitation

Florian Mezger und *Ellen Enkel*

Zeppelin Universität

Executive Summary

Innovation durch Imitation ist in der Produktentwicklung durch die branchen- oder segmentübergreifende Übertragung von Technologien ein etabliertes Vorgehen zur Erzielung radikaler Innovation. Ein solcher Ansatz kann auch für Geschäftsmodellinnovationen Grundlage zur Erzielung von Wettbewerbsvorteilen sein. Dieser Beitrag zeigt auf, wie Imitation von Geschäftsmodellen oder einzelnen Komponenten davon Wert schaffen kann. Hierbei steht nicht die bloße Kopie von Geschäftsmodellen im Vordergrund, sondern die kreative und systematische Suche nach Analogien in anderen Marktsegmenten oder Branchen, die eine Übertragung von Geschäftsmodellansätzen möglich machen. Die so übertragenen Komponenten werden dann mit den eigenen Geschäftsideen sowie Produkten und Dienstleistungen der eigenen Branche zu neuen, radikalen Geschäftsmodellen kombiniert.

Start-ups und etablierte Unternehmen sehen sich, insbesondere im Internet und mit zunehmender Digitalisierung, vor der Herausforderung, gezielt Nischensegmente anzusprechen oder neue Märkte zu erobern. Start-ups kämpfen zusätzlich mit dem Problem eine Geschäftsidee in zählbare Erträge umzusetzen. In diesen Fällen bietet sich das Imitieren von Geschäftsmodellen aus anderen Branchen oder Marktsegmenten an. Solche bereits etablierten Modelle zeigen auf, wie Kunden anders angesprochen werden können, wie andere Branchen Umsätze erzielen und wie diese nachhaltig Kundenbeziehungen gestalten.

Dieser Ansatz führt dabei zu einer radikalen (Geschäftsmodell-)Innovation in der eigenen Branche, beschleunigt die Gestaltung und konkrete Umsetzung des Modells am Markt und vereinfacht die Kommunikation des Wertversprechens gegenüber Kunden und Investoren. Insbesondere für Start-ups stellt der letzte Punkt oftmals die entscheidende Hürde für den Markterfolg dar, weil sowohl der Mehrwert für Kunden kommuniziert als auch eine ausreichende Finanzierung sichergestellt werden muss.

Ein Geschäftsmodell kann nicht vollständig aus einer anderen Industrie übernommen werden; zu unterschiedlich sind die Anforderungen, die sich aus den jeweiligen Produkten und Dienstleitungen einer bestimmten Branche ergeben. Jedoch können Unternehmen gezielt kundenorientierte Komponenten wie *Kundenbeziehung*, *Distributionskanäle*, *Umsatzmodell* übertragen. Diese Komponenten tragen zur Erbringung von Aspekten des Wertversprechens bei, die auf Kundenbedürfnissen basieren, welche sich unabhängig von konkreten Produkten und Dienstleistungen in verschiedenen Branchen in ähnlicher Form wiederfinden. Die Identifikation solcher ähnlicher Kundenbedürfnisse („Analogien") steht dabei im Vordergrund. Ein dreistufiges Vorgehen bestehend aus den Phasen *Abstraktion*, *Analogieidentifikation* und *Adaption* systematisiert den Ansatz für Firmen.

Wenn Firmen die kundenbezogenen Aspekte von Geschäftsmodellen aus anderen Segmenten oder Branchen übertragen, dann schaffen die neuen Ansätze signifikanten Mehrwert in der eigenen Branche. Kundenkontakte werden direkter und wiederholter, anonyme Einmalkäufe werden so zu dauerhaften Kundenbeziehungen, bei denen Nutzungsverhalten und Bedürfnisse kommuniziert werden. Firmen lernen dadurch von ihren und über ihre Kunden und haben so die Chance auf eine fortdauernde Weiterentwicklung des Geschäftsmodells. Für Kunden werden Käufe flexibler, da sie häufig anstelle eines Kaufs eine nutzungsabhängige Gebühr realisieren. Gleichzeitig kombinieren neue Cross-Industry-Geschäftsmodelle Produkte und Services, für die Zielkunden bereit sind, einen Aufpreis zu bezahlen. Hierdurch gelingt es den

Unternehmen, gezielt Wert zu schaffen und sich somit eine Basis für das eigene profitable Wachstum zu bilden.

1 Einleitung

Das Abonnement für schwarze Socken – online bestellt, für ein Jahr bezahlt, alle vier Monate je drei Paar direkt nach Hause geliefert – mit diesem Geschäftsmodell trat der Schweizer E-Commerce Pionier *Blacksocks*[1] 1999 auf den Markt. Die Verbindung von E-Commerce mit einem Abomodell stellte eine radikale Abkehr von bestehenden stationären oder online-basierten Geschäftsmodellen des Kleidungseinzelhandels dar.

Obwohl das Geschäftsmodell in dieser Branche eine radikal neue Idee war, bedienten sich die Gründer von *Blacksocks* an einigen Komponenten des Geschäftsmodells einer ganz anderen Branche: den Printmedien. Zeitungen und Zeitschriften bieten klassischerweise ein Abomodell an, das ihren Kunden den oftmals lästigen Kioskgang erspart, weil regelmäßig und bequem die neueste Ausgabe direkt nach Hause gebracht wird.

In der Historie finden sich zahlreiche Geschäftsmodellinnovationen, die durch das Lernen von anderen Branchen entstanden sind. Der Flugzeugturbinenhersteller *Rolls-Royce* implementierte bspw. ein „Razor-Blade-Geschäftsmodell“, bei dem – vergleichbar zu Rasierern und Rasierklingen – das eigentliche Produkt (die Turbine) zu einem relativ niedrigen Preis verkauft wird und dafür im Aftersales-Markt hohe Margen mit Verbrauchsmaterial (Ersatzteile und ähnliches) erzielt wird.[2]

Gerade im Internetumfeld findet Imitation regelmäßig Anwendung. Im Rahmen einer Studie befragte das Autorenteam des *Dr. Manfred Bischoff Institutes für Innovationsmanagement* der *Zeppelin Universität* knapp 900 Gründer von deutschen Internetunternehmen, ob Imitation anderer Firmen und Branchen eine Rolle bei der Geschäftsmodellentwicklung gespielt haben. Für knapp 60 % der Antwortenden[3] ist klar: Imitation ist für Gründer eine äußerst relevante Quelle für neue Geschäftsmodellideen. Die extremste Ausprägung stellen hierbei „CopyCats“[4] dar, die gleich ganze Geschäftsmodelle erfolgreicher Wettbewerber kopieren. Davon abgegrenzt stellt sich jedoch generell die Frage, wie ein Geschäftsmodell radikal erneuert werden kann, indem mit etablierten Konzepten gebrochen wird und Komponenten der Geschäftsmodelle anderer Branchen übertragen werden.

---

1 Vgl. online http://www.blacksocks.com.

2 Vgl. TEECE (2010).

3 N = 95.

4 Beispiele hierfür sind das Einkaufsportal *Zalando* (online: http://www.zalando.de) als fast identische Kopie des Geschäftsmodells des amerikanischen Originals *Zappos* (online: http://www.zappos.com) oder das soziale Netzwerk *StudiVZ*, (online: http://www.studivz.de), das als Abbild von *Facebook* (online: http://www.facebook.de) gestartet ist.

Dieser Beitrag thematisiert, wie die Imitation von Geschäftsmodellen über Branchen- und Marktsegmentgrenzen hinweg Wert schaffen kann, wie Unternehmen diesen Ansatz zur Findung radikaler Geschäftsmodelle nutzen können und welche Vorteile sich bei der Etablierung dieser neuen Geschäftsmodelle ergeben. Die Ergebnisse basieren auf der Forschung mit etablierten Firmen sowie Start-ups, vornehmend aus dem Internetsektor, deren jeweilige (digitale) Geschäftsmodellidee durch branchenübergreifende Imitation gefunden, entwickelt oder inspiriert wurde.[5]

Drei dieser Firmen werden im Rahmen von Fallstudien ausführlicher dargestellt:

- *Blacksocks* als Beispiel eines neuen E-Commerce-basierten Cross-Industry-Geschäftsmodells basierend auf Abonnements,
- *Car2go*[6], das innovative Carsharing-Unternehmen des *Daimler*-Konzerns, das ihren städtischen Kunden minutenbasierte Mobilität anbietet,
- die Onlineplattform zum Download von Stickmustern des schweizerischen Nähmaschinenherstellers *Bernina*[7].

Darüber hinaus bilden junge Unternehmen wie der Online-Kekse-Versender *knusperreich*[8], oder *Oh!Saft*[9], ein Abonnement-basiertes Modell für frische Orangen, weitere Beispiele. Es zeigt sich, dass Imitation sowohl für digitale als auch „analoge" Geschäftsmodelle gleichermaßen Anwendung finden kann. Oft lässt sich gar nicht mehr unterscheiden, was ein digitales Geschäftsmodell ist, da die Digitalisierung immer weitere Branchen und meist mehrere Komponenten eines Geschäftsmodells erfasst. Die hier dargestellten Firmen sind z. T. Pioniere der Internetwelt oder nutzen die Potenziale von Digitalisierung, Vernetzung und zunehmend mobiler Datenverarbeitung aus. Hierbei kombinieren diese Unternehmen neue Technologien mit bereits bekannten Geschäftsmodellkomponenten ihrer sowie entfernter Branchen zu radikal neuen Geschäftsideen.

2 Warum Imitation in bestimmten Situationen Vorteile bietet

Getrieben durch die technologischen Entwicklungen, v. a. in den Bereichen Internet, (mobile) Vernetzung und Digitalisierung von Daten und Informationen, stellen Geschäftsmodellinnovationen inzwischen einen wichtigen Baustein im strategischen Innovationsmanagement dar. Start-ups nutzen die ihnen zugrundeliegenden innovativen Geschäftsmodelle zum Herausfordern von etablierten Spielern in bestehenden Branchen oder definieren damit ganz neue Märkte. Auch etablierten Unternehmen bietet der Aufbau eines neuen Geschäftsmodells die Chance, neue Märkte und Kundensegmente mit abweichenden Bedürfnissen zu adressieren

5 Vgl. ENKEL/MEZGER (2012a).

6 Vgl. online: http://www.car2go.com.

7 Vgl. online: http://www.bernina.com.

8 Vgl. online: http://www.knusperreich.de.

9 Vgl. online: http://www.oh-saft.de.

oder bereits vorhandene Kundensegmente besser zu bedienen. Hierdurch entsteht häufig die Basis für langfristiges Wachstum und hohe Profitabilität.[10]

Gerade radikal neue Geschäftsmodelle bieten das Potenzial für Firmen, die Konkurrenz hinter sich zu lassen und einen Markt langfristig zu besetzen. Für Geschäftsentwickler in Unternehmen jeglicher Größe sowie Gründer stellt sich damit gleichermaßen die Frage, woher Ideen für solche Geschäftsmodelle kommen können und wie ein radikales und gleichzeitig erfolgreiches Geschäftsmodell gestaltet werden kann. Der „Bruch mit bestehenden Regeln"[11] einer Branche und die Übertragung von Konzepten aus anderen Branchen stellt hierbei eine Möglichkeit dar, wie Unternehmen neuartige Geschäftskonzepte realisieren können.

In der Produktentwicklung ist die Übertragung von Lösungen aus einer anderen Branche (Cross-Industry-Ansatz) bereits bekannt, um sowohl bahnbrechende Innovationen zu finden als auch Kosten und Risiken zu minimieren, die mit eigenständigen Neuentwicklungen verbunden sind.[12] So wie technologische Lösungen aus einer anderen Branchen übertragen werden können, so kann dies auch für das Geschäftsmodell funktionieren. Die Imitation von Geschäftsmodellen aus anderen Branchen stellt eine Methodik dar, wie Gründer aber auch etablierte Unternehmen Ideen für radikal neue Geschäftsmodelle finden und umsetzen können, und die in spezifischen Situationen geeignet ist und entsprechende Vorteile bietet.

Fallbeispiel 1: *Blacksocks* – Das Onlineabo für Socken

BLACKSOCKS SA aus Zürich (Schweiz) ist ein Onlinehändler für Männerunterwäsche, die zum überwiegenden Teil in Form von Abonnements verkauft wird. Die Firma startete im Jahr 1998 mit der Einführung des radikal neuen Geschäftsmodells, bei dem schwarze Herrensocken ausschließlich über den Abschluss von Ein-Jahres-Abonnements auf der Internetseite möglich waren. Kunden bekommen alle vier Monate drei Paar Socken direkt nach Hause geliefert und das Abo verlängert sich nach einem Jahr automatisch. Durch die regelmäßige Lieferung mit identischen schwarzen Socken wurde das Bedürfnis der Kunden (ausschließlich Herren) nach einer bequemen Versorgung adressiert, ohne dass sie sich Gedanken um Qualität, Menge sowie den eigentlichen Vorgang des Einkaufens machen müssen. Zielkunden sind v. a. Geschäftsleute, die bereit sind für Regelmäßigkeit sowie die kombinierte Lieferleistung einen Aufpreis zu bezahlen.

Auslöser für diese Geschäftsidee war die Erkenntnis, dass vor allem Männer dazu tendieren regelmäßig ihren Sockenvorrat aufzustocken und sich somit häufig einzelne, kaputte und/oder verwaschene Socken vorfinden. Bei der Suche nach einer Lösung zu diesem Problem landeten die Gründer bei der Analogie der Zeitungs- und Zeitschriftenbranche. Diese bietet neben dem Verkauf an Kiosken auch die regelmäßige, bequeme Lieferung der neuesten Ausgabe nach Hause an. Auf Basis dieser Analogie entwickelte die Firma ihr neues Geschäftsmodell für die Sockenbranche, das inzwischen durch etablierte Hersteller wie *Falke* seinerseits imitiert wird.

Ursprungsgeschäftsmodell(e):	Printmedien (Zeitungen, Zeitschriften)
Zielbranche für Cross-Industry-Modell:	Kleidungseinzelhandel (Socken, Unterwäsche)

10 Vgl. *KIM/MAUBORGNE* (1997) und *JOHNSON* et al. (2008).

11 *MARKIDES* (1997), S. 9.

12 Vgl. *HERSTATT/ENGEL* (2006), *GASSMANN/ZESCHKY* (2008) und *ENKEL/GASSMANN* (2010).

Fallbeispiel 2: *car2go* – Flexible Mobilität zum Minutenpreis

Als Tochter der Stuttgarter *Daimler AG*, bietet *car2go,* ein neuartiges Mobilitätskonzept für derzeit 16 Städte, weltweit (Stand: Juli 2012) an. Basierend auf dem Carsharing-Prinzip steht im jeweiligen Stadtgebiet eine Flotte an smart-Fahrzeugen (2-sitzige Stadtfahrzeuge von *Daimler*), die Kunden minutenbasiert ausleihen können. Dabei sind die PKW, im Kontrast zur klassischen Fahrzeugvermietung, nicht an bestimmte Abhol- oder Rückgabestationen gebunden, sondern können flexibel an jedem Parkplatz der Stadt abgestellt werden („Free-floating" genannt). Kunden können sich den Standort jedes Fahrzeugs im Internet oder auf dem Smartphone anzeigen lassen und direkt reservieren. Dabei gibt es keine Mindestleihdauer, sondern einen nutzungsabhängigen Tarif auf Minutenbasis.

car2go stellt somit gewissermaßen eine Art Mobilitätsinfrastruktur für eine Stadt zur Verfügung, die Kunden ganz nach ihren Bedürfnissen nutzen können. Dieses Konzept spiegelt eine Analogie zum Mobilfunkmarkt wider, der ebenfalls flexible, minutenbasierte Tarife anbietet. Zur Markteinführung warb *car2go* sogar mit dieser Analogie und versprach „Autofahren so einfach wie mobil telefonieren".

Ursprungsgeschäftsmodell(e): Mobilfunk, Fahrradvermietungen
Zielbranche für Cross-Industry-Modell: Autovermietung

Fallbeispiel 3: *Bernina* – Onlineplattform für Stickmuster

Beim schweizerischen Nähmaschinenhersteller *Bernina* können Kunden nicht nur High-Tech-Nähmaschinen erwerben, sondern auch über eine Onlineplattform fertige, digitale Stickmuster herunterladen. Diese können auf die Nähmaschinen aufgespielt werden und dann auf dem zuvor genähten Kleidungsstück applizieren. Hierdurch baute sich das Unternehmen ein Differenzierungsmerkmal auf und konnte einen zusätzlichen Umsatzkanal etablieren. Der eigentlich auf Entwicklung, Fertigung und Vertrieb spezialisierte Maschinenbauer etablierte damit ein digitales Geschäftsmodell, das vergleichbar zur Musikindustrie auf die enge Verbindung von Endgeräten (Nähmaschinen ggü. MP3-Player) und Inhalten (Stickmuster ggü. Songs) setzt. Technologische Parallelen hinsichtlich der fortschreitenden Digitalisierung von Inhalten haben *Bernina* den Weg hierhin gewiesen und die Musikindustrie sozusagen als Leitbranche für die schweizer Firma in ihrer doch eher weniger schnell voranschreitenden Industrie definiert.

Ursprungsgeschäftsmodell(e): Musikindustrie
Zielbranche für Cross-Industry-Modell: Do-It-Yourself Heimwerken

2.1 In welchen Situationen sich die Imitation branchenfremder Geschäftsmodelle anbietet

Geschäftsmodellinnovationen werden oft dann relevant, wenn ein Markt regulatorische, technologische oder wettbewerbliche Veränderungen erfährt.[13] Oft erweist sich hierbei ein dominierendes Geschäftsmodell als nicht adäquat, um auf die neuen Gegebenheiten des Unternehmensumfelds einzugehen oder das Potenzial technologischer Neuerungen vollstän-

[13] Vgl. CHESBROUGH/ROSENBLOOM (2002), MARKIDES (2006) und JOHNSON et al. (2008).

dig auszuschöpfen. Während der Cross-Industry-Ansatz auch hierfür genutzt werden kann, erweist er sich noch in weiteren spezifischen Situationen relevant zur Entwicklung radikaler Geschäftsmodelle.

Erhöhte Wertschaffung für ausgewählte (Nischen-) Marktsegmente
Das dominierende Geschäftsmodell eines Marktes spricht oft den durchschnittlichen Kunden an. Dabei existieren meist auch Kundengruppen, deren Bedürfnisse nicht optimal durch dieses Durchschnittsmodell bedient werden. Bei der Fallstudie *Blacksocks* wird dies deutlich, da die Zielkundengruppe bereit war, einen Aufpreis für die „Bequemlichkeit", nicht mehr an den regelmäßigen Einkauf von Socken denken zu müssen, zu zahlen. Durch das neue Cross-Industry-Geschäftsmodell wurde dieses Bedürfnis adressiert und das Unternehmen konnte hierdurch die Wertschaffung erhöhen. Ein weiteres Beispiel ist das Unternehmen *MyMüsli*[14], welches das „Mass Customization"-Prinzip (bekannt z. B. für PCs der Firma *Dell*, die sich individuell konfigurieren lassen) auf Müsli übertrug und so gezielt ein bestimmtes Marktsegment ansprach, das bereit war, einen Aufpreis für diese Individualisierung zu zahlen. Mittels Cross-Industry-Innovation können somit neue Geschäftsmodelle definiert werden, die ein abgegrenztes Marktsegment jenseits des durch das dominierende Modell bedienten Marktes adressieren können. Ähnlich zu disruptiven Technologiesprüngen kann es durchaus sein, dass sich langfristig dieses neue Konzept vom abgegrenzten Markt löst und für alle Kunden relevant wird.

Eintritt in neue Märkte mit abweichenden Charakteristika
Unternehmen expandieren oftmals dadurch, dass sie ihr etabliertes Geschäftsmodell in neuen (geografischen) Märkten ausrollen. Verschiedene Charakteristika eines neuen Marktes können dieses Vorgehen jedoch scheitern lassen, z. B.:

- Abweichendes Niveau der Kaufkraft: Potentielle Kunden können sich die notwendige Investition nicht leisten
- Fehlende Infrastruktur: Zur Nutzung oder zum Vertrieb eines Produktes notwendige Infrastruktur (z. B. Elektrizitätsnetz, Tankstellennetz, Verkaufspunkte, Internet) ist nicht vorhanden.

In diesen Fällen ist eine Geschäftsmodellinnovation notwendig. Da andere Branchen eben grundsätzlich ihre Kunden auf andere Art und Weise adressieren, z. B. durch nutzungsabhängige Bezahlung anstelle von Anfangsinvestitionen, können hier neue Ideen und Konzepte gefunden werden.

Informationsvorsprung in jungen, dynamischen Märkten mit hoher Unsicherheit
Im Internetumfeld herrscht eine hohe technologische und wettbewerbliche Dynamik, die sich in jungen, gerade entstehenden Märkten wiederspiegelt. In diesen Märkten herrschen eine hohe Unsicherheit und ein hohes Risiko bei der Entwicklung und Einführung neuer Geschäftsmodelle. Dadurch bietet sich Imitation aus anderen Branchen und Marktseg-menten an, die ggf. bereits etabliert sind und mehr Informationen und Erfahrung hinsichtlich der Wirksamkeit einzelner Geschäftsmodellaspekte sammeln konnten.[15] *Knusperreich*, ein Onlineversender von selbstgebackenen Bio-Keksen, analysierte beim Aufbau seines Geschäfts-

---

[14] Vgl. online: http://www.mymuesli.de.

[15] Vgl. LIEBERMAN/ASABA (2006).

modells gezielt andere Branchen und Marktsegmente (z. B. Onlineversand von Kleidung und Schuhen), da deren Geschäftsmodelle bereits online sind.

Problemlösungen in der frühen Phase der Geschäftsmodellentwicklung
Während der Geschäftsmodellentwicklung von Gründern treten oftmals ähnliche Probleme auf. Typisches Beispiel ist die Frage, wie mit einem neuen Geschäftsmodell Umsatz generiert werden soll („Monetarisierungsproblem"). Zur Lösung dieses Problems werden Gründer und Geschäftsentwickler häufig dann fündig, wenn sie sich bereits etablierte Umsatzmodelle und deren Einbindung in das Geschäftsmodell anderer Branchen oder Marktsegmente betrachten. Zahlreiche Start-ups verfolgen Geschäftsmodelle, die Bezahlungen oder Abrechnungen im Internet vereinfachen wollen (vergleichbar mit *Paypal*), typisches Umsatzmodell wäre hier eine Gebühr je Transaktionshöhe. Diese Firmen haben mit rechtlichen Problemen zu kämpfen, da für solche Bezahlsysteme eine Banklizenz notwendig ist. Verschiedene Start-ups haben daher stattdessen ein Umsatzmodell basierend auf dem „Affiliate-Ansatz" implementiert. Hierbei beschränkt sich das Start-up auf ein vom eigentlichen Geldaustausch unabhängiges Wertversprechen (z. B. *giftme*[16], das die einfache Organisation von Gruppengeschenken z. B. für Geburtstage als Wertversprechen hat). Stattdessen wird für den Einkauf bspw. eines Geschenks über diese Plattform eine verkaufsabhängige Beteiligung realisiert, ähnlich bereits etablierten E-Commerce-Modellen wie dem *Apple*-AppStore oder *Dawanda*.

Wenn in solchen Situationen Geschäftsmodellinnovation notwendig oder gewünscht sind, lohnt der Blick über Branchen- und Segmentgrenzen. Da Kunden z. T. auf grundsätzlich andere Art und Weise adressiert werden, können neue Ideen und Konzepte gefunden werden.

2.2 Welche Vorteile Cross-Industry-Geschäftsmodelle bringen

Nachahmung aus anderen Branchen und Marktsegmenten bietet Unternehmen eine Reihe an Vorteilen, sowohl während des Entwicklungsprozesses eines neuen Geschäftsmodells als auch mit Hinblick auf das Potenzial des Geschäftsmodells selbst. Diese Vorteile zeigen sich in den Aspekten Neuheitsgrad, Effizienz sowie dem verbesserten „Proof of Concept".

Erhöhter Neuheitsgrad
Obwohl Imitation bereits vorhandene Konzepte übernimmt, bietet sich das Potenzial zu radikalen neuen Geschäftsmodellen in der Zielbranche. Durch die Übertragung von bisher in der eigenen Branche nicht verwendeten Geschäftsmodellen ergibt dies einen hohen Neuheitsgrad. Der Bruch mit etablierten Modellen der Zielbranche führt dabei zu Wettbewerbsvorteilen für die nachahmenden Unternehmen, da gezielt die Wertschöpfung erhöht wird.

Gesteigerte Effizienz
Geschäftsmodellinnovationen, die auf Imitation als Methode setzen, lassen sich schneller und mit weniger Aufwand umsetzen als die eigenständige Neu- oder Weiterentwicklung des bestehenden Modells. Durch die systematische Analyse branchenfremder Konzepte wird die frühe Ideenfindung gestrafft und vereinfacht. Gleichzeitig entfällt ein Teil des Aufwands, sowohl der Zeit als auch des Geldes, für das Experimentieren mit dem Geschäftsmodell, da die Wirkungsweise bereits in der anderen Branche beobachtet werden kann und somit nur noch die konkrete Umsetzung in der Zielbranche getestet werden muss.

16 Vgl. online: http://www.giftme.de.

Kommunikation des „Proof of Concept"
Ein weiterer Vorteil der Imitation als Methode für Geschäftsmodellinnovationen ergibt sich für den „Proof of Concept". Die Analyse, ob ein Geschäftsmodell grundsätzlich funktioniert, stellt einen wichtigen Meilenstein für Innovatoren dar. Sie müssen erkennen, dass ihr Angebot die gewünschten Zielkunden anspricht und im Zielmarkt werthaltig ist. Wenn Komponenten eines bestehenden Geschäftsmodells imitiert werden, ist diese Abschätzung einfacher, weil Gründer das bestehende Konzept innerhalb der Quellbranche ja bereits ausführlich analysieren können. Darauf basierend nehmen sie die Adaption vor und können bestehende Schwachstellen bereits vor der ersten Markteinführung verbessern.

Gleichzeitig ermöglicht die Imitation den Kunden ein „Proof of Concept". Die Wiedererkennung bereits bekannter Elemente spielt hier eine zentrale Rolle, da Kunden sich so schneller in einem neuen Geschäftsmodell zurechtfinden und die Akzeptanz so steigt. Ein neues Angebot setzt sich hierdurch schneller am Markt durch.

Als dritten Punkt bietet der „Proof of Concept" einen Nutzen bei der Ansprache möglicher Investoren oder gegenüber einem unternehmensinternen Sponsor oder Steuerungskreis. Gerade für Start-ups und neue Geschäftsfelder ist die Belegbarkeit des Funktionierens eines Geschäftsmodells essentiell, um für externe wie interne Geldgeber attraktiv zu sein.

3 Wie man Imitation gezielt für Geschäftsmodellinnovationen nutzen kann

3.1 Wie Geschäftsmodelle analysiert und erneuert werden

Ein Geschäftsmodell beschreibt „wie ein Unternehmen funktioniert"[17] oder genauer, wie ein Unternehmen Profite erzielt, in dem es für seine Kunden Wert schafft.[18] Dabei lassen sich Geschäftsmodelle mittels verschiedener Komponenten darstellen, die beschreiben

- wie Kundenbedürfnisse durch die Zusammenstellung und Erbringung von Produkt-Service-Angeboten befriedigt werden (*Wertversprechen*),
- welche Zielkunden für dieses Angebot bereit sind zu zahlen, wie die Beziehung zu diesen gestaltet wird und über welche Kanäle diese adressiert werden (*Kundenbezogene Komponenten*) und
- mit Hilfe welcher Ressourcen, Partner und Prozesse das Angebot erstellt und zum Kunden gebracht wird sowie welche Kosten hierfür anfallen (*Operative Komponenten*).[19]

---

17 Vgl. MAGRETTA (2002).

18 Vgl. TEECE (2010).

19 Vgl. CHESBROUGH/ROSENBLOOM (2002) und OSTERWALD/PIGNEUR (2010).

Operative Komponenten	Wertversprechen	Kundenbezogene Komponenten
➢ Prozesse / Wertschöpfungs-netzwerk ➢ Ressourcen ➢ Partner ➢ Kostenstruktur	Basierend auf ➢ Produkten ➢ Dienstleistungen ➢ Erfahrungen/ Erlebnissen ➢ „Problemlösungen"	➢ Zielkunden ➢ Kundenbeziehung ➢ Distributionskanäle ➢ Umsatzmodell

Abbildung 1: Komponenten eines Geschäftsmodells[20]

Die in Abbildung 1 dargestellten Komponenten bilden die Bausteine des Geschäftsmodells jedes Unternehmens (oder jeder Geschäftseinheit[21]), das zu einem bestimmten Zeitpunkt verfolgt wird. Diese Komponentenmodelle dienen der Beschreibung und Analyse bestehender Geschäftskonzepte sowie der Entwicklung neuer Ansätze.

Grundsätzlich hat jedes Unternehmen ein individuelles Geschäftsmodell, abhängig von Produkt-Service-Angeboten, Zielkunden und -märkten sowie Tiefe der Wertschöpfung. Es existieren jedoch auch Beschreibungen „generischer" Geschäftsmodelle, denen eine jeweils typische Ausgestaltung der Komponenten sowie ein entsprechendes Interagieren der Komponenten untereinander zugrunde liegen. Im Internetsektor sind hier beispielhaft die Modelle „Freemium" oder „Multi-Sided Markets" zu nennen. Bisher wurde jedoch noch nicht untersucht, inwiefern diese Modelle in verschiedenen oder gar allen Branchen erfolgreiche Anwendung finden können oder welche spezifischen Branchencharakteristika Grenzen für eine Umsetzung darstellen.

Vor allem in etablierten Märkten haben sich typische Geschäftsmodellkonfigurationen herausgebildet, die als „Dominante Logik"[22] beschreiben, wie eine Firma innerhalb einer spezifischen Branche funktioniert. Hierdurch entstehen Situationen, in denen direkte Wettbewerber oftmals identische Geschäftsmodelle aufweisen, da sie sich in einem iterativen Prozess einander gegenseitig anpassen.[23] Beispielsweise funktionieren alle etablierten Autovermietungen ähnlich: Die Kunden sind an stationäre Verleih- und Rückgabepunkte gebunden, ein Auto kann nur für mindestens einen ganzen Tag gemietet werden und eine von der Verleihstation abweichende Rückgabestation kostet eine Servicegebühr.

In einem solchen Umfeld herrscht hohe Rivalität zwischen den beteiligten Firmen, was zu einem Wettbewerb in Richtung „höher, schneller, weiter" führt. Hierbei optimieren Wettbewerber immer mehr am bestehenden Geschäftsmodell, ohne zu betrachten, dass langfristig gesehen überdurchschnittliches Wachstum und Profitabilität nur durch ein Ausbrechen aus diesen dominante Logik möglich ist.

---

20 Basierend auf *OSTERWALDER/PIGNEUR* (2010).

21 Ein Unternehmen kann mehrere Geschäftsmodelle verfolgen, typischerweise eines je operativer Geschäftseinheit. So verfolgt *Amazon* beispielsweise in ihrem angestammten Geschäftsbereich das Modell „E-Commerce mit Produkten und Waren" sowie daneben auch das Modell „Bereitstellung von Cloud-Services", das speziell auf andere Onlineunternehmen abzielt. Im Folgenden betrachten wir jeweils das Geschäftsmodell einer operativen Einheit, die Begriffe Unternehmen und Geschäftseinheit werden daher synonym verwendet.

22 Vgl. *PRAHALAD/BETTIS* (1986).

23 Vgl. *LIEBERMAN/ASABA* (2006).

Gerade die etablierten, industrieweit typischen Geschäftsmodelle und die damit verbundene Denkweise stellen jedoch auch eine Hürde dar, da Manager gewohnt sind in bestehenden Strukturen und Modellen zu denken. Was vorteilhaft für die inkrementelle Weiterentwicklung ist, hindert bei der Suche nach einem radikal neuen Ansatz. Daher gilt es, diese Barriere bei der Entwicklung eines innovativen, radikalen Geschäftsmodells zu überwinden.[24]

Die branchenübergreifende Suche nach neuen Geschäftskonzepten stellt hierfür einen Ansatzpunkt dar, wie bereits detailliert für Produktneuentwicklungen analysiert wurde.[25] Die Studie des *Dr. Manfred Bischoff Institutes* der *Zeppelin Universität* fokussiert in diesem Zusammenhang, inwiefern auch Geschäftsmodelle branchen- und marktsegmentübergreifend übertragen werden können und wie dies in einem systematischen Prozess etabliert werden kann. Im Rahmen der Studie wurden 2011/2012 Informationen zur branchenübergreifenden Geschäftsmodellinnovation und den zugrundeliegenden Prozess bei insgesamt 15 Fallstudien von Großunternehmen und Start-ups erhoben und die hier dargestellten Ergebnisse erarbeitet.[26]

3.2 Welche Komponenten eines Geschäftsmodells übertragen werden können

Ein Geschäftsmodell kann nicht vollständig aus einer anderen Industrie übernommen werden; zu unterschiedlich sind die Anforderungen, die sich aus den jeweiligen Produkten und Dienstleitungen einer bestimmten Branche ergeben. Jedoch können Unternehmen bestimmte Komponenten des Geschäftsmodells einer anderen Branche übernehmen. Die kundenbezogenen Komponenten (*Kundenbeziehung, Distributionskanäle, Umsatzmodell*) stehen hierbei im Vordergrund.[27]

3.2.1 Geschäftsmodelle basieren auf generischen Kundenbedürfnissen

Möglich wird die Imitation der kundenseitigen Komponenten dadurch, dass sich in verschiedenen Branchen strukturelle Ähnlichkeiten zwischen Kundenbedürfnissen zeigen. Die Ähnlichkeiten in den Kundenbedürfnissen spiegeln sich in bestimmten Produkt-Service-Attributen des Wertversprechens eines Geschäftsmodells wider.

Bei der Analyse des Wertversprechens von Firmen aus ganz unterschiedlichen Branchen zeigt sich, dass ein eigentlich branchenspezifisches Produkt-Dienstleistungs-Angebot mit zusätzlichen, generischen Elementen ausgestattet ist.

Beispiel für ein solch generisches Element innerhalb eines Wertversprechens ist die „Lieferung nach Hause“. Dieses findet man in den Geschäftsmodellen des etablierten Onlinehandels (z. B. *Amazon* oder *Zalando*), bei Pizzalieferdiensten oder eben auch in der Zeitungsbranche, aus der *Oh!Saft* diese Idee in Form des Abomodells übernahm. Ein weiteres Beispiel bildet das Element „Verbrauchs-/Nutzungsabhängige Abrechnung“, das *car2go* für sein Mobilitätskonzept verwendet und sich in vergleichbarer Form, nämlich der minutengenauen Abrechnung einer bestimmten Infrastrukturnutzung, z. B. in Mobilfunktarifen wiederfindet.

---

24 Vgl. *CHESBROUGH* (2010).

25 Vgl. *GASSMANN/ZESCHKY* (2008) und *ENKEL/GASSMANN* (2010).

26 Vgl. *ENKEL/MEZGER* (2012a) und *ENKEL/MEZGER* (2012b).

27 Zur Imitation von Geschäftsmodellkomponenten (Kapitel 3.2) vgl. *ENKEL/MEZGER* (2012a).

Diese generischen Elemente sprechen gezielt Kundenbedürfnisse an, die mit der Erbringung des eigentlichen Angebots verknüpft sind. Solche Attribute innerhalb des Wertversprechens sind abstrakter Natur, können mit verschiedenen Produkten kombiniert werden und finden sich entsprechend in unterschiedlichen Branchen wieder. Hierdurch wird Imitation von Geschäftsmodellkomponenten letztendlich möglich.

3.2.2 Verknüpfung von Wertversprechen und anderen Geschäftsmodellkomponenten ist Voraussetzung für Imitation

Um innerhalb eines Geschäftsmodells die abstrakten Elemente des Wertversprechens für den Kunden letztendlich zu erbringen, bedarf es einer Verknüpfung mit anderen Komponenten. Eine „Lieferung nach Hause" erfordert den entsprechenden Distributionskanal, die „Verbrauchs-/Nutzungsabhängige Abrechnung" ein entsprechendes Umsatzmodell.

Hierdurch wird deutlich, dass die Ausgestaltung der kundenbezogenen Geschäftsmodellkomponenten entscheidend für die Umsetzung eines bestimmten Wertversprechens ist. Wenn nun ein Geschäftsentwickler oder Gründer für das Wertversprechen eines neuen Geschäftsmodells bestimmte Produkt-Service-Attribute umsetzen möchte, kann er ähnliche Attribute in den Geschäftsmodellen ganz anderer Branchen suchen und übernehmen. Die Imitation erfolgt dann primär für die kundenbezogenen Komponenten des Ursprungsmodells, die genau die relevanten Produkt-Service-Attribute umsetzen (siehe Tabelle 1).

Fallstudie	**Generische Elemente des Wertversprechens**	**Ausgestaltung der relevanten Geschäftsmodellkomponenten**
Blacksocks	➢ Lieferung nach Hause ➢ Automatisch verlängernder Vertrag ➢ Hohe, garantierte Produktqualität	➢ *Distributionskanal*: Direktlieferung zum Kunden ➢ *Umsatzmodell*: Abomodell ➢ *Kundenbeziehung*: Laufzeitverträge mit automatischer Verlängerung, direkte Beziehung mit individueller Leistung je Kundenbedürfnis
car2go	➢ Flexible Nutzung einer verfügbaren Infrastruktur (hier: Fahrzeugflotte) ➢ Bezahlung nach Verbrauch	➢ *Umsatzmodell*: Nutzungsabhängiges Preismodell ➢ *Kundenbeziehung*: Direkte Beziehung
Bernina Online-Stickmuster	➢ Onlineplattform zum Download ➢ Fertig nutzbare Inhalte (hier: Stickmuster)	➢ *Distributionskanal*: Internet ➢ *Umsatzmodell*: Verkauf von Inhalten
Oh!Saft	➢ Lieferung nach Hause ➢ Automatisch verlängernder Vertrag ➢ Hohe, garantierte Produktqualität	➢ *Distributionskanal*: Direktlieferung zum Kunden ➢ *Umsatzmodell*: Abomodell ➢ *Kundenbeziehung*: Laufzeitverträge mit automatischer Verlängerung, direkte Beziehung mit individueller Leistung je Kundenbedürfnis

Tabelle 1: Verknüpfung zwischen generischen Elementen des Wertversprechens und kundenbezogenen Geschäftsmodellkomponenten

Die imitierten Geschäftsmodelle weisen einen klaren Kundenfokus aus, d. h. sie werden gestaltet, um spezifische Bedürfnisse des Marktes oder der Kunden zu befriedigen. Hierdurch wird auch klar, dass die kundenbezogenen anstelle der operativen Komponenten im Vordergrund stehen. Operative Komponenten werden meist nicht direkt imitiert, sondern lediglich als Konsequenz der Übertragung einer kundenbezogenen Komponente. So implementierte *Oh!Saft* eine der Verlagsbranche ähnliche Logistik zum regelmäßigen Direktversand der Ware an Kunden. Ziel der Geschäftsmodellinnovation war jedoch die direkte Kundenbeziehung inklusive direkter Lieferung von frischen Orangen direkt nach Hause, nicht eine Imitierung der Logistikprozesse der Verlagsbranche.

3.3 Wie imitierte Geschäftsmodelle die Wertschaffung erhöhen können

Da direkte Wettbewerber meist mit identischen Geschäftsansätzen arbeiten, sollen radikale Geschäftsmodellinnovationen sich durch eine Erhöhung der Wertschaffung auszeichnen. Imitation aus anderen Branchen muss es also ermöglichen, dass durch die Übertragung von Geschäftsmodellkomponenten auch bestimmte Hebel zur Wertsteigerung übertragen werden.

Neue Geschäftsmodelle zeigen typischerweise vier solcher Wertschaffungshebel. Ein Geschäftsmodell nutzt

- *Neuheit*, wenn neue Kunden angesprochen, ein neues Produkt-Service-Angebot angeboten oder neue Kundenbeziehungen aufgebaut werden,
- *Effizienz*, wenn Transaktionskosten reduziert werden, eine Geschäftsbeziehung vereinfacht oder beschleunigt wird,
- *Komplementarität*, wenn zusammengehörende sowie einander vor- oder nachgelagerte Produkte und/oder Dienstleistungen gebündelt werden,
- *Lock-In-Effekte*, wenn Kunden langfristig an das Unternehmen gebunden werden, z.B. durch den Aufbau von Wechselkosten oder Netzwerkeffekte.[28]

Durch die Imitation von Geschäftsmodellen anderer Branchen wird es Firmen möglich, diese Hebel in ihr eigenes Marktsegment zur übertragen und zur Steigerung der Wertschaffung (für Kunden und das Unternehmen selbst) zu nutzen.

Im Rahmen unserer Studie werden vier typische Muster deutlich, die durch die Übertragung der kundenseitigen Komponenten die Wertschöpfung im neuen Geschäftsmodell der Zielbranche erhöhen.

3.3.1 Von anonymen Käufern zu direkten Kundenkontakten

In vielen Branchen wissen Unternehmen nicht, wer ihre Kunden sind, wodurch sie die Möglichkeit einer gezielten Ansprache und Abstimmung ihrer Angebote verlieren. Daneben gibt es aber auch zahlreiche Branchen, die einen direkten Kontakt zu ihren Kunden haben, d. h. sowohl wissen, wer diese sind, als auch häufig über die tatsächliche Nutzung der Produkte durch die Kunden Bescheid wissen. Gerade diese direkten Kundenbeziehungen können Ge-

---

[28] Vgl. *AMIT/ZOTT* (2001).

genstand einer Imitation sein, um sich die vorteilhaften Eigenschaften dieser Geschäftsmodelle ebenfalls zunutze zu machen.

Einer der wichtigsten Vorteile einer direkten Kundenbeziehung ist das Sammeln von Daten zu kundenspezifischen Bedürfnissen sowie zur Nutzung der Produkte/Dienstleistungen. Hierdurch erhöhen Firmen ihr Kunden- und Produktwissen und sind in der Lage, ihr Wertversprechen sowie das gesamte Geschäftsmodell weiter anzupassen. Der auf einer direkten Kundenbeziehung basierende Zyklus aus Daten Sammeln, Lernen und entsprechender Anpassung des Angebots verstärkt sich selbstständig und führt zu nachhaltigen Vorteilen ggü. Wettbewerbern, ein Lock-In-Effekt entsteht.

Ein Beispiel bietet die Firma *Blacksocks*, die zum Markteintritt noch nicht genau wusste, wie ein Abomodell hinsichtlich Lieferfrequenz und Anzahl der jeweils gelieferten Socken genau aussehen musste. Durch die enge Kundenbeziehung innerhalb des Abomodells war die Firma jedoch schnell in der Lage dieses Wissen aufzubauen und ihre Angebotspalette entsprechend anzupassen. Resultat ist beispielsweise die Einführung eines „Extremabos", bei dem Kunden nicht mehr alle vier Monate eine Sockenlieferung erhalten, sondern nur noch einmal im Jahr eine entsprechend größere Lieferung erhalten. Dieses Angebot spricht eine spezielle Zielgruppe an, die ihren gesamten Sockenbestand in einem Mal tauschen möchte.

Gerade die Digitalisierung immer weiterer Wertschöpfungsstufen bietet Chance zur Implementierung direkter Kundenbeziehungen. Digitale Kunden- und Nutzerprofile sowie die Erfassung aller Transaktionen ermöglichen hierbei die Auswertungen von Kundenbedürfnissen und Nutzungsverhalten zur Verbesserung des eigenen Angebots. Zahlreiche Geschäftsmodelle haben dies bereits implementiert, z. B. bei Kaufempfehlungen à la „Kunden, die dieses Produkt gekauft haben, interessierten sich auch für..." in Onlineshops. Die Imitation dieser Geschäftsmodelle erscheint sinnvoll, um die technologischen Möglichkeiten auch in der eigenen Branche auszunutzen.

3.3.2 Vom einmaligen Einkauf zu langfristigen Kundenbeziehungen

Der Einkauf von Waren oder Dienstleistungen geschieht häufig auf Basis einmaliger Transaktionen, d. h. eine Beziehung zwischen Kunde und Unternehmen wird nur für diese eine Transaktion hergestellt. Manche Branchen dagegen bauen auf langfristige Beziehungen mit ihren Kunden, z. B. Zeitschriftenabonnements, Wartungs- oder Serviceverträge, Verkauf von Verbrauchsmaterial zusätzlich zum Kernprodukt. Diese langfristigen Kundenbeziehungen werden durch die spezifische Ausgestaltung der Geschäftsmodellkomponenten *Umsatzmodell* und *Kundenbeziehung* ermöglicht.

Durch die Imitation dieser Komponenten wird es für Unternehmen möglich selbst von einmaligen Transaktionen zu langfristigen Kundenbeziehungen zu wechseln. Diese können auf einer expliziten Vertragsgrundlage basieren, wie z. B. bei *Oh!Saft*, das Kunden Ein-Jahres-Abomodelle mit automatischer Verlängerung anbietet. Bei anderen Geschäftsmodellen wird eine Lock-In-Situation erreicht, indem zusätzlich zum Kernprodukt noch spezifisches Verbrauchsmaterial angeboten wird (z. B. bei den Online-Stickmustern von *Bernina*) oder über die Nutzung von Netzwerkeffekten (z.B. *car2go*).

3.3.3 Von Investitionen zur flexiblen, nutzungsabhängigen Bezahlung

Einen weiteren Wertschöpfungshebel stellt die Imitation von flexiblen, nutzungsbasierten Umsatzmodellen dar. Anstelle einer teuren Anfangsinvestition in ein bestimmtes Produkt steht hier die nutzungsabhängige Bezahlung im Vordergrund. Damit können Kunden Nutzung und somit auch Bezahlung flexibler steuern und laufend auf ihre Bedürfnisse anpassen, was die Effizienz der Transaktionen auf Kundenseite erhöht.

Daimlers' car2go-Geschäftsmodell verdeutlicht dies. Die Zielkundengruppe in Städten muss nicht ein eigenes Auto kaufen und unterhalten, sondern kann sich Mobilität „im Minutentakt" buchen, so flexibel wie beim Mobiltelefonieren. Dieses neue Geschäftsmodell ermöglicht durch die Imitation dieses Umsatzmodells auch den Zugang zu einer völlig neuen Kundengruppe, die bisher sich kein Auto leisten wollte oder konnte. Insofern wird der Wertschöpfungshebel Neuheit hier ebenfalls genutzt.

3.3.4 Vom Massenprodukt zur individualisierten Lösung

Gerade bei digitalen Geschäftsmodellen gewinnt die Personalisierung von Angeboten und Einbindung in den persönlichen Kontext an Bedeutung.[29] Verschiedene Branchen nutzen diese beiden Aspekte bereits: Mass Customization von PCs/Laptops (z. B. *Dell*) oder der Aufbau von Social Networks (z. B. *Facebook*, *Xing*). *Bernina* setzt diese Individualisierung durch Adaption des Geschäftsmodells der Musikindustrie in eine weitere Branche um. Durch die Anbindung einer online-basierten Plattform zum Download von Stickmustern wird es Kunden möglich, die Palette an vorinstallierten Mustern zu erweitern und individuell zu ergänzen.

Durch die Bündelung von Produkten und Dienstleistungen (z. B. Socken, Lieferservice und Qualitätsgarantie bei *Blacksocks*) wird der Hebel „Komplementarität" genutzt. Dies ermöglicht es den Firmen, neue Preispunkte zu setzen und hier die (erhöhte) Zahlungsbereitschaft der Zielkundengruppe individuell auszunutzen. *Blacksocks* schafft es hierdurch, aus einem Massenprodukt eine hinsichtlich Kauffrequenz und Zustellung individualisierte Premiumlösung zu machen und einen entsprechenden Mehrpreis zu erzielen. Gleiches gelingt auch *Oh!Saft* mit dem Versprechen das ganze Jahr über beste Saftorangen zu liefern oder auch *MyMüsli* mit der persönlichen Zusammenstellung von Frühstücksflocken.

4 Wie die Übertragung von Geschäftsmodellkomponenten systematisch funktioniert

Um sich die Möglichkeiten von Cross-Industry-Innovation nutzbar zu machen, müssen Unternehmen die Imitationsaktivitäten systematisch in den Prozess zur Geschäftsmodellinnovation einbinden. Typischerweise bietet eine Suche über Branchengrenzen hinweg in der frühen Phase der Ideenfindung und Gestaltung eines radikal neuen Geschäftsmodells den größten

[29] Vgl. WIRTZ et al.(2010).

Mehrwert. Daher ist Imitation aus branchenfremden Quellen als Methode in diesen Phasen anzusiedeln. Die Imitation selbst läuft dabei in drei Prozessschritten ab (siehe Abbildung 2).[30]

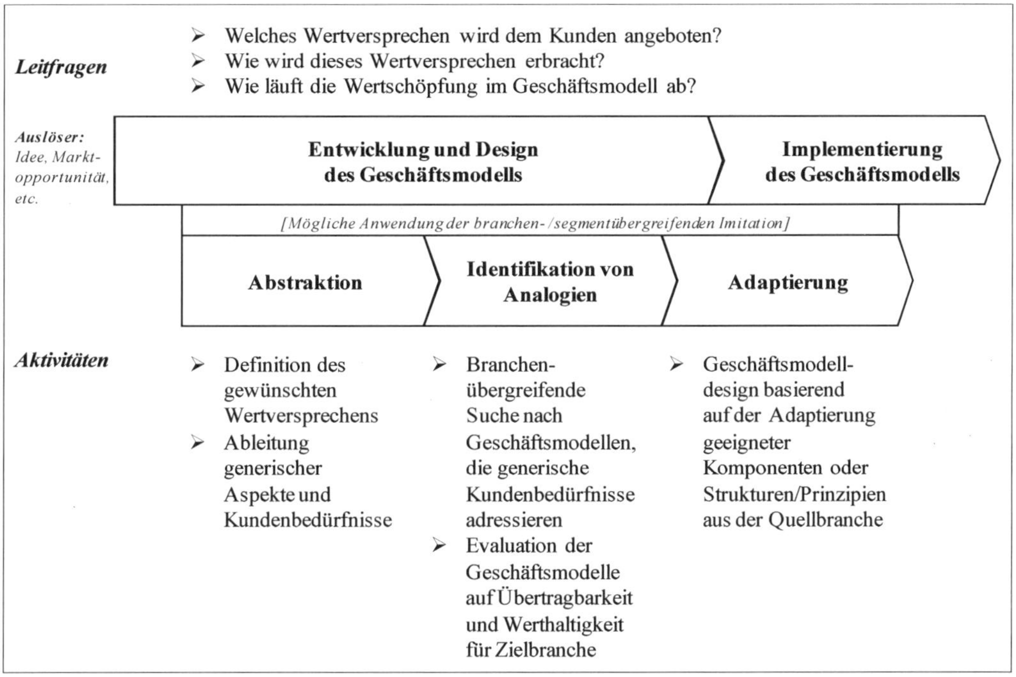

Abbildung 2: Imitationsaktivitäten innerhalb des Prozesses zur Geschäftsmodellinnovation

4.1 Abstraktion der Kundenbedürfnisse und Wertversprechen

Ausgangspunkt der Geschäftsmodellinnovation ist meist das Erkennen eines neuen oder veränderten Kundenbedürfnisses, das durch das vorherrschende Geschäftsmodell nicht befriedigt wird. Ein erster Schritt der Imitation ist nun die Herausarbeitung eines neuen Wertversprechens, das definiert, wie dieses Kundenbedürfnis befriedigt werden soll. Die hierbei beschriebenen Kundenbedürfnisse und Elemente des Wertversprechens sind hierbei abstrakt und generisch zu halten. Beispiele hierfür sind:

- *Kundenbedürfnis: Kein administrativer Aufwand für Kunden*
  Kernelement des Wertversprechens: Erbringung von Verwaltungs-/Management-Dienstleistungen rund ums Kernprodukt
- *Keine Anfangsinvestitionen*
  Nutzungsbasierte Abrechnung
- *Individualität*
  Modularer Aufbau des Kernprodukts und der zugehörigen Dienstleistungen

30 Zum Prozess der Imitation von Geschäftsmodellkomponenten (Kapitel 4) vgl. ENKEL/MEZGER (2012b).

Verschiedene dieser Bedürfnisse werden bereits (in Kombination mit anderen Produkten) durch bestehende Geschäftsmodelle in anderen Branchen adressiert. Durch die Verwendung dieser generischen Begriffe wird erreicht, dass eine Suche nach möglichen Geschäftsmodellideen breit angelegt werden kann. Somit wird die eigene, bereits verinnerlichte Denkweise geöffnet für den Blick auch über Branchengrenzen hinaus.

4.2 Identifikation von Analogien

Im zweiten Schritt geht es darum, mögliche Cross-Industry-Geschäftsmodelle zu finden und zu analysieren, ob diese für den Einsatz in der eigenen Zielbranche geeignet und werthaltig sind. Die eigentliche Suche fokussiert hierbei auf die Identifikation von Geschäftsmodellen, die dieselben generischen Kundenbedürfnisse adressieren wie das zukünftige eigene Geschäftsmodell. Durch den Abgleich der generischen Begriffen wird nach möglichen Kandidaten für eine Übertragung gesucht. Die Suche kann hierbei sowohl ein systematischer Prozess als auch eine spontane Erkennung von Ähnlichkeiten sein.

Ein systematischer Prozess versucht strukturiert einen Abgleich zwischen den Wertversprechen verschiedener Geschäftsmodelle anderer Branchen zu machen und Ähnlichkeiten hierdurch zu identifizieren. Ein möglicher Anhaltspunkt ist die Identifikation einer „führenden Industrie", die in ihrer Entwicklung der eigenen Branche etwas voraus ist und z. B. neue Technologie und deren Möglichkeiten zur Umgestaltung des Geschäftsmodells bereits umgesetzt hat. Für *Bernina* nimmt aus technologischer Sicht hierbei die Musikindustrie eine führende Rolle ein, für den Online-Kekse-Versender *knusperreich* ist die Modebranche (z. B. *Zalando* oder *Amazon*)Vorreiter, da diese beider Entwicklung neuer E-Commerce-Geschäftsmodelle voraus ist.

Die Orientierung an bestimmten Kennzahlen (Key Performance Indicators, KPIs) trägt ebenfalls zur Systematisierung bei. Gerade für onlinebasierte Geschäftsmodelle kann an offen verfügbaren Kennzahlen der Erfolg hinsichtlich Wachstum und Verbreitung direkt abgelesen werden. KPIs, z. B. zu Nutzerzahlen und -wachstum, Viralität (bspw. über „Verbreitung und Akzeptanz in sozialen Netzwerken" wie *Facebook* oder *XING*) oder „Anzahl registrierter Partner" bilden die Basis für eine solche Analyse.

Sobald mögliche Kandidaten gefunden sind, ist eine tiefgehende Analyse auf Eignung und Werthaltigkeit notwendig. Hierbei muss festgestellt werden, zu welchem Ausmaß die Kundenbedürfnisse tatsächlich vergleichbar sind und wie die Geschäftsmodellelemente der Quellbranche auf die Zielbranche passen. Dies beinhaltet eine Analyse, welche Beziehungen die Geschäftsmodellkomponenten untereinander haben, wie diese interagieren und welchen Beitrag sie jeweils zur Erfüllung des Wertversprechens leisten.

Kernfragen dieser Analyse auf Ähnlichkeiten und Unterschiede sind:

- Wie genau funktioniert das Geschäftsmodell in der Quellbranche? Wie sind die Komponenten Wertversprechen, Zielkunden, Kundenbeziehung, Umsatzmodell und Distributionskanäle untereinander vernetzt und welche operativen Komponenten sind zur Umsetzung notwendig?

- Was ist die strategische Ausrichtung des Geschäftsmodells in der Zielbranche und wie ist dies mit der eigenen Strategie vergleichbar?
- Weshalb akzeptieren Kunden das Geschäftsmodell in der Quellbranche? Inwiefern kann das generische Modell die konkreten Bedürfnisse der Zielkunden in der eigenen Branche adressieren? Welche Werthebel werden hierdurch genutzt?
- Zu welchem Grad kann oder soll das Geschäftsmodell übernommen werden? Dient es lediglich der Ideenfindung, sollen Strukturen und Prinzipien übernommen werden oder werden einzelne Komponenten direkt kopiert?

4.3 Adaption relevanter Geschäftsmodellkomponenten

Im letzten Schritt der Imitation steht die eigentliche Adaption der Geschäftsmodellkomponenten auf die Zielbranche. Wie bereits erläutert gibt es hierbei unterschiedliche Grade der Übernahme.

Dient eine Analogiebeispielsweise primär zur *Ideenfindung*, dann werden keine Komponenten direkt übernommen, sondern eher grundlegende Konzepte verwendet, um ein neues Geschäftsmodell zu definieren. Die Firma *car2go* beispielsweise nutzt in ihrem Geschäftsmodell ein minutenbasiertes Bezahlungsmodell, ähnlich den Abrechnungsmodellen in der Mobilfunkbranche. Diese Analogie dient hierbei auch zur Kommunikation gegenüber Kunden, um das neuartige Geschäftsmodell in der Automobilbranche zu erklären.

Die Ideenfindung geht über in die *Übernahme von Prinzipien*, bei der Strukturen und Funktionsweisen des branchenfremden Geschäftsmodells übernommen werden. Bei *car2go* findet das Prinzip der „flexiblen Nutzung einer bestehenden Infrastruktur" Eingang in das Geschäftsmodell „Autovermietung", das bislang an starre Verleihstationen gebunden war.

Eine *direkte Imitation* branchenfremder Geschäftsmodelle stellt die direkte Übertragung eines oder mehrerer Komponenten, meist mit zielbranchenspezifischen Anpassungen, dar. *Oh!Saft* bspw. übernahm das Abomodell mit den wesentlichen Bausteinen Umsatzmodell, Kundenbeziehung und Distributionskanal direkt aus der Zeitschriftenbranche, passte sie jedoch an die eigenen Bedürfnisse an. So werden die Abos nur über den Kanal E-Commerce angeboten, alle anderen Vertriebswege (stationärer Handel, Katalog etc.) entfallen.

Neben dem Grad der Imitation kann auch zwischen dem Level der Imitation unterschieden werden. In den beschriebenen Fallstudien werden grundsätzlich die Geschäftsmodellkomponenten sowie deren Zusammenspiel imitiert. Dies stellt eine Imitation auf Ebene des Geschäftsmodells selbst dar. Darüber hinaus kann aber auch auf einer darunterliegenden, operativen Ebene imitiert werden. Nach dem grundsätzlichen Entscheid ein Abonnements-basiertes Geschäftsmodell umzusetzen, analysierten die Gründer von *Blacksocks* beispielsweise detailliert die Vertragsbedingungen, die anderen Abomodellen zugrunde liegen. Hierdurch wollten sie Details wie z. B. Vertragsdauer, Kündigungsfristen und Verlängerungszeitraum verstehen, um ihr Geschäftsmodell optimal ausgestalten zu können.

4.4 Top-Down-Vorgehen: Erstellen einer Geschäftsmodelllandkarte

Das oben beschriebene Vorgehen zeigt den Cross-Industry-Prozess auf, wenn bereits ein konkretes Kundenbedürfnis erkannt wurde, das mittels eines neuen Geschäftsmodells befriedigt werden soll. Alternativ dazu ist auch ein Top-down-Prozess möglich, bei dem die Erstellung einer Landkarte zu Geschäftsmodellen im Vordergrund steht. Dieser Ansatz kann insbesondere dann genutzt werden, wenn kein konkreter Bedarf besteht und ein Unternehmen zunächst erkennen möchte, mit welcher Ausgestaltung von Geschäftsmodellen andere Branchen ihre Kunden ansprechen.

Hierbei werden aktiv branchenfremde Geschäftsmodelle identifiziert und detailliert auf Basis ausgewählter Komponenten „kartographiert“:

- welche abstrakten Kundenbedürfnisse angesprochen werden,
- wie das Wertversprechen gestaltet ist,
- mit welchen (kundenseitigen) Komponenten das Geschäftsmodell dieses Wertversprechen umsetzt, um die Kundenbedürfnisse zu adressieren und
- welche Werthebel hierdurch genutzt werden.

Durch einen breiten Abgleich verschiedener Branchen entsteht so eine umfassende Geschäftsmodelllandkarte (siehe Tabelle 2). In einer systematischen Analyse kann nun ermittelt werden, bei welchen abstrakten Kundenbedürfnissen Ähnlichkeit zur eigenen Branche besteht und wo somit die Imitation verschiedener Geschäftsmodellkomponenten Wert schaffen könnte. Ein solches branchenüberschreitendes Vorgehen öffnet auch den Blick, um in der eigenen Branche frühzeitig neue oder sich verändernde Kundenbedürfnisse und Marktsegmente zu erkennen.

Kundenbedürfnis	**Ausgestaltung des Wertversprechens**	**Umsatzmodell**	**Werthebel**	**Branchen, in denen dieses Kundenbedürfnis adressiert wird**
Flexibilität, Vermeidung von Anfangsinvestitionen	Flexible Nutzung eines Produkts, keine feste Bindung	Rein nutzungsabhängiges Bezahlungsmodell	Neuheit (Ansprache eines breiteren Marktes)	Hotels, Mobilfunk
Bequemlichkeit („Sich keine Gedanken machen müssen“)	Automatisch verlängernder Vertrag	Abonnements-Modell Flatrate-Modell	Komplementarität, Effizienz	Zeitungen/Zeitschriften, verschiedene E-Commerce-Anbieter (z. B. Socken, Orangen) Mobilfunk, Internet, Musik-Streaming-Plattformen
Einfache Nutzung ohne Verpflichtung, ohne Kauf, ohne administrativen Aufwand	Kostenlose Nutzung einer Basisversion des Produkt/der Dienstleistung	Freemium Werbeeinnahmen	Neuheit (Ansprache eines breiteren Marktes)	Internetdienstleistungen (z. B. *Dropbox*, *Evernote*), Kontaktplattformen (z. B. *XING*, *LinkedIn*) Zeitungen (z. B. *Metro*) Soziale Netzwerke, Internetdienstleistungen (z. B. *Google*)
Vermeidung existenzbedrohender Ausgaben	Elemente einer Versicherung gegen unwahrscheinliche bzw. weitreichende Ereignisse	Versicherungsprämien	Komplementarität	Versicherungen, Servicekontrakte im Maschinen- /Anlagenbau

Tabelle 2: Mögliche Ausgestaltung einer Geschäftsmodelllandkarte (am Beispiel der Komponente „Umsatzmodell“)

5 Fazit

Imitation bei Geschäftsmodellen stellt demnach eine systematische Methode dar, um zum einen radikal neue Konzepte innerhalb der eigenen Branche zu etablieren. Gerade im Internetumfeld zeigt sich die hohe Relevanz von Imitation. Bei digitalen Geschäftsmodellen sind erfolgreiche und passende Analogien aufgrund der offenen Darstellung im Internet bzw. einer Vielzahl an verfügbaren Daten oft einfacher zu erkennen. Genauso fällt auch die Adaption auf das eigene Geschäftsmodell leichter, weil der Kundenerfolg neuer Geschäftskonzepte schnell und unkompliziert getestet und ggf. auch wieder verworfen werden kann. Gleichzeitig ermöglicht die Nutzung bereits etablierter Geschäftsmodellkomponenten die Kommunikation zu Kunden, Partnern und Investoren.

Sowohl Gründer und Geschäftsentwickler können diese Methode nutzen, um gezielt radikale Geschäftsmodelle zu entwerfen oder sich einen Überblick über heutige und zukünftige Wettbewerber in bestimmten Marktsegmenten zu schaffen. Durch die Übertragung von bestehenden Geschäftsmodellen aus anderen Industrien oder Marktsegmenten wird mit heute dominierenden Ansätzen gebrochen und neue oder bisher vernachlässigte Kundenbedürfnisse gezielter befriedigt oder neue Märkte erobert. Hierdurch gelingt es den Unternehmen gezielt Wert zu schaffen und sich somit eine Basis für das eigene profitable Wachstum zu bilden.

Quellenverzeichnis

AMIT, R./ZOTT, C. (2001): Value Creation in E-Business, in: Strategic Management Journal, 2001, S. 493–520.

CHESBROUGH, H. (2010): Business Model Innovation: Opportunities and Barriers, in: Long Range Planning, 2010, S. 354–363.

CHESBROUGH, H./ROSENBLOOM, R. S. (2002): The Role of the Business Model in Capturing Value From Innovation: Evidence from Xerox Corporation's Technology Spinoff Companies, in: Industrial and Corporate Change, 2002, S. 529–555.

ENKEL, E./GASSMANN, O. (2010): Creative Imitation: Exploring the Case of Cross-Industry Innovation, in: R&D Management, 2010, S. 256–270.

ENKEL, E./MEZGER, F. (2012a): Disruptive Business Model Innovation: Exploring the Potential of Cross-Industry Adaptation, Paper präsentiert auf der 12. EURAM-Konferenz (6.–8.7.2012), Rotterdam (NL) 2012.

ENKEL, E./MEZGER, F. (2012b): Imitation Processes and Their Application for Business Model Innovation: An Explorative Study, Paper präsentiert auf der 19. IPDMC (17.–19.7.2012), Manchester (UK) 2012.

GASSMANN, O./ZESCHKY, M. (2008): Opening Up the Solution Space: The Role of Analogical Thinking for Breakthrough Product Innovation, in: Creativity and Innovation Management, 2008, S. 97–106.

HERSTATT, C./ENGEL, D. (2006): Mit Analogien neue Produkte entwickeln, in: Harvard Business Manager, 2006, Nr. 8, S. 2–8.

JOHNSON, M. W./CHRISTENSEN, C. M./KAGERMANN, H. (2008): Reinventing Your Business Model, in: Harvard Business Review, 2008, Nr. 12, S. 50–59.

KIM, W. C./MAUBORGNE, R. (1997): Value Innovation: The Strategic Logic of High Growth, in: Harvard Business Review, 1997, Nr. 1, S. 103–112.

LIEBERMAN, M. B./ASABA, S. (2006): Why Do Firms Imitate Each Other?, in: Academy of Management Review, 2006, S. 366–385.

MAGRETTA, J. (2002): Why Business Models Matter, in: Harvard Business Review, 2002, Nr. 5, S. 86–92.

MARKIDES, C. (1997): Strategic Innovation, in: Sloan Management Review, 1997, Nr. 3, S. 9–23.

MARKIDES, C. (2006): Disruptive Innovation: In Need of a Better Theory, in: Journal of Product Innovation Management, 2006, S. 19-25.

PRAHALAD, C. K./BETTIS, R. A. (1986): The Dominant Logic: A New Linkage Between Diversity and Performance, in: Strategic Management Journal, 1986, S. 485–501.

OSTERWALDER, A./PIGNEUR, Y. (2010): Business Model Generation. Hoboken (NJ) 2010.

TEECE, D. (2010): Business Models, Business Strategy and Innovation, in: Long Range Planning, 2010, S. 172–194.

Wirtz, B./Schilke, O./Ullrich, S. (2010): Strategic Development of Business Models: Implications of the Web 2.0 for Creating Value on the Internet, in: Long Range Planning, 2010, S. 272–290.

Zentralisierte Lösungsentwicklung für dezentralisierte Organisationen – Chancen und Risiken für Ihr E-Commerce-Projekt

Nicolas Löwe

BearingPoint GmbH

Executive Summary

Im Zeitalter der Digitalisierung und Globalisierung werden die Projekte, die IT-Organisationen zu stemmen haben, immer weitläufiger (im regionalen und fachlichen Sinne). Die Komplexität erreicht ein Maß, in dem nahezu alle Geschäftsprozesse in einem Unternehmen tangiert werden. Diese Projekte bieten nicht nur eine hohe Chance die Effizienz zu steigern oder neue Geschäftsfelder zu erschließen, sondern bergen auch hohe Risiken, Prozesse und Systemlandschaften nachhaltig negativ zu beeinflussen. Gleichzeitig steigen in heutigen Organisationen auch die Anforderungen in Hinsicht auf Agilität und Durchsatz im Projektgeschäft. Beispielhaft sind hier E-Commerce-Projekte zu nennen, die in ihrer Natur sehr stark und tief in die basalen Geschäftsprozesse eines Unternehmens eingreifen und oftmals zusätzlich sehr stark in die Breite der Vertriebsstrukturen ausstrahlen. Solche Projekte involvieren in der Regel eine große und vielfältige Anzahl an Stakeholdern mit durchaus verschiedenen strategischen Zielen.

Die Breite an Geschäftsprozessen und die globale Reichweite stellen Projektteam und Projektleitung vor zusätzliche Herausforderungen von komplexen Anforderungs- und Kundenstrukturen, die direkten und indirekten Einfluss auf das Projekt und somit dessen Erfolg haben.

Jeder kennt das Szenario, das immer wieder an den Versuch erinnert, die Quadratur des Kreises herbeizuführen – standardisierten Anwendungen und Prozessen in teilweise äußerst heterogenen und verteilten Organisationsstrukturen, dies kann der Rollout einer neuen Softwarekomponente in unterschiedliche Landesgesellschaften sein, oder aber die Harmonisierung von IT. In jedem Fall stellt es die zentrale Organisationseinheit immer wieder vor Herausforderungen und die Projekte werden oftmals im Unternehmen als „Himmelfahrtskommando“ oder „Von Anfang an gescheitert“ bezeichnet.

Wie es dazu kommt und worauf geachtet werden sollte, um solche Projekte dennoch erfolgreich abzuschließen, ist zentraler Bestandteil dieses Beitrags. Es wird kein detaillierter Projektplan und Maßnahmenkatalog bereitgestellt, denn dies ist bereits der erste Problempunkt solcher Projekte: Sie sind selten miteinander vergleichbar und müssen demnach sehr individuell geplant und gesteuert werden.

Hierfür wird in den folgenden Kapiteln anhand der einzelnen Projektphasen des Projektlebenszyklus auf verschiedene Standardsituationen und -risiken eingegangen und es werden mögliche Wege aufgezeigt, die die Entstehung riskanter Projektkonstellationen vermeiden können, oder aber entstandene Situationen möglichst kompensieren sollen.

Es soll der Hinweis angebracht werden, dass sich der Status eines Projektes durch sehr viele Einflussfaktoren definiert und keine detaillierte Anleitung geben werden kann. Vielmehr ist ein Projekt ein hochkomplexes Gebilde, welches durch verschiedene, dynamische und untereinander abhängige Parameter gesteuert wird. Die wichtigsten Einflussfaktoren sind:

- Kultur (Unternehmen, Region)
- Know-how innerhalb der eigenen Organisation
- Neuartigkeit des Geschäftsvorfalls

- Wettbewerbsumfeld
- Anzahl, Homogenität und Motivation der Stakeholder
- Vollständigkeit der Strategie und Roadmap
- Fähigkeit zur Umsetzung

Als Leitfaden werden hier die Projektphasen gemäß nach Project Management Body of Knowledge (PMBOK) des *Project Management Institute* (PMI) verwendet, die Inhalte und Erkenntnisse können aber durchaus auch auf andere Projektmethoden projiziert werden.

Die Projektphasen des PMBOK sind:[1]

- Initiierung
- Planung
- Ausführung & Kontrolle
- Abschluss

Anhand dieser Projektphasen wird sich dieser Beitrag orientieren und auf verschiedene Aspekte und Risiken eingehen.

Die erste Erkenntnis muss dabei sein, dass man nicht ohne Rücksicht alle Parameter maximieren kann, um Erfolg zu erzielen, vielmehr ist es das Geschick der Projektleitung und der Steuerungsgremien, die richtige Balance zu finden, um ein Projekt möglichst effizient und reibungslos durchzuführen.

Ein besonderes Paradoxon im Projektgeschäft aus Sicht eines Beraters ist die Gegenläufigkeit der Ziele von Kunde, Projektsponsor und Projektteam. Wenn jede Partei ihre Ziele maximiert, sinkt gleichzeitig die Chance das Projekt erfolgreich umzusetzen.

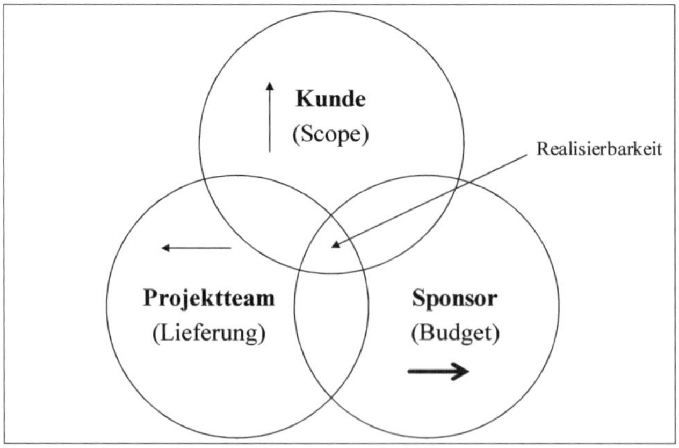

Abbildung 1: Das Projektzielparadoxon

---

1 Vgl. *PMI* (2008), S. 19.

Aus diesem Grund sollten sich alle Projektparteien zum Erfolg des Projektes verschreiben müssen – dies geht am einfachsten, wenn der Projekterfolg in den Zielvereinbarungen der Parteien festgehalten wird und die klassischen Ziele im gleichen Umfang gemindert werden. Niemand sollte vergessen, dass es schlussendlich Menschen sind, die ein Projekt realisieren und deren Motivation der wichtigste Erfolgsfaktor ist.

1 Einleitung

E-Commerce-Projekte sind typischerweise Vorhaben, bei denen sich Unternehmen sehr weit weg von ihrer eigentlichen Kernkompetenz bewegen und nahezu immer Neuland betreten. Dabei spielt es zumeist keine Rolle, ob es im Unternehmen schon Erfahrung im klassischen Vertrieb gibt oder nicht.

Vielmals werden dabei hehre Ziele gestellt, was die Einflussnahme auf die regulären Geschäftsprozesse, die Zeitlinie und die Qualität betrifft. Typischerweise werden die Komplexität der Implementierung und der geschäftliche Nutzen einzelner Anforderungen um Größenordnungen falsch eingeschätzt. Vielmals paaren sich dazu noch überzogene Umsatzerwartungen in den ersten Jahren, die eingegangen werden müssen, um in der Geschäftsführung den Einstieg in den E-Commerce-Kanal zu rechtfertigen.

Kurz und knapp: E-Commerce-Projekte starten nicht immer unter einem guten Stern und bergen für die Organisation oftmals schon per se ein hohes Risikopotenzial.

Umso wichtiger ist es deshalb, Ziele und Rahmenparameter möglichst detailliert und abgestimmt zu definieren, so dass von Anfang an ein entsprechendes Erwartungsmanagement stattfinden kann.

Der Schlüssel zum Erfolg liegt bei E-Commerce-Projekten besonders stark in den Anfangsphasen eines Projektes, da Anpassungen oder Richtungswechsel „unterwegs“ hier besonders große Aufwände nach sich ziehen.

2 Projektinitiierung – Die erste Chance zu Scheitern

Ein schwäbisches Sprichwort besagt „Einmal gedacht, ist halb gemacht". Und genau dies verdeutlicht die Kritikalität dieser Projektphase. Viel zu oft werden Projekte nicht zielgerichtet aufgesetzt, mit dem Vorsatz, die restlichen Dinge in der nächsten Projektphase zu klären. Schlussendlich weiß ein jeder, dass dies in den seltensten Fällen getan wird.

Die Projektinitiierungsphase beschreibt alle Tätigkeiten, die durchgeführt werden müssen, um mit der eigentlichen Projektarbeit beginnen zu können. Die Tätigkeiten beinhalten[2]:

- Erstellung der Projektstrategie
- Erstellung der Projektcharta
- Identifizierung der Stakeholder

2.1 Die Strategie und ihre Verprobung

Unternehmen starten Projekte, um neue Geschäftsfelder zu erschließen, existierende Geschäftsfelder zu erweitern oder effizienter zu gestalten, oder um auf den Markt insbesondere den Wettbewerb oder die Kunden zu reagieren.

Dazu wird in der Regel eine Strategie entwickelt, aus welcher direkt die Projektziele abgeleitet werden. Zusätzlich bestimmen die Unternehmensstrategie und die Strategien zu weiteren laufenden Projekten die Ziele auf indirekte Art und Weise.

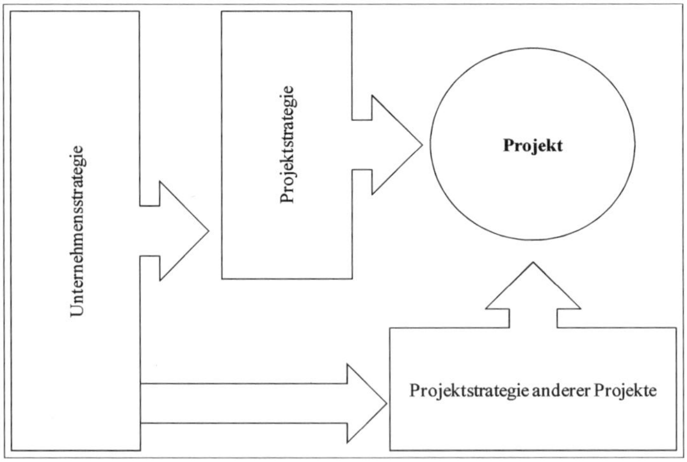

Abbildung 2: Strategische Einflussfaktoren auf ein Projekt

2 Vgl. *PMI PMBOK* (2008), S. 44 ff.

Dies ist eine vereinfachte Darstellung des strategischen Einflusses, wenn man in einer idealtypischen Welt davon ausgeht, dass sich alle Projektstrategien aus der Unternehmensstrategie ableiten. So sollten sich die Projekte untereinander nicht beeinflussen, sondern vielmehr ergänzen. In der Realität sieht dies natürlich ganz anders aus, da mit dem Beginn der Projektarbeit die Scheuklappen aufgesetzt werden und der Unternehmensfokus durch den Projektfokus ersetzt wird.

Dies führt in der Regel zu Situationen, in denen die Ergebnisse eines Projektes über die Zeit hinweg nicht mehr zum Unternehmen passen, welches sich in der Zwischenzeit weiterentwickelt hat.

Daher ist es ratsam, auch während der Projektdurchführung immer wieder Kalibrierungen der Projektstrategie vorzunehmen, die Deckungsgleichheit mit der Unternehmensstrategie herzustellen und zu sehen, welche derzeit laufenden oder abgeschlossenen Projekte direkt oder indirekt auf das aktuelle Projekt einwirken. *Ein starkes Portfoliomanagement verhindert, dass die Kalibrierungen zu komplex werden.*

In der Regel wird die Projektstrategie in den Stabsstellen des Konzerns entworfen und dann an das Projektteam weitergeleitet. Oftmals ist das zukünftige Projektmanagement in der Erstellung der Strategie beteiligt, was es dem Projektmanager später erlaubt, besser die Ziele und Erfolgsfaktoren des Projektes zu verstehen und darauf hinzuarbeiten.

Wenn es Ziel ist, die Ergebnisse des Projektes dann auch dezentral zu nutzen, dann kommen noch eine oder mehrere zusätzliche Strategieebenen mit ins Spiel, die unter Umständen sogar gegenläufige Ziele verfolgen. Dies können Landesgesellschaften, Vertriebslinien, Produktionsstätten, oder gar beliebige Kombinationen derer sein. Dies führt zu einer multidimensionalen Strategiestruktur, die nur noch sehr schwer in Übereinstimmung zu bringen ist.

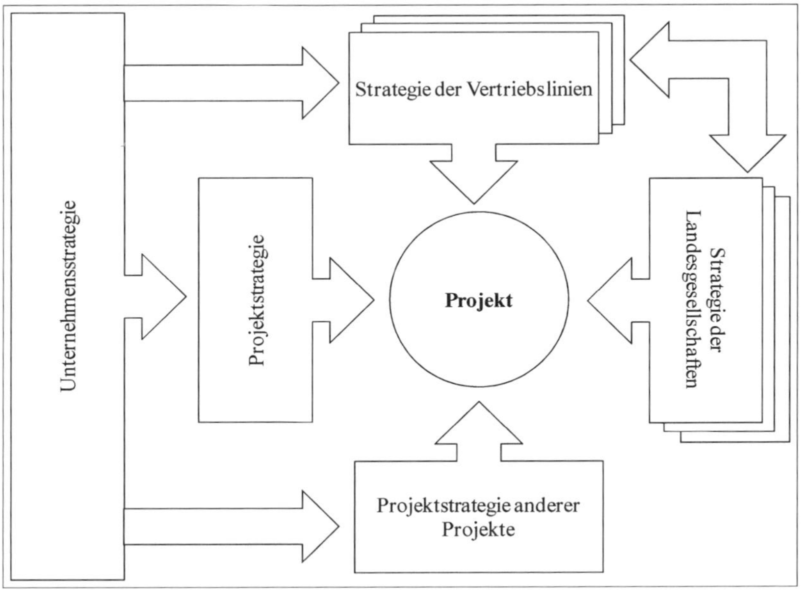

Abbildung 3: Strategiebeziehungen in mehreren Dimensionen

Daher ist es ratsam, vor der eigentlichen Strategieentwicklung ein strategisches Assessment durchzuführen und das Beziehungsgeflecht aus strategischer Sicht zu analysieren. Dies erlaubt es dann die unterschiedlichen Strategien mit deren entsprechenden Gewichtung in die Gesamtprojektstrategie zu überführen. Zusätzlich erlaubt diese Vorarbeit, später wirksame Governance- und Steuerungsstrukturen zu schaffen.

Besonders wichtig ist es bei länger laufenden Projekten die Strategie in kurz- (1 Jahr), mittel- (2 Jahre), und langfristige (5 Jahre) strategische Ziele zu gliedern, um dem Projekt ein besseres Rahmengerüst als Vorgabe zu übergeben.

Als Qualitätssicherung wird die entwickelte Projektstrategie auf die beeinflussten Organisationen in Simulationen angewendet und auf Lücken und Widersprüche untersucht, dies kann je nach Unternehmenskultur kollaborativ oder top-down erfolgen. Als Ergebnis entsteht eine Projektstrategie als Projekt-Input-Faktor, der es der Projektorganisation ermöglicht, eine entsprechende Grobplanung durchzuführen.

Wird der Erstellung der Projektstrategie nicht genügend Sorgfalt beigemessen, so wird es das Projekt mit großer Wahrscheinlichkeit nicht schaffen, die Ziele in Übereinstimmung mit allen beteiligten Parteien zu erreichen. Dies wird die Akzeptanz der Lösung in der Gesamtorganisation, oder wenigstens in Teilen der Organisation, gefährden.

2.2 Projectcharta

Die Projektcharta soll alle erfolgskritischen Projektziele und -rahmenbedingungen enthalten. Außerdem sollen wesentliche Kernaufgaben des Projektes definiert sein. Die Projektcharta wird während der Projektarbeit als Zielbild genutzt und nach Abschluss des Projektes zur Bewertung des Erfolgs herangezogen. Vorgenannte Punkte zur Projektstrategie sind bei der Erstellung der Charta zu beachten.

Des Weiteren wird das Projektmanagement die Charta bei der Grobplanung und der Definition der Projektmeilensteine heranziehen. Eine wohl definierte und ausgearbeitete Projektcharta ermöglicht das effiziente und zielgerichtete Arbeiten des Projektteams. Durch eine klare Vorgabe der Ziele und Rahmenparameter bleibt weniger Raum für Missverständnisse oder Fehlplanungen, die Qualität der Erfolgsmessung und des Projektcontrollings werden erhöht.

Idealerweise werden die Ziele in der Charta nach Prioritäten geordnet, damit in der Umsetzungsphase diese Punkte explizit beachtet und fokussiert werden können.Wichtig bei der Zieldefinition ist, dass die Ziele S.M.A.R.T[3] sind:

- **Spezifisch**
  Ziele sollten elementar und atomar definiert werden, sie sollten nicht aus Einzelzielen kombiniert werden (Transparenz).
- **Messbar**
  Die Erreichung eines Zieles sollte objektiv messbar sein (Transparenz).

---

3 Vgl. *WIKIPEDIA* (2012).

- **Akzeptiert**
  Das definierte Ziel sollte erreichbar und mit dem Schuldner abgestimmt sein (Fair).
- **Relevant**
  Das Ziel sollte zum Erreichen des Projekterfolges essentiell zumindest komplementär sein.
- **Terminierbar**
  Das Ziel sollte in der avisierten Zeit erreichbar sein.

Natürlich können auch die Ziele einer bestehenden Projektcharta auf die Anwendbarkeit von S.M.A.R.T.-Kriterien überprüft werden. Dies gibt einen sehr guten Indikator über die Risikosituation des zukünftigen Projektes.

Es empfiehlt sich, die Stakeholder-Analyse direkt im Rahmen der Projektcharta und der Abstimmung der Ziele durchzuführen. So können eventuell diametrale Ziele der Projektentitäten identifiziert, qualifiziert und sogar priorisiert werden.

Für die Stakeholder-Analyse im Rahmen der Projektcharta empfiehlt es sich, auf der organisatorischen Ebene zu bleiben, da die detaillierte Projektstruktur zu diesem Zeitpunkt noch nicht bekannt sein dürfte.

Ein wichtiger Teil der Qualitätssicherung für die Projektcharta ist es, insbesondere die Ziele und Rahmenbedingungen von allen beteiligten Organisationseinheiten (Projektleitung, Projektsponsor, Fachabteilung, Implementierer, Landesgesellschaften, Vertriebsgesellschaften usw.) formal bestätigen zu lassen. Dies beugt im Nachhinein unnötigen Diskussionen vor und erhöht die Bindung der einzelnen Parteien an das Projekt.

In Ergänzung zur Projektcharta sollte eine Stakeholder-Analyse durchgeführt werden. Dabei kann es bei größeren Projekten genügen, diese Analyse auf Organisationseinheiten zu begrenzen, bei kleineren Projekten sollten mindestens jedoch die Key Player persönlich identifiziert und analysiert werden. Oftmals ergeben sich aus dieser Analyse heraus schon Ansatzpunkte für eine Projektsteuerung und Projekt-Governance. Wichtig ist es hier die Analyse aus mehreren Perspektiven zu führen. Neben der fachlichen und organisatorischen Sicht sollte ebenfalls der politische Aspekt nicht vernachlässigt werden.

Unter Umständen kann es sogar wichtig sein die persönlichen Beziehungen der Stakeholder untereinander zu analysieren, denn niemand möchte, dass ein Projekt scheitert, nur weil ranghohe Projektmitglieder im Rahmen des Projekts private Zwistigkeiten austragen.

Hier kann es unter Umständen helfen, den Scope des Projektes nur leicht zu verändern, um die Einflussnahme bestimmter Bereiche und Personen zu minimieren oder auszuschalten.

Name	Rolle im Projekt	Interesse am Projekt	Kann welchen Beitrag leisten	Primäre Ziele	Positiver Projekteinfluss	Negativer Projekteinfluss
John Doe	Projektleiter PL Rollout	Ablösung des alten Systems in Polen	Prozessdefinition Order-to-Cash	Steigerung der Effizienz des Sales Prozesses in PL	Gutes Prozess-Know-how, gutes Standing im Vorstand, Erfahrung in großen Implementierungsprojekten	Dissonanzen mit Entwicklungsleiter, eher feindselig gegenüber zentralisierten Lösungen
Max Muster	Entwicklungsleiter Konzernsystem	Karriere, Tätigkeit als Teilprojektleiter	Hohes Know-how in der Entwicklung verteilter Systeme	Implementierung einer möglichst einfachen und zentralisierten Lösung	Kann das Entwicklungsteam gut motivieren, kann zwischen Entwicklung und Fachabteilung gut vermitteln	Neigt dazu Probleme zu simplifizieren, Dissonanzen mit PL Projektleiter

Tabelle 1: Beispielhafte Stakeholder-Analyse auf Personenebene

Eine andere Form der Stakeholder-Analyse ist die Projektzielscheibe. Dieses Werkzeug analysiert die direkten und indirekten Einflussgrößen auf das Projekt und damit dessen Erfolg. Bei dieser Form der Analyse werden Schlüsselfiguren in konzentrischen Kreisen absteigend nach ihrer möglichen Einflussnahme von innen nach außen abgetragen. Schlüsselfiguren können dabei Personen, Abteilungen aber auch die Kunden oder Shareholder sein.

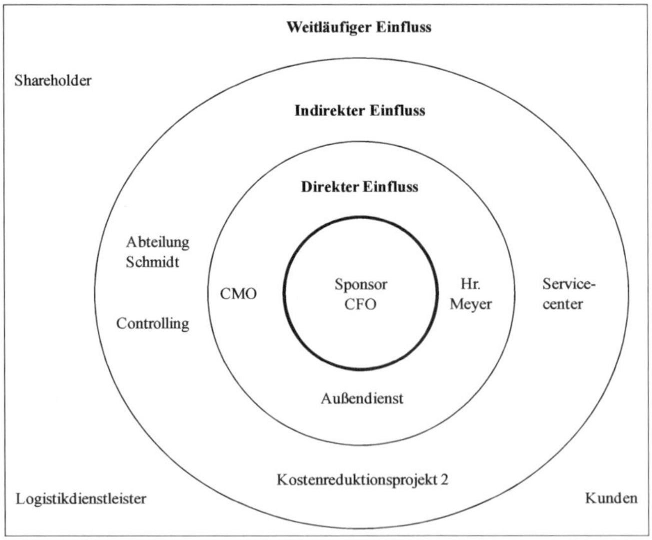

Abbildung 4: Beispielhafte Projektzielscheibe

Die Besonderheit an der Verwendung der Projektzielscheibe ist die gute Visualisierung von Abhängigkeiten und Einflussfaktoren auf das Projekt. Sie kann besonders gut genutzt werden, um Projektmitgliedern die direkten und indirekten Ziele sowie die Transparenz und Tragweite des Projektes zu verdeutlichen.

Dieses Tool wird umso wichtiger je mehr Entitäten am Projekt beteiligt sind. Besonders gut eignet sich auch eine farbliche Kodierung, um zum Beispiel regionale und funktionale Projektbeteiligte hervorzuheben.

Ein besonderer Vorteil dieser detaillierten Vorarbeit ist, dass sich die Projektinitiatoren schon mit den Zielen, Einflüssen und zeitlichen Rahmenparametern des Projektes vertraut machen. Dies ist eine Chance, um schon in frühen Projektphasen besonders kritische Konstellationen, Ziele und Einflussfaktoren zu erkennen und zu bewerten.

Unter Umständen macht es Sinn, aus der Erkenntnis der Initiierungsphase das Projekt anders zu gestalten (Ziele und Mitwirkende) oder gar zu verschieben, falls das Projekt von anderen Initiativen abhängig ist.

Zur weiteren Verwendung im Projekt und insbesondere zur Verwendung im Projekthandbuch werden die Ergebnisse der vorangegangenen Schritte im *Coverdale*-Zielbild[4] festgehalten. Diese Art der Darstellung erlaubt es, die Ziele, Beteiligten, Gründe und Erfolgskriterien in einer Grafik darzustellen. Diese Übersicht kann dann in verschiedenen Projektsituationen referenziert werden, um die Korrelation einer Situation, Tätigkeit oder Ergebnisses mit dem Projekt zu verifizieren beziehungsweise Korrekturen derer vorzunehmen. Durch die Ähnlichkeit mit einer Zielscheibe wird sie auch oft Projektzielkreuz genannt.

Abbildung 5: Schema eines Zielbildes nach Coverdale[5]

4 Vgl. *Coverdale* (2012).

5 Vgl. *Coverdale* (2012).

Hiermit ist die Phase der Projektinitiierung abgeschlossen und die Tätigkeiten gehen in die Projektplanung über.

3 Projektplanung – Ehrlich währt am längsten

Nach der ersten Phase der Projektinitiierung kann direkt mit der Planung des Projektes begonnen werden. Die Planungsphase sollte schon als erste Tätigkeit im Projekt, von der avisierten Projektleitung, übernommen werden, liegt aber definitiv noch vor den ersten ergebnisorientierten Aktivitäten.

Die Projektplanung beschäftigt sich mit drei grundlegenden Aspekten:

- Technische Planung
- Qualitätsplanung
- Wirtschaftlichkeitsplanung

Diese drei Planungsebenen ermöglichen es, die in den vorhergehenden Schritten definierten Ergebnisse möglichst effizient zu erreichen.

Das wichtigste bei der Planung ist es diese auch als solche zu betrachten, gerade in dezentralen Organisationen sind Änderungen der Lage eher die Regel denn die Ausnahme. Daher ist es enorm wichtig, auf veränderte Situationen und neue Herausforderungen planerisch einzugehen.

Projektorganisationen, Auftraggeber und Kunden machen immer wieder den Fehler eine Planung als in Stein gemeißelt zu betrachten. Die nächste Reaktion ist es dann, den Plan einzuhalten, koste es was es wolle, anstatt zu versuchen das Projekt zum Erfolg zu bringen. Gerät ein Projekt erst einmal in diese Spirale so ist es eher unwahrscheinlich, dass es wieder zum richtigen Pad zurück findet, ganz im Gegenteil: Durch die schlechte Situation wird der Druck auf das Projekt und die Projektorganisation noch weiter erhöht, wodurch die Situation nur noch mehr verschlimmert wird.

Daher ist es wichtig, dass das Projektteam – insbesondere das Projektmanagement – die Möglichkeit eingeräumt bekommt, im Rahmen gewisser Parameter Anpassungen an der Planung vorzunehmen. So muss zum Beispiel, wenn das Projekt kurzfristige Ressourcen benötigt, auch das Projektbudget angepasst werden, weil ansonsten der erhöhte Personalaufwand eine finanzielle Ressourcenlücke an einer späteren Stelle im Projekt schaffen würde. Aber auch hier gilt wieder: Was im Lehrbuch plausibel klingt prallt in der realen Welt oft auf Missverständnis und Argwohn, denn wer mag schon einem Projekt in Schieflage noch mehr Ressourcen bereitstellen.

Ein weiterer Fehler der oftmals gemacht wird ist, dass das Projektteam die Planung an die vorgegebenen Parameter des Kunden und des Sponsors anpasst, allerdings leider im maximal negativen Sinne, denn oft wird das Scope von den Wünschen des Kunden abgeleitet und die Projektressourcen auf das Budget des Sponsors angepasst. Heraus kommt dann in den meisten Fällen ein Projektplan der weder zeitlich, noch in Bezug auf Ressourcen und schon gar nicht in Hinblick auf Qualität realistisch ist. Wie sooft werden hochriskante und komplexe Projekte ohne jegliche Pufferzeiten geplant, so dass diese schon von der ersten Sekunde an auf dem kritischen Pfad aus Planungsperspektive sind. Schnell wird dann aus dem kritischen Pfad in der Planung auch ein kritischer Pfad in politischen Belangen.

Deshalb gilt in allen Aspekten: Die Planung sollte immer realistisch sein, je nach Risikoeinstufung über genügend Reserven verfügen und vor allem *eine Planung muss jederzeit auf dem Prüfstand stehen dürfen* und im Zweifelsfall angepasst werden können.

Im Umkehrschluss heißt dies auch, dass es auch zum Projektgeschäft gehören muss, ein Projekt durchaus zu verschieben, pausieren oder gar einstellen zu können. Die größten Risiken und Schieflagen entstehen in Projekten, die unter minimalistischen Bedingungen im Management „durchgepeitscht“ werden. Besonders Projekte, bei denen die Sponsoren und Kunden aus mehreren Entitäten bestehen, neigen dazu politisch, zeitlich und finanziell sehr schnell unter Lieferdruck zu geraten und in die oben beschriebene Abwärtsspirale einzutauchen.

Daher gilt: *Ehrlichkeit und somit Vertrauen ist oberstes Gebot im Projektgeschäft.* Sobald eine Partei versucht, sich einen Vorteil gegenüber den anderen zu schaffen werden sich die Projektrisiken drastisch erhöhen.

3.1 Technische Planung

Die technische Planung besteht aus der Projektdefinition welche den exakten Projektumfang und die zu erreichenden Meilensteine dokumentiert. Diese wiederum dient als Input für die Strukturplanung, welche einen detaillierten Blick auf die zu erstellenden Teilprodukte und das große Ganze liefert.

In der folgenden Strukturplanung werden die Gesamtergebnisse in einzelne Bestandteile heruntergebrochen. Diese Bestandteile werden in der Ablaufplanung in eine zeitliche Reihenfolge gebracht und Abhängigkeiten der einzelnen Komponenten werden ebenfalls berücksichtigt.

Aus den nun vorliegenden Informationen können einzelne Meilensteine definiert werden, welche als grobe Orientierungsrichtlinie in der Umsetzungsphase dienen. Meilensteine sind hierbei in sich geschlossene Planungspunkte zu denen fest definierbare und greifbare Ergebnisse zu einem bestimmten Termin abgeschlossen sind.

Meilensteine, die sinnvoll und wohl strukturiert definiert sind, ermöglichen die Entkopplung wesentlicher Tätigkeiten vom Gesamtprojekt und damit die getrennte oder gar parallele Abarbeitung.

Die Definition und Verabschiedung der Meilensteine muss in enger Abstimmung mit den Projektbeteiligten Organisationen erfolgen um frühestmöglich Erwartungen zu managen und die rechtzeitige und unstrittige Abnahme zu gewährleisten. Wichtig ist, dass die Akzeptanzkriterien nicht nur dokumentiert, sondern auch von den wesentlichen Parteien akzeptiert sind. Solche Kriterien sind gern Objekte von politischen Ränkeleien zwischen Sponsor, Auftragnehmer und Kunde. Aus diesem Grund sollten Meilensteinziele immer nach den S.M.A.R.T.-

Kriterien definiert sein, um subjektive Einflüsse auf die Bewertung und Akzeptanz weitestgehend zu neutralisieren.

In der späteren operativen Projektphase ist der Projektleiter verantwortlich mittels der Meilenstein Trendanalyse den Fortschritt auf Meilensteinebene in Anlehnung an den Projektplan zu messen, eventuelle zeitliche Implikationen zu melden und entsprechende Gegenmaßnahmen zu definieren.

Je nach Komplexität und Anzahl der Meilensteine im Projekt sollte diese Ebene die Granularität des Reportings, des operativen Projektmanagements zur Leitungsebene sein. Detailliertere und granularere Berichte suggerieren nur eine Genauigkeit, welche in der Realität nicht vorhanden ist. Dies wiederum bedingt, dass die Meilensteine über die gesamte Projektlaufzeit möglichst gleichmäßig und ausreichend in der Anzahl verteilt sind. Zu wenige oder aber auch zu viele Meilensteine können für das Projekt unkalkulierbare Risiken bergen, da der „Blindflug-“ oder gegebenenfalls der Management-Anteil zu groß werden.

An dieser Stelle in den Planungsaktivitäten geht die Technische Planung in die Qualitätsplanung über.

Ein Beispiel für eine zu schwach gehandhabte Definition von Akzeptanz und Fortschrittskriterien ist das allseits bekannte 90%-Syndrom. Dieses Syndrom beschreibt den immer wiederkehrenden Fall, dass in noch recht frühen Projektphasen (typischerweise im ersten Drittel oder der ersten Hälfte) ein Fortschritt von nahezu 90 % kommuniziert wird. Dies ist ein direkter Indikator für Mängel in der zeitlichen Planung und der Definition der Erfolgskriterien. Typischerweise sind diese Projekte auch diejenigen die dann für die restlichen 10 % der Ergebnisse mindestens die restliche geplante Projektlaufzeit benötigen, oder aber im schlimmsten Falle die geplante Dauer komplett überschreiten. Das Phänomen tritt auf, wenn die subjektive Fortschrittswahrnehmung höher eingeschätzt wird als der objektive Fortschritt.

Die strukturelle Planung sollte nicht durch übertriebene Detaillierung eine Granularität vortäuschen die de facto gar nicht vorhanden ist und erst im späteren Projektverlauf erlangt werden kann.

3.2 Qualitätsplanung

Die Qualitätsplanung beschreibt die objektiven Akzeptanzkriterien für Aktivitäten und Meilensteine. Dabei ist es enorm wichtig in dieser Phase die leistende, abnehmende und nutzende Projektentität in die Definition zu involvieren.

Idealerweise kann man ein Klima schaffen, in dem sich alle Projektbeteiligten einig sind und die Akzeptanz einzelner Meilensteine und Aktivitäten im Vorfeld geregelt ist.

In einem politisch komplexen Umfeld kann es ein recht langwieriges Unterfangen werden, eine Einigung zwischen den drei Parteien zu erlangen. In diesem Falle sollte überlegt werden eine Expertenkommission mit Vertretern aus den involvierten Parteien zu bilden, welche das Mandat bekommt, unabhängig diese Parameter zu definieren und festzulegen. Wichtig: Die Akzeptanz der Entscheidung dieser Gruppe muss sichergestellt sein.

Je besser die Abnahme und Akzeptanzkriterien definiert sind, desto leichter lassen sich im Projektablauf die Testfälle und das Testprozedere definieren. Die Akzeptanz der Gesamtlösung wird dadurch erheblich gesteigert.

Im Bereich Scope und Qualität können die Interessen der Parteien durchaus unterschiedlich ausfallen, da eine objektive und möglichst von allen Parteien unterstützte Definition unabdingbar ist.

Qualität ist das Erste, was in angespannten Projektsituationen aufgegeben wird. Es ist damit umso wichtiger die minimalen Qualitätskriterien an die Anwendung noch vor Beginn der tatsächlichen Umsetzung verbindlich für alle Parteien festzuhalten.

3.3 Wirtschaftliche Planung

In der wirtschaftlichen Planung werden die notwendigen finanziellen und personellen Bedarfe ermittelt, die benötigt werden, um die Projektziele in der geplanten Zeit und der geplanten Qualität zu erreichen.

Besonders wichtig ist es an dieser Stelle, die geplanten Bedarfe unabhängig von eventuellen Vorgaben zu ermitteln und erst danach mit diesen zu vergleichen, da ein wichtiger Aspekt der Planung die Plausibilitätsprüfung ist.

In vielen Unternehmen und an vielen Stellen ist die Planung der Projektressourcen ein notwendiges Übel und ihr echter Mehrwert wird nicht gesehen. Dass Projekte unter den Vorgaben vom Management geplant wurden erkennt man oft daran, dass kurz nach der Anlaufphase ein Schiefstand in der Personal- oder Budgetdecke „entsteht".

Dies soll auf keinen Fall ein Freibrief für unnötige Puffer-Planungen sein als vielmehr ein Appell an die Auftraggeber und Kunden, ein Projekt nicht unter unrealistischen Voraussetzungen zu starten und einem Risikoprojekt entsprechende Aufschläge zuzugestehen. Dies erhöht enorm die Wahrscheinlichkeit, dass das Projektteam am Ende in der geplanten Zeit die gemeinsam vereinbarten Ergebnisse liefert. Natürlich ist es für ein Projektteam immer schwer im Vorfeld alle Budgets korrekt zu planen, insbesondere wenn man mit dem Projekt inhaltliches und technologisches Neuland betritt. Technologische Neuartigkeit ist ein Hauptunterscheidungsmerkmal von IT-Projekten.

Sobald alle Planungen abgeschlossen und von allen Projektparteien (Kunde, Sponsor und Projektteam) akzeptiert wurden, kann mit der eigentlichen Umsetzung begonnen werden.

4 Projektdurchführung – Mut zur Lücke

In der Phase der Projektdurchführung besteht das Projekt im Grunde aus zwei aktiven Arbeitsflüssen. Der eine beschäftigt sich mit der Umsetzung und der Auslieferung der Projektergebnisse und der zweite Workstream ist für das Projektmanagement verantwortlich.

4.1 Projektmanagement

Entgegen der landläufigen Meinung, dass das Projektmanagement der König des Projektes ist, ist es eher als Dienstleister für das Projekt zu verstehen.

Nach innen ist das Projektmanagement das Schutzschild, welches es den Projektmitgliedern erlaubt, möglichst effizient ihre eigentliche Aufgabe der Projektumsetzung zu erfüllen. Nach außen ist es die Aufgabe der Projektleitung den aktuellen Status und Erfolg zu vermarkten.

In größeren Projekten mit komplexen Stakeholder-Strukturen können die politischen und fachlichen Ziele durchaus sehr divergieren. Dies erhöht zusätzlich die Ansprüche an die Fähigkeiten des Projektleiters, da er umso stärker „außenpolitisch“ tätig werden muss.

Im Detail nimmt die Projektleitung die im Folgenden beschriebenen Aufgaben war:

4.1.1 Information

Die Hauptaufgabe des Projektleiters ist es Informationen zu managen. Er koordiniert die Informationsströme innerhalb des Projektes, im Normalfall zwischen den Teilprojekten genauso wie die Informationsflüsse aus und in das Projekt. Dabei ist zu beachten dass Informationen bewertet und auch gefiltert werden, gemäß ihrem Wert und ihrer Kritikalität für das Projekt und der Projektteilnehmer. Diese essentielle Aufgabe wird oftmals unterschätzt und kann sehr schnell zur Demotivation der Projektmitglieder, innerhalb der Projektorganisation als auch bei Kunden und Sponsor, führen.

Es ist ratsam ausgehend von der Stakeholder-Analyse einen Kommunikationsplan für den äußeren und inneren Projektkontext zu erstellen. Dies ist besonders kritisch, wenn die Projektmitglieder als auch die externen Projektteilnehmer nicht an einem zentralen Ort versammelt sind und die Kommunikation zwischen den Parteien schon aufgrund der räumlichen Trennung erschwert ist.

Das Projektteam sollte bevorzugt an einem Ort zusammengeführt werden – idealerweise auch aus ihren regulären Arbeitsabläufen herauslösen, um sicherzustellen, dass die maximale Arbeitsproduktivität im Projektkontext erfolgt und nicht in den Linientätigkeiten verschwindet. Räumliche Nähe ist der beste Kommunikations-Trigger, räumliche Trennung der größte Kommunikationskiller.

Kann die räumliche Nähe nicht hergestellt werden, steigen die Ansprüche an eine gute und effiziente Kommunikation enorm.

Es wird empfohlen zur Entwicklung des Kommunikationsplans eine Ermittlung des Informationsbedarfs der einzelnen Stakeholder durchzuführen. Dabei werden die Beziehungen der Stakeholder auf Informationsebene erfasst und die Bedarfe dokumentiert. Die wichtigste Erkenntnis ist, dass nicht jeder Stakeholder Informationen in gleicher Frequenz und Detailgüte benötigt.

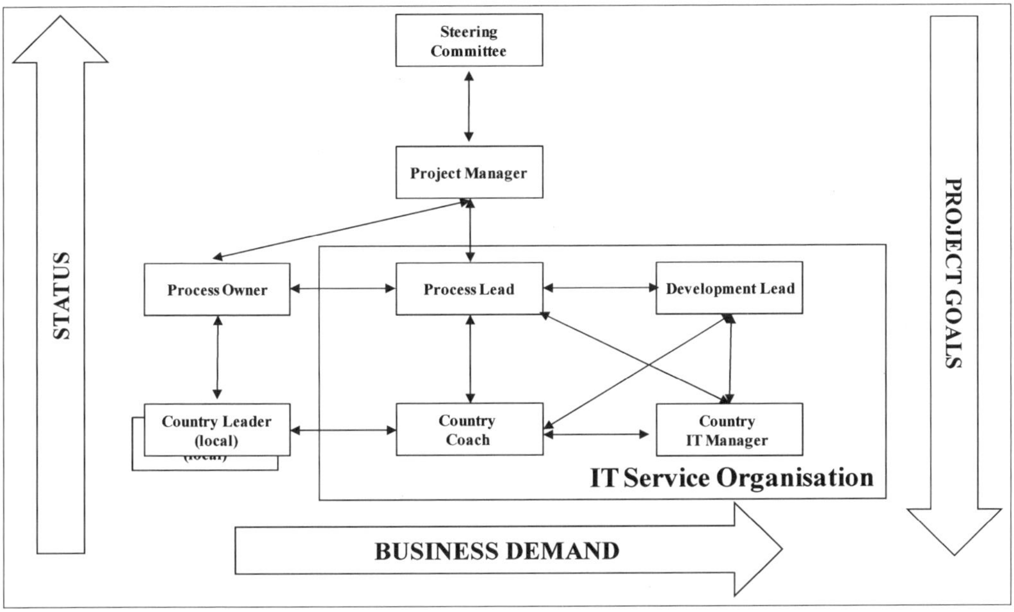

Abbildung 6: Beispielhafte Darstellung der Kommunikationsbeziehungen in einer komplexen Projektsituation

In der oberen Darstellung sind die Informationsflüsse dargestellt. Im Kommunikationsplan wird jeder der Informationsflüsse, der im Zusammenhang mit der Projektorganisation steht, im Beispiel die IT-Service-Organisation, übernommen und mit Informationen angereichert.

Als einfachstes Werkzeug kann hier eine tabellarische Darstellung der Kommunikationsflüsse gewählt werden. Hierbei sind folgende Punkte zu erfassen:

- Bezeichnung der Kommunikation
- Art der Kommunikation (Meeting, Dokument, Mail, Intranet, Flyer, Wandanschlag)
- Verantwortlicher (Initiator)
- Zielgruppe
- Inhalt (Was soll kommuniziert werden?)
- Frequenz (Häufigkeit der Kommunikation)
- Bei Meetings noch die Dauer und der Ort

Damit der Kommunikationsplan auch konsequent angewendet wird und ein Monitoring der Einhaltung stattfindet, wird empfohlen, die Kommunikation im Projektplan aufzunehmen und die Punkte der Kommunikation in direkte Abhängigkeiten zu anderen Projektereignissen zu stellen, z. B. Teilrollout, Erreichung eines Meilensteins, Go-Live, Release einer Softwareversion.

Neben der Frequenz haben die unterschiedlichen Stakeholder auch verschiedene Anforderungen an die Granularität und Detailfülle an Informationen. Als Faustformel dient, dass über die Projektorganisation bottom-up, die Frequenz und Detailfülle abnehmen und die Abstraktion und Vereinfachung an Informationen zunehmen.

Ein Lenkungsausschuss, der sich zum Beispiel zu sehr mit dem Mikro-Management des Projektes beschäftigt, spricht zum einen der Projektleitung zumindest indirekt sein Misstrauen aus und wird zum anderen im Zweifelsfall aufgrund der natürlicherweise unzureichenden Informationen, (man bedenke er hat abstraktere und aggregierte Informationen als die operative Projektebene) die falschen Entscheidungen treffen.

Der Kommunikationsplan ist als Plan nicht gegen Veränderungen gefeit. Vielmehr sollte er in regelmäßigen Abständen und auch bei größeren Veränderungen in der Projektsituation überprüft und angepasst werden. In der Regel ist es auch der Fall, dass im laufenden Projektbetrieb vereinzelte Anpassungsnotwendigkeiten oder Ineffizienzen erkannt und umgesetzt werden.

Zudem ist der Kommunikationsplan ein hervorragendes Mittel, um immer wieder die Ziele von einzelnen Meetings sowie deren Teilnehmergruppen zu verifizieren und zu korrigieren. Denn üblicherweise wachsen über die Zeit die Teilnehmerzahlen und die Meetingziele verwässern, was dann insgesamt die Effizienz und die Qualität der Ergebnisse mindert.

4.1.2 Controlling

Eine weitere Aufgabe der Projektleitung ist das operative Controlling. Dies soll sicherstellen, dass der Projektablauf in den vorher vereinbarten Bahnen abgewickelt wird. Dabei sind folgende Aspekte vom Controlling abzudecken:

- Budget
- Zeit
- Qualität
- Scope

Dabei erfolgt das Reporting bottom-up nach vorher definierten Indikatoren (KPI), die Steuerung jedoch top-down.

Das Projektcontrolling dient dazu die geplante Projektsituation mit der tatsächlichen zu vergleichen und zudem einen Ausblick zum Projektende abzuleiten. Dadurch sollen mögliche Risikosituationen schnellstmöglich identifiziert werden, so dass gegensteuernde Maßnahmen möglichst einfach und effizient eingeleitet werden können.

Ein weiterer Aspekt des Projektcontrollings ist der Nachweis von korrektem und effizientem Einsatz von Budget und Personal gegenüber dem Kunden und dem Sponsor. Zusammen mit der Meilenstein-Trend-Analyse kann so ein recht aussagekräftiger Projektstatus generiert werden.

Es ist wichtig den Status als Werkzeug zu verstehen. Vielerorts werden jedoch der Status als Gängelei des Sponsors und Kunden verstanden und vorsätzliche falsche Werte gemeldet um ungewollten Diskussionen und Rechtfertigungen zu entgehen. Dies führt fast immer zum Vertrauensverlust der Projektleitung bei den Stakeholdern, eine weitere Projektarbeit ist dann meist ausgeschlossen. Außerdem kann eine Verschleppung von Eskalationen und Risikomeldungen dazu führen, dass das Projekt in eine Lage gerät, aus der es kaum noch zu retten beziehungsweise nur noch unter Aufbringung von erheblichen Mitteln wieder zurück auf Spur gebracht werden kann.

Der reportete Status muss immer korrekt sein, aber nicht alle Wahrheiten und Details des Projektes müssen nach außen getragen werden. Dies ermöglicht zum einen eine vertrauensvolle Zusammenarbeit von Projektleitung und Projektteam und zum anderen wird vermieden, dass der Sponsor oder Kunde Gefahr läuft ins Mikro-Management abzudriften.

Nach außen hin sollte das Projekt einen Ereignis-Horizont haben und es ist die Aufgabe der Projektleitung zu bewerten, was darüber hinaus dringt und welche Informationen im Projekt verbleiben.

4.1.3 Operative Projektsteuerung

Besonders große Projekt mit vielen Einflussfaktoren, sind sehr komplexe Gebilde welche sich in permanentem Wandel befinden. Deshalb ist es unerlässlich eine permanente Projektplanung durchzuführen.

Aus dem Controlling heraus werden Abweichungen des Plans vom Soll ermittelt und kurzfristige Maßnahmen eingeleitet, um wieder zurück zum Planzustand zu kommen oder die Gesamtplanung anzupassen, so dass eine Zielerreichung, unter neu angepassten Zielen, sichergestellt ist. Die Maßnahmen können sich auf folgende Dimensionen auswirken:

- Zeit
- Budget
- Qualität
- Scope

Das Ergreifen von kurzfristigen Maßnahmen darf nicht mit mittel- und langfristigen Maßnahmen kollidieren.

Komischerweise herrscht auch heute noch die Meinung, ein Projektplan muss einmal erstellt und dann „abgewickelt“ werden. Jegliche Änderungen und steuernde Maßnahmen werden als Fehler im ursprünglichen Plan angesehen und die Fähigkeit des Projektleiters angezweifelt.

Die eigentlichen Qualitäten eines Projektleiters liegen allerdings paradoxerweise darin, möglichst schnell und effizient auf Situationsveränderungen zu reagieren. Nur bräuchte man in diesem Falle der Projektabwicklung keinen guten Projektleiter, sondern lediglich einen guten Planer. Auch die unzähligen gescheiterten IT-Projekte haben daran bisher nichts geändert.

Der Projektleiter muss in dieser Aufgabe immer eine Gratwanderung, zwischen der Gunst der Kunden und Sponsoren als auch der Glaubwürdigkeit und dem Rückhalt bei seinem Projektteam wagen.

4.2 Projektausführung

Während die Projektleitung dafür zuständig ist, die Voraussetzungen zur Projektdurchführung zu schaffen ist das Projektteam verantwortlich, das eigentliche Projekt umzusetzen. Dabei wird die Lösung in verschiedene Domänen aufgebrochen und blockweise abgearbeitet. Dies schlägt sich in der Projektstruktur nieder. Dabei folgt die Struktur meist den Best-Practice-Ansätzen im Unternehmen und wird teilweise noch von der angewendeten Projektmethodik beeinflusst.

Eine weitere wichtige Rolle spielt das Anforderungsmanagement, welches die Herausforderungen des Kunden analysiert, strukturiert und zur Lösung in die Projektstruktur überführt. Dabei ist es Aufgabe des Anforderungsmanagement Teams zu vermeiden, das Anforderungen sich widersprechen, beziehungsweise zusätzliche und vermeidbare Komplexitäten schaffen, welche die Projektrealisierung gefährden.

Die Qualitätssicherung überwacht die Ergebnisse und führt einzelne Komponenten zusammen. Sie sollte weitestgehend unabhängig von den umsetzenden Teams sein um möglichst objektive Resultate zu erzielen. Um der Qualitätssicherung ein entsprechendes Arbeitsumfeld zu schaffen, ist es natürlich unumgänglich, die Ziele möglichst quantifizierbar und somit messbar zuhalten, damit geeignete Tests entwickelt werden können, um die Qualität ausreichend zu dokumentieren.

Erfolgreiche Test sind die Voraussetzung die Projektergebnisse an den Kunden zu übergeben.

4.2.1 Projektstruktur

Unzählige Abhandlungen referieren über die bestmögliche Projektstruktur, dabei ist es jedoch viel wichtiger die Einflussfaktoren auf die Projektstruktur zu betrachten.

Richtet man die Projektstruktur zu sehr an der Linienorganisation aus besteht das Risiko, dass die Linienverantwortlichen direkt oder indirekt auf das Projektgeschehen Einfluss nehmen. Dies wiederum resultiert in Gewissenskonflikten bei den Projektmitgliedern, welche unter Umständen widersprüchliche Weisungen aus der Linienorganisation und dem Projektmanagement erhalten. Das wird besonders kritisch, wenn Ressourcen nicht dediziert dem Projekt zugeordnet sind und zur Projektarbeit noch parallel Linientätigkeiten wahrnehmen.

Aus diesem Grund ist es immer ratsam, die Projektteams an einem zentralen Ort zusammenzuziehen, der idealerweise auch räumlich von ihren Linienarbeitsplätzen getrennt ist. Dies ermöglicht ihnen, sich optimal mit ihren Projektaufgaben zu identifizieren und die Arbeit zu fokussieren.

Ebenso wie der Projektplan ist auch die Projektstruktur nicht gegen Veränderungen gefeit. Allerdings ist zu beachten, dass diese nicht willkürlich und zu oft erfolgen. Vielmehr sind solche Veränderungen dermaßen weit- und tiefgreifend, dass man ihnen erst einen gewissen Zeitraum einräumen muss, um zu überprüfen, ob die Veränderung überhaupt den gewünschten Erfolg mit sich bringt.

Welche Struktur im Einzelnen funktioniert, ob eine thematische, systembezogene oder organisationsgetrieben Struktur, hängt stark vom Projektinhalt und den politischen und organisatorischen Gegebenheiten ab.

4.2.2 Anforderungsmanagement

Der Erfolg eines Projektes steht und fällt mit dem Anforderungsmanagement. Zum einen dient es dazu den Input in das Projekt zu kanalisieren, indem vage und nicht durch Nutzen belegbare Anforderungen abgelehnt werden. Zum anderen dient es dazu, aus vielen einzelnen Bausteinen ein ganzheitliches Lösungskonstrukt zu schaffen, welches die Rahmenbedingungen des Sponsors einhaltend die vereinbarten Ziele erreicht.

Zusätzlich sollen bearbeitbare Arbeitspakete definiert werden, um Lösungen zu strukturieren und für die Projektteams aufzubereiten.

Als wichtige Schnittstelle des Kunden oder der Fachabteilungen in das Projekt muss das Anforderungsmanagement zwischen Kunde und Projektteam vermitteln. Selten lassen sich alle Anforderungen umsetzen. Eine gewisse kritische Betrachtung und Nutzenanalyse hilft nicht nur das Projekt zu entlasten, sondern auch zusammen mit dem Kunden seine Forderungen zu verifizieren und zu verproben.

Ein schwaches Demand Management, welches Anforderungen vom Kunden nur aufnimmt und unstrukturiert in das Projekt „einkippt“ wird dieses schnell überfordern und überlasten, indem es ungebührlich hohe Entwicklungs- und Testaufwände generiert, zu denen sich dann noch zusätzliche Change Requests und auch ambivalente Testergebnisse gesellen.

Eine weitere Aufgabe des Anforderungsmanagement ist es die Anforderungen gemäß der vereinbarten Strategie und Roadmap auszurichten und in einen zeitlichen Ablauf zu bringen.

4.2.3 Qualitätssicherung

Die Qualitätssicherung ist neben der Dokumentation das erste Opfer von Kürzungen bei Budget- oder Zeitproblemen, ist aber für das Projekt und den ordentlichen Projektabschluss sowie als Nachweis der Projektorganisation gegenüber den Kunden und Sponsoren ein wichtiges Werkzeug.

Die Qualitätssicherung dient der effektiven Fortschritts- und Erfolgskontrolle im Projekt und ist zugleich unabhängiges Maßband. Tests und Testergebnisse dienen den Entwicklungsteams als finaler Beweis über die Zielerreichung. Dabei sollten die Werkzeuge immer mit Verstand angewendet werden, denn eine ineffiziente und planlose Qualitätssicherung kann dem Projektfortschritt eher hinderlich sein.

In den Anforderungen ist die hinreichend genaue Definition der Ziele und Dokumentation von Beginn an wichtig, denn nur dadurch lassen sich gute und effiziente Testfälle und Testszenarien entwickeln.

Die zeitliche Terminierung von Modul, System und Integrationstests ist hierbei von Entscheidung, denn diese sollten immer kontinuierlich und mit genügend Vorlauf zu den Meilensteinen erfolgen.

Erfolgreiche Tests sind Voraussetzung für die Erreichung eines Meilensteines – es ist dabei zu vermeiden eine Freigabe unter Vorbehalt zu geben oder zu akzeptieren. Es ist äußerst selten, dass die vereinbarten Nacharbeiten und Nachtests auch tatsächlich erfolgen. Was übrig bleibt ist ein mangelhaftes Produkt welches an die Kunden ausgeliefert wird – oftmals generiert man über mehrere Releases hinweg ein Qualitäts-Backlog, welches dann kaum noch abzuarbeiten ist, da die nächste Projektphase mittlerweile unter ähnlichen Symptomen leidet.

Werden die Qualitätsprobleme zu groß, ist es ratsam ein Projekt anzuhalten und eine zusätzliche Qualitätssicherungs- und Stabilisierungsphase einzuplanen, welche dediziert die Qualität auf ein definiertes Maß hebt.

Nur durch den dokumentierten Nachweis von erfolgreichen Tests ist schlussendlich ein erfolgreicher und ordentlicher Abschluss eines Projektes überhaupt möglich.

5 Projektabschluss – Schlussmachen, aber richtig

Das Schlüsselkriterium, welches ein Projekt zu einem Projekt macht, ist die definierte Dauer und das sichere Ende der Tätigkeiten nach Erreichung der vereinbarten Ziele. Ein großer Fehler vieler Projekte ist es, dass sie einfach nicht beendet werden. Vielmehr gehen Projekte am Ende ihrer Laufzeit in eine Art Hybridmodus zwischen Regel- und Projektbetrieb über. Dies liegt oft daran, dass die Projektparteien unterschiedliche Auffassung über die Erreichung und Reife des Projektes haben oder die Ziele nicht ausreichend konkret definiert wurden, eine objektive Zielerreichung also gar nicht möglich ist.

Ein weiterer Grund für den Hybridmodus ist es, dass im Rahmen des Projektes eine Lösung geschaffen wurde, die von der eigentlichen Zielgruppe nicht bedient und vom Operations Team nicht betrieben werden kann.

Dieser Modus ist unbedingt zu vermeiden, da sonst auf unabsehbare Zeit zu viele Ressourcen (Budget und Personal) gebunden werden, die in zukünftigen Projekten, oder dem Regelbetrieb fehlen. Außerdem werden so die Projektziele, welche in der Regel auf Kosten- und Effizienzverbesserungen zielen nicht erreicht.

5.1 Projektabnahme

Damit ein Projekt erfolgreich an den Kunden übergeben werden kann, müssen verschiedene Voraussetzungen erfüllt sein. Die offensichtlichsten Punkte sind die technische Verfügbarkeit der Lösung und die erfolgte Abnahme durch das Gremium aus Sponsor und Kunde.

Es gibt aber noch weitere Faktoren, die erfüllt sein müssen um eine Lösung in den Regelbetrieb übergeben zu können. So müssen die Nutzer trainiert sein und eine ausreichend, zielgruppenadäquate Dokumentation vorliegen.

Die Abnahme muss unbedingt formal erfolgen, idealerweise in einem Protokoll, da dies der finalen Entlastung der Projektleitung und des Projektteams dient. Eine formale Abnahme bestätigt auch die Akzeptanz des Kunden und Sponsors.

Eine Abnahme unter Vorbehalt sollte vermieden werden, da ebenfalls wie bei der Freigabe von einzelnen Meilensteinen die Gefahr der Verzögerung entsteht, die das Projekt wieder in den vorher angesprochenen Hybridzustand zwingen.

5.2 Übernahme in den Regelbetrieb

Die Übergabe in den Regelbetrieb erfolgt in einem mehrstufigen Prozess.

5.2.1 Go-Live-Vorbereitung

Während dieser Trainingsphase für die Endnutzer wird die zukünftige Regelorganisation an die neuen Werkzeuge und Prozesse herangeführt. Dies kann im Rahmen oder in Verbindung mit Abnahmetests erfolgen. Dies ermöglicht es den Mitgliedern der Regelorganisation sich frühestmöglich in Abstimmung mit den Experten, die das System entwickelt haben abzustimmen und besonders die Eigenheiten und Grenzfälle des Betriebes zu erlernen.

Ziel ist es, dass die Regelorganisation zum Go-Live schon bereit ist, den Betrieb in den Bahnen des Alltagsbetriebes zu übernehmen.

Während dieser Phase werden die neuen Systeme und Prozesse auch in die produktiven Management- und Support-Strukturen integriert.

Die Verantwortung des Betriebes liegt nach dem Go-Live bei der Regelorganisation, die Projektorganisation wird an einzelnen Stellen nur noch als Experte hinzugezogen.

5.2.2 Erweiterter Support (Hypercare)

Gerade bei großen und komplexen Projekten wird eine intensive Support-Phase nach dem Go-Live eingerichtet in der die Experten aus der Projektorganisation der Regelorganisation noch für erweiterte und komplexe Supportfälle zur Verfügung stehen.

Zusätzlich werden in dieser Phase noch erhöhte Fehlermeldungsraten erwartet, so dass ein Hypercare-Team diese noch in einer Art Projektmodus beheben kann, ohne die teilweise zeitraubenden Wege über das reguläre Change Management zu gehen.

Zu beachten ist dabei, dass kritisch zwischen Fehlern und Change Requests unterschieden wird. In dieser Phase ist das Risiko besonders groß, dass eigentliche Change Requests als Fehler klassifiziert und auf dem „kurzen Dienstweg" bearbeitet werden.

Die Phase des erweiterten Supports sollte entweder zeitlich terminiert sein, oder aber von der Erreichung von bestimmten KPIs abhängig gemacht werden. Zum Beispiel ein bestimmtes Call Volumen wird unterschritten, oder die Systeme laufen stabil gemäß der Programmdokumentation.

5.3 Projekt-Review und Schlussbericht

Nach der Beendigung des Projektes empfiehlt es sich, in vielen Unternehmen ist es sogar vorgeschrieben, eine Art Lessons-Learned-Sitzung durchzuführen. In diese werden die einzelnen Projektparteien dokumentieren welche positiven und aber auch negativen Erfahrungen sie im Rahmen des Projektes gemacht haben, insbesondere welche Situationen und Herausforderungen von nun an anders gehandhabt werden sollten.

Ziel dieser Sitzungen ist es, die einzelnen Parteien zur Reflexion zu bewegen und das während des Projektes erlangte Wissen möglichst aufzufangen und zu dokumentieren, getreu dem alten Sprichwort „Danach ist man immer klüger".

Damit soll verhindert werden, dass ähnliche Projekte oder aber die gleichen Projektmitglieder zukünftig in ähnliche Probleme laufen. Außerdem soll die Erfahrung multipliziert und verteilt werden. Die Erkenntnisse der Sitzungen werden dokumentiert und finden ihren Niederschlag in den standardisierten Projektmethoden und Arbeitsanweisungen.

Als allerletzte Maßnahme fertigt das Projektmanagement einen Projektbericht an, in dem detailliert beschrieben wird wie die Ziele, Kosten und Qualität eingehalten worden. Zusätzlich werden auch die wichtigsten Lehren aus der Projektarbeit dokumentiert, insbesondere diese, die sich an den Projektsponsor oder den Kunden richten.

6 Fazit

Dieser Beitrag hat verdeutlicht, dass erfolgreiches Projektmanagement weniger mit starren Regeln und Vorgaben zu tun hat als mit situationsabhängigen Maßnahmen und politischem Feingefühl und einer entsprechenden Vorbereitung bedarf.

Beim Lesen dieses Beitrages hat sich sicher ein jeder gedacht: „Das ist doch logisch, was wird das hier erwähnt?" Ganz einfach, es wird hier erwähnt, weil es in vielen Projekten nicht eingehalten wird.

Dieser Beitrag sollte herausarbeiten, dass ein Projekt eine Ansammlung von Variablen und Einflussfaktoren ist, welche nicht einheitlich zu optimieren sind. Vielmehr ist ein erfolgreiches Projekt nur zu meistern, indem alle beteiligten Seiten entsprechende Kompromisse eingehen und die Ziele des Projektes in den Vordergrund stellen.

Eine gute Vorbereitung und Disziplin sind unerlässlich, um die dem Projekt gesteckten Ziele nachhaltig und nachweislich zu erreichen.

Quellenverzeichnis

Coverdale GmbH (2012): Projektzielscheibe, Wien 2012.

Project Management Institute (2008): A Guide to the Project Management Body of Knowledge, 4. Auflage, Pennsylvania 2008.

Wikipedia (2012): SMART Kriterien, online: http://de.wikipedia.org/wiki/SMART_(Projektmanagement), Stand: 30.10.2012, Abruf: 01.11.2012.

Die Balanced Scorecard (BSC) im Innovationsmanagement[1]

Christian Stummer und *Markus Günther*

Universität Bielefeld

[1] Vorab publiziert als *Stummer/Günther* (2011).

1 Einführung

Mit der zunehmenden Bedeutung von Innovationen für den langfristigen Unternehmenserfolg steigt auch der Stellenwert eines professionellen Innovationsmanagements, wobei nicht zuletzt der Messung und Steuerung des Innovationserfolgs eine zentrale Rolle zukommt. Das Innovationscontrolling hat sich dabei in der Vergangenheit meist auf Instrumente und Methoden konzentriert, mit deren Hilfe die Einhaltung von Zeit- und Kostenzielen sichergestellt bzw. überprüft werden konnte. Ergänzend dazu sollte die Balanced Scorecard (BSC) einen Rahmen schaffen, um Vision und Strategie eines Unternehmens in klar definierte Ziele und Kennzahlen für das Innovationsmanagement zu übersetzen.[2]

2 Die Balanced Scorecard im Überblick

Vor dem Hintergrund massiver Kritik in der Literatur bzw. aus weiten Teilen der Praxis an den damals gängigen – überwiegend an finanziellen Kennzahlen orientierten – Konzepten des Performance Measurement wurde die BSC Anfang der 1990er Jahre entwickelt.[3] Sie sollte das Management bei (i) der Klärung und dem Herunterbrechen von Visionen und Strategien, (ii) der Kommunikation und Verknüpfung von strategischen Zielen und Maßnahmen, (iii) der Planung und Festlegung von Zielen und der Abstimmung strategischer Initiativen sowie (iv) der Verbesserung von strategischem Feedback und Lernen unterstützen. Die Bestandteile des Namens leiteten *Kaplan/Norton* einerseits von der angestrebten Balance zwischen kurz- und langfristigen Zielen, monetären und nichtmonetären Kennzahlen, Spät- und Frühindikatoren sowie externen und internen Performance-Perspektiven und andererseits von der Aufzeichnung von Kennzahlen in einem Berichtsbogen (Scorecard) ab.

Im Kern versucht die BSC, den Wertschöpfungsprozess einer Unternehmung über ein Modell hypothetischer Ursache-Wirkungs-Zusammenhänge abzubilden und damit letztlich die Vision bzw. die Strategien eines Unternehmens zur Anbindung an das operative Tagesgeschäft in konkrete Ziele, Messgrößen und Maßnahmen überzuleiten. Die BSC bietet so einen Ansatzpunkt zur strategischen Steuerung, mutet dem Management mit seinem weitgehend normierten Kennzahlenkatalog aber keine völlig neuen Denkmuster zu.[4] Zudem werden Führungskräfte im Zuge der Erstellung von Hypothesen über Ursache-Wirkungs-Zusammenhänge dazu angeregt, ihr implizites Wissen und ihre inneren Modelle zu explizieren und diese dem kritischen Diskurs im Team auszusetzen.[5] Schließlich erfordert der Aufbau einer BSC von den Beteiligten die Auseinandersetzung mit der Unternehmensvision, den Unternehmensstrategien sowie den zu deren Umsetzung notwendigen Maßnahmen.

---

[2] Vgl. *Kaplan/Norton* (1992).

[3] Vgl. *Weber/Schäffer* (1998).

[4] Vgl. *Weber* (2000).

[5] Vgl. *Weber/Schäffer* (1998).

Das BSC-Konzept stößt jedoch nicht nur auf Begeisterung, sondern sieht sich unter anderem dem Vorwurf ausgesetzt, bereits ältere und weit verbreitete Erkenntnisse im Zusammenhang mit der Steuerung von Unternehmen unter dem Deckmantel eines neuen Begriffs „aufzuwärmen“ und der Fachwelt als betriebswirtschaftliche Innovation zu offerieren.[6] So sind Kennzahlen bereits seit Langem gängige Praxis, und auch die prinzipielle Bedeutung nichtfinanzieller Größen ist unbestritten. Der Umfang ihres Erfolgsbeitrags sei dazu weder theoretisch noch empirisch in dem Maße bestätigt, wie er von Befürwortern der BSC propagiert wird. Vielmehr zeige die empirische Forschung, dass die Mehrheit der implizierten Kausalzusammenhänge nicht eindeutig erhärtet werden könne, weil die Rolle einer Vielzahl intervenierender Kontextfaktoren weitgehend ungeklärt sei.[7]

Trotz dieser Kritik hat die BSC insbesondere im US-amerikanischen Raum regen Zuspruch erfahren[8], was z. T. auf ein in zahlreichen Seminaren, Artikeln und Büchern begründetes, imitatives Verhalten zurückgeführt wird.[9] Mehrere Erhebungen zur Verbreitung in deutschen Unternehmen belegen aber auch hier einen hohen Bekanntheitsgrad der BSC sowie zahlreiche Anwendungen.[10] Allerdings zeigen Befragungsergebnisse, dass in vielen Unternehmen, in denen bereits eine BSC existiert, zwar die notwendigen Überlegungen zu Messgrößen bzw. Kennzahlen angestellt, aber bei weitem nicht immer auch Ursache-Wirkungs-Ketten in die BSC aufgenommen wurden. Daraus ließe sich folgern, dass viele die BSC lediglich als Kennzahlensystem und nicht als ein Managementsystem nutzen, das anhand von Wirkungsketten eine Auseinandersetzung mit der Strategie fördert.[11]

3 Abteilungs-Scorecards im Innovationsmanagement

Die BSC gilt als Planungs- und Steuerungsinstrument für nahezu alle Leistungsebenen.[12] In der Regel folgt die Erstellung einer Abteilungs-Scorecard einem Top-Down-Prozess, in dem die Unternehmensleitung den Anstoß gibt und zunächst die globalen Ziele und Strategien festlegt. Danach werden die Ziele auf die unteren Ebenen übertragen und verfeinert, sodass ein Geflecht von hierarchisch geordneten BSCs entsteht (siehe Abbildung 1).

---

6 Vgl. *STADELMANN/LUX* (2000), *MALMI* (2001) und *STÖLZLE* (2001).

7 Vgl. *PFAFF/KUNZ/PFEIFFER* (2000).

8 Vgl. *ITTNER/LARCKER* (1998), *SILK* (1998) und *RIGBY* (2001).

9 Vgl. *MALMI* (2001).

10 Vgl. *ZIMMERMANN/JÖHNK* (2000), *RUHTZ* (2001) und *TÖPFER/LINDSTÄDT/FÖRSTER* (2002).

11 Vgl. *SPECKBACHER/BISCHOF* (2000).

12 Vgl. *GLEICH* (2001).

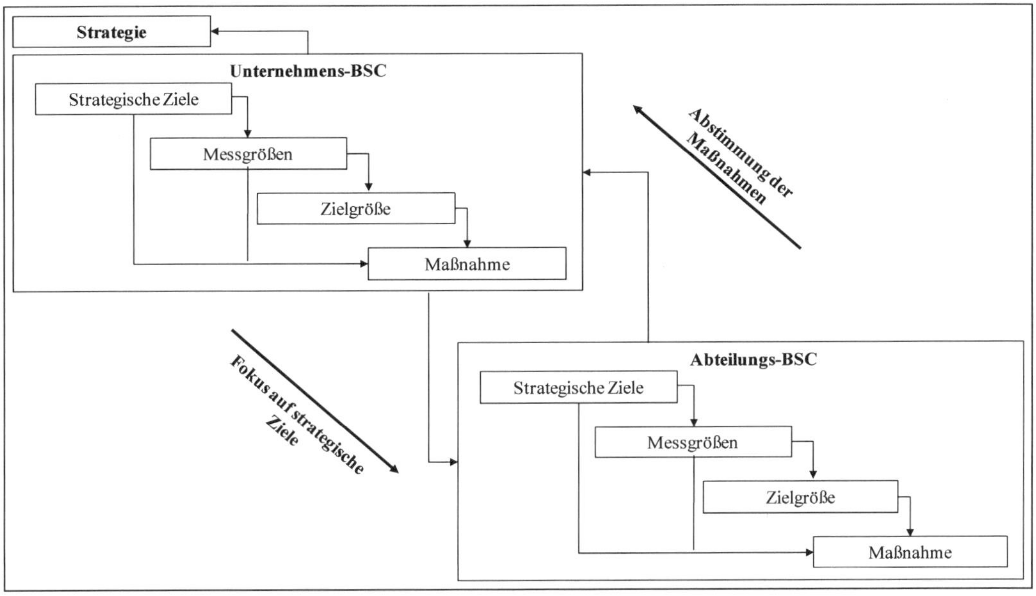

Abbildung 1: Zusammenspiel der Scorecards[13]

Eine Abteilungs-Scorecard für das Innovationsmanagement kann dann unterstützen bei (i) der Ausrichtung der Forschung und Entwicklung auf die Unternehmensstrategie, (ii) der einheitlichen Zielorientierung bzw. der Formulierung eines gemeinsamen Zielverständnisses im Innovationsmanagement, (iii) der Auswahl von erfolgsentscheidenden Innovationskennzahlen und (iv) dem frühzeitigen Erkennen von Handlungsbedarf.[14] Beispielhaft beschreibt das *SCHMELZER*[15], der es bei den vier klassischen Perspektiven „Kunden", „Finanzen", „Prozesse" und „Lernen" belässt und als Treiber der Forschungs- und Entwicklungs-Ergebnisse (F&E-Ergebnisse) „Technologien", „F&E-Personal", „F&E-Ressourcen" sowie „Prozesse" vorschlägt. Auch *KERSSENS-VAN DRONGELEN/COOKE*[16] behalten die vier ursprünglichen Perspektiven bei (siehe Abbildung 2). Demgegenüber wählen *NEUFELD/SIMEONI/TAYLOR* [17] die Perspektiven „People", „Leadership", „Research management" und „Organizational performance", während *JOSSÉ*[18] darüber hinaus eine „Produkt"-Perspektive einführt, mit deren Hilfe produktspezifische Attribute wie Funktionalität oder Kundennutzen direkten Eingang in die Scorecard finden können.

13 In Anlehnung an *HORSTMANN* (1999).

14 Vgl. *SCHMELZER* (2000).

15 Vgl. *SCHMELZER* (2000).

16 Vgl. *KERSSENS-VAN DRONGELEN/COOKE* (1997).

17 Vgl *NEUFELD/SIMEONI/TAYLOR* (2001).

18 Vgl. *JOSSÉ* (2005).

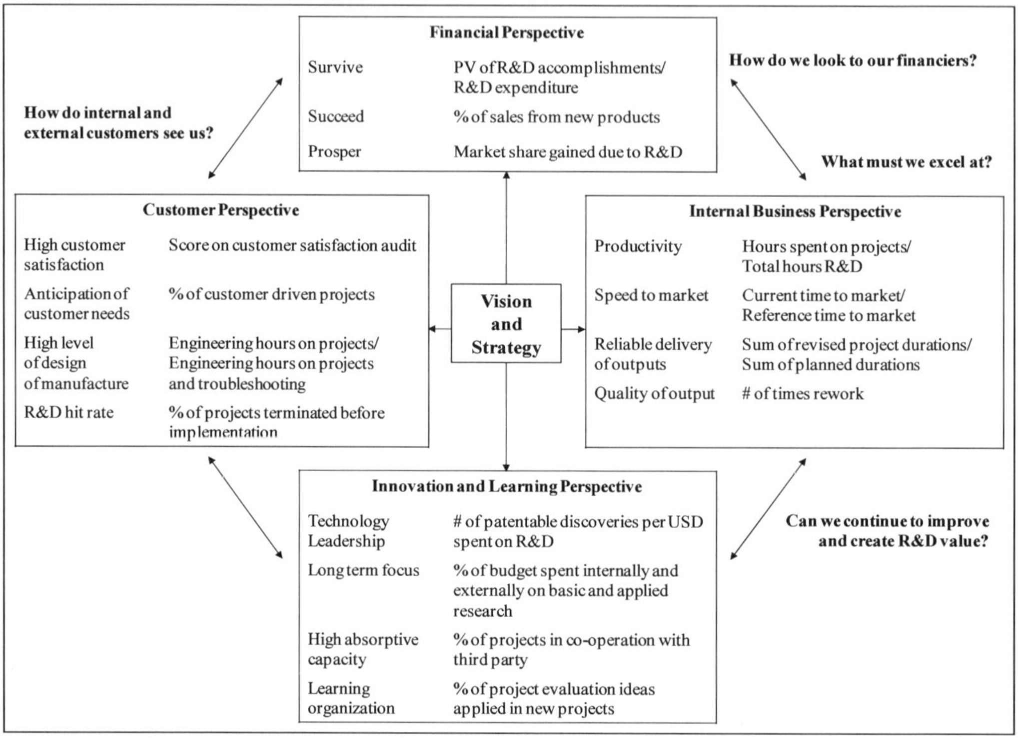

Abbildung 2: Beispiel einer Balanced Scorecard für eine F&E-Organisation[19]

Über die Wahl der Perspektiven resp. Treiber hinaus sollte besonderes Augenmerk auf die in die BSC aufzunehmenden Kennzahlen gelegt werden. Tatsächlich hängt die Innovationsleistung unter anderem von der Geschäfts- bzw. Innovationsstrategie, der Wettbewerbssituation oder dem aktuellen F&E-Leistungsniveau ab. Werden dagegen nur die F&E-Kosten bzw. der Umsatz gemessen, übersieht man, dass etwa die Kosten häufig auf Zuschlagsbasis ermittelt werden und daher den Ressourcenverbrauch nicht wirklichkeitsnah darstellen – und dass der Umsatz nicht alleine von Forschung und Entwicklung, sondern maßgeblich auch von Marketing, Vertrieb und Logistik beeinflusst wird.

Dementsprechend sind deutlich mehr (reichhaltige) Kennzahlen vonnöten. Diese können im Wesentlichen in Struktur- und Leistungskennzahlen unterschieden werden.[20] Erstere geben Auskunft über Leistungsstruktur und -potenziale der Forschung und Entwicklung und umfassen Kennzahlen bezogen auf Technologien, F&E-Personal und F&E-Ressourcen. Sie sind damit wichtige Indikatoren der Leistungsfähigkeit eines F&E-Bereichs und seiner Projekte. Leistungskennzahlen beziehen sich dagegen auf den aktuellen Stand der Leistungserstellung bzw. auf den Verlauf der Leistungsentwicklung in Forschung und Entwicklung und betreffen Kundenzufriedenheit, Zeit, Qualität und Kosten.[21]

---

19 In Anlehnung an KERSSENS-VAN DRONGELEN/COOKE (1997).

20 Vgl. SCHMELZER (2000).

21 Weitere Kennzahlen für eine BSC im Innovationsmanagement finden sich bei WERNER/SOUDER (1997), BROWN/SVENSON (1998), UTUNEN (2003) und BREMSER/BARSKY (2004).

Zur konkreten Implementierung einer Abteilungs-Scorecard für das Innovationsmanagement bietet die Literatur bislang relativ wenige Beispiele. *SANDSTRÖM/TOIVANEN*[22] beschreiben etwa den Einsatz der BSC zur Messung der Innovationsleistung in der finnischen *Tulikivi-Unternehmensgruppe*. Die Autoren berichten, dass durch die Einführung der BSC die Balance zwischen kurz- und langfristigen Zielen verbessert, griffige Maßnahmen für die Produktentwicklung gefunden und die Kommunikation zwischen der Entwicklungs-, der Marketing-, der Produktions- und der Finanzabteilung merklich verbessert werden konnten. Ebenfalls lesenswert ist ein Aufsatz von *GARCIA-VALDERRAMA/MULERO-MENDIGORRI*[23], die relevante Kriterien für eine Innovationsmanagement-BSC aus der Literatur abgeleitet und mit Hilfe von Expertenbefragungen validiert haben. Ähnlich sind schließlich auch *BIGLIARDI/DORMIO*[24] vorgegangen. Ihre BSC für das F&E-Management wurde bei einem italienischen Unternehmen aus der Automobilindustrie getestet und dort als grundsätzlich hilfreiches Instrument zur Messung der F&E-Leistung eingestuft.

Da Mängel im Aufbau einer BSC in der Regel zu Fehlentscheidungen und Unzufriedenheit mit dem Instrument führen, kommt dem Implementierungsprozess eine Schlüsselrolle für den Projekterfolg zu. Dies wird im Weiteren anhand von zwei konkreten Fallbeispielen illustriert.

4 Beispiel eines erfolgreichen Einführungsprozesses einer BSC

Der erste Beispielfall hat sich vor wenigen Jahren in einem internationalen Tochterunternehmen eines weltweit führenden deutschen Industriebetriebs aus der Elektronik- und Elektrotechnikbranche ereignet. Die dortige Abteilung für Innovationsmanagement wurde als Stabstelle geführt und hatte zur Aufgabe, Innovationspotenziale in den vielfältigen Unternehmensbereichen zu stimulieren und so bei der Entwicklung neuer und profitabler Geschäftsfelder mitzuwirken. Das Team arbeitete dazu vorrangig an Maßnahmen und Verfahren zur Generierung und Bewertung von Ideen für mögliche (Produkt-)Innovationen.

Die Entscheidung zur Erstellung einer BSC wurde vom Abteilungsleiter gefällt. Ausschlaggebend hierfür war der Wunsch, die Leistungen des Innovationsmanagements messbar und damit transparent zu machen, um diese insbesondere dem Vorstand gegenüber besser darstellen zu können. Das Projekt zur Erstellung der Abteilungs-Scorecard nahm insgesamt 21 Wochen in Anspruch und wurde letztendlich erfolgreich abgeschlossen. Im Folgenden werden die drei Projektphasen zur (i) Schaffung eines organisatorischen Rahmens für die Implementierung, (ii) Klärung strategischer Grundlagen und (iii) eigentlichen Ableitung der Scorecard skizziert.

---

22 Vgl. *SANDSTRÖM/TOIVANEN* (2002).

23 Vgl. *GARCIA-VALDERRAMA/MULERO-MENDIGORRI* (2005).

24 Vgl. *BIGLIARDI/DORMIO* (2010).

Organisatorischer Rahmen
Die Schaffung eines geeigneten organisatorischen Rahmens war vergleichsweise einfach zu gewährleisten, da die Abteilung hinreichend klein war, um alle betroffenen Mitarbeiter an der Erarbeitung der BSC zu beteiligen, was wiederum dazu beigetragen haben dürfte, Veränderungen leichter bzw. mit weniger Konflikten zu erzielen. Zudem gab es einen externen Projektverantwortlichen, der den Implementierungsprozess koordinieren, begleiten und steuern konnte. Dieser hatte zu Beginn insbesondere die Aufgabe, grundlegende Informationen zur BSC bzw. zum weiteren Implementierungsprozess bereitzustellen. Aus einer ex-post Betrachtung des Gesamtprojekts heraus hätte allerdings der nur für einen halben Tag angesetzte Start-up-Workshop deutlich umfangreicher ausfallen können, damit dann in den nachfolgenden Treffen zur Erarbeitung der einzelnen BSC-Bausteine der jeweils notwendige theoretische Unterbau weniger intensiv hätte aufbereitet werden müssen.

Strategieentwicklung
Die zweite Projektphase war der Formulierung einer Vision und der zugehörigen Strategien gewidmet. Zwar gab es schon zuvor immer wiederkehrende „Grundsatzdiskussionen" zur Ausrichtung des Bereichs, die Entwicklung der BSC bot aber nun den willkommenen Anlass für einen eigenen Workshop zu diesen Themen. Als Quintessenz wurde festgeschrieben, das Innovationsmanagement als nachweislichen Ergebnisbringer für das Unternehmen zu entwickeln und den Fokus verstärkt auf die Auswahl von Ideen mit außergewöhnlich guten wirtschaftlichen Erfolgsaussichten zu legen („Klasse statt Masse"). Der damit verbundene Beitrag zum Gesamtunternehmenserfolg sollte zudem besser dokumentiert und kommuniziert werden. Im Zuge der Strategieentwicklung erfolgte auch eine Analyse der relevanten unternehmensinternen und -externen Einflussfaktoren anhand einer (adaptierten) Potenzialanalyse, die einfach zu handhaben war und mit der die (Zwischen-)Ergebnisse gut visualisiert werden konnten.

Ableitung der Abteilungs-Scorecard
Die Perspektiven der Scorecard waren bereits als „Finanzen", „Kunde/Markt", „Interne Prozesse" sowie „Mitarbeiter/Potenzial" („Innovation" wurde bereichsintern durch „Potenzial" ersetzt) vorgegeben, da der Vorstand ursprünglich Scorecards für alle Abteilungen geplant hatte und diese dahingehend vereinheitlicht wissen wollte, dass sie später problemlos in eine Unternehmens-Scorecard zusammenlaufen. Aufbauend auf den Ergebnissen des Strategie-Workshops stand zunächst die Entwicklung von letztlich 14 strategischen Teilzielen im Vordergrund. In der „Finanzen"-Perspektive wurde beispielsweise als eines von mehreren Zielen festgelegt, dass der Anteil der erfolgreichen Geschäftsideen so weit gesteigert werden solle, dass mindestens ein festgelegter Anteil der Darlehen aus dem „Innovationstopf " (im Sinne eines Budgets für „internes Venture Capital") wieder zurückbezahlt werden könne. Danach wurden Matrizen aufgestellt, die darüber Aufschluss gaben, welche Ziele einander auf welche Weise beeinflussen, und daraus schließlich relevante Ursache-Wirkungs-Ketten abgeleitet. Das oben genannte Beispielziel wird dabei etwa durch die Konzentration auf wenige, besonders Erfolg versprechende Ideen und deren intensive Betreuung (ein Ziel aus der Perspektive „Kunde/Markt") sowie durch eine höhere Gewichtung der Wirtschaftlichkeit bei den Entscheidungen im Innovationsausschuss (aus der Perspektive „Interne Prozesse") unterstützt. Diesen beiden Zielen kommt es wiederum zugute, wenn mehr gute Ideen eingereicht werden (ein Ziel aus der „Potenzial"-Perspektive), was unter anderem durch die gesteigerte Risikobereitschaft und den Willen, (interner) Unternehmer für Innovationsprojekte zu werden (Perspektive „Interne Prozesse"), bzw. die Schaffung einer zentralen Anlaufstelle für Ideen und deren Umsetzung („Potenzial"-Perspektive) gefördert wird.

Die Kennzahlen zur Messung der Zielerreichung mussten klar definiert sein, sich mit vertretbarem Aufwand ermitteln lassen, motivieren (d.h. vermehrte Anstrengung sollte zu einer verbesserten Zielerreichung führen) sowie nachprüfbar zeigen, wie weit die gesetzten Ziele erfüllt werden. Obwohl die Festlegung geeigneter – insbesondere nicht-finanzieller – Messgrößen in der Literatur oft als schwierig beschrieben wird (als mögliche Gründe werden dort hoher Ermittlungsaufwand, organisatorische oder rechtliche Bedenken bzw. Schwierigkeiten bei der Quantifizierung der Ergebnisse angeführt), erwies sie sich in diesem Fallbeispiel als vergleichsweise problemlos, wenngleich für manche Ziele zwei bzw. drei Größen benötigt wurden, um den Grad der Zielerreichung hinreichend messbar zu gestalten. Im Rahmen des hierfür angesetzten Ziele-Workshops wurden für jede Messgröße die aktuellen Ist-Werte bestimmt und Soll-Werte festgelegt. Zu den Messgrößen zählten neben Finanzgrößen wie den kumulierten Darlehensrückzahlungen oder den Umsätzen der Innovationsprojekte auch die Zahl der Intrapreneure oder die Anzahl eingereichter Projektideen bzw. jener Vorschläge, die letztlich zu einem positiv evaluierten Geschäftsplan führen.

Schlussendlich wurden 19 mögliche Maßnahmen („strategische Aktionen“) – wie zum Beispiel Anreiz-Systeme, regelmäßige Veranstaltungen mit Netzwerkmitgliedern oder erweiterte Funktionalitäten im internen „Inno-Web“ bis hin zu rascheren organisatorischen Abläufen für die Projektauswahl – überlegt und in einem Diagramm mit den Achsenbezeichnungen „Bedeutung für Zielsystem“ sowie „Ressourcenaufwand“ eingetragen. Maßnahmen im Quadranten mit großer Bedeutung und gleichzeitig geringem Ressourcenaufwand erhielten entsprechend hohe Prioritäten, während jene im gegenüberliegenden Quadranten überhaupt nicht oder zumindest nicht vorrangig weiter verfolgt wurden. Für jede der vorrangigen Maßnahmen wurde außerdem ein für die Realisierung Verantwortlicher bestimmt.

Das Resümee des Abteilungsleiters nach Erstellung der Abteilungs-Scorecard für das Innovationsmanagement fiel positiv aus. Dieser Erfolg lässt sich zunächst (auch) auf die organisatorischen Rahmenbedingungen während der Implementation zurückführen. So hat es sich insbesondere bewährt, den Mitgliedern des Projektteams bereits frühzeitig Informationen zum BSC-Konzept zur Verfügung zu stellen. Dadurch wurde den betroffenen Mitarbeitern und Mitarbeiterinnen der mögliche Nutzen einer BSC rasch bewusst, sodass der weitere Implementationsprozess von großem Engagement getragen war. Hilfreich war zudem die Durchführung der Workshops in einem externen Seminarhotel, womit Störungen durch das Tagesgeschäft weitgehend ausgeschlossen waren. Des Weiteren ging das BSC-Projekt von der Führungsspitze aus und hatte somit nicht nur die Unterstützung des Bereichsleiters, sondern konnte sich auch auf einen Vorstandsauftrag berufen. Als besonders wertvolles Ergebnis des Projekts wurde schließlich die strukturierte Strategiediskussion und -formulierung hervorgehoben.

5 Beispiel eines gescheiterten Einführungsprozesses einer BSC

Das zweite Fallbeispiel stammt aus einem Zulieferunternehmen der Automobilbranche, das sich auf das Engineering von der Auftragskonstruktion bis hin zur Entwicklung fertiger Systemmodule spezialisiert hat. Dementsprechend kommt der Entwicklungsabteilung eine Schlüsselrolle im Unternehmen zu.

Der Anstoß zur Entwicklung einer BSC kam vom Leiter des Controllings, der das bestehende (auf Finanzkennzahlen beruhende) Berichtswesen durch „mehrere gleichwertige Sichtweisen" anreichern wollte. Dazu sollten für jede Abteilung individuelle Scorecards erstellt und diese schließlich in einer Unternehmens-Scorecard zusammengeführt werden. Ferner war eine an bestehende Systeme angebundene IT-Plattform geplant, um alle relevanten Daten zentral zusammenfassen, aufbereiten und für monatliche Auswertungen zur Verfügung stellen zu können. Für das gesamte Projekt waren zwei Monate veranschlagt worden, wobei für die Vorbereitungsphase fünf Arbeitstage, für die Analyse zehn Tage, für die Ableitung der Scorecards 25 Tage und fünf Tage für den Projektabschluss vorgesehen waren.

Vorbereitung
Nachdem für das BSC-Projekt unternehmensintern keine freien Personalressourcen zur Verfügung standen, wurde ein Praktikant beschäftigt und mit der Erstellung der Scorecard beauftragt. Er schuf zunächst für den internen Gebrauch eine allgemeine Arbeitsunterlage und erläuterte die Möglichkeiten der BSC dann in einer knappen Präsentation vor allen Abteilungsleitern. Dieses Kick-Off-Meeting wurde jedoch nicht, wie etwa im ersten Fallbeispiel, zugleich auch zu einer für die Erstellung einer BSC unabdingbaren Strategiediskussion genutzt.

Analyse
Die Analyse der Ist- bzw. Soll-Situation basierte auf mehreren semi-strukturierten Interviews unter anderem mit den Abteilungsleitern sowie dem Geschäftsführer. Zunächst wurden bisherige Kennwerte sowie die Zufriedenheit mit dem bestehenden Berichtswesen erhoben, um gegebenenfalls Lücken schließen bzw. nicht mehr benötigte Maßzahlen identifizieren zu können. Das bisherige System wurde dabei vom überwiegenden Teil der Befragten als durchschnittlich bis gut bewertet, wenngleich die Anzahl der Kenngrößen als zu gering erachtet wurde. Bei der Befragung bzgl. allgemeiner Aspekte der BSC bzw. der Erhebung für die individuellen Abteilungs-Scorecards wurde allerdings bereits offensichtlich, dass die BSC von vielen als rein operatives Kennzahlensystem (miss-)verstanden wurde. Dementsprechend standen bei den Gesprächen häufig (ausschließlich) zusätzliche Kenngrößen zur „Verbesserung" des vorhandenen Berichtswesens im Vordergrund. Zudem gab es von der Unternehmensleitung schon bald nach Projektbeginn keine weitere Unterstützung, da „keine zusätzliche Kontrolle und Übersicht" erwartet wurde. Ähnlich argumentierten auch einige (vor allem die operativ agierenden) Abteilungen. Die Befragten aus der Entwicklungsabteilung waren sich insbesondere über die Vorteile einer Abteilungs-Scorecard nicht im Klaren.

Ableitung
Ausgehend von ursprünglich 60 gesammelten Kennzahlen wurden diese in Abstimmung mit den einzelnen Abteilungen auf 22 reduziert. Auch die anfänglich fünf Perspektiven „Kunden“, „Mitarbeiter & Entwicklung“, „Finanzen“, „Qualität und interne Prozesse“ und „Lieferanten“ wurden nochmals umgruppiert, wobei die „Qualität“ der Kundenperspektive zugeschlagen und die „Mitarbeiter-“ von der „Entwicklungs-Perspektive“ getrennt wurde. Im Zuge dieses Prozesses kristallisierte sich schließlich heraus, dass die anfangs noch geforderten Abteilungs-Scorecards nicht umgesetzt werden würden. Parallel dazu schränkte sich die Beteiligung zusehends auf jene Abteilungen ein, die auch bereits in der Vorbereitungsphase aktiv aufgetreten waren. Da die Entwicklungsabteilung nicht zu dieser Kerngruppe zählte, wurden Innovationsaspekte nicht mehr im ursprünglich geplanten Umfang berücksichtigt.

Umsetzung
In weiterer Folge wurde ein Prototyp mit allen Berechnungsgrundlagen in Microsoft Excel entworfen bzw. nach der Freigabe durch die Abteilungsleiter mit der datenbankgestützten Umsetzung begonnen. Diese wurde zwar fertiggestellt, danach jedoch nie eingesetzt, da einige der Kennzahlen nicht erfasst wurden und die geforderte Anbindung an die bestehenden IT-Systeme nicht vollzogen wurde.

Der Implementierungsprozess ist in dieser Fallstudie nicht zuletzt daran gescheitert, dass die Verknüpfung der BSC mit der Strategie und der Vision des Unternehmens im Laufe des Projekts weitgehend in den Hintergrund getreten ist. Zurückzuführen ist das nicht zuletzt auf das offensichtlich geringe Interesse der Geschäftsleitung. Dies wird auch durch die Übertragung der Projektumsetzung an einen Praktikanten deutlich, was von den Abteilungsleitern als Signal interpretiert wurde, dass es sich um kein kritisches Projekt handeln könne. Dadurch war es für sie auch ein Leichtes, sich relativ frühzeitig aus der Mitarbeit an den ursprünglich geplanten Abteilungs-Scorecards zurückzuziehen und ihr verbleibendes Engagement auf die Erstellung einer einzigen abteilungsübergreifenden BSC zu beschränken. Kritisiert wurde des Weiteren das Vorhaben, die Vermittlung der Grundlagen sowie die Erstellung der BSC neben dem laufenden Geschäft abzuwickeln und dieser wichtigen Aufgabe nicht einen eigenen Workshop zu widmen. Seitens der Entwicklungsabteilung wurde zudem die Sinnhaftigkeit von Kennzahlen bei reiner Entwicklungstätigkeit angezweifelt, was frühere Untersuchungen[25] bestätigt, wonach viele Entwickler Systemen zum Performance Measurement skeptisch gegenüberstehen. Außerdem wurde kritisiert, dass bei der Erstellung der BSC zu wenig auf die Spezifika von Entwicklungstätigkeiten eingegangen wurde.

Ex post betrachtet hätte dieser Skepsis durch eine von Anfang an offensive Informationspolitik, unternehmensweit anerkannte Promotoren bzw. einen einflussreichen Projektleiter entgegengewirkt werden können. Letztendlich trugen aber auch die mangelnde Verfügbarkeit benötigter Daten bzw. die nicht erfolgte (wenn auch ursprünglich geplante) Anbindung der BSC an die bestehende Datenlandschaft zu einem Scheitern des BSC-Projekts – sowohl auf Abteilungs- als auch auf Gesamtunternehmensebene – bei.

Nach einer Reorganisation der Konzernstruktur und der damit verbundenen neuen Gruppenzugehörigkeit des Unternehmens bzw. der Erweiterung seiner Kompetenzen hat sich die Situation mittlerweile geändert. So werden nunmehr von der Gruppenleitung innerhalb des Konzerns (monatliche) Kennzahlen verlangt, die teils bereits für die BSC vorgesehen waren. Angesichts der negativen Erfahrungen der handelnden Personen sowie dem Unternehmens-

[25] Vgl. *Brown/Svenson* (1998).

austritt des Projektinitiators erscheint eine Wiederaufnahme des BSC-Projekts aber unwahrscheinlich.

6 Lessons learned

- Lange Zeit dominierten allein auf Finanzkennzahlen beruhende Messgrößensysteme die Erfolgsermittlung einer Unternehmung. Diese Selbstbeschränkung kann dazu führen, dass Fehlentwicklungen erst mit einer Zeitverzögerung erkennbar bzw. nicht richtig lokalisiert werden.
- Obwohl ursprünglich für die Gesamtunternehmung konzipiert, kann die BSC auch auf Abteilungsebene als Steuerungsinstrument bzw. zur Leistungsdarstellung eingesetzt werden.
- Das demonstriert das erste Fallbeispiel, in dem die Erstellung einer BSC für das Innovationsmanagement zu einer strukturierten Strategiediskussion und letztendlich über Teilziele, Ursachen-Wirkungs-Ketten und Messgrößen zur Festlegung konkreter Maßnahmen und für die Umsetzung verantwortlicher Mitarbeiter beigetragen hat.
- Am Beispiel des zweiten Falles zeigt sich dagegen, dass ein solcher Implementierungsprozess von der Geschäftsleitung mitgetragen werden muss, dass der Zeit- und Ressourcenaufwand nicht unterschätzt werden darf und dass die BSC nicht als reines Kennzahlensystem missverstanden werden sollte.

Quellenverzeichnis

BIGLIARDI, B./DORMIO, A. I. (2010): A balanced scorecard approach for R&D: Evidence from a case study, in: Facilities, 28. Jg. (2010), Nr. 5/6, S. 278–289.

BREMSER, W. G./BARSKY, N. P. (2004): Utilizing the Balanced Scorecard for R&D performance measurement, in: R&D Management, 34. Jg. (2004), Nr. 3, S. 229–238.

BROWN, M. G./SVENSON, R. A. (1998): Measuring R&D productivity, in: Research Technology Management, 41. Jg. (1998), Nr. 6, S. 30–35.

GARCIA-VALDERRAMA, T./MULERO-MENDIGORRI, E. (2005): Content validation of a measure of R&D effectiveness, in: R&D Management, 35. Jg. (2005), Nr. 3, S. 311–331.

GLEICH, R. (2001): Leistungsebenen von Performance Measurement-Systemen, in: *KLINGEBIEL, N,* (Hrsg.), Performance Measurement & Balanced Scorecard, München 2001, S. 65–89.

*HORSTMANN, W. (*1999): Der Balanced-Scorecard-Ansatz als Instrument der Umsetzung von Unternehmensstrategien, in: Controlling, 11. Jg. (1999), Nr. 4/5, S. 193–199.

ITTNER, C. D./LARCKER, D. F. (1998): Innovations in performance measurement: Trends and research implications, in: Journal of Management Accounting Research, 10. Jg. (1998), S. 205–238.

Jossé, G. (2005): Balanced Scorecard: Ziele und Strategien messbar umsetzen, München 2005.

Kaplan, R. S./Norton, D. P. (1992): The Balanced Scorecard: Measures that drive performance, in: Harvard Business Review, 70. Jg. (1992), Nr. 1, S. 71–79.

Kerssens-van Drongelen, I. C./Cooke, A. (1997): Design principles for the development of measurement systems for research and development processes, in: R&D Management, 27. Jg. (1997), Nr. 4, S. 345–357.

Malmi, T. (2001): Balanced Scorecards in Finnish companies: A research note, in: Management Accounting Research, 12. Jg. (2001), Nr. 2, S. 207–220.

Neufeld, G. A./Simeoni, P. A./Taylor, M. A. (2001): High-performance research organization, in: Research Technology Management, 44. Jg. (2001), Nr. 6, S. 42–52.

Pfaff, D./Kunz, A. H./Pfeiffer, T. (2000): Balanced Scorecard als Bemessungsgrundlage finanzieller Anreizsysteme: Eine theorie- und empiriegeleitete Analyse der resultierenden Grundprobleme, in: Betriebswirtschaftliche Forschung und Praxis, 52. Jg. (2000), Nr. 1, S. 36–55.

Rigby, D. (2001): Management tools and techniques: A survey, in: California Management Review, 43. Jg. (2001), Nr. 2, S. 139–160.

Ruhtz, V. (2001): Die Balanced Scorecard im Praxistest: Wie zufrieden sind Anwender?, Frankfurt am Main 2001.

Sandström, J./Toivanen, J. (2002): The problem of managing product development engineers: Can the Balanced Scorecard be an answer?, in: International Journal of Production Economics, 78. Jg. (2002), Nr. 1, S. 79–90.

Schmelzer, H. J. (2000): Performance Measurement in F&E, in: Zeitschrift Führung + Organisation, 69. Jg. (2000), Nr. 6, S. 332–339.

Silk, S. (1998): Automating the Balanced Scorecard, in: Management Accounting, 79. Jg. (1998), Nr. 11, S. 38–44.

Speckbacher, G./Bischof, J. (2000): Die Balanced Scorecard als innovatives Managementsystem, in: Die Betriebswirtschaft, 60. Jg. (2000), Nr. 4, S. 795–810.

Stadelmann, M./Lux, W. (2000): Alles nur neu verpackt? Aktuelle Managementkonzepte kritisch betrachtet, in: IO-Management, 69. Jg. (2000), Nr. 12, S. 32–37.

Stölzle, W. (2001): Die Balanced Scorecard in der Logistik, in: New Management, 70. Jg. (2001), Nr. 11, S. 40–48.

Stummer, C./Günther, M. (2011): Die Balanced Scorecard im Innovationsmanagement, in: Business+Innovation, 2. Jg. (2011), Nr. 4, S. 31–39.

Töpfer, A./Lindstädt, G./Förster, K. (2002): Balanced Scorecard: Hoher Nutzen trotz zu langer Einführungszeit, in: Controlling, 14. Jg. (2002), Nr. 2, S. 79–84.

Utunen, P. (2003): Identify, measure, visualize your technology assets, in: Research Technology Management, 46. Jg. (2003), Nr. 3, S. 31–39.

Weber, J. (2000): Balanced-Scorecard: Management-Innovation oder alter Wein in neuen Schläuchen?, in: Kostenrechnungspraxis (2000), Sonderheft 2, S. 5–15.

WEBER, J./SCHÄFFER, U. (1998): Balanced Scorecard: Gedanken zur Einordnung des Konzepts in das bisherige Controlling-Instrumentarium, in: Zeitschrift für Planung, 9. Jg. (1998), Nr. 4,S. 341–365.

WERNER, B. M./SOUDER, W. E. (1997): Measuring R&D performance: State of the art, in: Research Technology Management, 40. Jg. (1997), Nr. 2, S. 34–42.

ZIMMERMANN, G./JÖHNK, T. (2000): Erfahrungen der Unternehmenspraxis mit der Balanced Scorecard: Ein empirisches Schlaglicht, in: Controlling, 12. Jg. (2000), Nr. 12, S. 601–606.

Schlussbeitrag

DigITalisierung – quo vadis?

Torsten Kalinowski und *Eric Verwaayen*

BearingPoint GmbH

1 Antworten auf die Paradoxa der Digitalisierung

Technologische Trends, wie E-Commerce, Mobility, Cloud Computing und Big Data, verändern nicht nur die Geschäftswelt, sondern haben mittlerweile einen weitreichenden Einfluss auf unser tägliches Leben. Genau das macht es auch so spannend, sich mit diesen Trends auseinanderzusetzen und zu versuchen, die Technologien und deren Zusammenhänge zu verstehen.

Digitalisierung bedeutet heute im Wesentlichen für viele Menschen grenzenlose Kommunikation, ständig und überall verfügbares Wissen und die unerschöpfliche Verfügbarkeit von Waren und Gütern, selbst in den entlegensten Winkeln dieser Welt. Online-Shopping ist so einfach wie das Bedienen einer Mikrowelle geworden. Rezessionen von Kunden zeigen auf, ob das Produkt auch hält, was es verspricht, und ob der Händler vertrauenswürdig ist. Die Bestellung lässt sich mittels App abschicken und die Bestätigungsmail erscheint sofort auf dem Smartphone und über die Cloud auf allen weiteren angeschlossenen Devices. Die Freude über den neu erworbenen Artikel ist groß und wird über ein soziales Netzwerk ge-shared und seiner Community mitgeteilt. Der Online-Händler analysiert das Shopping-Profil in seinem Webshop und ergänzt dieses durch die Daten aus dem sozialen Netzwerk, sowie anderen Quellen und liest dem Kunden sprichwörtlich jeden Wunsch von den Augen ab – „👍 - gefällt mir!“

Aber wie immer hat alles zwei Seiten. Dort wo Licht ist, muss nicht zwingend auch die Sonne scheinen. Das soll heißen, dass jeder Trend, welcher sich etabliert und zur Commodity wird, auch gleichzeitig immer eine Veränderung bewirkt, die nicht nur Vorteile mit sich bringen muss. Die zu Beginn dieses Sammelbandes erarbeiteten Paradoxa der Digitalisierung geben bereits einen Hinweis darauf, dass zu jedem in diesem Sammelband[1] bearbeitenden Trend auch valide Gegenbeispiele existieren, wo sich Trends der Digitalisierung nur schwer oder gar nicht durchsetzen konnten, aber auch von den Unternehmen und Organisationen ein verantwortungsvolles Handeln mit den zur Verfügung stehenden Daten notwendig ist. An dieser Stelle werden daher die Paradoxa nochmals aufgegriffen und versucht, wenn möglich, eine Auflösung der Paradoxa zu liefern bzw. Anstöße gegeben, seine eigene Meinung zu entwickeln.

1.1 Das Haptik-Paradoxon

Das *Haptik-Paradoxon* bedeutet für den Konsumenten das Dilemma einerseits gerne Produkte fest in den Händen halten zu wollen, aber andererseits die Vorteile einer schnellen und bequemen elektronischen Transaktion nutzen zu können. Damit Kunden die Produkte und Dienste annehmen und anwenden, ist allerdings aus Sicht der Anbieter digitaler oder digitalisierter Produkte ein sehr großes Fingerspitzengefühl gefragt.

Der Kauf eines Tickets für die abendliche Theatervorstellung oder für eine Zugfahrt inklusive Sitzplatzreservierung über das Internet hat sich für viele Menschen bereits als normaler Prozess etabliert und ist dementsprechend nicht mehr wegzudenken bzw. in Frage zu stellen. Es besteht jedoch meist noch die Möglichkeit, sich das gekaufte Ticket zur Sicherheit auszudrucken, falls befürchtet wird, dass wider Erwarten das Smartphone den notwendigen Barcode

---

1 Vgl. *Hamidian/Kraijo* (2013).

an der Einlasskontrolle nicht wie gewünscht preisgibt oder schlicht der Akku nicht lange genug hält.

Ein gutes Beispiel dafür, in der die Digitalisierung sich nicht durchsetzen konnte, ist die Einführung der Geldkarte über einen zusätzlichen Chip auf den Girokarten. Die Geldkarte bietet die Möglichkeit, Bargeld bis zu einer bestimmten Summe auf den Chip zu laden und an diversen Akzeptanzstellen, wie Automaten für Vending oder Fahrkarten, sowie im Einzelhandel oder als Micro-Payment im Internet mit dieser Chipkarte zu bezahlen. Die Besonderheit ist eine ungesicherte und schnelle Bezahlung ohne Pin oder Unterschrift.

Für sehr viele Menschen ließ sich das *Haptik-Paradoxon* mit Einführung der Geldkarte nicht auflösen, denn der Mehrwert der Bargeld-Digitalisierung mit der Geldkarte ist für viele Kunden nicht erkennbar.

Es ist abzuwarten, in wie weit sich die Bargelddigitalisierung mit der bereits in den USA über *Google Wallet* im Einsatz befindlichen Near-Field-Communication-(NFC-)Technologie durchsetzen kann. Bei dieser Technologie wird das Smartphone mit einem zusätzlichen Chip ausgestattet, der berührungslos mit Zahlungsterminals kommunizieren kann. Der Kunde hat daher die Möglichkeit, sein Smartphone mit Bargeld aufzuladen und Kleinbeträge zu bezahlen. Die Aufladung des virtuellen Portemonnaies erfolgt online und man hat über Cloud-Services einen sofortigen Überblick über alle getätigten Transaktionen. Ob sich dieses System allerdings so in Deutschland durchsetzt ist fraglich, denn nicht nur der Kunde hat einen Überblick über die getätigten Transaktionen, auch der Anbieter. Dementsprechend ist eine elektronische Geldbörse, die über eine vertrauenswürdige Bank betrieben wird, in Deutschland eher wahrscheinlich. Im Gegensatz zu *Google-Wallet* ist die Bezahlung mit der Geldkarte anonym.

An den Beispielen ist zu erkennen, dass es keine wirkliche Auflösung des *Haptik-Paradoxon* geben kann. Dies begründet sich darin, dass die Haptik viel mit Gewohnheit und daher mit eingeschliffenen Prozessen und Denkweisen zu tun hat. Erst dann, wenn dem Individuum ein digitaler Prozess angeboten wird, der einfacher ist als die nicht digitale Alternative, gibt es eine Chance, dass sich die digitale Vorgehensweise etabliert. Etablieren bedeutet in diesem Fall nicht gleichzeitig ablösen, sondern ergänzen.

Auch die Herausforderungen, mit denen Händler im Umfeld von Multi-Channel Retailing zu kämpfen haben, zeigen auf, dass eine Auflösung des *Haptik-Paradoxons* kaum möglich ist. Gerade bei Online-Bestellungen in den Bereichen Fashion und Schuhe spielt die Haptik, natürlich neben der Passform, eine sehr große Rolle. Für den Online-Händler bedeutet dies im Umkehrschluss allerdings eine vorhersehbar hohe Retourenquote, denn für den Kunden ist der Einkauf erst abgeschlossen, wenn die Ware auch die haptischen Kriterien erfüllt. Ist dies nicht der Fall, wird die Ware an den Händler retourniert. Aktuelle Erfolgszahlen von Online-Händlern beweisen in diesem Fall die Wichtigkeit, genau diese Kundenbedürfnisse zu erkennen und darauf in diesem konkreten Fall mit einem einfachen und für den Kunden kostenlosen Retourenprozess zu reagieren.

Es ist vermessen zu behaupten, dass das *Haptik-Paradoxon* eines der entscheidenden Puzzle-Stücke ist, die über Erfolg und Misserfolg von Multi-Channel Retailing entscheidet. Sicher ist jedoch, dass die Bedürfnisse des Kunden im Mittelpunkt stehen müssen und der Kunde folglich in „allen" Schritten der Customer Journey optimal angesprochen werden muss.

1.2 Das Always-On-Paradoxon

Der Wunsch der mobilen Datenverarbeitung ist fast so alt, wie die Datenverarbeitung selbst und existiert schon viele Jahre in einer Vielzahl von Prozessen. Allerdings hat sich der klassische Ansatz der Mobilisierung von Geschäftsprozessen stark verändert. Stand noch bis vor kurzer Zeit die Effizienzsteigerung bei der Mobilisierung von Geschäftsprozessen im Vordergrund, so halten heute immer mehr Smartphones und Tablets Einzug in die Unternehmen und führen dazu, dass *Bring Your Own Device* (BYOD) ein zunehmend ernst zu nehmendes Thema wird.

Der klassische Ansatz unterscheidet sich daher sehr stark von den heutigen Anforderungen an mobile Applikationen. Aus Sicht der Unternehmen, deren Mitarbeiter mobile Endgeräte nutzen und auch nutzen sollen, fällt die Trennung zwischen privater und geschäftlicher Nutzung immer schwerer. Hinzu kommt, dass die mobilen Endgeräte gleichzeitig eine größere Anzahl an Mitarbeitern, Geschäftspartnern und Kunden miteinander verbinden sollen sowie das Unternehmen bei der Suche nach hochqualifizierten Mitarbeitern hinsichtlich flexibler Arbeitszeitmodelle attraktiver werden lässt.

Es ist deutlich zu erkennen, dass Mobility viele Ansätze bietet, die Wertschöpfung von Unternehmen zu erhöhen und zu einer größeren Flexibilisierung beitragen kann. Allerdings ist es für den erfolgreichen Einsatz von mobilen Szenarien eine Notwendigkeit, das *Always-On-Paradoxon* aufzulösen. Die klassischen mobilen Szenarien beschränkten sich meist auf eine abgeschlossene IT-Infrastruktur, in der IT-Sicherheitsmechanismen durchsetzbar waren. Somit war es für die Unternehmens-IT möglich, die in ihrer Verantwortung liegende Datensicherheit von vertraulichen Unternehmens- sowie von personenbezogenen Daten zu gewährleisten und sich möglichst gut gegen Angriffe und Datenmissbrauch zu schützen. Durch die heutigen Anforderungen an Mobility und im Speziellen durch BYOD kommt eine Vielzahl von neuen Sicherheitsrisiken hinzu. Um aber den Anforderungen an moderne mobile Szenarien gerecht zu werden und gleichsam die Datensicherheit zu gewährleisten, müssen zwingend individuelle Geräte- und Sicherheitskonzepte erarbeitet und auch umgesetzt werden. Die Kür ist hierbei nicht die Erarbeitung der Geräte- und Sicherheitskonzepte, sondern ihre durchgängige Umsetzung. War in klassischen Szenarien noch die IT Herrscher über Geräte und Infrastruktur, ist heute eine klare Trennung nahezu unmöglich. Aus diesem Grund ist es zwingend notwendig, dass alle an dem mobilisierten Prozess beteiligten Gruppen, vor allem auch die Unternehmensführung, für die Einhaltung der Konzepte einstehen.

Die Gewährleistung der Datensicherheit ist oberstes Gebot, doch gibt es neben den Sicherheitsaspekten noch eine Vielzahl von weiteren Themen, die zur Auflösung des *Always-On-Paradoxon* adressiert und ausgearbeitet, vor allem aber auch holistisch umgesetzt werden müssen. Zur Sicherstellung der Trennung von privaten und geschäftlichen Daten ist die Erweiterung der Compliance-Richtlinien notwendig. Es müssen beispielsweise für bestimmte Daten rechtssichere Konzepte erarbeitet werden, die, selbst wenn das mobile Endgerät Eigentum des Mitarbeiters ist, eine Revisionssicherheit gewährleisten, sowie eine eindeutige Zuordnung von Personen und Daten zu deren Aktivitäten erlaubt.[2]

---

[2] Vgl. *KALINOWSKI/WITT/RODRIGUEZ* (2012).

Es lässt sich unschwer erkennen, dass die Nutzung moderner mobiler Szenarien tiefgreifende Änderungen bis in die Unternehmenssteuerung hinein bedingen. Die hier aufgezählten Beispiele sollen dies verdeutlichen, sind aber keinesfalls vollständig. Es gibt noch eine Vielzahl weiterer Punkte, die eine Voraussetzung für den erfolgreichen Einsatz moderner mobiler Szenarien sind und beachtet werden müssen. Entscheidend ist jedoch, dass die unternehmensweiten Veränderungen nicht auf die IT zu reduzieren sind, sondern im gesamten Unternehmen thematisiert werden müssen.

1.3 Das Sicherheits-Paradoxon

Der globale Zugriff auf IT-Ressourcen, um einfacher, effizienter und energiebewusster zu arbeiten sind einige der Merkmale, die für eine weltweit zunehmende Vernetzung von IT- Infrastrukturen stehen. Durch eine Vielzahl von Cloud-Services für den privaten und geschäftlichen Einsatz wird diesen Anforderungen Rechnung getragen. Hierbei werden Daten, meist über das Internet, an einen irgendwo in der Welt beheimateten Server gesendet, um sie dort zu speichern oder aber weiterverarbeiten zu lassen.

Die Nutzenpotenziale von Cloud-Services sind vielseitig. Im privaten Bereich geht der Trend ganz deutlich in Richtung einer Vielzahl von Geräten, die miteinander kommunizieren und Daten austauschen. Laut einer Statistik[3] besaßen bereits 2011 über 71 % der deutschen Haushalte ein W-LAN zur Vernetzung von Geräten. Als Anwendungsbeispiel hat die digitale Fotografie heute in fast jedem Haushalt Einzug gehalten und Fotos werden mit digitalen Kameras, Handys, Smartphones oder auch Tablets geschossen. Wie einfach ist es da, dass alle Fotos in der digitalen Cloud abgelegt werden und Familienmitglieder sofort alle Fotos über ihr Lieblingsgerät ansehen und bearbeiten können, ohne dass die Geräte über Kabelverbindungen zum Beispiel mit einem Rechner synchronisiert werden müssen. Das fällt insbesondere dann auf, wenn der digitale Fotoapparat noch keine Verbindung zu der Foto-Cloud aufbauen kann und die Fotos tatsächlich erst auf ein Endgerät kopiert werden müssen, welches mit der Cloud kommuniziert.

An diesem einfachen Beispiel lässt sich erkennen, wie sich Cloud-Technologien sukzessive verbreiten und Einzug in unser digitales Leben halten. In diesem Zusammenhang ist es aber ebenfalls wichtig, sich mit der Frage der Datensicherheit zu beschäftigen, denn bei Cloud-Services sollte man mit grundsätzlich von einem vertraulichem Umgang mit den Daten ausgehen können. Anders als bei sozialen Netzwerken, in denen Nutzer private Informationen oder Fotos einer Community zur Verfügung stellen, besteht in der Nutzung einer Cloud-Dienstleistung in der Regel die gleiche Sicherheitsanforderung wie bei der Speicherung der Daten auf einem privaten PC.

Jedes in Deutschland ansässige Unternehmen, welches personenbezogene Daten verarbeitet, ist an das Bundesdatenschutzgesetzt (BDSG) gebunden, egal ob die Daten in einer abgeschlossenen IT oder in einer Cloud verarbeitet werden. Hinzu kommen unternehmensinterne Security- und Compliance-Richtlinien, um wichtige Unternehmensinterna gegen Missbrauch zu schützen. Aus Sicht von Unternehmen ist die Nutzung von Cloud-Services daher nicht unproblematisch, vor allem da eine Nutzung einiger Services für beinahe jeden Mitarbeiter mit einem Internetzugang möglich ist.

3 Vgl. STRATEGY ANALYTICS (2012).

Welche Möglichkeiten haben Unternehmen daher, das *Sicherheits-Paradoxon* aufzulösen und vertrauliche Daten zu einem Cloud-Anbieter so auszulagern, dass dieser die Daten nicht missbrauchen, aber trotzdem noch verarbeiten kann?[4] Um das *Sicherheits-Paradoxon* aufzulösen, ist daher sehr genau zu prüfen, an wen ich meine Daten weitergebe und vor allem wo diese Daten durch den Dienstleister verarbeitet werden.

Beispielsweise wurde im Jahr 2001 zum Schutz der USA gegen terroristische Angriffe der „Patriot Act" beträchtlich erweitert. Es besteht zum Beispiel die Möglichkeit für das FBI, über einen Gerichtbeschluss oder aber über einen selbst erlassenen „National Security Letter" (NSL) Zugriff auf Daten von Telefonanbietern, Internetprovidern oder Cloud Dienstleister zu erhalten. Nach einer Statistik des *Electronic Privacy Information Center* (*EPIC*) wurde im Jahre 2010 mehr als 25.000 Mal von diesen Möglichkeiten Gebrauch gemacht.[5]

Um demnach Daten BDSG-konform zu verarbeiten ist eine Prüfung des Cloud-Dienstleisters zwingend erforderlich und eine entsprechende vertragliche Absicherung zu schaffen. Das Beispiel des „Patriot Act" soll die Nutzung von US-Clouds nicht ausschließen, jedoch aufzeigen, dass es länderspezifische Gesetze gibt, die nationale Anforderungen nicht in aller Gänze abdecken. Umso wichtiger ist es innerhalb der Unternehmen, auch über die Grenzen der IT-Abteilungen hinaus, diese Problematiken zu thematisieren und eine Transparenz bis in die Fachbereiche zu schaffen.

1.4 Das Intimitäts-Paradoxon

Das *Intimitäts-Paradoxon* bietet eine Menge Raum für Spekulationen. Warum posten Menschen ihre intimsten Dinge auf sozialen Netzwerken, Blogs oder der vielen anderen digitalen Kanäle und kämpfen auf der anderen Seite um Datenschutz und gegen den Missbrauch von persönlichen Daten? Doch das ist Psychologie und sollte an anderer Stelle kompetenter beantwortet werden, als in einem Sammelband über moderne Digitalisierung. Vielmehr soll die Frage aufgegriffen werden, welche Rolle Unternehmen, aber auch Organisationen im *Intimitäts-Paradoxon* spielen.

Im Beitrag zu Big Data Management wurde herausgearbeitet, dass neue Technologien und Trends zu der Notwendigkeit führen, immer größer werdende Datenmengen zu verarbeiten. Es wird für Unternehmen zunehmend wichtiger aus den unaufhaltsam wachsenden Datenmengen detaillierte Informationen abzuleiten und Prognosen zu erstellen, um neue Geschäftsfelder zu generieren und/oder um die Wettbewerbs- bzw. Marktposition zu stärken.

Kunden begrüßen diese Informationsgewinnung, da ein Ergebnis ein auf sie zugeschnittenes Produktportfolio oder ein, wie in der Einleitung beschriebener optimierter individueller Tarif ist. Doch vielen Kunden sind die Aktivitäten hinter den Kulissen nicht transparent. Wie schon im vorigen Kapitel beschrieben, sind deutsche Unternehmen bei der Verarbeitung von personenbezogenen Daten zur Einhaltung des Bundesdatenschutzgesetztes verpflichtet, doch lässt sich durch ein Gesetz nicht jede einzelne Möglichkeit zum Datenmissbrauch regeln. Vor allen Dingen sind die Grenzen des Datenmissbrauchs weit, so dass ein großer Spielraum für die Nutzung von Daten zur Optimierung von Geschäftsprozessen, z. B. für das persönliche Ein-

---

4 Vgl. *SIGS* (2012).

5 Vgl. *BÖKEN* (2012).

kaufserlebnis während des Online-Shoppings herrscht. Online-Shopping ist auch nicht nur auf deutschen Websites möglich, bei denen das BDSG zugrunde liegt. Demnach lässt sich das *Intimitäts-Paradoxon* über Regeln und Gesetze nicht auflösen. Vielmehr ist an dieser Stelle die Ethik und Moral von Unternehmen und Organisationen gefragt.

Zurückkommend auf das Beispiel von *Google-Wallet*, in dem der Anbieter die Möglichkeit hat, die Transaktionen der Kunden einzusehen und ggf. auch für Auswertungen und Analysen zu nutzen, gehen wir davon aus, dass die Datennutzung nicht so restriktiv geregelt ist, wie beispielsweise die Transaktionen von Kreditkartenzahlungen. Nehmen wir zusätzlich an, ein Anbieter von Finanzdienstleistungen dürfte die Einkaufsinformationen, mit den über die Internet-Dienste gesammelten personenbezogenen Daten kombinieren und hieraus Profile erstellen, dann erhalten wir ein sehr genaues Bild über den Menschen, der diese Services nutzt, und seine Gewohnheiten. Kombiniert man die Daten noch zusätzlich mit Informationen aus sozialen Netzwerken, so lässt sich ein beachtliches Dossier erstellen. Wir wollen hier tätigen Unternehmen oder Organisationen auf keinen Fall unterstellen, die Daten für unmoralische oder gar unethische Zwecke einzusetzen, jedoch besteht grundsätzlich die Möglichkeit.

Eine vorsätzliche illegale, unmoralische oder nicht ethische Nutzung von Daten ist verwerflich, aber grundsätzlich ist jemand dafür verantwortlich und ggf. auch haftbar. Wenn in diesem Zusammenhang von Daten gesprochen wird, dann sind dies elektronische Daten, die aus diversen Quellen zusammengetragen werden und in einzelnen Datenfragmenten auf verteilten Datenträgern abgelegt sind. Um eine spezifische Information, ein Profil oder eine Analyse aus solchen Daten zu erstellen, wird sehr höchstwahrscheinlich immer eine Maschine notwendig sein. Es ist kaum zu vermuten, dass sich ein menschliches Wesen einen Auszug der Datenfragmente vornehmen und versuchen wird, mit menschlicher Logik und Intelligenz diese zu einem der Anforderungen zu kombinieren – die Daten werden vielmehr mittels elektronischer Algorithmen untersucht, analysiert und kombiniert, sowie die Ergebnisse wiederum elektronisch gespeichert. Die gespeicherten Daten können wiederum kombiniert und analysiert werden – alles auf Basis maschineller Interpretationen, ohne eine Qualitätssicherung oder Kontrolle durch einen Menschen.

Was passiert, wenn die Datenqualität bereits am Anfang, aus welchen Gründen auch immer, völlig unkorrekt war? Was passiert, wenn Daten von zwei völlig fremden Personen elektronisch miteinander kombiniert werden? Solange diese Daten ihre persönliche Customer Journey optimieren, passiert wohl nicht viel. Sollten die Daten allerdings für Entscheidungen herangezogen werden, die das Leben nachhaltig verändern können, wie beispielsweise die Kreditvergabe, der Abschluss von Verträgen für Wasser, Strom oder Kommunikation, sollten die Daten einer gewissen Richtigkeit unterliegen.

Solange also die Analyse und Verwendung der Daten gleichermaßen zum Nutzen jedes Einzelnen und zum Nutzen von Unternehmen sowie Organisationen, eingesetzt wird, ist dies wenig verwerflich. Allerdings nur solange, wie die Daten gegen elektronische Fehlinterpretationen, gegen Missbrauch und Diebstahl geschützt sind, und somit die Intimität jedes Einzelnen gewahrt bleibt. Wobei die Frage geklärt sein muss, ob man dies überhaupt langfristig gewährleisten kann bzw. wer hierfür die Verantwortung übernimmt?

2 Fazit

Digitalisierung wird für uns alle noch viele weitere ungeahnte Möglichkeiten bieten, wird die Geschäftswelt stetig tiefer durchdringen und sie nachhaltig verändern. Es werden neue Geschäftsmodelle entstehen und die Welt wird weiter zusammenrücken, wenn nicht ein weiteres Paradoxon ins Spiel kommen würde. Man könnte es vielleicht *Entfernungs-Paradoxon* nennen.

Ist es Ihnen nicht auch schon einmal passiert, dass die sich weit weg von daheim aufgehalten haben und über ein soziales Netzwerk plötzlich erfuhren, dass sich ein Freund oder Bekannter, der nicht an ihrem Wohnort beheimatet ist, sich ebenfalls dort aufhält? Sie wären sich wahrscheinlich ohne das soziale Netzwerk nicht physisch über den Weg gelaufen. Andererseits sollte die Situation für sie ebenfalls bekannt sein, dass sie in einer Gruppe ihnen bekannter Personen an einem Tisch sitzen und jeder parallel mit seinem Smartphone beschäftigt ist und die verbale Kommunikation innerhalb dieser Gruppe somit, wenn auch nur kurzzeitig, komplett ins Stocken gerät.

Digitalisierung ist Paradox! Doch wie bei vielen anderen Dingen unseres täglichen Lebens hängt dies sehr damit zusammen, was man selbst bereit ist zu nutzen und gegebenenfalls auch preiszugeben. Genauso müssen auch Unternehmen lernen, zum einen den Nutzen aus der modernen Digitalisierung zu ziehen sowie zum anderen einen für das Innen- und Außenverhältnis verantwortungsvollen Umgang mit der Digitalisierung sicherzustellen.

Obwohl die Digitalisierung von Informationen bereits in den 1960er Jahren des letzten Jahrhunderts begonnen hat, verlangt jede Evolutionsstufe der Digitalisierung von Unternehmen, Organisationen und Anwendern immer neue Herausforderungen. Digitalisierung ist daher nicht nur die maschinelle Verarbeitung und Speicherung von Daten und die daraus resultierenden unbegrenzten Möglichkeiten, sondern Digitalisierung geht immer einher mit Veränderungen und vor allem Verantwortung. Verantwortung, die von allen Anwendern und Konsumenten der digitalen Welt gleichermaßen zu tragen ist.

Quellenverzeichnis

Hamidian, K./Kraijo, C. (2013): DigITalisierung – Status quo, in: *Keuper, F./Hamidian, K./ Verwaayen, E./Kalinowski, T./Kraijo, C.* (Hrsg.), Digitalisierung und Innovation, Wiesbaden 2013, S. 3–23.

Böken, A. (2011): Zugriff auf Zuruf? In: iX – Magazin für professionelle Informationstechnik, 2012, Nr. 1, online: http://www.heise.de/ix/artikel/Zugriff-auf-Zuruf-1394440.html, Abruf 19.09.2012.

Kalinowski, T./Witt, R./Rodriguez, C. (2012): Verändern Social Media, Mobility und Cloud Computing die Rolle der Unternehmens IT? In: Wirtschaftsinformatik und Management, 2012, Nr. 1, S. 40–51.

Sigs (2012): Wer liest alle meine Daten in der Wolke? Wie Vertraulichkeit von Daten beim Cloud Computing möglich ist, online: http://www.sigs.de/publications/os/2012/Cloud/schiefer_OS_Cloud_12.pdf, Abruf 19.09.2012

Strategy Analytics (2012): online: http://de.statista.com/statistik/daten/studie/222242/umfrage/anteil-der-haushalte-mit-w-lan-in-ausgewaehlten-laendern/, Erhebungszeitraum 2011, Stand: 04/2012, Abruf: 27.09.2012.

Autorenverzeichnis

Ammon, Thomas: Dipl.-Kfm.; führt ein Redaktionsbüro und berät Verlage bei Neuproduktentwicklungen und Innovationen ihrer Geschäftsmodelle.

Brem, Alexander: Prof. Dr.; Professor für Ideen- und Innovationsmanagement an der Friedrich-Alexander-Universität Erlangen-Nürnberg.

Breuer, Henning: Dr. phil., Dipl.-Psych.; Gründer und Geschäftsführer der Beratungsunternehmen uxberlin – research & innovation (www.uxberlin.de) und bovacon – Designing Business Interaction (www.bovacon.de), Berlin; Durchführung zahlreicher Beratungsprojekte für vorwiegend große Technologieunternehmen wie Deutsche Telekom, Lufthansa, Microsoft und Vodafone; seit 2006 Forschungsaufenthalte als Gastprofessor an der Graduate School of Global Information and Telecommunication Studies der Waseda University Tokyo, Dozenturen im Studiengang Interfacedesign an der Fachhochschule Potsdam sowie 2003–2004 am Departamento de Ciencias de la Computacion der Universidad de Chile, Santiago de Chile; Arbeits- und Forschungsgebiete: Innovationsmanagement und -marketing, Zukunftsforschung, Nutzerforschung, und lernerzentrierte Systemgestaltung; 2008–2012 Aufbau eines Kompetenzfeldes User-Driven Innovation für die Telekom Innovation Laboratories als Interim Manager/Direktor Forschung und Innovation sowie Beiträge zu den Programmen für Corporate Venturing und Technologieradar mit Schwerpunkt Japan & Südkorea.

Burchert, Heiko: Prof. Dr. rer. pol., Dipl.-Ing. Ökonom, Studium der Betriebswirtschaftslehre (1984–1988) und Promotion (1995) an der Friedrich-Schiller-Universität Jena. In der Zeit von 1995–2001 Wissenschaftlicher Assistent am Lehrstuhl für Allgemeine Betriebswirtschaftslehre, Betriebliche Finanzwirtschaft und Unternehmensbewertung von Prof. Dr. *M. J. Matschke* an der Rechts- und Staatswissenschaftlichen Fakultät der Ernst-Moritz-Arndt-Universität Greifswald. Seit 1996 Schriftleiter der im NWB Verlag Herne erscheinenden Zeitschrift „Betriebswirtschaftliche Forschung und Praxis". Seit 1999 neben Prof. Dr. *Th. Hering* Herausgeber der Buchreihen „Studien- und Übungsbücher der Wirtschafts- und Sozialwissenschaften" sowie „Lehr- und Handbücher der Wirtschaftswissenschaften" im Wissenschaftsverlag R. Oldenbourg München. Seit 2001 Professor für das Fachgebiet Betriebswirtschaftliche und rechtliche Grundlagen des Gesundheitswesens am Fachbereich Wirtschaft und Gesundheit der Fachhochschule Bielefeld. Seit 2010 Mitglied des Wissenschaftlichen Beirats der EMPERRA GmbH – E-Healths-Technologies, Potsdam. Arbeits- und Forschungsgebiete: Betriebswirtschaftslehre, Gesundheitswirtschaft (insb. Ökonomie der Telemedizin) sowie Anrechnung beruflich erworbener Kompetenzen in Gesundheits- und kaufmännischen Berufen.

Digmayer, Claas: M.A., Doktorand in der Professur Textlinguistik und Technikkommunikation (Leitung: Prof. Dr. phil. *Jakobs*) am Institut für Sprach- und Kommunikationswissenschaft der RWTH Aachen University; Studium der Technikkommunikation (mit zweitem Hauptfach Informatik). Arbeitsschwerpunkte: Usability, Nutzerhilfen, webbasierte Toolkits, Open Innovation, E-Learning.

ENKEL, ELLEN: Prof. Dr. phil.; Direktorin des Dr. Manfred Bischoff Institutes für Innovationsmanagement der EADS, Inhaberin des Lehrstuhls für Innovationsmanagement an der Zeppelin Universität (ZU), Friedrichshafen, Editorin des R&D Management Journals, Wissenschaftliche Leiterin des Executive-Master-Programms „Digital Pioneering" an der ZU; zuvor von 2003–2008 Leiterin Kompetenzzentrum Open Innovation am Institut für Technologiemanagement (ITEM) der Universität St. Gallen, Schweiz; 2000–2003 Leiterin und Mitarbeiterin im Kompetenzzentrum Knowledge Source an der Universität St. Gallen, Schweiz; Promotion an der Universität Bielefeld zum Thema Erfolgsfaktoren für Wissensnetzwerke; vielfältige Industrieerfahrung durch praxisorientierte Forschungsprojekte mit Unternehmen wie Henkel, Alcan, Bayer Material Science, Daimler und Unilever. Veröffentlichung von vier Büchern, zahlreichen Buchbeiträgen sowie Artikeln in internationalen, wissenschaftlichen Zeitschriften. Arbeits- und Forschungsgebiete: Open Innovation, Cross-Industry Innovation, Innovationstrategie und -kultur, Geschäftsmodellinnovationen, Innovationscontrolling und -kommunikation.

EREK, KORAY: Dr.-Ing.; Studium des Wirtschaftsingenieurwesens an der Technischen Universität Berlin (TU Berlin) und an der Haas School of Business der Universität Kalifornien in Berkeley (USA). Von 2007 bis 2011 war er als wissenschaftlicher Mitarbeiter mit Lehr- und Forschungsaufgaben am Lehrstuhl für Informations- und Kommunikationsmanagement (IKM) der TU Berlin beschäftigt, wo er zum Dr.-Ing. promovierte. Seit 2011 ist er als Projektleiter am Lehrstuhl IKM der TU Berlin tätig. Seine Forschungsschwerpunkte liegen im Bereich des Nachhaltigen IT-Management, des IT-Service-Managements und des Cloud Computing. Dr. *EREK* ist freiberuflich als Berater in Fragen des Informations- und Prozessmanagements tätig. Er ist Autor und Co-Autor zahlreicher Artikel.

ERKEL, GREGOR: Dipl.-Betriebswirt; Vice President im strategischen Geschäftsfeld Education bei der Deutschen Telekom und dort für die Produkt- und Marktentwicklung verantwortlich. Nach dem Studium der Betriebswirtschaftlehre an der Universität zu Köln, hat er als Unternehmensberater Konzerne der Handels- und Bankenbranche beim Aufbau neuer strategischer Geschäftsfelder unterstützt. Vor seiner aktuellen Tätigkeit hat er bei einer Tochter der Metro GmbH & Co. KG die Konzeption und den Aufbau der E-Commerce-Aktivitäten mitgestaltet und für Sony Europe unter anderem den Online-Musik-Dienst in Europa aufgebaut und über mehrere Jahre in acht europäischen Ländern geleitet.

GÜNTHER, MARKUS: J.-Prof. Dr.; Technologiemanagement und Entrepreneurship an der Fakultät für Wirtschaftswissenschaften der Universität Bielefeld, Lehrtätigkeit an diversen europäischen Hochschulen. Davor: Universitätsassistent am Lehrstuhl für Innovations- und Technologiemanagement der Universität Wien, sowie Tätigkeiten u. a. in der Automobilzulieferindustrie. Aktuelle Forschungsgebiete: Markteinführung von Innovationen, Diffusionsprozesse, gewerbliche Schutzrechte an Hochschulen, Unternehmensplanspiele sowie agentenbasierte Simulation. Mehr als fünfzehn Beiträge in internationalen referierten Fachzeitschriften und Sammelbänden. Preisträger des *KARL PETER GROTEMEYER*-Preises 2012.

HAHN, CHRISTOPHER: M.Sc. Information Systems; Doktorand am Lehrstuhl für Informations- und Kommunikationsmanagement der Technischen Universität Berlin. Seine Forschungsschwerpunkte liegen im Spannungsfeld zwischen Strategischem IT-Management und Cloud Computing. Nach seinem Abschluss arbeitete er zunächst als Consultant im Bereich Unternehmenssteuerung mit besonderem Augenmerk auf Projektportfolio-Management und Projektsteuerung.

HAMIDIAN, KIUMARS: Dipl.-Wirt.-Ing.; Partner und Geschäftsführer der BearingPoint GmbH, koordiniert firmenweit alle IT-Advisory-Aktivitäten der BearingPoint; Erfahrungsschwerpunkte liegen im Projektmanagement großer Business-Transformation-Projekte mit dem Fokus auf die IT-Strategie Themen.

HEINEMANN, GERRIT: Prof. Dr. rer. pol., Dipl.-Kfm.; Leiter des eWeb-Research-Centers und Professor für Betriebswirtschaftslehre, Management und Handel der Hochschule Niederrhein, Mönchengladbach; Studium der Betriebswirtschaftslehre mit Schwerpunkt Marketing und Handel an der Universität in Münster; Promotion als wissenschaftlicher Mitarbeiter bei Prof. Dr. Dr. hc. mult. *HERIBERT MEFFERT*. Danach begann er seine außeruniversitäre Laufbahn als Assistent des Vorstandsvorsitzenden und später Zentralbereichsleiter Marketing der Douglas Holding AG, bevor er ein Traineeprogramm bei der Kaufhof Warenhaus AG nachholte und dann Warenhausgeschäftsführer war. 1995 kehrte zurück zur Douglas-Gruppe, wo er als Zentralgeschäftsführer der Drospa Holding tätig wurde und danach als Leiter „Competence Center Handel und Konsumgüter“ zur internationalen Unternehmensberatung Droege&Comp. wechselte. Dort war er auch in zahlreichen Interimsfunktionen tätig, u. a. als Leiter der E-Plus-Shops und als CEO der Kettner-Gruppe. 2004 begann er seine wissenschaftliche Laufbahn und erhielt 2005 einen Ruf zum Professor für Betriebswirtschaftslehre, Management und Handel an die Hochschule Niederrhein. Hier gründete er 2010 das fachbereichsübergreifende eWeb-Research-Center, das er leitet. Neben mehr als 100 Fachbeiträgen zu aktuellen Themen des Handels ist er Autor bzw. Herausgeber zahlreicher Fachbuch-Bestseller. Zudem ist er Mitglied diverser Beiräte und bleibt als Aufsichtsratsmitglied der buch.de internetstores AG auch weiterhin der Douglas Gruppe verbunden.

HILBRECHT, HESTER: Dipl.-Kffr. und Studium der Rechtswissenschaften an der Universität Potsdam; derzeit Innovation Manager bei den SAP Labs in Palo Alto.

JAKOBS, EVA-MARIA: Prof. Dr. phil.; Professur für Textlinguistik und Technikkommunikation am Institut für Sprach- und Kommunikationswissenschaft der RWTH Aachen University, Direktorin des An-Instituts für Industriekommunikation und Fachmedien (RWTH Aachen University), Gründungsdirektorin des Human-Computer-Interaction Centers (RWTH Aachen), Gründungsdirektorin des Human-Technology-Centers der RWTH Aachen, Mitglied der Deutschen Akademie der Technikwissenschaften; Studium der Linguistik. Arbeitsschwerpunkte: Technikkommunikation, elektronische Medien (Enterprise 2.0) und Usability, Technikwahrnehmung und -akzeptanz, Technikgestaltung für Ältere.

JANSEN, JOCHEN: MBA; Studium der Wirtschaftsinformatik an der Fachhochschule der Wirtschaft (FHdW) in Bergisch-Gladbach im Rahmen eines dualen Studiums bei einem großen europäischen Pharmakonzern, wo er noch drei Jahre arbeitete und u. a. ein Offshore Delivery Center for SAP in Indien aufbaute. Seit 2007 ist er Mitarbeiter der BearingPoint GmbH in Düsseldorf, gegenwärtig Senior Consultant im Bereich Advisory Services for SAP. Bis Ende 2011 absolvierte er seinen MBA an einem Konsortium von sechs europäischen Hochschulen in den Niederlanden, Deutschland, Polen, Frankreich und Spanien.

KALINOWSKI, TORSTEN: Dipl.-Ing.; seit 2008 Mitarbeiter der BearingPoint GmbH in Frankfurt, gegenwärtig Senior Manager im Bereich Advisory Services for SAP mit Beratungsschwerpunkt in der Geschäftsprozessoptimierung und SAP-Einführung, sowie in IT-Strategiefragen mit Schwerpunkt Unternehmenssoftware und SAP; 2001–2008 verantwortlich für den Bereich SAP NetWeaver bei einer Unternehmensberatung mit dem Schwerpunkt SAP-Implementierungen; davor selbstständig im Bereich Softwareentwicklung und Studium der Technischen Informatik an der Universität Kassel.

KEMPKENS, OLIVER: Studium der Rechtswissenschaften (Ludwig-Maximilians Universität München, Den Haag), Mediation (Centrum für Verhandlung und Mediation an der Ludwig-Maximilians-Universität in München, Viadrina in Frankfurt an der Oder) und des Design Thinking (Potsdam, Stanford). Derzeit Senior Vice President bei dem Social Network (SNS) Flimmer.me LTD sowie Innovation Manager und für die Implementierung von Design-Thinking-Strategie in die Unternehmensprozesse bei der SAP AG in Walldorf zuständig. Parallel dazu Dozent für Innovation und Entrepreneurship an der FH Oberösterreich. Davor an der Higher School of Economics Moskau sowie für SAP an der D.School Stanford und zuvor Head of Innovation und eBusiness (VP) bei der Francotyp-Postalia Holding AG (bis 10/2012) in Birkenwerder sowie Business Developer im „chairman's project" bei den SAP Labs in Palo Alto. Bis 2010 Geschäftsführer der KFCS Group in London und München. Mehrere peer-reviewte Fachartikel zum Innovationsmanagement, der Wirtschaft der Republik Belarus und Design Thinking sowie Inhaber mehrerer Patente und Copyrights.

KEUPER, FRANK: Prof. Dr. rer. pol. habil., Dipl.-Kfm.; Inhaber des Lehrstuhls für Betriebswirtschaftslehre, insbesondere Konvergenzmanagement und Strategisches Management, Steinbeis-Hochschule Berlin, Direktor des Steinbeis Center of Strategic Management (SCSM) einem Steinbeis-Transfer-Institut der Steinbeis-Hochschule Berlin sowie Leiter des gleichnamigen Kompetenzzentrums am SCSM (www.steinbeis-scsm.de), Geschäftsführender Herausgeber der betriebswirtschaftlichen Fachzeitschrift „Business+Innovation – Steinbeis Executive Magazin", Gutachter für verschiedene betriebswirtschaftliche Fachzeitschriften, u. a. auch Akademischer Leiter der akademischen Programme von Loewe ProCollege Campus, der Sales-&-Service-Management-Studiengänge der Telekom Shop Vertriebsgesellschaft mbH und der akademischen Programme der Telekom Business School Vertrieb & Service, Gastprofessuren in China und Russland. 10/2002–08/2004 Vertretungsprofessur für Betriebswirtschaftslehre, insb. Risikomanagement und Controlling, Fachbereich Rechts- und Wirtschaftswissenschaft der Johannes Gutenberg-Universität Mainz. Promotion und Habilitation an der Universität Hamburg sowie Studium an der Westfälischen Wilhelms-Universität zu

Münster. Arbeits- und Forschungsgebiete: Investitions-, Finanzierungs-, Planungs- und Entscheidungstheorie, Markenmanagement, Produktions- und Kostentheorie, Strategisches Management, Konvergenzmanagement, Kybernetik, Systemtheorie, Unternehmensplanung und -steuerung, Sales und Service Management.

KIRSCH, CHRISTIAN: Dipl.-Ing (BA); Senior IT-Spezialist für mobile Lösungen; Autor verschiedener Patente sowie von Artikeln für Fachzeitschriften und -bücher; seit 2001 bei *IBM* tätig mit dem Schwerpunkt auf der Konzeption und Umsetzung mobiler Lösungen für Kunden in den Bereichen Workforce Mobility, Remote Access, Asset Monitoring, Track & Trace sowie Device Management und Telemedizin (www.ibm. com/software/ mobile-solutions).

KRAIJO, CHRISTIAN: seit 2007 Senior Business Consultant bei der BearingPoint GmbH, zuvor von 2006–2007 Automotive After-Sales bei der DaimlerChrysler AG; Arbeitsgebiete: Automotive After-Sales, Digitalisierung, Strategieentwicklung, digitale Kommunikations- und Vertriebsformen, Marketing, Kommunikationsstrategie, Web Content Management.

KRUEGER, OLIVER: Dipl.-Inf.; Experte und Berater für die Themen Mobile Architecture & Strategy, Enterprise Architecture sowie Software-Entwicklungs-Methodik. Unterstützt Kunden industrieübergreifend, insbesondere mit den Schwerpunkten eCommerce, Medien und Telekommunikation. Seit 2009 für die IBM Global Business Services tätig; vorher bei Capgemini, sd&m sowie weiteren Beratungsunternehmen.

KURZE, KATHARINA: International Master in Management; Consultant bei der Customer-Insight-Beratung emnos, (www.emnos.com) und freiberufliche Dozentin an der Steinbeis Hochschule Berlin. Von 2005–2009 Studium der Betriebswirtschaftslehre an der European Business School (ebs) in Oestrich-Winkel und der Escuela de Alta Dirección y Administración (EADA) in Barcelona. Beratungserfahrung in den Bereichen Konsumgüter und Handel. Arbeits- und Forschungsgebiete: Strategisches Management, Markenführung, Customer Management sowie Sales und Service Management.

LABES, STINE: Dipl.-Ing.; Wissenschaftliche Mitarbeiterin und Doktorandin am Lehrstuhl für Informations- und Kommunikationsmanagement der Technischen Universität Berlin. Ihre Forschungsschwerpunkte und das Promotionsthema bewegen sich im Bereich Cloud Computing und Geschäftsmodellierung.

LÖWE, NICOLAS: Diplom Wirtschaftsingenieur (FH); Senior Manager bei BearingPoint GmbH und tätig in der SAP Advisory Gruppe insbesondere in den Bereichen eCommerce sowie User Interfaces und Composite Applications. Zehn Jahre Erfahrung in der Durchführung von IT-Projekten, insbesondere in den Bereichen eCommerce und Web-Technologien. Erfahrung in den Brachen Retail, Manufacturing, Natural Resources. Vorher Architekt für SAP-NetWeaver-Lösungen und Entwickler JAVA-basierter SAP-Lösungen und Kom-ponenten. Leitender Architekt und Entwickler in den forHeads-Netzwerken. Studium des Wirtschaftsingenieurwesens mit den Schwerpunkten Telekommunikation und Finanzmanagement an der Fachhochschule Merseburg.

MEHRTENS, MATTHIAS: Prof. Dr., Dipl. Kfm., Vice President Information Systems Alfred Kärcher GmbH & Co. KG; Honorarprofessor der Wirtschaftsinformatik an der Hochschule Niederrhein, Mönchengladbach. Zuvor von 2007–2011 Mitglied des Aufsichtsrats der Stadtwerke Düsseldorf AG.

MERTENS, HORST: Dr. med., M. B. A. Studium der Humanmedizin und Betriebswirtschaftslehre an den Universitäten Bochum und Essen. Promotion mit experimenteller Arbeit 1986 in Humanmedizin an der Universitätsklinik Essen in Gastroenterologie, Prof. Dr. med. *GOEBELL* und Prof. Dr. med. *HOTZ*. Ärztliche Approbation und Klinische Ausbildung in Anästhesie, Chirurgie und Innere Medizin in Essen, Recklinghausen und Kleve. Verschiedene Management-Aufgaben in der Health-Care-Industrie: 1986 Leiter Medizinische Fachberatung Riker/3M; 1987 Medical Director Riker/3M; 1989 Vice President und Leitung des Internationalen Corporate Marketings des Unternehmensbereiches Pharma & Biotech der BASF AG, 1990 Group Vice President und Leiter der vereinten Funktionsbereiche „International Corporate Marketing & Medicine" des Unternehmensbereiches Pharma & Biotech der BASF AG. Unternehmensberatung & Consulting 1994 bis 2011: General Management ISOGROUP Europe Consultants und Vice President der ISO Health Care Management Consultants International, CEO der Life Science Consulting Group International AG. Seit April: 2011 CEO der EMPERRA GmbH – E-Health Technologies, Potsdam. Breite Erfahrungen im nationalen und in-ternationalen Gesundheitssektor, Leitung diverser nationaler und internationaler Advisory Boards. Lectures in vorausgewählten Kreisen im Fachbereich „Strategic Marketing, Customizing and Market Access in internationally relevant Health Care Markets".

MEZGER, FLORIAN: M.A. HSG; Wissenschaftlicher Mitarbeiter und Doktorand am Lehrstuhl für Innovationsmanagement an der Zeppelin Universität (ZU), Friedrichshafen; Lehrbeauftragter im Executive-Master-Programm „Digital Pioneering" an der ZU; seit 2009 Tätigkeit als Consultant bei The Boston Consulting Group GmbH mit Projektschwerpunkten im Bereich Corporate Development und Mergers & Acquisitions, Industrieerfahrung in den Sektoren Energie, Maschinen- und Anlagenbau sowie Pharma. Studium mit Schwerpunkt Finanzierung, Controlling und Strategischem Management an der Universität St. Gallen, Schweiz. Forschungsgebiete: Geschäftsmodellinnnovationen und Dynamic Capabilities.

NEUHAUS, SARAH: Dipl.-Kffr.; seit August 2010 Wissenschaftliche Mitarbeiterin am Lehrstuhl für Betriebswirtschaftslehre, insbesondere Konvergenzmanagement und Strategisches Management, Steinbeis Center of Strategic Management (SCSM) einem Steinbeis-Transfer-Institut der Steinbeis-Hochschule Berlin (www.steinbeis-scsm.de). Zuvor Studium der Betriebswirtschaftslehre an der Universität zu Köln mit den Schwerpunkten Wirtschaftspsychologie, Personalwirtschaftslehre sowie Marketing und Markenmanagement. Studienbegleitende Tätigkeit als Wissenschaftliche Mitarbeiterin u. a. am Institut der deutschen Wirtschaft (IW) sowie studienbegleitendes Praktikum im Bereich Key Account Management bei Bayer Industry Services GmbH & Co. OHG, heute Currenta.

NIEENDICK, MICHAEL: Studium der Wirtschaftsmathematik an der Uni-GH Duisburg bevor er für eine IT-Tochtergesellschaft eines Versicherungskonzerns einen Benutzerservice etablierte. Nach Stationen in der Softwareentwicklung und im Projektmanagement im gleichen Konzern beschäftigte er sich in der fertigenden Industrie mit SAP und vor allem mit Business Intelligence. SAP-Einführungsprojekte führten ihn durch Mitteleuropa und nach Nordamerika. Seit 2008 hat er die Verantwortung für das Applikationsmanagement der „Enterprise Services" bei der Lekkerland information systems.

PECHARDSCHECK, STEFAN: Dipl.-Wirtsch.-Inform.; Partner bei der BearingPoint GmbH, Berlin; Studium der Wirtschaftsinformatik an der Hochschule für Technik und Wirtschaft in Berlin. Verantwortet den Beratungsbereich Business Technology, zu dem die Solutions IT-Strategie, IT-Sourcing, IT-Service-Management und IT-Architektur gehören. Begleitet seit 18 Jahren IT -Projekte bei Unternehmen in verschiedenen Branchen, insbesondere im öffentlichen Dienst sowie im Bereich Postal und Transportation.

PETERS, MARC: Industry Technical Leader für Energy & Utilities für IBM in Europa, Executive Architect der IBM Deutschland GmbH; in Europa verantwortlich für die Konzeption und die Umsetzung von innovativen Smarter-Energy-Projekten sowie Leader der technischen Energy & Utilities Community der IBM in Europa; Mitglied des weltweiten IBM Energy & Utilities Architecture Councils und des IBM Software Group Architecture Boards.

SCHELEWSKY, MARC: Dipl. Soz.-Wiss.; Fachgebietsleiter „Mediengestützte Mobilität" am Innovationszentrum für Mobilität und gesellschaftlichen Wandel (InnoZ) GmbH. Gastwissenschaftler am Wissenschaftszentrum Berlin für Sozialforschung (WZB) in der Forschungsgruppe „Wissenschaftspolitik". Leitung und Koordination des Arbeitskreises „Indoor-Navigation". Arbeits- und Forschungsgebiete: Einsatz mobiler Medien für den ÖV, personalisierte Navigationssysteme, Analyse von IT-Trends, neue Formen der Kundenakzeptanzforschung, GPS-basierte Verkehrs- und Mobilitätsforschung, Einsatz von Ortungstechnologien in Mobilitätsdienstleistungen, Innovationspotenziale im Taxigewerbe, vernetzte Mobilität, IT-Systeme für Elektromobilität.

SCHIEFER, CHRISTOPH: Dipl.-Ing.; Senior Manager bei der BearingPoint GmbH, Berlin; Studium des Wirtschaftsingenieurwesens an der Universität Kaiserslautern, Glasgow Caledonian University und Abschluss an der Technischen Universität Berlin. Wesentliche Tätigkeitsgebiete als Berater und Projektleiter seit 1999: IT-Strategie und Transformation, IT-Outsourcing, IT-Financial Management sowie Cloud Computing.

SCHILDT, JANKO: Dr. med. Studium der Humanmedizin (1991–1997) und Promotion 1999 an der Universität Rostock; seit 1998 in der Kinderheilkunde und Jugendmedizin in Potsdam/Brandenburg tätig, 2003 Facharztabschluss, 2005/2006 Subspezialisierung zum Neonatologen und Kindergastroenterologen, u. a. Studien und Veröffentlichungen zur Dosisfindung von Esomeprazol bei Kindern und Jugendlichen mit Gastroösophagealer Refluxkrankheit, zur Macrogoltherapie bei habitueller Obstipation, zu Effekten der Probiotika-Supplementation bei Frühgeborenen, Arbeiten als Koautor am „Pschyrembel Klinisches Wörterbuch" sowie an Multimedia-Projekten des DeGruyter-Verlages und der Falk-Foundation, Entwicklung der Idee des automatisierten Telemonitorings und Gründung der EMPERRA GmbH – E-Health Technologies, Potsdam, 2008 Übernahme der Geschäftsführung für die Bereiche Medizin und Technik, 2011 parallele Tätigkeit als Klinik-Facharzt für den Bereich Neonatologie, Pädiatrische Intensivmedizin und Kindergastroenterologie im Klinikum „Ernst von Bergmann“, Potsdam.

SCHULD, MICHAEL: seit 2005 Leiter des Bereichs Vertriebs- und Service-Marketing der Telekom Deutschland, verantwortlich für das Vertriebs- und Service-Marketing auf Konzernebene (u. a. Produkteinführungen, Steuerung von Verkaufsförderungsaktivitäten, Coaching und Qualifikation der Vertriebsmitarbeiter und Partner sowie Vertriebskommunikation inkl. PoS-Gestaltung). Zuvor Stationen im Einkauf und Handelsmarketing eines Handelsunternehmens im Bereich Unterhaltungselektronik/Telekommunikation sowie im Vertrieb eines international anerkannten Handelsunternehmens. Seit 1997 bei der Telekom Deutschland mit nationalen und internationalen Aufgaben im Bereich Einkauf und Produktmanagement von Endgeräten tätig; von 2002–2005 Leiter des Endgerätemanagements.

STUMMER, CHRISTIAN: Univ.-Prof. Dr.; Inhaber des Lehrstuhls für Betriebswirtschaftslehre, insbesondere Innovations- und Technologiemanagement, an der Fakultät für Wirtschaftswissenschaften sowie Wissenschaftlicher Leiter des Zentrums für Unternehmensgründung an der Universität Bielefeld. Davor: Außerordentlicher Professor an der Universität Wien, Leiter der Forschungsgruppe Digital Business am Electronic Commerce Competence Center und Visiting Associate Professor of Research an der University of Texas at San Antonio. Aktuelle Forschungsgebiete: F&E-Investitionsprogrammplanung, Markteinführung bzw. -durchsetzung von Innovationen, sowie gewerbliche Schutzrechte und Unternehmensgründungen an Hochschulen. Mehr als dreißig Beiträge in internationalen referierten Fachzeitschriften sowie zahlreiche weitere Veröffentlichungen in Sammelbänden.

VERWAAYEN, ERIC: Dipl.-Kfm.; seit 1997 Mitarbeiter der BearingPoint GmbH in Düsseldorf und seit 2008 Partner im Bereich IT Advisory mit dem Schwerpunkt auf Application Platforms. In diesem Tätigkeitsschwerpunkt ist Herr *VERWAAYEN* insbesondere im Umfeld technisch innovativer und zukunftsweisender SAP-Lösungen im internationalen Projektumfeld tätig. Herr *VERWAAYEN* hat 2010 gemeinsam mit den Herausgebern dieses Werkes den Sammelband „transformIT“ publiziert.

ZARNEKOW, RÜDIGER: Prof. Dr. rer. pol. habil.; Inhaber des Lehrstuhls für Informations- und Kommunikationsmanagement an der Technischen Universität Berlin. Seine Forschungsschwerpunkte liegen in den Bereichen Nachhaltiges Informationsmanagement, Cloud Computing, Telekommunikationsmanagement und Geschäftsmodelle für die ICT-Industrie. Prof. *ZARNEKOW* promovierte 1999 an der Technischen Universität Freiberg. Von 2001 bis 2006 war er am Institut für Wirtschaftsinformatik an der Universität St. Gallen tätig und leitete dort das Competence Center „Industrialisierung im Informationsmanagement“. Prof. *ZARNEKOW* ist freiberuflich als Berater in Fragen des Informationsmanagements und des Electronic Business tätig. Er ist Autor mehrerer Fachbücher und zahlreicher Artikel.

Printed by Printforce, the Netherlands